전기자동차 매뉴얼 이론&실무

Electric Vehicle Manual

KAAT
(사)한국자동차기술인협회 추천

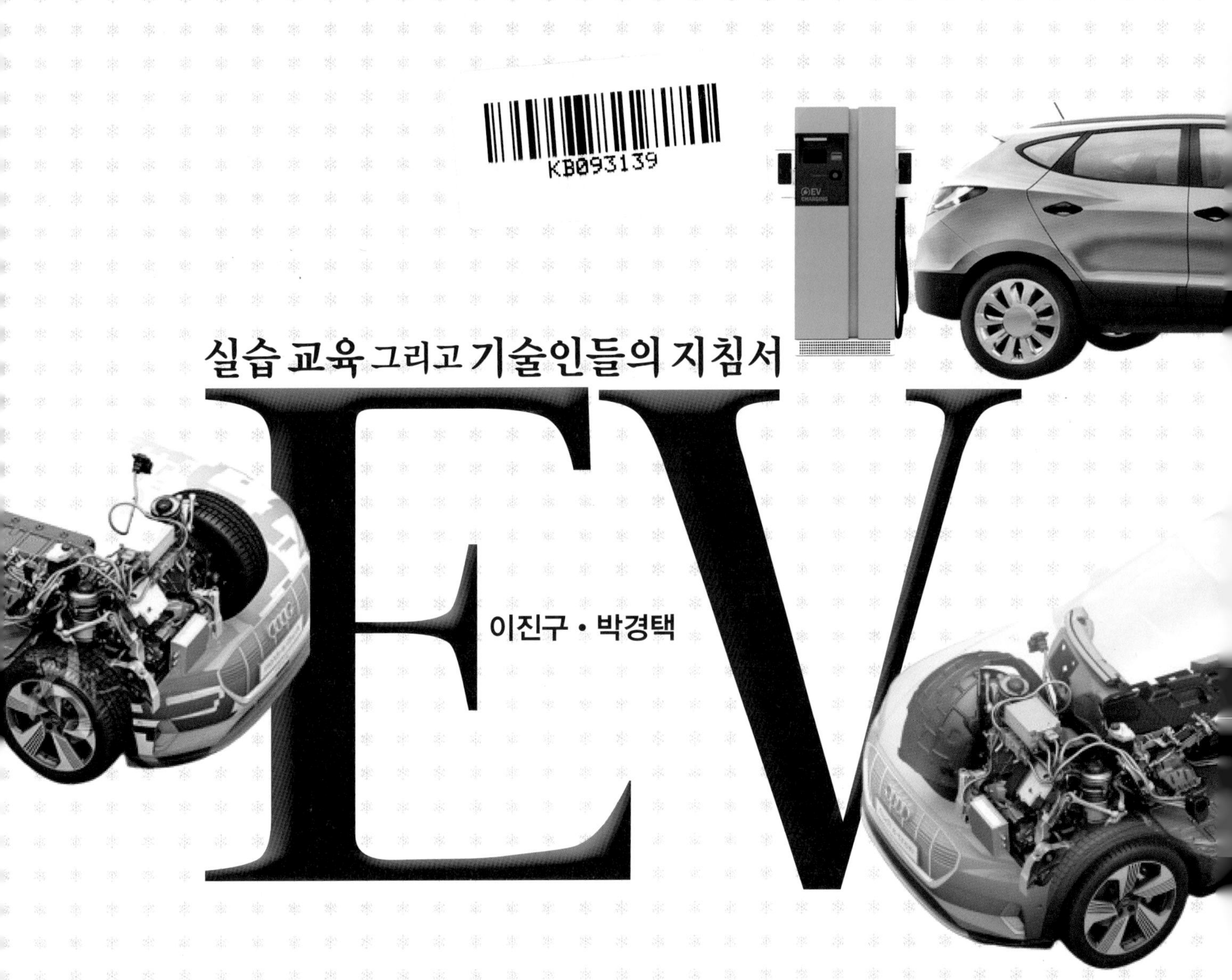

4차 산업혁명에 편승한 「전기자동차」 현장 정보의 대탐험!!

친환경 자동차의 개요 / 전기 기초 / 전기 자동차 / 구동 시스템 / 제동 장치
차량 자세 제어 장치(VDC) / 조향 장치 / 서스펜션 시스템
타이어, 얼라인먼트, TPMS / 편의 장치

GoldenBell
www.gbbook.co.kr

도서출판
골든벨
기술이 미래, 사람이 희망이다

Prologue

전기자동차 매뉴얼의 발행에 부쳐

내연기관의 폐해 요소인 대기오염, 지구온난화, 화석연료의 고갈로 말미암아 '전기자동차'는 차세대 운송수단으로써 세계 유수 자동차 메이커들은 시장을 선점하기 위해 각축전을 벌이고 있지요.

우리나라도 정부의 적극적인 지원 정책에 힘입어 하이브리드차, 전기차 및 수소자동차의 생산과 수출이 성장일로에 있으며, 금년 말까지 60만대로 증가할 것으로 전망하고 있습니다.

전기자동차는 외부의 전원으로 충전된 고전압 배터리로 부터 모터를 구동시킵니다. 여기에서 얻어지는 구동력으로 운행되는 자동차이기 때문에 항상 감전 위험에 노출되어 있어, 반드시 전문가의 진단이 요구됩니다.

아직은 점유율이 낮은 전기자동차라서 A/S를 제작사에서 전담하지만, 2022년경에는 순수 전기차가 43만대 목표로 증가하면 전문 장비를 설치한 정비업소의 확충과 전문정비 인력 양성 및 전기차 충전소 확대 등 관련 인프라 구축이 절대적으로 필요할 것입니다.

때맞추어 전기자동차의 정비·검사 기준과 성능검사에 대한 기준을 마련하고, 전기자동차 전문정비 자격 제도가 신설되었으면 하는 바람입니다. 즉, 수준 높은 안전한 전문정비 인력 육성 프로 그램으로 국내 시장에는 일자리 창출과 함께 자격증 신설에 토대가 되고자 하는 것이 이 책의 집필 동기이기도 합니다.

이 책은 우리나라 전기자동차 산업 발전에 초석이 되고 전기차 정비 기술의 보급과 전문 정비사의 육성을 위한 기준서가 되기를 간절히 소망합니다. 끝으로 쉽지 않은 기술 정보와 자료를 제공해 주신 제작사와 (주)골든벨 관계자 여러분께 깊은 감사의 말씀을 드립니다.

2019. 9. 20
집필자 회의에서

Contents

단원1
친환경 자동차의 개요

단원2
전기 기초

단원3
전기 자동차

단원4
구동 시스템

단원5
제동 장치

단원6
차량 자세 제어 장치(VDC)

단원7
조향 장치

단원8
서스펜션 시스템

단원 9
타이어, 얼라인먼트, TPMS

단원 10
편의 장치

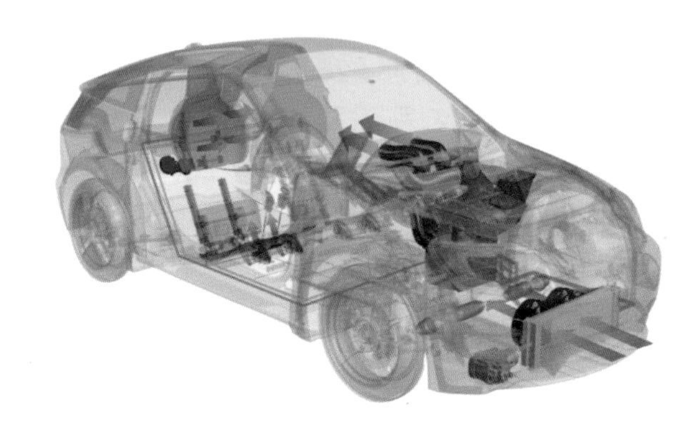

약어

단원 1 친환경 자동차의 개요

1. 친환경 자동차의 필요성
2. 친환경 자동차 시장의 수요와 전망
3. 친환경 자동차의 종류
4. 주요국가의 친환경 자동차 전략

단원 1

친환경 자동차의 개요

학습목표

1. 친환경 자동차의 필요성에 대해 설명할 수 있다.
2. 배출가스의 종류와 유해성을 설명할 수 있다.
3. 지구 온난화의 원인과 방지책에 대해 설명할 수 있다.
4. 화석연료의 고갈과 방지책에 대해 설명할 수 있다.
5. 친환경 자동차의 수요와 전망에 대해 설명할 수 있다.
6. 친환경 자동차의 종류와 특성에 대해 설명할 수 있다.

1 친환경 자동차의 필요성

1 대기오염 방지

자동차의 연료로 사용되는 휘발유나 경유 등 석유계 연료의 연소과정에서 발생하는 불완전 연소 때문에 유해물질의 배기가스가 배출된다. 보통 가솔린 엔진에서 배출되는 배기가스의 성분은 질소(70%), 이산화탄소(18%), 수증기(8.2%), 유해 물질(1%) 정도로 이루어진다. 그중에서 유해물질의 대부분은 일산화탄소(CO)와 탄화수소(HC) 그리고 질소산화물(NOx)이며, 디젤 엔진의 경우에는 매연, 입자상물질(PM) 등이 여기에 추가되며, 그 발생 원인과 유해성은 다음과 같다.

(1) **일산화탄소**(Carbon-monoxide, CO)

CO는 불완전 연소에서 발생하며 무색, 무취, 무미의 가스로 감지하기 어렵고 인체 흡입 시 혈액 중의 헤모글로빈(Hb)과 결합력이 산소의 300배 이상 커서 혈액의 산소 운반 작용을 방해하여 저산소증을 일으키고 인지 및 사고능력 감퇴, 반사작용 저하, 졸음, 협심증 등을 유발하며, CO가 0.3%(체적비) 이상 함유된 공기를 30분 이상 호흡하면 목숨도 잃을 수 있다.

(2) **탄화수소**(Hydrocarbon, HC)

HC는 엔진의 온도가 낮을 때 발생하는 실화나 급가속과 급감속시에 발생하는 미연소가스 그리고 밸브 오버랩 시에 발생하는 미연소가스의 누출 등이 원인이며, 호흡기계통과 눈을 심하게 자극하고, 암을 유발하거나 악취의 원인이 되기도 한다.

(3) **질소산화물**(Nitrogen-oxides, NOx)

NOx는 일산화질소(NO)와 이산화질소(NO_2)를 통칭하여 질소산화물이라고 하며, NO가 공기와 서서히 반응하여 NO_2로 산화한다. 특히 NO_2는 호흡 시 폐세포에 흡착되어 기관지염, 폐기종 등 호흡기 질환을 유발하고 폐에 수종이나 염증을 유발할 수도 있으며, 눈에 자극을 주는 물질이다. NOx는 이외에도 오존의 생성, 광화학 스모그 발생, 수목의 고사에 영향을 미치는 것으로 알려져 있다.

(4) 입자상 고형물질(Particulate Matters, PM)

입자상 고형물질은 경유가 연소할 때 많이 발생하며, 크기가 미세하여 75% 이상이 1㎛이하로서 0.1~0.25㎛이 대부분이다. 탄소입자가 주성분이나 용해성유기물(SOF)도 다량 포함되어 있어 호흡기에 흡입되어 점막 염증 등 다양한 호흡기 질환을 유발하고 폐암의 원인이라는 연구보고도 있으며, 특히 초미립 입자상 물질이 건강에 악영향을 미치는 것으로 밝혀져 있다.

2 지구 온난화 방지

(1) 이산화탄소(CO_2) 규제 강화

지구 온난화는 대기를 구성하는 여러 기체들 가운데 온실효과를 일으키는 기체 즉, 온실가스에 발생되며, 화석연료의 연소과정에서 배출되는 이산화탄소(CO_2), 메탄(CH_4), 아산화질소(N_2O), 수소불화탄소(HFCs), 과불화탄소(PFCs), 육불화황(SF_6) 등이 있다.

지구 온난화에 가장 큰 영향을 끼치는 이산화탄소는 휘발유와 경유 같은 연료의 연소과정에서 배출되며, 이산화탄소의 증가는 지구 온난화의 주된 원인으로 세계적인 기상 변화를 초래하고 현재 지구에 가장 큰 위험을 초래하고 있다. 그래서 1992년 6월 세계기후변화 협약 이후 CO_2 규제가 본격화 되고 EU에서도 2008년 자동차 배출물로 규제하는 등 세계의 주요 국가들은 기후 변화에 대응하기 위하여 자동차 배기가스를 더욱 엄격하게 기준을 강화하고 CO_2가스로 인한 지구 온난화의 가속화에 따른 지구 환경 파괴를 방지하기 위한 배출가스 규제를 강화하고 있다.

(2) 이산화탄소 감소 방안

이산화탄소의 배출량은 북미, 중국, 러시아, 일본, 인도 등이 전세계 발생량의 50% 이상을 차지하고 있다. 이러한 이산화탄소는 그 자체를 연소시키거나 후처리기술로 저감할 수 있는 방안은

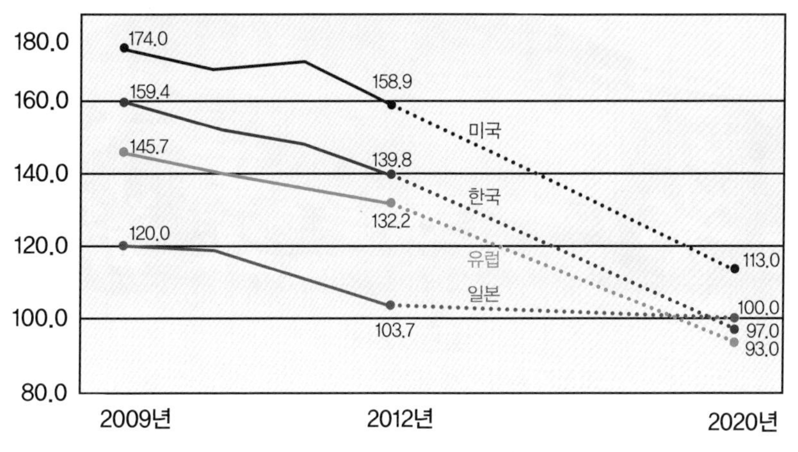

❖ 그림 1-1 국가별 자동차 온실가스 배출량 및 차기기준

제시되지 않고 있기 때문에 연료소비를 줄이고 CO_2 생성량을 줄이는 것이 가장 현실적인 대책으로 생각된다.

그래서 자동차 평균 온실가스 연비 제도는 개별 제작사에서 해당 년도에 판매되는 자동차의온실가스 배출량과 연비 실적의 평균치를 정부가 제시한 기준에 맞춰 관리해야 한다. 이 제도는 미국, 유럽연합(EU), 일본, 중국 등 주요 자동차 생산국가에서 시행하고 있으며 한국은 친환경·저탄소차 기술개발 촉진을 위해 2020년까지 온실가스 97g/km, 연비 24.3km/ℓ의 선진국 수준으로 강화하고 자동차 제작사는 온실가스 또는 연비 기준 중 하나를 선택하여 준수해야 하며, 기준을 달성하지 못하는 경우 과징금이 부과된다.

유럽에서는 CO_2 규제가 가장 강력하며, 2015년에는 130g/km 그리고 2020년에는 95g/km까지 배출량을 강화 한다

이러한 배출가스 규제는 산업화에 따른 환경오염과 온난화 현상을 줄일 수 있는 대체에너지를 개발과 자동차의 연비, CO_2 발생량 규 제 및 자동차 제작사의 친환경 자동차 생산 실적 등은 미래 자동차 산업에 직접적인 영향을 주고 있다.

3 화석연료의 고갈

현대의 인간생활은 대부분 화석연료 즉 석탄 석유 천연가스 등에 의존하여 풍요로운 생활을 할 수 있었다. 그러나 이러한 화석연료는 다른 자원과 달리 사용하면 할수록 언젠가는 대량소비로 인하여 고갈될 수밖에 없는 자원이며, 특히 석유는 분포가 편중되어 있기 때문에 석유를 둘러싼 국제정치의 불안과 수급에 따라 가격의 불안정의 문제가 발생되고 있다.

또한 석유 사용은 이산화탄소(CO_2)와 같은 오염물질을 배출하여 지구환경 특히 지구 온난화 등 환경을 파괴하는 주범으로 주목을 받고 있으면서 국제적인 환경문제를 야기시키고 있다.

이러한 화석연료의 고갈에 대비하기 위한 최선의 방식은 질약하는 것과 자동차를 포함한 모든 산업제의 연소장치 성능을 고효율·저연비 시스템으로 개선시키며, 대체연료를 개발하여야 할 것이다.

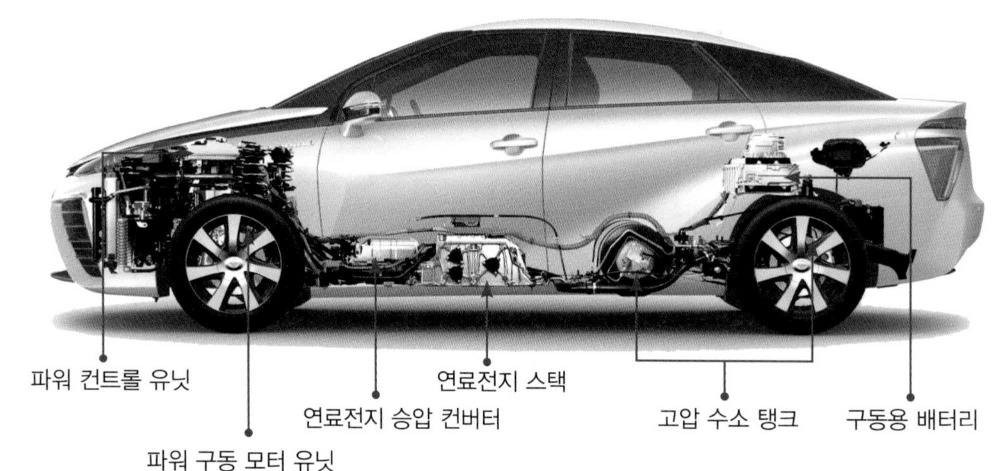

❖ 그림 1-2 수소 연료전지 자동차

2 친환경 자동차 시장의 수요와 전망

미래의 자동차 산업 패러다임이 과거의 가솔린이나 디젤 엔진에서 하이브리드 자동차, 플러그인 하이브리드 자동차를 거쳐 전기 자동차와 수소 연료전지 자동차로 변화할 것으로 전망이 된다.

자동차 생산 주요 국가들은 강화되는 자동차 연비 규정과 CO_2 배출량의 허용기준을 준수하기 위하여 친환경 자동차 생산을 장려하고 전기 자동차 및 수소 연료전지 자동차 개발에 총력을 기울이고 있다.

현재 친환경 자동차의 기술 경쟁력은 배터리, 모터 및 제어를 위한 핵심부품에 집약되어 있으며, 국가 간의 산업 경쟁력 확보를 위해서는 부품·소재 기업의 육성이 절실히 요구되고 있다.

친환경 자동차는 환경규제 대응과 친환경 자동차의 기술 개발로 2020년 친환경 자동차의 비중이 전체 수요의 20~50%에 달할 전망이며, 대수 기준으로는 연간 2,000만대 이상의 친환경 자동차가 판매될 전망으로 지역별로는 2020년 기준으로 유럽의 경우 하이브리드 자동차, 플러그인 하이브리드 자동차, 전기 자동차 등 친환경 자동차의 판매 대수 대비 전체 비중이 29%를 차지하고, 미국의 경우 27%, 아시아의 경우 34%를 차지하는 것으로 전망됐다.

1 시장의 성장요인

(1) 각국 자동차 연비 규제 강화

친환경 자동차의 성장 요인으로는 각국의 자동차 연비 규제강화를 들을 수 있으며, 2015년부터 매년 5%씩 강화시키고 있다. 한국은 2016년부터 소형 상용자동차 온실가스를 관리하게 되지만, 미국과 유럽은 이미 3.5톤 미만 소형 상용자동차를 관리하고 있다.

- **미국** : 3.5톤 미만 10톤 초과 화물자동차 관리 중(2020년 : 168g/km)
- **유럽** : 3.5톤 이하 물품운반용 차량 관리 확대(2020년 : 147g/km)

표 1-1 국가별 차기 온실가스 달성을 위한 연평균 저감율

미국	유럽	중국	한국	일본
4.2 %	3.8 %	5.5 %	4.5 %	0.5 %

주요 국가별로 기업평균 연비 규제가 강화되며, 매년 4~5%씩 강화되는 추세를 만족시키지 못할 경우 자동차 판매량에 비례하여 벌금을 부과하는 제도를 도입하고 있다.

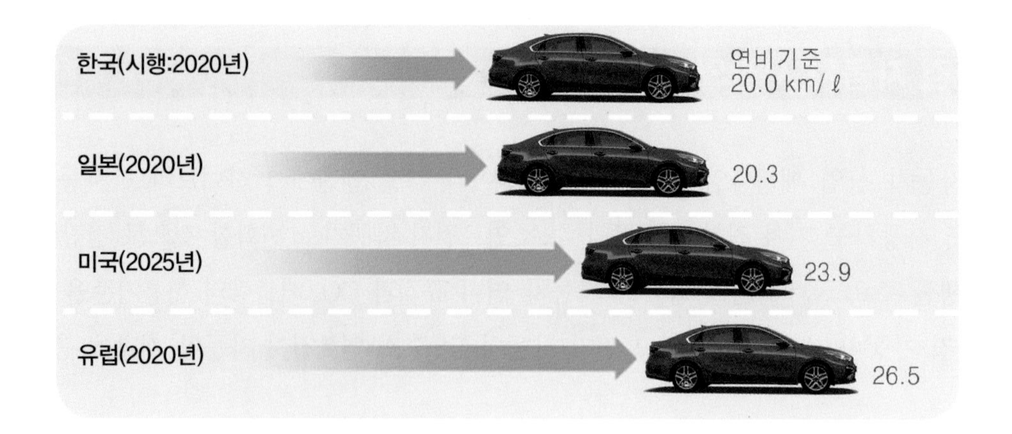

❖ 그림 1-3 각국의 연비 규제 기준

(2) 주요 국가 친환경 자동차 보급 목표 설정

주요 국가는 기후변화에 대응하는 온실가스 감축 정책의 일환으로 친환경 자동차의 보급 누적대수를 설정하여 친환경 자동차의 시장을 확대하고 있으며 아울러, 한국정부는 차기기준은 강화하되, 다양한 유연성 수단과 혜택 부여를 통해 업계 입장의 제도 수용성을 감안하여 온실가스 배출량 50g/km 이하 차량은 1.5대, 무배출 차량(ZEV, Zero Emission Vehicle)은 2대의 판매량을 인정함으로서 저탄소 자동차 보급이 확대될 수 있는 여건을 조성한다.

표 1-2 주요 국가별 온실가스 및 연비 규제

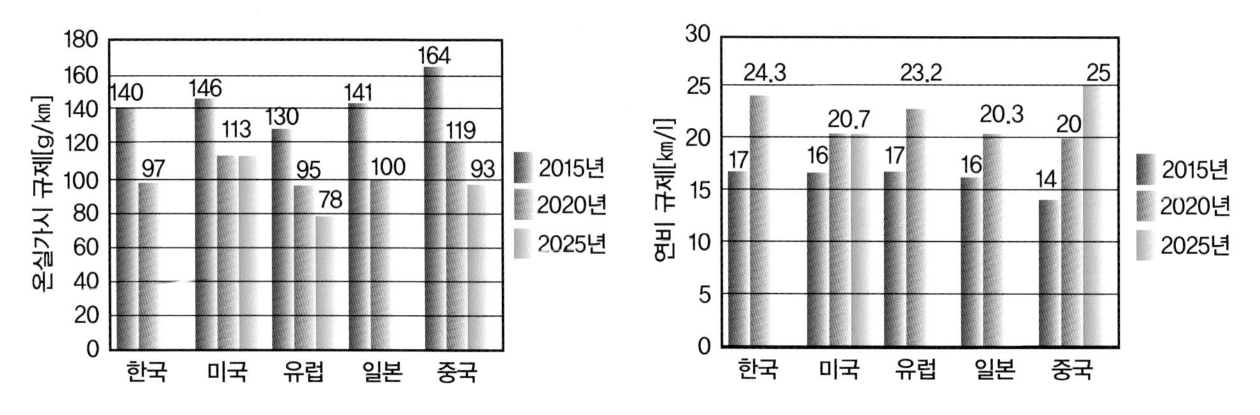

미국 : 무배출차량 1.5대, 플러그인 하이브리드/천연가스 자동차 1.3대 인정

유럽 : 50g/km 미만 차량 2020년 2대, 21년 1.67대, 2022년 이후 1.33대 인정

또한 수동변속기 자동차는 자동변속기 자동차 대비 온실가스 배출량이 20~30% 적은 반면, 연비는 우수한 특성이 있어 수동변속기 자동차 1대 판매 시 1.3대의 판매량을 인정하며, 경자동차 보급을 활성화 하고 국내 자동차 판매 구조를 중대형 자동차 위주에서 경소형 자동차로 전환하기 위하여 경자동차 1대 판매 시 1.2대의 판매량을 인정한다.

이번 제도 시행 첫 해인 2016년부터 단계적으로 기준을 강화하여 2020년에 온실가스 기준 97g/km, 연비기준 24.3km/ℓ을 달성할 수 있을 것이다.

표 1-3 국가별 친환경 차량 판매 예정량

국가	중국	미국	유럽	한국	일본
대수	313만대	427만대	410만대	100만대	226만대
전체량 대비	14%	27%	29%		57%
하이브리드 자동차	215만대 (9%)	247만대 (18%)	247만대 (18%)		142만대 (36%)
플러그인 하이브리드 자동차	42만대 (2%),	78만대 (6%),	78만대 (6%),		54만대 (13%)
전기 자동차	56만대 (2%)	85만대 (6%)	85만대 (6%)		30만대 (7%)

미국의 캘리포니아 주를 포함하여 10개 주에서 2018년 4.5% 의무판매를 시작으로 매년 2.5%씩 증가하는 정책을 시행하고 있으며, 중국과 유럽 일부 국가에서도 이 제도를 도입하고 있다.

(3) 주요 국가별 보조금 지급

국내외 전기 자동차 보급이 확대됨에 따라 보조금 축소, 규제 확대, 폐배터리 재활용 등 정책의 변화가 전기 자동차 시장의 주요 이슈가 되고 있다. 보조금 지급이 중국 50%, 한국 25%, 미국은 세금 공제 혜택 등을 축소하고 있으며, 중국의 신에너지 자동차 의무생산 제도와 한국의 저공해 자동차 보급 목표제를 도입하여 규제를 강화하는 한편 폐배터리를 무상으로 회수하고 성능 측정 및 재활용 이력관리를 시행하고 있으나 한국은 아직 폐배터리의 관리 규정이 없는 상태이다.

표 1-4 각국의 보조금 지급 현황

주요국	보조금 지급 기준 강화	비고
미국	배터리 용량에 따라 차등지급(2018년) 제조사별 세금 공제 혜택 축소(20만대 이상 판매 시)	
영국	전기 승용자동차 축소(£3,500), 전기 택시(£8,000) 밴(£7,000) 유지	
프랑스	20g /Km 이하	
중국	2018년 대비 2019년에 50%감소 후 2021년 이후 보조금 폐지	신에너지 자동차 대상
일본	1회 충전 주행거리×보조단가×보조율	
한국	전기 승용자동차 최대 900만원으로 25% 축소(초소형 420만원), 전기 승합자동차는 균등 지급에서 차등 지급(중형 6,000만원, 차등), (대형 10,000만원, 차등)	전기 화물자동차 1,100만원

한국에서는 전기 자동차 보급 확대 방침에 따라 지자체별 차이는 있으나 전기 승용자동차 보조금 산출 방식과 그 혜택은 표1-5와 같다.

***산출 방식 :** 기본 보조금=기본 금액+{배터리 용량×(단위보조금×가중전비/최저가중전비)}

(기본 금액=300만원→200만원, 단위 보조금=17만원→14만원으로 강화됨)

표 1-5 한국 친환경 자동차 지원현황

또한 환경부는 2020년까지 100만대의 전기 자동차를 보급할 계획을 세웠으며, 한국환경공단은 2011년 9월 서울시, 제주도 등 38개 지방자치단체, 국가기관 및 공공기관과 협약을 맺고 전기 자동차 충전 시설 확충을 추진하고 있다.

❖ 그림 1-4 전기 자동차 충전 스탠드

❖ 그림 1-5 2019 서울 COEX EV 전시회 충전 스텐드

표 1-6 전기 자동차 충전소 설치 현황(2018.12.31. 현재. 환경부)

시 도	서울	경기	인천	강원	충남	충북	대전	세종	광주
충전소	1,161	1,713	276	509	330	318	145	62	272
시 도	전북	전남	경북	경남	대구	울산	부산	제주	총계
충전소	347	422	654	510	537	153	330	1,410	9,167

2 무공해 자동차(ZEV) 및 신에너지 자동차

대기환경보전법의 강화에 따라 무공해 자동차(ZEV ; Zero Emission Vehicle)를 전체 판매대수 대비 일정비율 이상의 무공해 자동차로 판매할 것을 의무화 하면서 전기 자동차의 개발과 성능향상 및 보급추진의 중요성이 대두되었다.

중국에서는 신(新)에너지 자동차 정책 시행으로 친환경 자동차 보급을 추진하고 있으며, 시범 운행도시 운영 및 구매 보조금 지원 등 신에너지 자동차 생산 능력을 확충하고 의무 판매를 확산하고 있다.

전기 자동차들은 배터리 성능을 개선하고 차체의 경량화, 모터 출력 강화를 포함한 짧은 기간의 기술 발전을 접목하면서 주행거리를 20~30%까지 늘리고 있다. 한국지엠의 전기 자동차 볼트(Bolt)는 1회 충전 주행거리가 최대 383km, 현대자동차의 아이오닉은 도심에서 292km까지 주행이 가능하며 기아자동차의 전기 자동차 쏘울(SOUL)의 주행거리를 기존 148km에서 388km까지 크게 성능이 향상되었다.

❖ 그림 1-6 꿈의 그린 카

표 1-7 전기 자동차 1회 충전 주행거리

차종	기아/쏘울	현대/코나	지엠/볼트	북경/EU5	닛산/리프	BMW/i3	테슬라/sp1000
주행거리	388Km	405.6Km	383.2Km	460Km	231Km	248Km	424Km

3 세계 전기 자동차 산업 현황과 전망

(1) 환경 변화

우리나라의 자동차업계는 해외시장의 의존도가 높아 주요 국가들의 정책에 민감하다. EU의회에서는 가스의 배출은 1990년대 대비 2030년까지 40% 감축하고 최종 에너지 소비 중 재생에너지 비중을 32%로 높이며, 에너지 효율을 2007년 대비 32.5%로 높이는 정책으로 환경규제를 강화하고 있다.

또한 EU의회는 2030년까지 트럭의 가스 배출을 파리기후협정에서 협의한 2030년까지는 2005년 대비 30% 감축을 달성하고 2025년까지 20% 감축 그리고 2030년에는 트럭의 가스 배출을 35% 감축에 합의 했다. 이 기준에 미달되는 경우 수천억의 벌금을 부과하기 때문에 완성차 업체 및 부품업체의 고민이 크다고 할 수 있다.

또한 가스 배출 측정기준을 국제표준시험방법(WLTP)으로 변경하고 유럽환경청(EEA)의 전기 자동차 보급 확대 정책과 차량 공유 및 재활용과 재생이 용이한 설계를 촉구하고 있다.

(2) 전기 자동차 산업 현황

최근 유럽연합(EU)은 2030년까지 판매되는 승용차의 이산화탄소 평균 배출량을 2021년 목표치 즉 주행거리 1km당 95g보다 37.5% 줄여야 한다고 발표하는 등 최근 각국의 환경규제가 강화되기 때문에 자동차 생산업체들은 탈(脫)내연기관을 선언하고 친환경 자동차 전환정책에 속도를 내고 있다.

독일의 벤츠사는 2039년에 생산하는 모든 자동차는 전기 자동차, 하이브리드 자동차 등 친환경 자동차로 전환하고 폴크스바겐은 2026년부터 새로운 엔진 개발을 중단하고 2040년부터 내연기관 자동차를 판매하지 않겠다고 선언했다. 스웨덴 볼보는 2019년부터 내연기관의 개발을 중단하고 2021년부터 전기 자동차 5종을 출시한다고 선언하였다.

또한 일본 토요타도 2025년부터 내연기관 자동차를 더 이상 생산을 하지 않고 모든 자동차를 전기 자동차, 하이브리드 자동차, 수소 연료전지 자동차로 만들겠다고 밝혔다. 노르웨이는 2015년부터 내연기관 판매를 금지하고 네덜란드 암스테르담은 2030년에 내연기관 자동차 운행을 전면 중지하는 방안을 추진하고 있다.

우리나라의 전기 자동차 보급은 2022년 43만대를 목표로 하고 있으나 EU에서는 2030년까지 전기 자동차 수요가 최소 400만대 이상이 예측되고 수소 연료전지 자동차는 2040년까지 100만대 판매를 예상하고 있다.

또한 국제에너지기구(IEA)의 2018.11 전망에서는 2040년까지 전 세계 보급대수는 3억대가 될 것이며, 신차 판매의 약 50%가 전기 동력차로 될 것으로 전기 자동차 보급 속도가 가속화 될 것이라는 전망이다.

한편 미국은 최근 트럼프 행정부는 연비규제를 완화하였으나 미국의 산학연은 수소생성연구와 대체 촉매개발에 지속적으로 투자하고 2003년 수소경제의 추진에 박차를 가하기 위하여 12억 달러를 수소 전기 자동차 개발에 지원하기로 결정하였다.

(3) 전기 자동차 배터리 산업 현황

제2의 반도체라고 불리는 전기 자동차 배터리의 생산능력은 선발주자인 일본과 한국에 이어 중국, 미국, EU가 증설 및 신규 설비를 구축하고 있으며, 중국의 공세적 투자로 중국의 비중이 크게 증가할 전망이다.

EU의 경우 7개국이 연합하여 원재료 생산, 셀 기술 개발, 셀 생산 공정 및 재활용 등 2020년부터 공동 연구하는 배터리 산업 육성계획을 추진하고 있다. 우리나라의 전기 자동차 배터리 기술은

3세대(2021)에서 4세대(2025)로 이동 중에 있으며, 1회 충전으로 500km 주행이 가능하도록 용량은 커지고 무게는 감소시키며, 가격은 낮추는 기술개발에 총력을 다하고 있다.

또한 세계 배터리 시장은 급속으로 팽창이 예상되며, 국내 배터리 업체의 수주액이 2017년 누적 175조원이었으나 2018년에만 110조원 수주로 신성장 동력으로 급 부상하게 되었다. 2019년 최근 폴크스바겐 그룹은 오는 2025년까지 전기 자동차 70종 2,200만대를 생산하겠다는 목표를 세우고 전기 자동차 배터리 공급계약 규모가 400억~500억 달러(약47조~59조원)의 시장이 형성될 것으로 전망하고 있다.

3 친환경 자동차의 종류

친환경 자동차는 화석연료 대신 바이오디젤, 바이오에탄올 등을 사용하는 대체연료 자동차와 수소탱크를 통해 산소와 수소를 반응시켜 전기를 생성해 움직이는 수소 연료전지 자동차(FCV)가 있으며, 일반 디젤보다 배출가스를 현저하게 줄이면서 2~30% 효율이 높은 초고효율 디젤을 사용하는 클린디젤 자동차 등이 있다.

또한 환경 친화적인 천연가스를 이용하는 천연가스 자동차(CNG)와 태양전지판을 사용하는 태양광 자동차도 친환경 자동차로 정의할 수 있으나 클린디젤이나 CNG, 바이오디젤, 바이오 연료 등의 경우도 배기가스를 배출시키기 때문에 궁극적인 친환경 자동차는 전기 자동차나 수소 연료전지 자동차라고 할 수 있다.

(1) 하이브리드 자동차(HEV ; Hybrid Electric Vehicle)

엔진의 여유 구동력을 이용하여 배터리를 충전할 수 있으며, 내연기관과 전기 모터를 최적으로 조합 제어하여 자동차를 운행함으로서 기존의 내연기관 자동차에 비하여 고연비, 고효율의 자동차로서 유해 배출가스를 감소시킬 수 있는 친환경 자동차이다.

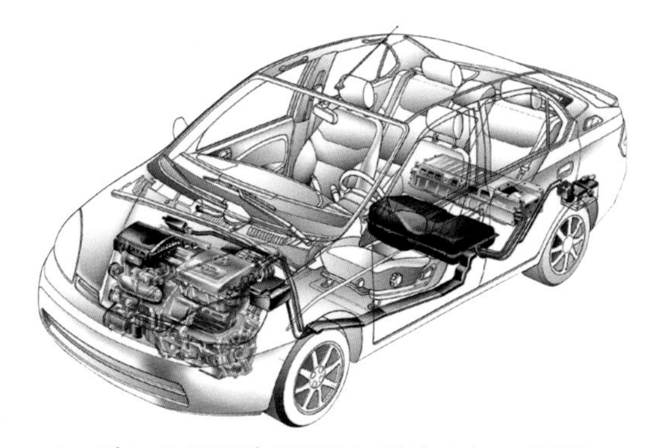

❖그림 1-7 토요타 프리우스 하이브리드 자동차

(2) 플러그인 하이브리드 자동차(Plug-in-HEV)

고전압 배터리에 충전된 전기에너지로 100km 내외의 거리를 주행이 가능하며, 가정용 또는 외부의 고전압 전원으로 배터리를 충전하여 사용할 수 있는 하이브리드 자동차이다.

❖그림 1-8 현대 쏘나타 플러그인 하이브리드 자동차

(3) 전기 자동차(EV ; Electric Vehicle)

전기 자동차는 자동차의 구동 에너지를 내연기관이 아닌 전기 에너지로부터 얻는 자동차를 말하며, 외부의 전원을 이용하여 고전압 배터리에 충전된 배터리 전원으로 전기 모터를 구동하고 또한 자동차의 제동 토크를 이용하여 회생제동이 가능함으로써 유해 배출가스와 환경오염이 없는 친환경 자동차이다.

❖그림 1-9 닛산 리프 전기 자동차

(4) 수소 연료전지 자동차(FCEV ; Fuel Cell Electric Vehicle)

수소 연료전지 자동차는 수소(H_2)와 산소(O_2)의 화학반응을 통하여 전기, 물, 열이 생성되며 이 과정에서 발생되는 전기적 에너지를 저장하여 전원으로 사용하는 자동차를 말한다. 수소 연료전지 자동차는 공기 블로워에서 공급되는 공기와 수소 탱크에 의해 공급되는 수소 연료를 이용하여 전기를 생산한다.

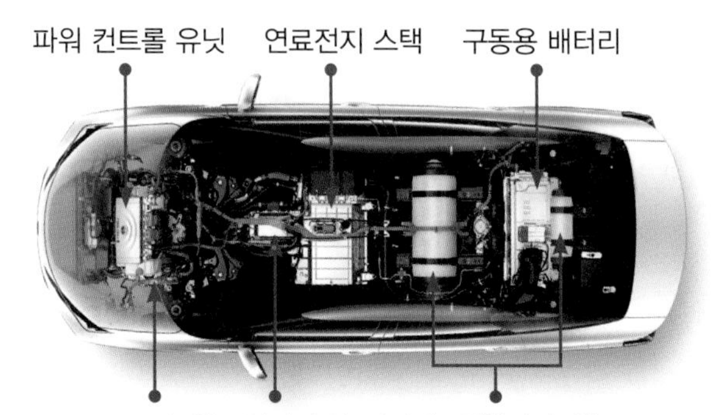

❖ 그림 1-10 현대 쏘나타 플러그인 하이브리드 자동차

수소 연료전지에서 생성된 전기는 인버터를 통하여 모터로 공급되며, 이 과정에서 수소 연료전지 자동차가 유일하게 배출하는 가스는 수증기뿐이다. 그러므로 연료전지는 스택에서 수소를 산소와 반응시켜 전기를 생산하여 고전압 배터리에 자체 저장하며, 이와 같은 전기 에너지로 모터를 구동하여 주행하는 친환경 자동차이다.

연료 전지(Fuel Cell)의 셀은 수소와 산소의 전기 화학반응을 이용하여 화학에너지를 전기에너지로 변환시키는 장치로 납산 배터리의 최소 단위와 같으며, 연료 전지 셀 속에는 두개의 백금으로 도금된 전극과 하나의 고체 전해질의 이온 교환 막이 있으며, (-)극 쪽에 수소를 흐르게 하고 (+)극 쪽에 공기를 통하게 하면 (-)

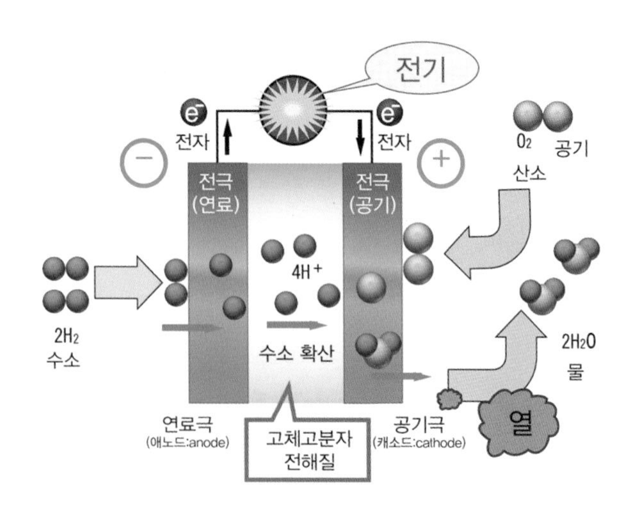

❖그림 1-11 수소 연료전지의 원리

극 쪽의 수소가 백금의 촉매작용에 의하여 전자를 방출한다.

방출된 전자가 전선을 통해서 (+)극 쪽으로 이동함에 따라 (+)에서 (−)방향으로 전기가 흐른다. 전자를 방출한 수소는 성질이 변하면서 (+)를 띤 수소이온이 되며, 이온 교환 막을 빠져나가 (+)극 쪽, 즉 공기 쪽으로 이동한다. 따라서 전자의 이동으로 전류를 생산하고 외부에서 공급된 산소(공기)와 화합하면서 생성물질은 순수한 물이 되어 배출된다.

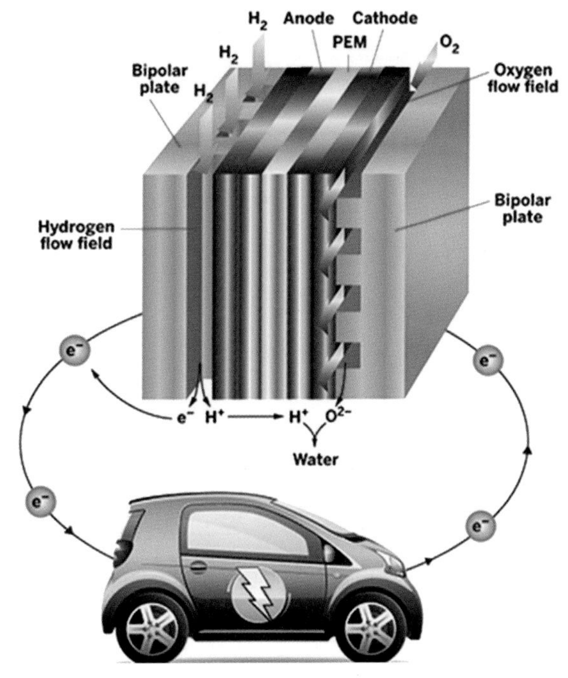

❖그림 1–12 수소 연료전지 자동차

표 1–8 HEV · PHEV · EV의 주요부 용량 비교

구분	HEV	PHEV		EV
		Toyota 방식	Chevy Volt 방식	
개요	• 외부 전원을 이용한 충전장치 없음. • 엔진 · 모터로 구동 • 배터리는 엔진 구동 중 충전함.	• 외부 전원 충전. • 단거리: 모터 주행 • 장거리: 엔진 · 모터 주행	• 외부 전원 충전. • 단거리: 모터 주행 • 장거리: 엔진과 모터로 주행	• 외부 전원으로 충전. • 배터리와 모터로 주행함.
대표적 구조	제너레이터 파워 시프트 스플릿 하이브리드	파워 스플릿 플러그인 하이브리드	시리즈 플러그인 하이브리드	전기자동차
배터리 용량	저용량 (~5 kwh)	중용량 (5~20 kwh 정도)		고용량 (20 kwh 이상)
모터구동 주행거리	~15 km	15~60 km		80~300km
특징	내연기관의 역할이 크다	HEV 와 EV 중간 정도		배터리와 모터의 역할이 크다

4 주요국가의 친환경 자동차 전략

최근 자동차 시장은 첨단기술의 발달과 세계 기후변화에 따른 친환경적인 전기 자동차가 새로운 블루오션으로 떠오르면서 내연기관 중심이었던 자동차 산업의 구조가 친환경 자동차 중심으로 급속히 변하고 있다. 이 단원에서는 자동차 생산 주요국가를 중심으로 친환경 자동차 전략은 다음과 같다.

1 미국

미국은 경기부양법안 계획의 일환으로 친환경 자동차 보급 촉진 프로그램을 운영 중이며, 전기 자동차 100만 대 보급과 차세대 전기 자동차 및 배터리 제조·개발에 2018년 말 기준 $390억의 막대한 달러를 투입하여 전기 자동차 개발 지원을 강화하고 있다.

❖그림 1-13 2019 서울 COEX EV 전시회 쉐보레 볼트

2 유럽연합(EU)

EU는 전기 자동차 인프라 구축과 재생에너지 개발에 많은 량의 유로를 지원할 계획이며, 독일은 적극적으로 Electro-mobility 개발 계획을 수립하여 전기 자동차 백만 대 보급을 추진하고 있다. 현재 유럽은 자동차 이산화탄소 배출량을 130g/km 수준을 목표로 하고 있으며, 95g/km까지 강화할 계획이다.

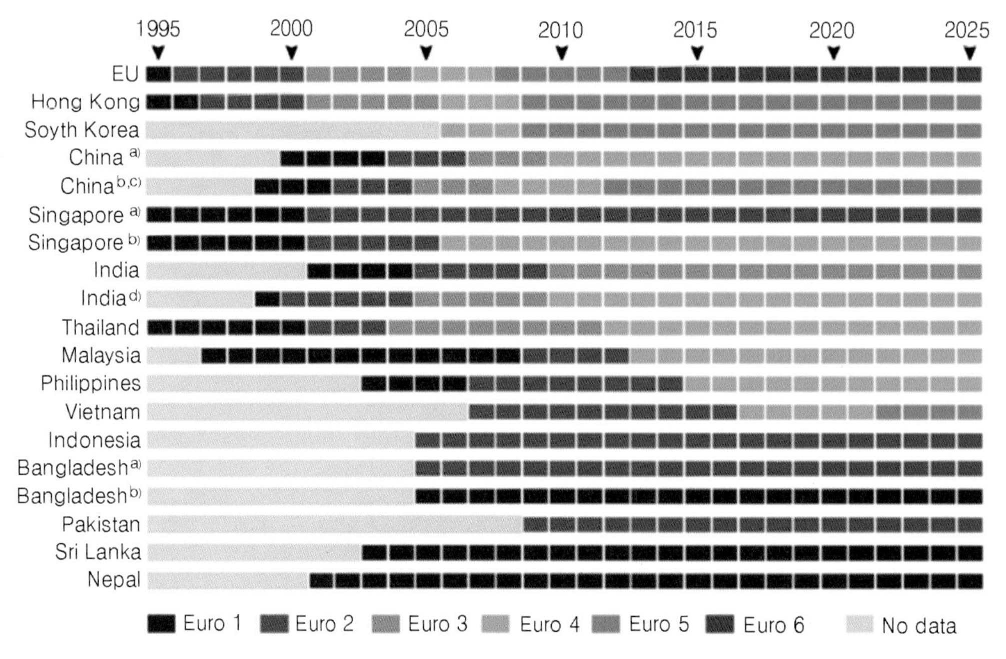

❖그림 1-14 EU와 각국의 환경 로드맵

3 중국

중국은 전기 자동차 5백만 대를 보급할 계획이므로 전기 자동차 개발을 적극적으로 추진 중이며, 향후 1,000억 위안(약 17조원)을 전기 자동차 개발과 보급지원에 투입할 예정이며, 자동차 유리, 타이어 및 섀시를 제외한 모든 부품을 3D프린터로 만들었으며 약 1,100만 원대의 2인승 소형차를 생산비 절감 등으로 2024년에는 절반가격으로 출시할 예정이다.

❖그림 1-15 2019 서울 COEX EV 전시회 중국 EU-5

4 일본

일본은 전기 자동차 50만 대 보급을 목표로 전기 자동차 보급 및 충전 인프라 구축을 위해 90억 엔/년을 투입 예정으로, 11개 도시에서 실증사업을 진행하고 있으며, 전기 자동차 구입 시 보조금을 지원한다. 일본은 도요타(90%)를 중심으로 덴소(5%) 마쯔다(5%) 등 3개 완성차업체의 합작 법인을 설립하여 전기 자동차의 기본구조와 관련 공동기술을 개발하고 폭넓은 차종을 개발하고 있다.

❖그림 1-16 2019 서울 COEX EV 전시회 닛산 리프

5 대한민국

우리나라 자동차 산업은 최근 세계 자동차 산업의 환경이 자율주행 및 커넥티드 기술 및 차량의 공유기술 등 초연결성 사회로 변모하는 등 4차 산업과의 연계 그리고 더욱 강화되는 연비와 및 배출가스 규제 등 시장의 다변화로 매우 복잡해지는 환경에서 많은 발전을 하게 되었다.

최근 개최된 2019 서울 모터쇼의 주제를 보면 △ 수소 전기 자동차 기술 등 지속가능한 에너지를 통한 친환경적 진화를 경험할 수 있는 '서스테이너블 월드' △ 자율주행 및 커넥티드 기술, 차량의 공유기술 등 초연결성 사회로 변모하는 미래상을 살펴볼 수 있는 '커넥티드 월드' △ 소형 전기 자동차, 드론, 로봇 등 새로운 모빌리티 서비스를 보고 이동성을 체험할 수 있는 '모빌리티 월드'의 테마파크를 운영하였듯이 자동차 환경이 친환경 자동차 중심의 글로벌 경쟁력 시대에 도래하였다고 하겠다.

이러한 자동차 산업은 국가의 기간산업으로서 경제성장과 일자리 창출에 핵심적인 역할을 해왔기 때문에 위기를 극복하고 지속적인 성장을 위하여 친환경 자동차 즉 하이브리드 자동차, 전기 자동차 및 수소 연료전지 자동차 그리고 자율주행 자동차에 대한 경쟁력을 확보하기 위하여 자동차의 신기술 개발과 정책을 개발하여 자동차산업의 글로벌 경쟁력 확보와 지속성장을 위한 효율적인 대응방안 마련과 노력이 지속되어야 한다.

(1) 하이브리드 자동차

하이브리드 자동차는 지속적으로 강화되고 있는 자동차에 대한 연비와 온실가스 규제에 대응할 수 있는 현실적인 대응방안으로 지속가능한 친환경 솔루션이라고 말 할 수 있다. 하이브리드 자동차는 내연기관과 모터를 연결하는 방식에 따라 다양한 구조를 가지며, 그 구조에 따라 특화된 동력분배 제어기술이 개발되고 있다.

❖그림 1-17 K7 하이브리드

또한 내연기관의 효율향상과 배터리 기술의 발전 및 가격 하락에 따라 하이브리드 자동차는 상당기간 크게 성장할 것으로 보이며 향후 수요와 다양성에 비례하여 수요가 크게 증가할 것으로 예상되므로 연비향상을 위항 기술개발에 투자가 절실하다고 생각된다.

(2) 전기 자동차

세계적인 기후 변화와 규제에 대응하고 자동차 산업의 지속가능한 성장을 위해서 전기자동차 관련분야의 기술 및 가격 경쟁력 확보가 필수적이다. 또한 세계의 자동차 메이커들은 전기 자동차 개발 및 보급에 주도권을 잡기위하여 글로벌 경쟁력이 치열한 것이 현재의 자동차산업 환경이다.

❖그림 1-18 2019 서울 COEX EV 전시회 현대 아이오닉

특히 모터와 인버터, 배터리, 공조시스템 등 전기 자동차의 핵심요소 기술의 내재화와 희토류 영구자석 및 배터리 대체 소재 등의 원천기술 확보가 절실하며, 전기 자동차 생태계 구축 및 전후방 산업육성을 통한 미래 성장 동력으로서의 교두보를 확보하고 고용 창출 및 산업 기여도를 높이는 적극적인 투자가 필요한 시점이다.

또한 최근 관심을 받고 있는 자율주행 자동차 기술과 융합연구를 통한 자율주행 전기 자동차의 글로벌 기술 경쟁력 확보에 노력이 더욱 필요하다.

(3) 수소 연료전지 자동차

현재 지구 온난화 방지를 위한 환경규제가 강화되고 있어 친환경 자동차의 생산 및 보급은 매우 필요하며, 그 중 수소 연료전지 자동차가 대안 중의 하나로 제시되고 있다. 국제 경쟁력을 갖춘 우리나라의 수소 연료전지 자동차산업은 미래 성장 가능성이 매우 크며, 완성차 업체 및 부품회사들을 효율적으로 연계하는 긴밀한 네트워크가 필요하다.

특히 수소 연료전지 자동차의 경쟁력을 높이고 세계시장의 확보를 위해서는 고내구성 전극/촉매/담지채 기술, 가변압 공기 공급 시스템 모듈화 기술, 고압 수소 저장용기 생산 기술 등 원천 및 소재 개발 기술에 대한 체계적인 지원이 필요하며, 충전소 인프라 확대, 전문 인력양성 등의 산업기반을 갖출 수 있는 투자가 필요하다 하겠다.

❖그림 1-19 서울 COEX EV 전시회 현대 넥쏘

그러나 소비자가 전기 자동차 구매 시 가장 중요하게 여기는 부분은 주행 가능거리와 충전 인프라를 재고하는 것으로 나타났다. 2018년 말 기준 전국에 설치된 주유소는 대략 1만2000개인 반면에 전기 자동차 충전소는 급속 3858개, 완속 5291개 등 9149개소이며, 이 중에 1410개가 제주지역에 몰려 있으므로 전기 자동차의 충전시설은 부족하다는 지적을 받고 있다.

이와 같이 우리나라는 2022년까지 전기 자동차 보급이 급증할 것으로 예상되지만 전기 자동차 구매를 고려하는 소비자들의 욕구와 같이 1회 충전 시 주행거리 연장기술 개발과 충전인프라 등에 투자를 고려해야 할 것이다.

표 1-7 전기 자동차 1회 충전 주행거리

차종	1회 충전 시 주행가능거리	모터 최대 토크	모터 최고 출력	배터리 사양	배터리 장단점
테슬라 X	468km	33.7㎏·m (330.7Nm)	262마력 (195.3kW)	100kWh 원통형 리튬이온 폴리머 배터리	장점: 기술검증 완료. 수급 안정 단점: 충전회수 적고 무겁다.
코나 EV	406km	40.3㎏·m (395Nm)	204마력 (150kW)	64kWh 파우치형 리튬이온 폴리머 배터리	장점; 크기 당 밀도 높고 설계 디자인 유리 단점: 외부 충격에 약함
쏘울 부스터 EV	386km	40.3㎏·m (395Nm)	204마력 (150kW)	64kWh 파우치형 리튬이온 폴리머 배터리	
볼트 EV	383km	36.7㎏·m (359.9Nm)	204마력 (150kW)	60kWh 파우치형 리튬이온 폴리머 배터리	

실습교육 그리고 기술인들의 지침서
EV
Electric Vehicle
Manual

단원 2 전기 기초

1. 전기 용어
2. 자성
3. 모터와 발전기
4. 인버터
5. 충전 장치
6. 배터리
7. 자동차의 통신

전기 기초

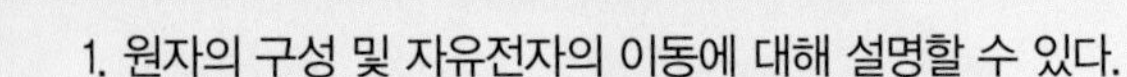

학습목표

1. 원자의 구성 및 자유전자의 이동에 대해 설명할 수 있다.
2. 정전기 및 동전기에 대해 설명할 수 있다.
3. 옴의 법칙과 저항의 접속방법에 대해 설명할 수 있다.
4. 전압 강하 및 키르히호프의 법칙에 대해 설명할 수 있다.
5. 전력과 전력량에 대해 설명할 수 있다.
6. 자기와 전기와의 관계에 대해 설명할 수 있다.
7. 전류가 형성하는 자계에 대해 설명할 수 있다.
8. 전자력에 대해 설명할 수 있다.
9. 전자유도 작용에 대해 설명할 수 있다.
10. 자기유도 작용과 상호유도 작용에 대해 설명할 수 있다.

1 전기 용어

1 전압·전류·저항

모든 물질은 분자로 구성되어 있으며, 분자는 원자의 집합체로 구성되어 있다. 또 원자는 원자핵과 전자로 구성되어 있으며, 원자핵은 다시 양성자와 중성자 분류한다. 그리고 전자 궤도를 형성하고 있는 전자 중에서 가장 바깥쪽 궤도를 회전하고 있는 전자를 가전자라 부르며, 이 가전자는 원자핵으로부터 구속력이 약하기 때문에 궤도에서 쉽게 이탈할 수 있으므로 이와 같은 전자를 자유전자(free electron)라고 한다.

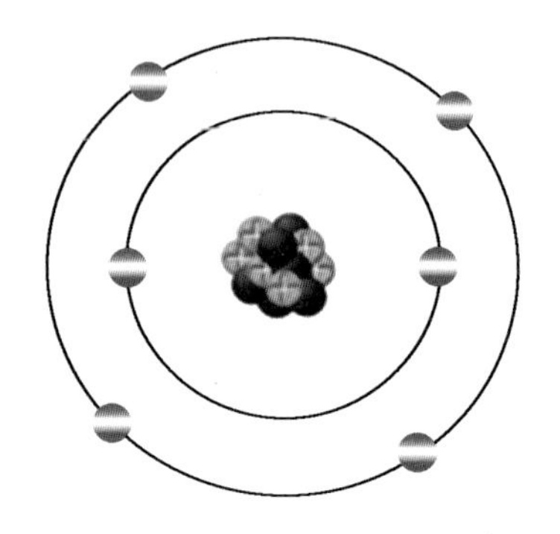

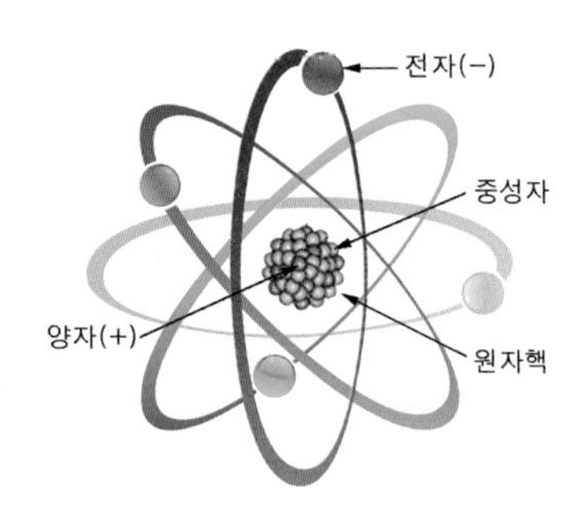

❖ 그림 2-1 원자의 구조

(1) 전류

전류란 물질에 존재하는 자유전자가 외부의 자극에 의해 이동하는 현상을 전류라고 하며, 전자가 이동 할 수 있는 물질을 도체, 흐르지 않는 물질을 부도체라고 한다. 또한 도체에 (+)극과 (−)극의 두 극을 서로 연결하면 전기는 (+)극에서 (−)극으로 흐른다고 약속하고 있으며, 정설은 영국의 물리학자 톰슨에 의해 전자는 (−)쪽에서 (+)쪽으로 이동하고 있다고 정리한다.

도체를 흐르는 전류의 크기는 도체의 한 점을 1초 동안에 통과하는 전하의 양으로 표시하며, 전류의 단위는 암페어(A, 기호는 I)를 사용한다. 단위와 종류는 아래와 같다.

1A = 1,000mA　　　　1mA = 1,000μA

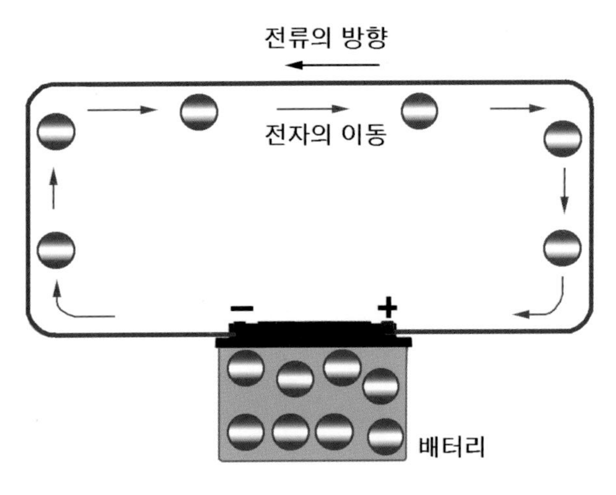

❖ 그림 2-2 전자와 전류의 흐름 방향

(2) 전압

전기회로에서는 (+)전하와 (−)전하 사이를 전선으로 연결하면 (+)전하는 전위차에 의하여 전선을 통하여 (−)전하를 향하여 전류가 흐르며, 이때의 전위차를 전압이라 한다. 전류의 흐름은 전압의 차이가 클수록 커지며, 전압의 단위는 볼트(V ; 기호는 E)로 표기한다. 1V란 1옴(Ω)의 도체에 1암페어(A)의 전류를 흐르게 할 수 있는 전기적인 압력을 말하며, 단위와 종류는 아래와 같다.

1Kv = 1,000V　　　　1V = 1,000mV

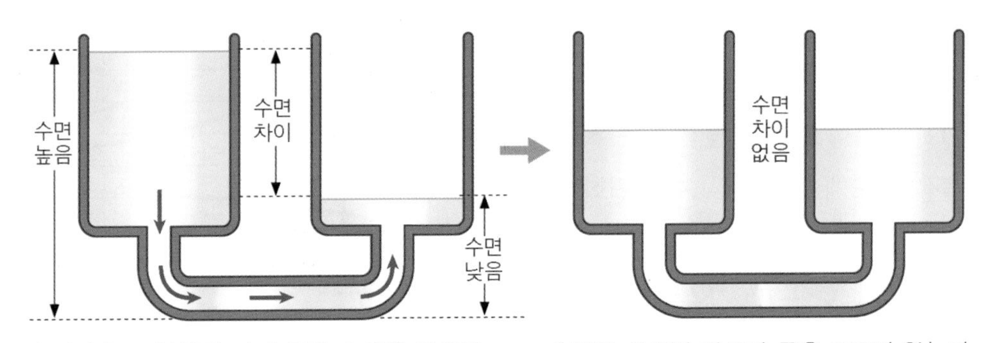

❖ 그림 2-3 수압(수면)과 물의 흐름

(3) 저항

전자가 도체 속을 이동할 때 자유전자의 수, 원자핵의 구조, 도체의 형상 또는 온도에 따라 저항은 변화한다.

즉 도체에 길이가 증가하면 많은 원자 사이를 뚫고 흘러야 하므로 저항은 증가하고 전류의 방향과 수직되는 방향의 단면적이 커질수록 전류가 흐르기 쉬운 조건이 형성되므로 도체의 저항은 그 길이에 정비례하고 단면적에 반비례하며, 저항의 단위는 옴(Ω, 기호는 R)을 사용한다.

도체의 단면 고유 저항을 ρ(Ωcm), 단면적을 A(cm²), 도체의 길이 L ℓ(cm)인 도체의 저항을 R(Ω)이라 하면 $R = \rho \times \frac{\ell}{A}$ 의 관계가 있으므로 도체와 그 형상이 결정되면 저항 값을 계산할 수 있다.

(4) 절연 저항

절연체의 저항은 그림과 같이 절연체를 사이에 두고 높은 전압을 가하면 절연체의 절연 저항 정도에 따라 매우 적은 양이기는 하지만 화살표 방향으로 전류가 흐른다. 절연체의 전기 저항은 도체의 저항에 비하여 대단히 크기 때문에 메거 옴(MΩ)을 사용하며, 절연 저항이라 부른다. 절연 저항은 다음의 공식으로 표시한다.

$$R = \frac{E}{I} \times 10^{-6}$$

여기서, R : 절연저항(MΩ)

E : 공급한 전압(V)

I : 공급한 전류(A)

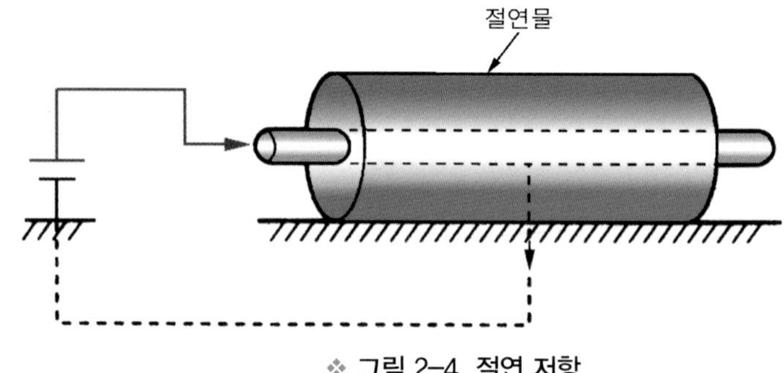

❖ 그림 2-4 절연 저항

도체의 저항은 온도에 따라서 변화하며, 온도가 상승하면 보편적인 금속은 저항값이 직선적으로 증가하지만 반대로 반도체 및 절연체 등은 감소한다.

온도가 1℃ 상승하였을 때 변화하는 저항값의 비율을 온도계수에 따른 저항 변화라고 한다.

구리선의 경우 온도가 1℃ 상승하면 그 저항은 약 0.004배가 증가한다. 따라서 어떤

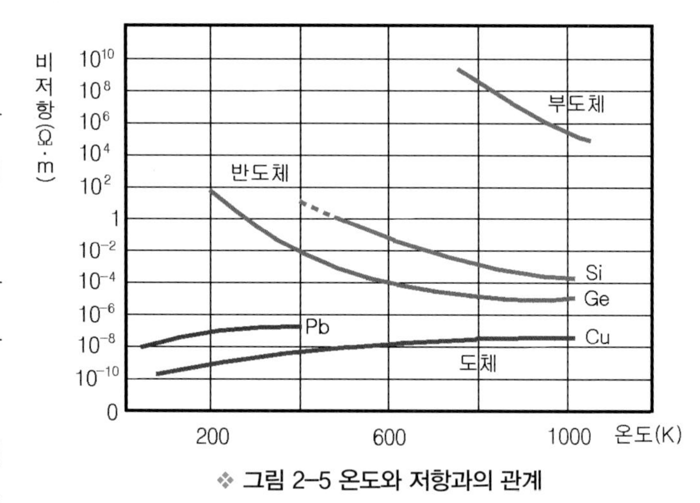

❖ 그림 2-5 온도와 저항과의 관계

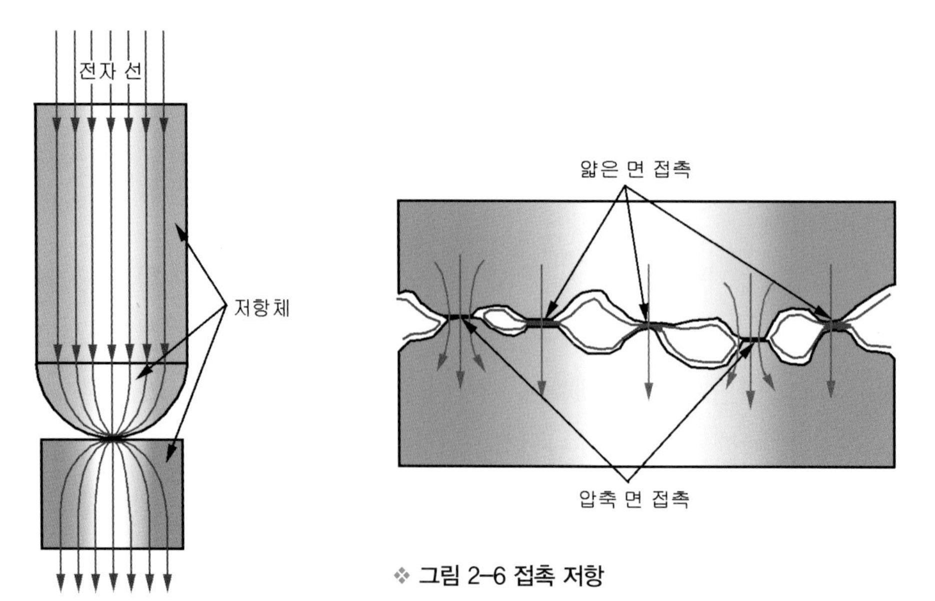

❖ 그림 2-6 접촉 저항

온도에서 저항이 1Ω이었을 경우 1℃ 상승하면 1.004Ω이 되고 20℃ 상승하면 1Ω +(0.004Ω × 20)=1.08Ω이 된다.

접촉 저항이란 도체와 도체를 연결할 때 헐겁게 연결하거나 녹이나 페인트 및 피복을 완전히 제거하지 않고 연결하면 그 접촉면 사이에 저항이 발생하여 전류의 흐름을 방해한다. 이와 같이 접촉면에서 발생하는 저항을 접촉 저항이라고 한다.

(5) 전력과 전력량

전구 또는 전동기 등의 부하에 전위차가 있는 전류를 흐르게 하면 열이 발생하거나 또는 기계적인 일을 한다. 이와 같이 전기가 일정 시간에 하는 일 또는 에너지 량의 크기를 전력이라고 하며, 전력은 전압과 전류를 곱한 값이므로 전압과 전류가 클수록 커진다. 또한 전력에 시간을 곱한 것을 전력량 또는 작업량이라 하며 공식은 다음과 같다.

$P = E \times I(W)$ 여기서, P : 전력(W)

E : 전압(V)

I : 전류(A)

2 옴(Ohm)의 법칙과 저항의 접속방법

(1) 옴의 법칙(Ohm' law)

전기회로에 흐르는 전압, 전류 및 저항은 서로 일정한 관계가 있으며, 1827년 독일의 물리학자 옴(Ohm)에 의해 도체를 흐르는 전류는 도체에 가해진 전압에 비례하고, 그 도체의 저항에 반비례한다고 정리하였으며, 이를 옴의 법칙이라 한다.

$E = I \times R$ I : 도체를 흐르는 전류(A)

E: 도체에 가해진 전압(V)

R: 그 도체의 저항(Ω)

(2) 저항의 접속방법

여러 개의 저항을 접속하는 방법에는 직렬접속과 병렬접속이 있다. 어느 접속이든지 전체의 저항(R)은 전압(E)을 전체 전류(I)로 나눈 $R = \frac{E}{I}$ 가 되며, 회로의 저항 전체를 합성하는 경우에는 이를 합성 저항 또는 전체 저항이라 한다.

1) 저항의 직렬접속

여러 개의 저항을 한 줄로 접속하는 것을 직렬접속이라 한다. 그림과 같이 3개의 저항을 직렬로 접속하면 각 저항에 흐르는 전류는 일정하고 각 저항에는 공급 전원 전압이 나누어져 흐르게 된다. 그리고 합성 저항은 각 저항의 총합과 같으며, 각각의 저항에 흐르는 전류는 모두 같은 값이다. 또한 각 저항에 공급된 전압의 총합은 공급 전원 전압과 같다.

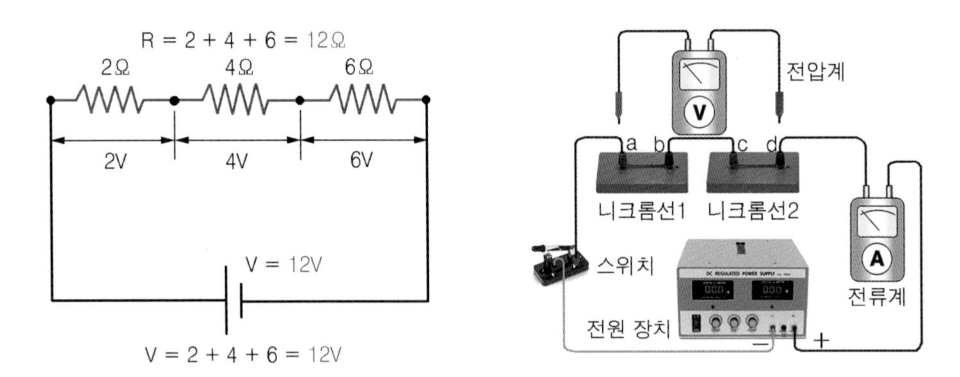

❖ 그림 2-7 직렬회로의 전압 분배

2) 저항의 병렬접속

여러 개의 저항을 그림과 같이 양단의 두 단자에서 공통으로 연결하는 것을 병렬접속이라 하며 작은 저항을 얻고자 할 경우, 또는 부하에 흐르는 전류를 조절 하고자 할 때 사용한다.

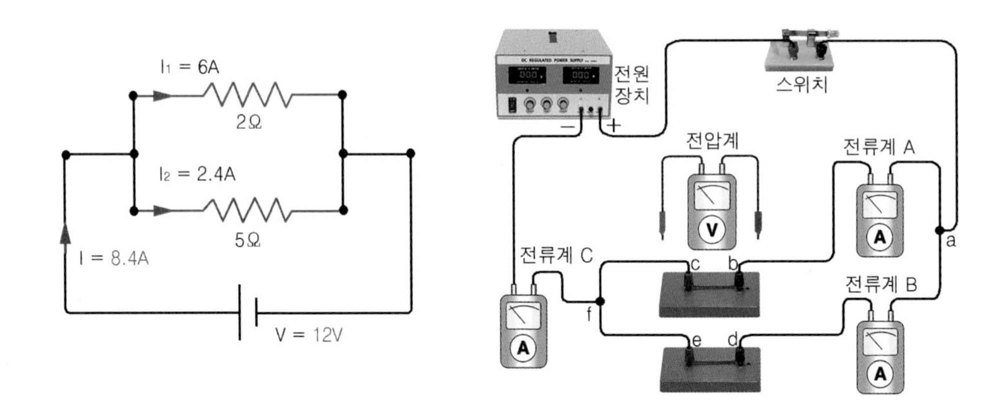

❖ 그림 2-8 병렬회로의 전압 분배

3 전압 강하(voltage drop)

전원으로부터 전선을 따라 흐르는 전류는 저항(R)을 통과하면서 전압의 크기가 낮아지는 현상을 전압 강하라고 말하며, 전압 강하량은 전원에서 멀어짐에 따라 점점 낮아진다.

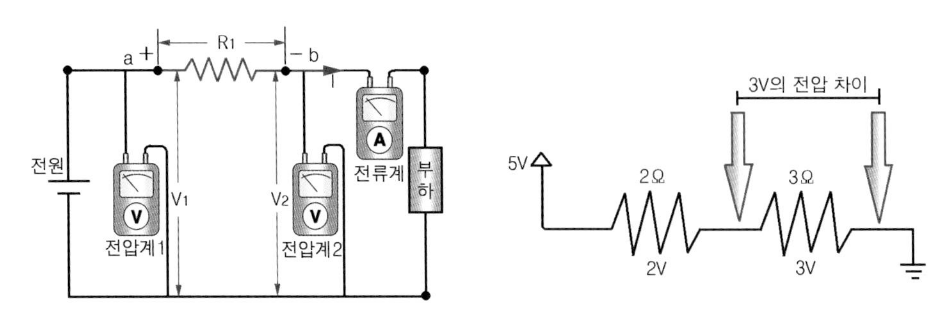

❖ 그림 2-9 저항에 의한 전압 강하

전기회로 내의 전압 강하량은 전자의 이동량을 표현하는 전류(I, 단위 A), 전류의 흐름을 억제하는 저항(R, 단위 Ω) 및 전류가 흐를 수 있도록 압력을 가하는 전압(E, 단위 V) 등을 옴의 법칙($E=I\times R$)에 따라 전압 강하량을 계산 할 수 있으며 직렬 전기회로 내에 저항이 증가하면 전압 강하의 값은 커진다.

4 키르히호프의 법칙(Kirchhoff's Law)

복잡한 회로의 전압·전류 및 저항을 다룰 경우에는 옴의 법칙을 발전시킨 키르히호프의 법칙을 사용한다. 즉, 전원이 2개 이상인 회로에서 합성 전력의 측정이나 복잡한 회로망의 각 부분의 전류 분포 등을 구할 때 사용하며, 제1법칙과 제2법칙이 있다.

(1) 키르히호프의 제1법칙

이 법칙은 전류에 관한 공식으로 직렬회로에서는 전체 전류는 모든 저항을 통하여 같은 값으로 흐르지만, 병렬회로에서는 각각의 회로에 나누어져 흐른 후 다시 합쳐져 흐른다.

그러나 회로의 연결과는 관계없이 회로 내의 어떤 한 점에 유입된 전류의 총합과 유출한 전류의 총합은 같으며 이를 키르히호프의 제1법칙이라 하며 공식은 다음과 같다.

$I_1+I_2=I_3+I_4$

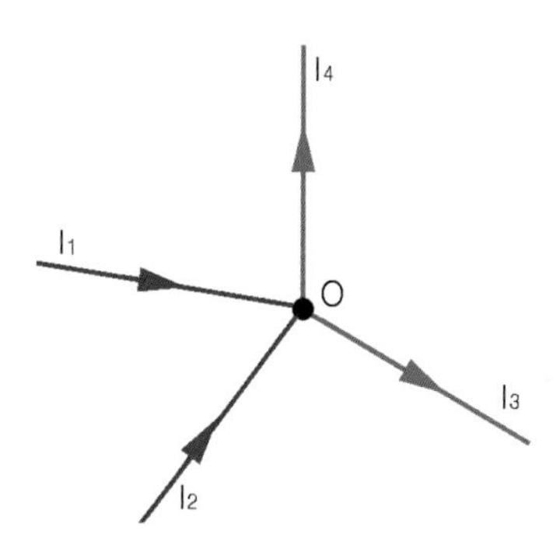

❖ 그림 2-10 키르히호프의 제1법칙

(2) 키르히호프의 제2법칙

이 법칙은 전압에 관한 공식이며, 그림 2-11에서 기전력 E(V)에 의해 R(Ω)의 저항에 I(A)의 전류가 흐르는 회로에서 옴의 법칙에 따라 $E=I\times R$이 된다. 이것을 문자로 나타내면 "기전력 = 전압 강하에 의한 전압의 합"으로 되어 A → B → C→ D의 방향에서는 기전력과 전압강하가 같다는 것을 뜻한다.

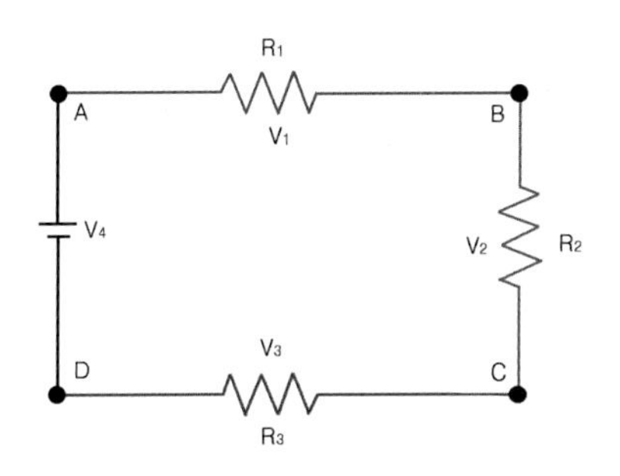

❖ 그림 2-11 키르히호프의 제2법칙

이상의 설명은 간단한 회로의 경우이지만 전원이 2개 이상 있는 복잡한 회로, 즉 임의의 폐회로(하나의 접속점을 출발하여 전원·저항 등을 거쳐 본래의 출발점으로 되돌아오는 닫힌회로)에 있어 기전력의 총합과 저항에 의한 전압 강하의 총합은 같다

$V_1+V_2+V_3-V_4=0$

5 직류·교류·맥류

(1) 직류(DC ; Direct Current)

직류란 흐르는 방향과 전압이 일정한 전류이며, 더불어 극성이 같은 영역에서 전압의 변화는 있어도 전류의 변화가 없는 전류 또한 직류이다. 즉 시간에 따라 흐르는 극성(방향)과 전압의 크기가 변하지 않는 전류를 일반적으로 DC라고 한다.

❖ 그림 2-12 직류

(2) 교류(AC ; Alternating Current)

교류는 시간의 흐름에 따라 그 크기와 극성 (방향)이 주기적으로 변화하는 사인 곡선 특성의 전류이다. 더불어 1초 동안 반복되는 사이클의 총 횟수를 주파수라고 하며, 단위는 Hz로 표시한다.

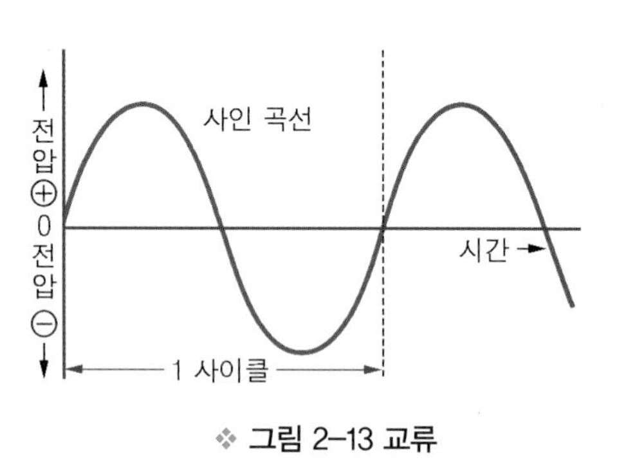

❖ 그림 2-13 교류

(3) 맥류(PC ; Pulsate Current)

전압이 주기적으로 변화하는 전류 또는 일정한 전압에서 ON과 OFF를 반복하는 펄스파의 전류를 맥류라고 한다. 즉 시간에 따라 흐르는 극성이 변화하지 않지만, 전압의 크기가 변화하는 전류는 DC의 일종이며 맥류(PC)라고 한다.

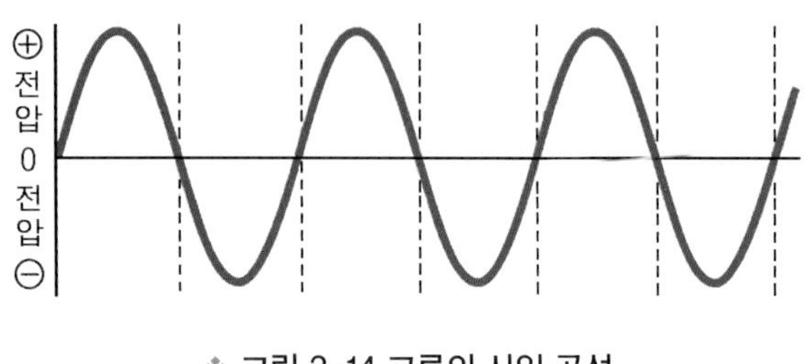

❖ 그림 2-14 교류의 사인 곡선

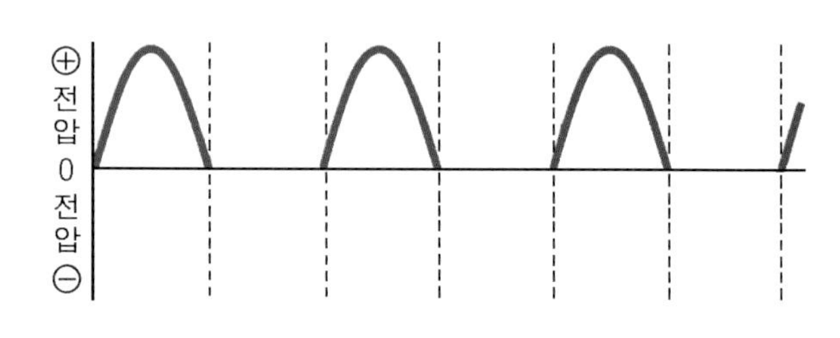

❖ 그림 2-15 맥류의 펄스 파형

6 주기·사이클 및 주파수

교류의 사인 곡선에서 산 1개와 골짜기 1개를 이루는 파형을 사이클이라 하며, 1사이클에 소요되는 시간을 주기라고 한다. 또한 주파수는 1초 동안의 반복되는 사이클의 총횟수이며, 사이클 내에서 전류 또는 전압의 위치를 위상이라고 한다.

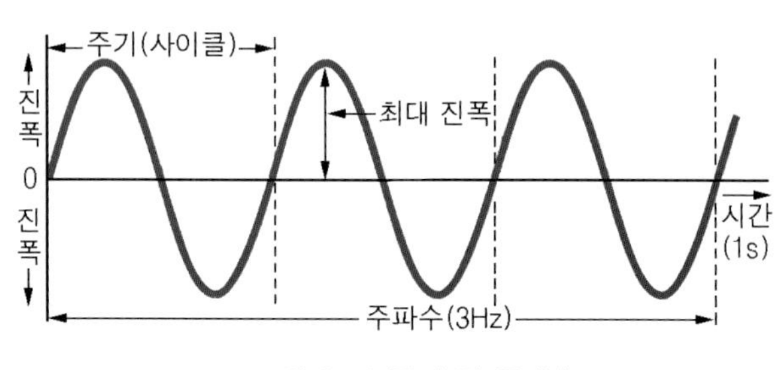

❖ 그림 2-16 주기 및 주파수

그림 2-16과 같이 1개의 사인파를 출력하는 전류는 단상 교류이며, 삼상 교류는 3개의 단상이 주기가 1/3(위상 120°간격)씩 엇갈린 상태에서 같은 주파수 및 전압으로 변화하는 전류로서 삼상 교류는 속도제어용 모터에 적합하다.

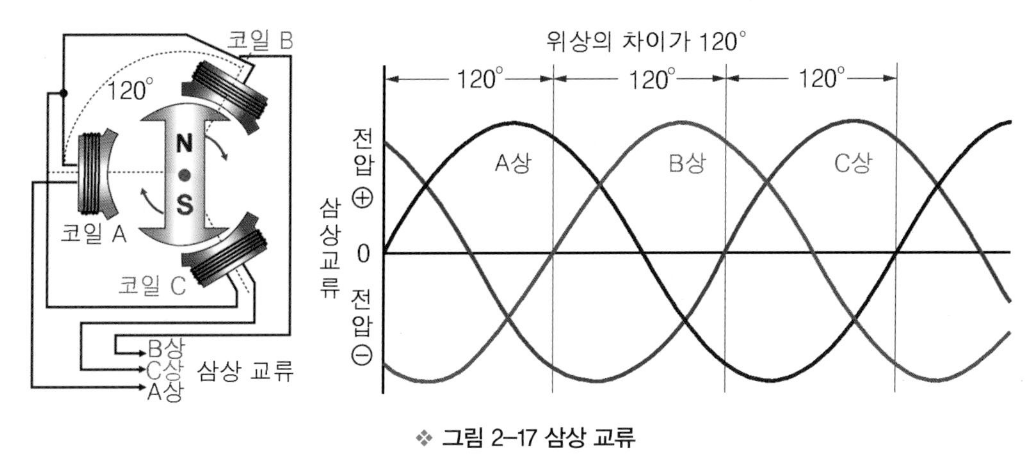

❖ 그림 2-17 삼상 교류

7 능동소자 및 수동소자

전기 회로에 사용되는 부품을 소자라고 하며, 모터의 전력 제어에 사용되는 반도체 소자는 컴퓨터 등에 사용되는 것에 비해서 높은 전압과 대전류를 취급하는 것이 특징이며, 전력용 반도체 소자 또는 파워 디바이스라고 한다.

반도체 소자 중에서 트랜지스터는 증폭과 스위칭 작용을 하며, 스위칭 소자를 이용하면 기계적인 스위치에서는 불가능한 고속의 스위치 조작이 가능하고 높은 전압 및 대전류 등에서 발생하는 문제를 해소 할 수 있다. 정류 소자인 다이오드는 일정 방향으로는 전류가 흐르지 않는 성질이 있어 교류를 직류로 변환할 때 사용된다.

반도체 소자는 능동적인 작용이 있기 때문에 능동 소자(active element)라고 하지만 전기 회로에서는 저항기나 콘덴서, 코일과 같은 수동 소자(passive element)도 많이 사용한다.

저항기는 전력을 소비하고 전압과 전류를 제어하기 위해서 사용되며, 커패시터 기능의 콘덴서는 전기를 모으거나 방출할 수 있는 것으로 전압의 변화를 방지하기 위해서 사용된다.

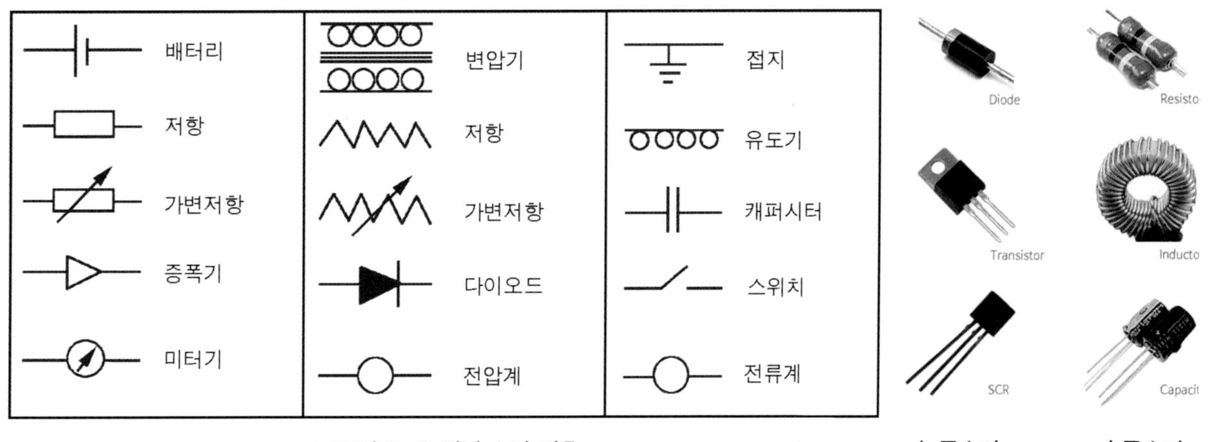

❖ 그림 2-18 전기 소자 기호

능동소자 수동소자

2 자성

자기는 자석(magnet)이 갖고 있는 힘이 주위에 발생하는 현상으로 자석의 N극이 다른 자석의 S극 부분을 자신의 영역 가까이 끌어들이려는 성질을 자성이라 하고 자석이 갖고 있는 흡인하는 힘을 자기력이라고 한다.

1 자기의 성질

N극과 S극의 극성이 있는 자기의 극성이 있는 부분을 자극이라 하며, 서로 다른 이극끼리는 흡인력으로 서로 끌어당기고, 동극끼리는 반발력으로 서로 밀어낸다. 또한 자석에 의해 자성체가 끌려가는 것은 일시적으로 발생한 자석의 성질 때문이다.

이와 같이 자기를 띠는 현상을 자화라고 하며, 일시적인 자화현상은 시간이 경과하면 자석의 성질은 없어지기도 한다. 더불어 시간이 경과해도 자기의 성질을 유지하는 것을 영구 자석이라고 한다. 모터에서 주로 사용되고 있는 자석은 페라이트 자석과 희토류 자석이며, 자석의 자력은 고온이 되면 자력이 저하되기 쉽다.

2 자력선

자력이 미치는 범위를 자계 또는 자장이라 하며, 자력선은 N극에서 S극으로 흐르고 도중에 갈라지거나 교차하지 않으며, 자력이 강할수록 자력선의 간격은 좁다. 물질의 종류에 따라서 자력선이 통과하는 성질은 차이가 있으며, 자력선은 가장 짧은 거리로 통과하려는 성질이 있다.

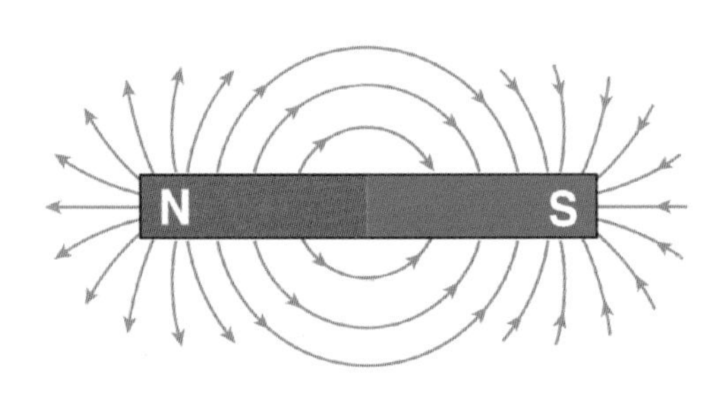

❖ 그림 2-19 자력선의 흐름

3 전자석(Electromagnet)

도선에 전류가 흐르면 도선의 주위에는 동심원의 자계가 발생한다. 자력선이 향하는 방향은 앙페르의 오른 나사 법칙에서와 같이 전류의 방향에 대해서 시계 방향으로 형성되며, 전류의 흐름에 따라 형성되는 자석을 전자석이라고 한다.

일반적으로 도선을 감은 형상의 코일이 사용되며, 코일 내에 철심을 넣으면 자력선이 통과하기 쉬워 더욱 강한 자계가 형성된다. 또 자석의 자계는 전류에 비례하여 강해지고 전류가 같다면 코일의 권수가 많을수록 자계가 강해진다.

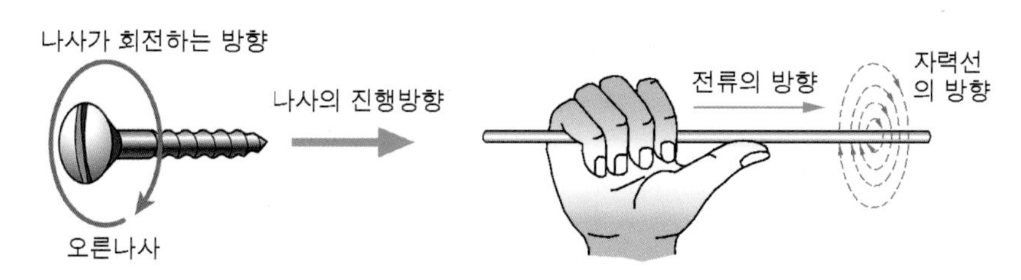

❖ 그림 2-20 오른나사의 법칙

4 전자력(Electromagnetic Force)

자계 속에 존재하는 도선에 전류가 흐를 때, 전선에 발생하는 자력선과 기존 자계 사이의 영향으로 도선의 자기는 안정된 상태가 되려는 성질 때문에 도선은 운동하는 힘이 발생하며 이 힘을 전자력이라고 한다.

이때 전류, 자계 및 전자력의 방향은 일정한 관계가 있으며, 플레밍의 왼손법칙에 따라 왼손의 엄지손가락, 인지 및 가운데 손가락을 직교한 상태에서 인지를 자력선의 방향, 가운데 손가락을 전류의 방향에 일치시키면 엄지손가락의 방향으로 전자력이 작용하며 이를 모터의 원리에 응용하고 있다.

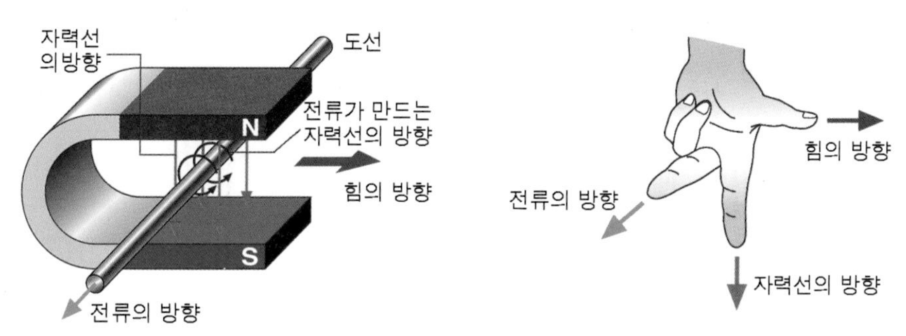

❖ 그림 2-21 플레밍의 왼손 법칙

5 유도 기전력(Induced Electromotive Force)

발전기에서와 같이 자계 속에서 도선을 움직이면 도선은 자계에 영향을 받아 도선에 전류가 흐르는 현상을 전자 유도 작용이라 하며, 발생하는 전압을 유도 기전력, 흐르는 전류를 유도 전류라고 한다.

이때 자계, 운동 및 전류의 방향은 플레밍의 오른손법칙과 같이 오른손의 엄지손가락, 인지 및 가운데 손가락을 서로 직교하여 펴서 인지를 자력선의 방향, 엄지손가락을 도선의 운동방향에 일치시키면 가운데 손가락은 유도 기전력을 방향과 같다.

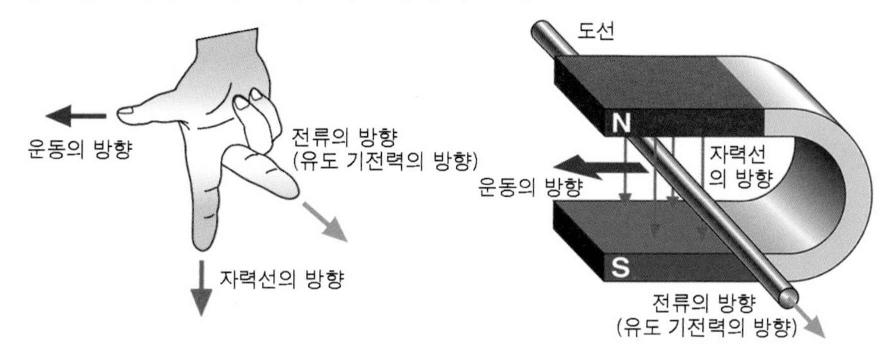

❖ 그림 2-22 플레밍의 오른손 법칙

6 전자 유도 작용

코일 자신에 흐르는 전류를 변화시키면 코일의 임피던스 영향으로 인하여 그 변화를 방해하는 방향으로 유도 기전력이 발생하는데 이를 자기 유도 작용이라 한다. 또한 전기 회로에 자력선의 변화가 생겼을 때 다른 전기 회로에 기전력이 발생되는 현상을 상호 유도 작용이라 한다.

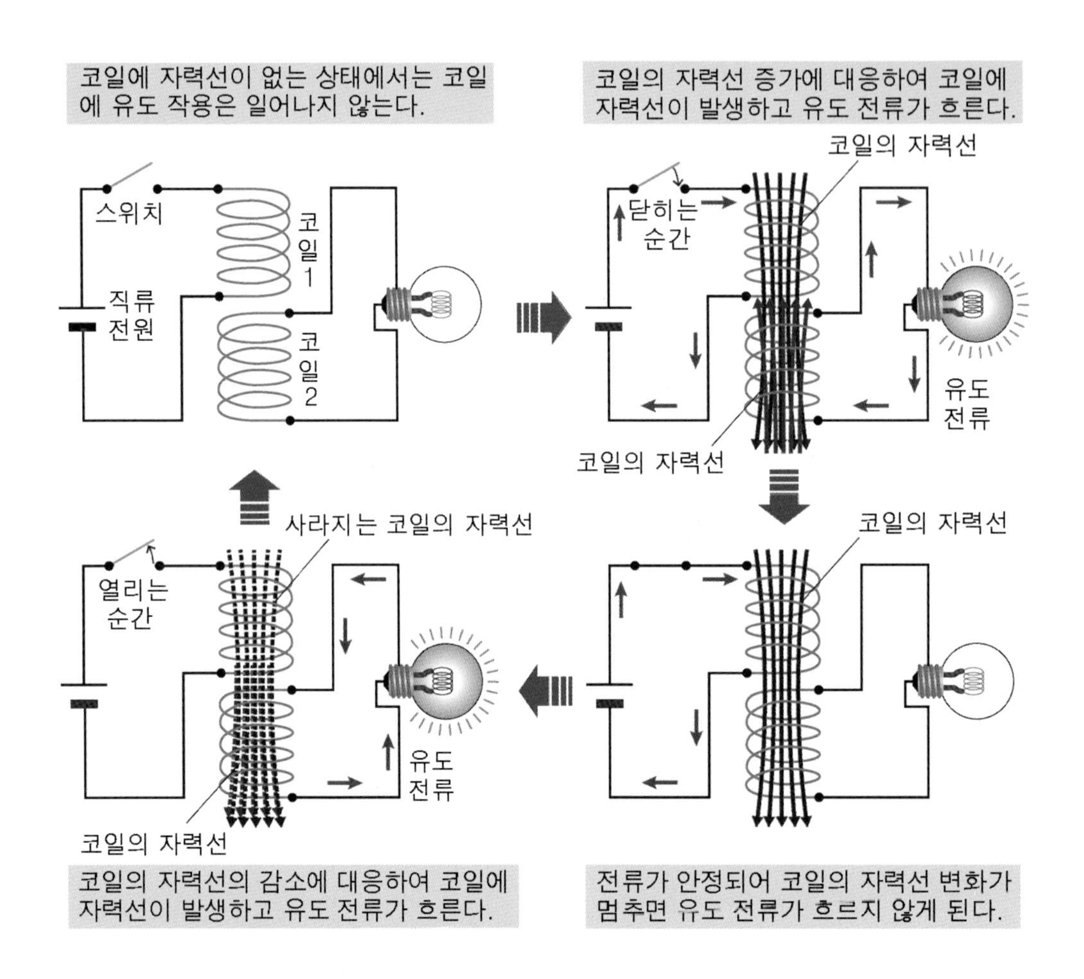

❖ 그림 2-23 자력선의 유도 작용

도선으로 만들어진 코일 속에서 자성이 있는 막대자석을 왕복으로 움직이면 코일 자신의 임피던스에 의해 자력선이 유도되고 자석의 이동이 빠를수록, 코일의 권수가 많을수록 유도 기전력이 커진다.

전자 유도 작용은 도선이나 코일 이외에서도 발생하는데 변화하는 자계 속에 반도체를 위치시키면 유도 전류가 흐른다. 예를 들어 동판의 한 점을 향해서 자석의 N극을 가까이 접근시키면 동판 위에 반시계 방향으로 전류가 흐르며, 이를 와전류라고 한다. 이러한 와전류는 전력의 손실을 발생시키고 모터의 효율을 떨어뜨리는 요인이 되기도 하지만 모터의 회전 원리에 이용되기도 한다.

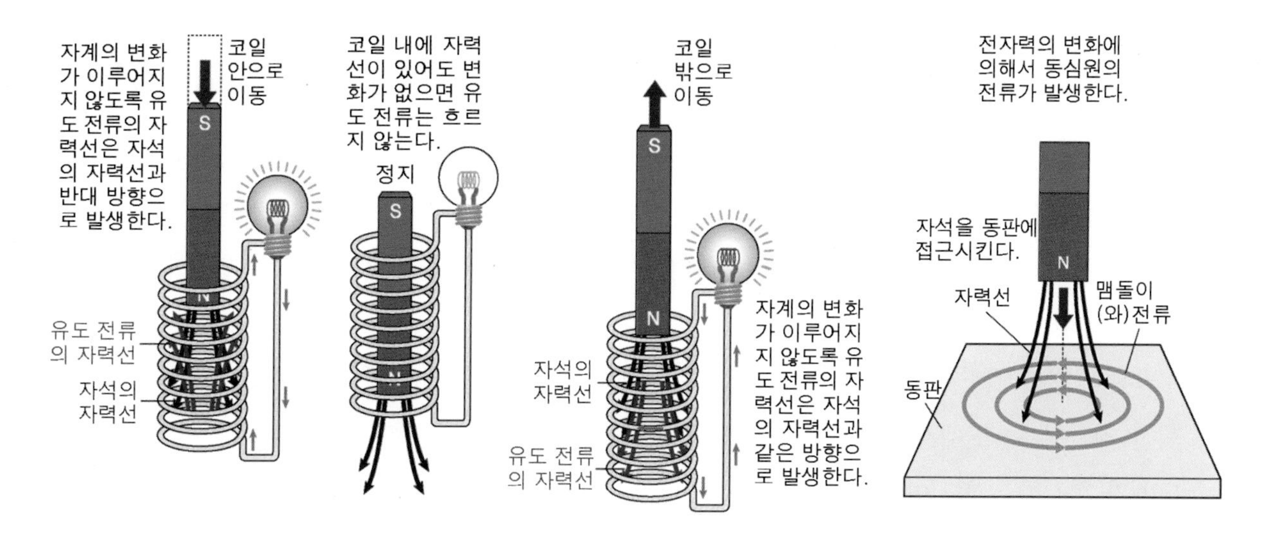

❖ 그림 2-24 전자 유도 작용과 맴돌이 전류

7 자기유도 작용과 상호 유도 작용

코일에 전류가 흘러 전자석이 되는 과정에서 상대편 코일은 리액턴스에 의하여 자기장의 흐름을 방해하는 방향으로 기전력이 발생하며 또한 코일에 흐르는 전류가 차단될 때에도 코일에는 유도성 기전력이 발생한다. 즉 전류의 흐름이 차단될 때 자신의 코일에 발생하는 기전력을 자기 유도 작용이라 하고, 자계를 공유 할 수 있도록 배치한 이웃한 코일 사이에서 코일의 권수비에 따라 발생하는 유도 기전력을 상호 유도 작용이라 한다.

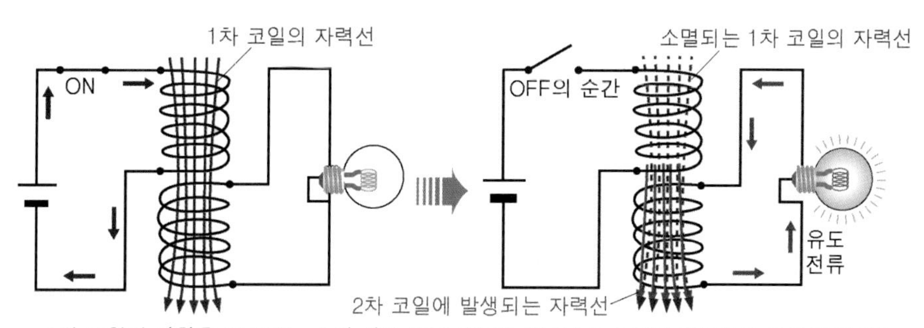

1차 코일의 전원을 OFF하는 순간 상호 유도 작용에 의해 2차 코일에 자력선을 발생시키도록 유도 전류가 흐른다. 1차 코일에 전원을 ON하는 순간에도 상호 유도 작용은 일어난다.

❖ 그림 2-25 자기 유도 작용과 상호 유도 작용

3 모터와 발전기

전류가 만드는 자기장을 이용하여 회전운동의 힘을 얻는 모터와 전자 유도 작용으로 기전력을 발생시키는 발전기의 원리는 모두 자기장을 이용한다. 기전력의 크기는 자기장의 세기와 도체의 길이 및 자기장과 도체의 상대적 속도에 비례하며, 기전력의 방향은 플레밍의 오른손 법칙에 의해 이해할 수 있다.

발전기 내부에는 자기장을 만들기 위한 자석과 기전력을 발생시키는 도체가 있으며, 그림과 같이 회전 계자형은 도체가 정지하고 자기장이 회전하는 발전기이고, 회전 전기자형은 자기장이 있는 도체가 회전하는 형식이다.

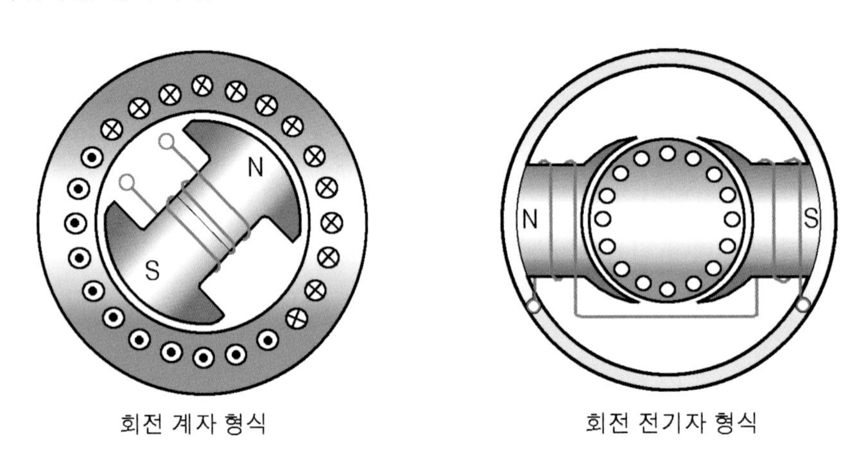

❖ 그림 2-26 발전기 회전자 형식의 종류

1 자석의 반발력을 이용한 모터

자석의 N(+)극에서 S(−)극을 향해 자력선이 작용하고 있으며, N극과 S극의 밀고 당기는 반발력의 특성을 이용한 것이 모터이다.

2 단상 유도 전동기

구조는 고정자는 주로 프레임에 0.35mm의 얇은 규소강판을 성층한 것이며, 회전자는 적층된 철심에 동, 알루미늄 막대를 끼우고 양단에 단락 링으로 단락하여 샤프트에 고정하였으며, 외부 프레임, 냉각 날개, 공기 입•출구, 축 및 단자 박스 등으로 구성되어 있다.

그림에서 고정자 권선에 단상 전류를 흘리면 교번 자계가 발생하여 회전자 권선에 회전력이 발생한다. 그러나 단상유도전동기의 회전자가 정지하고 있을 경우에는 회전력을 발생하지 않으므로 코일 또는 보조 권선에 컨덴서를 접속하여 회전자의 기동장치 역할을 한다.

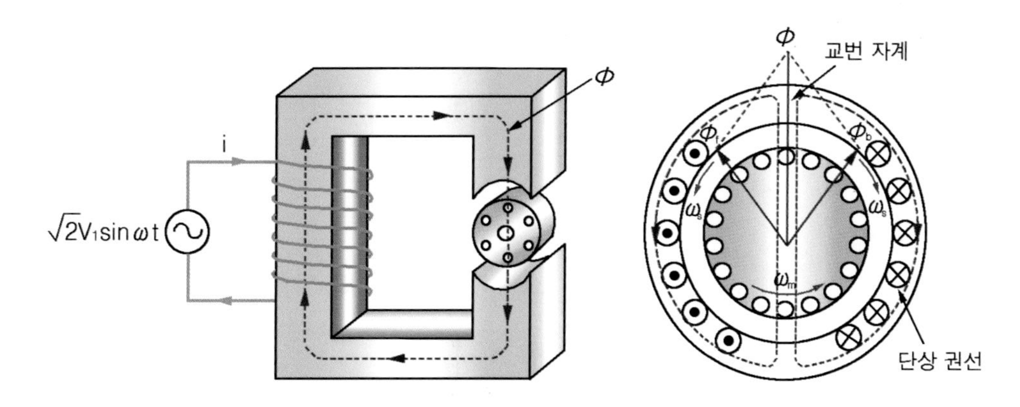

❖ 그림 2-27 단상 유도 전동기의 원리

표 2-1 단상 유도 전동기의 특성 비교

전동기 종류	토크		정격부하를 가할 때		출력범위 (HP)	가격(%)	적용 분야
	기동시	최대토크	역률	효율			
분산 기동형	100~250	300	50~65	55~65	1/20 ~ 1/3	100	팬, 펌프, 세탁기, 등의 기동 토크가 작은 분야
커패시터 기동형	250~400	350	50~65	55~65	1/10~3	125	컴프레서, 펌프, 컨베이어, 냉장고, 에어컨, 세탁기 등의 부하를 기동하기 힘든 분야
커패시터 구동형	100~200	250	75~90	60~70	1/10~1	140	팬, 펌프, 송풍기 등 저소음이 요구되는 장비
커패시터 기동-구동형	200~300	250	75~90	60~70	1/2~3	180	컴프레서, 펌프, 컨베이어, 냉장고 등 저소음이 요구되고 기동하기 힘든 장비
쉐이딩 코일형	40~60	140	25~40	25~40	1/30 ~ 1/3	60	팬, 헤어드라이어, 장난감 등 기동 토크가 작은 분야

3 삼상 교류 모터

3상의 교류를 사용하는 3상 동기 모터는 전기 자동차 및 하이브리드 자동차의 구동에 적합하며 교류 동기 모터(Synchronous motor)의 한 종류이다.

(1) 고정자의 권선법

전기 에너지를 기계 에너지로 변환하는 중간 과정에서 손실되는 에너지를 방지하기 위해서는 고정자의 권선법이 중요하며, 고정자와 회전자 사이의 공극에 양질의 자속을 만들어 시간적으로 회전하는 회전 자계를 만드는 코일의 구성 방법으로 집중권, 분포권, 치집중권으로 나누어지며, 양질의 자속을 만들려면 공극 자속(B)가 그림과 같이 정현적인 파형을 보여야 한다.

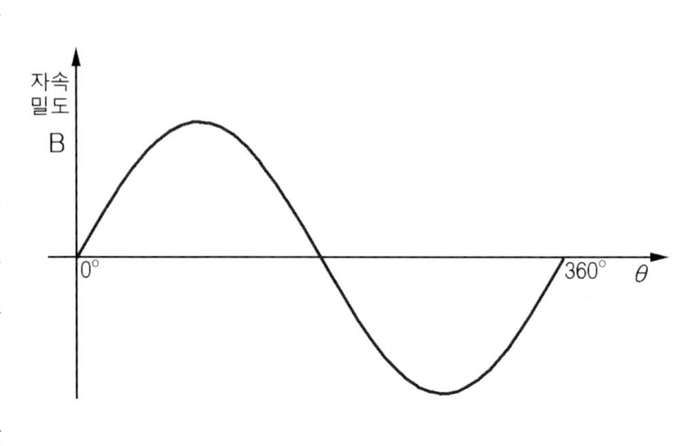

❖ 그림 2-28 정현파의 자속 밀도

하지만 그림은 이상적인 파형이며, 실제 모터에서 사용되는 전기의 주파수에 따른 코일의 리액턴스 등의 요인으로 공간 고조파(harmonics)가 생기며, 고조파가 커질수록 크면 모터의 소음과 진동이 커지고 이는 에너지 손실이 발생한다.

고조파를 방지하기 위해 '스큐' 라는 방식으로 슬롯의 각도를 비틀어 고조파의 유입을 방지(고조파가 서로 상쇄 됨)한다.

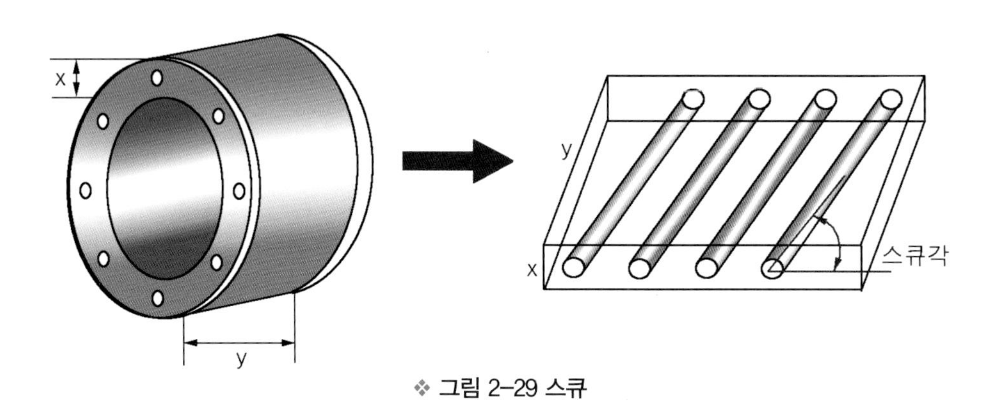

❖ 그림 2-29 스큐

권선법의 종류는 크게 고정자에 2개 이상의 슬롯에 코일을 분포해서 감는 분포권과 각각의 코일을 독립적으로 집중해서 감는 집중권(치집중권 포함) 및 분포권으로 나눌 수 있다.

권선 도체 면적을 슬롯 면적으로 나눈 값을 점적 율이라고 하며, 점적 율이 높게 되면 코일을 많이 감을 수 있기 때문에 기자력이 높고(F=NI) 이는 모터가 더 큰 힘을 낼 수 있다.

하지만 장점만이 있을 수는 없어서 기자력이 큰 집중권의 단점으로는 고조파가 크다는 엄청난 단점이 있으므로 유도 전동기의 권선법으로는 거의 사용하지 않는다. 분포권의 장·단점은 위의 집중권과 거의 대비되는데 회전축의 면에 코일을 감는 것으로 자극의 회전이 원활하며, 분포 단절권은 고조파가 가장 작아 공극 자속 밀도를 가장 정현적으로 만들 수 있는 권선법이다.

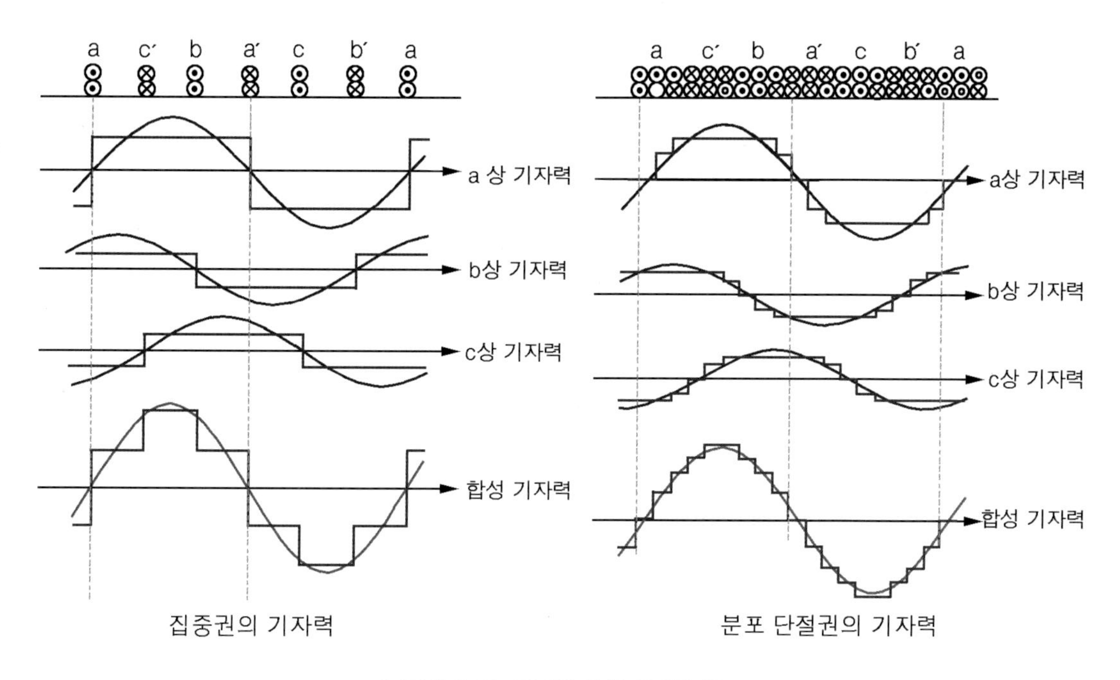

❖ 그림 2-30 공극의 합성 기자력 비교

실제 모터에서 권선법을 구분하기는 어렵지만 슬롯으로 구분하는 방법으로 슬롯수를 상수로 나누어 주고 이 값을 다시 극수로 나누어 주면 q이다. 즉 q가 1 이하이면 집중권인데 예를 들어 모터가 3상 8극 12슬롯이라고 가정하면

$$\frac{12}{3}=4, \quad \frac{4}{8}=0.5$$

∴ 이 모터는 집중권이다.

표 2-2 권선법

권선법	집중권	분포권		치집중권
		전절권	단절권	
모터				
기자력	크다	다소 작다	다소 작다	크다
고조파	크다	중간	작음	매우 크다
점적율	높다	중간	낮음	매우 높다

(2) 삼상 회전 자계

권선수와 성능이 동일한 3개의 코일을 중심 위치에서 120°간격으로 배치한 후, 각각의 코일에 삼상 교류를 공급하여 전류가 흐르면 회전 자계가 형성되는데 이를 삼상 회전 자계라 한다.

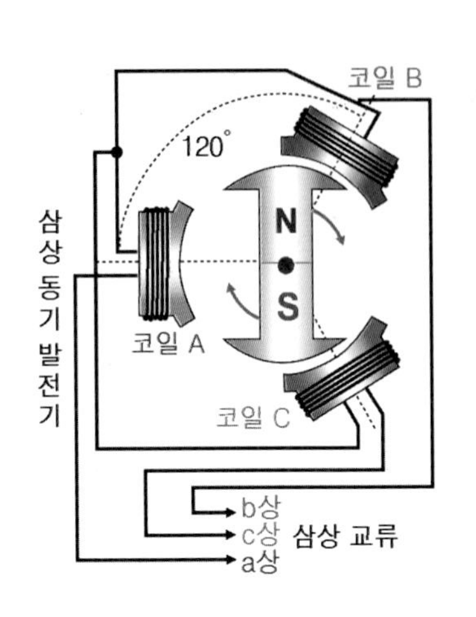

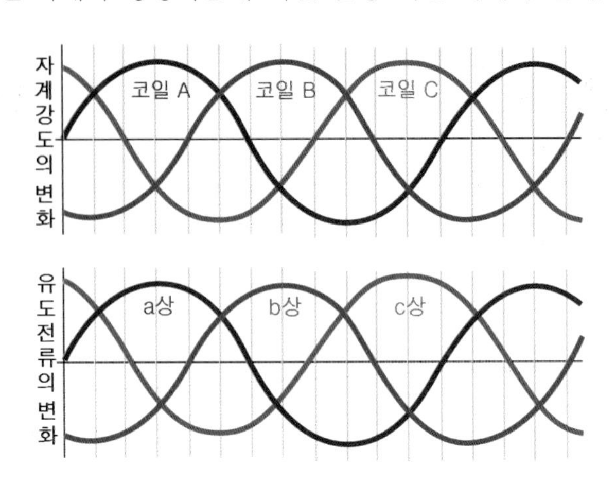

❖ 그림 2-31 삼상 교류

(3) 슬립 (Slip)

모터 계자의 회전 자기장의 속도는 회전자(Rotor)의 회전 속도보다 항상 빠르며, 모터가 정지한 상태에서 기동하는 과정에서는 회전 자기장과 로터의 상대적인 속도차이가 가장 크다. 이때 로터에 유도되는 전류가 가장 크며, 이어서 로터의 회전속도가 가속되면서 최고속도에서는 동기속도에 가까워진다. 이와 같이 회전 자기장의 속도(동기속도)와 실제 로터와의 속도 차이를 슬립(Slip)이라고 한다.

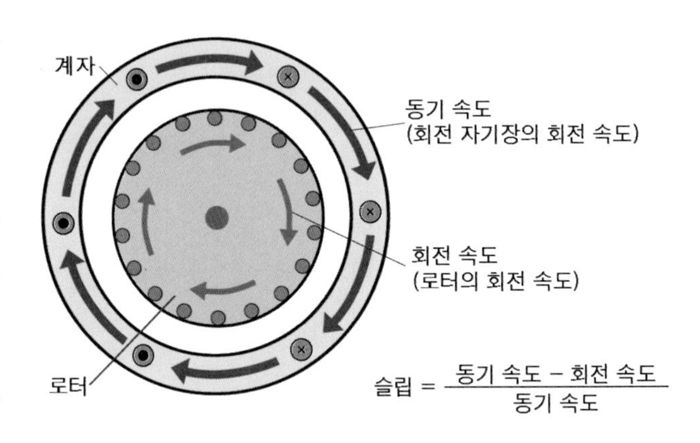

❖ 그림 2-32 슬립

슬립은 토크(Torque)를 형성하기 위해 꼭 필요하며, 부하에 따라 슬립율은 달라질 수 있다. 부하가 커질수록 로터의 속도는 느려지고, 그 만큼 로터에 더 많은 전류가 유도되며, 모터의 소요 동력은 커진다.

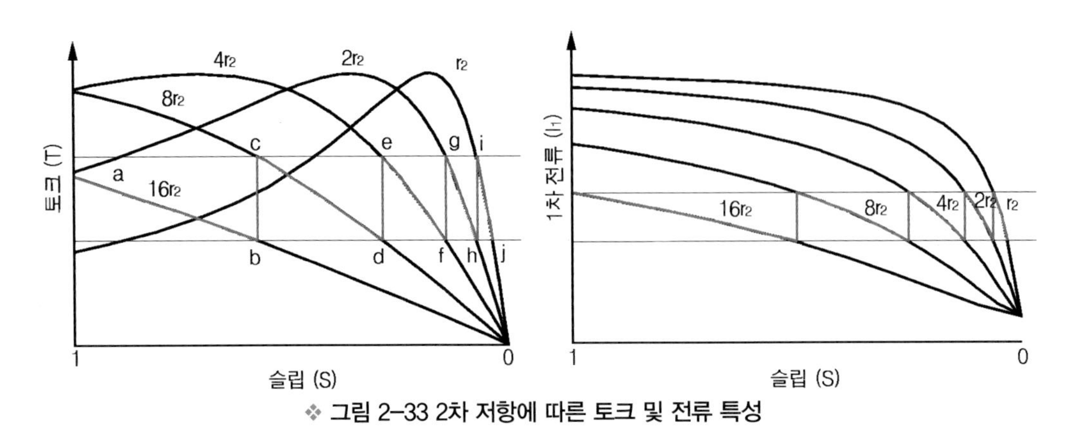

❖ 그림 2-33 2차 저항에 따른 토크 및 전류 특성

(4) 모터의 회전수

모터를 일정속도로 구동하고 변속기를 사용하는 방법 보다 인버터를 사용하여 제반여건에 따른 변수를 적용하여 최적으로 모터의 회전수를 제어하면 소요 동력은 회전수의 3승에 비례해서 감소하므로 큰 전기 에너지를 절감할 수 있다.

– 소요 동력은 회전속도 3승에 비례하므로

$$P_2 = P_1 \times (\frac{N_2}{N_1})^3$$

N_1 : 정격 회전속도,　　N_2 : 인버터 제어 시 회전속도

P_1 : 정격 시 동력 ,　　P_2 : 인버터 제어 시 동력

1) 인버터(Inverter)에 의한 가변속시 장점

- DC 모터나 권선형 모터의 속도 제어에 비하여 AC 모터 사용 시 모터의 구조가 간단하며, 소형이다.
- 보수 및 점검이 용이하다.
- 모터가 개방형, 전폐형, 방수형, 방식형 등 설치 환경에 따라 보호구조가 가능한 특징을 가지고 있다.
- 부하 역률 및 효율이 높다.

2) 속도 제어 방법

가) 극수 제어 방법

모터의 극수와 회전수 그리고 주파수에 따라 모터의 회전수는 결정되며, 분당 주파수를 모터의 극수로 나눈 값이다.

$$N = \frac{120 \times f}{P} \times (1 - s)\ [rpm]$$

N : 모터의 회전속도(rpm)　　P : 모터의 극수

f : 주파수　　s : 슬립

위의 식에 따라 모터의 회전수는 모터의 극수와 주파수에 의해 분류되므로 극수 P, 주파수 f, 슬립 s 를 임의로 가변시키면 임의의 회전속도 N을 얻을 수 있다.

일반적으로 산업용에서 사용되는 모터는 4극 모터가 대부분이며, 필요에 따라 빠른 속도를 원할 경우는 2극 모터를, 속도가 느리며, 큰 토크를 원할 경우에는 6극 모터로 설계한다.

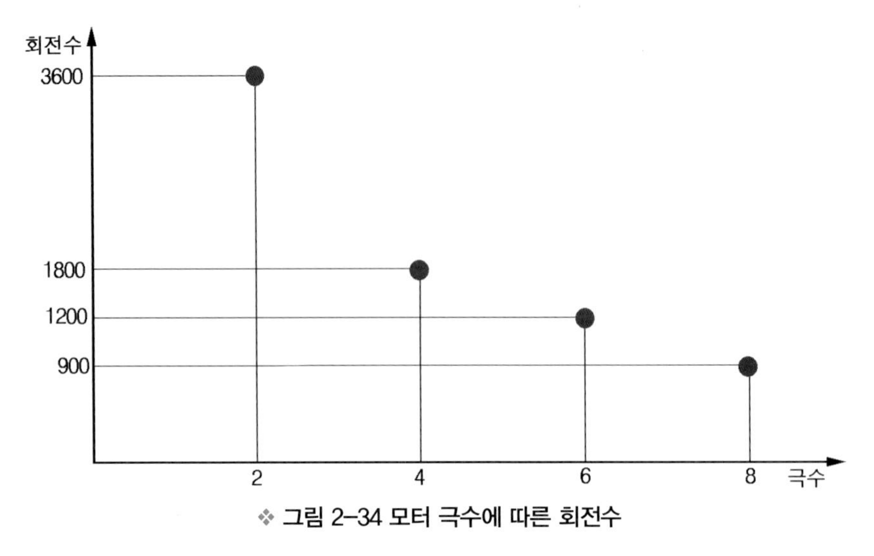

❖ 그림 2-34 모터 극수에 따른 회전수

나) 슬립(s) 제어

슬립을 제어할 경우 저속 운전 시 손실이 커지게 된다.

다) 주파수(f) 제어

모터에 가해지는 주파수를 변화시키면, 극수(P) 제어와는 달리 제어는 rpm 에서 연속적인 속도 제어가 가능하며, 슬립(s) 제어보다 고효율 운전이 가능하게 된다.

주파수를 변화하여 모터의 가변속을 실행하는 부품이 인버터(Inverter)이며, 인버터는 컨버터에 비하여 직류를 반도체 소자의 스위칭에 의하여 교류로 역변환을 한다. 이때에 스위칭 간격을 가변시킴으로써 원하는 임의로 주파수로 변화시키는 것이다.

실제로는 모터 가동 시 충분한 회전력(Torque)을 확보하기 위하여 주파수뿐만 아니라, 전압을 주파수에 따라 가변시킨다. 따라서 Inverter를 VVVF(Variable Voltage Variable Frequency)라고도 한다.

(5) 삼상 모터의 2극과 4극 분류

모터를 구성하는 스테이터(고정자) 슬롯에 원호방향으로 120° 간격의 코일을 형성하므로 각상의 자계는 공간적으로 120°의 분포를 유지한다. 스테이터 코일에 전류에 의해 형성된 자계가 N극 1개와 S극 1개이면 2극(2-pole) 모터, 각각 2개씩이면 4극(4-pole)모터이며, 8극 또는 16극 까지 설계하여 사용한다.

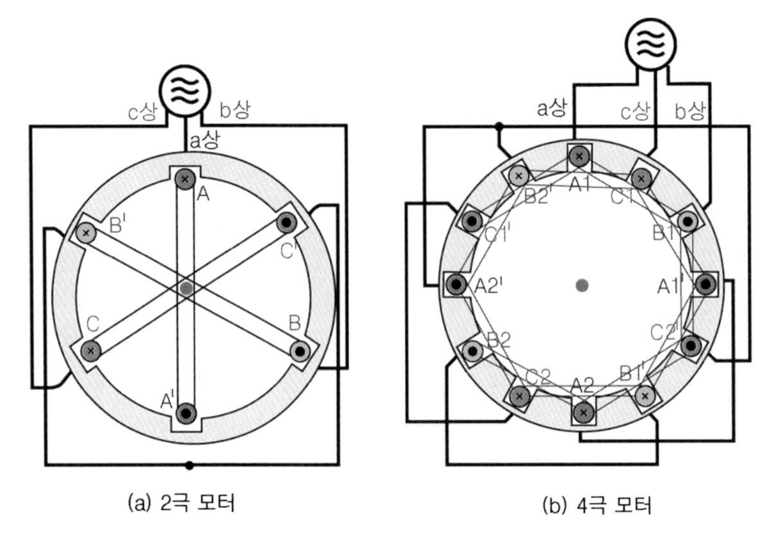

❖ 그림 2-35 삼상 모터의 2극과 4극

(6) 삼상 교류 모터의 회전 자계 이용

회전 자계를 이용하는 이너로터형 삼상 교류 모터는 스테이터 코일이 회전 자계를 형성하고 로터 슬롯에 영구 자석을 설치하는 영구 자석형 동기 모터를 일반적으로 사용한다.

이 외에도 전자석을 로터에 채택하는 권선형 동기 모터, 철심만으로 로터를 구성하는 릴럭턴스형 동기 모터 등이 있으며, 이와 같은 동기 모터는 모두 동기 발전기로서도 기능을 할 수 있다.

4 모터의 구조

전기 모터는 전류의 자기 작용을 이용하여 전기 에너지를 운동 에너지로 변환하며, 직선적인 힘을 발생하는 리니어 모터와 토크를 발생하는 로터리 모터(회전형 모터)가 있다. 또한 모터는 엔진의 경우와 마찬가지로 토크와 회전수를 곱하여 출력을 나타낸다.

모터는 코일, 철심 등의 계자(스테이터)와 전기자(로터)로 구성되며, 조합에 따라 다음과 같이 분류한다.

(1) 이너 로터형 모터

일반적으로 많이 사용하는 구조이며 케이스에 스테이터(계자)가 배치되고 그 내부에 로터(회전축과 전기자)가 배치되어 있다.

❖ 그림 2-36 이너 로터형 모터

(2) 아우터 로터형 모터

회전자가 바깥 둘레에 배치되어야 유리한 구동용 휠에 적용하며 회전자(케이스)에 자성의 로터를 배치하고 내부에 회전자계를 형성하는 스테이터(계자)가 배치되어 있으며 인휠(In Wheel) 모터라고도 한다.

❖ 그림 2-37 아우터 로터형 모터

5 모터의 특징

모터는 전력을 이용하여 회전축의 토크를 만드는 기구이며, 크게는 사용 전원에 따라 직류와 교류 모터로 구분하고 각각의 구조에 따라 세분화 한다.

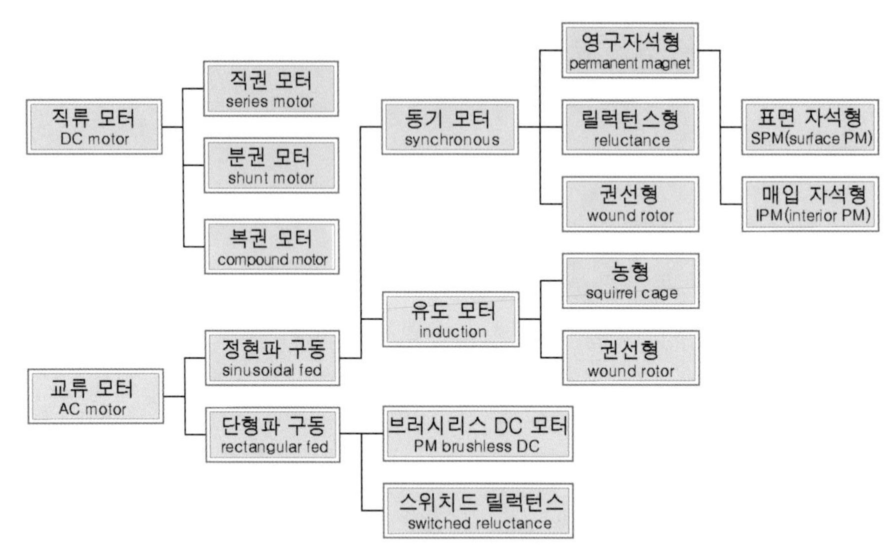

❖ 그림 2-38 EV용으로 사용되는 모터의 종류

(1) 전원의 구분에 따른 모터의 분류

1) 직류(DC) 모터

조절된 직류 공급량을 회전자(로터)에 공급하여 회전력을 얻는 모터이며, 고정자(stator: 모터 케이스에 붙어 있는 부분)의 계자(스테이터)는 고정되어 있고 회전자(rotor: 회전축)의 자계는 회전하는 방식으로서 브러시가 있는 DC모터 또는 브러시가 없는 BLDC(Brush Less Direct Current) 모터가 있다.

디불어 회선자에 공급하는 전류는 직류이므로 회전 자계를 만들기 위하여 브러시(brush)를 사용하거나 또는 BLDC 컨트롤러를 이용하여 BLDC 모터를 구동한다.

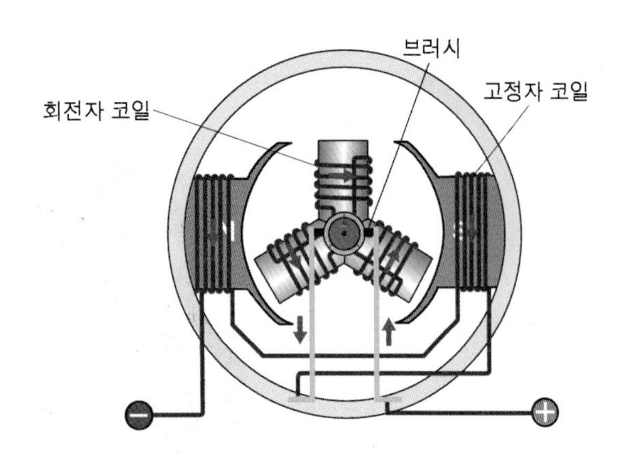

❖ 그림 2-39 브러시가 있는 DC 모터

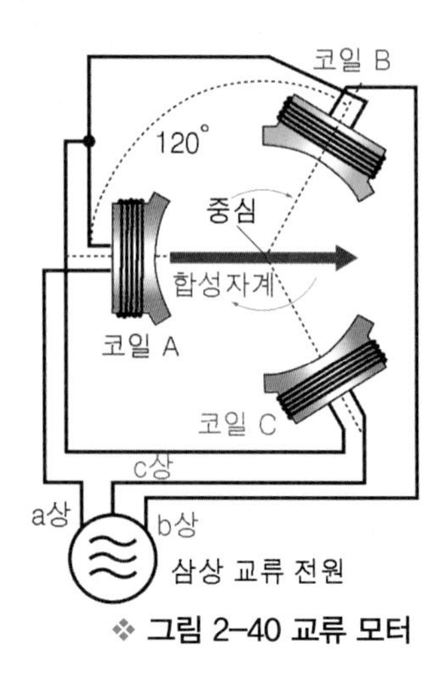

❖ 그림 2-40 교류 모터

가) 직류 모터의 장점

직류 모터는 배터리를 전원으로 간단하게 동력을 발생시키며, 기구가 간단하여 저렴하다. 또한 크기가 작아서 소형 가전제품 등 이용 범위가 다양하다.

나) 직류 모터의 단점

전기의 흐름을 바꾸기 위해 브러시라고 하는 접점이 필요하며, 장기간 사용으로 브러시가 마모되면 교환을 하여야 하고 브러시와 같은 접점이 있기 때문에 고속 회전용으로는 사용할 수 없다.

표2-3 DC모터의 구조 및 원리

구조	• 브러시 : 전기자에 전류를 흘리도록 정류자와 접촉하는 접점 • 정류자 : 전기자 권선에 일정한 방향의 전류가 통전토록 하는 기구 • 전기자 : 권선(Coil)이 감겨진 회전자 • 계자 : 자계(磁界)를 발생시키는 전자석(또는 영구자석)	
구동 원리	정류자에 의해 전기자 권선에 의한 자기력과 계자 자속이 항상 직교하는 기자력과 자속에 의하여 회전 토크를 발생	
토크	$F = B \times l \times i,\ \ T = k \times \Phi \times I_a (N \cdot m)$ 토크 제어 방법 : ① 전기자 전류 제어, ② 계자 자속 제어	
종류	• 자여자 방식 (전기자와 계자 권선의 결합방식에 따라 구분) ① 직권 모터 ② 분권 모터 ③ 복권 모터 • 타여자 방식 : 전기자 권선과 계자 권선이 분리되어 있어, 여자 전류를 별도의 독립 전원으로부터 공급 • 영구 자석형 모터 : 계자 자속이 고정된 타려자 방식	• 직권: 가변속, 고시동 토크 (시동모터) • 분권 : 정속도, 정토크, 정출력의 부하 • 복권 : 정속도, 고시동 토크
장점	• 소용량부터 대용량까지 폭넓은 제품 스펙트럼(수십 W ~ 수십 kW) • 직류 전원 직결 사용 가능(ON/OFF 구동) • 가변 전압(또는 DC Chopper) 연결 시 제어성 용이	차량 적용 예: EQUUS - DC 모터 적용
단점	• 고속 및 대용량 응용에의 난점(정류자의 기계적 한계) • 내구성의 한계(정류자 및 브러시의 마모 및 주기적 보수 필요)	친환경 차량용 구동 모터로서 부적합

2) 교류(AC) 모터

교류 모터는 가정용 가전제품 등에서와 같이 많이 사용되고 있으며, 교류는 시간의 경과에 따라 주기적으로 전기의 크기와 방향이 (+)와 (–)가 번갈아 교차한다. 모터에 인가하는 교류 전기의 크기, 방향 및 주파수를 변화시키면서 제어하는 모터이며, 계자(고정자)의 자계가 회전하는 형식과 회전자의 자계가 회전하는 형식이 있다.

또한 계자의 회전 자계와 회전자의 회전 자계의 동기 여부에 따라 동기형식과 비동기식 모터로 나누어지며, 고정자 권선에 교류를 인가하면 고정자에 회전하는 자계가 생성된다.

표2-4 AC 모터의 구조 및 원리

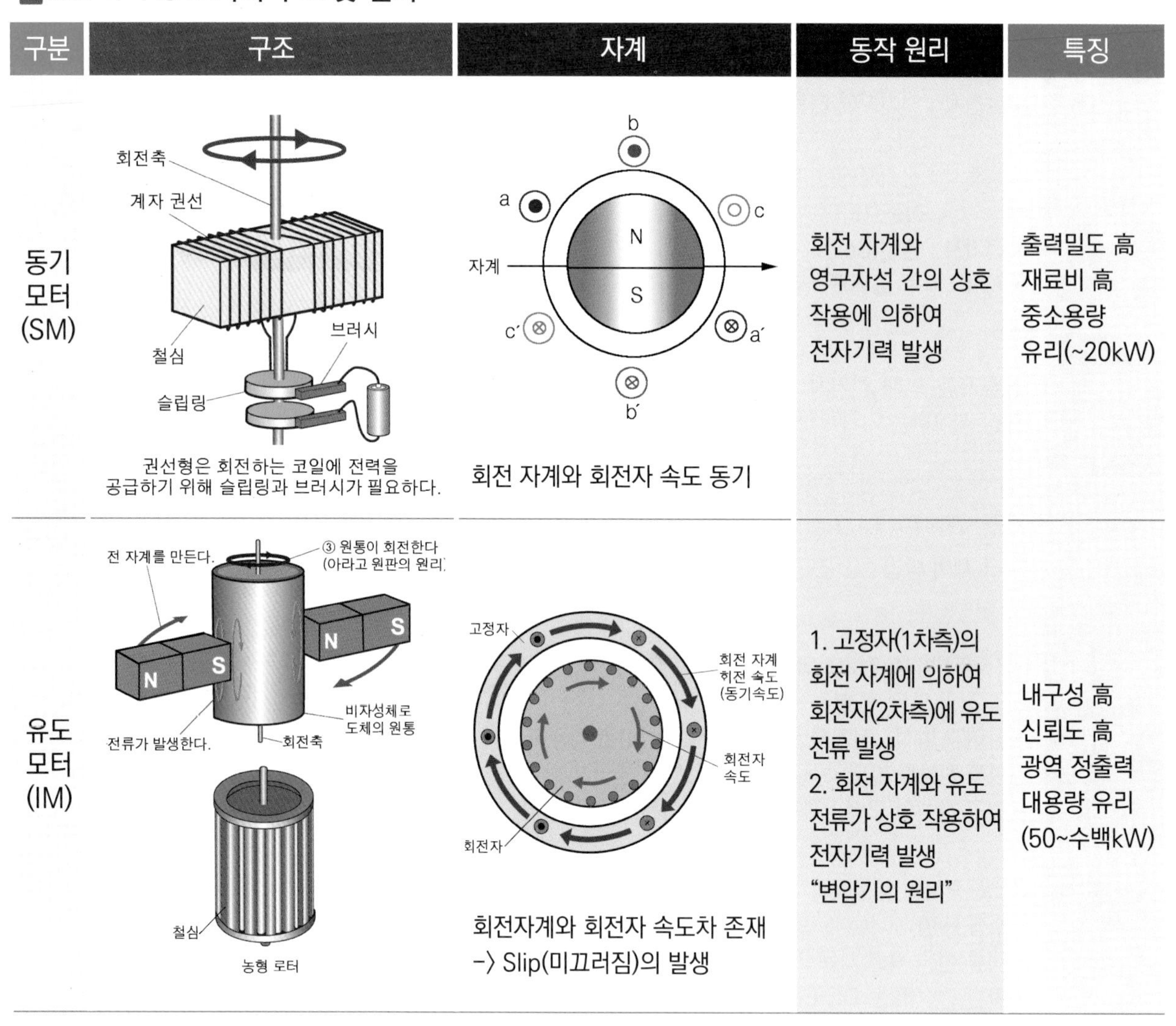

구분	구조	자계	동작 원리	특징
동기 모터 (SM)	권선형은 회전하는 코일에 전력을 공급하기 위해 슬립링과 브러시가 필요하다.	회전 자계와 회전자 속도 동기	회전 자계와 영구자석 간의 상호 작용에 의하여 전자기력 발생	출력밀도 高 재료비 高 중소용량 유리(~20kW)
유도 모터 (IM)		회전자계와 회전자 속도차 존재 -〉 Slip(미끄러짐)의 발생	1. 고정자(1차측)의 회전 자계에 의하여 회전자(2차측)에 유도 전류 발생 2. 회전 자계와 유도 전류가 상호 작용하여 전자기력 발생 “변압기의 원리”	내구성 高 신뢰도 高 광역 정출력 대용량 유리 (50~수백kW)

가) 교류 모터의 특성

교류는 주기적으로 전기의 방향이 (+)와 (–)가 변환되기 때문에 직류 모터에서 필요했던 브러시가 필요 없으며, 더욱이 전기의 방향이 바뀔 때 전기의 크기도 변화하므로 같은 극성의 자장은 서로 반발력에 강약을 주어서 회전력을 얻을 수 있으며, 이것이 유도 모터 모터의 특징이다.

나) 동기 모터

㉠ 영구자석형 동기 모터

영구자석형 동기 모터는 회전하는 자계 속에 영구자석의 회전자(로터)를 배치하면 회전자는 자기의 흡인력에 의해서 회전하는 구조이며, 모터에 부하가 걸리지 않은 무부하의 경우에는 회전자의 N극과 계자(스테이터)의 S극은 거의 정면으로 마주한 상태로 회전하지만, 실제로 모터를 사용할 때에는 부하가 걸리므로 계자 자극의 회전보다 회전자 자극이 조금 늦게 회전하고 부하가 일정하다면 같은 각도만큼 오프셋 상태에서 회전을 한다. 이때의 오프셋 각도를 부하 각이라고 한다.

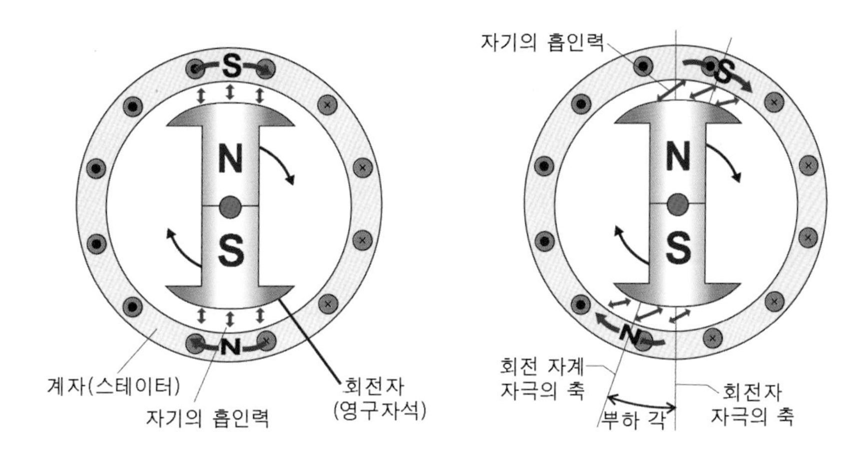

❖ 그림 2-41 자기의 흡인력과 부하 각

교류 모터 중에서 전기 자동차나 하이브리드 자동차의 모터에 주로 사용되는 것이 동기 모터이며, 회전축 쪽에 강력한 영구 자석을 이용한다. 동기 모터는 바깥쪽의 전자석에 흐르는 교류에 의해 바뀌는 N극과 S극이 형성되면서 서로 밀고 당기는 자력을 이용하는 것이 특징이며 회전축의 자력선의 세기를 세밀히 조절하여 속도를 조절한다.

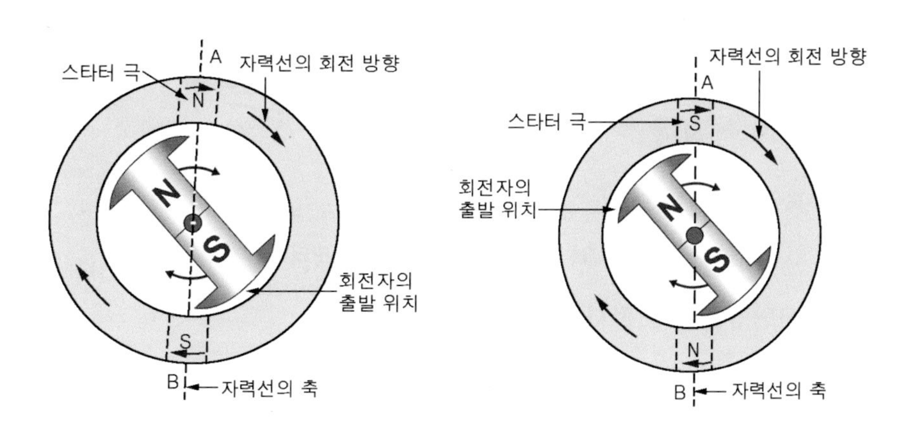

❖ 그림 2-42 자력선의 동기

㉡ **권선형 동기 모터**

권선형 동기 모터는 로터 코일에 전류를 공급하기 위하여 슬립링과 브러시를 사용하므로 구조가 약간 복잡하다.

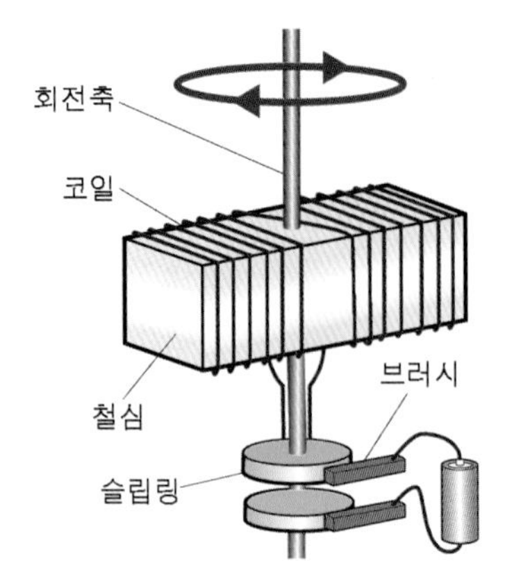

❖ 그림 2-43 권선형 동기 모터의 구조

㉢ **릴럭턴스형 동기 모터**

릴럭턴스 동기 모터(reluctance synchronous motor)는 회전자(로터)에 자석을 사용하지 않고 계자(스테이터)의 극수와 같은 수의 돌출부(돌극)를 배치한 철심을 사용하기 때문에 돌극 철심형 동기 모터라고도 한다.

자력선은 N극에서 S극으로 최단 거리의 경로를 형성하기 위해 회전자의 돌극이 계자(스테이터) 자극의 정면이 되도록 회전자를 회전시키며, 회전자에 부하가 걸리고 있으면 자력선이 늘어지다가도 고무줄의 장력과 같은 힘이 발휘되어 회전 토크가 발생된다.

이와 같이 릴럭턴스(자기 저항)가 최소의 상태가 되도록 토크를 발생하기 때문에 릴럭턴스형이라고 하며, 이때의 토크를 릴럭턴스 토크라고 한다. 영구자석 형에 비하면 구조가 간단하고 제작비를 줄일 수 있지만 발생되는 회전력이 작다. 또한 영구 자석형은 자기의 흡인력에 의해서 회전하지만 릴럭턴스형도 늘어진 자력선에 의해서 회전하며, 또한 영구 자석형은 로터의 자력선도 합세하기 때문에 릴럭턴스 형보다 큰 토크를 발생한다.

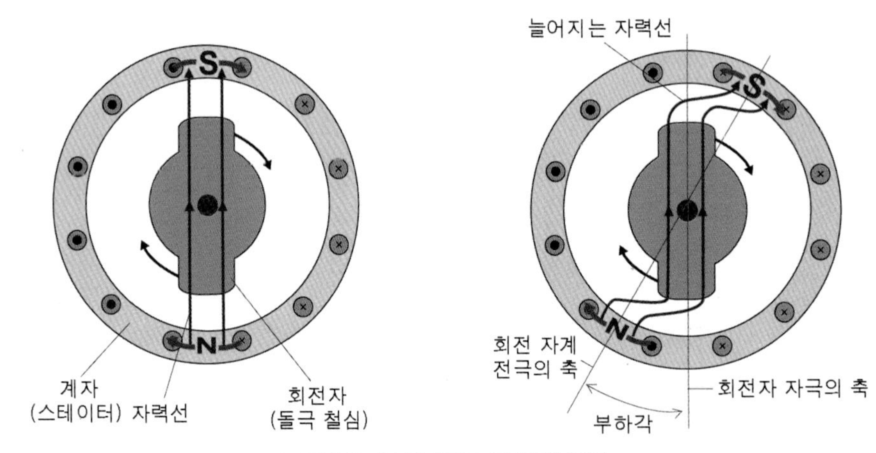

❖ 그림 2-44 릴럭턴스형 동기 모터

다) SPM형 회전자와 IPM형 회전자

영구 자석형 동기 모터의 회전자(로터)에는 자석의 배치 방법에 따라서 표면 자석형 회전자와 매립 자석형 회전자가 있으며, 표면 자석형을 SPM(Surface Permanent Magnet)형 회전자고도 한다. 계자(스테이터)와 자석의 거리가 가깝기 때문에 자력을 유효하게 활용할 수 있고 토크가 크지만 고속회전 시에 원심력으로 자석이 벗겨져 떨어지거나 비산될 가능성이 있다.

표 2-5 모터의 특징 비교

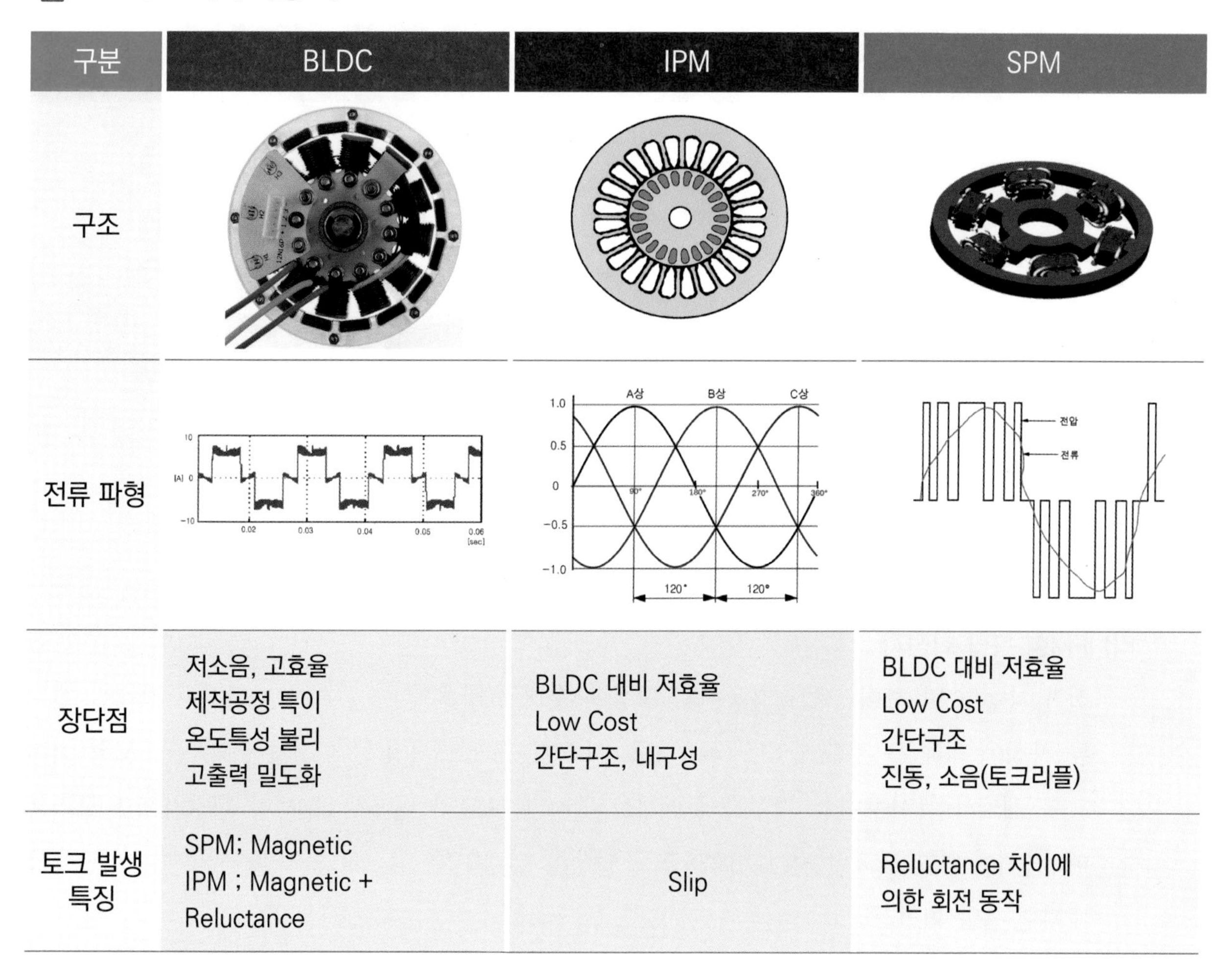

구분	BLDC	IPM	SPM
구조			
전류 파형			
장단점	저소음, 고효율 제작공정 특이 온도특성 불리 고출력 밀도화	BLDC 대비 저효율 Low Cost 간단구조, 내구성	BLDC 대비 저효율 Low Cost 간단구조 진동, 소음(토크리플)
토크 발생 특징	SPM; Magnetic IPM ; Magnetic + Reluctance	Slip	Reluctance 차이에 의한 회전 동작

매립 자석형은 IPM(Interior Permanent Magnet)형 회전자라고도 하며, 고속회전 시의 위험성이 없지만 자력이 약하고 토크가 작다.

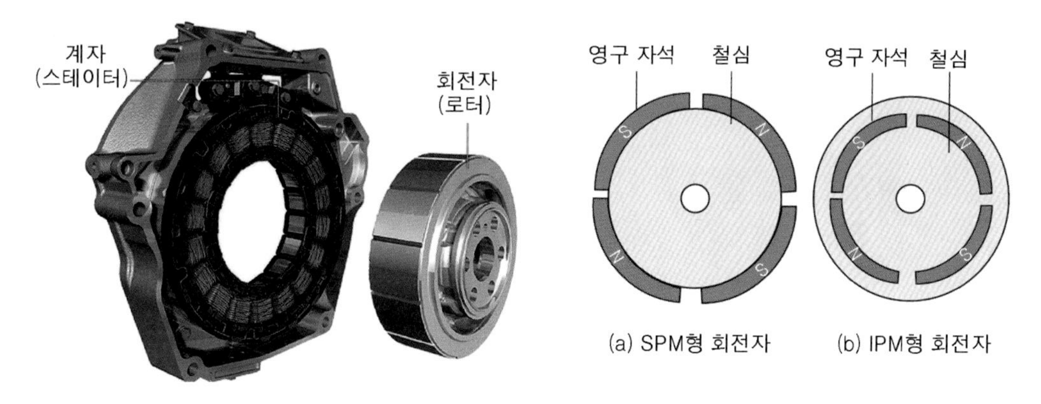

❖ 그림 2-45 SPM형 회전자와 IPM형 회전자

표 2-6 표면 부착형 영구자석 VS 매입형 영구자석 동기 모터의 비교

구분	SPM 동기모터	IPM 동기모터	그림
돌극성	없음	존재	
정출력(약계자)	곤란	가능	
토크	전자기상호력	전자기상호력 + 릴럭턴스 토크	
용도	서보 (정토크)	트랙션 (정출력) or 서보 (정토크)	
환경차량	불리	유리	

라) IPM형 복합 회전자

전기 자동차 및 하이브리드 자동차의 구동용 모터로 사용되며, 구조가 간단하고 강력한 희토류 자석에 의해 큰 토크가 발생되는 영구 자석형 동기 모터이다. 회전자(로터)는 IPM형 회전자를 채택하여 사용하는 경우가 늘어나고 있지만 토크의 면에서 SPM형 회전자보다 불리하며, 자석에 의한 토크와 릴럭턴스 토크도 발생할 수 있도록 철심에 돌극을 배치하는 회전자를 IPM형 복합 회전자라고 한다.

회전자의 위치에 따라서 릴럭턴스 토크가 역방향에도 발생할 수 있어 1회전 시에 발생하는 토크의 변동이 크지만 합계에서 얻는 복합 토크를 SPM형 보다 크게 할 수 있다.

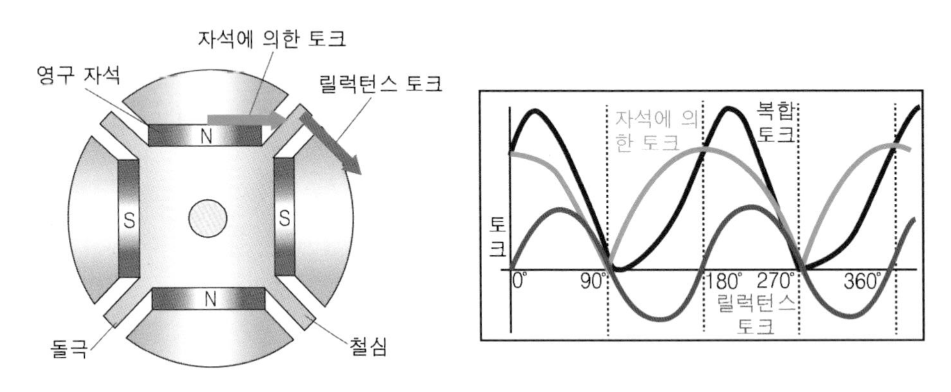

❖ 그림 2-46 IPM형 복합 회전자

(2) 동작 원리에 따른 모터의 분류

1) 유도형 모터(비동기 모터, Asynchronous motor)

교류 전동기에서 가장 많이 사용하는 모터이며, 계자(고정자)가 만드는 회전 자계에 의해 전기 전도체의 회전자에 유도 전류가 발생하면서 회전 토크가 발생하여 회전력을 발생시키는 모터이다.

회전 자계 내에 원통형 도체를 부착한 회전자를 배치하면 패러데이 법칙에 의하여 원통형 도체에 전기장이 유도가 되어 전류가 흐르면서 이 전류는 다시 자기장을 만든다. 더불어 회전자에 유도된 자기장은 계자의 회전하는 자기장을 따라 가는 힘이 발생되므로 회전자는 이 힘에 의해서 회전한다.

만약, 회전자의 회전속도가 고정자의 회전 자계의 회전속도와 같게 되면 계자와 회전자 둘 간의 상대속도는 0이 된다. 즉, 상대적으로 변화하지 않는 자기장에 놓인다. 패러데이 법칙에 의하여 변화하지 않는 자기장에서는 전기장이 생성되지 않으므로 결국 회전자의 회전력은 발생하지 않는다.

결국, 비동기 모터는 회전 자계와 동기가 맞지 않을 때에 힘이 발생하며, 전자기 유도(induction)의 원리를 이용한 모터 또는 유도 전동기(induction motor)라고도 하며, 유도 전동기는 사용 전원에 따라 3상 및 단상 유도 전동기로 나뉜다.

유도 모터는 회전자에 자계의 변화가 없으면 전자력이 발생하지 않으며, 모터는 회전자계의 회전속도(동기속도)보다 회전자의 회전속도가 약간 지연되면서 회전한다. 이와 같은 회전자의 회전 속도 지연을 유도 모터의 슬립이라고 하며, 로터의 슬립은 0.3정도에서 최대 토크가 발생되는 모터가 많다.

유도 모터는 교류 전원에 연결하는 것만으로도 시동이 가능하지만 슬립이 많고 토크가 작지만, 그러나 인버터로 주파수와 슬립각을 제어하여 시동시 토크를 크게 할 수 있으며 시동 이후에는 회전수 제어가 자유롭다.

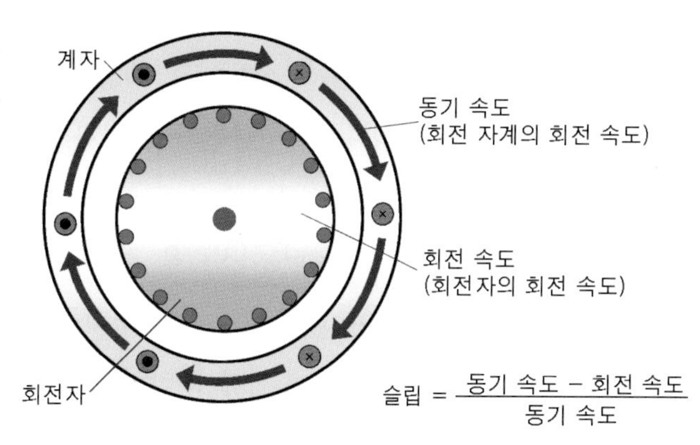

❖ 그림 2-47 회전자의 슬립

가) 3상 유도 전동기

3상 유도 전동기는 회전자의 구조에 따라 농형과 권선형으로 나뉘는데 예전에 농경사회에서 사용하던 바구니 모양이란 뜻의 농형(squirrel cage rotor)이라한다.

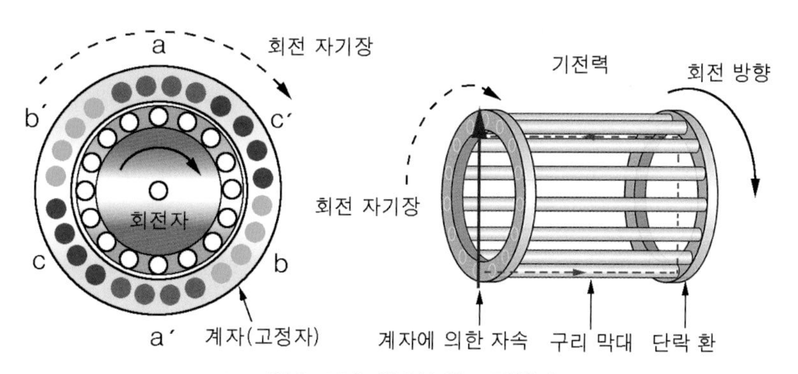

❖ 그림 2-48 농형 3상 유도 전동기

나) 단상 유도 전동기

아래 그림과 같이 외부의 영구자석을 회전시키면 내부의 도체 원통은 전자 유도 작용으로 영구 자석의 회전방향과 같은 방향으로 회전하는 현상을 이용하는 것이다. 좌측 그림의 영구자석 대신에 코일을 감고 교류 전원을 인가하면 자기장이 형성되면서 농형의 회전자가 회전하는 원리이며, 일정 방향으로 기동 회전력을 주는 장치가 있다.

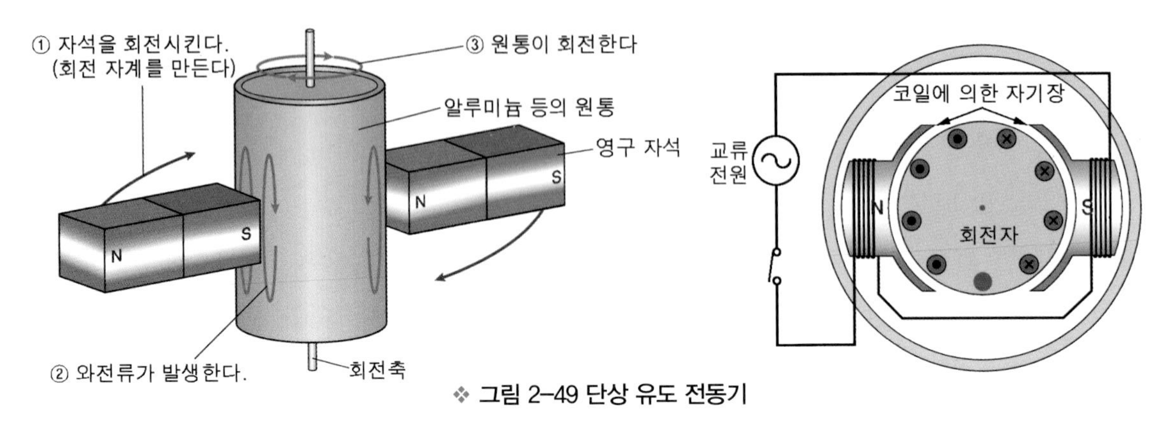

❖ 그림 2-49 단상 유도 전동기

2) 동기형 모터(Synchronous motor)

동기 모터의 회전자는 자성체이고 자성체를 만드는 방법은 영구자석을 이용하는 방법과 회전자에 코일을 감아서 직류를 흘리는 방법을 쓸 수도 있다. 회전자의 자계와 계자의 자력으로부터 회전력을 얻어내는 방식이며, 주변에서 흔히 보이는 대부분의 동기 모터들은 영구자석을 사용한다. 동기 모터는 직류 모터의 회전자와 고정자가 뒤바뀐 구조와 같다.

❖ 그림 2-50 동기형 모터

동기형 모터는 직류 모터에서 사용하는 브러시가 필요 없기 때문에 이를 브러시 없는 직류 모터(BLDC: Brushless DC motor)라고도 하며, 회전자에 고정된 자계는 고정자의 회전 자계를 따라갈려는 힘이 발생한다. 즉, 회전 자계의 회전과 동기를 맞추어 회전자가 회전하게 되므로 동기 모터라고 부른다.

(3) 브러시의 존재 여부에 따른 분류

1) 직류 정류자 모터

자동차에서 구동용 이외에 사용되는 모터의 대부분은 직류 정류자 모터 Brushed DC motor이다.

가) 브러시 부착 직류 모터

직류 정류자 모터는 주로 계자에 영구자석을 사용하고 전기자에 브러시를 통하여 코일 권선에 전류를 공급하는 형식이며, 현재는 브러시리스 모터의 채택도 조금씩 늘어나면서 구별하기 위하여 브러시 부착 직류 모터 또는 브러시 부착 DC 모터라고 한다.

나) 영구 자석형 직류 정류자 모터

직류 정류자 모터가 회전하는 원리는 전기자의 코일에 전류가 흐르면 플레밍의 왼손법칙에 따라 전자석이 되면서 전자력이 발생되고 이어서 자기의 흡인력과 반발력에 의해서 회전한다. 그러나 그림과 같은 구조에서는 어느 경우에도 90°를 회전하면 정지하기 때문에 연속적으로 회전하기 위해서는 전류의 방향을 바꿔야 하며, 방향 전환을 위하여 사용되는 것이 정류자와 브러시로 기계적인 스위치의 일종이라고 할 수 있다.

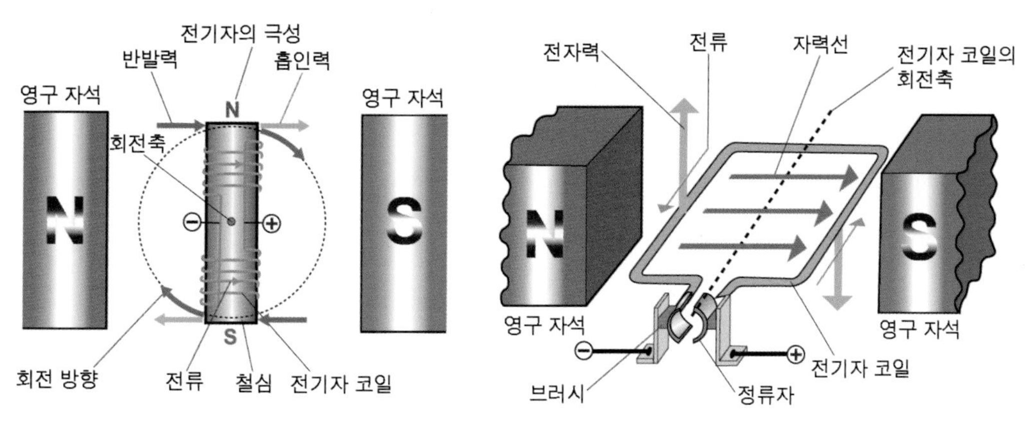

❖ 그림 2-51 모터의 회전 원리

그림과 같은 모터라면 180° 회전할 때마다 전류의 방향을 바꾸면 전기자가 연속해서 회전을 한다. 이러한 모터의 경우 정류자의 간격을 벌리고 전류가 끊기는 순간을 만들지 않으면 합선이 되며, 만약 간격의 위치에서 전기자가 정지하면 다시 시작할 수 없다. 그래서 실제의 모터에서는 그림과 같이 3개 이상의 코일이 사용된다.

㉮ 전기자의 각 코일에 발생하는 자기의 흡인력과 반발력에 의해서 전기자가 회전한다. 코일 2와 코일 3은 브러시에 직렬로 연결되어 있다.

㉯ 계자의 N극과 정면으로 마주하는 코일 2는 전류가 흐르지 않기 때문에 자력이 발생되지 않지만 코일 1의 흡인력과 코일 3의 반발력으로 회전을 계속한다.

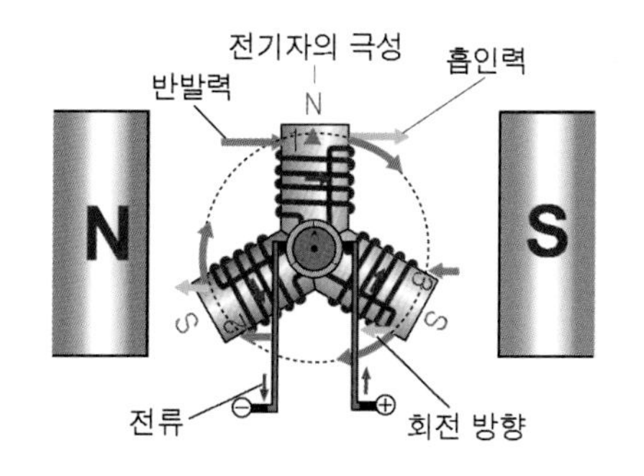

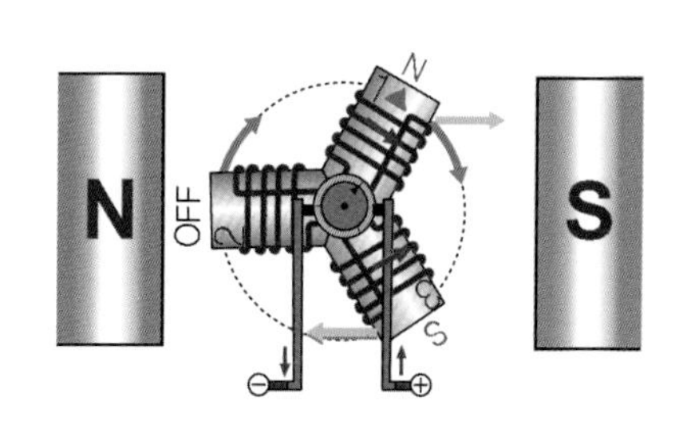

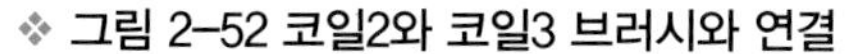

❖ 그림 2-52 코일2와 코일3 브러시와 연결

❖ 그림 2-53 코일1 흡인력과 코일3 반발력

㉰ 코일 1과 코일 2는 브러시에 직렬로 연결되어 각 코일에 전류가 흐르는 것으로 회전을 계속한다.

㉣ 이후에도 계자의 자극과 정면으로 마주한 코일은 전류가 흐르는 흐르지 않지만 다른 코일의 흡인력과 반발력으로 계속 회전을 한다.

2) 브러시리스 모터(BLDC 또는 BLAC 모터)

영구 자석형 직류 정류자 모터는 시동시의 토크가 크고 효율도 높으며, 제어하기 쉬운 특성이 있지만 정류자와 브러시에 취약점이 있다. 이 취약점을 해소한 모터가 브러시리스 모터(Blushless motor)이다.

가) 전자적 회로에 의해서 전류의 방향을 변환

직류 정류자 모터는 정류자와 브러시에 의하여 기계적으로 코일에 흐르는 전류의 방향을 변환되고 있지만 브러시리스 모터는 회전자의 위치에 따라 인가하는 전류를 조절하여 방향과 회전량을 변환한다. 브러시리스 모터는 브러시리스 DC 모터와 브러시리스 AC 모터로 나눌 수 있으며, 전기 자동차 및 하이브리드 자동차의 구동용 모터의 주류는 브러시리스 AC 모터라고 할 수 있다.

나) 브러시리스 모터의 회전 원리

그림은 아우터 로터형 BLDC 모터로서 코일이 3개인 직류 정류자 모터의 정류자와 브러시를 전자적인 회로로 대체한 것이다. 그림에서 3개의 코일은 전기자이며, 밖에 설치된 영구 자석으로 만들어진 계자는 회전하는 아우터 로터형이다. 전기자 각각의 코일에는 2개의 스위치가 있으며, 스위치(IGBT)가 차례로 ON, OFF됨으로써 전기자가 연속해서 회전을 한다.

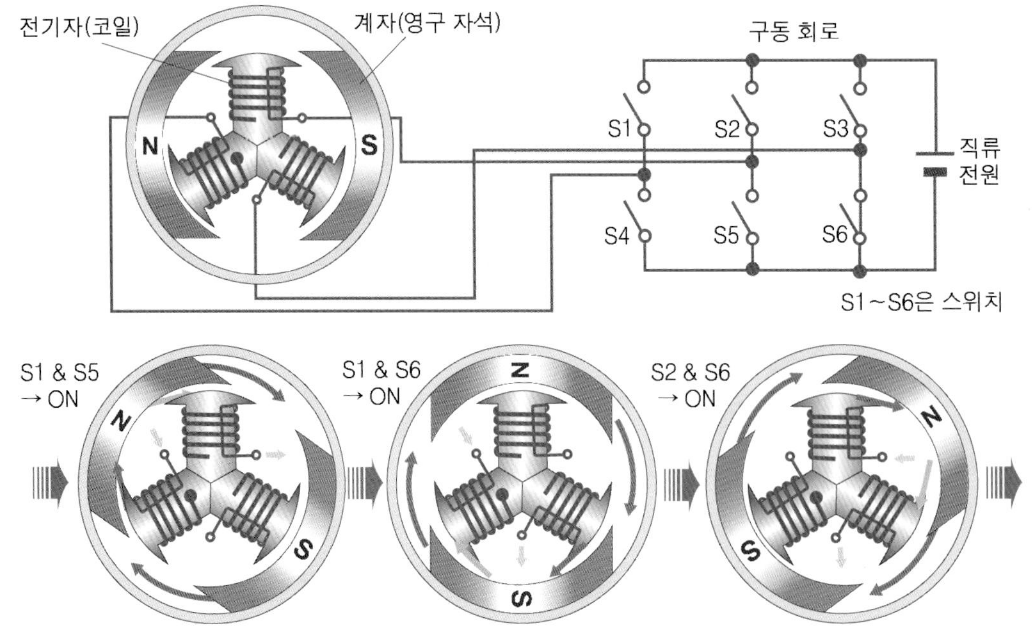

❖ 그림 2-54 브러시리스 모터의 회전 원리

브러시리스 모터의 구동 방법은 브러시리스 모터가 회전하는 원리에서 설명 했듯이 전기자 코일이 3개, 계자의 자극이 2극인 브러시리스 모터의 경우 6개의 스위치가 사용되며, 각 스위치는 1회전하는 동안에 120°의 간격으로 ON이 된다.

이러한 구동 방식을 펄스파(pulse wave) 구동 또는 사각파(Square wave) 구동이라고 하며, 전류의 흐름이 120°간격으로 이루어지고 있다.

또한 사다리꼴 파형으로 구동을 하면 전류의 변화가 완만하고 모터의 진동과 소음을 억제할 수 있으며, 사인파 구동을 하면 회전이 더욱 원활하게 되지만 제어하기 위한 회로가 그만큼 복잡해지게 된다.

AC 전류 구동방식인 사인파 전류는 교류에 가깝고 사인파 구동을 하는 브러시리스 모터를 브러시리스 AC 모터라고 하며, 제어하는 회로는 인버터가 일반적이고 인버터를 통하여 직류 전원을 변환한 교류를 이용하여 구동을 하고 있다.

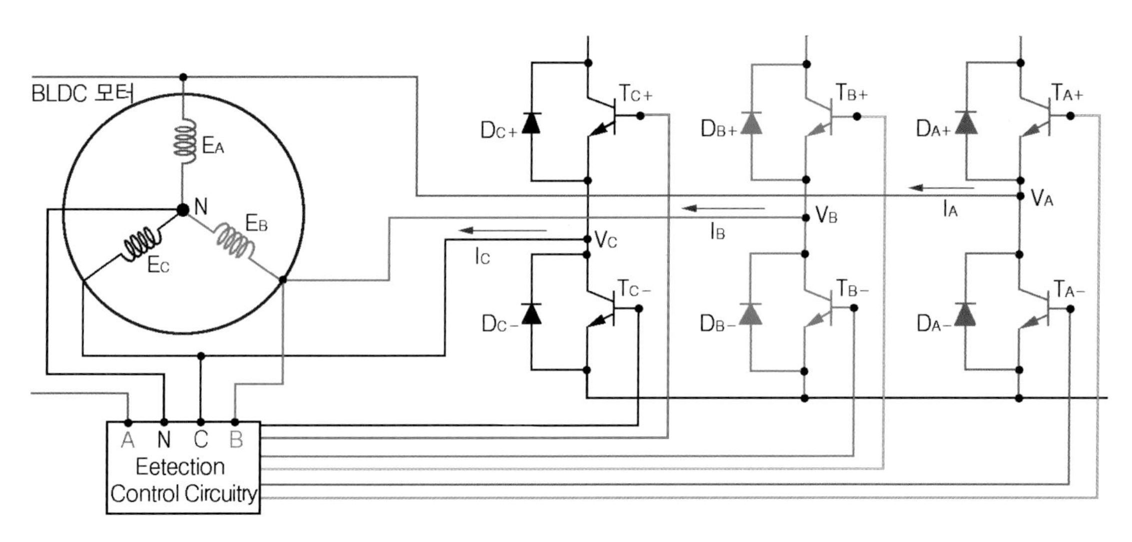

❖ 그림 2-55 브러시리스 DC 모터의 스위치 동작

(4) 브러시 모터와 브러시리스 동기 모터

브러시리스 모터가 회전하는 원리는 영구 자석의 회전자와 인버터에 의한 고정계자의 회전자계를 이용하는 모터를 동기형 브러시 리스 모터라고 한다.

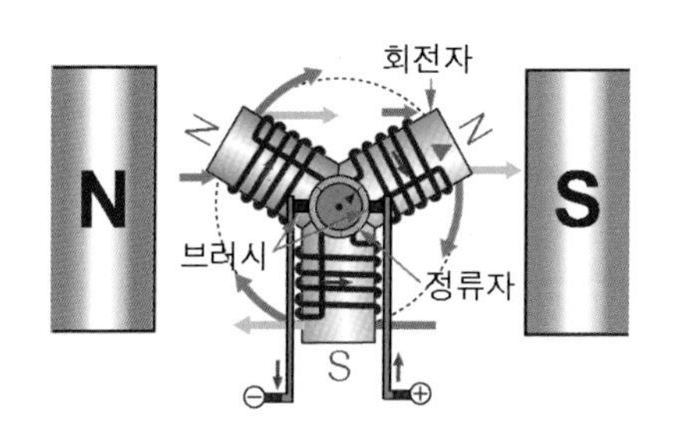

❖ 그림 2-56 브러시가 있는 모터

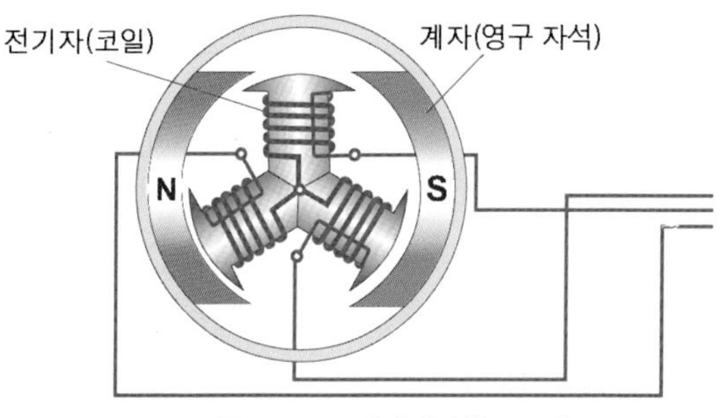

❖ 그림 2-57 브러시가 없는 모터

(5) 직류 직권 모터

권선형 직류 정류자 모터의 경우 전기자 코일과 계자 코일에 전류가 흐르도록 하여야 하며, 전기자 코일과 계자 코일을 직렬로 접속하는 방법으로 직류 직권 모터는 기동 회전력이 큰 특성이 있어 엔진 시동 장치의 스타터 모터에 사용된다.

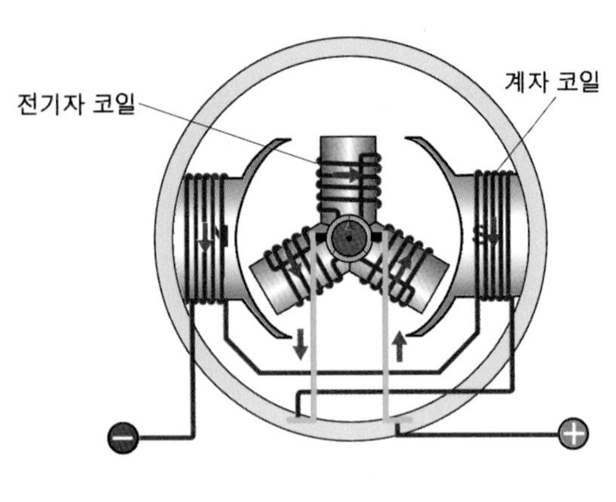

❖ 그림 2-58 직류 직권 모터

그러나 직권식은 소음이 발생하기 쉽고 브러시를 교환하여야 한다. 또한 브러시와 정류자 사이에서는 전류의 흐름을 단속하기 때문에 고전압이 발생하고 불꽃 방전에 의해 브러시의 손상 또는 유도 기전력에 의해 코일이 손상될 수도 있다.

6 모터와 동력전달 장치

모터의 출력 토크는 회전 초기부터 최대 토크를 유지할 수 있는 특성상 변속기가 필요 없으며, 엔진의 회전을 전달 또는 차단하는 클러치도 필요 없게 된다. 그러나 일반 자동차의 경우에는 엔진 회전수가 낮을 때는 출력 토크가 낮고, 회전수가 높아짐에 따라 큰 토크를 발생하므로 출발 또는 가속 시에 변속기의 도움이 필요하다.

또한 모터는 엔진과 같이 아이들링의 필요가 없으므로 간단한 조작 즉 가속 페달을 밟으면 스위치가 ON되고, 이후 가속 페달의 밟는 량에 따라 전류량을 조절한다.

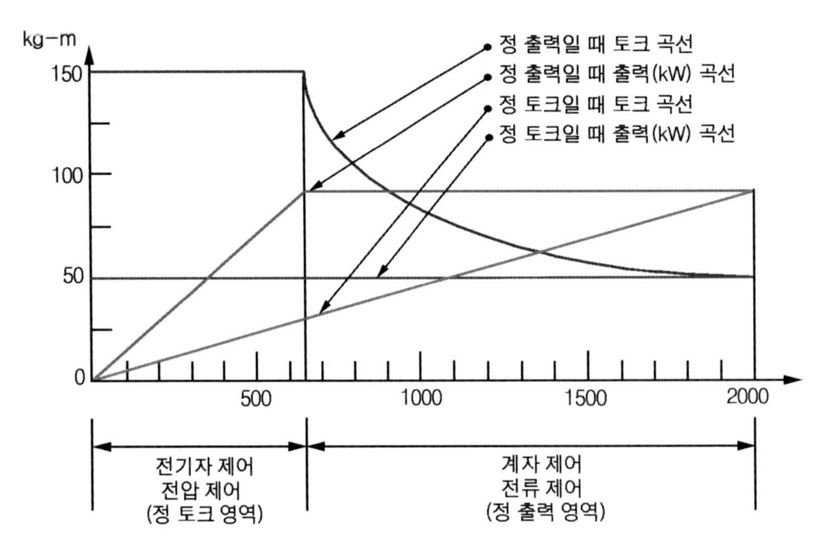

❖ 그림 2-59 모터의 토크 곡선

(1) 동기 모터의 주파수 제어

모터는 정격 회전수 보다 높아지면 리액턴스에 의해 흐르는 전류량이 작아지면서 토크가 작아지지만 모터가 회전을 시작할 경우에는 토크가 크므로 구동 모터에 적합하다.

또한 동기 모터에 공급되는 전류 주파수를 인버터로 제어할 경우 최대 토크 및 정격 출력을 어느 정도의 회전수까지 유지할 수 있는 특성이 있으므로 변속기 없이 구동하는 자동차에 적합하다.

(2) 동기 모터의 특성

모터는 고온에서 연속하여 사용하면 발열에 의해 코일이 손상되는 경우가 존재 할 수 있으므로 온도, 기계적 강도, 진동 및 효율 측면에서 모터는 적정 한계 회전수를 설정하고 있다. 이에 따라 최대 토크는 모터에 흐를 수 있는 정격 전류로 결정되며, 회전수가 높아지면 출력은 상승하지만 열의 발생이 많아지기 때문에 출력을 제어한다.

전기 자동차 등의 경우 모터에 공급되는 전원은 고전압 배터리에 축전된 에너지의 출력에 한계가 있어 그 이상의 전력을 방출할 수 없는 문제점과 위의 모터의 토크 곡선 그림에서와 같이 고회전수에서는 급격히 회전력이 떨어지는 특성이 있다.

(3) 구동 장치

인휠 모터를 구동 바퀴에 설치하여 자동차 운행에 필요한 구동력을 직접 전달하여도 되지만, 모터의 높은 회전영역과 출력을 감안하여 자동차는 감속기를 사용하며 또한 커브길 주행을 위한 차동기어 장치와 구동 바퀴에 회전을 전달하는 구동축을 갖춘 구동장치를 사용한다. 그러나 모터는 인버터에 의해 3상 코일의 여자 순번을 바꾸면 회전방향을 정방향과 역방향으로 변환시킬 수 있으므로 전후진의 변환 기구는 필요하지 않다.

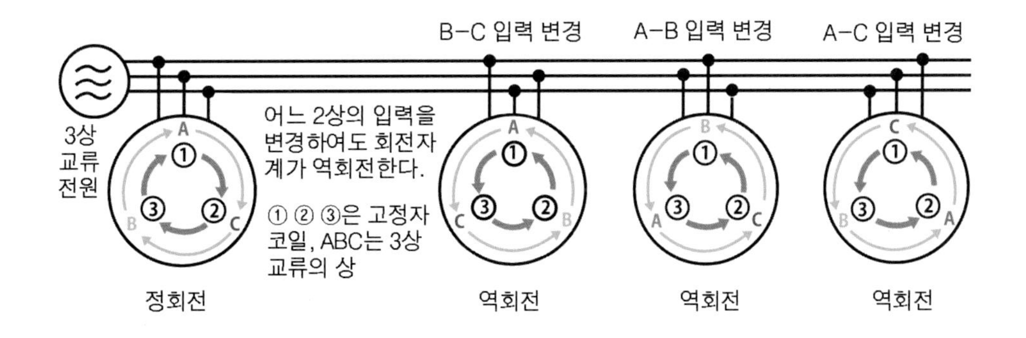

❖ 그림 2-60 모터의 정회전과 역회전

(4) 모터의 효율과 손실

모터는 엔진에 비하면 효율이 높으며, 영구자석형 동기 모터는 효율이 95%에 이르지만 고온과 고회전수에서는 효율이 저하하는 성질이 있으므로 냉각 설계가 중요하다.

냉각 장치는 공기의 흐름에 의해서 냉각하는 공랭식과 모터 내부의 액체 냉각액을 통해서 냉각하는 수랭식이 있으며, 모터뿐만 아니라 배터리 및 전자제어 장치에 냉각 장치를 설치하여 열적 특성을 관리하여야 한다.

❖ 그림 2-61 모터 구동에 관련된 냉각 장치

4 인버터

동기 모터는 모터에 걸리는 부하가 매우 작을 경우에는 공급 전원의 주파수에 따라 형성되는 스테이터의 회전 자계에 의해 회전자인 로터가 회전을 시작할 수 있으나 대부분의 수많은 동기 모터는 순간적인 전원 공급 만으로는 곧바로 회전 할 수 없는 구조이다.

이와 같이 회전자가 움직이기 시작하는 모터의 시동 시에는 주로 가변 전압과 가변 주파수의 전원을 이용하여 시동하고, 같은 방법으로 출력 성능을 제어한다.

전기 자동차와 하이브리드 자동차 등에서 모터 제어를 위하여 직류 전원을 교류로 변환하는 장치를 인버터(inverter)라고 하며, 회전자의 회전속도 및 계자의 위치 관계를 파악할 수 있는 위치 센서의 신호를 참조하여 제어기는 인버터를 매우 낮은 주파수와 전류로 모터를 시동하고 주파수를 조금씩 높여 가면서 회전수를 조절한다.

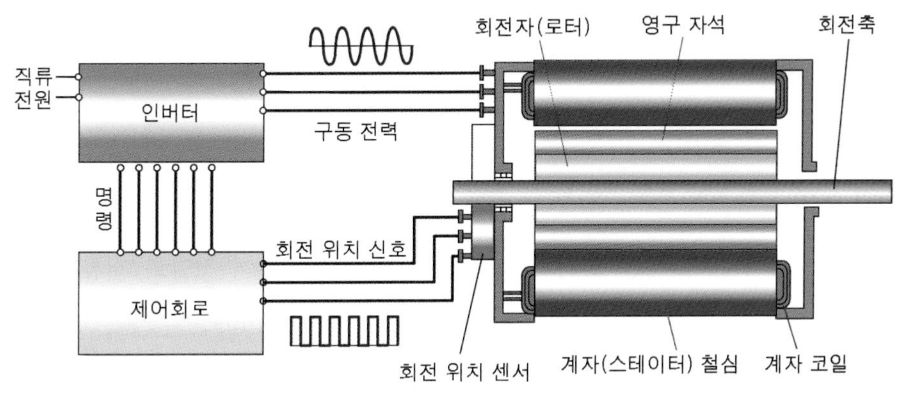

❖ 그림 2-62 주파수 제어 회로

1 인버터(Inverter)의 기능

직류 모터는 전류량을 조절하여 모터를 제어하지만 교류 모터는 인버터를 이용하여 모터의 회전수와 토크를 효율적으로 제어할 수 있으므로 직류(DC)를 교류(AC)로 변환하는 인버터가 필요하다.

인버터는 모터 구동에 적합한 최적의 주파수와 전압의 정현파 AC 파형으로 전환하여 모터의 스테이터 코일에 공급한다.

(1) 직류 전원을 교류 전원으로 출력

인버터는 직류를 교류로 변환하는 역할을 하며, 가변의 전압과 주파수를 출력하는 기구를 VVVF(Variable Voltage Variable Frequency) 인버터라고도 한다.

인버터는 스위칭 작용이 있는 전력용 반도체 소자인 트랜지스터 또는 FET(Field Effect Transistor)를 ON·OFF하는 초핑 제어(chopping control)에 의해 전압과 주파수를 변조하는 PWM(Pulse Width Modulation) 제어를 한다.

그림과 같이 모터의 회전방향을 전환하는 인버터의 경우 4개의 스위칭 소자로 구성되어 있으며, 대각으로 배치한 스위치를 ON, OFF하는 패턴에 따라 중앙의 코일에 흐르는 전류의 방향이 바뀌게 되는 것을 알 수 있다. 또한 각각의 스위치에 병렬로 배치되는 다이오드는 스위치 OFF시 역기전력의 전류를 회로 내에 환류 되도록 유도하여 역기전력으로부터 전자기기를 보호하기 위한 것이며 프리 휠 다이오드라고 한다.

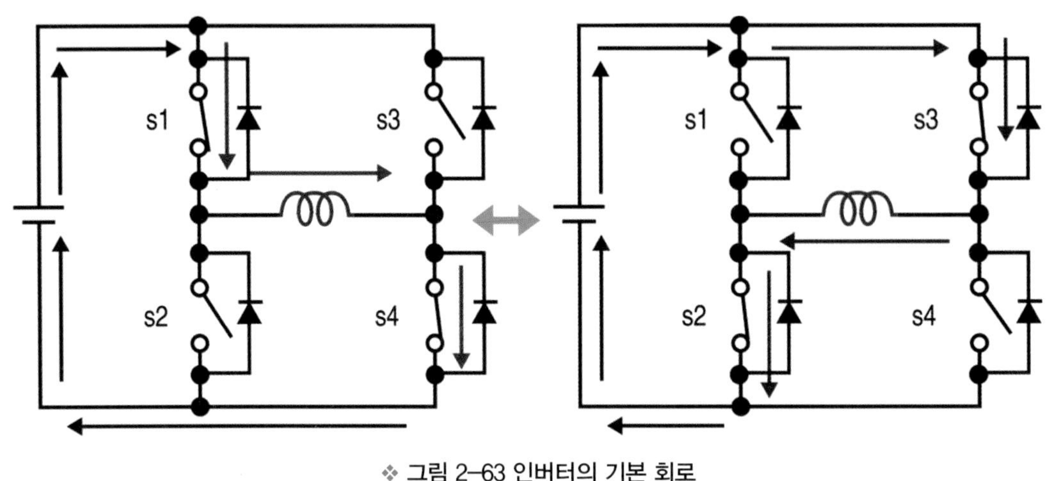

❖ 그림 2-63 인버터의 기본 회로

(2) 초핑 제어

솔레노이드 코일의 특성에 따라 인가하는 시간 비율을 조절하여 전압과 전류량을 조절하는 제어를 초핑 제어라고 한다. 초핑 제어 구간에서 1회 ON 구간과 1회 OFF 구간을 합한 것이 1주기이며, 1초 동안 반복되는 주기의 횟수를 주파수(Hz)라고 한다.

또한 펄스 폭 변조 방식(PWM)에서는 동일한 스위칭 주기 내에서 ON 시간의 비율을 바꿈으로써 출력 전압 또는 전류를 조정할 수 있다. 듀티비가 낮을수록 출력 값은 낮아지며, 출력 듀티비가 50%일 경우에는 기존 전압의 50%를 출력한다.

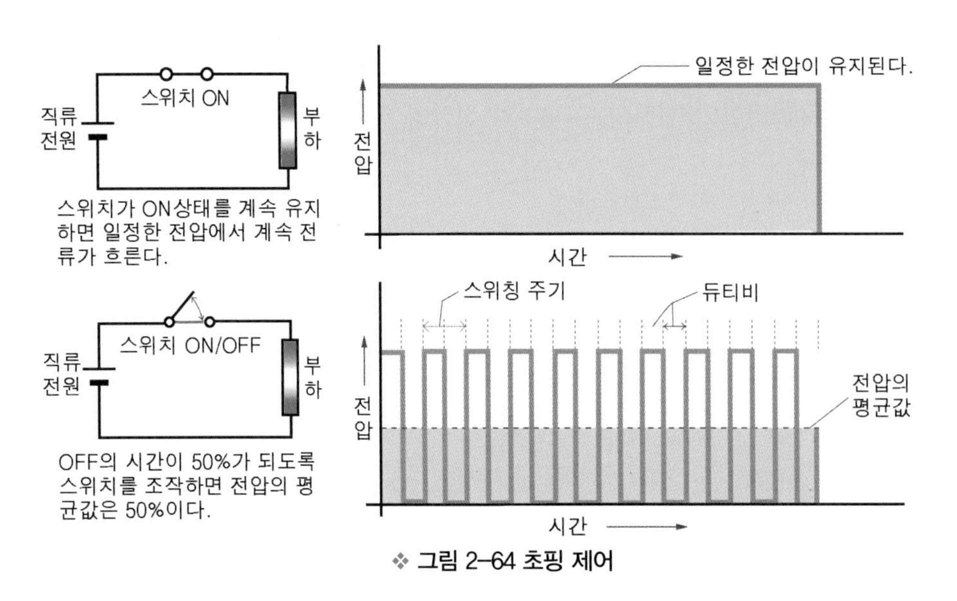

❖ 그림 2-64 초핑 제어

(3) 유사 사인파 출력

IGBT(Insulated Gate Bipolar Transistor)는 6개의 트랜지스터 중에 2개씩 조를 이루어 순차적으로 ON·OFF하는 PMW 제어에 의해 삼상 교류와 유사한 출력을 가능하게 한다.

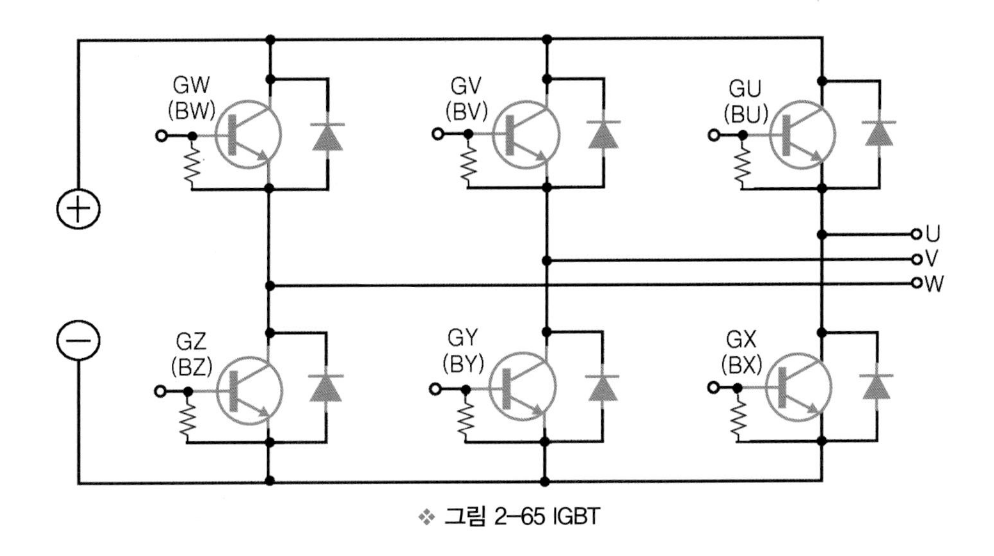

❖ 그림 2-65 IGBT

2개의 소자 중에 한쪽의 스위칭 소자가 ON일 때 흐르는 전류를 순방향이라면, 다른 한쪽의 스위칭 소자가 ON일 때에는 반대방향으로 전류가 출력되며, 이때 듀티비를 연속적으로 증가 또는 감소하는 방향으로 변화시키면 출력 전압은 교류와 유사한 파형 즉 사인 곡선에 가까운 교류의 출력이 가능하다. 이러한 출력을 유사 사인파 출력이라 한다.

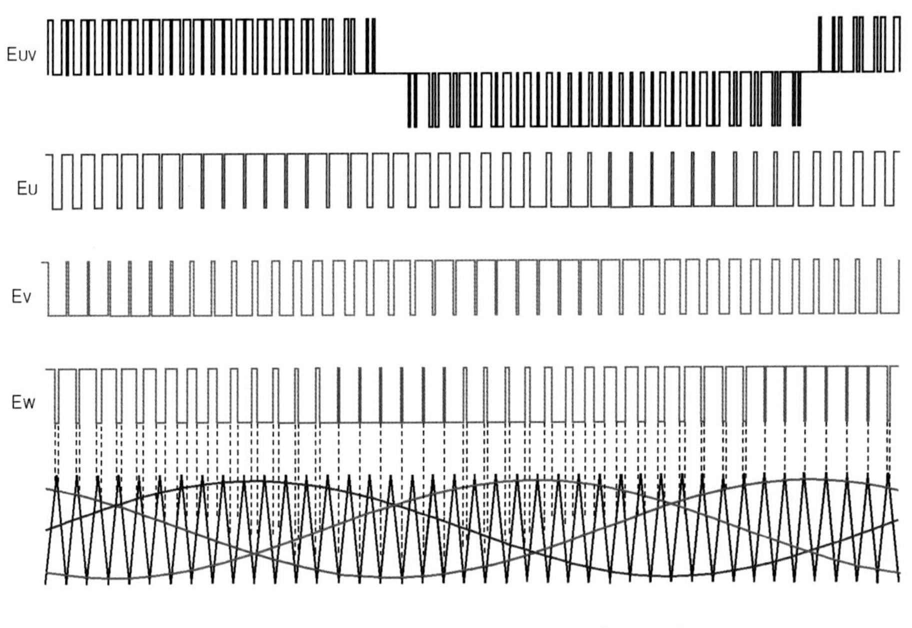

❖ 그림 2-66 3상 U, V ,W상의 PWM 출력 조정

2 인버터의 출력 조정

전기 자동차에서 사용하는 인버터는 고전압의 직류를 3상 교류로 변환함과 동시에 모터의 회전수를 제어하기 위한 전압과 전류를 변환하는 기능을 한다.

(1) 인버터의 출력

인버터는 배터리에 저장된 직류를 교류의 사인 파형으로 변환함과 동시에 주파수를 변화하여 모터의 구동 회전수를 조절하며, 파형의 주기가 짧고 주파수가 빠를수록 모터의 회전속도는 빨라진다.

(2) 전류와 전압의 관계

전력(W)은 전류(A) × 전압(V)이므로 전력량을 높이는 방법은 전류 또는 전압을 높이거나 아니면 전압과 전류를 동시에 높이면 된다. 그러므로 인버터는 주파수와 듀티 값을 동시에 변화시켜 전류와 전압의 조절함으로서 모터의 회전수를 조절한다.

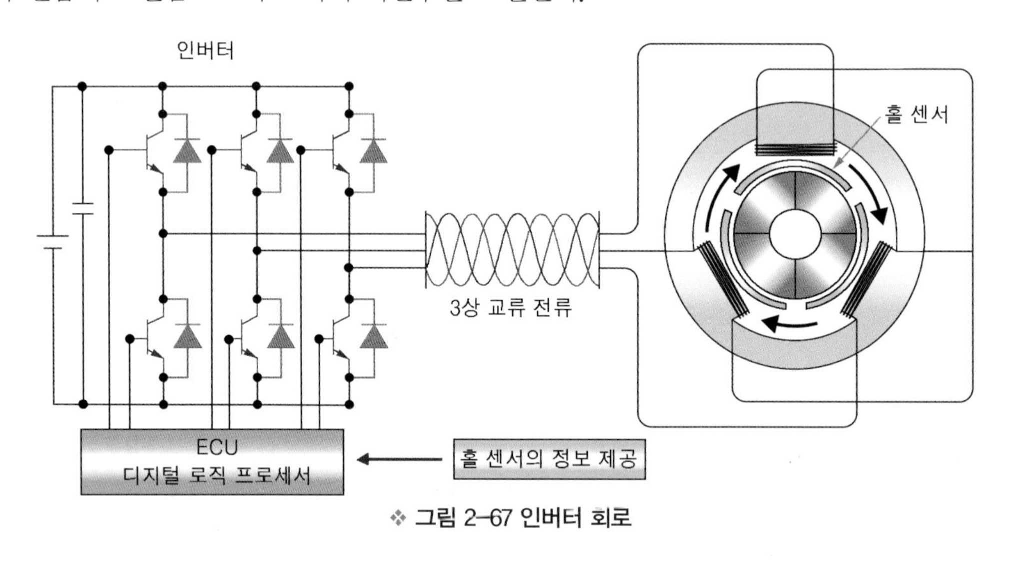

❖ 그림 2-67 인버터 회로

5 충전 장치

1 충전 장치의 개요

전기 자동차의 구동용 배터리는 차량 외부의 전기를 충전기를 사용하여 충전하는 방법과 주행 중 제동 시 회생 충전을 이용하는 방법이 있으며, 외부 충전 방법은 급속, 완속, ICCB(In Cable Control Box) 3종류가 있다.

(1) 외부 전원을 이용한 충전

완속 충전기와 급속 충전기는 별도로 설치된 단상 AC의 220V 또는 3상 AC 380V용 전원을 이용하여 고전압 배터리를 충전하는 방식이며, ICCB는 가정용 전기 콘센트에 차량용 충전기를 연결하여 고전압 배터리를 완속 충전하는 방법이다. 완속 충전 시에는 차량 내에 별도로 설치된 충전기(OBC ; On Board Charger)에서 AC 전원을 DC의 고전압으로 변경 후 고전압 배터리에 충전한다.

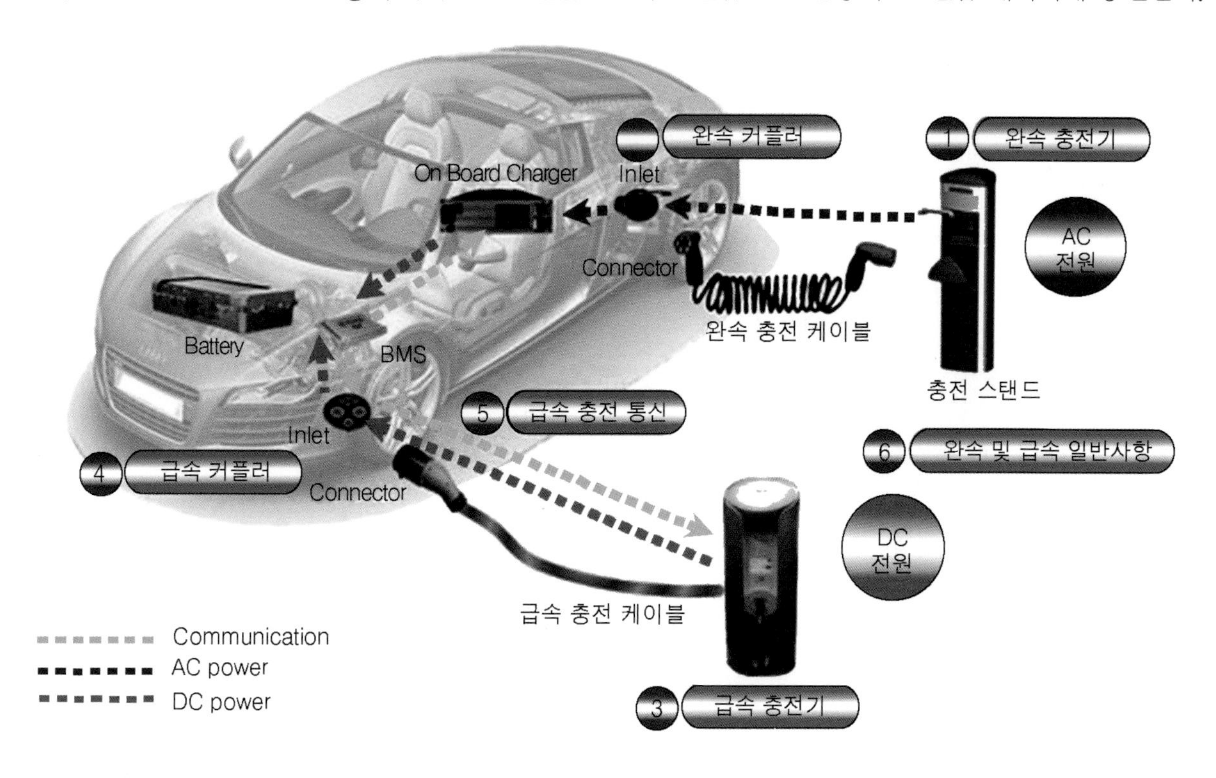

❖ 그림 2-68 완속 충전과 급속 충전 라인 비교

(2) 회생을 이용한 충전

자동차를 운행 중 감속할 경우에 구동모터는 발전기 역할로 전환되면서 3상의 교류 전기를 발전하며 발전된 전류를 컨버터에서 직류로 변환시켜 고전압 배터리를 충전한다.

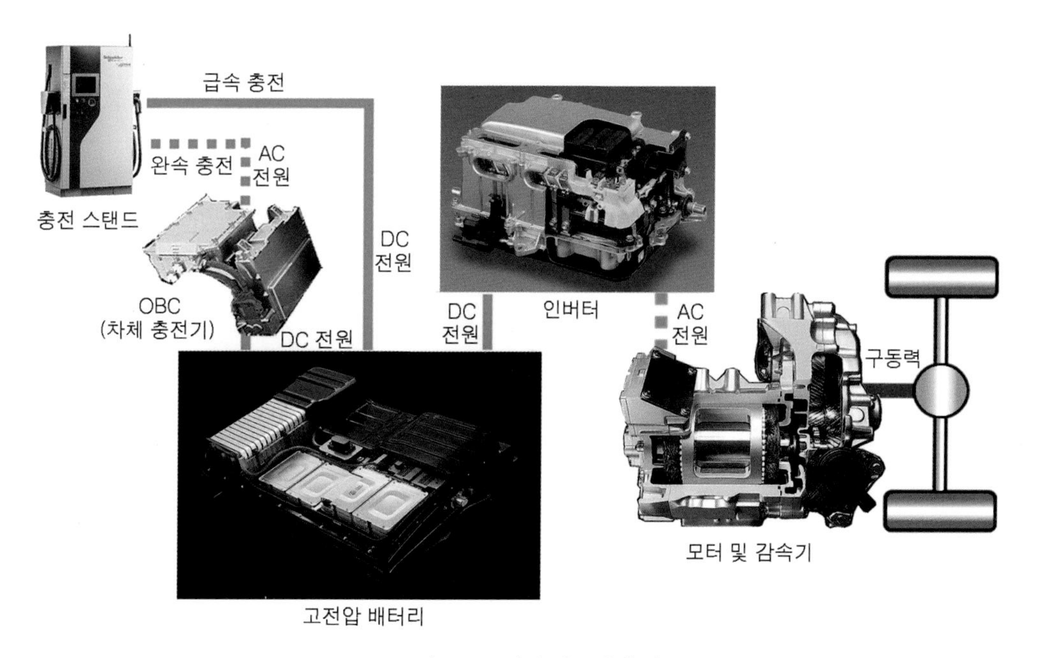

❖ 그림 2-69 전기 자동차 충전

1) 3상 동기 발전기

영구자석형 로터가 회전하면 스테이터 코일 주위의 자계가 변화하면서 전자 유도 작용으로 코일에 유도 전류가 발생하는 원리이며, 스테이터 코일 3개가 120°간격으로 배치되어 각 코일의 위상이 120°엇갈린 교류, 즉 삼상 교류가 발생한다.

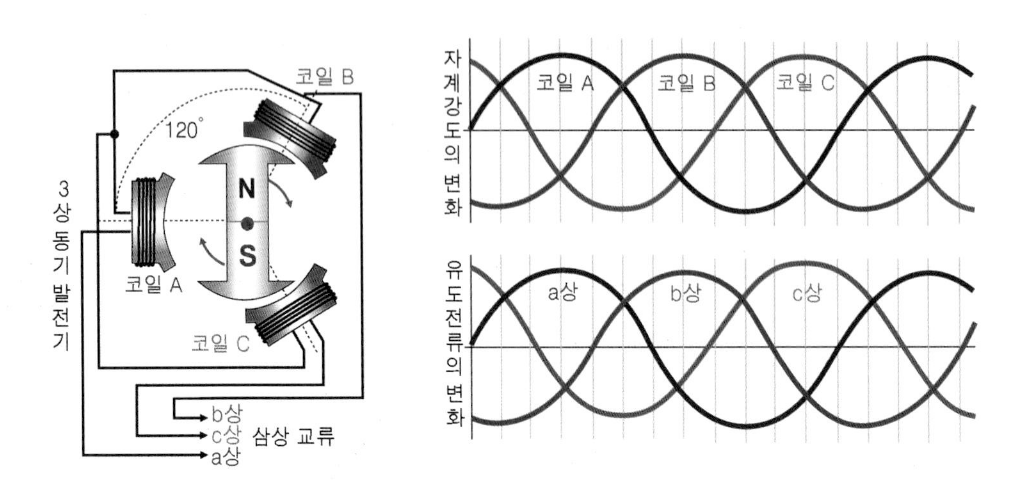

❖ 그림 2-70 자계 강도의 변화와 유도 전류의 변화

2) 컨버터

교류를 반도체 소자인 다이오드의 정류 작용을 이용하여 직류로 변환하는 장치를 AC·DC 컨버터 또는 정류기라 하며, 단상 교류인 경우 4개의 다이오드, 삼상 교류인 경우는 6개의 다이오드로 전파 정류 회로를 구성할 수 있다.

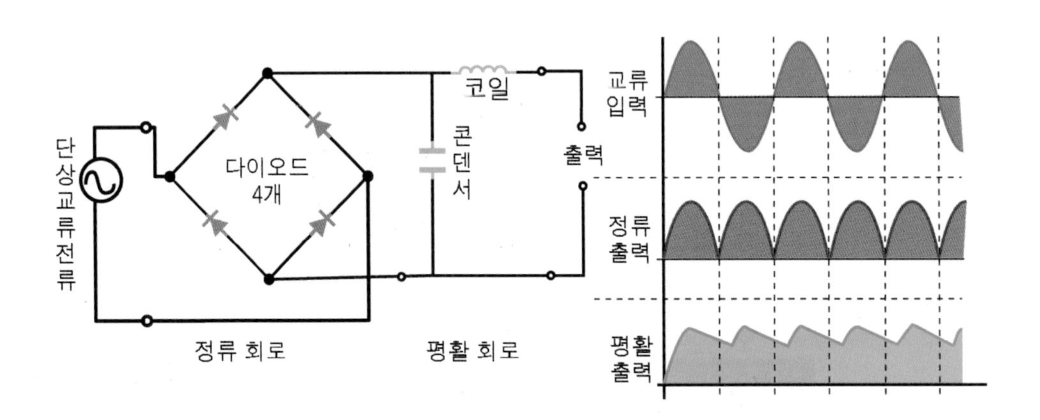

❖ 그림 2-71 다이오드의 정류

2 전기 자동차 충전기

전기 자동차는 그림과 같이 급속·완속 및 휴대용 충전 장치(ICCB : In Cable Control Box, 휴대용 충전기)를 이용하여 충전을 실시하며, 충전장치는 주기적으로 점검하여야 한다.

❖ 그림 2-72 차량에 탑재된 충전기(OBC)

❖ 그림 2-73 급속 및 완속 중전기

6 배터리

❖ 그림 2-74 전기 자동차 배터리

1 납산 배터리

(1) 셀의 구성

납산 배터리는 수지로 만들어진 케이스 내부에 6개의 방(Cell)으로 나뉘어져 있고 각각의 셀에는 양극판과 음극판이 묽은 황산의 전해액에 잠겨 있으며, 전해액은 극판이 화학반응을 일으키게 한다. 그리고 1셀은 2.1V의 기전력이 만들어지며, 2.1V셀 6개가 모여 12V를 구성한다.

(2) 충·방전

납산 배터리는 묽은 황산의 전해액에 의하여 화학반응을 일으키는데 방전된 배터리 즉, 묽은 황산에 의해 황산납으로 되어있던 극판이 충전 시에는 다시 과산화납으로 되돌아감으로서 배터리는 충전 상태가 된다. 방전 시에는 과산화납이 다시 묽은 황산에 의해 황산납으로 화학 변화를 하면서 납 원자 속에 존재하던 전자가 분리되어 전극에서 배선을 통해 이동하는 것이 납산 전지의 원리이다.

❖ 그림 2-75 납산 배터리의 구조

2 리튬이온 배터리

최신 전기 자동차에서 사용되는 것은 리튬이온 배터리는 납산 배터리 보다 성능이 우수하며, 배터리의 소형화가 가능하다.

(1) 리튬이온의 이동에 의한 충·방전

리튬이온 배터리는 양극에는 알루미늄 재료에 리튬을 함유한 금속 화합물을 사용하고, 음극에는 구리소재의 탄소 재료를 사용한 극판으로 구성되어 있으며, 리튬이온 배터리의 충전은 (+)극에 함유된 리튬이 외부의 자극과 전해질에 의해 이온화 현상이 발생되면서 전자를 (-)극으로 이동시키고, 동시에 리튬이온은 탄소 재료의 애노드 극으로 이동하여 충전 상태가 된다.

방전은 탄소 재료 쪽에 있는 리튬이온이 외부의 전선을 통하여 알루미늄 금속 화합물 측으로 이동할 때 전자가 (+)극 측으로 흘러감으로써 방전이 이루어진다. 즉, 금속 화합물 중에 포함된 리튬이온이 (+)극 또는 (-)극으로 이동함으로써 충전과 방전이 일어나며, 금속의 물성이 변화하지 않으므로 리튬이온 배터리는 열화가 적다.

(2) 1셀당 전압

리튬이온 배터리는 1셀당 (+)극판과 (-)극판의 전위차가 3.75V로 최대 4.3V이며, 전기 자동차의 고전압 배터리는 대략 셀당 3.7~3.8V이다.

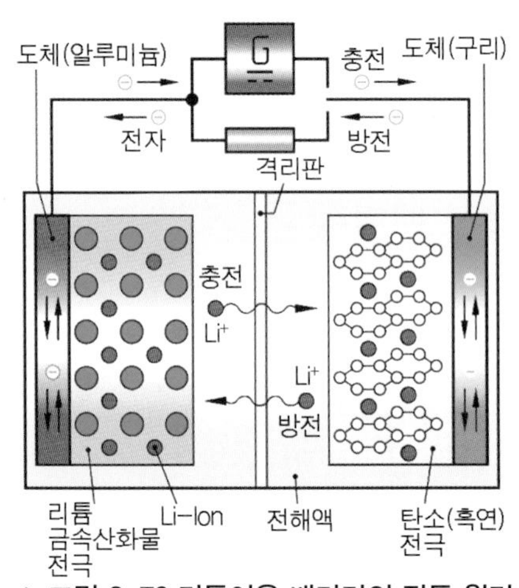

❖ 그림 2-76 리튬이온 배터리의 작동 원리

(3) 배터리 수량과 전압

전기 자동차는 고전압을 필요하므로 100셀 전후의 배터리를 탑재하여야 한다. 그러나 이와 같이 배터리의 셀 수를 늘리면 고전압은 얻어지지만 배터리 1셀마다 충전이나 방전 상황이 다르기 때문에 각각의 셀 관리가 중요하다.

❖ 그림 2-77 리튬이온 배터리의 셀

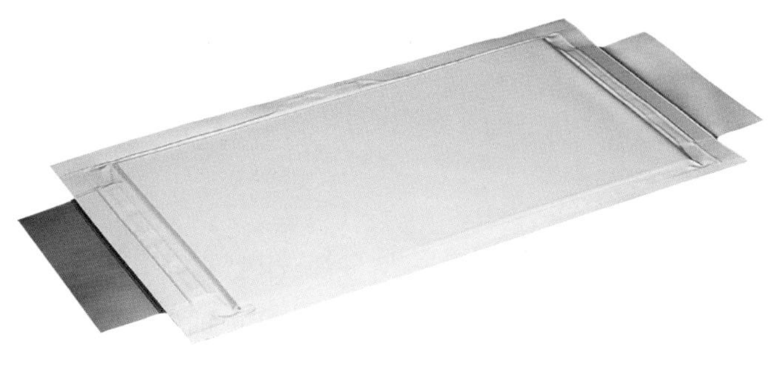

❖ 그림 2-78 라미네이트형 리튬이온 배터리 셀

(4) 배터리 케이스

자동차가 주행 중 진동이나 중력 가속도(G), 또는 만일의 충돌 사고에서도 배터리의 변형이 발생치 않도록 튼튼한 배터리 케이스에 고정되어야 한다.

1) 주행 중 진동에 노출

배터리에만 해당되는 것은 아니지만 자동차 부품은 가혹한 조건에 노출되어 있다. 어떠한 경우에도 배터리는 손상이 발생치 않도록 탑재 시 차체의 강성을 높여 주어야 한다.

2) 리튬이온 배터리의 발열 대책

배터리는 충전을 하면 배터리의 온도가 올라가므로 과도한 열은 성능이 떨어질 뿐만 아니라 극단적인 경우 부풀어 오르거나 파열되기도 하며, 문제를 일으킨다. 그러므로 배터리는 항상 좋은 상태로 충전이나 방전이 일어 날 수 있도록 고전압 배터리팩에 공냉식 또는 수냉식 쿨링 시스템을 적용하여 온도를 관리하는 것이 필요하다.

3) 전기 자동차의 고전압 배터리

리튬이온 폴리머 배터리(Li-ion Polymer)는 리튬이온 배터리의 성능을 그대로 유지하면서 폭발 위험이 있는 액체 전해질 대신 화학적으로 가장 안정적인 폴리머(고체 또는 젤 형태의 고분자 중합체) 상태의 전해질을 사용하는 배터리를 말한다.

❖ 그림 2-79 리튬이온 배터리의 모듈과 파우치

• 배터리 셀

DC 360V 정격의 리튬이온 폴리머(Li-Pb) 배터리는 DC 3.75V의 배터리 셀 총 96개가 직렬로 연결되어 있고, 모듈은 총 8개로 구성되어 있다.

고전압 배터리는 냉각을 위하여 쿨링 장치를 적용하여야 하며, 일부의 차량은 실내의 공기를 쿨링팬을 통하여 흡입하여 고전압 배터리 팩 어셈블리를 냉각시키는 공랭식을 적용한다.

고전압 배터리 쿨링 시스템은 배터리 내부에 장착된 여러 개의 온도 센서 신호를 바탕으로 BMS ECU((Battery Management System Electronic Control Unit)에 의해 고전압 배터리 시스템이 항상 정상 작동 온도를 유지할 수 있도록 쿨링팬을 차량의 상태와 소음 진동을 고려하여 여러 단으로 회전 속도를 제어한다.

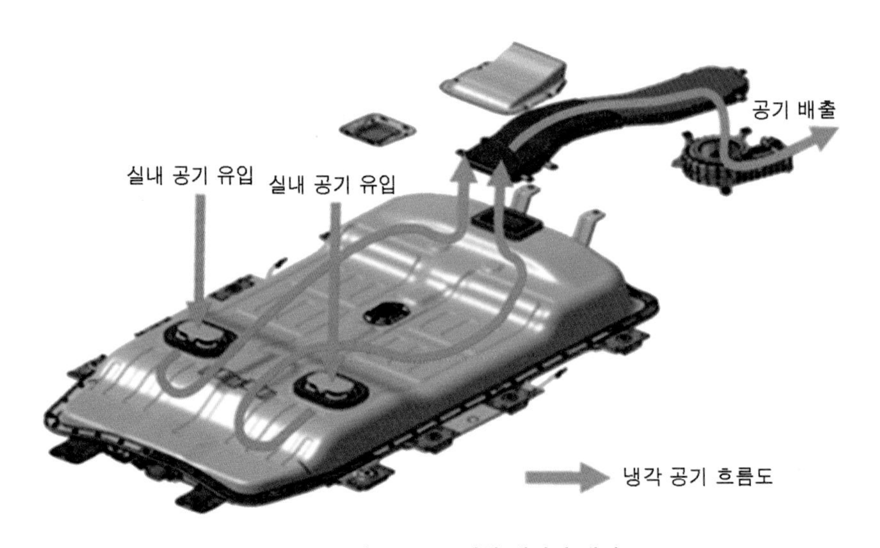

❖ 그림 2-80 고전압 배터리 냉각

(5) 배터리 수납 프레임

배터리는 충격을 받으면 안 되는 정밀 부품이기 때문에 견고한 케이스에 넣어져 있다. 그 케이스가 부차적인 효능을 발휘한다.

1) 강성이 강한 수납 케이스

전기 자동차용 리튬이온 배터리는 수백 볼트(V)라는 고전압을 발생시키기 때문에 외부로부터 보호하기 위하여 튼튼한 프레임 구조로 보호되어야 하며, 예기치 않은 충돌이 일어나더라도 배터리에 직접 손상이 미치지 않도록 하여야 한다.

2) 차체 강성

약한 진동이나 충격은 서스펜션 스프링이나 쇽업소버가 감쇠시킬 수 있지만 전기 자동차의 서스펜션 기능을 충분히 달성되기 위해서는 견고한 강성을 구비한 차체가 필요하다.

❖ 그림 2-81 바닥 아래에 배터리가 탑재된 투시도(닛산 리프)

7 자동차의 통신

1 통신(Communication)

(1) 통신이란

통신은 인류의 발생과 함께 시작되었으며, 인간이 사회를 형성하고 생활해 나가기 위해서는 개인 대 개인, 사회 대 사회 사이의 의사소통은 절대적인 필수요건이다. 만일 그 상대가 근접해 있을 때에는 몸짓이나 언어로 의사가 통하지만 양자의 거리가 멀어짐에 따라 말이나 몸짓으로 통할 수 없게 되기 때문에 타인을 통하거나 빛·연기·소리 등을 통하여 의사를 전하였다.

통신이란, 말 그대로 어떠한 정보를 전달하는 것이라고 할 수 있으며, 일상생활에서 통신이란 단어를 많이 사용하고 통신을 할 수 있는 도구를 많이 사용한다. 예를 들면 집이나 사무실에서 사용하는 전화기, 휴대폰, 인터넷 등이 있다.

(2) 자동차에 통신을 사용하게 된 이유

자동차의 기술이 발달하면서 성능 및 안전에 대한 소비자들의 요구는 안전하고 편안한 차량을 요구하고, 이에 대응하기 위해 자동차는 많은 ECU와 편의 장치가 적용되며, 그에 따른 배선 및 부품들이 갈수록 많이 장착되고 있는 반면에 그에 따른 고장도 많이 나고 있다. 특히 전장품들이 상당수 추가 되면 배선도 같이 추가되어야 되고 그러면 고장이 일어날 수 있는 부위도 그만큼 많아진다는 것이다. 이러한 문제를 조금이나마 줄이기 위해서 각각의 ECU에 통신을 적용하여 정보를 서로 공유하는 것이 주된 이유이다.

(3) 자동차에 통신 적용 시 장점

1) **배선의 경량화** – 제어를 하는 ECU들의 통신으로 배선이 줄어든다.

2) **전기장치의 설치장소 확보용이** – 전장품의 가장 가까운 ECU에서 전장품을 제어한다.

3) **시스템의 신뢰성 향상** – 배선이 줄어들면서 그만큼 사용하는 커넥터 수의 감소 및 접속점이 감소하여 고장률이 낮고 정확한 정보를 송수신할 수 있다.

4) **진단 장비를 이용한 자동차 정비** – 통신 단자를 이용하여 각 ECU의 자기진단 및 센서 출력 값을 진단 장비를 이용하여 알 수 있어 정비성이 향상 된다.

(4) 배선 유무에 따른 통신의 구분

1) 유선 통신

유선 통신이란 송·수신 양자가 전선로로 연결되고, 전선에 의하여 신호가 전달되는 전기 통신을 총칭한다. 대표적인 것은 전신·전화인데, 하나의 송신에 대하여 다수의 수신을 원칙으로 하는 무선 통신과는 달리 1:1의 통신이 원칙인 것이 유선 통신방식이다. 우리가 사용하는 대부분의 통신방식이 여기에 해당되며, 이 장에서 학습하고자 하는 자동차 통신을 말하며, 전화기, 팩스, 인터넷, 자동차 ECU 통신 등이 해당된다.

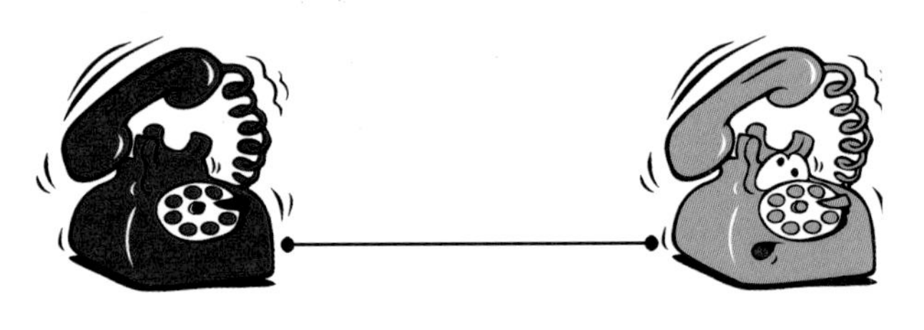

❖ 그림 2-82 유선 통신

2) 무선 통신

무선 통신은 정보를 전달하는 방식이 통신선이 없이 주파수를 이용하는 것을 말하며 무전기, 휴대폰, 자동차 리모컨 등이 해당된다.

❖ 그림 2-83 무선 통신

(5) 정보 공유

정보를 공유한다는 것은 각 ECU들이 자기에게 필요한 정보(DATA)를 받고 다른 ECU들이 필요로 하는 정보를 제공함으로써 알아야 할 DATA를 유선을 통해 서로에게 보내주는 것이다. 우리가 사용하는 인터넷과 같이 어떠한 정보를 찾아가기 위해 우리는 컴퓨터에 검색 프로그램을 실행하고 검색 창에 원하는 단어나 문구를 쓰면 컴퓨터는 인터넷에 연결된 모든 컴퓨터에서 검색창에 쓰여 진 단어나 문구와 유사한 내용을 사용자에게 알려준다. 자동차에 장착된 ECU들은 서로의 정보를 네트워크에 공유하고 자기에게 필요한 데이터를 받아서 이용한다.

(6) 네트워크 및 프로토콜

네트워크라는 단어를 살펴보면 Net+Work이다 Net는 본래 뜻이 '그물'이고 Work는 '작업'이므로 그대로 직역한다면 '그물일'이 될 것이다. 네트워크는 정확히 말하면 'Computer Networking'으로서 컴퓨터를 이용한 '그물작업'이 될 것이다.

즉 네트워크는 컴퓨터들이 어떤 연결을 통해 컴퓨터의 자원을 공유하는 것을 네트워크라 할 수 있으며 이와 같은 통신을 위해 ECU 상호간에 정해둔 통신 규칙을 통신 프로토콜(Protocol)이라 한다.

(7) 자동차 전기장치에 적용된 통신의 분류

표 2-7 통신의 분류

구분	데이터 전송방식			전송 형식		전송 방향		
	직렬	병렬	직병렬	동기	비동기	단방향	반이중	양방향
MUX			O		O	O		O
CAN		O		O	O			O
LAN		O		O	O	O		O
LIN	O				O	O		
참고	PWM 시리얼				BUS 통신			

2 다중 통신(MUX)

MUX 통신은 multiplex의 약자이며, 자동차에 적용된 MUX 통신은 단방향과 양방향 통신 모두가 적용이 되었다.

(1) 직렬 통신과 병렬 통신

데이터를 전송하는 방법에는 여러 개의 Data bit를 동시에 전송하는 병렬 통신과 한 번에 한 bit식 전송하는 직렬 통신으로 나눌 수 있다.

표 2-8 통신의 구분

구분	병렬 통신	직렬 통신
기능	여러 개의 data 전송 라인이 존재하며, 다수의 bit가 한 번에 전송이 되는 방식	한 개의 data 전송용 라인이 존재하며, 한 번에 한 bit씩 전송되는 방식
장점	전송 속도가 직렬 통신에 비해 빠르며 컴퓨터와 주변장치 사이의 data 전송에 효과적	구현하기 쉽고 가격이 싸며, 거리의 제약이 병렬 통신보다 적다
단점	거리가 멀어지면 전송 설로의 비용이 증가 한다	전송 속도가 느리다
사용 예	MUX 통신, CAN통신, LAN 통신	PWM, 시리얼 통신

1) 직렬 통신

컴퓨터와 컴퓨터 또는 컴퓨터와 주변 장치 사이에 비트 흐름(bit stream)을 전송하는 데 사용되는 통신을 직렬통신이라 한다. 통신 용어로 직렬은 순차적으로 데이터를 송, 수신한다는 의미이다. 일반적으로 데이터를 주고받는 통신은 직렬 통신이 많이 사용된다.

예를 들면, 데이터를 1bit씩 분해해서 1조(2개의 선)의 전선으로 직렬로 보내고 받는다.

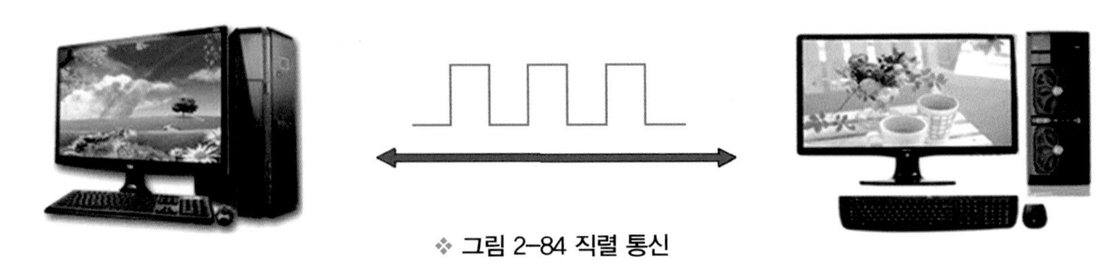

❖ 그림 2-84 직렬 통신

2) 병렬 통신

병렬 통신은 보내고자 하는 신호(또는 문자)를 몇 개의 회로로 나누어서 동시에 전송하게 되므로 자료 전송 시 신속을 기할 수 있으나 회선 및 단말기 등의 설치비용은 직렬 통신에 비해서 많이 소요 된다.

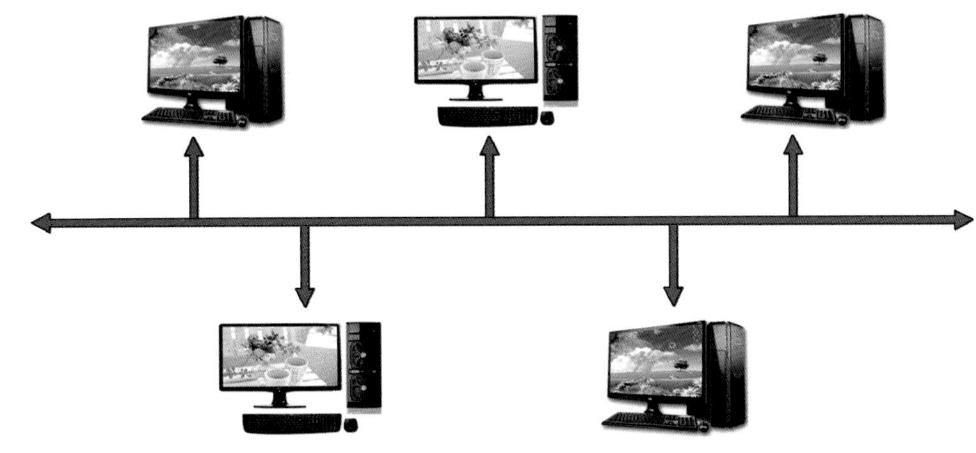

❖ 그림 2-85 병렬 통신

(2) 단방향과 양방향 통신

통신방식에는 통신선 상에 전송되는 data가 어느 방향으로 전송이 되고 있는가에 따라서 아래와 같이 구분할 수 있다.

표 2-9 단방향과 양방향 통신

분류	내용	사용 예
단방향 통신	정보의 흐름이 한 방향으로 일정하게 전달되는 통신방식	라디오, 텔레비전
반이중 통신	정보의 흐름을 교환함으로써 양방향통신을 할 수는 있지만 동시에는 양방향통신을 할 수 없다.	워키토키(무전기)
시리얼 통신	1선으로 단방향과 양방향 모두 통신할 수 있다	자동차 자기진단 단자
양방향 통신	정보의 흐름이 동시에 양방향으로 전달되는 통신방식이다.	전화기

1) 단방향 통신(LAN ; Local Area Network)

운전석 도어 모듈과 BCM은 서로 양방향 통신을 하면서 서로에게 자기의 정보를 출력하고 실행한다. 그러나 동승석 도어 모듈과는 단방향으로 통신을 하며, 동승석 도어 모듈은 운전석 도어 모듈의 DATA만 수신할 뿐 자기의 정보를 출력하지는 않는다.

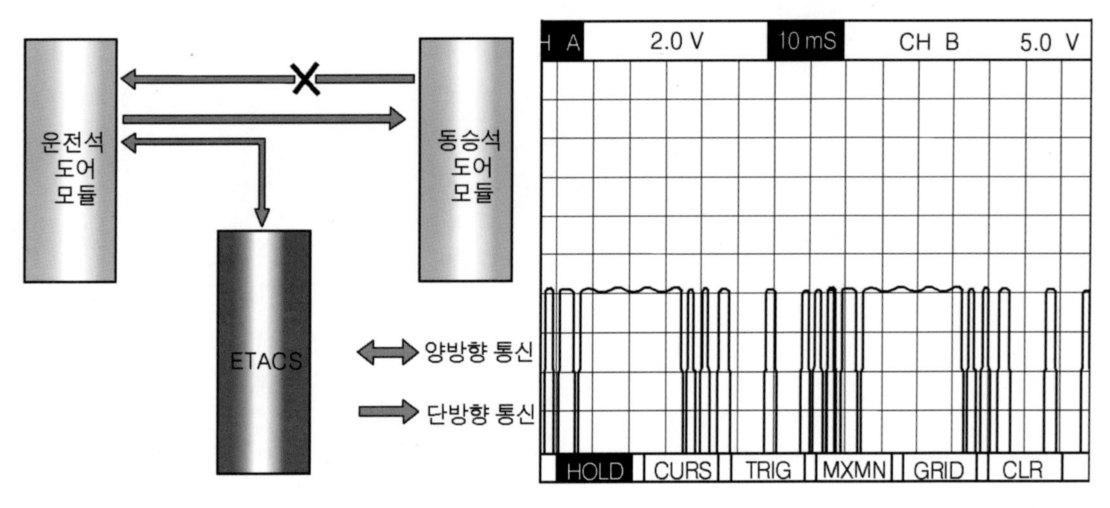

❖ 그림 2-86 단방향 통신 통신의 예

2) LIN 통신(Local Interconnect Network)

LIN 통신이란 근거리에 있는 컴퓨터들끼리 연결시키는 통신망이며, 단방향 통신의 한 종류이다.

3) 양방향 통신(CAN, Controller Area Network)

양방향 통신은 ECU들이 서로의 정보를 주고받는 통신 방법으로 2선을 이용하는 통신이며 CAN 통신은 ECU들 간의 디지털 신호를 제공하기 위해 1988년 Bosch와 Intel에서 개발된 차량용 통신 시스템이다. CAN은 열악한 환경이나 고온, 충격이나 진동 노이즈가 많은 환경에서도 잘 견디기 때문에 차량에 적용이 되고 있다. 또한 다중 채널식 통신법이기 때문에 Unit간의 배선을 대폭 줄일 수 있다.

3 CAN 통신(Controller Area Network)

CAN BUS 라인은 전압 레벨이 낮은 Low 라인과 높은 High 라인으로 구성되어 전압 레벨의 변화 신호로 데이터를 송신한다. 또한 CAN 통신은 통신 속도에 따라 High speed CAN과 Low speed CAN으로 구분한다.

(1) High speed CAN

High speed CAN은 CAN–H와 CAN–L 두 배선 모두 2.5V의 기준 전압이 걸려 있는 상태를 열성(로직 1)이라 하며, 데이터 전송 시에는 하이 라인은 3.5V로 상승하고 로우 라인은 1.5V로 하강하여 두 선간의 전압 차이가 2V이상 발생했을 때를 우성(로직0)이라 한다. 고속 캔 통신은 데이터를 전송하는 속도(약 125Kbit ~ 1 Mbit)가 매우 빠르고 정확하다.

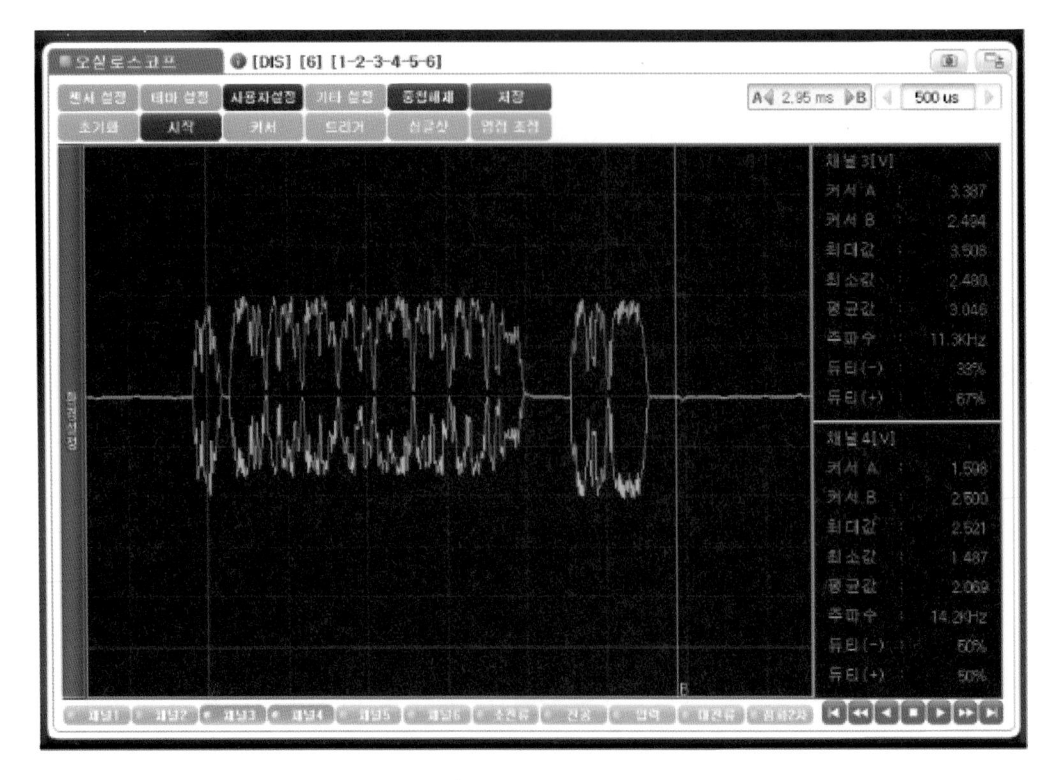

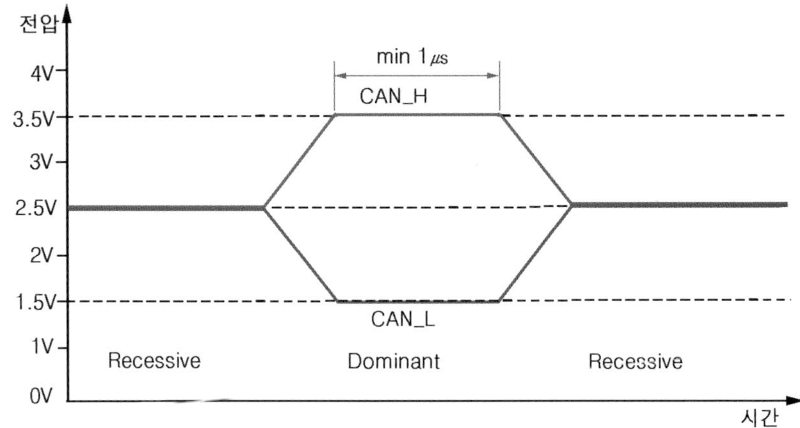

❖ 그림 2-87 고속 CAN 통신 파형

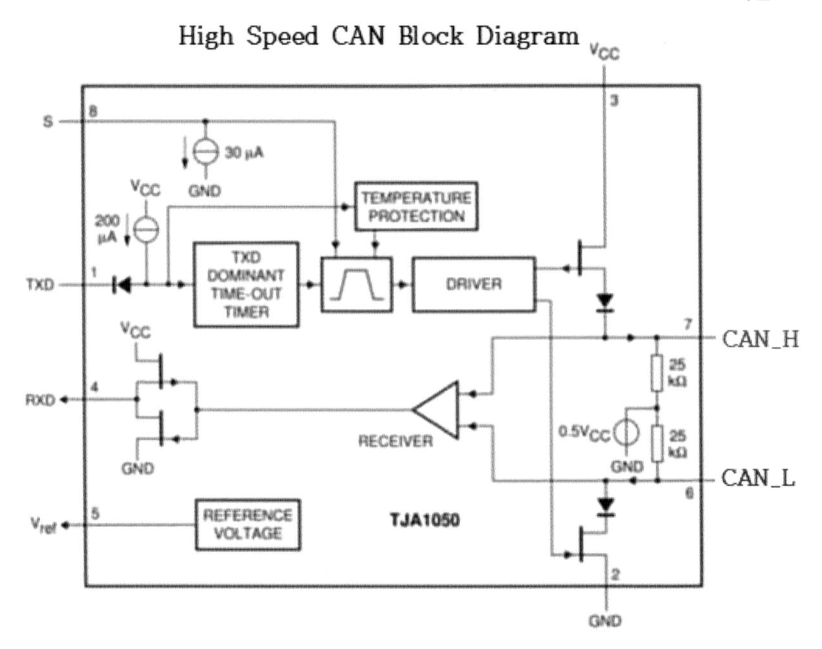

❖ 그림 2-88 고속 캔 ECU회로

(2) Low speed CAN

저속 캔 통신의 BUS line A는 0V(ECU내부 차동 증폭기 1.75V)의 전압이 걸려 있는 열성(로직 1) 상황에서 데이터가 전송되는 우성(로직 0)이 되면 약 3.5V(ECU 내부 차동 증폭기 4V)의 전압으로 상승하고 CAN BUS line B는 5V(ECU 내부 차동 증폭기 3.25V)의 전압이 걸려 있는 열성 상황에서 데이터가 전송되는 우성이 되면 약 1.5V(ECU 내부 차동 증폭기 1V)의 전압으로 하강한다. 이와 같이 CAN BUS A 및 B 라인은 X축의 같은 시점에서 전압이 변화한다.

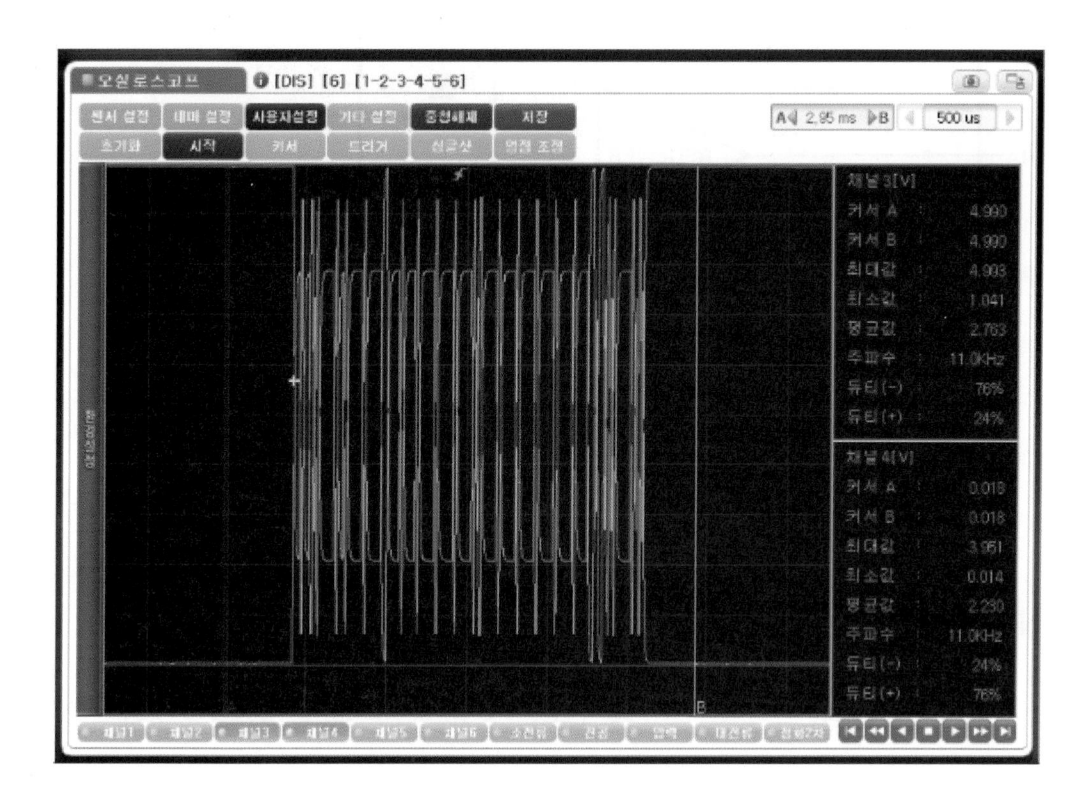

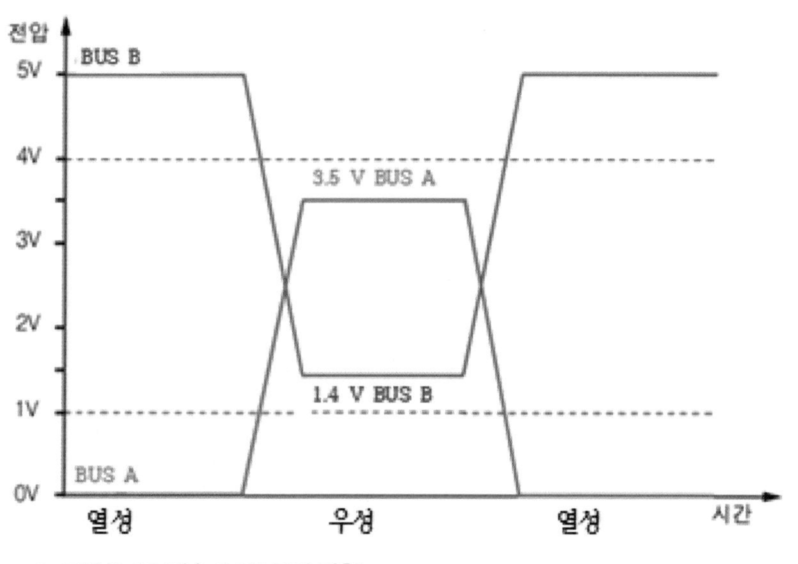

❖ 그림 2-88 저속 CAN 통신 파형

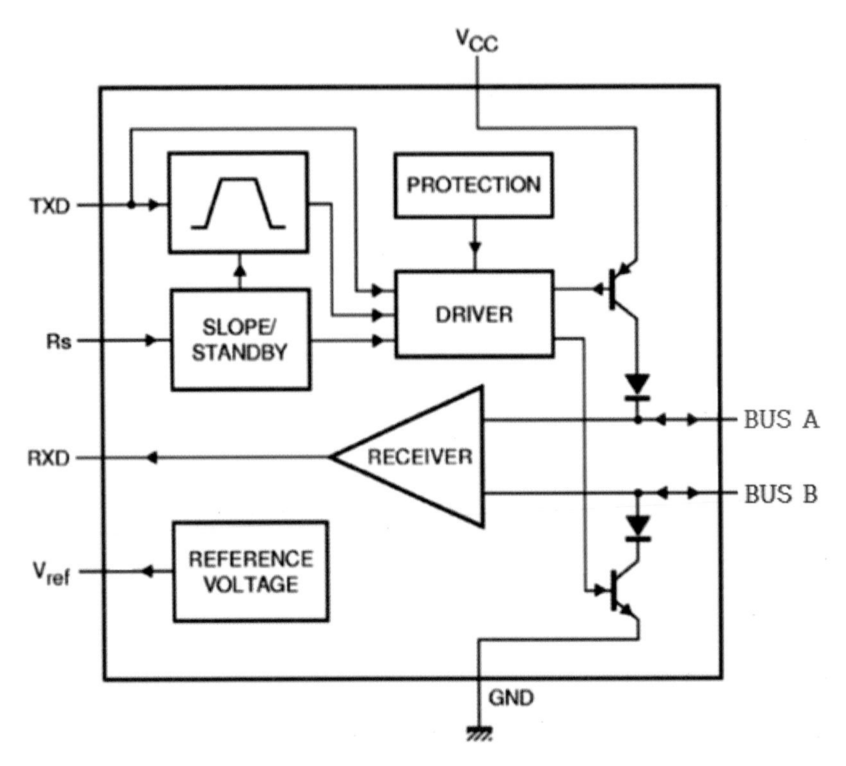

❖ 그림 2-89 저속캔 ECU블록 다이어그램

4 고속 CAN 라인의 저항

고속 CAN 통신 라인에서 전송되는 "1" 또는 "0"의 신호는 통신 라인의 끝단에서 전송량과 전압 신호가 변조되는 경우가 발생할 수 있으므로 신호 전압의 안정화를 위하여 캔 라인의 끝단에 설치하는 저항을 종단(터미네이션) 저항이라고 한다.

그림과 같이 ECU1과 ECU2 및 ECU3을 통신 라인에 병렬로 연결되어 있으며, 캔통신 라인 끝부분인 종단에 120Ω의 종단 저항이 설치되어 있다.

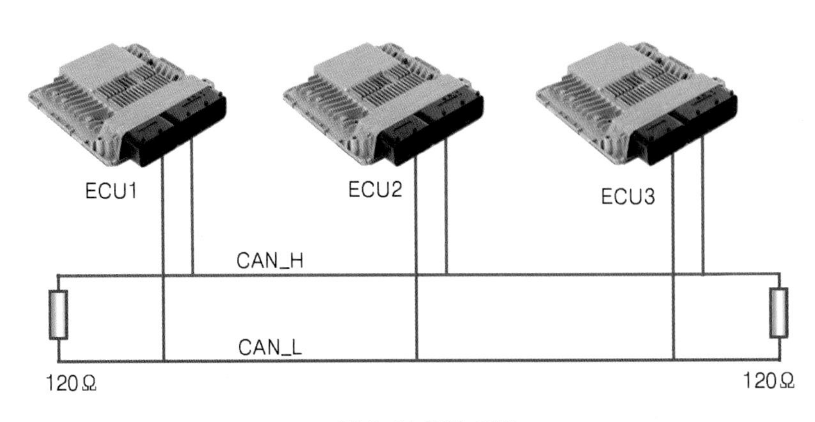

❖ 그림 2-90 종단 저항

단원 3

전기자동차

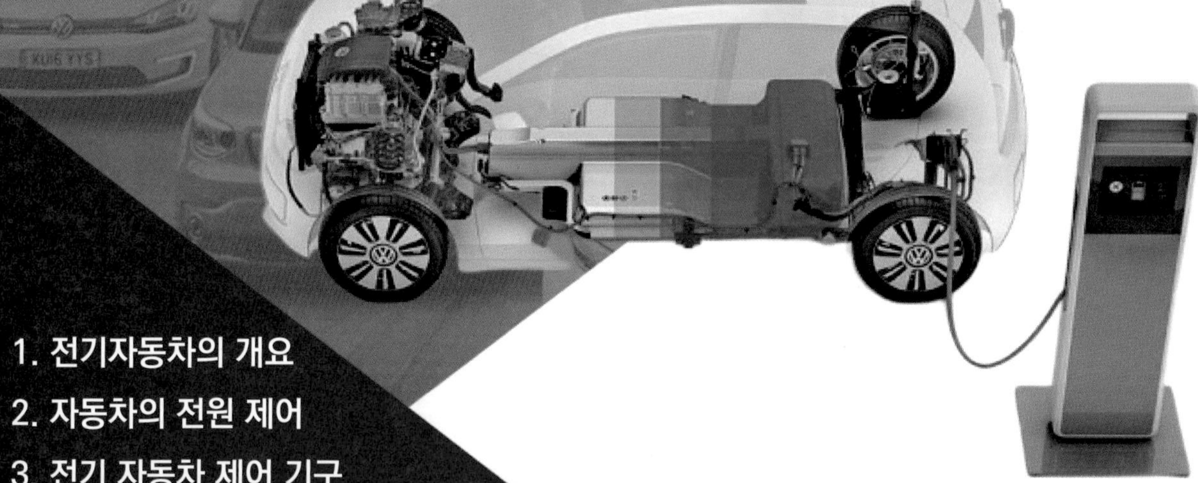

전기 자동차

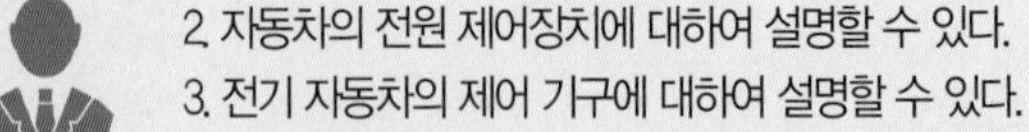

학습목표

1. 전기 자동차의 구성과 주행 모드에 대하여 설명할 수 있다.
2. 자동차의 전원 제어장치에 대하여 설명할 수 있다.
3. 전기 자동차의 제어 기구에 대하여 설명할 수 있다.
4. 전기 자동차의 모듈 점검 정비에 대하여 설명하고 실행할 수 있다.
5. 전기 자동차의 충전 장치 정비에 대하여 설명하고 실행할 수 있다.
6. 전기 자동차 고전압 분배 시스템 정비에 대하여 설명하고 실행할 수 있다.
7. 고전압 배터리 제어 시스템 정비에 대하여 설명하고 실행 할 수 있다.
8. 고전압 배터리 점검 · 진단 · 수리에 대하여 설명하고 실행할 수 있다.
9. 고전압 배터리 검사에 대해서 설명하고 실행할 수 있다.
10. 고품 고전압 배터리 시스템 보관 · 운송 · 폐기에 대하여 설명할 수 있다.
11. 구동 모터의 점검 정비에 대하여 설명하고 실행할 수 있다.

1 전기 자동차의 개요

전기 자동차는 차량에 탑재된 고전압 배터리의 전기 에너지로부터 구동 에너지를 얻는 자동차이며, 일반 내연기관 차량의 변속기 역할을 대신할 수 있는 감속기가 장착되어 있다. 또한 내연기관 자동차에서 발생하게 되는 유해가스가 배출되지 않는 친환경 차량으로서 다음과 같은 특징이 있다.

❶ 대용량 고전압 배터리를 탑재한다.

❷ 전기 모터를 사용하여 구동력을 얻는다.

❸ 변속기가 필요 없으며, 단순한 감속기를 이용하여 토크를 증대시킨다.

❹ 외부 전력을 이용하여 배터리를 충전한다.

❺ 전기를 동력원으로 사용하기 때문에 주행 시 배출가스가 없다

❻ 배터리에 100% 의존하기 때문에 배터리 용량 따라 주행거리가 제한된다.

1 전기 자동차의 구성

전기 자동차는 차량 하부에 장착된 약 300~400V의 고전압 배터리 팩의 전원으로 모터를 구동하며, 구동 모터의 회전속도를 제어하여 차량 속도를 변화시키므로 변속기는 필요 없으나 구동 토크를 증대하기 위한 감속기가 장착되어 있다.

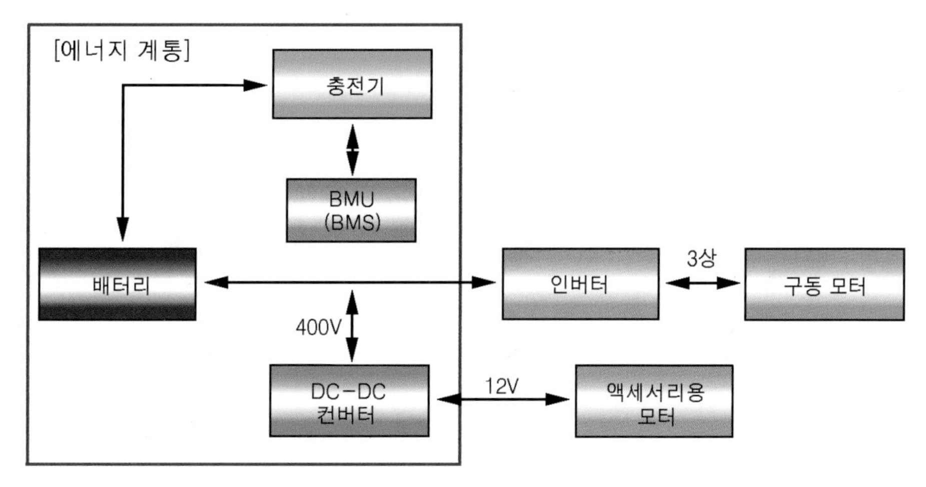

❖ 그림 3-1 전기 자동차 에너지 계통의 구성

참고

기존의 하이브리드 자동차에서는 고전압 배터리 제어기를 BMS라 하였는데 아이오닉 전기차 부터는 BMU로 변경하여 사용하고 있다. 또한 구동 모터 주변에 고전압을 변화시키는 장치인 차량 제어 유닛(VCU, Vehicle Control Unit), 모터 제어기(MCU, Motor Control Unit, 컨버터(Convertor), 직류 변환 장치(LDC, Low Voltage DC-DC Converter), 전력 변환 기구(IGBT, Insulated Gate Bipolar Transistor) 등이 설치되어 있다.

표 3-2 자동차 구성품 비교

구분	내연기관 차량	HEV/PHEV	EV
구동계	Engine/TM	Engine/Motor	Motor
에어지계	연료탱크	배터리 DCDC Converter **BMU** 충전기	
현가/조향/제동계	엔진을 이용하여 유압발생, 또는 전기 모터를 사용	EHPS EPS SBW EMBrake	
공조(A/C)계	엔진을 이용 구동	전동 Compressor Air Blower	

표3-2 에너지 계통 구성 부품

구분	배터리	충전기	컨버터	BMU
향상				
사양	300 Wh/kg (Li-Ion)	3.3 kw (탑재형)	3.2 kw (≒300→14V)	300V/200A -30~80 ℃
요구 특성	고용량	고효율 소형 경량	고신뢰성	신뢰성, 안정성

2 전기 자동차의 주행 모드

(1) 출발·가속

시동키를 ON 후 운전자가 가속 페달을 밟으면 전기 자동차는 고전압 배터리 팩 어셈블리에 저장된 전기 에너지를 이용하여 구동 모터가 구동력을 발생함으로써 전기 에너지를 운동에너지로 바꾼 후 바퀴에 동력을 전달한다.

차속을 올리기 위해 가속 페달을 더 밟으면 모터는 더 빠르게 회전하여 차속이 높아진다. 큰 구동력을 요구하는 출발과 언덕길 주행 시는 모터의 회전속도는 낮아지고 구동 토크를 높여 언덕길을 주행할 때에도 변속기 없이 순수 모터의 회전력을 조절하여 주행한다.

고전압 배터리 팩 어셈블리 → PRA → 고전압 정션 박스 → EPCU → 모터

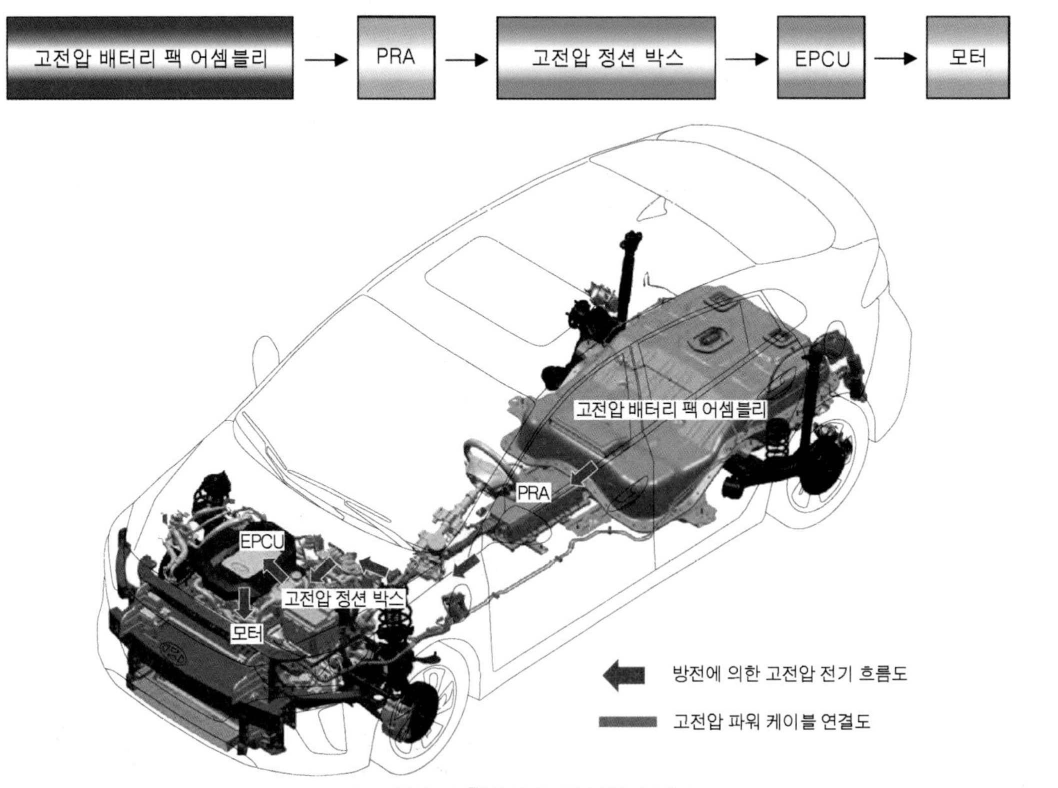

❖ 그림 3-2 출발 가속 시 동력 흐름도

(2) 감속

차량 속도가 운전자가 요구하는 속도보다 높아 가속 페달을 작게 밟거나, 브레이크를 작동할 때 전기 모터의 구동력은 필요하지 않으므로, 이때 구동 모터는 발전기의 역할로 변환되어 차량의 주행 관성 운동 에너지에 의해 구동 모터는 전류를 발생시켜 고전압 배터리에 저장한다.

이와 같이 구동 모터는 감속 시 발생하는 운동 에너지를 이용하여 발생된 전류를 고전압 배터리 팩 어셈블리에 충전하는 것을 회생 제동이라고 한다.

- 작동 : 10 km/h 이상일 경우
- 미작동 : 3 km/h 이하일 경우

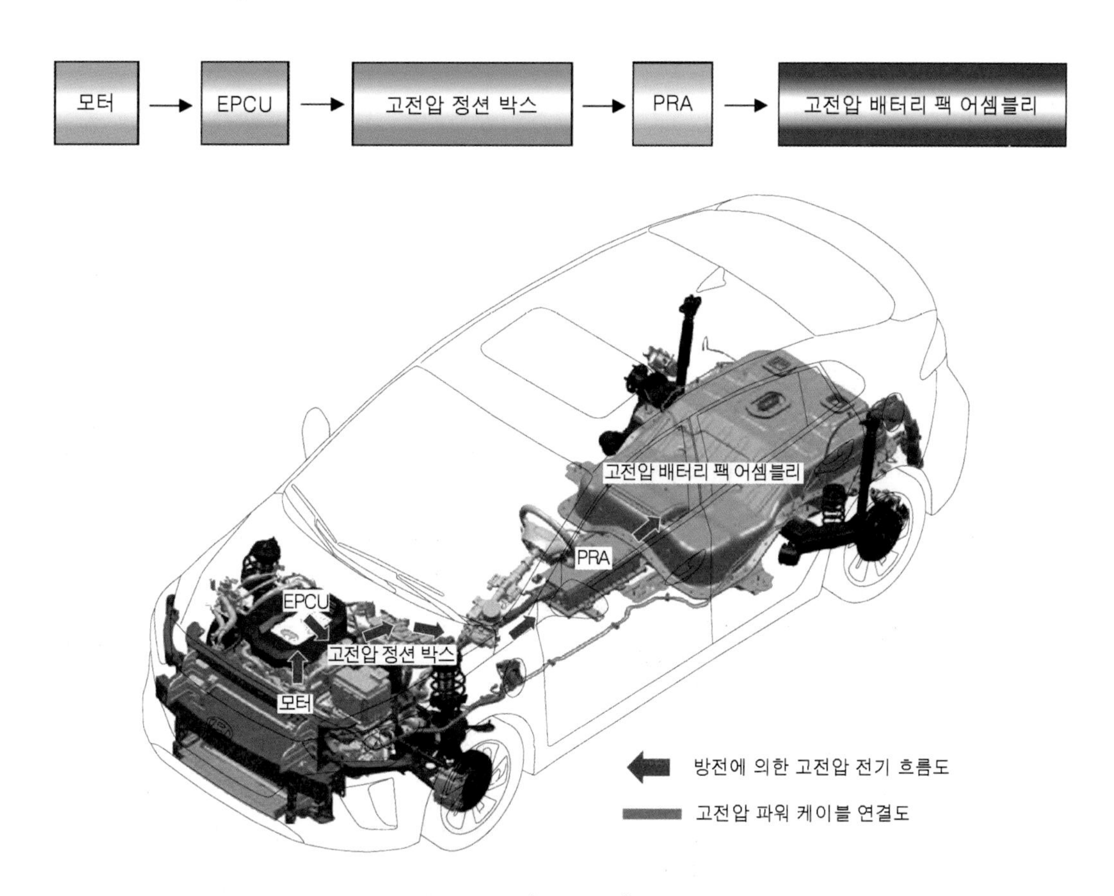

❖ 그림 3-3 감속(회생 제동) 시 동력 흐름도

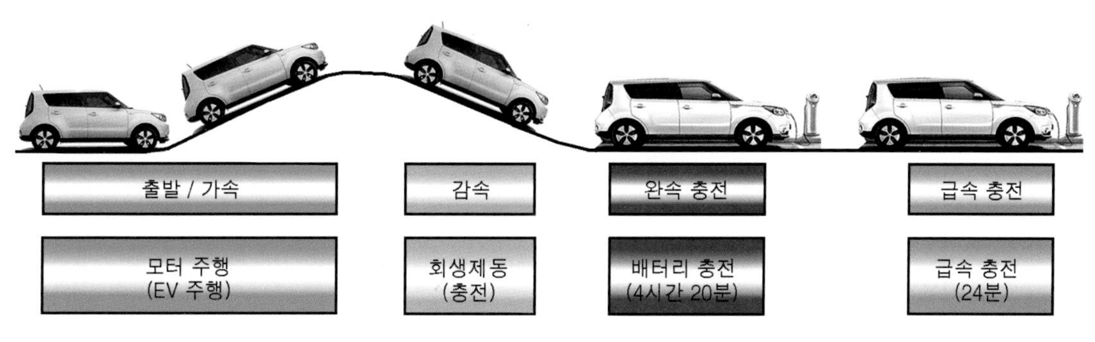

❖ 그림 3-4 전기 자동차 주행 패턴

2 자동차의 전원 제어

그림의 고전압 결선도와 같이 고전압 배터리, 파워 릴레이 어셈블리1·2(PRA; Power Relay Assembly 1·2), 전동식 에어컨 컴프레서, LDC(Low DC/DC Converter), PTC 히터(Positive Temperature Coefficient heater), 차량 탑재형 배터리 완속 충전기(OBC; On-Borad battery Charger), 모터 제어기(MCU; Motor Control Unit) 및 구동 모터가 고전압으로 연결되어 있으며, 배터리팩에 고전압 배터리와 파워 릴레이 어셈블리 1·2 및 고전압을 차단할 수 있는 안전 플러그가 장착되어 있다.

파워 릴레이 어셈블리 1은 구동용 전원을 차단 또는 연결하는 릴레이이며, 파워 릴레이 어셈블리 2는 급속 충전 시 BMU(Battery Management Unit)의 신호를 받아 고전압 배터리에 충전될 수 있도록 전원을 연결하는 기능을 한다.

전동식 에어컨 컴프레서, PTC 히터, LDC, OBC에 공급되는 고전압은 정션 박스를 통해 전원을 공급 받으며, MCU는 고전압 배터리에 저장된 직류를 파워 릴레이 어셈블리 1과 정션 박스를 거쳐 공급받아 전력 변환기구(IGBT; Insulated Gate Bipolar Transistor) 제어로 고전압의 3상 교류로 변환하여 구동 모터에 고전압을 공급하고 운전자의 요구에 맞게 모터를 제어한다.

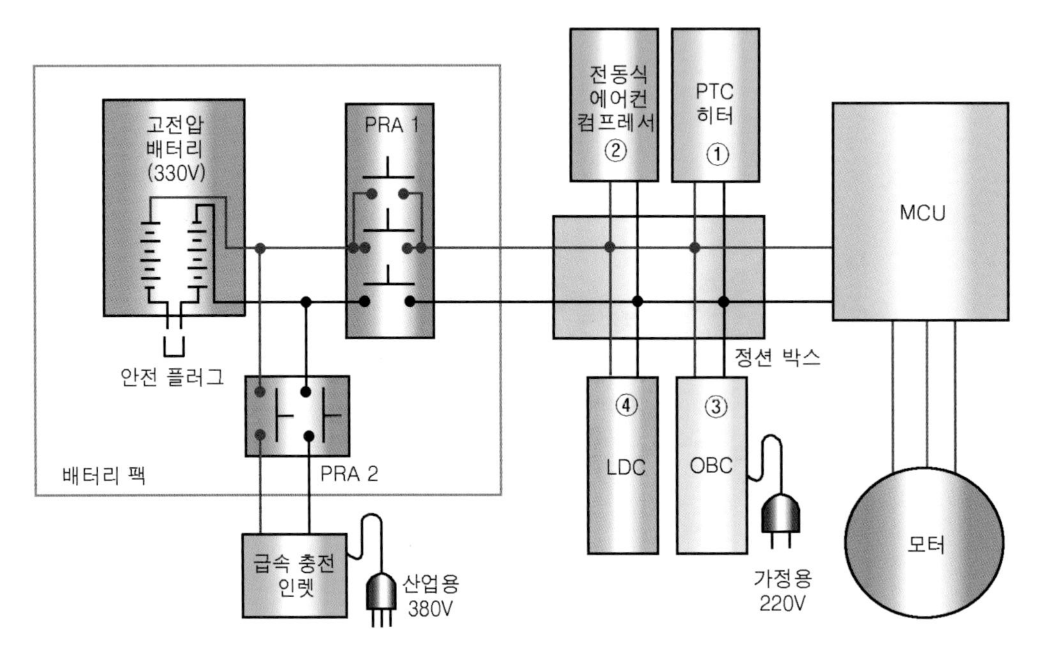

❖ 그림 3-5 고전압 흐름도

1 전력 통합 제어 장치(EPCU; Electric Power Control Unit)

전력 통합 제어 장치는 대전력량의 전력 변환 시스템으로서 고전압의 직류를 전기자동차의 통합 제어기인 차량 제어 유닛(VCU; Vehicle Control Unit) 및 구동 모터에 적합한 교류로 변환하는 장치인 인버터(Inverter), 고전압 배터리 전압을 저전압의 12V DC로 변환시키는 장치인 LDC 및 외부의 교류 전원을 고전압의 직류로 변환해주는 완속 충전기인 OBC 등으로 구성되어 있다.

표3-3 전력 제어 장치 제원

항목	제원
입력 전압	240 ~ 413V
작동 전압	9 ~ 16V
냉각 방식	수냉식
냉각수 유입 온도	최대 65℃
작동 온도	-40 ~ 85℃
저장 온도	-40 ~ 85℃

(1) 인버터(Inverter)

고전압 배터리의 DC 전원을 차량 구동 모터의 구동에 적합한 AC 전원으로 변환하는 시스템으로서 인버터는 케이스 속에 IGBT 모듈, 파워 드라이버(Power Driver), 제어회로인 컨트롤러(Controller)가 일체로 이루어져 있다.

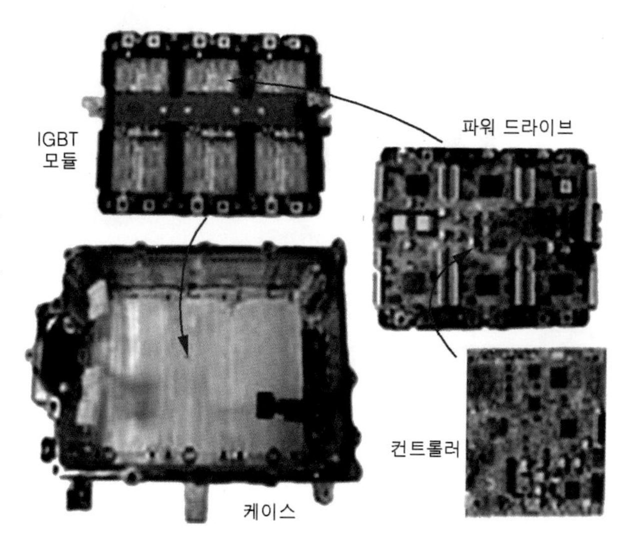

❖ 그림 3-6 인버터의 구성

(2) 직류 변환 장치(LDC; Low Voltage DC-DC Converter, 컨버터)

고전압 배터리의 DC 전원을 차량의 전장용에 적합한 낮은 전압의 DC 전원(저전압)으로 변환하는 시스템이며, DC-DC 컨버터라고 한다.

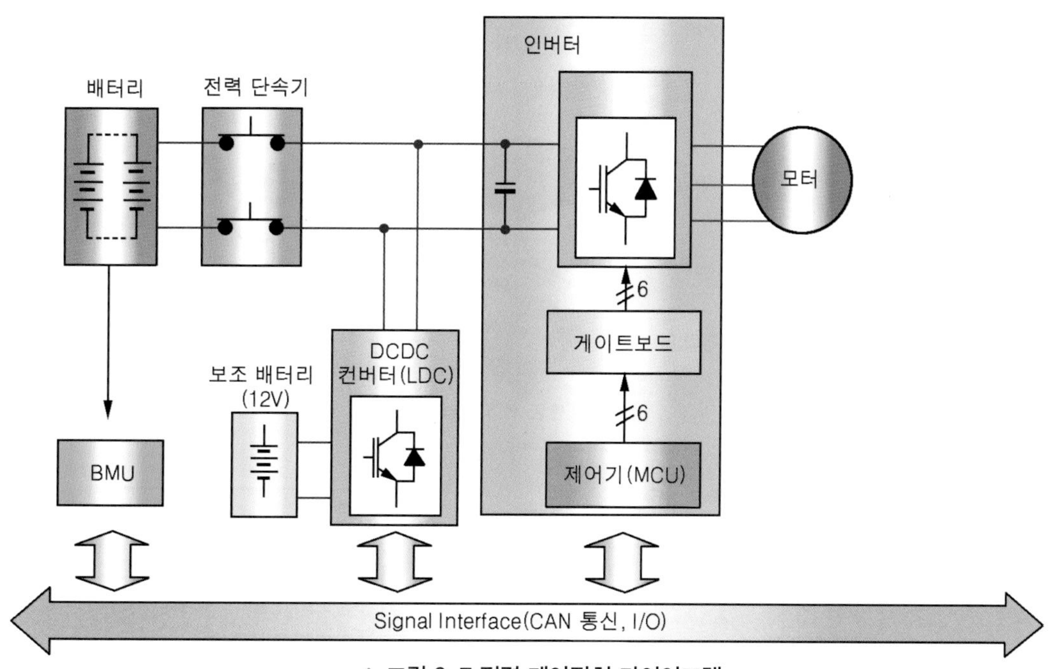

❖ 그림 3-7 전력 제어장치 다이어그램

2 완속 충전기(OBC; On Board Charger)

완속 충전기는 고전압 배터리를 충전하기 위하여 차량에 탑재된 충전기이며, 차량 주차 상태에서 AC 110V 또는 220V 전원을 고전압의 DC로 변환하여 차량의 고전압 배터리를 충전한다. 고전압 배터리 제어기인 BMU와 CAN 통신을 통해 배터리 충전(정전류, 정전압)을 최적으로 제어한다.

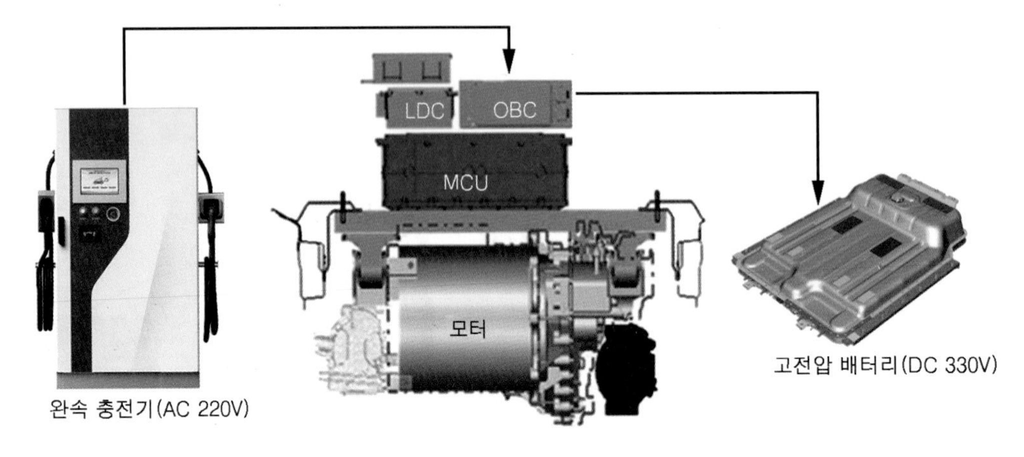

❖ 그림 3-8 완속 충전 흐름

3 전기 자동차 제어 기구(VCU; Vehicle Control Unit)

전기 자동차 제어 기구는 MCU, BMU, LDC, OBC, 회생 제동용 액티브 유압 부스터 브레이크 시스템(AHB; Active Hydraulic Booster), 계기판(Cluster), 전자동 온도 조절장치((FATC; Full Automatic Temperature Control) 등과 협조 제어를 통해 최적의 성능을 유지할 수 있도록 제어하는 기능을 수행한다.

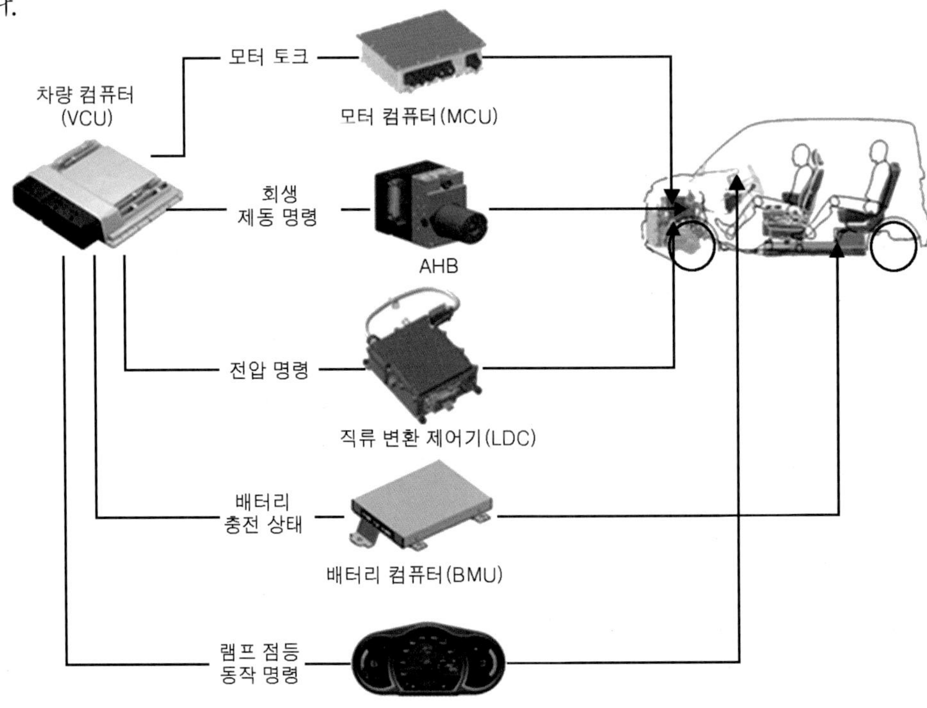

❖ 그림 3-9 VCU 제어도

VCU는 모든 제어기를 종합적으로 제어하는 최상위 마스터 컴퓨터로서 운전자의 요구 사항에 적합하도록 최적인 상태로 차량의 속도, 배터리 및 각종 제어기를 제어한다.

표 3-4 VCU의 주요 기능

주요 기능	상세 내용
구동 모터 토크 제어	배터리 가용 파워, 모터 가용 파워, 운전자 요구(APS, Brake SW, Shift lever)를 고려한 모터 토크 지령 계산
회생 제동 제어	회생 제동을 위한 모터 충전 토크 지령 연산, 회생 제동 실행량 연산
공조 부하 제어	배터리 정보 및 FATC 요청 파워를 이용하여 최종 FATC 허용 파워 전송
전장 부하 공급 전원 제어	배터리 정보 및 차량 상태에 따른 LDC On/Off 및 동작 모드 결정
Cluster 표시	구동 파워, 에너지 Flow, ECO level, Power down, Shift lever position, Service lamp 및 Ready lamp 점등
주행 가능 거리 DTE(Distance to Empty)	배터리 가용 에너지, 과거 주행연비를 기반으로 차량의 주행 가능 거리 표시, AVN을 이용한 경로 설정 시 경로의 연비 추정을 통하여 DTE 표시 정확도 향상
예약/ 원격 충전 공조	TMU와의 연동을 통해 Center · 스마트폰을 원격제어, 운전자의 작동 시각 설정을 통한 예약기능 수행
아날로그 · 디지털 신호 처리 및 진단	APS, Brake s/w, Shift lever, Air bag 전개 신호 처리 및 판단

1 구동 모터 토크 제어

BMU는 고전압 배터리의 전압, 전류, 온도, 배터리의 가용 에너지 율(SOC, State Of Charge) 값으로 현재의 고전압 배터리 가용 파워를 VCU에게 전달하며, VCU는 BMU에서 받은 정보를 기본으로 하여 운전자의 요구(APS, Brake S/W, Shift Lever)에 적합한 모터의 명령 토크를 계산한다.

더불어 MCU는 현재 모터가 사용하고 있는 토크와 사용 가능한 토크를 연산하여 VCU에게 제공한다. VCU는 최종적으로 BMU와 MCU에서 받은 정보를 종합하여 구동모터에 토크를 명령한다.

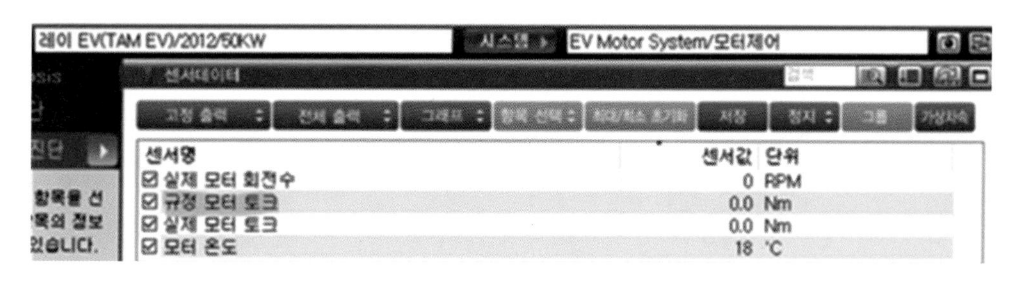

❖ 그림 3-10 모터 토크 제어 실차 데이터

❶ **VCU:** 배터리 가용 파워, 모터 가용 토크, 운전자 요구(APS, Brake SW, Shift Lever)를 고려한 모터 토크의 지령을 계산하여 컨트롤러를 제어한다.

❷ **BMU:** VCU가 모터 토크의 지령을 계산하기 위한 배터리 가용 파워, SOC 정보를 제공 받아 고전압 배터리를 관리한다.

❸ **MCU:** VCU가 모터 토크의 지령을 계산하기 위한 모터 가용 토크 제공, VCU로 부터 수신한 모터 토크의 지령을 구현하기 위해 인버터(Inverter)에 PWM 신호를 생성하여 모터를 최적으로 구동한다.

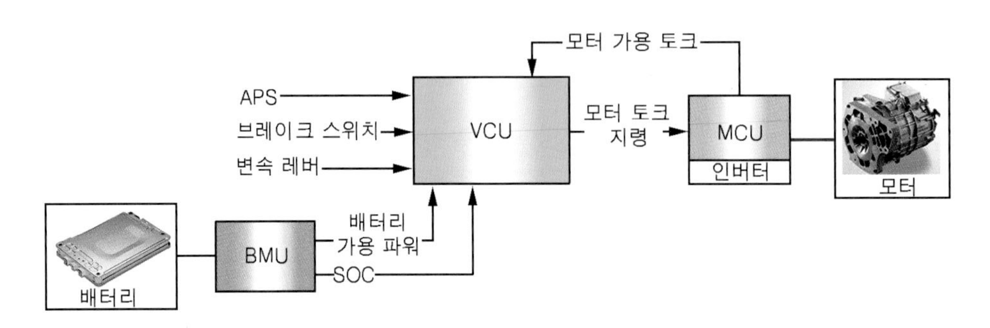

❖ 그림 3-11 모터 제어 다이어그램

2 회생 제동 제어(AHB; Active Hydraulic Booster)

AHB 시스템은 운전자의 요구 제동량을 BPS(Brake Pedal Sensor)로부터 받아 연산하여 이를 유압 제동량과 회생 제동 요청량으로 분배한다. VCU는 각각의 컴퓨터 즉 AHB, MCU, BMU와 정보 교환을 통해 모터의 회생 제동 실행량을 연산하여 MCU에게 최종적으로 모터 토크를 제어한다. AHB 시스템은 회생 제동 실행량을 VCU로부터 받아 유압 제동량을 결정하고 유압을 제어한다.

AM EV)/2012/50KW　시스템 ▸　EV Motor System/모터제어

센서데이터

고정 출력 | 전체 출력 | 그래프 | 항목 선택 | 최대/최소 초기화 | 저장 | 정지 | 그룹 | 가상차속

센서명	센서값	단위
☑ 실제 모터 회전수	0	RPM
☑ 규정 모터 토크	0.0	Nm
☑ 실제 모터 토크	0.0	Nm
☑ 모터 온도	18	℃
☑ 모터 상 전류	0.0	A
☐ 커패시터 전압	4	V

❖ 그림 3-12 회생 제동 제어 데이터

❶ **AHB:** BPS값으로부터 구한 운전자의 요구 제동 연산 값으로 유압 제동량과 회생 제동 요청량으로 분배하며, VCU로부터 회생 제동 실행량을 모니터링 하여 유압 제동량을 보정한다.

❷ **VCU:** AHB의 회생 제동 요청량, BMU의 배터리 가용 파워 및 모터 가용 토크를 고려하여 회생 제동 실행량을 제어한다.

❸ **BMU:** 배터리 가용 파워 및 SOC 정보를 제공한다.

❹ **MCU:** 모터 가용 토크, 실제 모터의 출력 토크와 VCU로 부터 수신한 모터 토크 지령을 구현하기 위해 인버터 PWM 신호를 생성하여 모터를 제어한다.

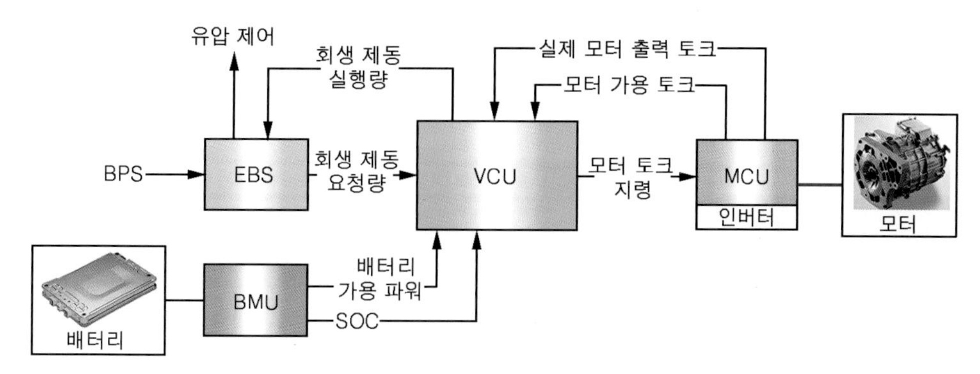

❖ 그림 3-13 회생 제동 제어 다이어그램

3 공조 부하 제어

전자동 온도 조절 장치인 FATC(Full Automatic Temperature Control)는 운전자의 냉·난방 요구 시 차량 실내 온도와 외기 온도 정보를 종합하여 냉·난방 파워를 VCU에게 요청하며, FATC는 VCU가 허용하는 범위 내에 전력으로 에어컨 컴프레서와 PTC 히터를 제어한다.

고정 출력 | 전체 출력 | 그래프 | 항목 선택 | 최대/최소 초기화 | 저장 | 정지 | 그룹 | 가상차속

센서명	센서값	단위
실내온도센서 - Front	29	'C
외기 온도 센서	22	'C
증발기 센서	23	'C
운전석 일사량 센서	0.00	V
운전석 온도조절 액추에이터 위치센서	17	%

❖ 그림 3-14 공조 부하 제어 데이터

❶ **FATC:** AC SW의 정보를 이용하여 운전자의 냉난방 요구 및 PTC 작동 요청 신호를 VCU에 송신하며, VCU는 허용 파워 범위 내에서 공조 부하를 제어한다.

❷ **BMU:** 배터리 가용 파워 및 SOC 정보를 제공한다.

❸ **VCU:** 배터리 정보 및 FATC 요청 파워를 이용하여 FATC에 허용 파워를 송신한다.

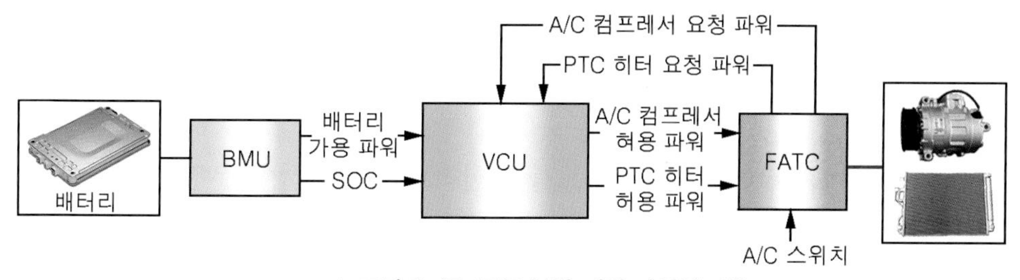

❖ 그림 3-15 공조 부하 제어 다이어그램

4 전장 부하 전원 공급 제어

VCU는 BMU와 정보 교환을 통해 전장 부하의 전원 공급 제어 값을 결정하며, 운전자의 요구 토크 양의 정보와 회생 제동량 변속 레버의 위치에 따른 주행 상태를 종합적으로 판단하여 LDC에 충·방전 명령을 보낸다. LDC는 VCU에서 받은 명령을 기본으로 보조 배터리에 충전 전압과 전류를 결정하여 제어한다.

센서명	센서값	단위
☑LDC 저전압 제어 상태	OFF	-
☑LDC에 의한 서비스램프 점등 요구	OFF	-
☑LDC 고장 상태	OFF	-
☑LDC 출력 제한 상태	OFF	-
☑LDC 출력 전압	9.4	V

❖ 그림 3-16 전장 부하 전원 공급 제어 데이터

❶ **BMU:** 배터리 가용 파워 및 SOC 정보를 제공한다.

❷ **VCU:** 배터리 정보 및 차량 상태에 따른 LDC의 ON/OFF 동작 모드를 결정한다.

❸ **LDC:** VCU의 명령에 따라 고전압을 저전압으로 변환하여 차량의 전장 계통에 전원을 공급한다.

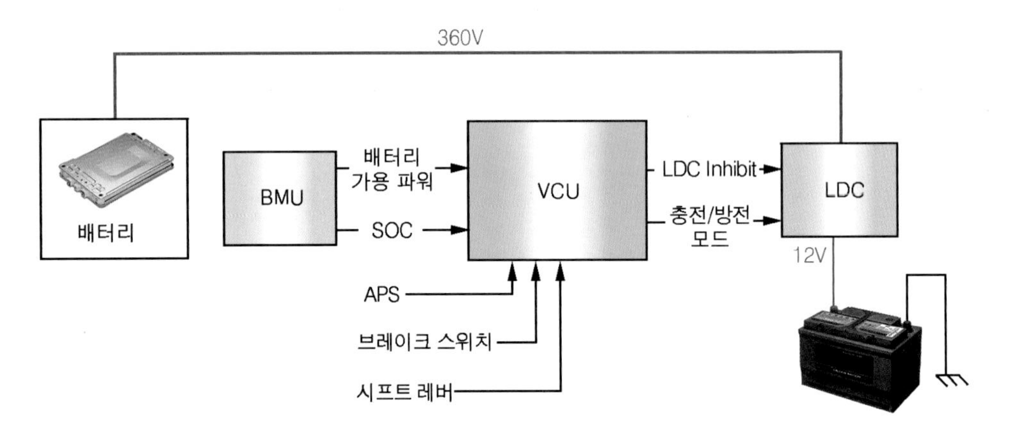

❖ 그림 3-17 전장 부하 전원 공급 제어 다이어그램

5 클러스터 제어

(1) 램프 점등 제어

VCU는 하위 제어기로부터 받은 모든 정보를 종합적으로 판단하여 운전자가 쉽게 알 수 있도록 클러스터 램프 점등을 제어한다. 시동키를 ON 하면 차량 주행 가능 상황을 판단하여 'READY'램프를 점등하도록 클러스터에 명령을 내려 주행 준비가 되었음을 표시한다.

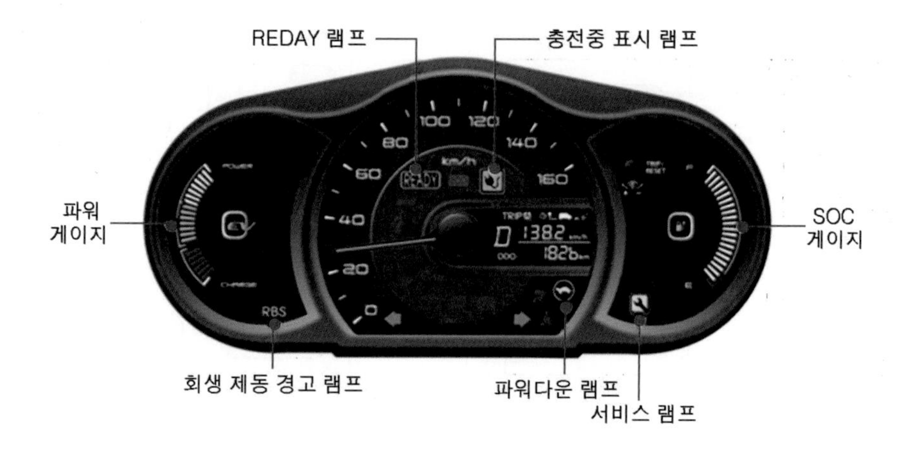

❖ 그림 3-18 클러스터 램프 제어

(2) 주행 가능 거리(DTE; Distance To Empty) 연산 제어

❶ **VCU:** 배터리 가용에너지 및 도로정보를 고려하여 DTE를 연산한다.

❷ **BMU:** 배터리 가용 에너지 정보를 이용한다.

❸ **AVN:** 목적지까지의 도로 정보를 제공하며, DTE를 표시한다.

❹ **Cluster:** DTE를 표시한다.

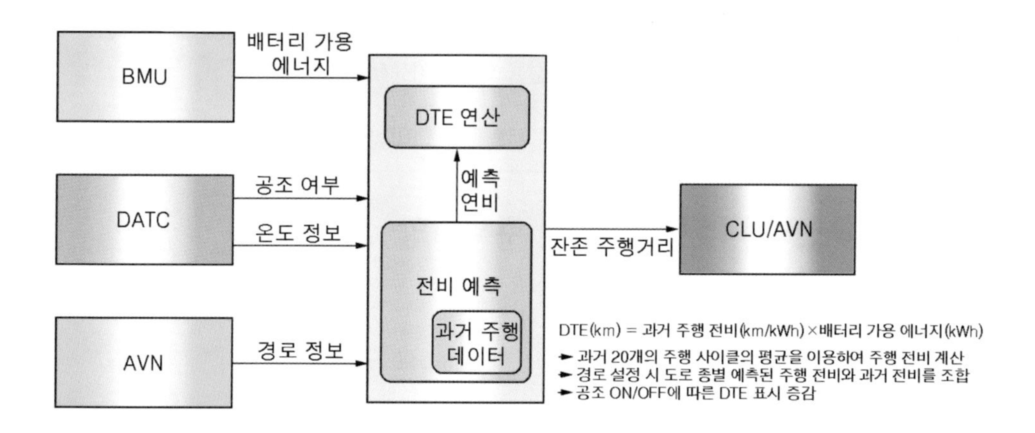

❖ 그림 3-19 DTE 연산 제어 다이어그램

4 전기 자동차 모듈 점검 정비

1 전기 자동차의 전장 배선 구성

전자식 파워 컨트롤 유닛(EPCU; Electric Power Control Unit)은 LDC + 인버터 + VCU와 일체형으로 이루어졌으며, 완속 충전기(OBC), 급속 충전 릴레이 어셈블리(QRA; Quick charge Relay Assembly), 파워 릴레이 어셈블리(PRA; Power Relay Assembly), 전자식 워터 펌프(EWP; Electric Water Pump) 등으로 이루어져 있다.

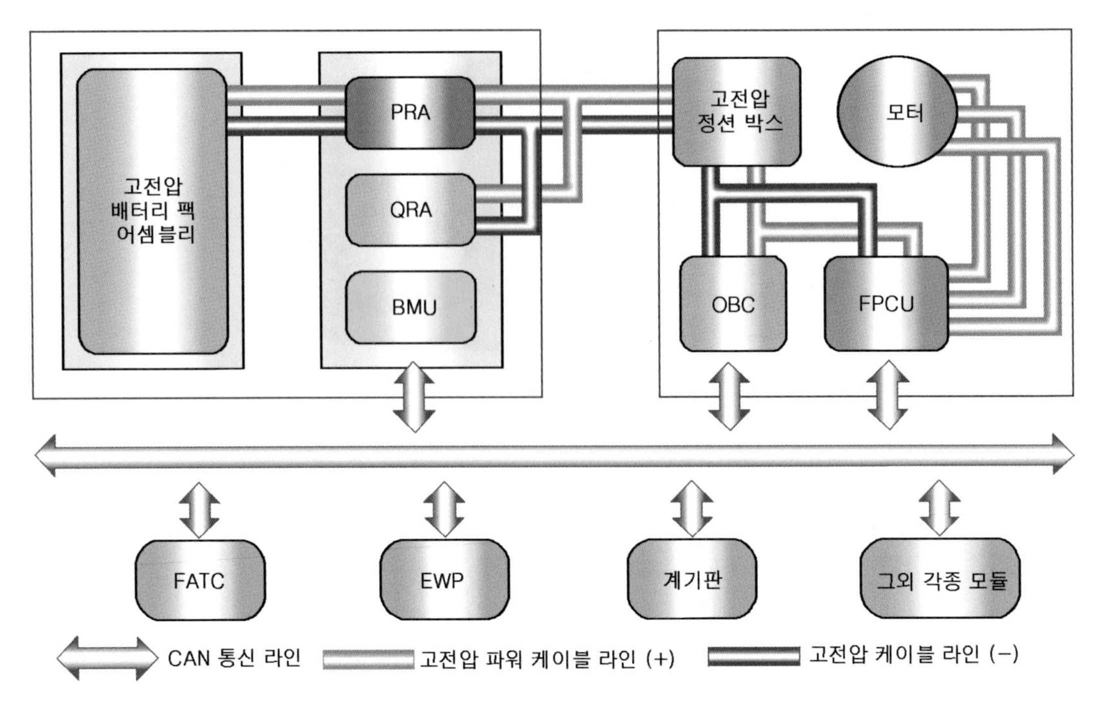

❖ 그림 3–20 전기 자동차의 배선 구성도

표 3–5 종단 저항 값

항목	제원	비고
C–CAN 합성 저항 (Ω)	약 60	합성 저항값을 의미함 (BMU ↔ 인버터)
C–CAN 종단 저항 (Ω)	약 120	BMU 단품 저항값을 의미함

2 전기 자동차 고전압 시스템 작업 전 주의사항

(1) 고전압 계통 부품

❶ 모든 고전압 계통 와이어링과 커넥터는 오렌지색으로 구분되어 있다.

❷ 고전압 계통의 부품에는 “고전압 경고” 라벨이 부착되어 있다.

❸ 고전압 계통의 부품: 고전압 배터리, 파워 릴레이 어셈블리(PRA), 고전압 정션 박스 어셈블리, 모터, 파워 케이블, BMU, 인버터, LDC, 완속 충전기(OBC), 메인 릴레이, 프리 차지 릴레이, 프리 차지 레지스터, 배터리 전류 센서, 안전 플러그, 메인 퓨즈, 배터리 온도 센서, 부스바, 충전 포트, 전동식 컴프레서, 전자식 파워 컨트롤 유닛(EPCU), 고전압 히터, 고전압 히터 릴레이 등으로 구성되어 있다.

(2) 고전압 시스템의 작업 전 주의 사항

전기 자동차는 고전압 배터리를 포함하고 있어서 시스템이나 차량을 잘못 건드릴 경우 심각한 누전이나 감전 등의 사고로 이어질 수 있다. 그러므로 고전압 시스템의 작업 전에는 반드시 아래 사항을 준수하도록 한다.

❶ 고전압 시스템을 점검하거나 정비하기 전에 반드시 “고전압 차단 절차”를 참조하여 고전압의 차단을 위하여 안전 플러그를 분리한다.

❷ 분리한 안전 플러그는 타인에 의해 실수로 장착되는 것을 방지하기 위해 반드시 작업 담당자가 보관하도록 한다.

❸ 시계, 반지, 기타 금속성 제품 등 금속성 물질은 고전압 단락을 유발하여 인명과 차량을 손상시킬 수 있으므로 작업 전에 반드시 몸에서 제거한다.

❹ 고전압 시스템 관련 작업 전에는 안전사고 예방을 위해 개인 보호 장비를 착용하도록 한다.

❺ 보호 장비를 착용한 작업 담당자 이외에는 고전압 부품과 관련된 부분을 절대 만지지 못하도록 한다. 이를 방지하기 위해 작업과 연관되지 않는 고전압 시스템은 절연 덮개로 덮어놓는다.

❻ 고전압 시스템 관련 작업 시 절연 공구를 사용한다.

❼ 탈착한 고전압 부품은 누전을 예방하기 위해 절연 매트 위에 정리하여 보관하도록 한다.

❽ 고전압 단자 간 전압이 30V 이하임을 확인한 후 작업을 진행한다.

(3) 고전압 위험 차량 표시

고전압 계통의 부품 작업 시 아래와 같이 “고전압 위험 차량” 표시를 하여 타인에게 고전압 위험을 주지시킨다.

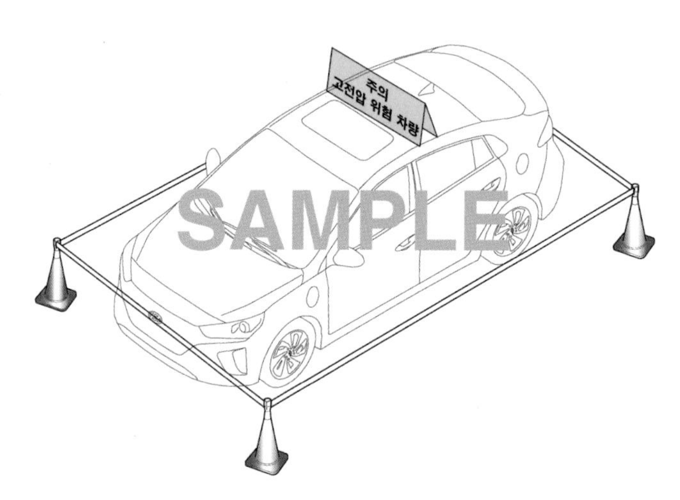

❖ 그림 3-21 고전압 위험 차량 표시판

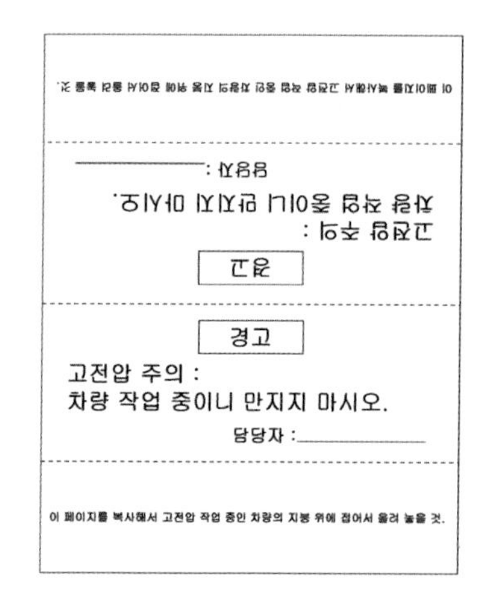

❖ 그림 3-22 표시 문구

(4) 개인 보호 장비

개인 보호 장비를 아래와 같이 점검 확인 한다.

❶ 절연화, 절연복, 절연 안전모, 안전 보호대 등도 찢어졌거나 파손되었는지 확인한다.

❷ 절연 장갑이 찢어졌거나 파손되었는지 확인한다.

❸ 절연 장갑의 물기를 완전히 제거한 후 착용한다.

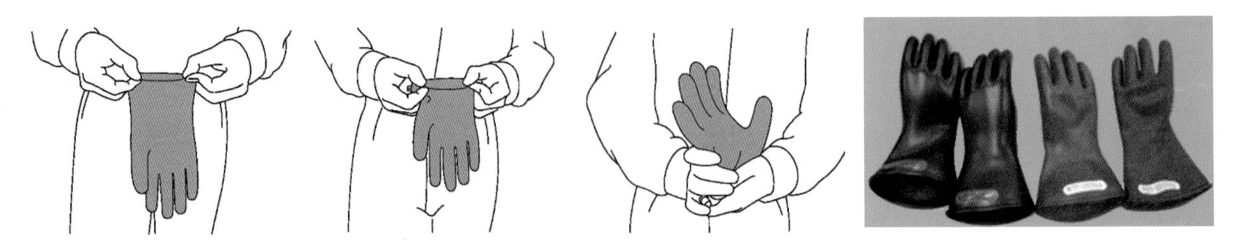

❖ 그림 3-23 절연 장갑

가) 절연 장갑을 위와 같이 접는다.

나) 공기 배출을 방지하기 위해 3~4번 더 접는다.

다) 찢어지거나 손상된 곳이 있는지 확인한다.

표3-6 개인 보호 장비

명칭	형상	용도
절연 장갑		고전압 부품 점검 및 관련 작업 시 착용 [절연 성능 : 1000V / 300A 이상]
절연화		고전압 부품 점검 및 관련 작업 시 착용
절연복		
절연 안전모		
보호 안경		아래의 경우에 착용 • 스파크가 발생할 수 있는 고전압 배터리 단자나 와이어링을 탈장착 또는 점검 • 고전압 배터리 팩 어셈블리 작업 아래의 경우에 착용
안면 보호대		
절연 매트		탈착한 고전압 부품에 의한 감전사고 예방을 위해 절연 매트 위에 정리하여 보관

명칭	형상	용도
절연 덮개		보호 장비 미착용자의 안전사고 예방을 위해 고전압 부품을 절연 덮개로 차단
경고 테이프		작업 중 사고 발생할 수 있으므로 사람들의 접근을 막기 위해 차량 주변에 설치
고전압 절연공구 세트		고압 차량점검 수리용

(5) 파워 케이블 작업 시 주의사항

❶ 고전압 단자를 다시 체결할 경우 체결 직후 절연 테이프를 이용하여 절연 조치를 한다.

❷ 고전압 단자 체결용 스크루는 규정 토크로 체결한다.

❸ 파워 케이블 및 부스 바 체결 또는 분해 작업 시 (+), (−) 단자 간 접촉이 발생하지 않도록 주의한다.

(6) 고전압 배터리 시스템 화재 발생 시 주의사항

❶ 스타트 버튼을 OFF시킨 후 의도치 않은 시동을 방지하기 위해 스마트 키를 차량으로부터 2m 이상 떨어진 위치에 보관하도록 한다.

❷ 화재 초기일 경우 "고전압 차단 절차"를 참조하여 안전 플러그를 신속히 OFF시킨다.

❸ 실내에서 화재가 발생한 경우 수소 가스의 방출을 위하여 환기를 실시한다.

❹ 불을 끌 수 있다면 이산화탄소 소화기를 사용한다. 단, 그렇지 못할 경우 물이나 다른 소화기를 사용하도록 한다.

❺ 이산화탄소는 전기에 대해 절연성이 우수하기 때문에 전기(C급) 화재에도 적합하다.

❻ 불을 끌 수 없다면 안전한 곳으로 대피한다. 그리고 소방서에 전기 자동차 화재를 알리고 불이 꺼지기 전까지 차량에 접근하지 않도록 한다.

❼ 차량 침수·충돌 사고 발생 후 정지 시 최대한 빨리 차량키를 OFF 및 외부로 대피한다.

(7) 고전압 배터리 가스 및 전해질 유출 시 주의사항

❶ 스타트 버튼을 OFF시킨 후 의도치 않은 시동을 방지하기 위해 스마트키를 차량으로부터 2m 이상 떨어진 위치에 보관하도록 한다.

❷ 화재 초기일 경우, "고전압 차단 절차"에 따라 안전 플러그를 신속히 OFF시킨다.

❸ 가스는 수소 및 알칼리성 증기이므로 실내일 경우는 즉시 환기를 실시하고 안전한 장소로 대피한다.

❹ 누출된 액체가 피부에 접촉 시 즉각 붕소 액으로 중화시키고, 흐르는 물 또는 소금물로 환부를 세척한다.

❺ 누출된 증기나 액체가 눈에 접촉 시 즉시 흐르는 물에 세척한 후 의사의 진료를 받는다.

❻ 고온에 의한 가스 누출일 경우 고전압 배터리가 상온으로 완전히 냉각될 때까지 사용을 금한다.

(8) 사고 차량 취급 시 주의사항

❶ 절연 장갑(또는 고무장갑), 보호 안경, 절연복 및 절연화를 착용한다.

❷ 고전압의 파워 케이블 작업 시 절연 피복이 벗겨진 파워 케이블(Bare Cable)은 절대 접촉하지 않는다.

❸ 차량 화재 시 불을 끌 수 있다면 이산화탄소 소화기를 사용한다. 단, 그렇지 못할 경우 물이나 다른 소화기를 사용하도록 한다.

❹ 차량이 절반 이상 침수 상태인 경우 안전 플러그 등 고전압 관련 부품에 절대 접근하지 않는다. 불가피한 경우라도 차량을 안전한 곳으로 완전히 이동시킨 후 조치한다.

❺ 가스는 수소 및 알칼리성 증기이므로 실내일 경우는 즉시 환기를 실시하고 안전한 장소로 대피한다.

❻ 누출된 액체가 피부에 접촉 시 즉각 붕소 액으로 중화시키고 흐르는 물 또는 소금물로 환부를 세척한다.

❼ 고전압의 차단이 필요할 경우 "고전압 차단 절차"를 참조하여 안전플러그를 탈거한다.

(9) 사고 차량 작업 시 준비사항

❶ 절연 상갑, 보호 안경, 절연복 및 절연화를 착용한다.

❷ 붕소액(Boric Acid Power or Solution)을 준비한다.

❸ 이산화탄소 소화기 또는 그 외 별도의 소화기를 확인한다.

❹ 전해질용 수건을 준비한다.

❺ 터미널 절연용 비닐 테이프를 준비한다.

❻ 고전압 절연저항 확인이 가능한 메가옴 테스터를 준비한다.

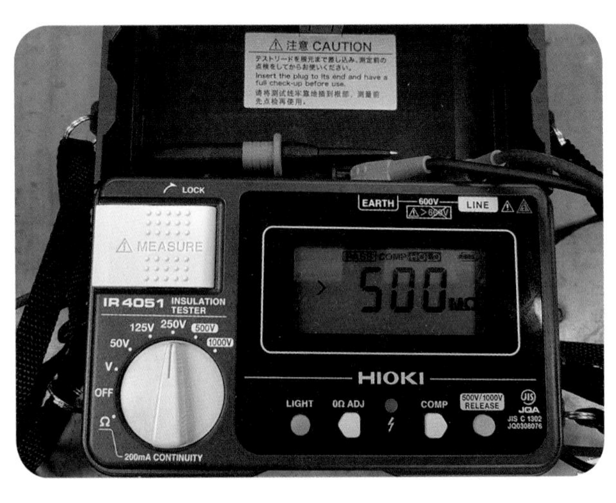

❖ 그림 3-24 고전압 절연 테스터기

(10) 전기 자동차 장기 방치 시 주의사항

❶ 스타트 버튼을 OFF시킨 후 의도치 않은 시동 방지를 위해 스마트키를 차량으로부터 2m이상 떨어진 위치에 보관하도록 한다.(암전류 등으로 인한 고전압 배터리 방전 방지)

❷ 고전압 배터리 SOC(State Of Charge, 배터리 충전율)가 30% 이하일 경우 장기 방치를 금한다.

❸ 차량을 장기 방치할 경우 고전압 배터리 SOC의 상태가 0으로 되는 것을 방지하기 위해 3개월에 한 번 보통 충전으로 만 충전하여 보관한다.

❹ 보조 배터리 방전 여부 점검 및 교체 시 고전압 배터리 SOC 초기화에 따른 문제점을 점검한다.

(11) 전기 자동차 냉매 회수·충전 시 주의사항

❶ 고전압을 사용하는 전기 자동차의 전동식 컴프레서는 절연 성능이 높은 POE(Polyolester) 오일을 사용한다.

❷ 냉매 회수·충전 시 일반 차량의 PAG(Poly alkylene glycol) 오일이 혼입되지 않도록 전기 자동차 정비를 위한 별도의 전용 장비(냉매 회수·충전기)를 사용한다.

❸ 반드시 전동식 컴프레서 전용의 냉매 회수·충전기를 이용하여 지정된 냉매(R-134a)와 냉동유(POE)를 주입한다. 일반 차량의 냉동유(PAG)가 혼입될 경우 컴프레서 손상 및 안전사고가 발생할 수 있다.

3 차량 제어 유닛(VCU; Vehicle Control Unit)

전기 자동차를 점검하기 위하여 전용의 장비를 준비한다.

❖ 그림 3-25 점검 장비 준비

(1) 스캔 데이터

❖ 그림 3-26 레이 VCU 데이터

(2) 데이터 의미 및 분석

표 3-7 스캔 데이터의 의미

항목	내용	
보조 배터리 전압	의미	보조배터리의 전압을 나타냄
	분석	12V 배터리 전압이 6.5V 이하 또는 16V 이상일 경우 VCU 동작 불가
메인 배터리 전압	의미	메인 배터리의 전압을 나타냄
	분석	고전압 배터리의 가용 전압은 237V~378V이다.
메인 배터리 전류 보정값	의미	메인 배터리의 전류 사용량을 A로 나타냄
	분석	최대 -500~500A 나타냄
액셀 포지션 센서1-전압	의미	APS-1의 출력 전압으로 페달을 밟으면 전압 증가함(기준 전압은 5V). APS-1 전압은 APS-2 전압의 두 배가 되어야 한다.
	분석	공회전: 0.7V, 최고: 4.1V
액셀 포지션 센서2-전압	의미	APS-2의 출력 전압으로 페달을 밟으면 전압 증가함(기준 전압은 5V). APS-2 전압은 APS-1 전압의1/2 되어야 한다.
	분석	공회전: 0.4V, 최고: 2.0V
액셀 페달 위치 센서	의미	액셀 페달의 열림 량을 백분율로 나타낸 값(APS-1,2 값을 이용)
브레이크 페달 위치	의미	브레이크 페달의 위치를 mm 단위로 표시한다.
	분석	브레이크 페달 OFF 시 0mm
차속	의미	차량 전륜 속도
	분석	정지 0 , 전진 최고속 130km/h, 후진 최고속 40km/h
모터 회전수	의미	분당 모터 회전 속도(rpm)
	분석	정지 0 , 역회전 -12000rpm, 정회전 12000rpm
이모빌라이저 적용	의미	이모빌라이저 적용 여부를 표시한다.
	분석	이모빌라이저 시스템이 적용되었으면 ON, 적용되지 않았으면 OFF
SMARTRA2 적용	의미	SMARTRA2 적용 여부를 표시한다.
	분석	SMARTRA2 시스템이 적용되었으면 ON, 적용되지 않았으면 OFF
SMARTRA3 적용	의미	SMARTRA3 적용 여부를 표시한다.
	분석	SMARTRA3 시스템이 적용되었으면 ON, 적용되지 않았으면 OFF

항목		내용
SMART Key 적용	의미	SMART Key 적용 여부를 표시한다.
	분석	SMART Key 시스템이 적용되었으면 ON, 적용되지 않았으면 OFF
변속기어 P단	의미	변속 레버 parking
	분석	Parking 위치일 때 ON 그 외일 때 OFF
변속 기어 R단	의미	변속 레버 후진
	분석	R일 때 ON 그 외일 때 OFF
변속 기어 N단	의미	변속 레버 중립
	분석	N일 때 ON 그 외일 때 OFF
변속 기어 D단	의미	변속 레버 전진
	분석	D일 때 ON 그 외일 때 OFF
변속 기어 E단	의미	변속 레버 E
	분석	E일 때 ON 그 외일 때 OFF
변속 기어 B단	의미	변속 레버 전진
	분석	B일 때 ON 그 외일 때 OFF
브레이크등 스위치	의미	제동 시 브레이크 램프 점등
	분석	제동 시 ON
브레이크 스위치	의미	브레이크 밟힘에 따른 신호 연동
	분석	브레이크 밟았을 때 ON
스타트키	의미	Key ST에 위치
	분석	Key ST일 경우만 ON
EV 준비 상태	의미	차량 주행 가능 상태
	분석	주행 가능 시 Ready 점등
VCU 준비 상태	의미	VCU hardware 전원 인가 상태
	분석	VCU에 전원이 인가되어 준비가 되었을 때 YES
메인 릴레이 중지 명령	의미	차량 보호를 위해 고전압 배터리 연결을 끊기 위한 명령
	분석	메인 릴레이 중지시킬 때 YES
인버터 사용 가능 상태	의미	인버터가 정상 작동 가능한 상태
	분석	인버터 사용 가능 상태 정상일 때 YES
직류 변환기 중지 명령	의미	차량 상태에 따라 직류 변환장치의 작동을 결정
	분석	직류 변환기 작동 중지 시 YES
와이퍼 작동 상태	의미	와이퍼 작동 여부를 표시
	분석	작동 시 ON, 고장 시 FALSE
MCU 고장 상태	의미	모터, 인버터 및 MCU의 문제로 인한 고장 상태 표시
	분석	CAN 상으로 고장 시 YES
MCU 제어 가능 상태	의미	모터 인버터 및 MCU 정상 작동 가능한 상태
	분석	CAN 상 정상적일 때 YES
서비스램프 요청 from MCU	의미	모터 인버터 MCU 고장으로 인해 cluster에 표시
	분석	CAN 상 정상적일 때 YES
BMU 고장	의미	배터리 BMU 고장 상태
	분석	CAN 상으로 고장 시 YES
메인 배터리 사용 가능 상태	의미	배터리 MCU 정상 상태 표시
	분석	CAN 상 정상적일 때 YES
메인 릴레이 상태	의미	고전압 배터리를 전환하는 릴레이의 연결 상태
	분석	CAN 상 정상적일 때 YES
메인 배터리 충전상태	의미	완속 충전기의 차량에 연결되어 있는지를 표시
	분석	완속 충전기로 충전 중일 때 YES
서비스 램프 요청 from BMU	의미	배터리 BMU 고장 상태를 cluster에 표시
	분석	BMU에서 CAN 상으로 서비스 램프 요청 시 YES
메인 배터리 급속 충전 상태	의미	급속 충전기의 차량에 연결되어 있는지를 표시
	분석	급속 충전기로 충전 중일 때 YES

4 모터 제어기(MCU; Motor Control Unit)

(1) MCU의 기능

MCU는 내부의 인버터(Inverter)가 작동하여 고전압 배터리로부터 받은 직류(DC) 전원을 3상 교류(AC) 전원으로 변환시킨 후 전기 자동차의 통합 제어기인 VCU의 명령을 받아 구동 모터를 제어하는 기능을 담당한다.

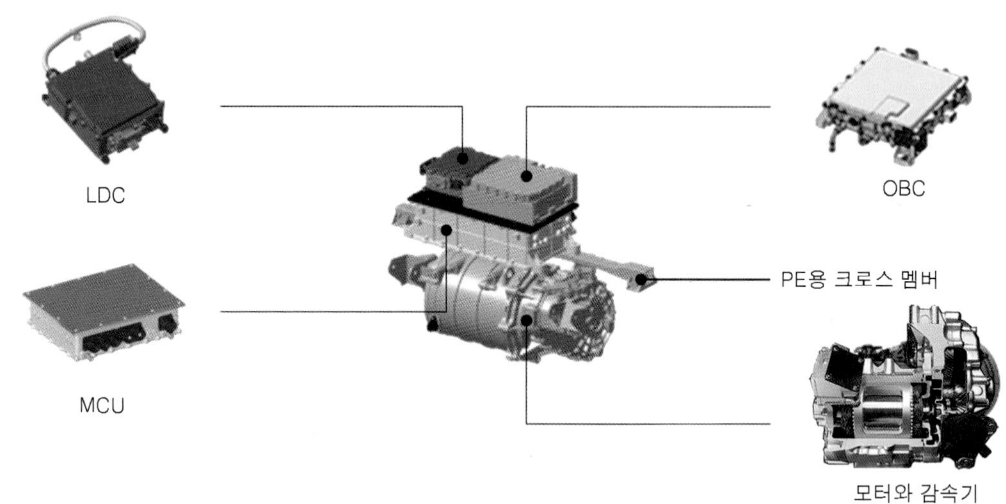

❖ 그림 3-27 MCU 제어 구성

배터리에서 구동 모터로 에너지를 공급하고, 감속 및 제동 시에는 구동 모터를 발전기 역할로 변경시켜 구동 모터에서 발생한 에너지, 즉 AC 전원을 DC 전원으로 변환하여 고전압 배터리로 에너지를 회수함으로써 항속 거리를 증대시키는 기능을 한다. 또한 MCU는 고전압 시스템의 냉각을 위해 장착된 EWP(Electric Water Pump)의 제어 역할도 담당한다.

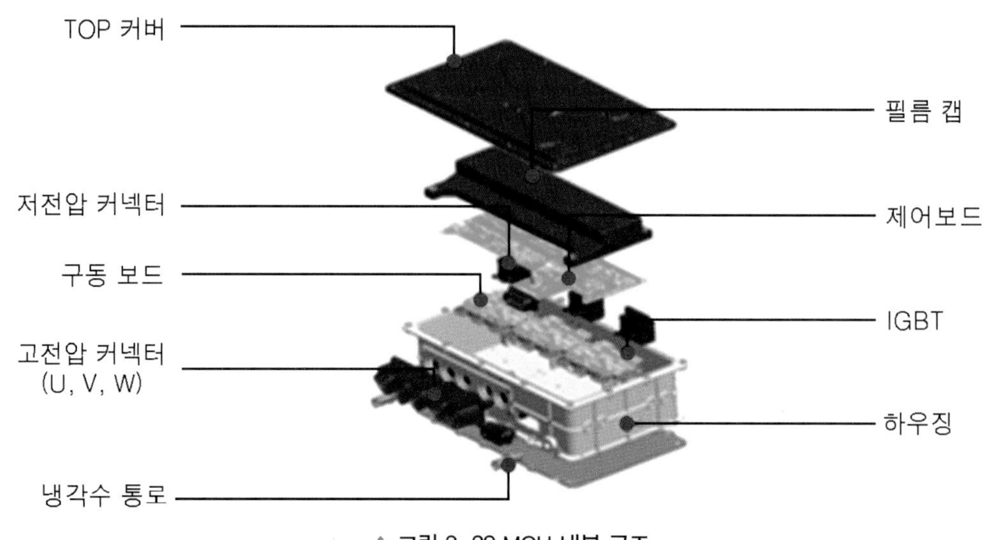

❖ 그림 3-28 MCU 내부 구조

(2) MCU 데이터 분석

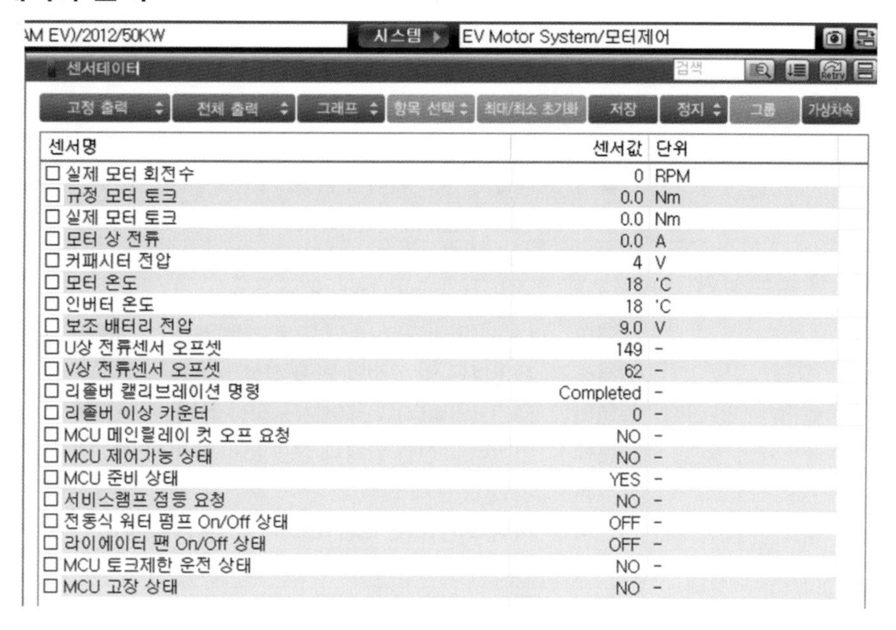
AM EV)/2012/50KW | 시스템 | EV Motor System/모터제어

센서데이터 | 검색

고정 출력 | 전체 출력 | 그래프 | 항목 선택 | 최대/최소 초기화 | 저장 | 정지 | 그룹 | 가상차속

센서명	센서값	단위
☐ 실제 모터 회전수	0	RPM
☐ 규정 모터 토크	0.0	Nm
☐ 실제 모터 토크	0.0	Nm
☐ 모터 상 전류	0.0	A
☐ 커패시터 전압	4	V
☐ 모터 온도	18	'C
☐ 인버터 온도	18	'C
☐ 보조 배터리 전압	9.0	V
☐ U상 전류센서 오프셋	149	-
☐ V상 전류센서 오프셋	62	-
☐ 리졸버 캘리브레이션 명령	Completed	-
☐ 리졸버 이상 카운터	0	-
☐ MCU 메인릴레이 컷 오프 요청	NO	-
☐ MCU 제어가능 상태	NO	-
☐ MCU 준비 상태	YES	-
☐ 서비스램프 점등 요청	NO	-
☐ 전동식 워터 펌프 On/Off 상태	OFF	-
☐ 라이에이터 팬 On/Off 상태	OFF	-
☐ MCU 토크제한 운전 상태	NO	-
☐ MCU 고장 상태	NO	-

❖ 그림 3-29 MCU 스캔 데이터 분석

(3) 스캔 데이터 의미 및 분석

표 3-8 스캔 데이터 분석

항목	내용	
실제 모터 회전수	의미	현재 모터의 회전수를 표시
	분석	모터 회전에 따라 변화
규정 모터 토크	의미	MCU로부터 수신된 토크 지령 데이터 (데이터의 +는 어시스트를, -는 충전을 의미)
	분석	가속, 감속, SOC 등 운전 조건에 따라 변화
실제 모터 토크	의미	MCU 내부에서 계산된 토크 값(데이터의 +는 어시스트를, -는 충전을 의미)
	분석	가속, 감속, SOC 등 운전 조건에 따라 변화
모터 상 전류	의미	현재 출력중인 모터 전류의 값을 의미. 이 값을 통해 현재 모터에 얼마의 전류가 흐르고 있는지 알 수 있음
	분석	이 값을 통해 현재 모터에 얼마의 전류가 흐르고 있는지 알 수 있음
커패시터 전압	의미	모터를 구동하는 데 필요한 고전압 배터리의 전압이 인버터로 전달되고 있는 양을 의미 함
	분석	BMU가 제어하는 메인 릴레이가 연결되어 있을 경우 고전압 배터리의 전압 값과 동일하게 되며, 메인 릴레이가 차단되면 배터리로부터 고전압을 공급받지 못하게 되므로 모터 구동이 불가하게 되어 커패시터 전압과 고전압 배터리의 전압 값은 상이함
모터 온도	의미	모터 내의 온도 센서에서 검출한 현재 모터의 온도
	분석	모터 온도에 따라 가변
인버터 온도	의미	MCU에 있는 온도 센서에서 검출한 인버터의 온도
	분석	MCU 내부 온도에 따라 가변
보조 배터리 전압	의미	12V 배터리 전압
	분석	장시간 차량 방치 시 배터리 방전
U상 전류 센서 오프셋	의미	0(A) 전류 시, U상 전류 센서 출력 값을 0으로 조절하는 값
	분석	전류 센서 오프셋이 부정확할 경우 제어 불안정

항목	내용	
V상 전류 센서 오프셋	의미	0(A) 전류 시, V상 전류 센서 출력 값을 0으로 조절하는 값
	분석	전류 센서 오프셋이 부정확할 경우 제어 불안정
리졸버 캘리브레이션 명령	의미	리졸버의 위치 오프셋 조정
	분석	리졸버 오프셋이 부정확할 경우 제어 불안정
리졸버 이상 카운터	의미	리졸버 신호 에러 발생 시 카운트
	분석	리졸버 신호선 점검 필요
MCU 메인 릴레이 컷 오프 요청	의미	MCU(인버터) 입력 고전압 라인 릴레이 OFF 요청
	분석	작업 시, 고전압 감전 방지 목적
MCU 제어 가능 상태	의미	MCU(인버터)가 모터 구동 가능 상태
	분석	제어보드 및 고전압 입력 정상
MCU 준비	의미	MCU(인버터)의 제어보드 정상 상태
	분석	인버터 고전압 입력과 상관없이 제어보드(12V) 정상 상태
서비스 램프 요청	의미	제어 상 문제 발생
	분석	서비스 램프 및 고장 코드 파악 후 점검 필요
전동식 워터 펌프 ON/OFF 상태	의미	전동식 워터 펌프(EWP) 작동 여부
	분석	전동식 워터 펌프 작동 시 ON, 비작동 시 OFF
라디에이터 팬 ON/OFF 상태	의미	라디에이터 팬 작동 여부
	분석	라디에이터 팬 작동 시 ON, 라디에이터 팬 비작동 시 OFF
MCU 토크 제한 운전 상태	의미	온도 및 제어 불안정할 경우 모터 출력을 강제로 제한
	분석	토크 제한 조건 파악 후, 점검 필요
MCU 고장 상태	의미	MCU 고장 상태 표시
	분석	고장인 경우 경고등 표시

5 저전압 직류 변환장치(LDC; Low Voltage DC-DC Converter)

(1) LDC의 개요

LDC는 고전압 배터리의 고전압(DC 360V)을 LDC를 거쳐 12V 저전압으로 변환하여 차량의 각 부하(전장품)에 공급하기 위한 전력 변환 시스템으로 차량 제어 유닛(VCU)에 의해 제어되며, LDC는 EPCU 어셈블리 내부에 구성되어 있다.

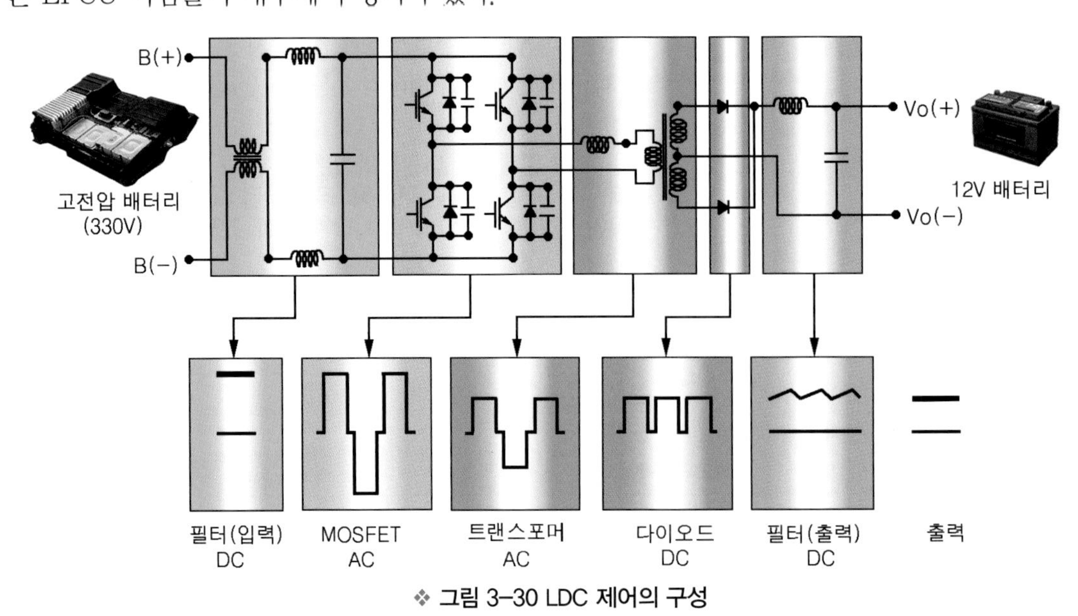

❖ 그림 3-30 LDC 제어의 구성

(2) LDC의 역할 및 기능

표 3-9 LDC의 역할 및 기능

입력	고전압 배터리 (360V)
출력	보조 배터리 (12V)
용도	보조 배터리 충전 및 전장 부하 전원 공급
특성	• Idle stop : 전원 공급 가능 • 온도특성 : 정출력

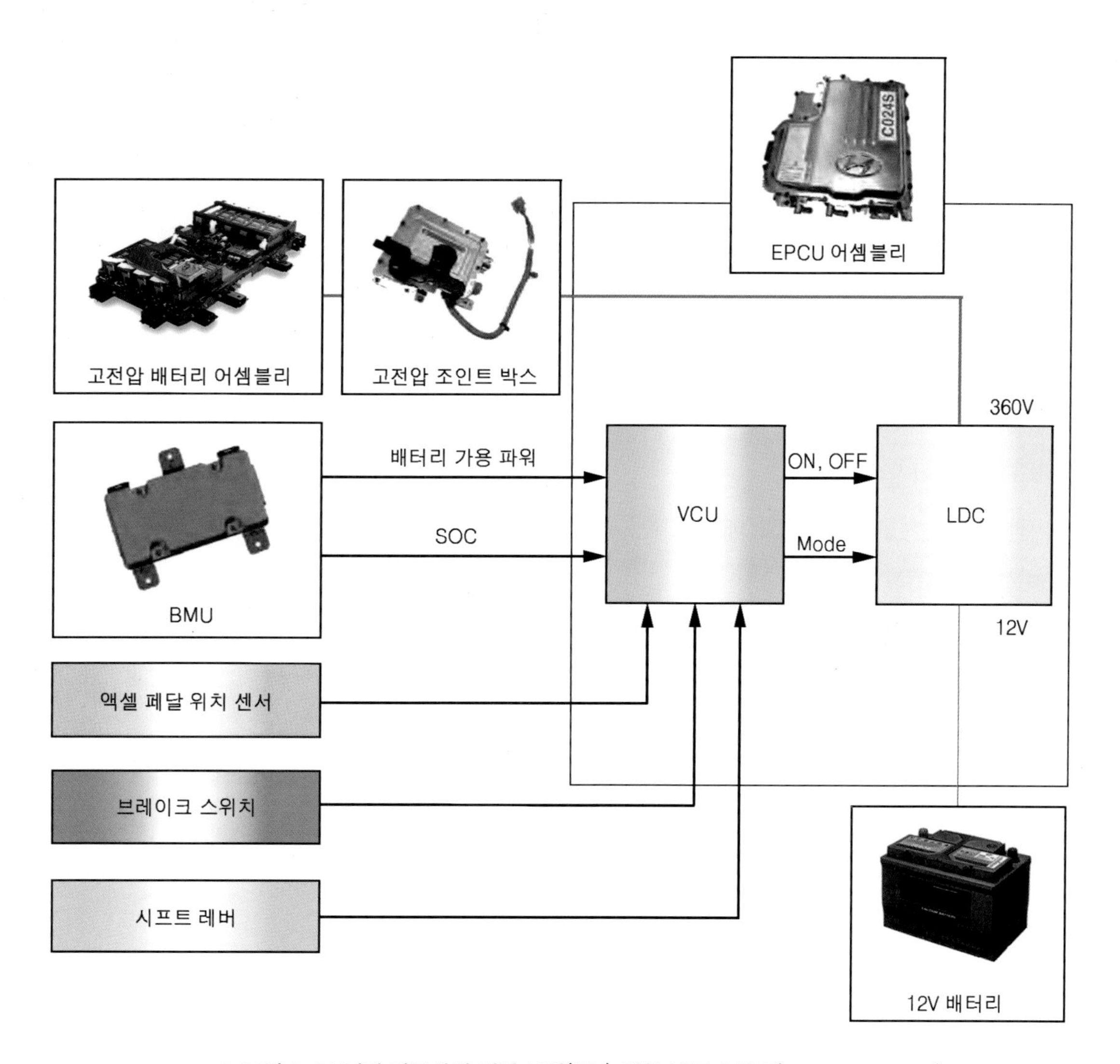

❖ 그림 3-31 전기 자동차의 전장 부하(12V) 전원 공급 흐름도(BMU-VCU-LDC)

(3) 보조 배터리(12V)

❶ 보조 배터리의 제원

표 3-10 보조 배터리 제원

항목	제원
용량[20HR/5HR] AH	40/32
냉간 시동 전류 (A)	354 (SAE)/ 354 (EN)
보존 용량 (Min)	55

❷ 배터리 센서

차량에 장착된 각각의 컨트롤 유닛들이 여러 종류의 센서로부터 다양한 정보를 받고 다시 제어하는 과정에서의 안정적인 전류 공급은 매우 중요하다. VCU는 보조 배터리 (−) 단자에 장착된 배터리 센서로부터 전송된 배터리의 전압, 전류, 온도 등의 정보를 통하여 차량에 필요한 전류를 LDC를 통하여 발전 제어한다.

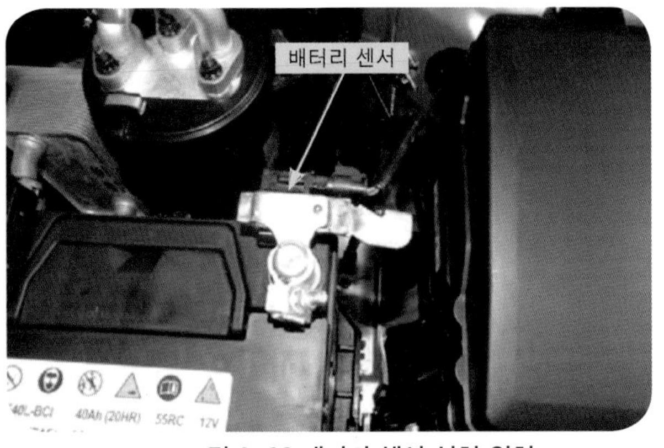

❖ 그림 3-32 배터리 센서 설치 위치

❸ 배터리 센서 탈부착

가) 점화 스위치를 OFF하고 배터리 (−) 케이블을 분리한다.

나) 배터리 센서 커넥터 (A)를 분리한다.

다) 배터리 센서 케이블 장착 볼드(B)를 탈착한 후 배터리 센서 케이블을 탈착한다.

라) 탈착 절차의 역순으로 배터리 센서를 장착한다.

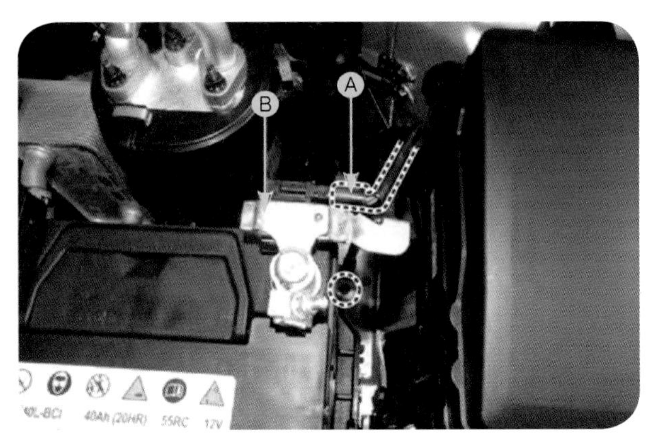

❖ 그림 3-33 배터리 센서 탈부착

❹ 보조 배터리의 암전류 측정

가) 오디오, 룸램프 등 모든 전기 장치를 OFF시킨 후 시동키를 탈착한다.

나) 후드를 제외한 차량의 모든 도어를 닫은 후 도어 록을 작동한다.

㉮ 후드 스위치의 커넥터를 탈착하여 동작하지 않도록 한다.

㉯ 트렁크를 완전히 닫는다.

㉰ 도어를 완전히 닫거나 도어 스위치 탈착한다.

다) 차량의 주요 시스템이 sleep 상태가 될 때까지 기다린다.

- 정확한 암전류 측정을 위해서는 차량의 모든 시스템이 sleep 상태가 될 때까지 최소 1시간에서 최대 1일 이상 방치하거나 기다려야 하지만 10 ~ 20분 경과 시 대략적인 암전류 값을 측정하여 암전류 한계 값인 50 mA이하 여부를 점검한다.

라) 배터리 (-) 터미널과 케이블 (-) 단자 사이에 전류계를 연결한 후 배터리 케이블 (-) 단자를 서서히 분리한다.

- 배터리가 초기화(reset) 되지 않도록 전류계의 리드선이 배터리 터미널과 케이블에서 떨어지지 않도록 주의한다. 전류계의 리드선이 배터리 터미널 또는 케이블에서 분리되어 배터리가 초기화(reset) 될 경우에는 다시 배터리를 연결하고 시동을 걸거나, 10초 이상 IG ON 후 (가)번부터 다시 측정한다.

측정 시 배터리 초기화(reset)를 미연에 방지하려면

㉮ 배터리 (-) 터미널과 케이블 (-) 단자 사이에 점프 선을 먼저 연결한다.

㉯ 배터리 케이블 (-) 단자를 분리한다.

㉰ 점프 선에 병렬로 전류계를 연결한다.

㉱ 점프 선을 분리한 후 전류계의 암전류 값을 확인한다.

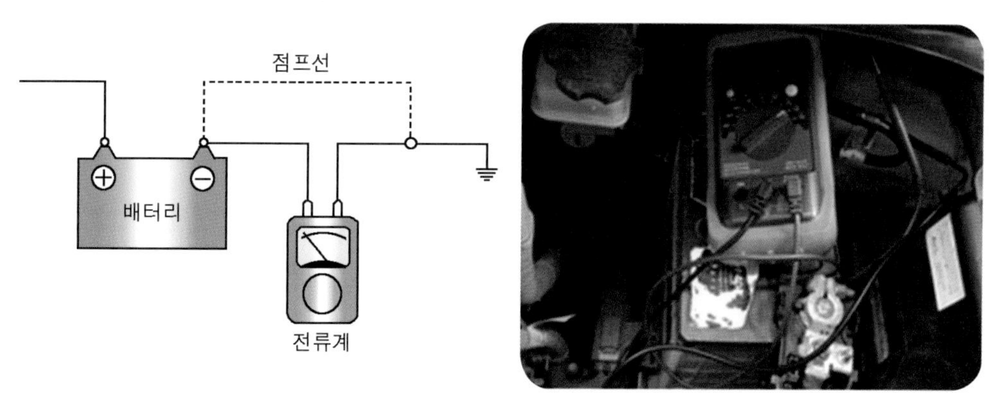

❖ 그림 3-34 보조 배터리 암전류 측정

마) 전류계의 암전류 값을 확인한다.

- 암전류 과대 시 퓨즈를 하나씩 탈착하면서 측정하여 문제의 회로를 찾는다.
- 암전류를 재측정 하고 문제의 회로에 연결된 유닛을 하나씩 탈착하면서 문제의 유닛을 찾는다.

❺ 암전류 측정 후 조치 사항

가) 차량의 암전류가 100mA 이상 소모되고 있으면 배터리 센서의 이상 신호가 나타날 수 있으므로 배터리 센서의 이상 신호가 표출되면 배터리 센서의 교환 절차를 진행하기 전에 암전류의 측정을 먼저 실시한다.

나) 암전류 측정값이 정상일 경우 배터리 센서를 교환하고 다음의 절차를 실시한다.

㉮ 점화 스위치를 ON·OFF를 1회 실시한 후 배터리 센서의 SOC값 안정화를 위하여 차량을 상온에서 4시간 이상 주차한다.

㉯ 4시간 경과 후 GDS를 사용하여 배터리의 SOC(State of Charge)를 점검한다.

㉰ 2회 이상 시동 ON·OFF를 한 후 GDS를 사용하여 배터리의 SOF(State of Function)를 재확인한다.

❻ 보조 배터리 교환 또는 충전 시 주의 사항

배터리 센서가 장착된 차량의 경우 배터리 센서의 성능과 손상 방지를 위하여 배터리 교환 또는 충전 시 아래의 사항에 유의한다.

가) 배터리 교환 시 임의 사양 제품장착 시 배터리 센서에 의해 배터리 성능 이상으로 판정될 수 있으므로 반드시 출고 시 장착된 배터리와 동일한 사양의 용량 및 제조사 제품으로 교체한다.

나) 배터리 (−) 단자를 분리한 후 장착할 때 과도한 토크로 체결하면 배터리 센서의 PCB 내부회로 및 배터리 단자가 파손될 우려가 있으므로 규정된 토크를 반드시 준수하여 체결한다.

다) 배터리 충전 시에는 (−) 단자를 반드시 차체에 접지 후 충전한다.

❼ 보조 배터리 탈부착 또는 교환 시 주의 사항

가) 점화 스위치와 모든 액세서리를 “OFF”시킨다.

나) 배터리 (−), (+) 케이블을 탈착한다. (−) 측을 먼저 탈착한다.

다) 차량으로부터 배터리를 탈착한다.

라) 배터리 케이스에 균열이나 전해액의 누설을 주의 깊게 살피고 배터리 분리 시 전해액이 피부와 접촉하지 않도록 가정용 고무장갑을 제외한 두터운 고무장갑 등을 착용한다.

마) 배터리 트레이 부분에 전해액 누설로 인한 손상이 발견되면 따뜻한 물에 베이킹 소다를 용해시켜 손상 부분을 세척한다. 먼저 뻣뻣한 브러시 등을 이용하여 손상 부분을 문지른 후 베이킹 소다 수용액을 적신 천으로 닦아낸다.

바) 배터리 상부를 베이킹 소다 수용액으로 세척한다.

사) 배터리 케이스 및 커버에 균열을 점검하고 균열이 발견되면 배터리를 교환해야 한다.

아) 적절한 도구를 이용하여 배터리 포스트 부분을 청소한다.

자) 적절한 도구를 이용하여 배터리 터미널 클램프 안쪽 면을 청소하고 손상된 케이블이나 파손된 터미널 클램프는 교환한다.

차) 배터리를 차량에 장착한다.

카) 배터리 케이블의 터미널을 배터리 포스트에 연결한다.

타) 배터리 (+) 단자를 먼저 체결한 후 (−) 단자를 체결한다.

파) 터미널 너트를 견고하게 규정토크로 체결한다.

하) 체결 후 모든 접촉 부분에 광물질 그리스를 도포한다.

㉮ 배터리 충전 시 각각의 셀에서는 폭발성의 가스가 형성되므로 배터리 충전 시 또는 충전 직후에 배터리 주변에서 담배 등을 피우지 않는다. 배터리 충전 중 회로를 개방시키지 않

는다. 회로 개방 시 스파크가 발생하므로 주변의 인화성 물질 등과 가까이 하지 않는다.

㉯ 정규 규격의 배터리를 사용한다.

(4) LDC의 데이터 분석

❶ 스캐너 데이터

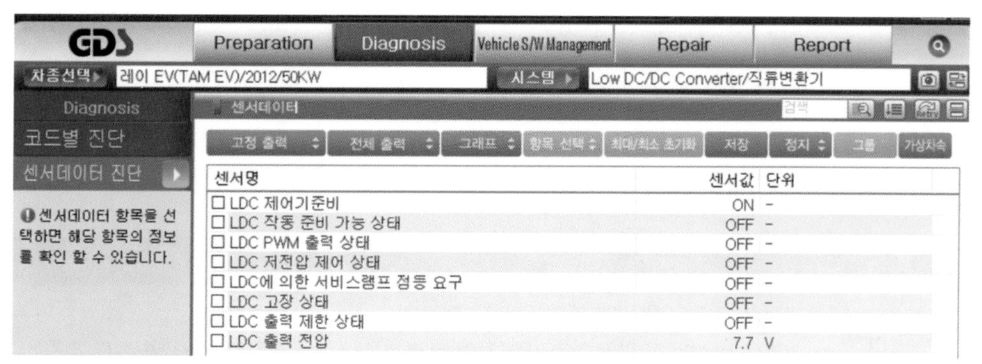

❖ 그림 3-35 LDC 스캔 데이터

❷ LDC데이터 세부 내역

표 3-11 LDC 데이터 분석

항목	내용	
LDC 제어기 준비	의미	LDC 제어기를 사용할 준비가 완료되었음을 의미(내부 및 외부)
	분석	OFF이면, LDC가 작동 금지 ON이면 작동 준비 상태
LDC 작동 준비 가능 상태	의미	LDC가 작동할 준비가 완료되었음을 의미
	분석	OFF이면 LDC가 비정상 작동 상태라는 것을 나타내므로 보조 배터리 및 LDC 상태를 확인한다. 추가로 메인 배터리 상태
LDC PWM 출력 상태	의미	LDC의 제어를 위한 PWM 출력 상태를 나타낸다.
	분석	OFF이면 PWM 중지 상태로 제어 중단 상태를 의미한다. LDC 자체 고장(DTC 및 LDC Fault flag 활용)으로 인해 동작하지 않는 상태인지를 확인하거나, LDC 자체 고장은 아니나 동작할 수 없는 상태 (메인 릴레이 OFF or VCU의 동작 금지 명령)인지를 확인한다.
LDC 저전압 제어 상태	의미	LDC의 저전압 제어 상태를 나타낸다.
	분석	OFF이면 LDC가 정상 출력 중임을 의미한다. ON이면 부하 상태 및 LDC 내부 상태에 의해 저전압 제어 상태 (12.8V)임을 나타낸다. ON이라도 고장은 아니며, LDC는 정상 동작한다.
LDC에 의한 서비스 램프 점등 요구	의미	LDC의 고장 상태를 운전자에게 알리는 램프 점등 요청 신호
	분석	ON이면 LDC 고장 상태로 LDC 관련 DTC(P0A94/P0C3A/P0C3B/P1A88/P1A89)가 발생하거나 또는 VCU로부터 CAN 통신을 수신하지 못하면 서비스 램프 점등을 요청한다.
LDC 고장 상태	의미	LDC 자체 고장이 아닌 외부 요소에 의한 고장 상태를 나타낸다.
	분석	ON이면 LDC의 고장 상태로 LDC 출력을 제한하거나 작동을 중지한다.
LDC 출력 제한 상태	의미	LDC의 출력 제한 상태를 나타낸다.
	분석	ON이면 LDC의 내부 요인(과온, 센서 고장 등)에 의해 출력 제한 상태임을 나타낸다.
LDC 출력 전압	의미	LDC의 출력 전압을 나타낸다.
	분석	LDC 동작 가능한 입력 전압이 공급되어야 출력 전압도 정상적으로 나온다.

6 인버터(Invertor)

(1) 인버터의 개요

인버터는 구동 모터를 구동시키기 위하여 고전압 배터리의 직류(DC) 전력을 3상 교류(AC) 전력으로 변환시켜 유도 전동기, 쿨링팬 모터 등을 제어한다. 즉, 고전압 배터리로부터 받은 직류(DC) 전원(+, −)을 3상 교류(AC)의 U, V, W상으로 변환하는 기구이며, 제어 보드(MCU)에서 3상 AC 전원을 제어하여 구동 모터를 구동한다.

(2) 인버터의 주요 제어 기능

표 3-12 인버터의 주요 제어 기능

분류	항목	내용	주요 항목
제어 기능	토크 제어	회전자 자속의 위치에 따라 고정자 전류의 크기와 방향을 독립적으로 제어하여 토크 발생	• 전류 제어 • 회전자 위치 및 속도 검출
보호 기능	과온 제한	인버터 및 모터의 제한 온도 초과 시 출력 제한	인버터 및 모터 온도에 따라 최대 출력 제한
	고장 검출	• 외부 인터페이스 관련 문제점 검출 • 인버터 내부 고장 검출	• 인버터 외부 연결 관련 고장 검출 • 성능 관련 고장 검출 • 인버터 하드웨어 고장 검출
협조 제어	차량 운전 제어	차량에서 필요한 정보를 타제어기와 통신	• 요구 토크, 배터리 상태, EWP 등 정보 수신 • 인버터 상태 정보 송신

7 전자식 워터 펌프(EWP; Electronic Water Pump)

전기식 워터 펌프인 EWP는 LDC, MCU, OBC 등에서 사용하는 반도체에서 발생하는 열을 냉각하기 위해 냉각수를 강제 순환하기 위한 장치이며, 반도체 소자의 특성상 125℃ 이상의 고온에서는 소손될 수 있는 도체가 되어 버릴 수 있으므로 관련 부품을 적절히 냉각시켜 주는 것이 매우 중요하다.

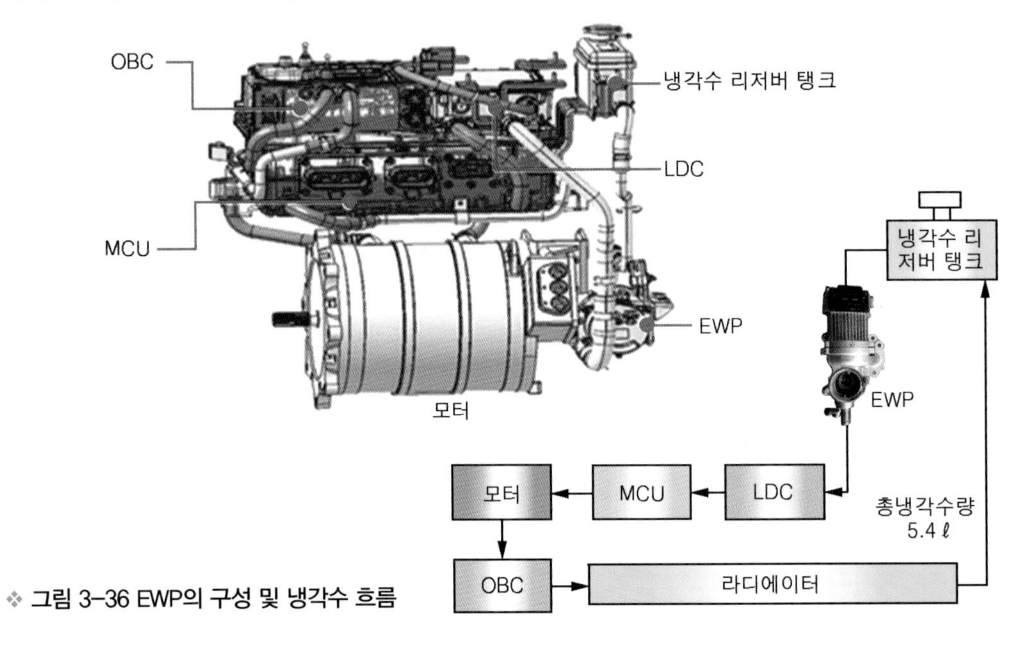

❖ 그림 3-36 EWP의 구성 및 냉각수 흐름

8 고전압 분배 시스템(EPCU; Electric Power Control Unit) 교환

❖그림 3-37 고전압 분배 시스템의 구성

❶ 고전압 배터리 어셈블리 고전압 케이블 Ⓐ를 분리한다.

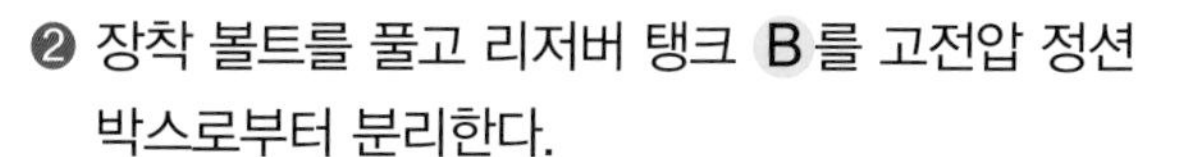

❷ 장착 볼트를 풀고 리저버 탱크 Ⓑ를 고전압 정션 박스로부터 분리한다.

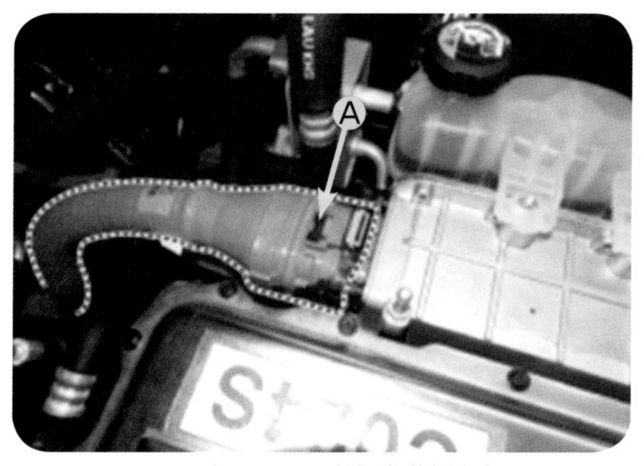

❖그림 3-38 고전압 케이블 분리

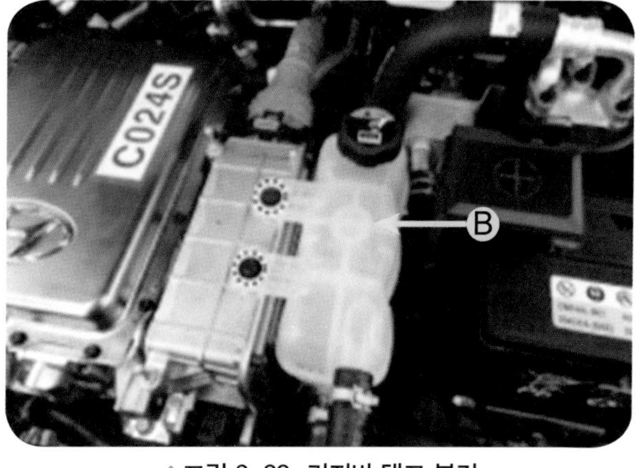

❖그림 3-39 리저버 탱크 분리

❸ PTC 히터 고전압 커넥터 Ⓒ를 분리한다.

❹ 차량 탑재형 충전기(OBC)의 케이블 커넥터 Ⓓ를 분리한다.

❺ 고전압 조인트 박스 커넥터 Ⓔ를 분리한다.

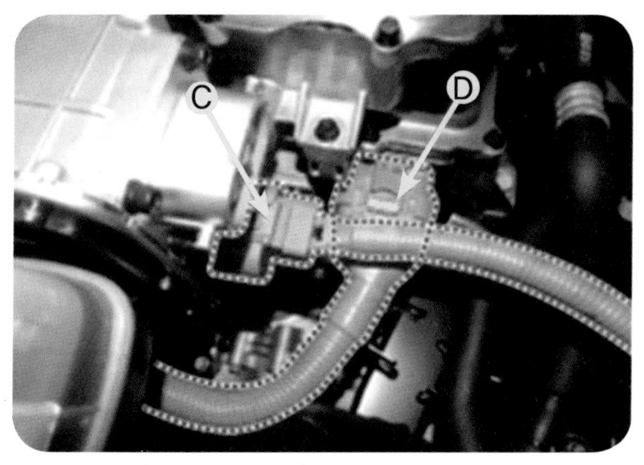

❖그림 3-40 히터, 충전기 케이블 커넥터 분리

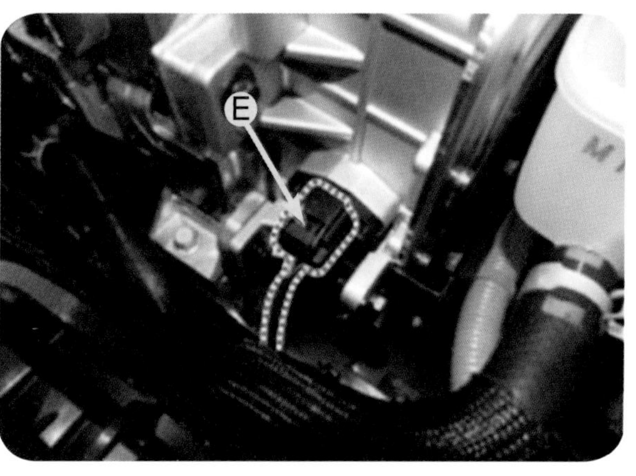

❖그림 3-41 조인트 박스 커넥터 분리

❻ 전력 제어장치(EPCU)의 커넥터 F를 분리한 후 저전압 직류 변환장치(LDC) '–' 케이블 G과 '+'케이블 H을 분리한다.

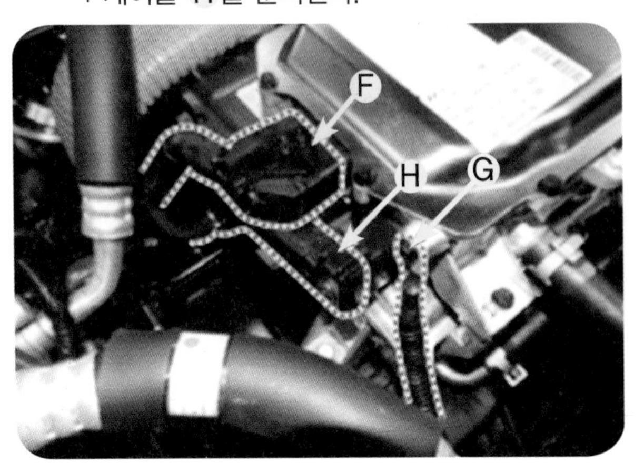

❖그림 3-42 EPCU 커넥터, LDC 케이블 분리

❼ 전력 제어장치(EPCU) 측 파워 케이블 커넥터 I를 분리한다.

❖그림 3-43 파워 케이블 커넥터 분리

❽ 전력 제어장치(EPCU)의 냉각호스 J를 분리한 후 차량 탑재형 충전기(OBC)의 냉각호스 K를 분리한다.

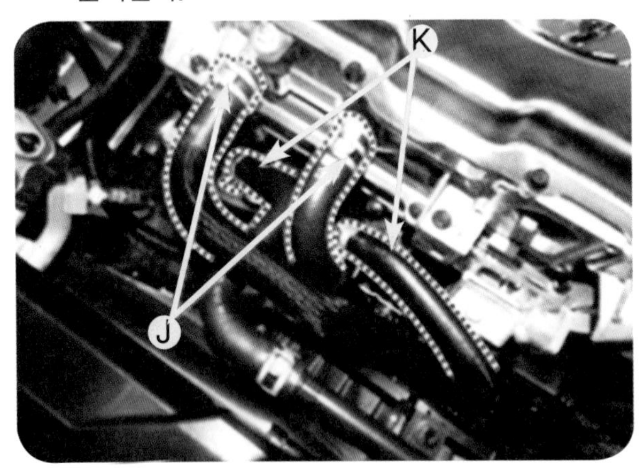

❖그림 3-44 EPCU 및 OBC 냉각 호스 분리

❾ 고정 볼트를 풀고 고전압 정션 박스, 전력 제어장치(EPCU), 차량 탑재형 충전기(OBC) 어셈블리를 탈착한다.

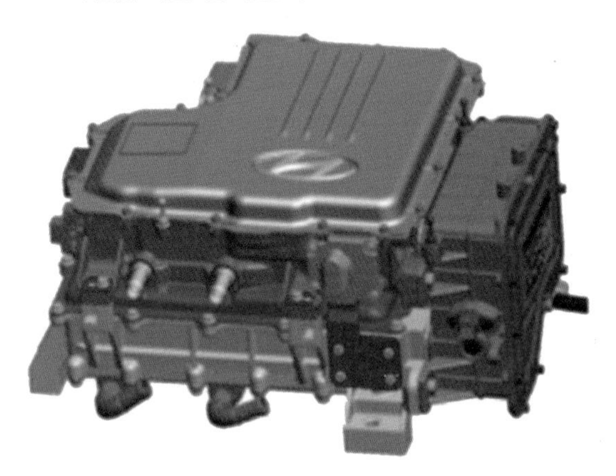

❖그림 3-45 정션 박스, EPCU, OBC 탈착

❿ 조립은 분해의 역순으로 한다.

표 3-13 고전압 분배 시스템 교환 과정 기록표

순서	작업 항목	비고
1	리저버 탱크(A)를 분리하고, 고전압 케이블(B)를 분리한다.	
2		
3		
4		
5		

5 전기 자동차 충전장치 정비

1 완속 충전 장치 정비

전기 자동차는 고전압 배터리에 저장된 전기에너지를 모두 사용하면 더 이상 주행을 할 수 없게 되는데 이때 고전압 배터리에 전기에너지를 다시 충전하여 사용해야 하며, 급속 충전과 완속 충전을 동시에 행 할 수는 없다.

❖그림 3-46 전기 자동차 충전기

충전 방법으로는 완속 충전 포트를 이용한 완속 충전과 급속 충전 포트를 이용하는 급속 충전이 있는데, 완속 충전은 AC 100·220V 전압의 완속 충전기(OBC)를 이용하여 교류 전원을 직류 전원

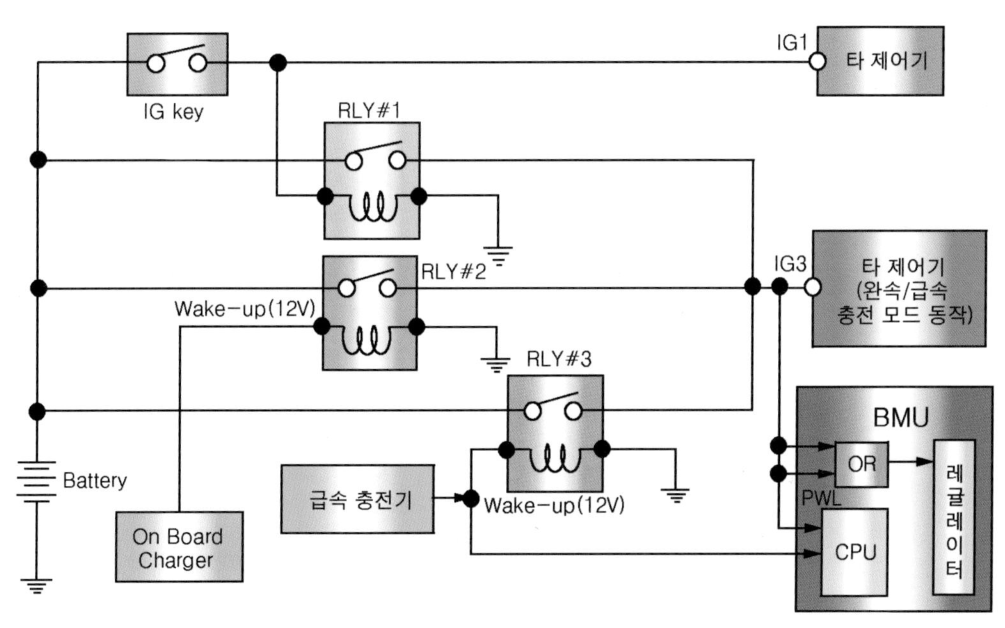

❖그림 3-47 충전 회로도

으로 변환하여 고전압 배터리를 충전하는 방법이다. 완속 충전 시에는 표준화된 충전기를 사용하여 차량의 앞쪽에 설치된 완속 충전기 인렛을 통해 충전하여야 한다. 급속 충전보다 더 많은 시간이 필요하지만 급속 충전보다 충전 효율이 높아 배터리 용량의 90%까지 충전할 수 있으며, 이를 제어하는 것이 BMU와 IG3 릴레이 #1,2,3이다.

표 3-14 IG 릴레이의 작용

구분	작용
IG3 신호	전기 자동차에만 있는 신호의 종류로서 저전압 직류 변환장치(LDC), BMU, 모터 컨트롤 유닛(MCU), 차량 제어 유닛(VCU), 완속 충전기(OBC)가 신호를 받게 된다.
IG3 #1 릴레이	완속 또는 급속 충전중일 때를 제외하고 고전압을 제어하는 제어기가 작동하는 조건에서는 IG3 #1 릴레이를 통해서 IG3 전원을 공급 받는다.
IG3 #2 릴레이	완속 충전 시에 IG3 전원을 공급하기 위해 작동한다.
IG3 #3 릴레이	급속 충전 시에 IG3 전원을 공급하기 위해 작동한다.

IG3 릴레이를 통해 생성되는 IG3 신호는 저전압 직류 변환장치(LDC), BMU, 모터 컨트롤 유닛(MCU), 차량 제어 유닛(VCU), 완속 충전기(OBC)를 활성화시키고 차량의 충전이 가능하게 한다.

(1) 충전 형식

❶ 충전 전원: 220V, 35A
❷ 충전 방식: 교류 (AC)
❸ 충전 시간: 약 5시간
❹ OBC의 최대 출력(EVSE): 6.6kW
❺ 충전 흐름도: 완속 충전 스탠드 → 완속 충전 포트 → 완속 충전기(OBC) → PRA → 고전압 배터리 시스템 어셈블리
❻ 충전량: 고전압 배터리 용량(SOC)의 90~95%

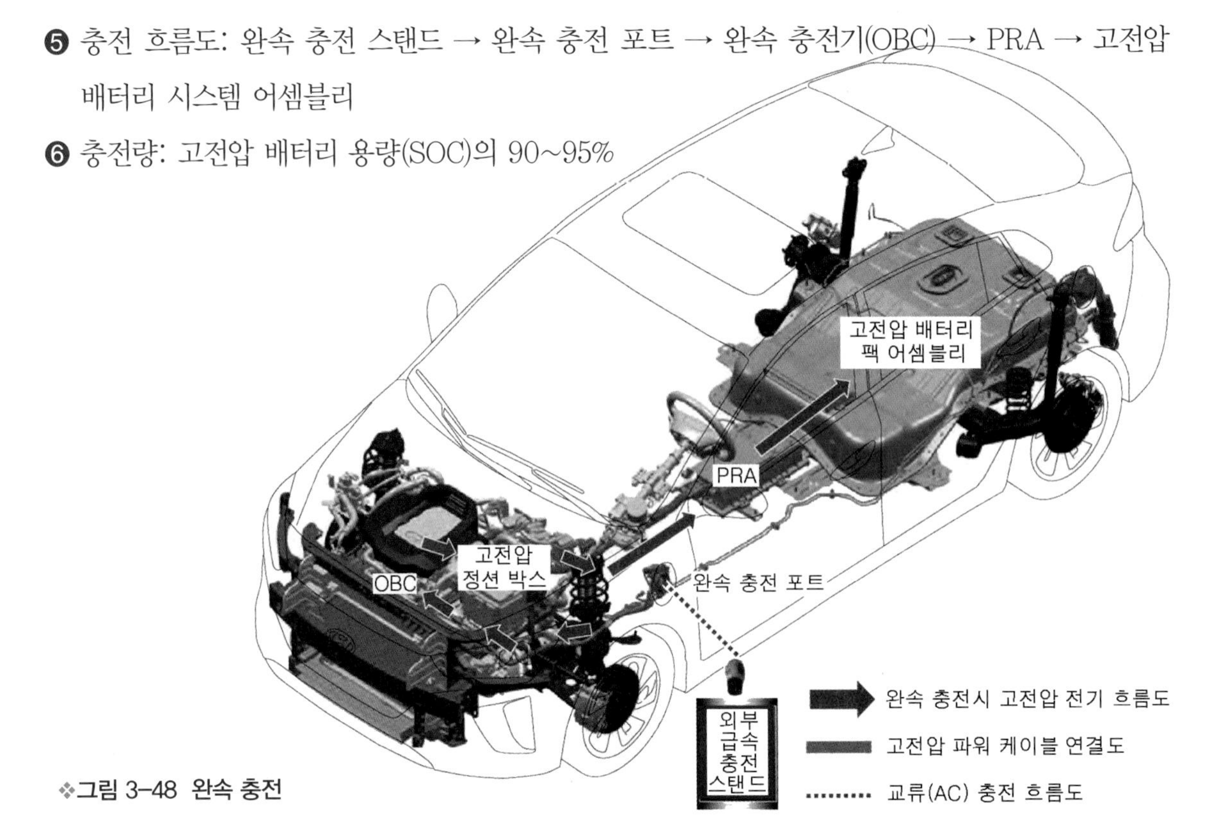

❖그림 3-48 완속 충전

표 3-15 OBC의 주요 제어 기능

분류	항목	내용	주요 항목
제어 기능	입력 전류 Power Factor 제어	AC 전원 규격 만족을 위한 Power Factor 제어	• 예약/충전 공조 시 타시스템 제어기와 협조제어 • DC link 전압 제어
보호 기능	최대 출력 제한	• OBC 최대 용량 초과시 출력 제한 • OBC 제한 온도 초과시 출력 제한	• EVSE, ICCB 용량에 따라 출력 전력 제한 • 온도 변화에 따른 출력 전력 제한
	고장 검출	OBC 내부 고장 검출	• EVSE, ICCB 관련 고장 검출 • OBC 고장 검출
협조 제어	차량 운전 협조 제어	• BMU와 충전에 따른 출력 전압 전류 제한 • 예약 · 충전 공조 시 타 시스템 제어기와 협조제어	• BMU와 충전 시작 · 종료 시퀀스 • 예약 충전시 충전진행 Enable

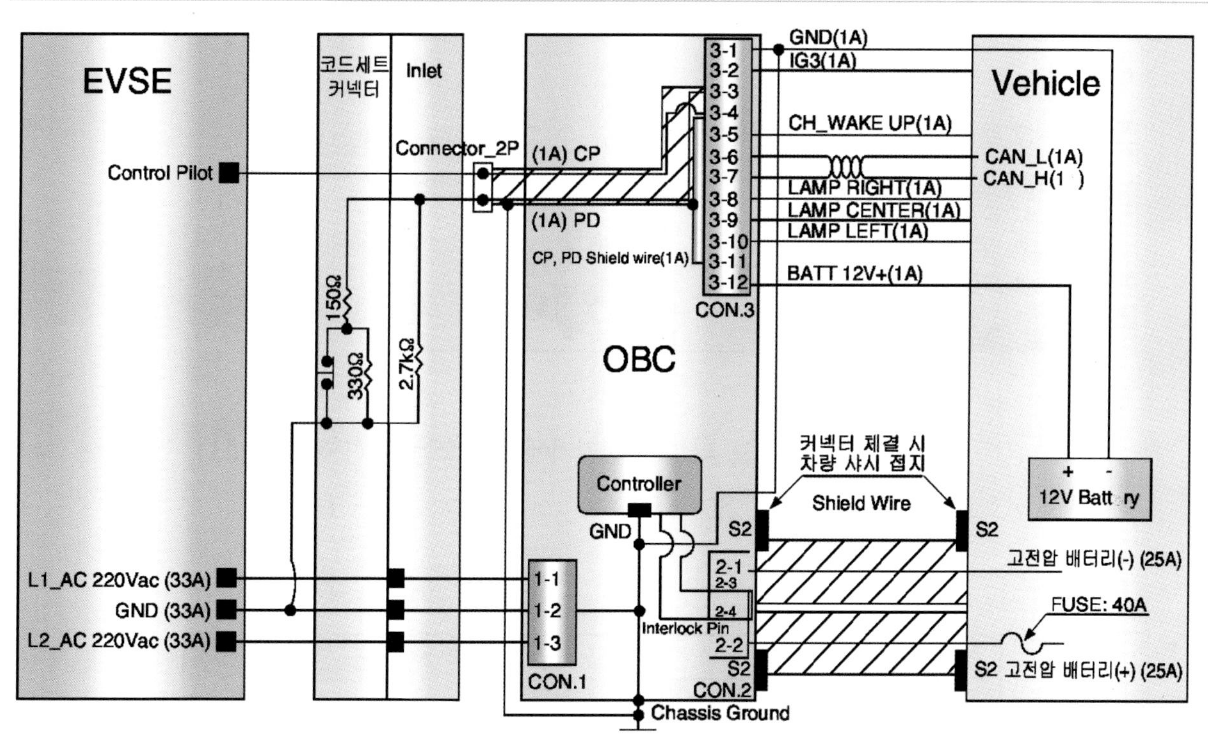

❖그림 3-49 OBC 회로도

표 3-16 OBC 단자 설명

커넥터	단자	기능	사양	
			전류(정상)	전압(최대)
입력 커넥터(AC)	1	상전압(L1)_220 Vac	33A	310Vac
	2	접지		
	3	상전압(L2)_220 Vac		
출력 커넥터(DC)	1	고전압 배터리 (-)	25A	495Vdc
	2	고전압 배터리 (+)		
	3	고전압 Interlock 핀		
	4	고전압 Interlock 핀		

커넥터	단자	기능	사양	
			전류(정상)	전압(최대)
신호 커넥터	1	접지	1A	0V
	2	IG3		18V
	3	접속 감지(EVSE)		5V
	4	Control Pilot(EVSE)		12V
	5	relay 구동		18V
	6	CAN_Low		1.5~2.5V
	7	CAN_High		2.5~3.5V
	8	충전 상태 표시(Right)		18V
	9	충전 상태 표시(Center)		18V
	10	충전 상태 표시(Left)		18V
	11	CP, PD Shielding 접지		0V
	12	12V 배터리(+)		18V

(2) 충전 컨트롤 모듈(CCM; Charging Control Module)

❶ 제원

표 3-17 충전 컨트롤 모듈 제원

정격 전압(V)	11~13V
작동 전압(V)	9~16V

❷ 개요

충전 컨트롤 모듈(CCM)은 콤보 타입 충전기기에서 나오는 PLC 통신 신호를 수신하여 CAN 통신 신호로 변환해 주는 역할을 한다.

❸ 회로도

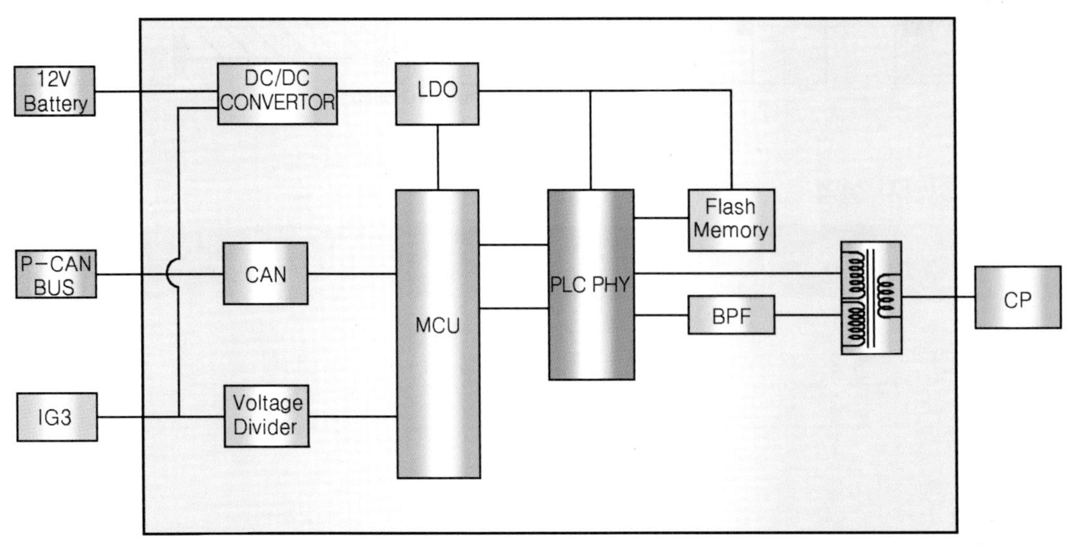

❖그림 3-50 고전압 충전 컨트롤 모듈 회로도

(3) 스캐너 데이터

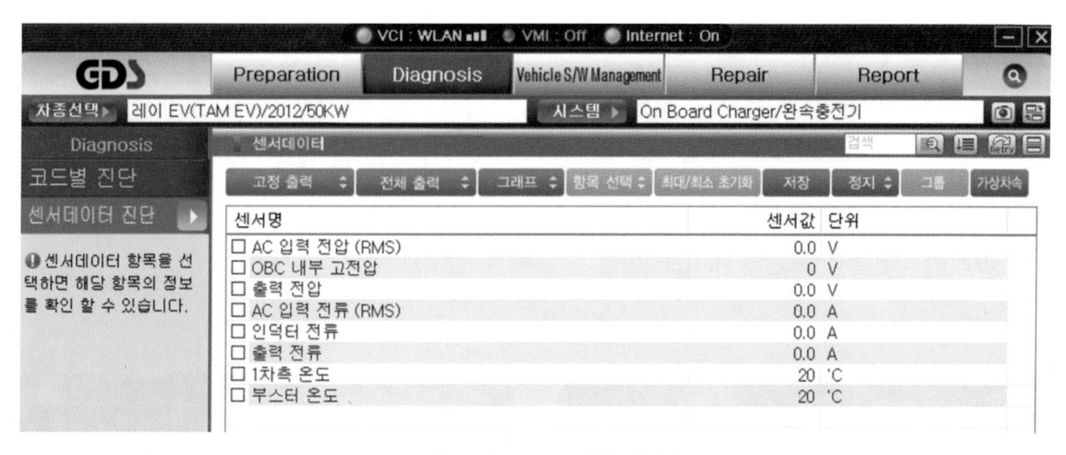

❖그림 3-51 OBC 스캔 데이터

(4) 데이터 분석

표 3-18 데이터 분석

항목	내용	
입력 전압	의미	AC 전원의 입력 전압을 의미
	분석	통상 220V 또는 110V
OBC 내부 고전압	의미	2차 측 동기 정류 이후 전압
	분석	DC 80~150V
출력 전압	의미	완속 충전 시 OBC에서 출력되는 DC 전압
	분석	통상 DC 270 ~ 370V
인덕터 전류	의미	OBC 내부 전류
	분석	최대 50A
출력 전류	의미	완속 충전 시 OBC에서 출력되는 전류
	분석	통상 7 ~ 10A
1차 측 온도	의미	1차 전력 변환 스위칭부 온도
	분석	OBC 내부의 1차 전력 변화 회로부의 스위칭 부 온도를 ℃로 나타낸다.
부스터 온도	의미	부스터부 온도
	분석	부스터 회로부의 온도를 ℃로 나타낸다.

표 3-19 OBC 교환 과정 기록표

순서	작업 항목	비고
1	고전압을 차단하고 고전압 조인트 박스를 탈착 후, 드레인 플러그를 풀고 냉각수를 배출시킨다.	
2		
3		
4		
5		

(5) 완속 충전기(OBC, On-Borad battery Charger) 탈부착

고전압 시스템 관련 작업 시 감전 또는 누전 등으로 인한 심각한 사고를 초래할 수 있으므로 반드시 "고전압 차단 절차"에 따라 고전압을 먼저 차단해야 한다.

❶ 고전압을 차단한다.
❷ 드레인 플러그를 풀고 냉각수를 배출시킨다.
❸ 고전압 배터리 어셈블리 고전압 케이블 A을 분리한다.
❹ 장착 볼트를 풀고 리저버 탱크 B를 고전압 정션 박스로부터 분리한다.

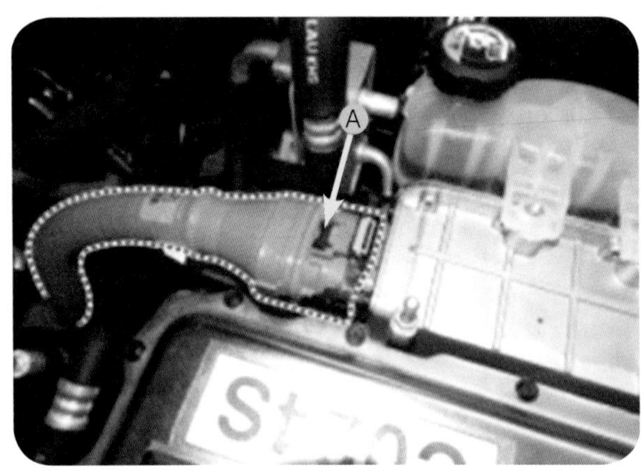

❖그림 3-52 고전압 케이블 분리

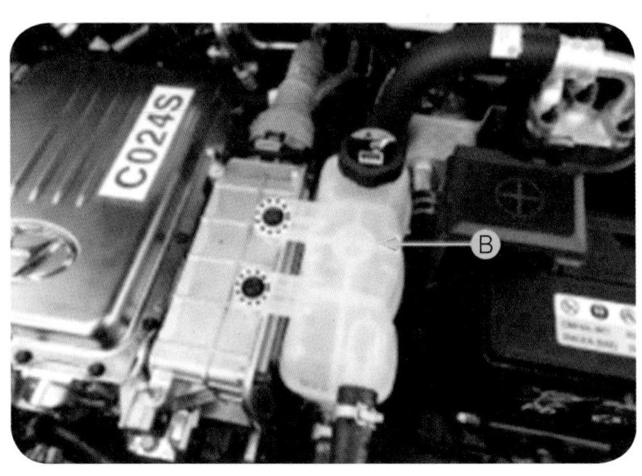

❖그림 3-53 리저버 탱크 분리

❺ PTC 히터의 고전압 커넥터 C 및 완속 충전기(OBC)의 케이블 커넥터 D를 분리한다.
❻ 고전압 조인트 박스 커넥터 E를 분리한다.

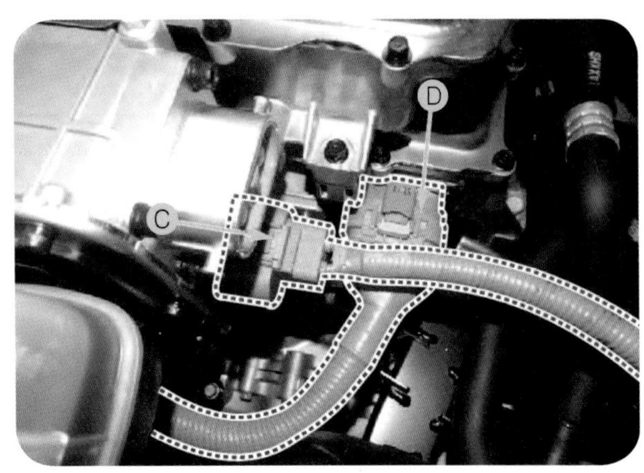

❖그림 3-54 히터 및 OBC 케이블 커넥터 분리

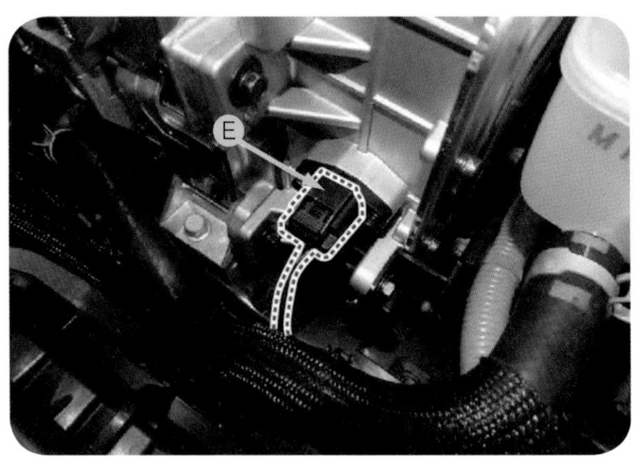

❖그림 3-55 조인트 박스 커넥터 분리

❼ 전력 제어장치(EPCU) 커넥터 F 와 저전압 직류 변환 장치(LDC) "−"케이블 G 과 "+"케이블 H 를 분리한다.

❖그림 3-56 EPCU 커넥터, LDC 케이블 분리

❽ 전력 제어장치(EPCU) 측 파워 케이블 커넥터 I 를 분리한다.

❖그림 3-57 EPCU 파워 케이블 커넥터 분리

❾ 전력 제어장치(EPCU)의 냉각 호스 J 및 완속 충전기(OBC)의 냉각 호스 K 를 분리한다.

❿ 고정 볼트 L 을 푼 후 파워 케이블 커넥터 브래킷 M 을 탈착한다.

⓫ 고정 볼트 N 을 푼 후 에어컨 냉매 파이프 브래킷 O 를 탈착한다.

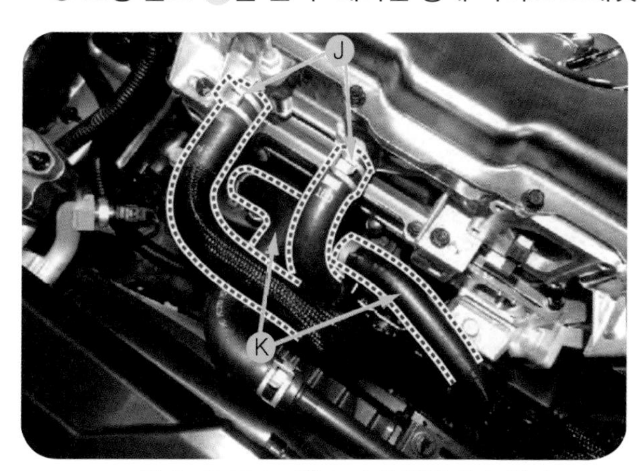

❖그림 3-58 EPCU 및 OBC의 냉각 호스 분리

❖그림 3-59 커넥터 및 파이프 브래킷 탈착

⓬ OBC와 파워 일렉트릭 프레임간 고정 볼트 P 를 풀고 고전압 정션 박스, 전력 제어장치(EPCU), 완속 충전기(OBC) 어셈블리를 탈착한다.

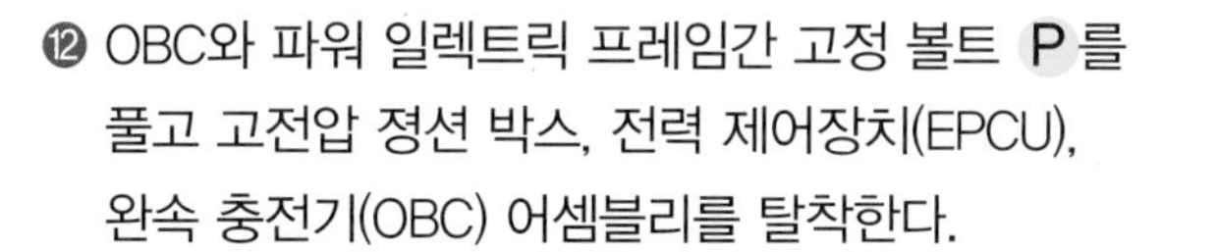

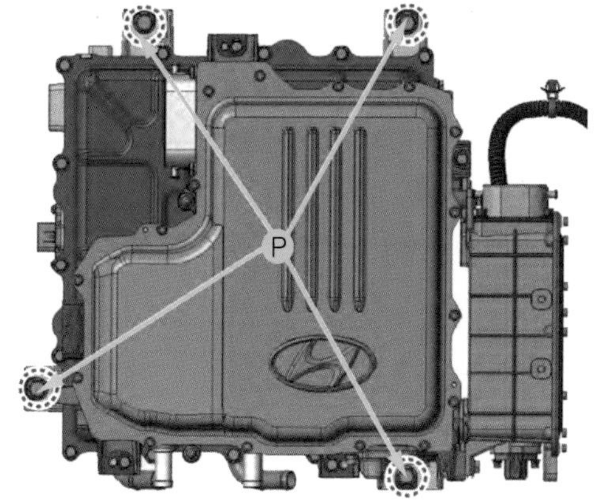

❖그림 3-60 EPCU 및 OBC 어셈블리 탈착

⓭ 고정 볼트를 푼 후 EPCU 사이드 커버 Q 및 OBC 사이드 커버 R 을 탈착한다.

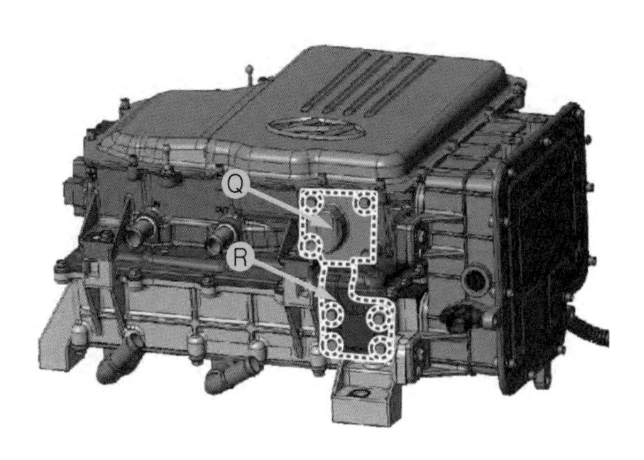

❖그림 3-61 EPCU 및 OBC 사이드 커버 탈착

⑭ 볼트가 내부로 유입되지 않도록 주의 하면서 전력 제어장치(EPCU)에 연결된 고정 볼트 S와 완속 충전기(OBC)에 연결된 고정 볼트 T를 푼다.

⑮ 고전압 정션 박스 고정 볼트 U를 푼 후 고전압 정션 박스 V를 탈착한다.

❖그림 3-62 EPCU 및 OBC 고정 볼트 탈착

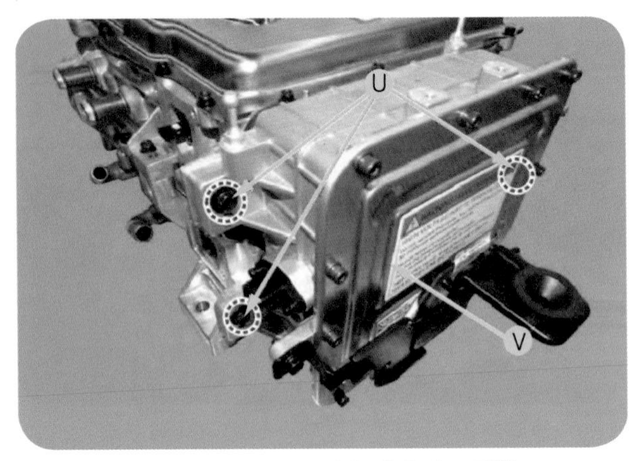

❖그림 3-63 고전압 정션 박스 탈착

⑯ 고정 볼트 X를 푼 후 전력 제어장치(EPCU) Y를 탈착한 후 완속 충전기(OBC) Z를 탈착한다.

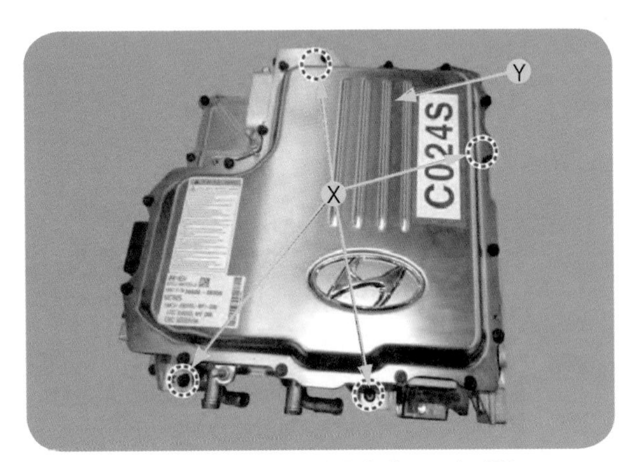

❖그림 3-64 전력 제어장치(EPCU) 탈착

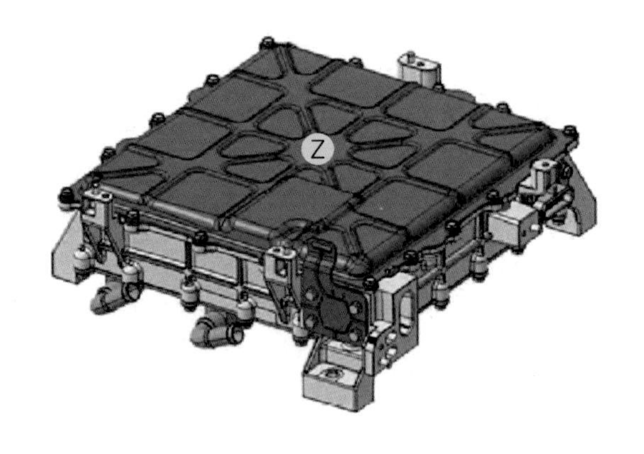

❖그림 3-65 완속 충전기(OBC) 탈착

⑰ 탈착 절차의 역순으로 U, V, W의 3상 파워 케이블을 정확한 위치에 조립한다.

⑱ 냉각수 주입 시 GDS를 이용하여 전자식 워터 펌프(EWP)를 강제 구동시켜 공기 빼기를 실시하고 냉각수 주입 후 누수 여부를 확인한다.

⑲ 전력 제어장치(EPCU)를 교환 후 리졸버 오프셋 자동 보정 초기화를 하지 않은 경우 최고 출력의 저하 및 주행 거리가 짧아질 수 있으므로 장착을 완료한 후 리졸버 오프셋 자동 보정 초기화를 진행한다.

(6) 완속 충전 컨트롤 모듈(CCM; Charging Control Module) 탈부착

❶ "고전압 차단 절차"를 참조하여 고전압을 차단한다.
❷ 보조 배터리(12V)의 (–) 케이블을 분리한다.
❸ 프런트 시트(LH) 어셈블리를 탈착한다.
❹ 충전 컨트롤 모듈의 커넥터 A를 분리한다.
❺ 장착 너트 B를 푼 후 충전 컨트롤 모듈 C를 탈착한다.
❻ 탈착 절차의 역순으로 장착한다.

❖그림 3-66 충전 컨트롤 모듈 커넥터 분리

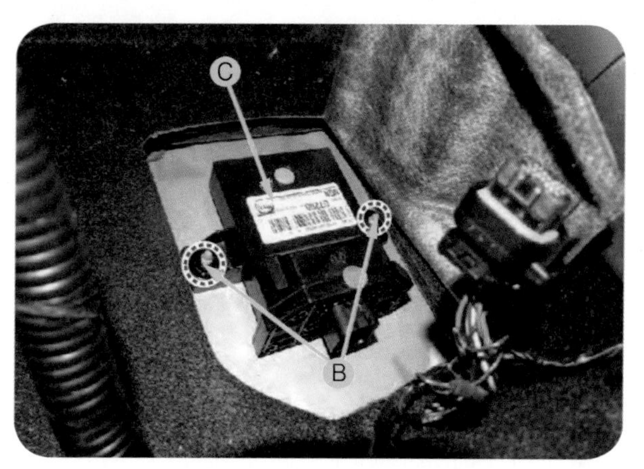

❖그림 3-67 충전 컨트롤 모듈 탈착

(7) 완속 충전 포트 탈부착

고전압 시스템 관련 작업 시 감전 또는 누전 등으로 인한 심각한 사고를 초래할 수 있으므로 "고전압 차단 절차"에 따라 반드시 고전압을 먼저 차단한다.

❶ 고전압을 차단한 후 보조 배터리(12V)의 (–) 케이블을 분리한다.
❷ 완속 충전기(OBC) 케이블 커넥터 A를 B, C와 같은 절차로 완속 충전 케이블을 분리한다.

❖그림 3-68 OBC 케이블 커넥터 분리(1)

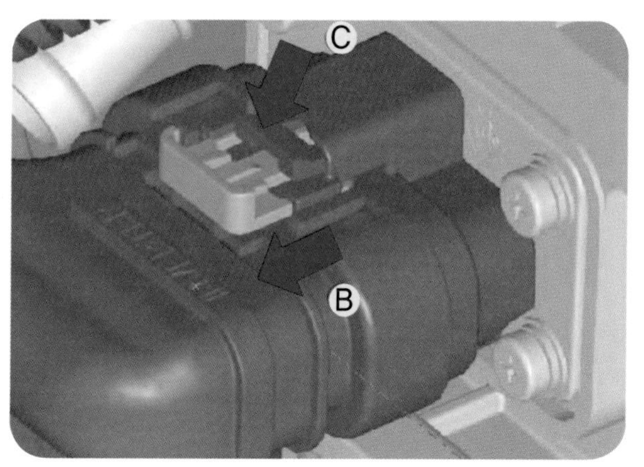

❖그림 3-69 OBC 케이블 커넥터 분리(2)

❸ 리프트를 이용하여 차량을 들어 올린 후 뒤-좌측 휠 & 타이어와 휠 하우스 커버를 탈착한다.

❹ 완속 충전 포트 커넥터 D를 분리한다.

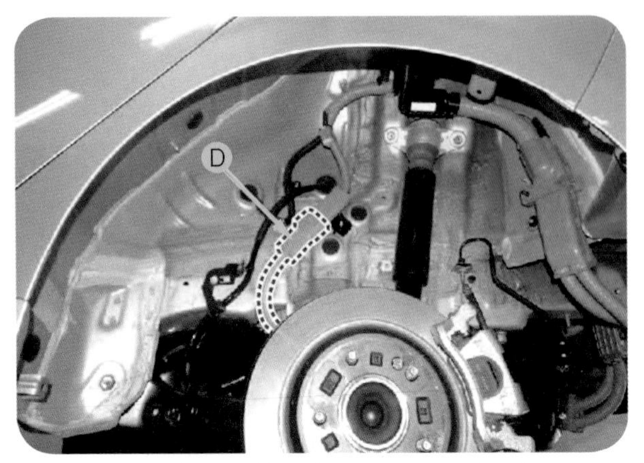

❖그림 3-70 완속 충전 포트 커넥터 분리)

❺ 장착 너트를 푼 후 고전압 배터리 프런트 언더 커버 E와 리어 언더 커버 F를 탈착한다.

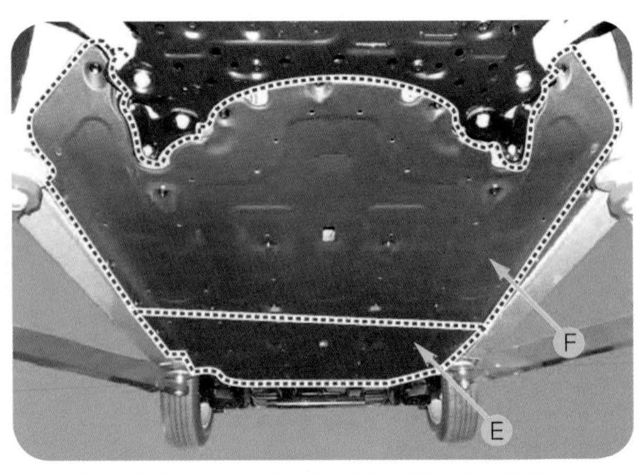

❖그림 3-71 프런트 및 리어 언더 커버 탈착

❻ 고전압 배터리 팩 어셈블리에 플로어 잭 G을 받힌 후 장착 볼트를 풀고 고전압 배터리 팩 어셈블리 H를 차량으로부터 이격시킨다.

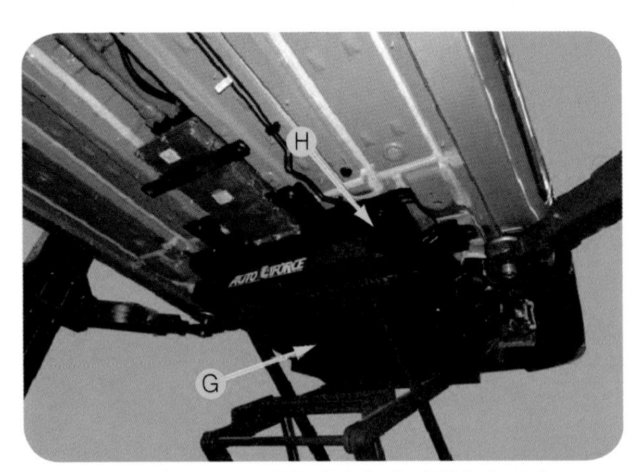

❖그림 3-72 고전압 배터리 팩 어셈블리 이격

❼ 장착 너트와 클립을 푼 후 완속 충전 케이블 I 을 차량으로부터 탈착한다.

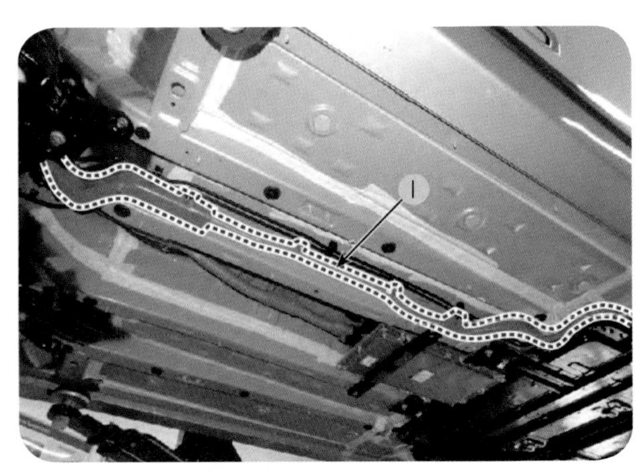

❖그림 3-73 완속 충전 케이블 탈착

2 급속 충전 장치 정비

급속 충전은 차량 외부에 별도로 설치된 차량 외부 충전 스탠드의 급속 충전기를 사용하여 DC 380V의 고전압으로 고전압 배터리를 빠르게 충전하는 방법이다.

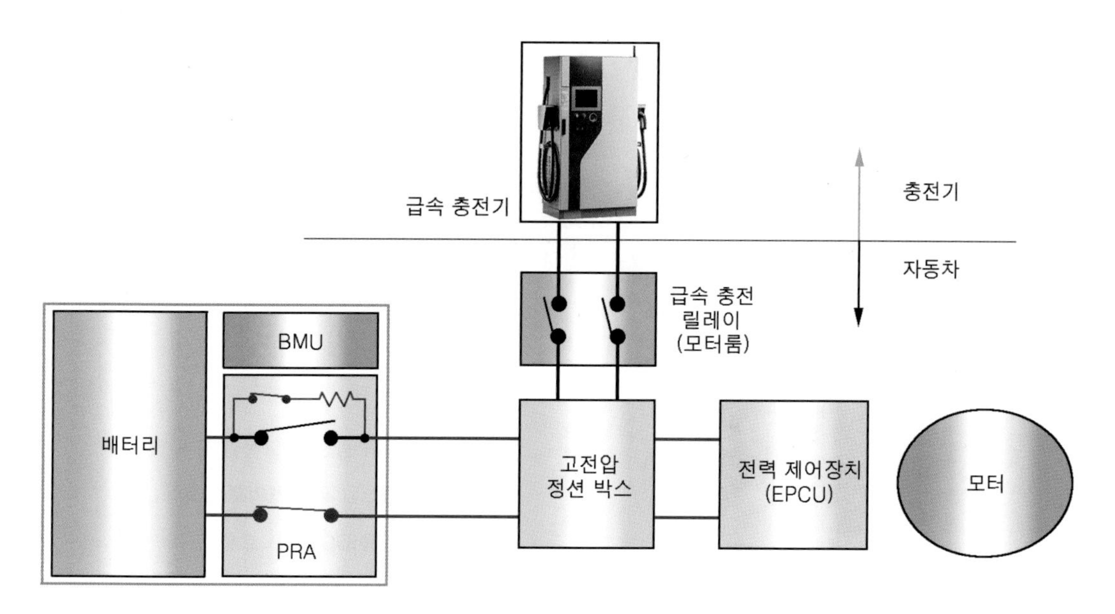

❖그림 3-74 급속 충전 회로도

급속 충전 시스템은 급속 충전 커넥터가 급속 충전 포트에 연결된 상태에서 급속 충전 릴레이와 PRA 릴레이를 통해 전류가 흐를 수 있으며, 외부 충전기에 연결하지 않았을 경우에는 급속 충전 릴레이와 PRA 릴레이를 통해 고전압이 급속 충전 포트에 흐르지 않도록 보호한다.

기존 차량의 연료 주입구 안쪽에 설치된 급속 충전 인렛 포트에 급속 충전기 아웃렛을 연결하여 충전하고 충전 효율은 배터리 용량의 80~84%까지 충전할 수 있으며, 1차 급속 충전이 끝난 후 2차 급속 충전을 하면 배터리 용량(SOC)의 95%까지 충전할 수 있다.

(1) 충전 형식

❶ **충전 전원:** 100kW 충전기는 500V 200A, 50kW 충전기는 450V 110A

❷ **충전 방식:** 직류 (DC)

❸ **충전 시간:** 약 25분

❹ **충전 흐름도:** 급속 충전 스탠드 → 급속 충전 포트 → 고전압 정션 박스 → 급속 충전 릴레이 (QRA) → PRA → 고전압 배터리 시스템 어셈블리

❺ **충전량:** 고전압 배터리 용량(SOC)의 80~84%

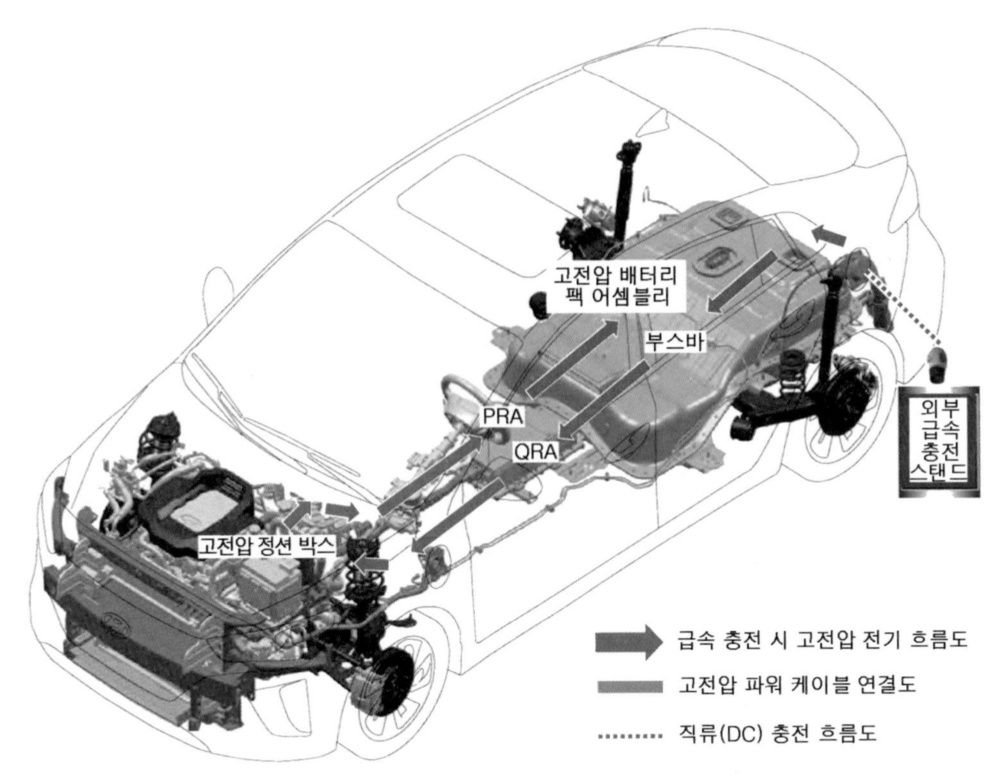

❖그림 3-75 급속 충전

(2) 급속 충전 포트 탈부착

❶ 고전압을 차단한 후 보조 배터리(12V)의 (-) 케이블을 분리한다.

❷ 리프트를 이용하여 차량을 들어 올린 후 좌측 휠 & 타이어와 휠 하우스 커버를 탈착한다.

❸ 장착 클립을 푼 후 리어 범퍼 언더 커버 A와 리어 범퍼 사이드 언더 커버 B를 탈착한다.

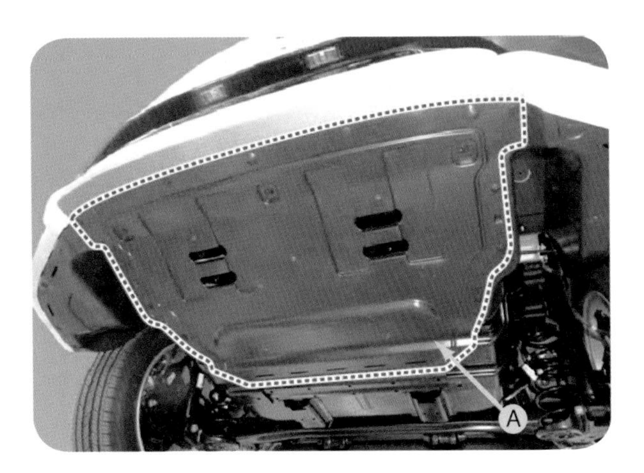

❖그림 3-76 리어 범퍼 언더 커버 탈착

❖그림 3-77 리어 범퍼 사이드 언더 커버 탈착

❹ 고전압 배터리 팩 어셈블리에 연결된 급속 충전 포트 커넥터 C를 분리한 후 고정 너트를 풀고 급속 충전 포트 브래킷 D을 탈착한다.

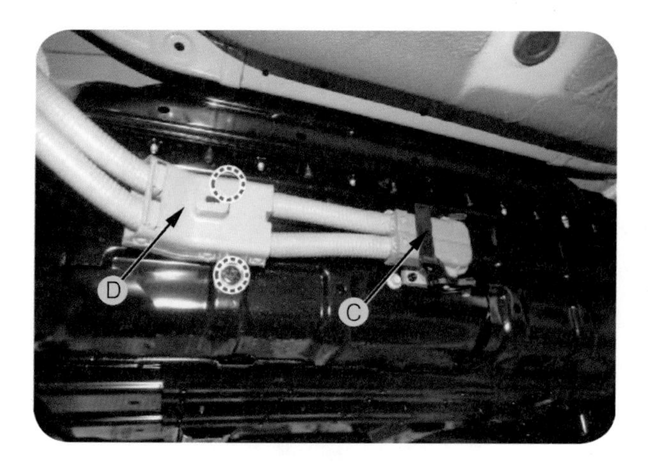

❖그림 3-78 충전 포트 커넥터 및 브래킷 탈착

❺ 급속 충전 포트 고정 볼트 E를 탈착한다.

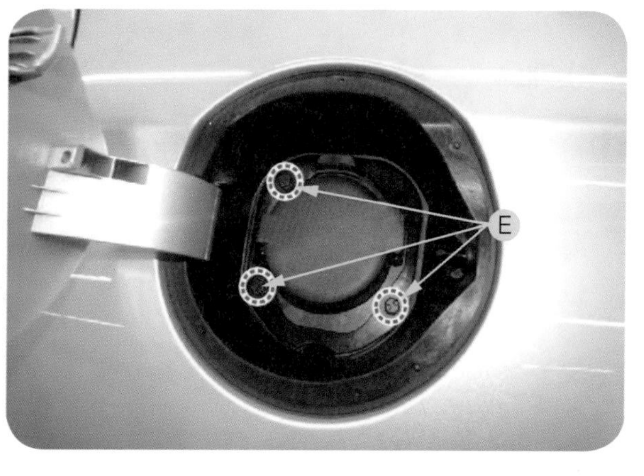

❖그림 3-79 충전 포트 고정 볼트 탈착

❻ 고정 너트를 푼 후 급속 충전 포트 브래킷 F을 탈착한다.

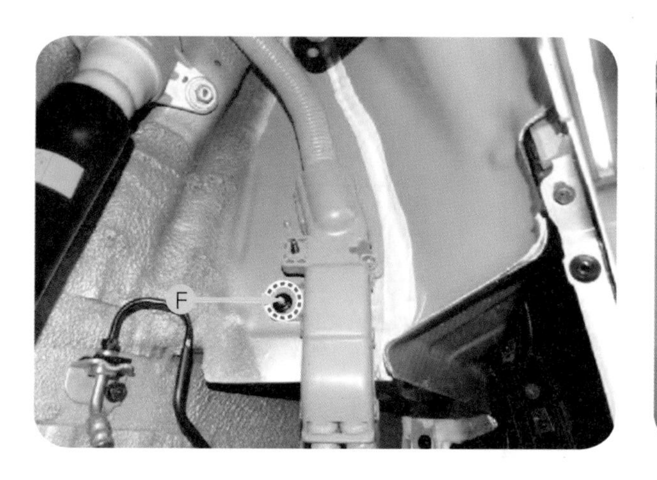

❖그림 3-80 급속 충전 포트 브래킷 탈착

❼ 급속 충전 포트 G를 차량으로부터 탈착한다.

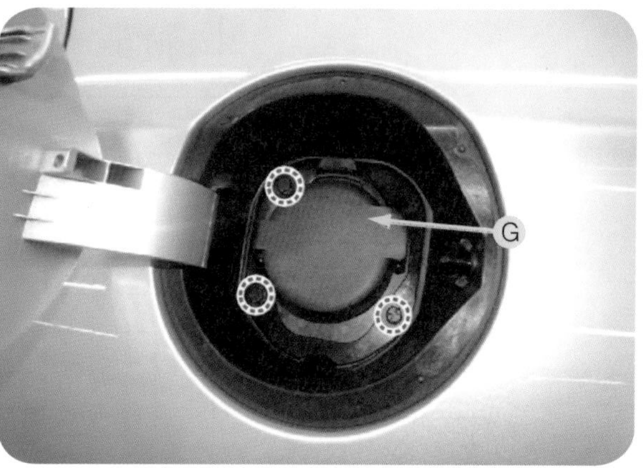

❖그림 3-81 급속 충전 포트 탈착

6 전기 자동차 고전압 분배 시스템 정비

1 고전압 정션 박스 정비

(1) 개요

고전압 정션 박스의 기능은 고전압 배터리의 고전압을 차량 내 각 유닛에 전력을 분배하는 장치이다.

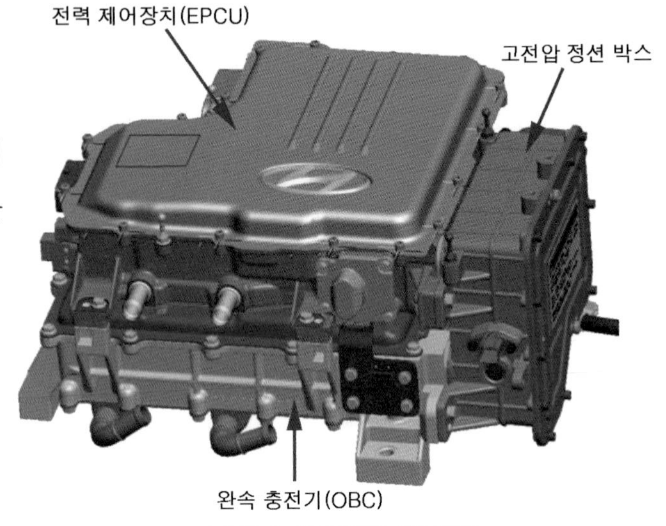

❖그림 3-82 고전압 배분장치

(2) 고전압 전력 충전·출력 시스템 흐름도

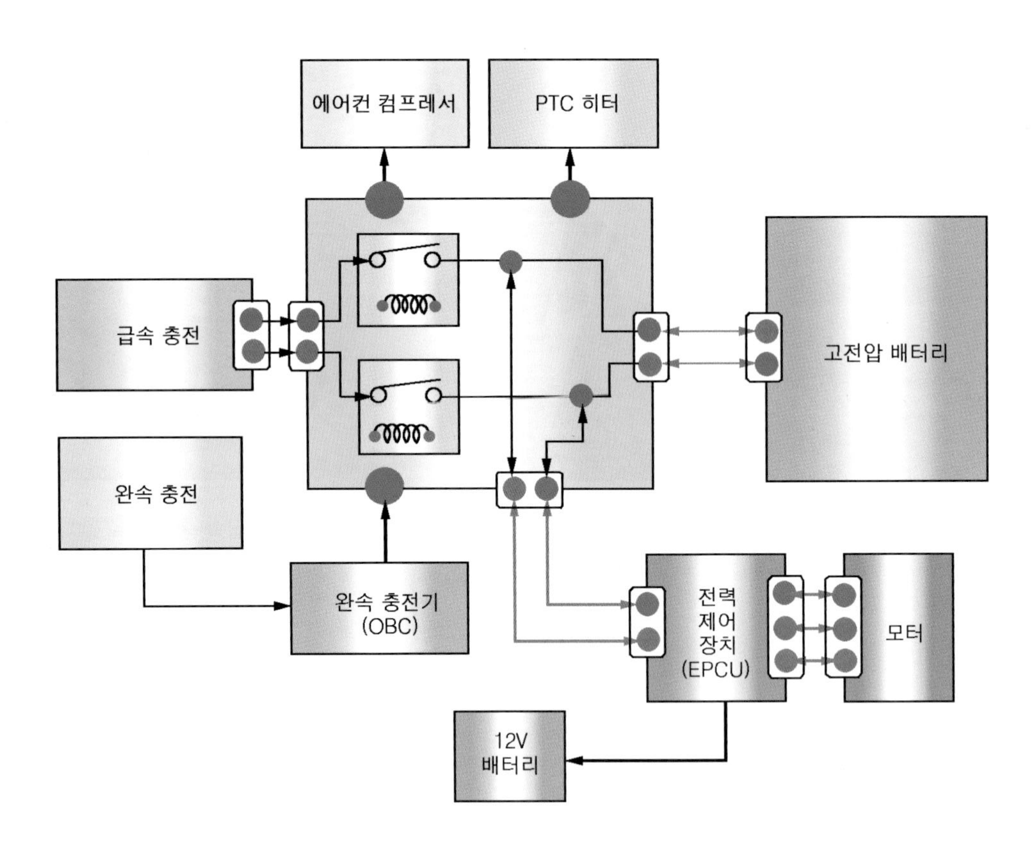

❖그림 3-83 고전압 전력 충전 · 출력 시스템 흐름도

2 고전압 정션 박스(EPCU) 탈부착

❶ "고전압 차단 절차"를 참조하여 고전압을 차단한다.
❷ 드레인 플러그를 풀고 냉각수를 배출시킨다.
❸ 고전압 배터리 어셈블리의 고전압 케이블(A)을 분리한다.
❹ 장착 볼트를 풀고 리저버 탱크(B)를 고전압 정션 박스로부터 분리한다.

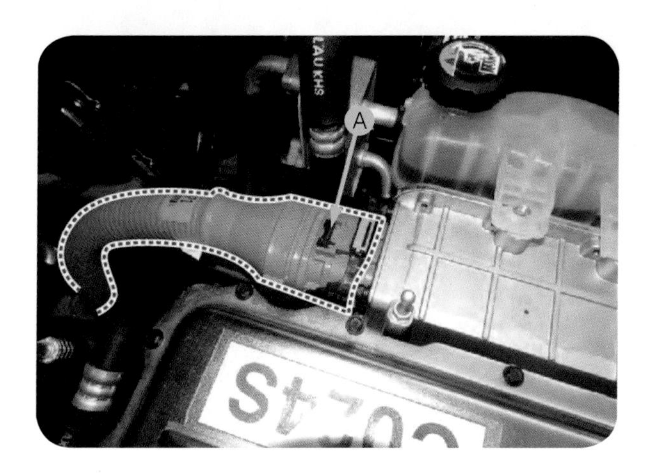

❖그림 3-84 고전압 케이블 분리

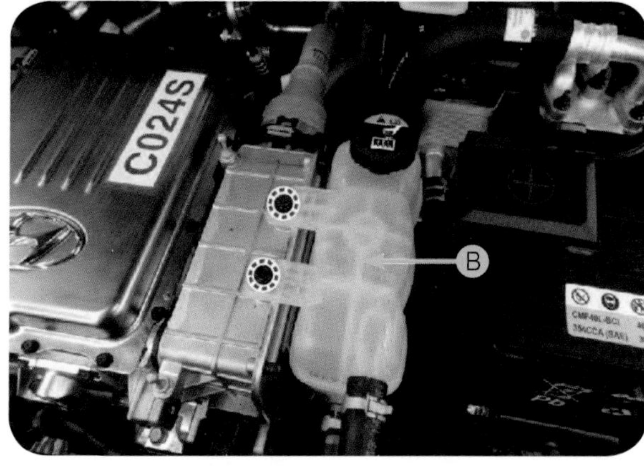

❖그림 3-85 리저버 탱크 분리

❺ PTC 히터의 고전압 커넥터(C)와 완속 충전기(OBC) 케이블의 커넥터(D)를 분리한다.
❻ 고전압 조인트 박스 커넥터(E)를 분리한다.

❖그림 3-86 히터 및 OBC 커넥터 분리

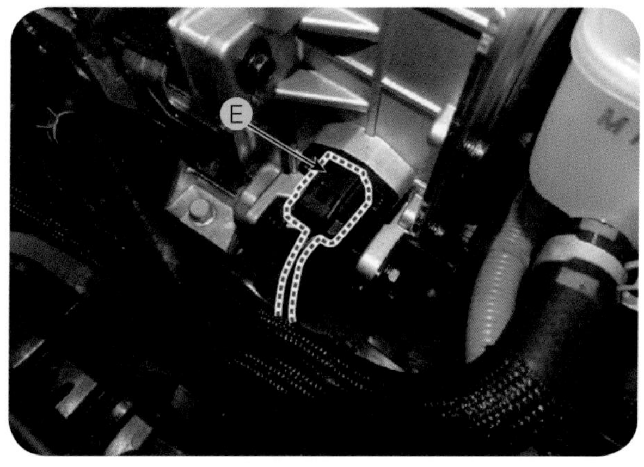

❖그림 3-87 고전압 조인트, 박스 분리

❼ 전력 제어장치(EPCU) 커넥터 F 를 분리한다.

❽ 저전압 직류 변환장치(LDC) "–"케이블 G 과 "+"케이블 H 을 분리한다.

❖그림 3-88 EPCU 커넥터 및 케이블 분리

❾ 전력 제어장치(EPCU) 측 파워 케이블 커넥터 I 를 분리한다.

❖그림 3-89 EPCU 파워 케이블 커넥터 분리

❿ 전력 제어장치(EPCU)의 냉각 호스 J 와 완속 충전기(OBC)의 냉각 호스 K 를 분리한다.

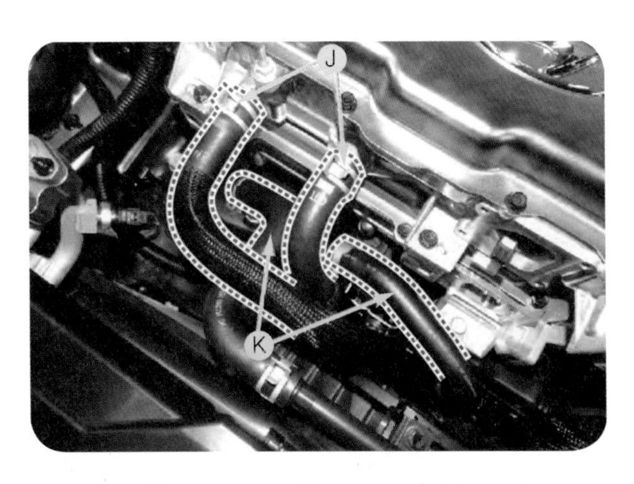

❖그림 3-90 EPCU 및 OBC 냉각 호스 분리리

⓫ 고정 볼트 L , M 를 푼 후 파워 케이블 커넥터 브래킷 O 과 에어컨 냉매 파이프 브래킷 P 를 탈착한다.

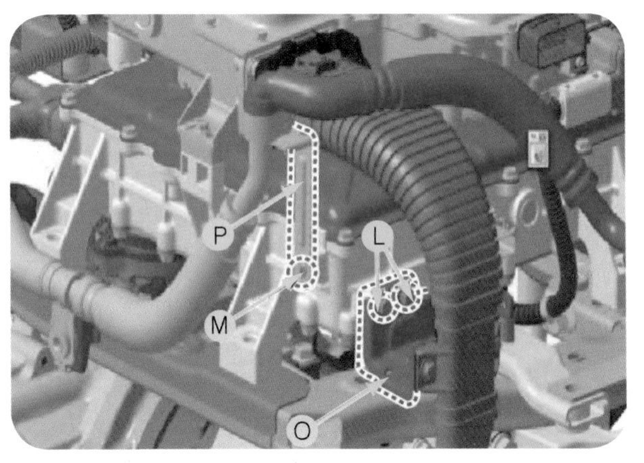

❖그림 3-91 커넥터 및 파이프 브래킷 분리

⑫ OBC와 파워 일렉트릭 프레임간 고정 볼트 Q 를 풀고 고전압 정션 박스, 전력 제어 장치(EPCU), 완속 충전기(OBC) 어셈블리를 탈착한다.

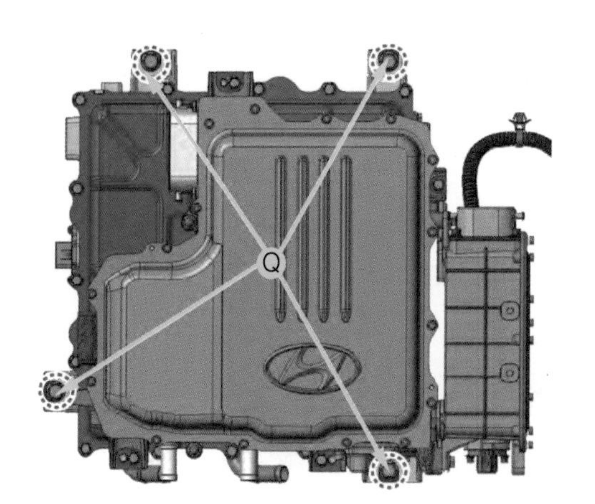

❖그림 3-92 EPCU 및 OBC 어셈블리 탈착

⑬ 고정 볼트를 푼 후 EPCU 사이드 커버 R 와 OBC 사이드 커버 S 를 탈착한다.

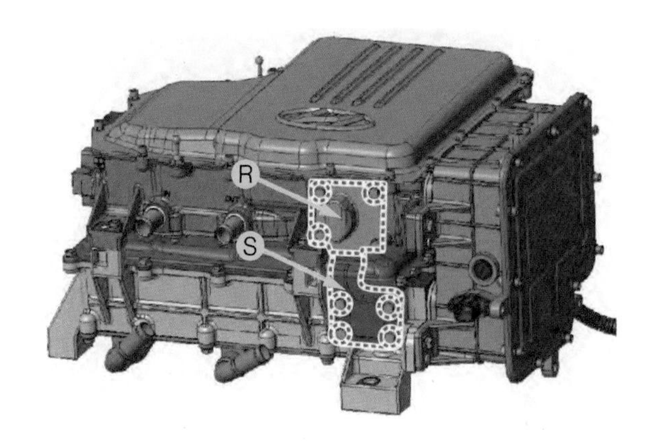

❖그림 3-93 EPCU 및 OBC 사이드 커버 탈착

⑭ 볼트가 유입되지 않도록 주의 하면서 전력 제어장치(EPCU)와 완속 충전기(OBC)에 연결된 고정 볼트 T 및 U 를 푼다.

❖그림 3-94 EPCU 및 OBC 고정 볼트 탈착

⑮ 고정 볼트 V 를 푼 후 고전압 정션 박스 W 를 탈착한다.

❖그림 3-95 고전압 정션 박스 탈착

⑯ 고전압 커넥터가 장착되지 않는 경우 핀이 휘어 있는지 확인하고, 고전압 커넥터를 강한 힘으로 가격하거나 강제 삽입 하지 않으면서 탈착 절차의 역순으로 고전압 정션 박스(EPCU)의 조립을 진행한다.

⑰ 파워 케이블을 잘 못 조립할 경우 인버터, 구동 모터 및 고전압 배터리에 심각한 손상을 초래할 수 있을 뿐만 아니라 사용자 및 작업자의 안전을 위협할 수 있으므로 이점에 각별히 주의하면서 U, V, W의 3상 파워 케이블을 정확한 위치에 조립한다.

⑱ 냉각수 주입 시 GDS를 이용하여 전자식 워터 펌프(EWP)를 강제 구동시켜 공기 빼기를 실시하면서 냉각수를 주입한다.

⑲ 전력 제어장치(EPCU)를 교환한 후 리졸버 오프셋 자동 보정 초기화를 하지 않은 경우 최고 출력의 저하 및 주행 거리가 짧아질 수 있으므로 모터 시스템의 “모터 위치 및 온도 센서”를 참조하여 리졸버 오프셋 자동 보정 초기화를 진행한다.

3 고전압 파워 케이블의 탈부착

(1) 부품의 위치

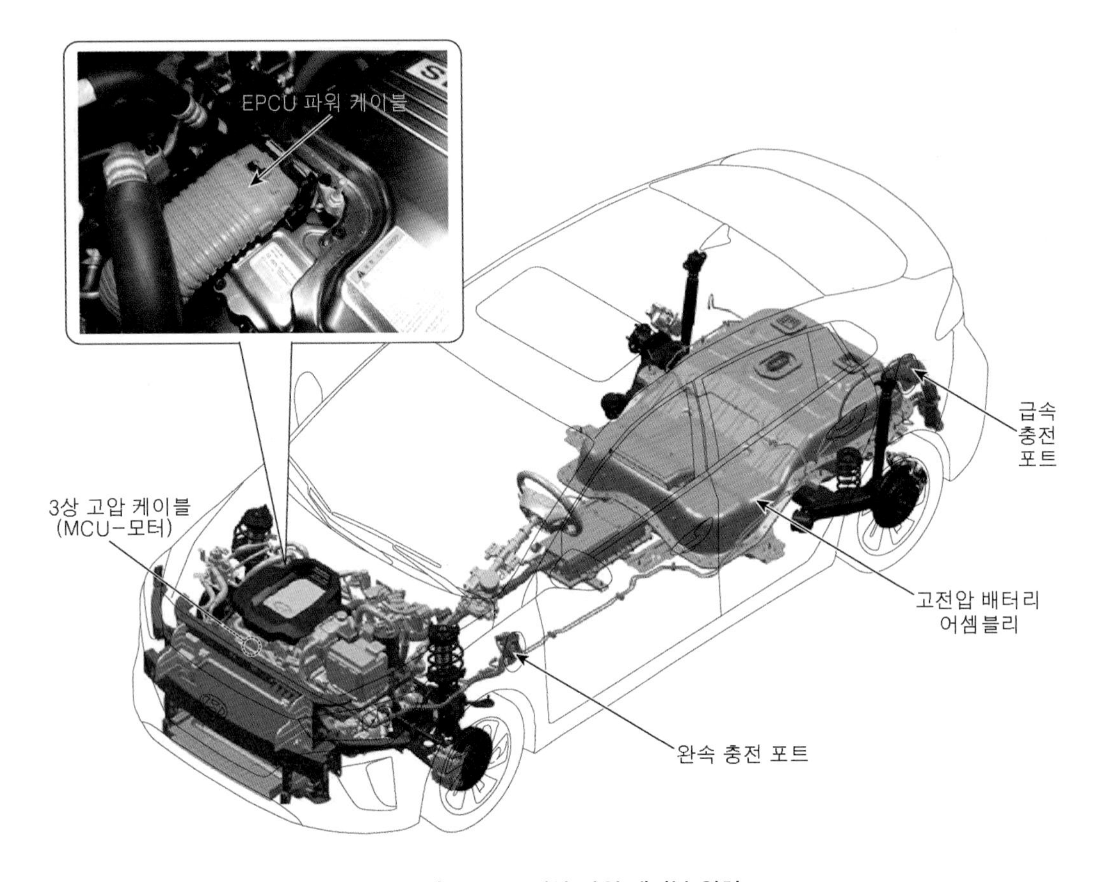

❖그림 3-96 고전압 파워 케이블 위치

(2) 파워 케이블 탈부착

❶ 고진압 조인트 박스에서 고전압 케이블 A과 언더 커버 B를 탈착한다.

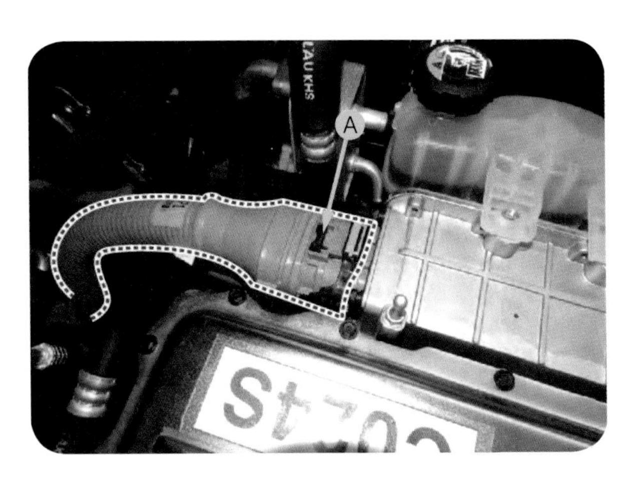

❖그림 3-97 고전압 케이블 탈착

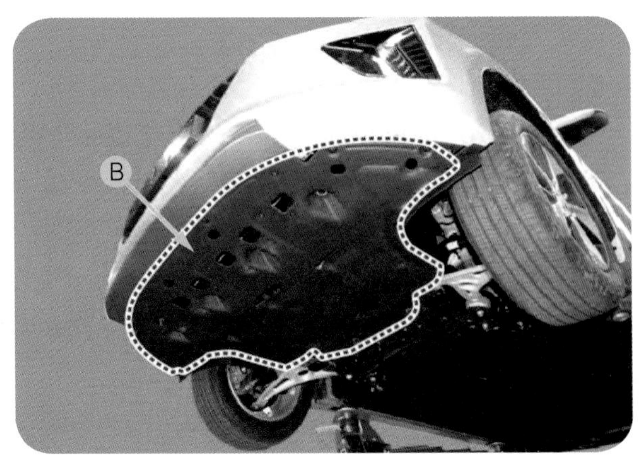

❖그림 3-98 언더 커버 탈착

❷ 고전압 배터리 언더 커버 C 및 고전압 케이블 D 을 분리한다.

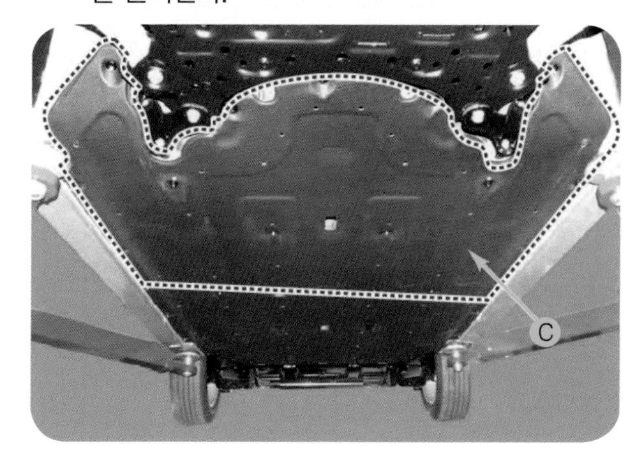

❖그림 3-99 고전압 배터리 언더 커버 탈착

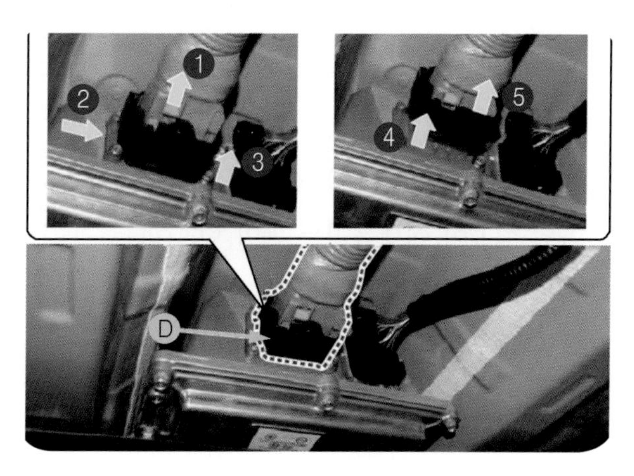

❖그림 3-100 고전압 케이블 분리

❸ 너트 E 를 풀고 고전압 케이블(F)을 차량에서 탈착한다.

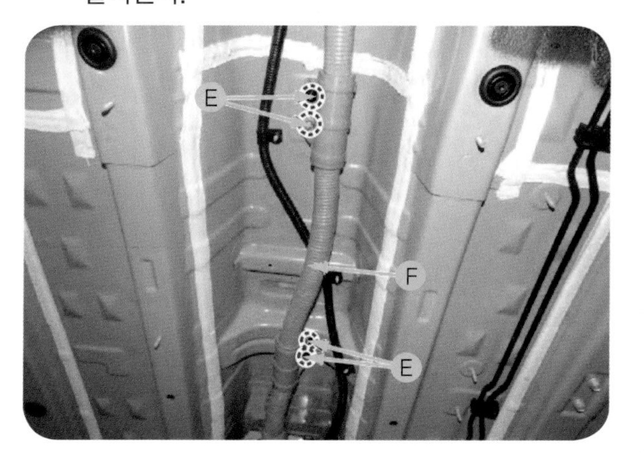

❖그림 3-101 고전압 케이블 탈착

❹ MCU측 및 전력 제어장치(EPCU)측의 파워 케이블 커넥터 G 를 분리한다.

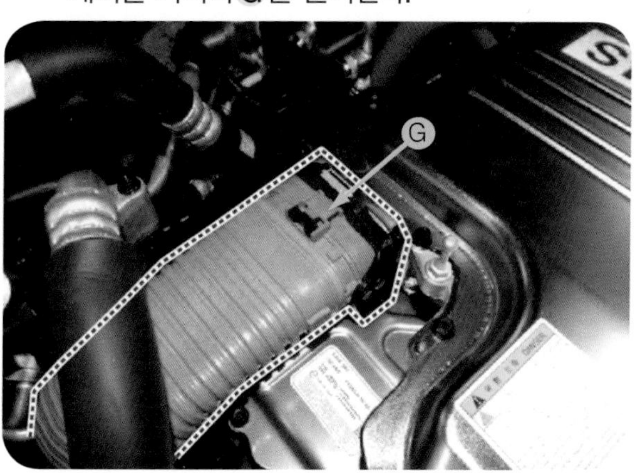

❖그림 3-102 파워 케이블 커넥터 분리

❺ 모터측 파워 케이블 커넥터 H)를 분리한다.

❖그림 3-103 파워 케이블 커넥터 분리

❻ 고전압 커넥터가 장착되지 않는 경우 핀이 휘어 있는지 확인하고 고전압 커넥터를 강한 힘으로 가격 하거나 강제 삽입하지 않으면서 탈착 절차의 역순으로 고전압 정션 박스를 장착한다.

7 고전압 배터리 제어 시스템(BMU) 정비

고전압 배터리 컨트롤 시스템은 컨트롤 모듈인 BMU, 파워 릴레이 어셈블리(PRA ; Power Relay Assembly)로 구성되어 있으며, 고전압 배터리의 SOC(State Of Charge), 출력, 고장 진단, 배터리 셀 밸런싱(Cell Balancing), 시스템 냉각, 전원 공급 및 차단을 제어한다.

파워 릴레이 어셈블리는 메인 릴레이(+, –), 프리차지 릴레이, 프리차지 레지스터, 배터리 전류 센서, 고전압 배터리 히터 릴레이로 구성되어 있으며, 부스바(Busbar)를 통해서 배터리 팩과 연결되어 있다.

SOC(배터리 충전율)는 배터리의 사용 가능한 에너지를 표시한다.

- SOC = 방전 가능한 전류량 ÷ 배터리 정격 용량 × 100%

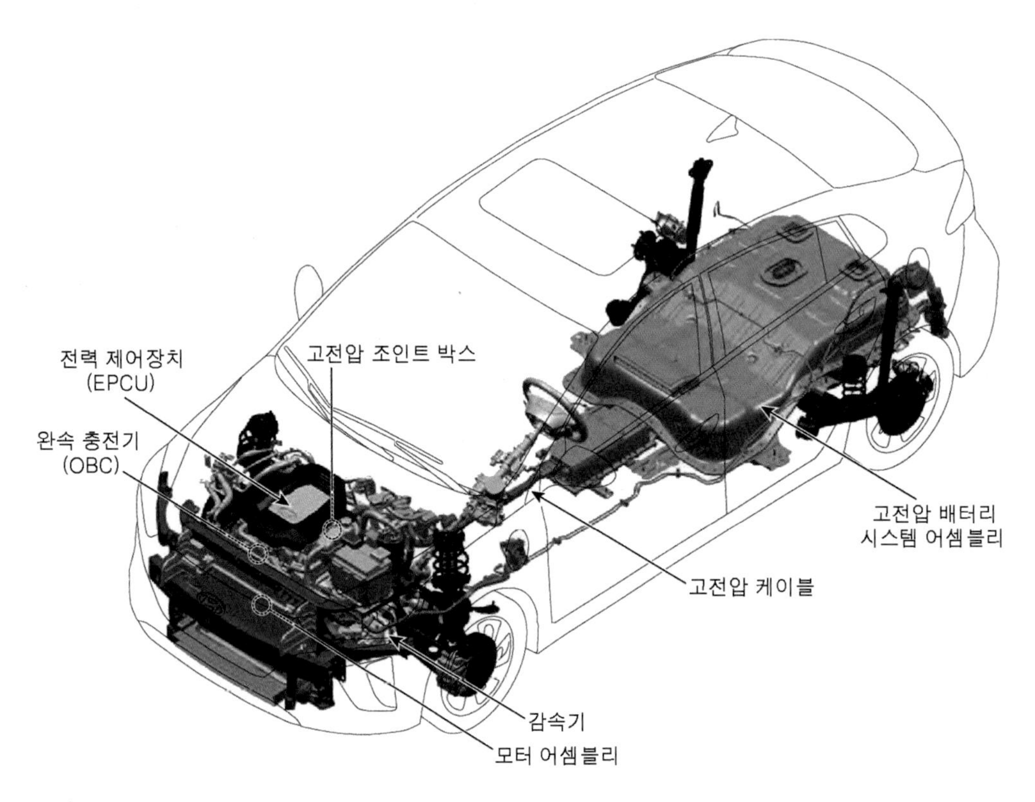

❖그림 3-104 고전압 부품 위치도

1 고전압 배터리 시스템의 구성

셀 모니터링 유닛(CMU; Cell Monitoring Unit)은 각 고전압 배터리 모듈의 측면에 장착되어 있으며, 각 고전압 배터리 모듈의 온도, 전압, 화학적 상태(VDP, Voronoi-Dirichlet partitioning)를 측정하여 BMU(Battery Management Unit)에 전달하는 기능을 한다.

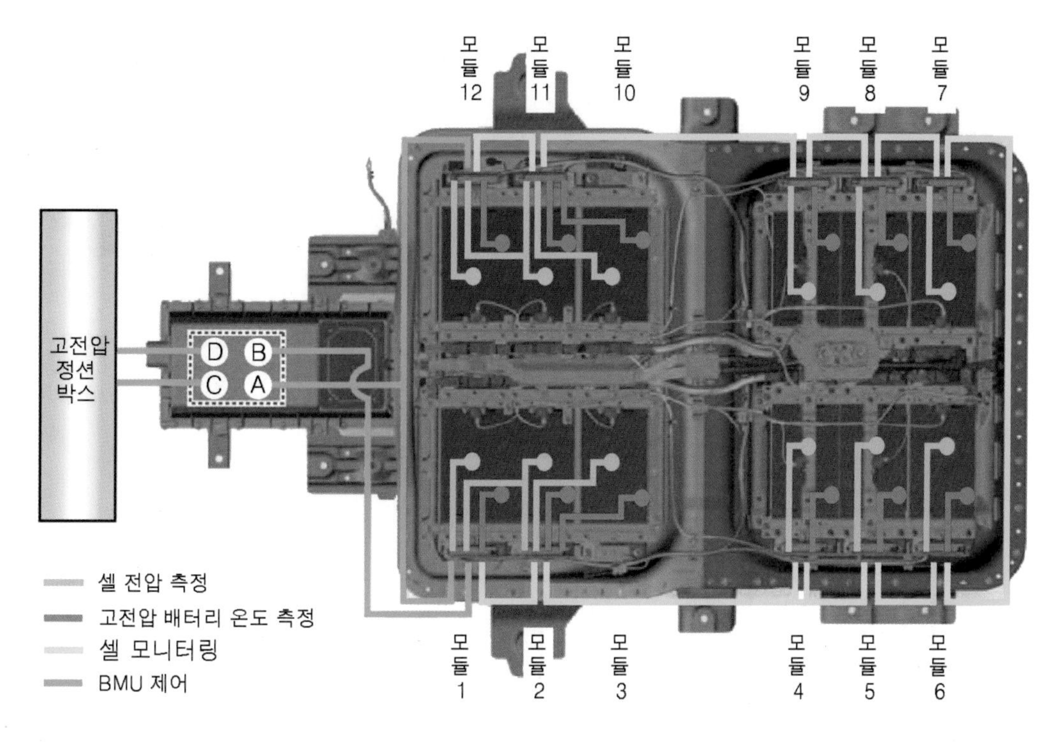

❖그림 3-105 BMU 시스템의 구성도

(1) 리튬이온 폴리머(Lithium Polymer) 고전압 배터리 팩 어셈블리

❶ **셀**: 전기적 에너지를 화학적 에너지로 변환하여 저장하거나 화학적 에너지를 전기적 에너지로 전환하는 장치의 최소 구성단위

❷ **모듈**: 직렬 연결된 다수의 셀을 총칭하는 단위

❸ **팩**: 직렬 연결된 다수의 모듈을 총칭하는 단위

(2) 고전압 배터리 팩 어셈블리의 기능

❶ 전기 모터에 직류 360V의 고전압 전기 에너지를 공급한다.

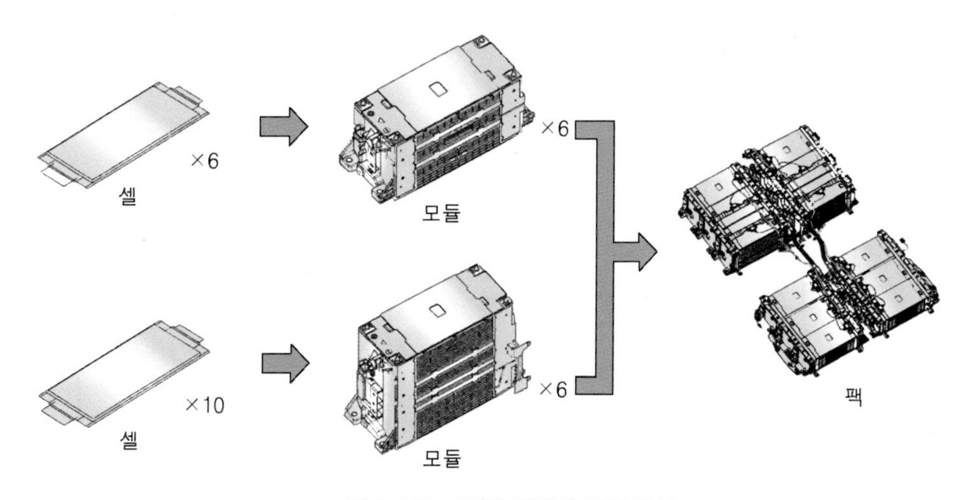

❖그림 3-106 고전압 배터리 팩의 구성

❷ 회생 제동 시 발생된 전기 에너지를 저장한다.

❸ 급속 충전 또는 완속 충전 시 전기 에너지를 저장한다.

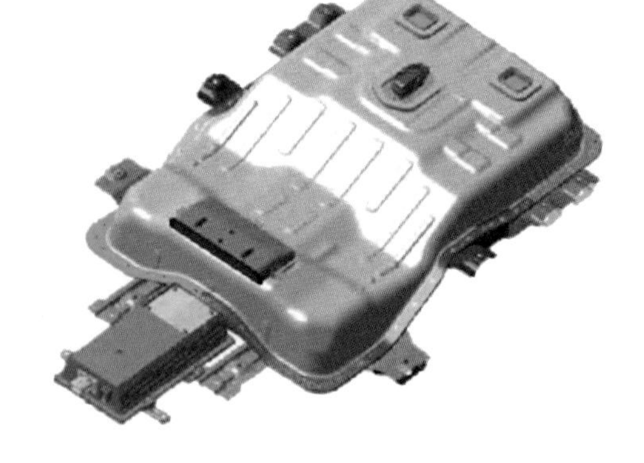

❖그림 3-107 고전압 배터리 팩 어셈블리

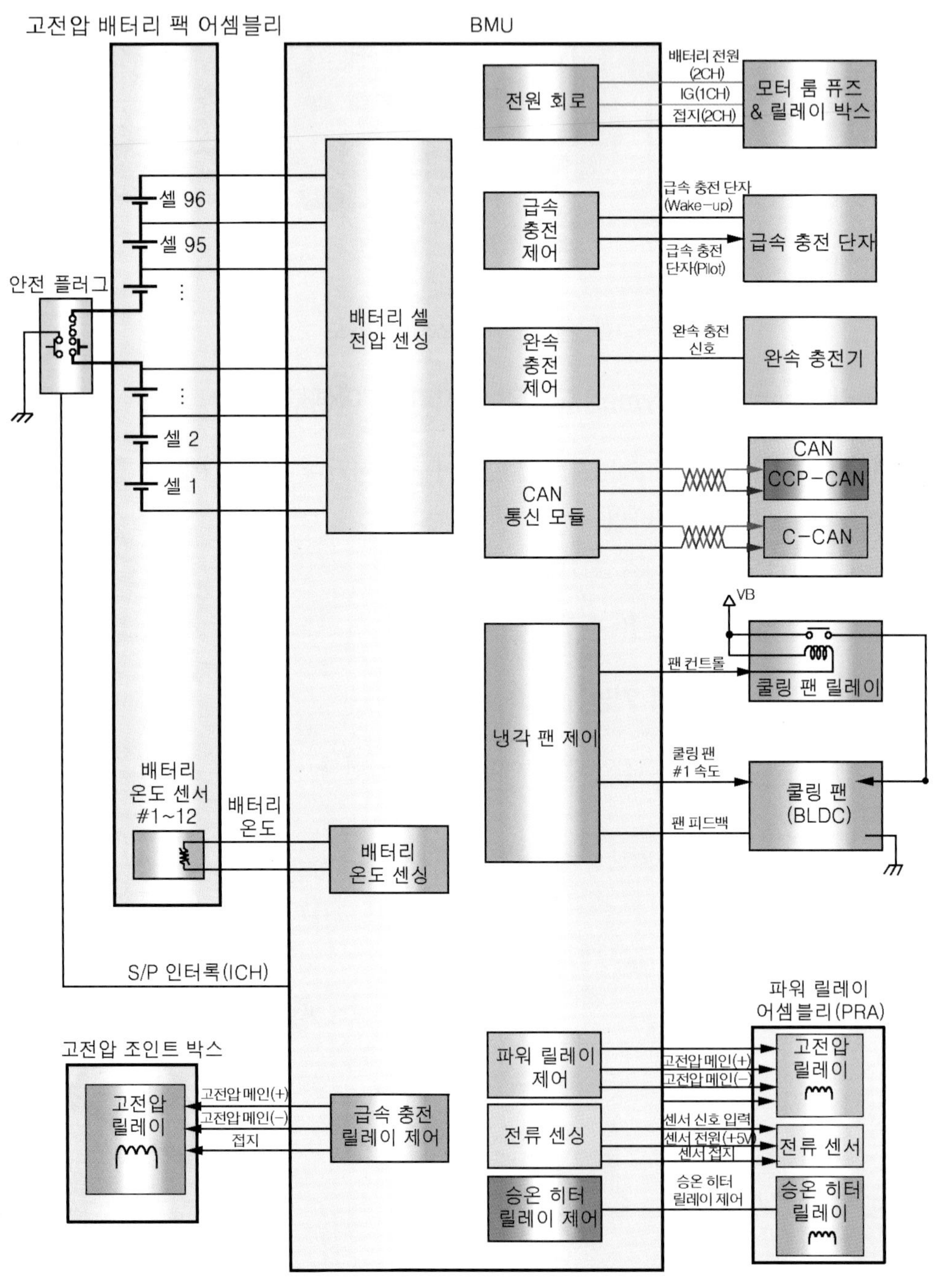

❖그림 3-108 고전압 배터리 컨트롤 시스템 회로도

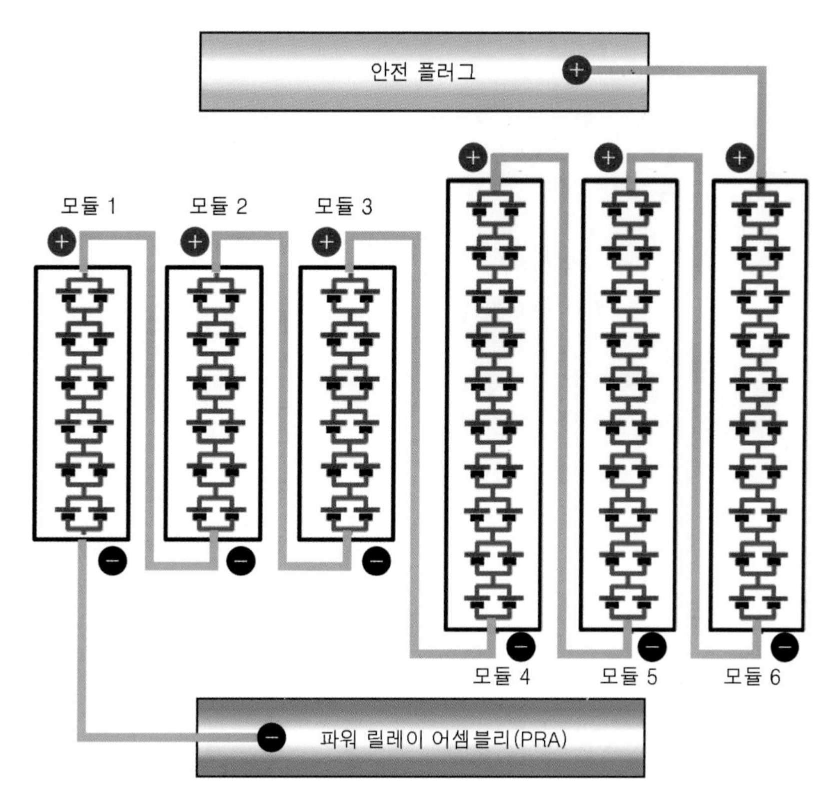

❖그림 3-109 고전압 배터리 회로도(모듈 1, 2, 3, 4, 5, 6)회로도

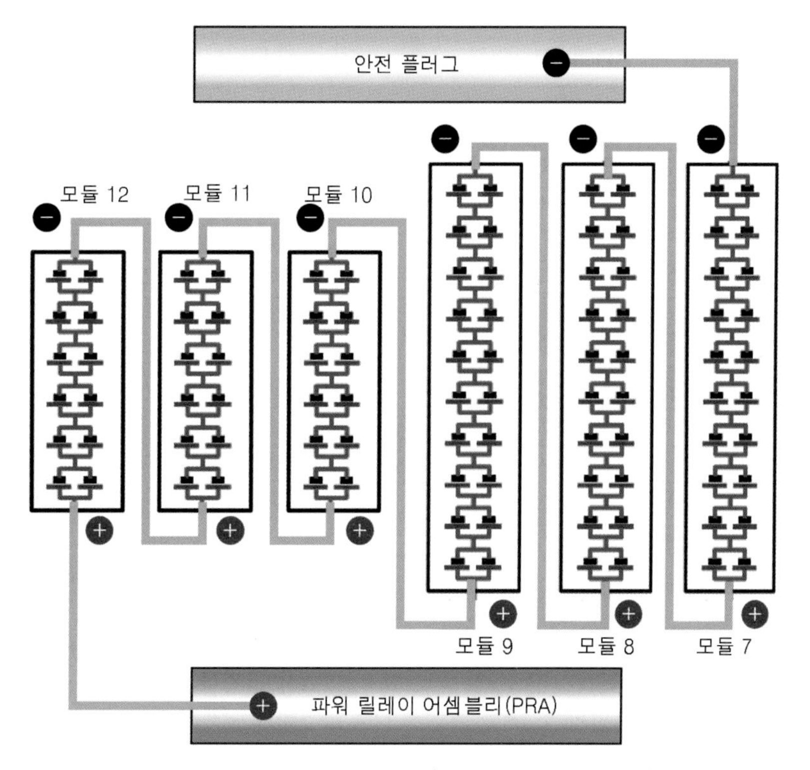

❖그림 3-110 고전압 배터리 회로도(모듈 7, 8, 9, 10, 11, 12)회로도

2 BMU(Battery Management Unit) 커넥터의 위치

A 커넥터

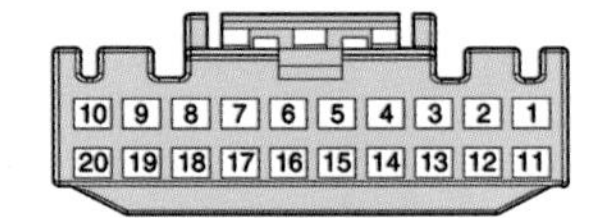

B 커넥터

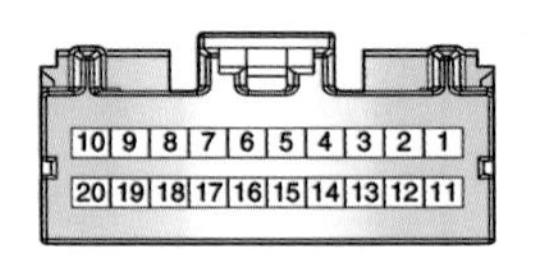

C 커넥터

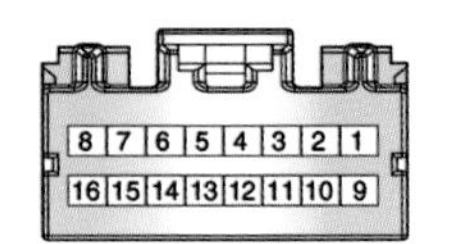

D 커넥터

❖그림 3-111 BMU 커넥터 위치

❖그림 3-112 BMU 커넥터

3 BMU 단자의 기능

표 3-20 A 커넥터 [B01-1A] (24핀)

단자	신호명	연결 부위
1	셀 모니터링 [OPD] 신호 입력	셀 모니터링 유닛(CMU) #1
2	고전압 배터리 히터 온도 센서 #2 [모듈9] 신호입력	고전압 배터리 히터 온도 센서 #2
3	고전압 배터리 히터 온도 센서 #1 [모듈9] 신호입력	고전압 배터리 히터 온도 센서 #1
4	셀 모니터링 [OPD ADC] 신호 입력	셀 모니터링 유닛 (CMU) #12
5	배터리 전류 센서 신호 입력	파워 릴레이 어셈블리(PRA)
6	배터리 전류 센서 신호 입력	파워 릴레이 어셈블리(PRA)
7	고전압 배터리 히터 릴레이 제어	파워 릴레이 어셈블리(PRA)
8	급속 충전 메인 릴레이 [+] 제어	파워 릴레이 어셈블리(PRA)
9	고전압 메인 릴레이 [-] 제어	파워 릴레이 어셈블리(PRA)
10	프리차지 릴레이 제어	파워 릴레이 어셈블리(PRA)
11	-	
12	-	
13	셀 모니터링 [OPD GND] 신호 입력	셀 모니터링 유닛(CMU) #1
14	고전압 배터리 히터 온도 센서 #2 [모듈9] 접지	고전압 배터리 히터 온도 센서 #2
15	고전압 배터리 히터 온도 센서 #1 [모듈3] 접지	고전압 배터리 히터 온도 센서 #1
16	셀 모니터링 [OPD ADC GND] 신호 입력	셀 모니터링 유닛(CMU) #12
17	배터리 전류 센서 전원 (+5V)	파워 릴레이 어셈블리(PRA)
18	배터리 전류 센서 접지	파워 릴레이 어셈블리(PRA)
19	접지	파워 릴레이 어셈블리(PRA)
20	급속 충전 메인 릴레이 [-]제어	파워 릴레이 어셈블리(PRA)
21	파워 접지	섀시 접지
22	고전압 메인 릴레이 [+]제어	파워 릴레이 어셈블리(PRA)
23	-	
24	-	

표 3-21 B 커넥터 [B01-1B] (20핀)

단자	신호명	연결 부위
1	셀 모니터링 [RXN] 신호 입력	셀 모니터링 유닛(CMU) #1
2	셀 모니터링 [RXP] 신호 입력	셀 모니터링 유닛(CMU) #1
3	-	
4	고전압 메인 릴레이 [-] 전원	파워 릴레이 어셈블리(PRA)
5	-	
6	-	
7	-	
8	안전 플러그 전원 [로우]	고전압 배터리 모듈 #7
9	-	
10	고전압 메인 릴레이 [+] 전원	파워 릴레이 어셈블리(PRA)
11	셀 모니터링 [RXN] 신호 입력	셀 모니터링 유닛(CMU) #1
12	셀 모니터링 [RXP] 신호 입력	셀 모니터링 유닛(CMU) #1
13	-	
14	급속 충전 메인 릴레이 [-] 전원	파워 릴레이 어셈블리(PRA)
15	-	
16	안전 플러그 전원 [하이]	고전압 배터리 모듈 #6
17	-	
18	-	
19	-	
20	급속 충전 메인 릴레이 [-] 전원	파워 릴레이 어셈블리(PRA)

표 3-22 C 커넥터 [B01-2A] (20핀)

단자	신호명	연결 부위
1	배터리 전원 (B+)	12V 보조 배터리
2	배터리 전원 (B+)	12V 보조 배터리
3	고전압 릴레이 차단 장치(VDP) 전원	고전압 릴레이 차단 장치(VDP)
4	급속 충전(Wake up) 신호 입력	급속 충전 단자, IG3 #5 릴레이
5	급속 충전 포트 신호 입력(Pilot)	급속 충전 포트
6	인버터 인터록 신호 입력	고전압 정션 박스
7	고전압 릴레이 차단 장치(VDP) 신호 입력	고전압 릴레이 차단 장치(VDP)
8	쿨링팬 릴레이 제어	쿨링팬 제어 릴레이
9	쿨링팬 속도 제어	고전압 배터리 쿨링팬
10	-	
11	파워 접지	섀시 접지
12	파워 접지	섀시 접지
13	급속 충전 접지	급속 충전 포트
14	급속 충전 PD 신호 입력	급속 충전 포트
15	급속 충전 SS2 신호 입력	급속 충전 포트
16	인버터 인터록 제어	고전압 정션 박스
17	-	
18	파워 접지	섀시 접지
19	쿨링팬 피드백 신호 입력	고전압 배터리 쿨링팬
20	-	

표 3-23 D 커넥터 [B01-2B] (16핀)

단자	신호명	연결 부위
1	안전 플러그 신호 입력	안전 플러그
2	급속 충전 단자 온도 센서 신호 입력	급속 충전 단자 온도 센서
3	센서 접지	급속 충전 단자 온도 센서
4	급속 충전 인터록 제어	급속 충전 포트
5	-	
6	-	
7	QC-CAN [로우]	통신 포트
8	QC-CAN [하이]	통신 포트
9	파워 접지	섀시 접지
10	충돌 신호 입력	
11	-	
12	파워 접지	섀시 접지
13	고전압 릴레이 차단 장치 (VDP) 접지	고전압 릴레이 차단 장치(VDP)
14	-	
15	P-CAN [로우]	기타 컨트롤 모듈, 자기 진단 커넥터(DLC), 다기능 체크 커넥터
16	P-CAN [하이]	기타 컨트롤 모듈, 자기 진단 커넥터(DLC), 다기능 체크 커넥터

4 고전압 배터리 컨트롤 시스템의 주요 기능

표 3-24 고전압 배터리 컨트롤 시스템 기능

기능	목적
배터리 충전율 (SOC) 제어	전압 · 전류 · 온도 측정을 통해 SOC를 계산하여 적정 SOC 영역으로 제어함
배터리 출력 제어	시스템 상태에 따른 입 · 출력 에너지 값을 산출하여 배터리 보호, 가용 파워 예측, 과충전 · 과방전 방지, 내구 확보 및 충 · 방전 에너지를 극대화함
파워 릴레이 제어	IG ON · OFF 시, 고전압 배터리와 관련 시스템으로의 전원 공급 및 차단 고전압 시스템 고장으로 인한 안전사고 방지
냉각 제어	쿨링팬 제어를 통한 최적의 배터리 동작 온도 유지 (배터리 최대 온도 및 모듈간 온도 편차량에 따라 팬 속도를 가변 제어함)
고장 진단	시스템 고장 진단, 데이터 모니터링 및 소프트웨어 관리 페일-세이프 (Fail-Safe) 레벨을 분류하여 출력 제한치 규정 릴레이 제어를 통하여 관련 시스템 제어 이상 및 열화에 의한 배터리 관련 안전사고 방지

(1) 안전 플러그

1) 개요

안전 플러그는 리어 시트 하단에 장착되어 있으며, 기계적인 분리를 통하여 고전압 배터리 내부의 회로 연결을 차단하는 장치이다. 연결 부품으로는 고전압 배터리 팩, 파워 릴레이 어셈블리, 급속 충전 릴레이, BMU, 모터, EPCU, 완속 충전기, 고전압 조인트 박스, 파워 케이블, 전기 모터식 에어컨 컴프레서 등이 있다.

❖그림 3-113 안전 플러그

2) 회로도

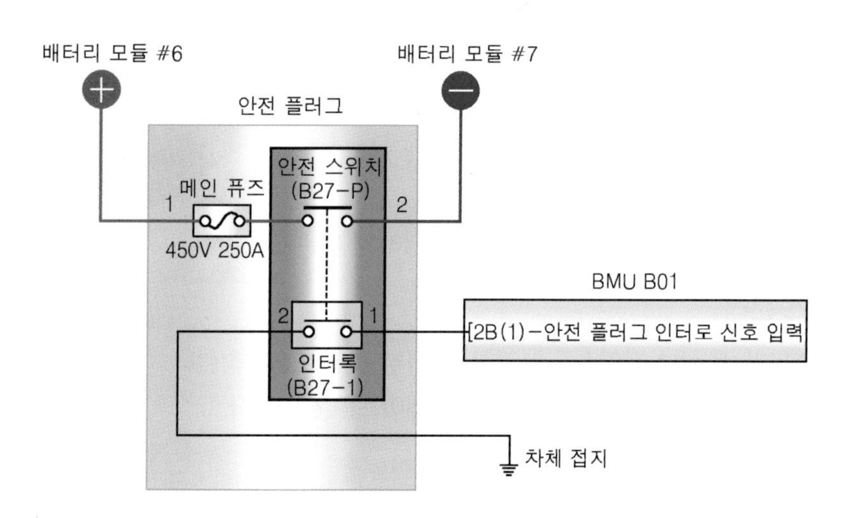

❖그림 3-114 안전 플러그 회로도

(2) 배터리 상·하부 케이스

❶ 상부 케이스 분리

가) 고전압 배터리 시스템 어셈블리를 탈착한다.

나) 접지 고정 볼트 A를 푼 후 접지 케이블 B을 탈착한다.

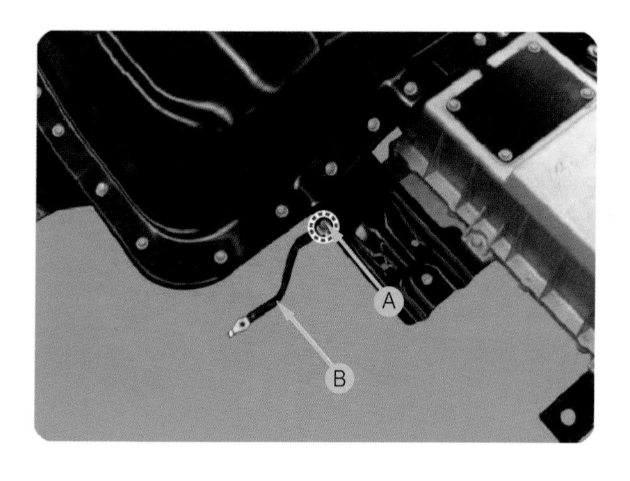

❖그림 3-115 접지 케이블 탈착

다) 안전 플러그 케이블 어셈블리 브래킷 고정 볼트 C 를 탈착한다.

라) 고전압 배터리 팩 상부 케이스 D 의 고정 볼트를 풀고 탈착한다.

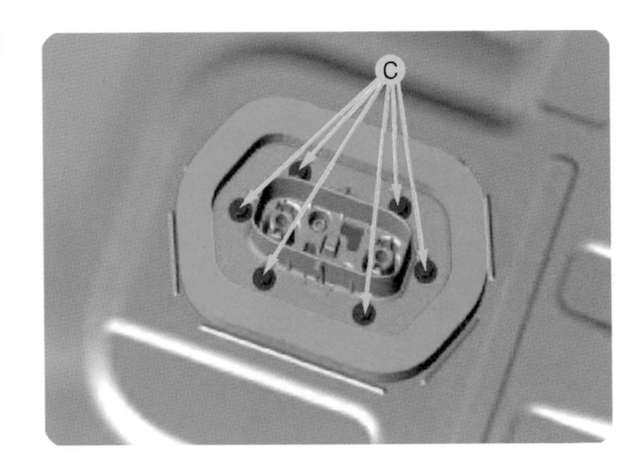

❖그림 3-116 안전 플러그 탈착

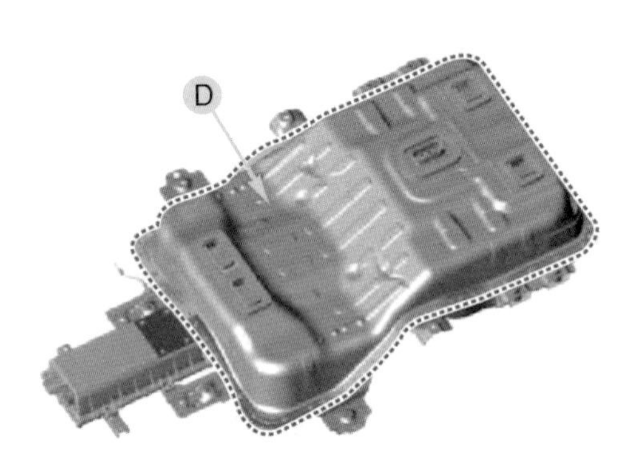

❖그림 3-117 고전압 배터리 팩 상부 커버 탈착

❷ 하부 케이스 분리

가) 고전압 배터리 팩 상부 케이스를 분리한 후 하부 케이스를 탈착한다.

나) 탈착 절차의 역순으로 상부 케이스 및 하부 케이스를 장착한다.

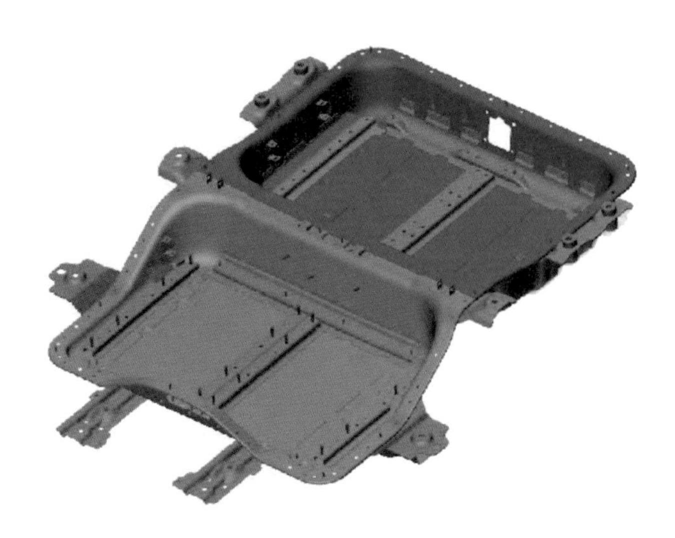

❖그림 3-118 고전압 배터리 팩 하부 커버 탈착

(3) 배터리의 구성

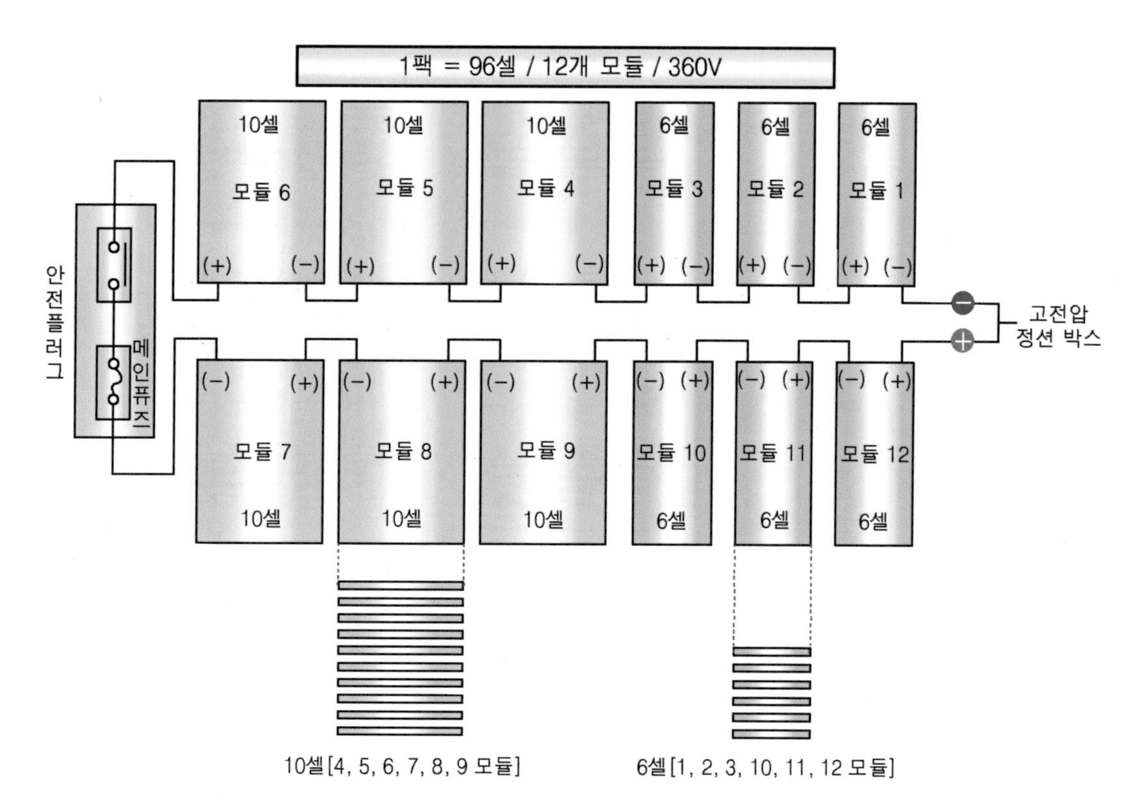

❖그림 3-119 배터리의 구성도

1) 배터리 모듈 번호

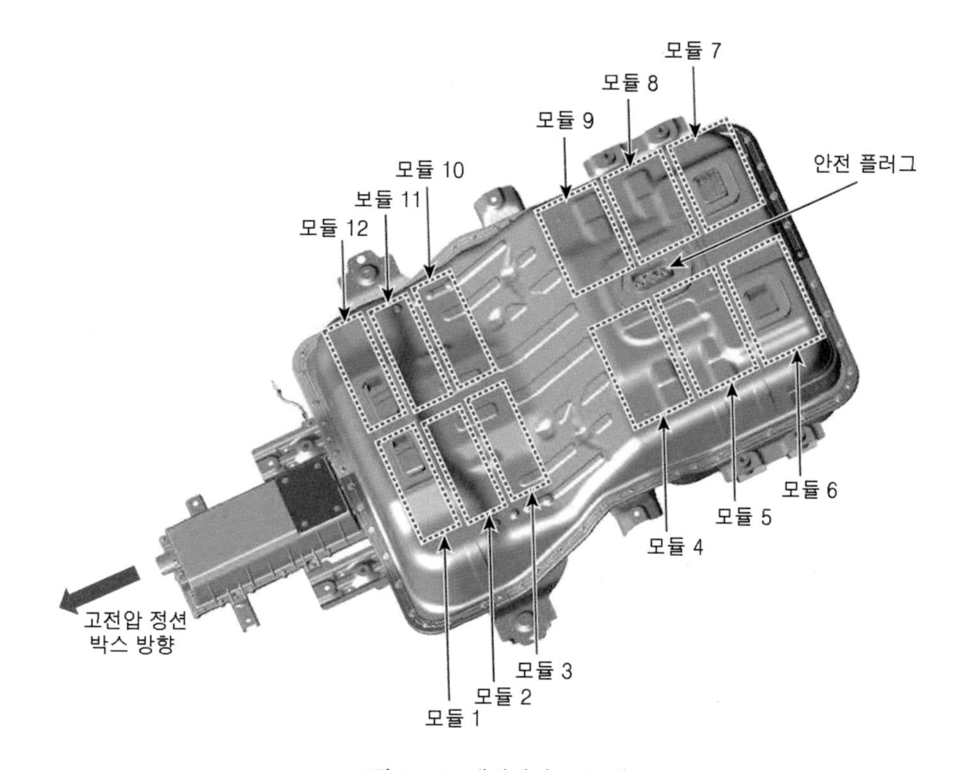

❖그림 3-120 배터리의 모듈 번호

2) 배터리 시스템의 위치

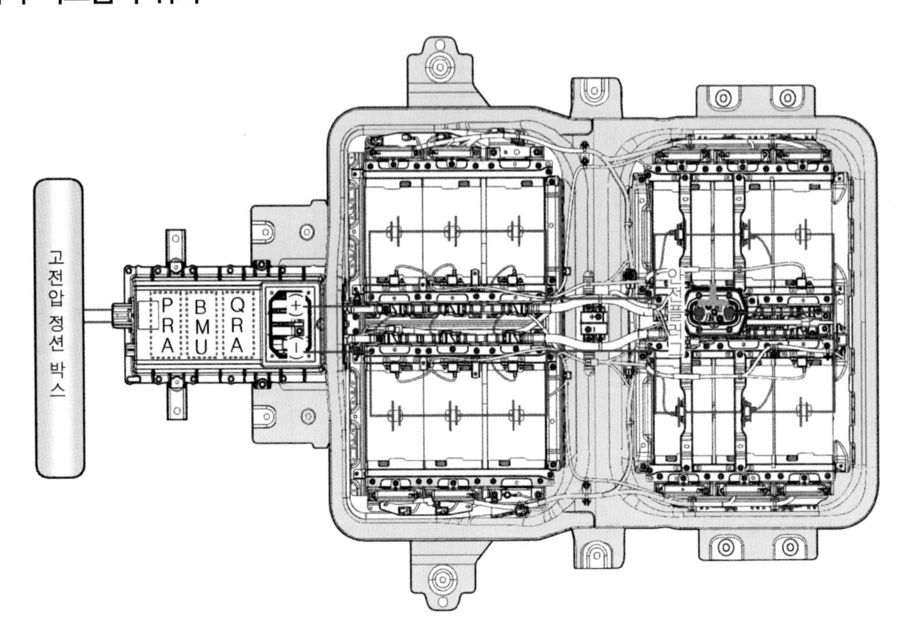

❖그림 3-121 고전압 배터리 시스템 위치도(1)

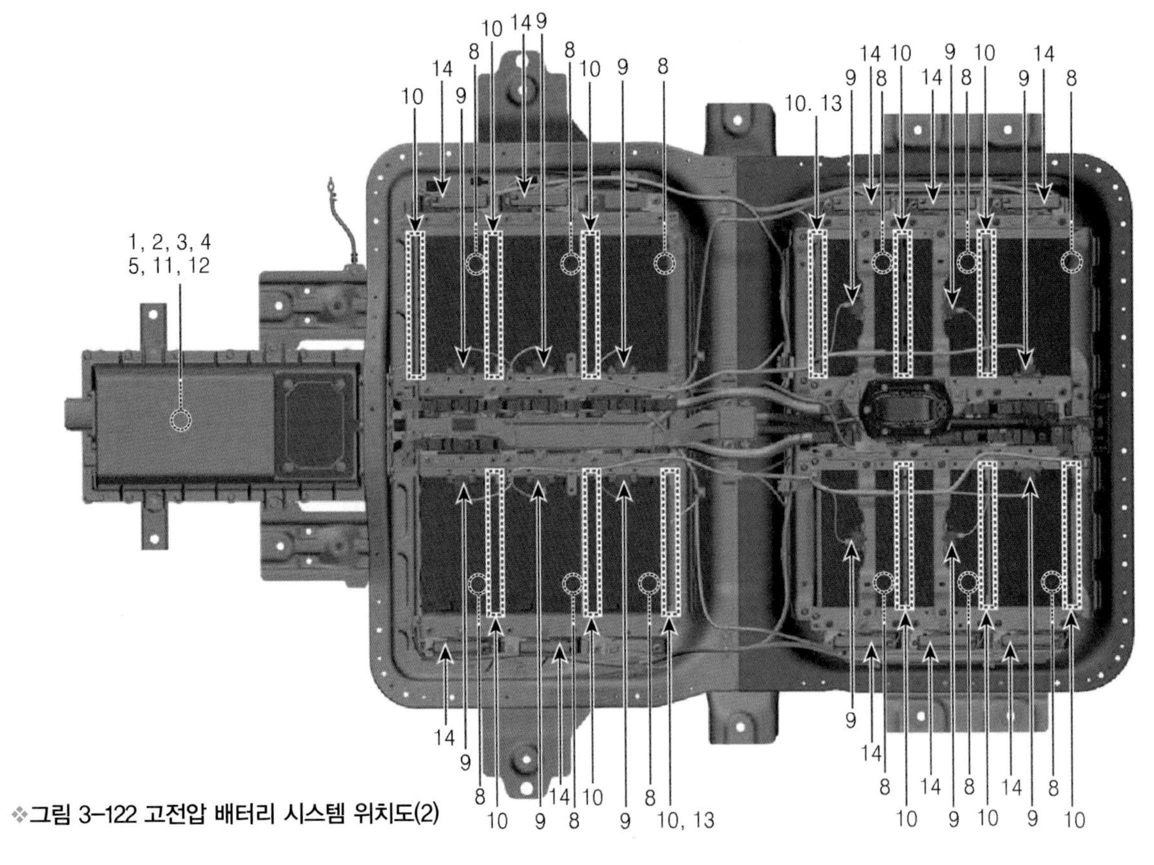

❖그림 3-122 고전압 배터리 시스템 위치도(2)

1. BMU
2. 메인 릴레이
3. 프리차지 릴레이
4. 프리차지 레지스터
5. 배터리 전류 센서
6. 안전 플러그
7. 메인 퓨즈
8. 배터리 온도 센서
9. 과충전 보호 시스템(OPD)
10. 고전압 배터리 히터(히터 시스템 적용 시)
11. 고전압 배터리 히터 릴레이(히터 시스템 적용 시)
12. 고전압 배터리 히터 퓨즈(히터 시스템 적용 시)
13. 고전압 배터리 히터 온도 센서(히터 시스템 적용 시)
14. 셀 모니터링 유닛 (CMU)

표 3-25 고전압 배터리 컨트롤 시스템의 구성품

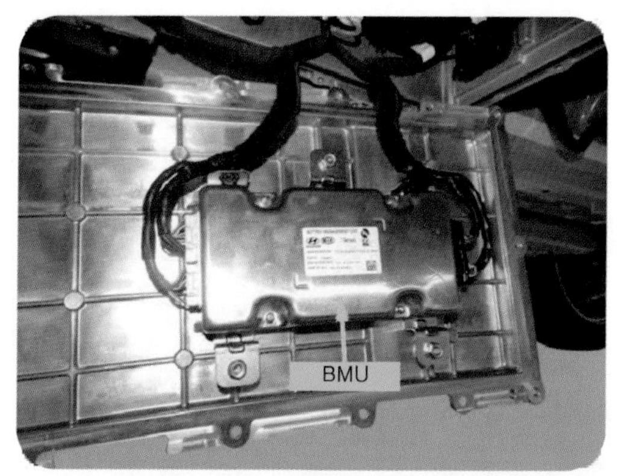

BMU

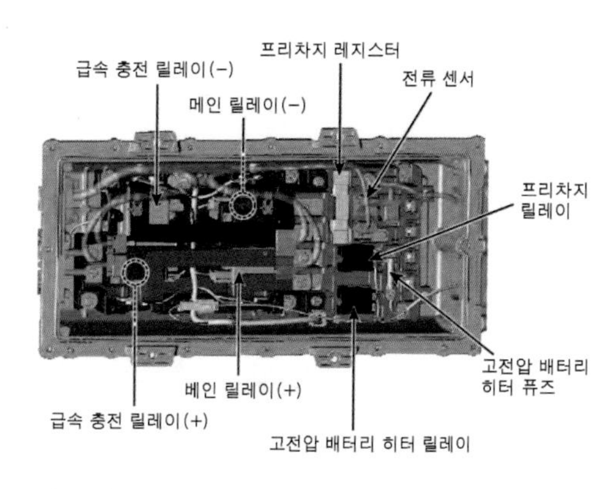

메인 릴레이, 프리차지 & 히터 릴레이, 전류 센서

안전 플러그

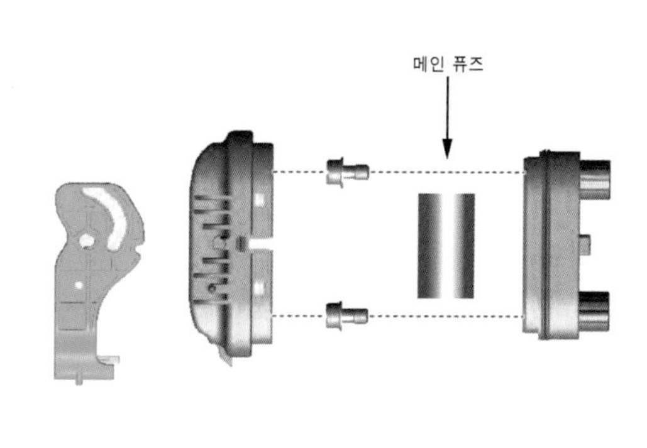

메인 퓨즈

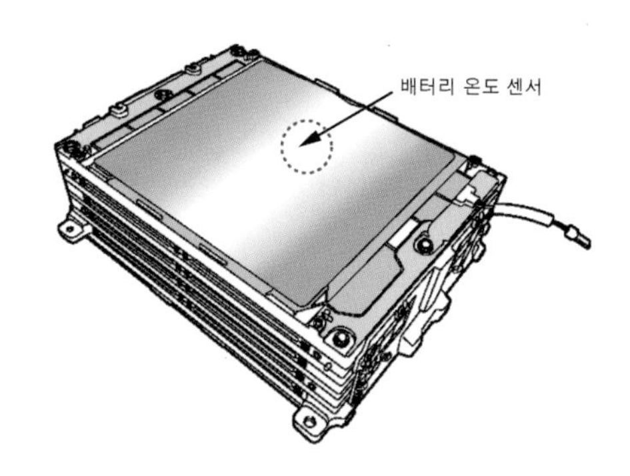

배터리 온도 센서

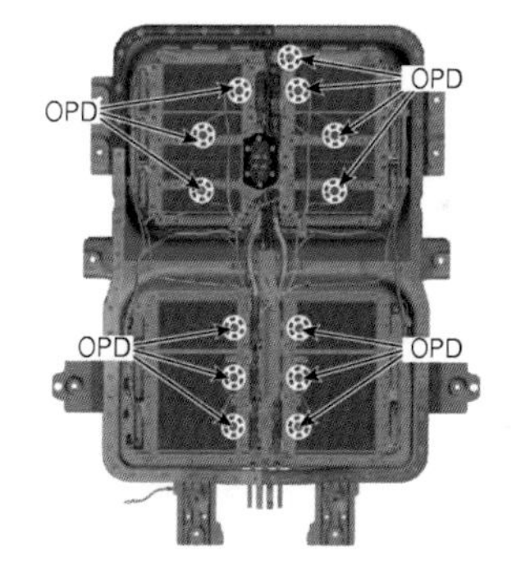

고전압 차단 릴레이(OPD)

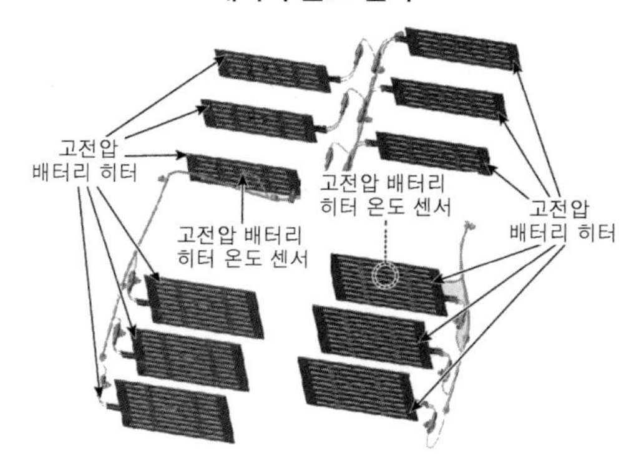

배터리 히터 및 온도 센서

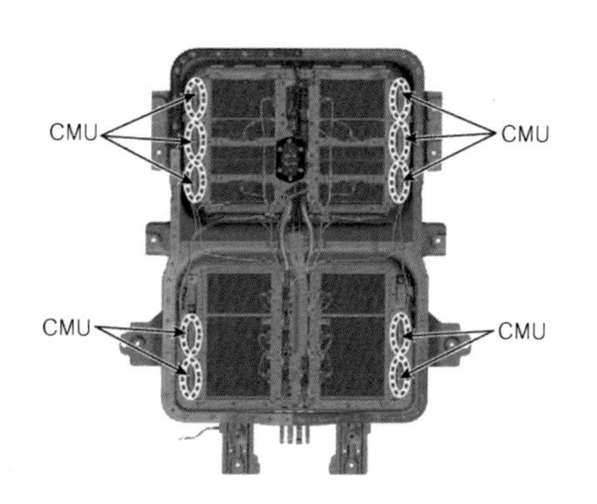

셀 모니터링 유닛(CMU)

3) 파워 릴레이 어셈블리(PRA)

가) 개요

파워 릴레이 어셈블리(PRA)는 고전압 배터리 시스템 어셈블리 내에 장착되어 있으며 (+) 고전압 제어 메인 릴레이, (-) 고전압 제어 메인 릴레이, 프리차지 릴레이, 프리차지 레지스터, 배터리 전류 센서로 구성되어 있다.

그리고 BMU의 제어 신호에 의해 고전압 배터리 팩과 고전압 조인트 박스 사이의 DC 360V 고전압을 ON, OFF 및 제어 하는 역할을 한다.

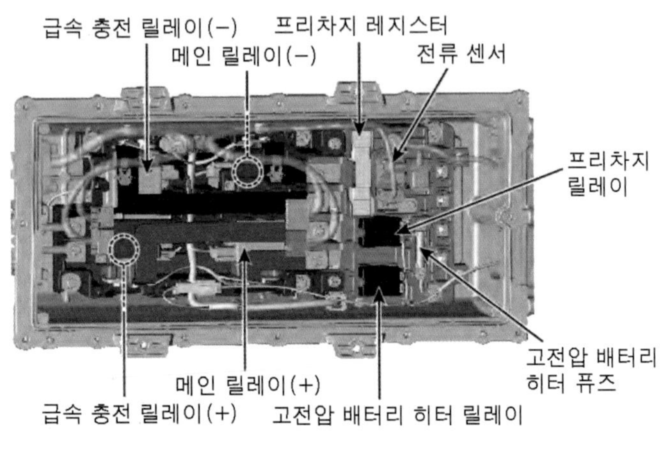

❖그림 3-123 파워 릴레이 어셈블리의 구성

나) 차량의 사양에 따른 분류

㉮ 히터 시스템 미적용 차량의 파워 릴레이

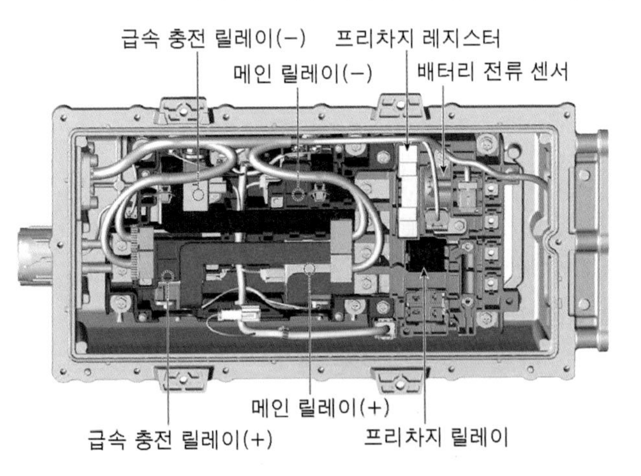

❖그림 3-124 히터 시스템 미적용 파워 릴레이

㉯ 히터 시스템 적용 차량의 파워 릴레이

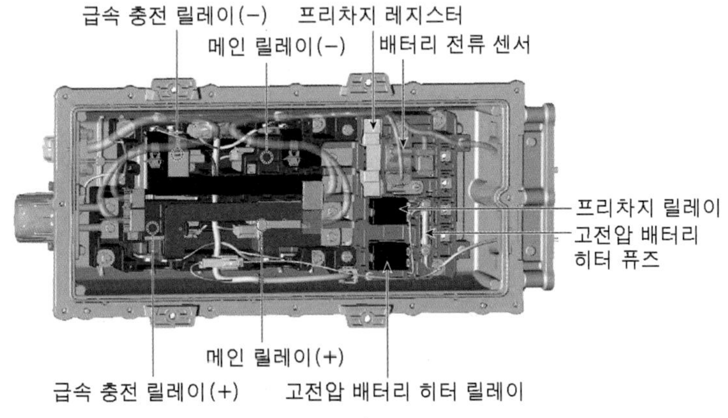

❖그림 3-125 히터 시스템 미적용 파워 릴레이

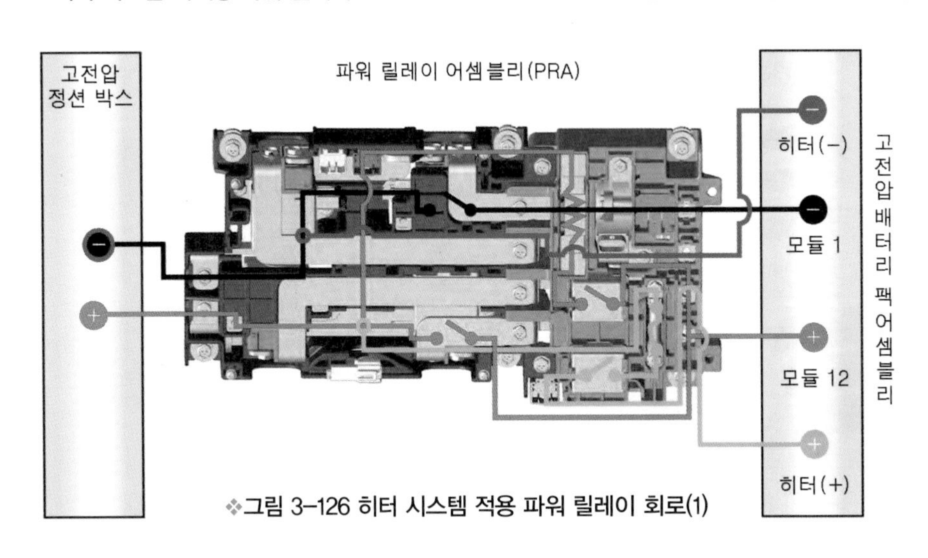

❖그림 3-126 히터 시스템 적용 파워 릴레이 회로(1)

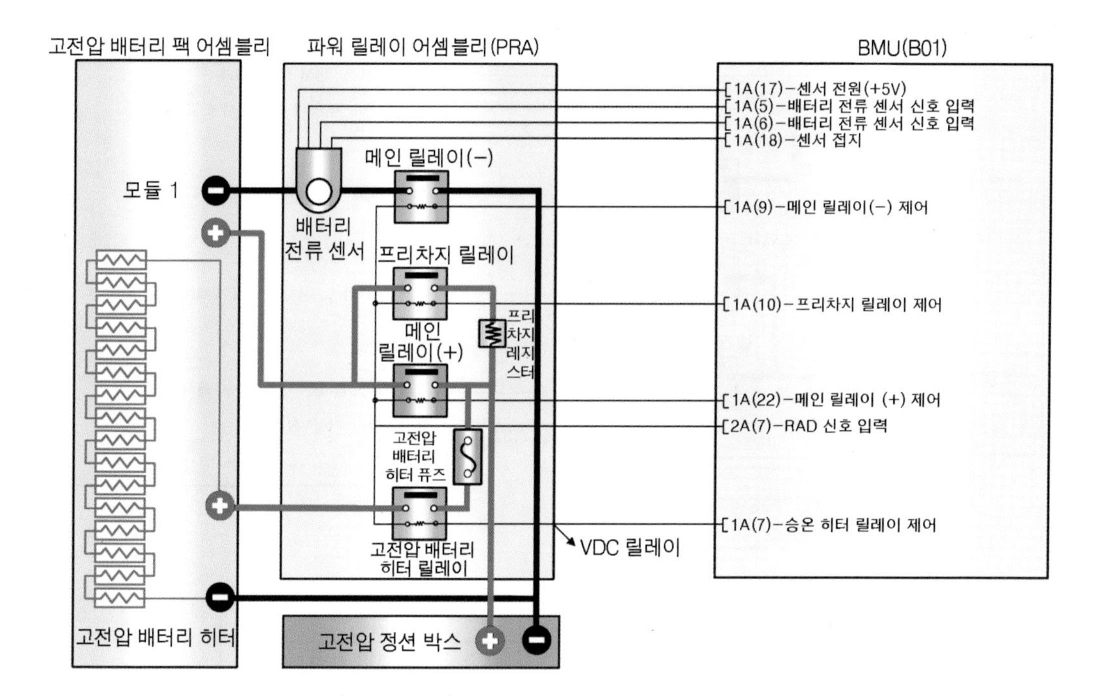

커넥터 [B02-C]

핀번호	연결 부위	기능
2	BMU B01-1A (10)	프리차지 릴레이 제어
3	BMU B01-1A (9)	고전압 메인 릴레이 (–) 제어
5	BMU B01-1A(7)	고전압 배터리 히터 릴레이 제어
7	BMU B01-1A (22)	고전압 메인 릴레이 (+) 제어

커넥터 [B02-S2]

핀번호	연결 부위	기능
	BMU B01-1A (17)	배터리 전류 센서 전원 (+5V)
	BMU B01-1A (5)	배터리 전류 센서 신호 입력
	BMU B01-1A (18)	배터리 전류 센서 접지
	BMU B01-1A (6)	배터리 전류 센서 신호 입력

❖그림 3-127 히터 시스템 적용 파워 릴레이 회로(2)

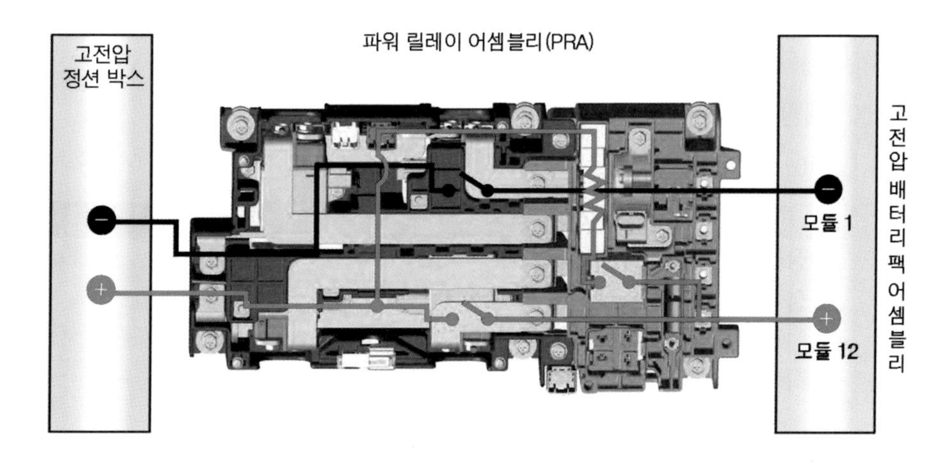

❖그림 3-128 히터 시스템 미적용 파워 릴레이 회로(1)

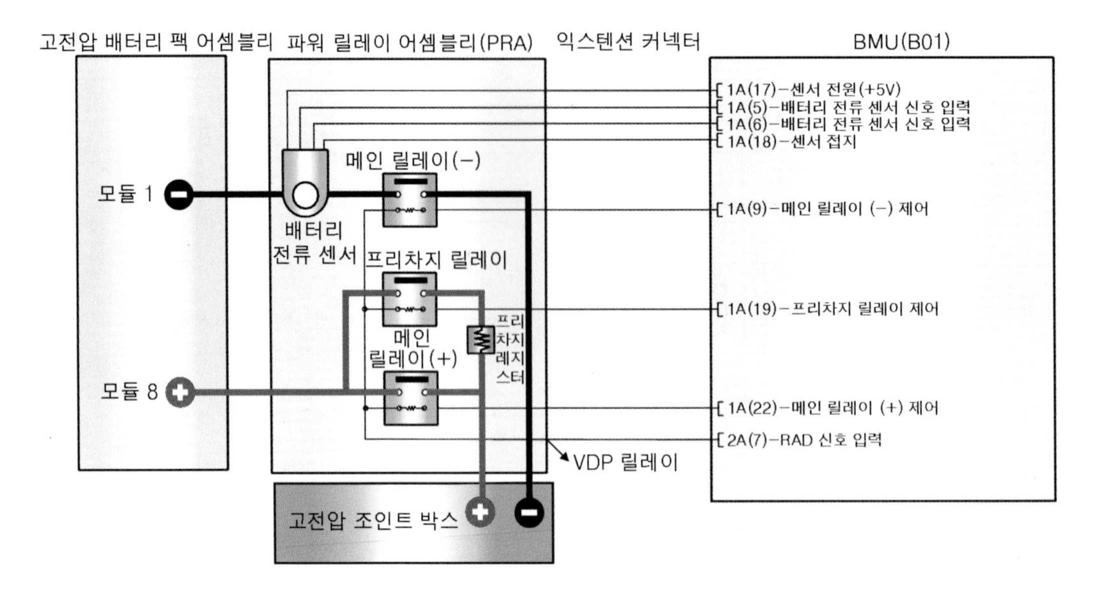

커넥터 [B02-C]

핀번호	연결 부위	기능
2	BMU B01-1A (10)	프리차지 릴레이 제어
3	BMU B01-1A (9)	고전압 메인 릴레이 (-) 제어
7	BMU B01-1A (7)	고전압 메인 릴레이 (+) 제어

커넥터 [B02-S2]

핀번호	연결 부위	기능
1	BMU B01-1A (17)	배터리 전류 센서 전원 (+5V)
2	BMU B01-1A (5)	배터리 전류 센서 신호 입력
3	BMU B01-1A (18)	배터리 전류 센서 접지
4	BMU B01-1A (6)	배터리 전류 센서 신호 입력

❖그림 3-129 히터 시스템 미적용 파워 릴레이 회로(2)

4) 고전압 배터리 히터 릴레이 및 히터 온도 센서

가) 개요

고전압 배터리 히터 릴레이는 파워 릴레이 어셈블리(PRA) 내부에 장착 되어 있다. 고전압 배터리에 히터 기능을 작동해야 하는 조건이 되면 제어 신호를 받은 히터 릴레이는 히터 내부에 고전압을 흐르게 함으로써 고전압 배터리의 온도가 조건에 맞추어서 정상적으로 작동 할 수 있도록 작동된다.

나) 히터 릴레이 제원

표 3-26 히터 릴레이 제원

항목		제원	비고
접촉 시	정격 전압(V)	450	
	정격 전류(A)	10	
	전압 강하(V)	0.5이하(10A)	
코일	작동 전압(V)	12	
	저항(Ω)	54~66 (20℃)	
고전압 배터리 히터 릴레이 스위치 저항(Ω)		∞	멀티 테스터기 이용하여 확인 가능
고전압 배터리 히터 릴레이 작동음		"틱", "톡"	GDS 이용하여 확인 가능
고전압 배터리 히터 릴레이 코일 저항(Ω)		21.6 ~ 26.4 (20℃)	멀티 테스터기 이용하여 확인 가능

다) 히터 온도 센서 제원

표3-27 히터 온도 센서 제원

온도 (℃)	저항값 (kΩ)	편차
-40	118.5	±4.0
-30	111.3	±3.5
-20	67.77	±3.0
-10	42.47	±2.5
0	27.28	±2.0
10	17.96	±1.6
20	12.09	±1.2
30	8.303	±1.2
40	5.827	±1.5
50	4.160	±1.9
60	3.020	±2.2
70	2.228	±2.5

라) 작동 시스템 회로도

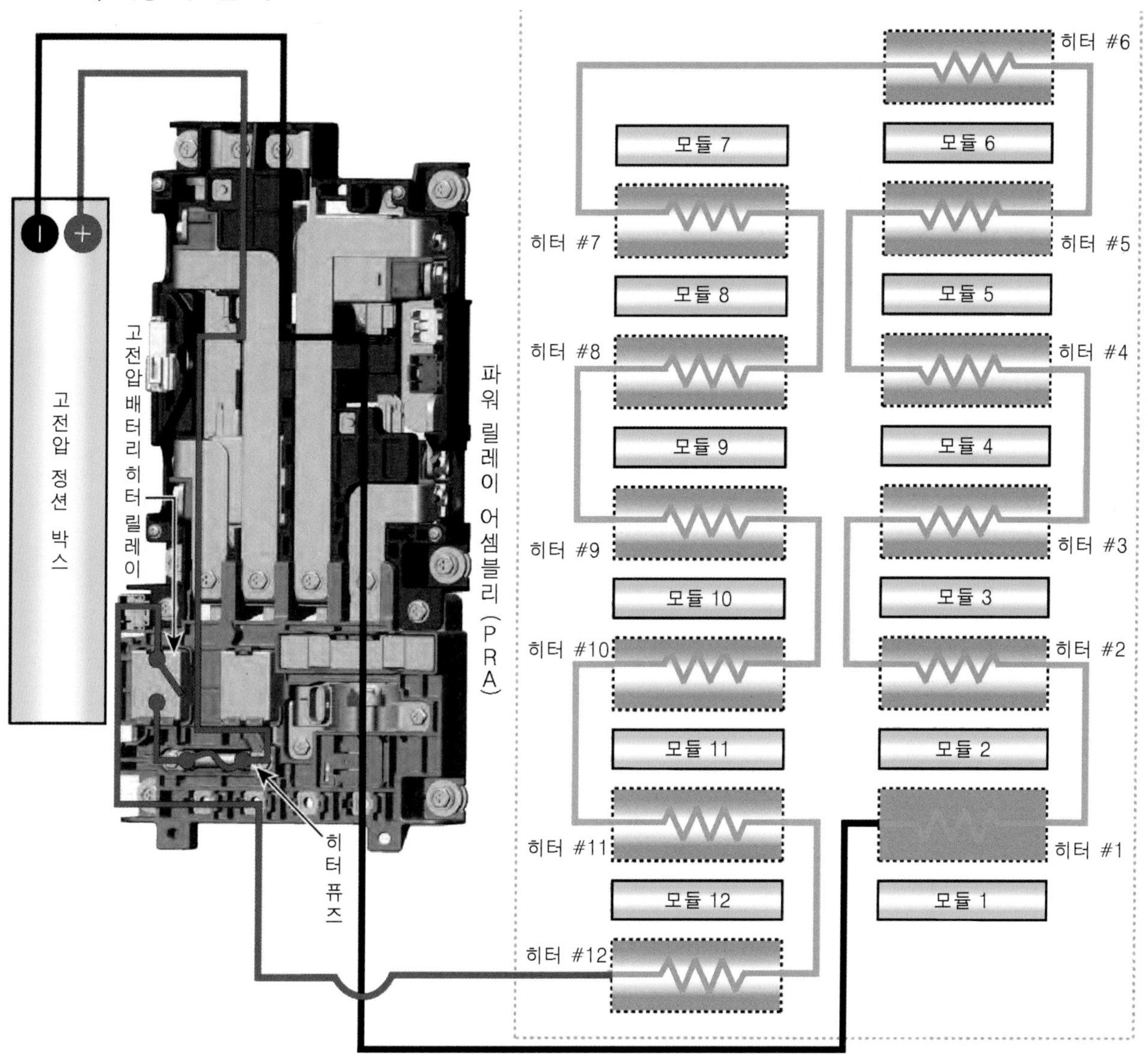

❖그림 3-130 고전압 배터리 히터 릴레이 작동 회로도

5) 고전압 배터리 인렛 온도 센서

가) 개요

인렛 온도 센서는 고전압 배터리 1번 모듈 상단에 장착되어 있으며, 배터리 시스템 어셈블리 내부의 공기 온도를 감지하는 역할을 한다. 인렛 온도 센서 값에 따라 쿨링팬의 작동 유무가 결정 된다.

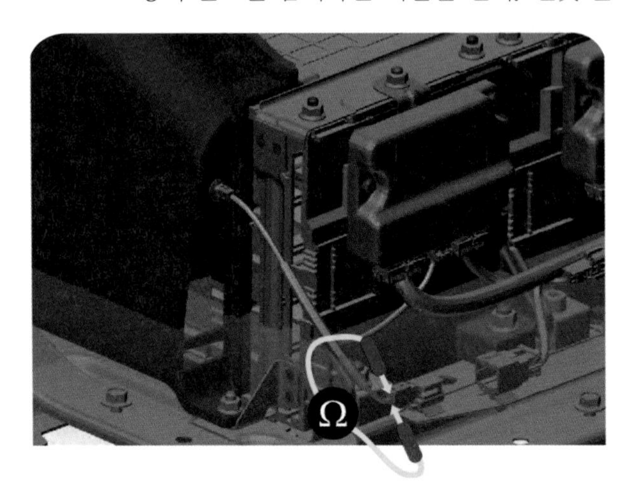

❖그림 3-131 인렛 온도 센서 설치 위치

❖그림 3-132 단품 인렛 온도 센서

나) 인렛 온도 센서 제원

표 3-28 인렛 온도 센서 제원

온도 (℃)	저항값 (kΩ)	편차
-40	118.5	±4.0
-30	111.3	±3.5
-20	67.77	±3.0
-10	42.47	±2.5
0	27.28	±2.0
10	17.96	±1.6
20	12.09	±1.2
30	8.303	±1.2
40	5.827	±1.5
50	4.160	±1.9
60	3.020	±2.2
70	2.228	±2.5

다) 인렛 온도 센서 회로

인렛 온도 센서(B13)

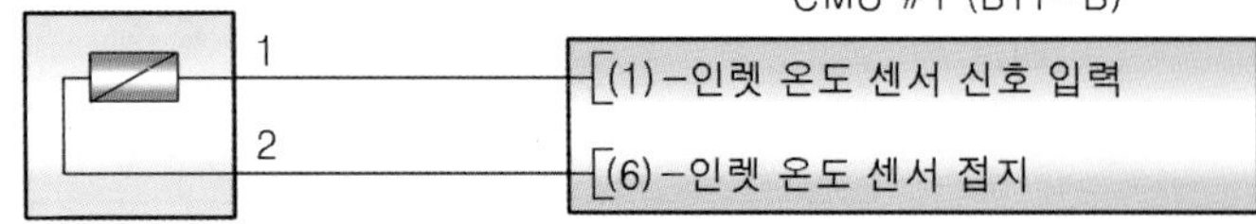

인렛 온도 센서 (B13)

단자	연결 부위	기능
1	CMU #1 B11-B (1)	센서 신호 입력
2	CMU #2 B11-B (6)	센서 접지

❖그림 3-133 인렛 온도 센서 회로도

6) 프리차지 릴레이(Pre-Charge Relay)

가) 개요

프리차지 릴레이(Pre-Charge Relay)는 파워 릴레이 어셈블리에 장착되어 있으며, 인버터의 커패시터를 초기 충전할 때 고전압 배터리와 고전압 회로를 연결하는 기능을 한다.

IG ON을 하면 프리차지 릴레이와 레지스터를 통해 흐른 전류가 인버터 내에 커패시터에 충전이 되고, 충전이 완료되면 프리차지 릴레이는 OFF 된다.

나) 제원

표 3-29 프리차지 릴레이 제원

항목		제원	비고
접촉시	정격 전압(V)	450	
	정격 전류(A)	20	
	전압 강하(V)	0.5이하(10A)	
코일	작동 전압(V)	12	
	저항(Ω)	54~66(20℃)	
고전압 메인 릴레이 (-) 스위치 저항(Ω)		∝	멀티 테스터기 이용하여 확인가능
프리차지 릴레이 작동음		"틱", "톡"	GDS 이용하여 확인가능
프리차지 릴레이 코일 저항(Ω)		54~66(20℃)	멀티 테스터기 이용하여 확인가능

다) 작동 원리

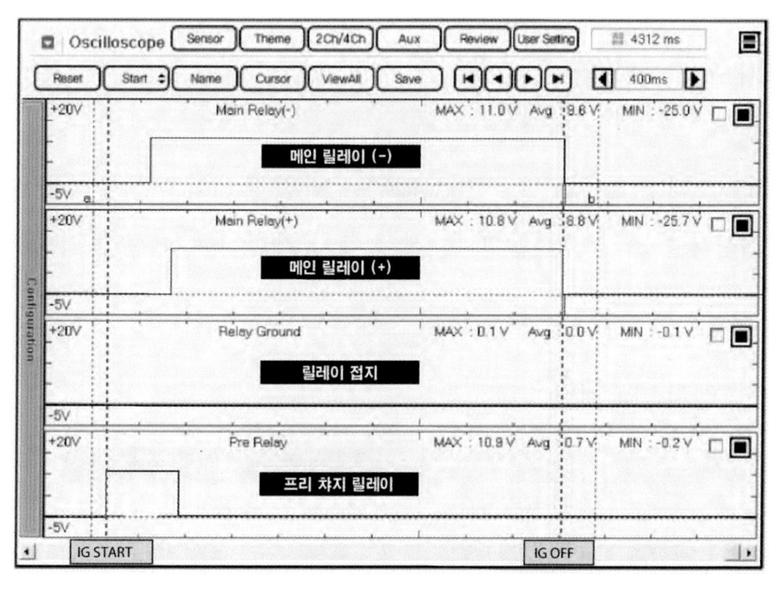

❖그림 3-134 파워 릴레이 작동

7) 메인 퓨즈

가) 기능

메인 퓨즈(250A 퓨즈)는 안전 플러그 내에 장착되어 있으며, 고전압 배터리 및 고전압 회로를 과전류로부터 보호하는 기능을 한다.

표 3-30 메인 퓨즈 제원

항목	제원	비고
정격 전압(V)	450 (DC)	
정결 전류(A)	420 (DC)	
안전 플러그 케이블 측 저항(Ω)	1 이하 (20℃)	멀티 테스터기를 이용하여 확인가능
메인 퓨즈 저항(Ω)	1 이하 (20℃)	멀티 테스터기를 이용하여 확인가능

나) 회로도

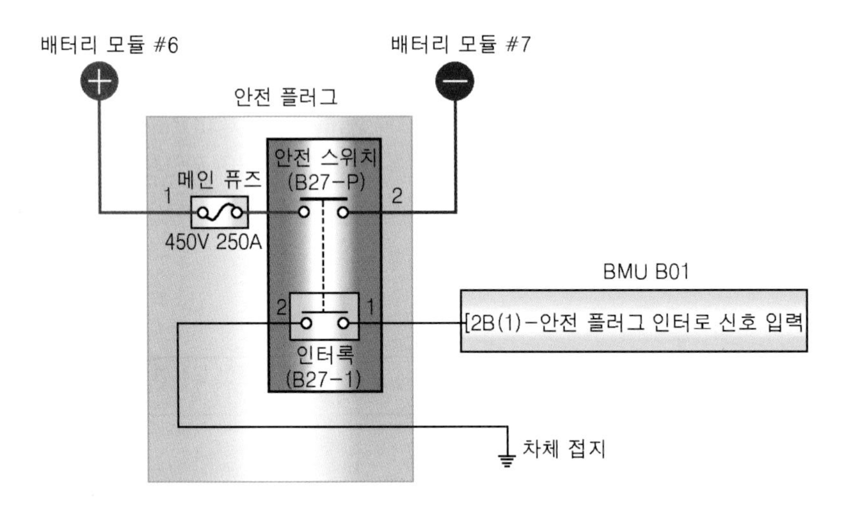

❖그림 3-135 메인 퓨즈 회로도

8) 프리차지 레지스터

가) 기능

프리차지 레지스터(Pre-Charge Resistor)는 파워 릴레이 어셈블리에 장착되어 있으며, 인버터의 커패시터를 초기 충전할 때 충전 전류를 제한하여 고전압 회로를 보호하는 기능을 한다.

표 3-31 프리차지 레지스터 제원

항목		제원
코일	정격 용량(W)	60
	저항(Ω)	40

나) 작동 원리

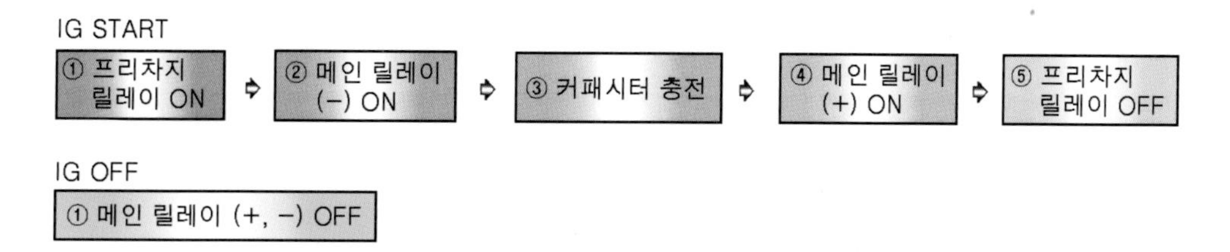

9) 급속 충전 릴레이 어셈블리

급속 충전 릴레이 어셈블리(QRA)는 파워 릴레이 어셈블리 내에 장착되어 있으며, (+) 고전압 제어 메인 릴레이, (-) 고전압 제어 메인 릴레이로 구성되어 있다. 그리고 BMU 제어 신호에 의해 고전압 배터리 팩과 고압 조인트 박스 사이에서 DC 360V 고전압을 ON, OFF 및 제어한다. 급속 충전 릴레이 어셈블리(QRA) 작동 시 에는 파워 릴레이 어셈블리(PRA)는 작동한다.

가) 주요 기능

㉮ 급속 충전 시 공급되는 고전압을 배터리 팩에 공급하는 스위치 역할을 한다.

㉯ 과충전 시 과충전을 방지하는 역할을 한다.

나) 작동원리

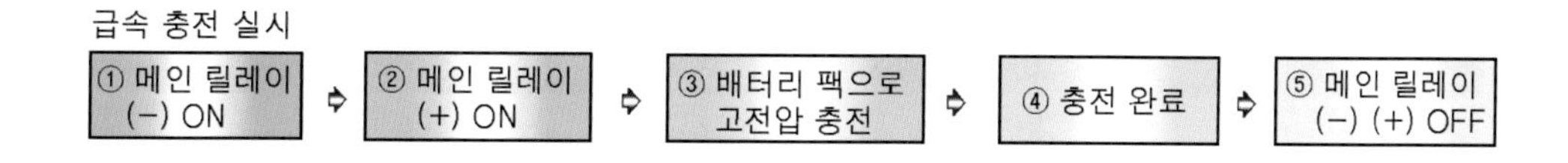

10) 메인 릴레이

가) 개요

메인 릴레이(Main Relay)는 파워 릴레이 어셈블리에 장착되어 있으며, 고전압 (+) 라인을 제어하는 메인 릴레이와 고전압 (-) 라인을 제어하는 메인 릴레이, 즉 이와같이 2개의 메인 릴레이로 구성되어 있다. 그리고 BMU의 제어 신호에 의해 고전압 조인트 박스와 고전압 배터리 팩 간의 고전압 전원, 고전압 접지 라인을 연결시켜 주는 역할을 한다.

단, 고전압 배터리 셀이 과충전에 의해 부풀어 오르는 상황이 되면 고전압 보호 장치인 OPD (Overvoltage Protection Device)에 의해 메인 릴레이 (+), 메인 릴레이(-), 프리차지 릴레이 코일 접지 라인을 차단함으로써 과충전 시엔 메인 릴레이 및 프리차지 릴레이의 작동을 금지시킨다. 고전압 배터리가 정상적인 상태일 경우에는 VPD는 작동하지 않고 항상 연결되어 있다. OPD 장착 위치는 12개 배터리 모듈 상단에 장착되어 있다.

나) 제원

표 3-32 메인 릴레이 제원

항목		제원	비고
접촉 시	정격 전압(V)	450	
	정격 전류(A)	150	
	전압 강하(V)	0.1이하(150A)	
코일	작동 전압(V)	12	
	저항(Ω)	21.6 ~ 26.4 (20℃)	
고전압 메인 릴레이 융착 상태		NO	GDS 이용하여 확인가능
고전압 메인 릴레이 (-)스위치 저항(Ω)		∞	멀티 테스터기를 이용하여 확인가능
고전압 메인 릴레이 작동음		"틱", "톡"	GDS 이용하여 확인가능
고전압 메인 릴레이 코일 저항(Ω)		21.6 ~ 26.4 (20℃)	멀티 테스터기를 이용하여 확인가능

11) 배터리 온도 센서

가) 개요

배터리 온도 센서는 각 고전압 배터리 모듈에 장착되어 있으며, 각 배터리 모듈의 온도를 측정하여 CMU에 전달하는 역할을 한다.

나) 배터리 온도 센서의 제원

표 3-33 온도 센서 제원

온도 (℃C)	저항값 (kΩ)	편차	온도 (℃C)	저항값 (kΩ)	편차
-40	204.7	±4.0	20	12.11	±1.2
-30	118.5	±3.5	30	8.301	±1.2
-20	71.02	±3.0	40	5.811	±1.5
-10	43067	±2.5	50	4.147	±1.9
0	27.70	±2.0	60	3.011	±2.2
10	18.07	±1.6	70	2.224	±2.5

다) 배터리 온도 센서의 설치 위치

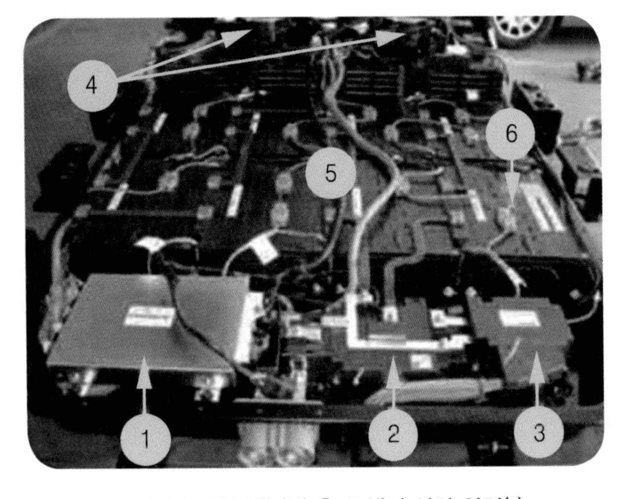

❖그림 3-136 배터리 온도 센서 설치 위치(1)

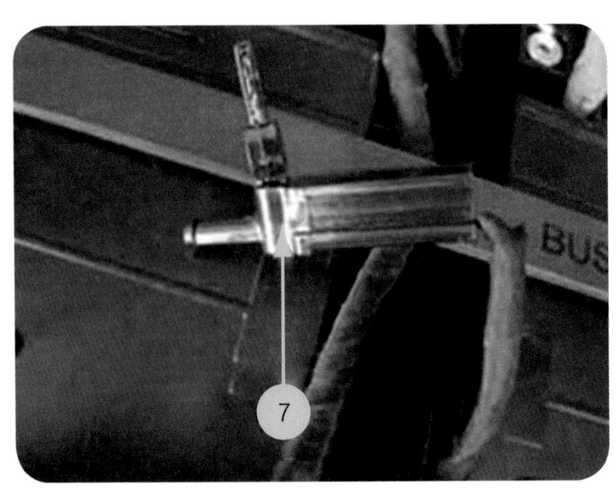

❖그림 3-137 배터리 온도 센서 설치 위치(2)

라) 배터리 온도 센서의 회로

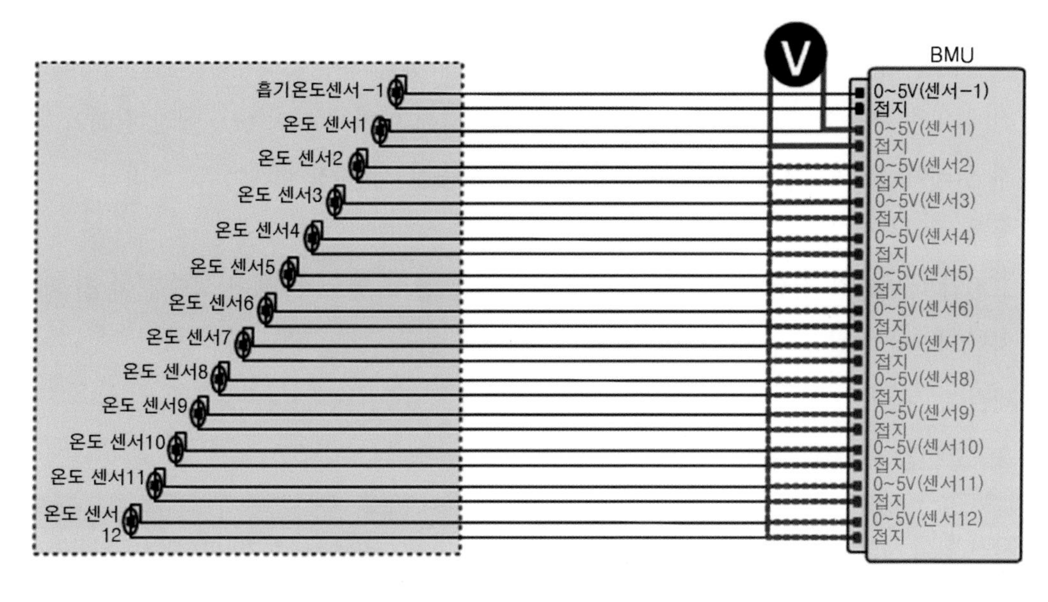

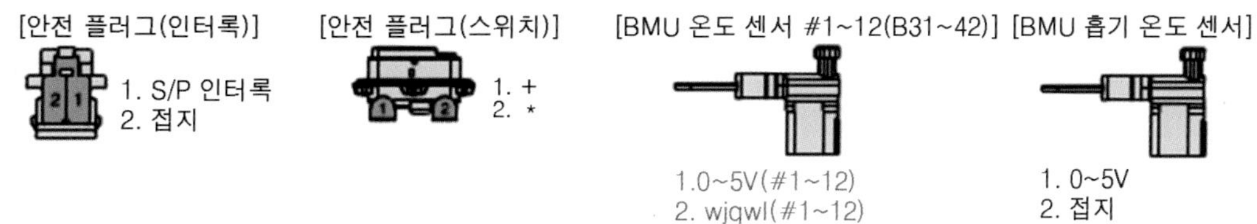

❖그림 3-138 배터리 온도 센서 회로도

12) 배터리 전류 센서

가) 개요

배터리 전류 센서는 파워 릴레이 어셈블리에 장착되어 있으며, 고전압 배터리의 충전·방전 시 전류를 측정하는 역할을 한다.

나) 제원

표 3-34 배터리 전류 센서 제원

항목		제원	비고
대전류(A)	-350(충전)	0.5	
	-200(충전)	1.375	
	0	2.5	
	+200(방전)	3.643	
	+350(방전)	4.5	
소전류(A)	-30	0.5	
	-15	1.5	
	0	2.5	
	+15	3.5	
	+30	4.5	
전류 센서 출력 단자 전압값 (V)		약 2.5 ± 0.1	멀티 테스터기 이용하여 확인가능
전류 센서 전원 단자 전압값 (V)		약 5 ± 0.1	멀티 테스터기 이용하여 확인가능

13) 고전압 차단 릴레이(OPD; Overvoltage Protection Device)

가) 개요

고전압 릴레이 차단 장치(OPD)는 각 모듈 상단에 장착되어 있으며, 고전압 배터리 셀이 과충전에 의해 부풀어 오르는 상황이 되면 OPD에 의해 메인 릴레이 (+), 메인 릴레이 (–), 프리차지 릴레이 코일의 접지 라인을 차단함으로써 과충전 시 메인 릴레이 및 프리차지 릴레이의 작동을 금지시킨다.

고전압 배터리가 정상일 경우에는 항상 스위치는 붙어 있으며, 셀이 과충전이 될 때 스위치는 차단되면서 차량은 주행이 불가능하다.

나) 제원

표 3-35 고전압 릴레이 제원

항목	제원	비고
VPD 단자간 합성 저항 (Ω)	3 이하 (20℃)	멀티 테스터기 이용하여 확인가능
VPD 단자 저항 (Ω)	0.375 이하 (20℃)	멀티 테스터기 이용하여 확인가능
VPD 스위치 단자 위치	아래 방향	적색 스위치이며 육안 및 접촉을 통한 확인 가능

다) 고전압 차단 릴레이(OPD)단품과 장착 위치

❖그림 3-139 VPD 단품

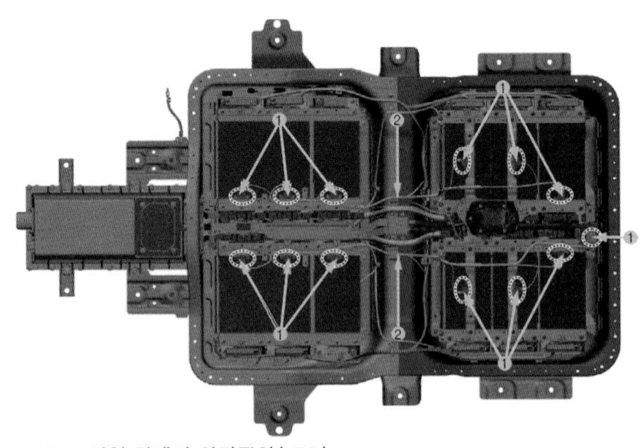

1. 고전압 릴레이 차단장치(VPD)

❖그림 3-140 VPD 장착 위치

라) 고전압 차단 릴레이(OPD) 작동원리

표 3-36 고전압 차단 릴레이 작동

모듈 상태	정상	과충전 또는 불량
전류 흐름	ON(연결)	OFF(차단)
OPD	스위치 미작동	스위치 상승
고전압 상태	정상	흐르지 않음
현상	정상	프리차징 실패에 의한 시동불가 및 경고등 점등

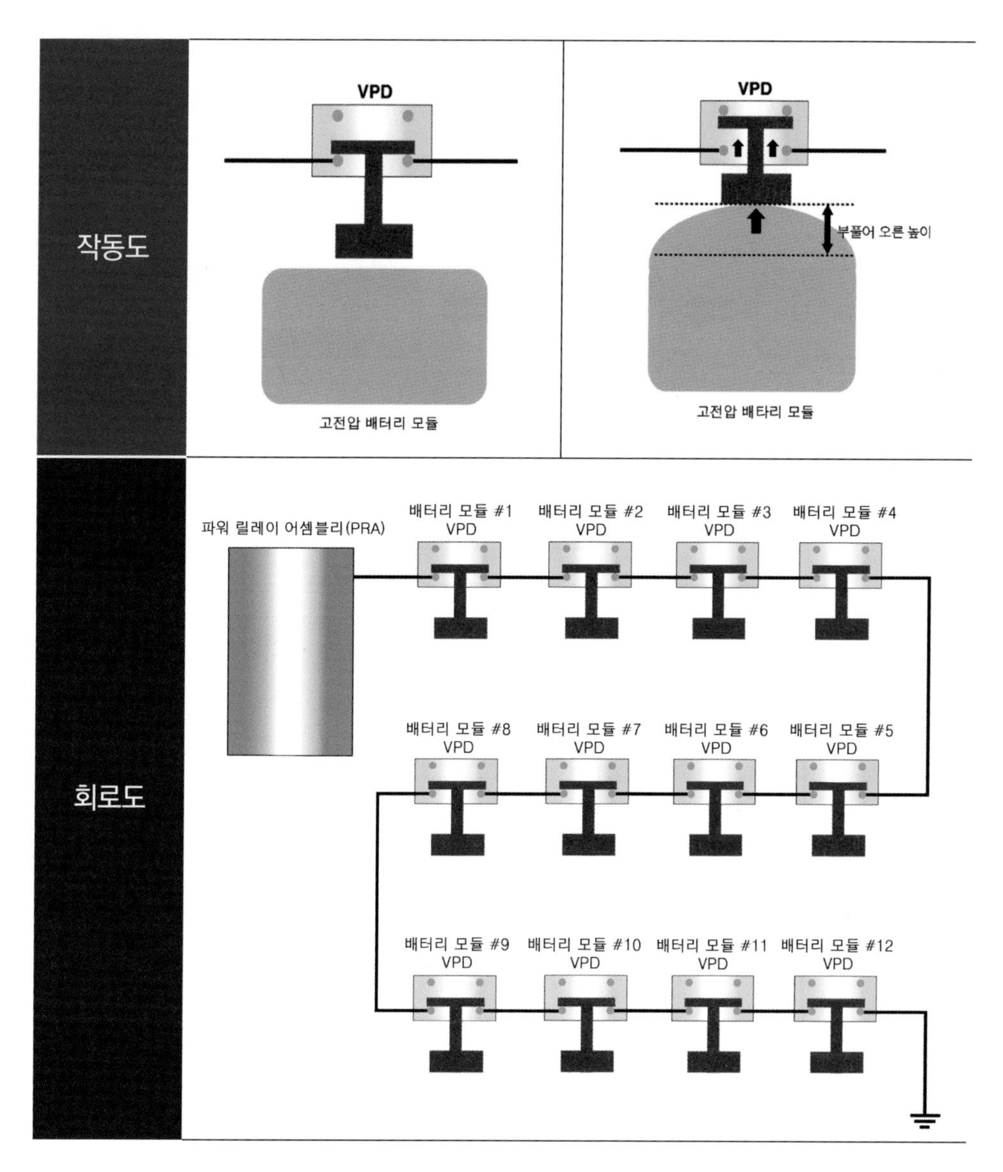

5 고전압 배터리 히터 시스템

고전압 배터리 팩 어셈블리의 내부 온도가 급격히 감소하게 되면 배터리 동결 및 출력 전압의 감소로 이어질 수 있으므로 이를 보호하기 위해 배터리 내부의 온도 조건에 따라 모듈 측면에 장착된 고전압 배터리 히터가 자동제어 된다.

고전압 배터리 히터 릴레이가 ON이 되면 각 고전압 배터리 히터에 고전압이 공급된다. 릴레이의 제어는 BMU에 의해서 제어가 되며, 점화 스위치가 OFF되더라도 VCU는 고전압 배터리의 동결을 방지하기 위해 BMU를 정기적으로 작동시킨다.

고전압 배터리 히터가 작동하지 않아도 될 정도로 온도가 정상적으로 되면 BMU 는 다음 작동의 시점을 준비하게 되며, 그 시점은 VCU의 CAN 통신을 통해서 전달 받는다.

고전압 배터리 히터가 작동하는 동안 고전압 배터리의 충전 상태가 낮아지면, BMU의 제어를 통해서 고전압 배터리 히터 시스템을 정지 시킨다. 고전압 배터리의 온도가 낮더라도 고전압 배터리 충전상태가 낮은 상태에서는 히터 시스템은 작동하지 않는다.

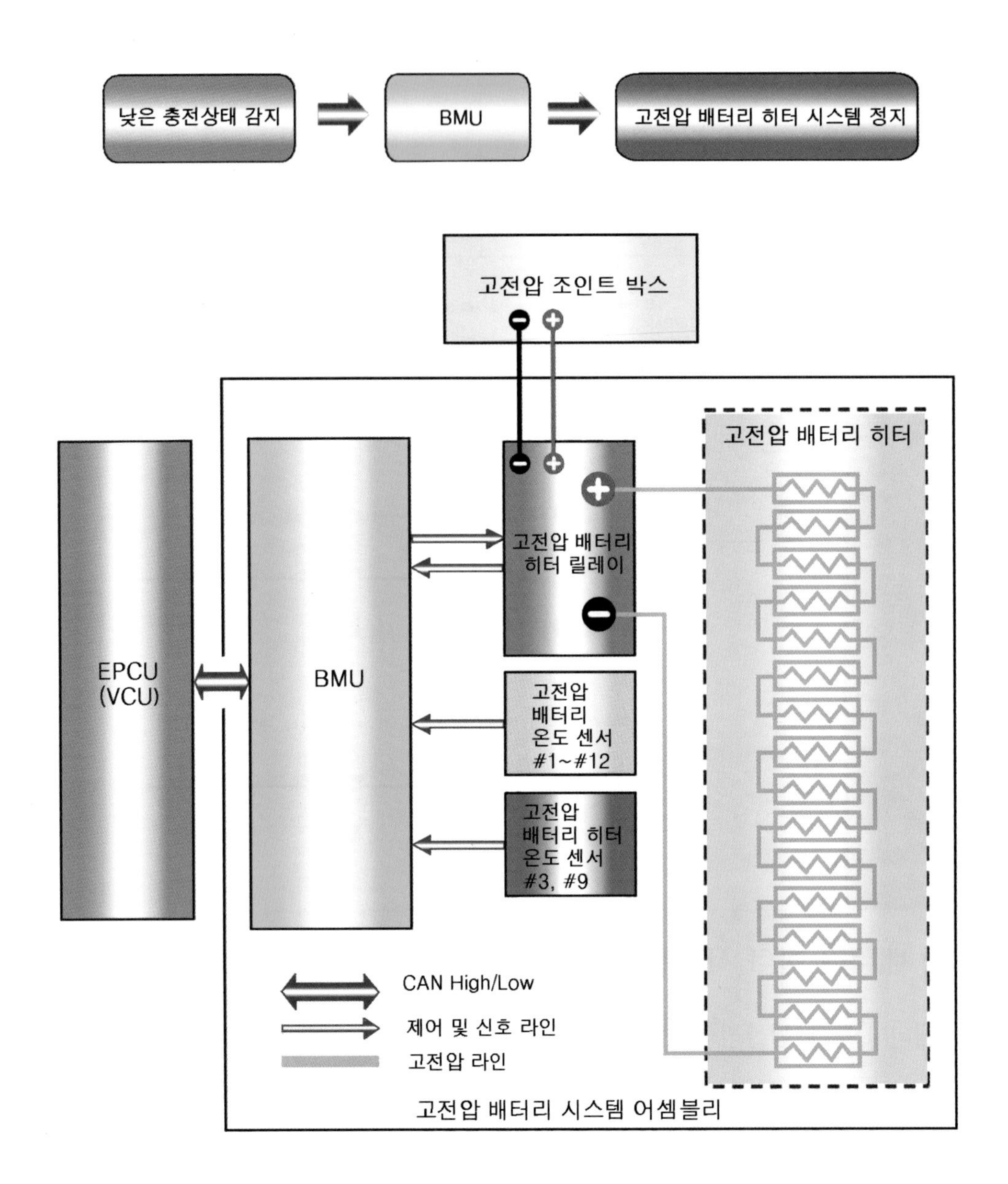

❖그림 3-141 고전압 배터리 히터 시스템 회로도

(1) 제원

표 3-37 히터 제원

구분	항목	제원
10셀 LH/ RH]	저항(Ω)	34~38
6셀 LH/ RH	저항(Ω)	20~22.4

(2) 구성 부품

1) 직류 정류자 모터

❶ 고전압 배터리 히터
❷ 고전압 배터리 히터 릴레이
❸ 고전압 배터리 히터 퓨즈
❹ 고전압 배터리 히터 온도 센서

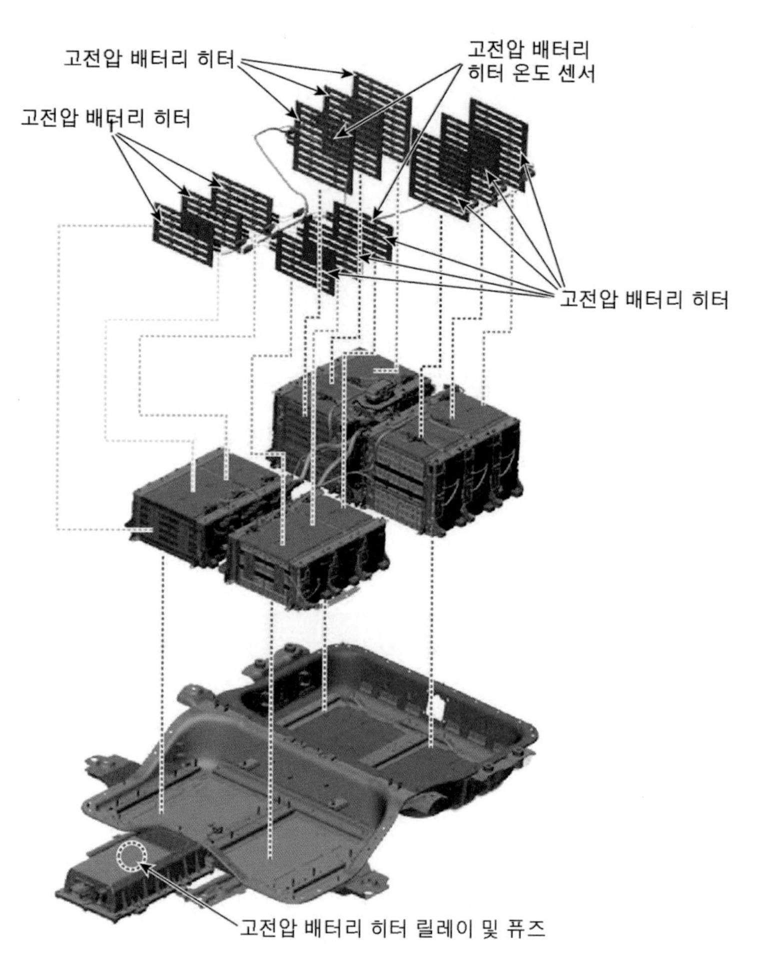

❖그림 3-142 고전압 배터리 제어 시스템의 구성

(3) 고전압 배터리 히터 작동 원리

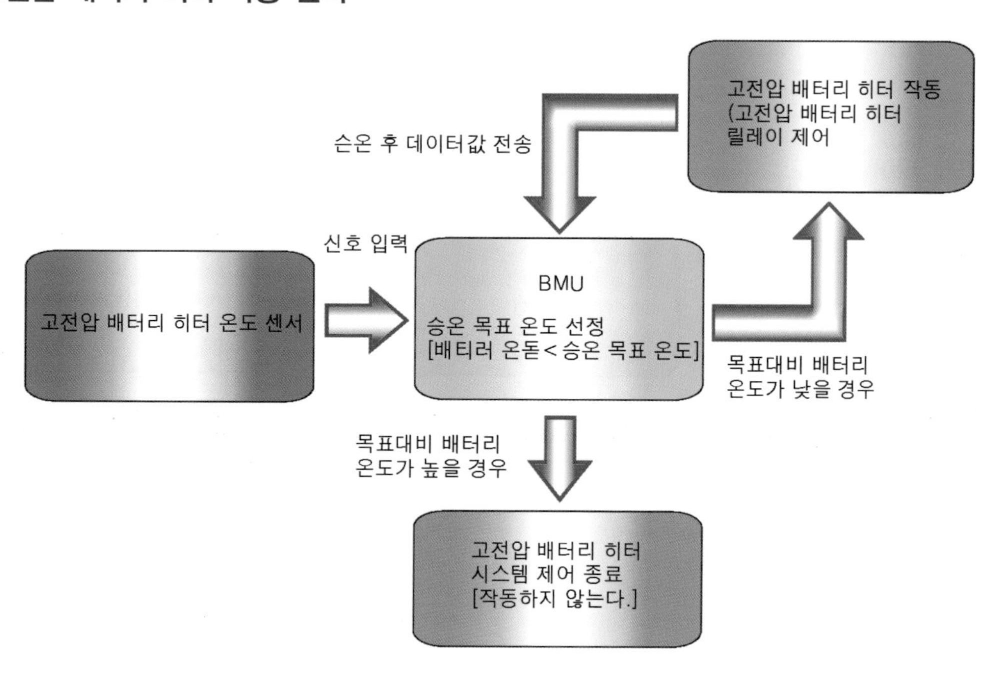

❖그림 3-143 고전압 배터리 히터 작동 원리

6 고전압 배터리 쿨링 시스템

(1) 개요

쿨링팬, 쿨링 덕트, 인렛 온도 센서로 구성되어 있으며, 시스템 온도는 1번 ~ 12번 모듈에 장착된 12개의 온도 센서 신호를 바탕으로 BMU에 의해 계산되며, 고전압 배터리 시스템이 항상 정상의 작동 온도를 유지할 수 있도록 제어한다. 또한 쿨링팬은 차량의 상태와 소음·진동 상태에 따라 9단으로 제어한다.

고전압 배터리 쿨링 시스템은 공냉식을 적용하고 있으며, 실내의 공기를 쿨링팬을 통하여 흡입한 후 고전압 배터리 팩 어셈블리를 냉각시키는 역할을 한다.

(2) 쿨링팬의 제원

표 3-38 쿨링팬 제원

쿨링팬 속도(단)	듀티(%)	팬 속도(rpm)	모양
0단	0	0	
1단	20	1200	
2단	28	1440	
3단	38	1740	
4단	44	1920	
5단	52	2170	
6단	60	2450	
7단	70	2600	
8단	80	2800	
9단	90	3000	

(3) 작동 원리

1) 전기적 제어 흐름도

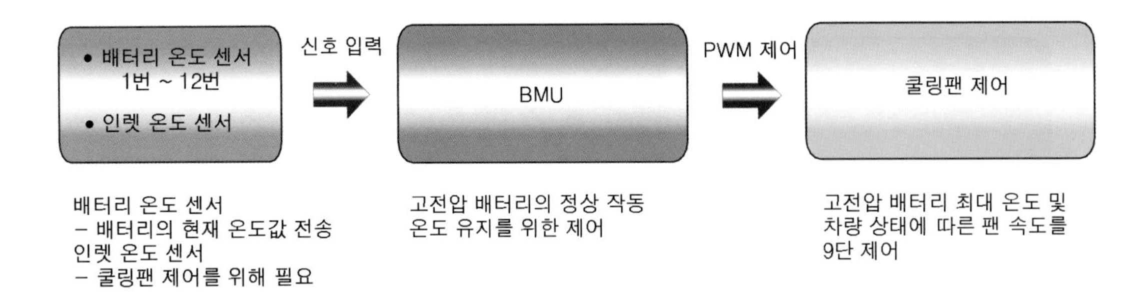

2) 냉각 공기 흐름

가) 쿨링팬이 작동한다.

나) 차량 실내 공기가 쿨링 덕트(인렛)로 유입된다.

다) 화살표로 표기한 냉각 순환 경로를 통해서 고전압 배터리를 냉각시킨다.

라) 쿨링 덕트(아웃렛)를 통해서 차량의 외부로 공기를 배출한다.

❖그림 3-144 배터리 쿨링장치 공기 흐름도

7 고전압 배터리 컨트롤 시스템의 작동원리

❶ 셀 전압, 온도, 전류, 저항값을 측정한다.

❷ BMS 제어를 통해 데이터 값을 VCU에 전달하거나 구동부를 제어한다.

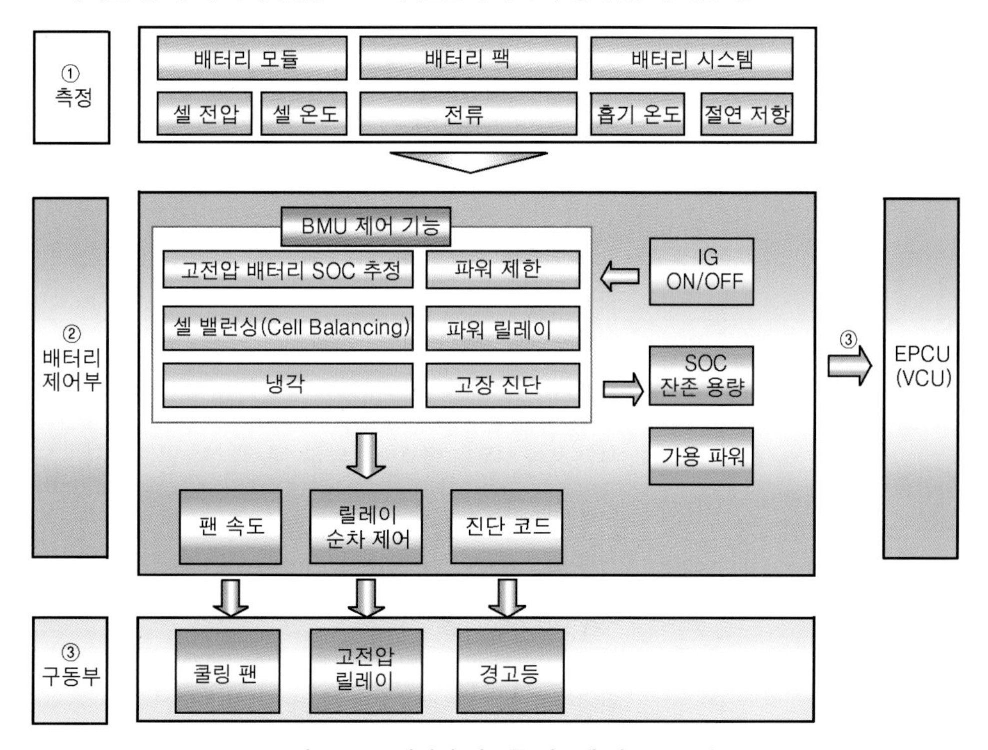

❖그림 3-145 배터리 컨트롤 시스템 작동 프로세스

8 BMU(Battery Management Unit) 데이터 분석

1) 스캐너 데이터

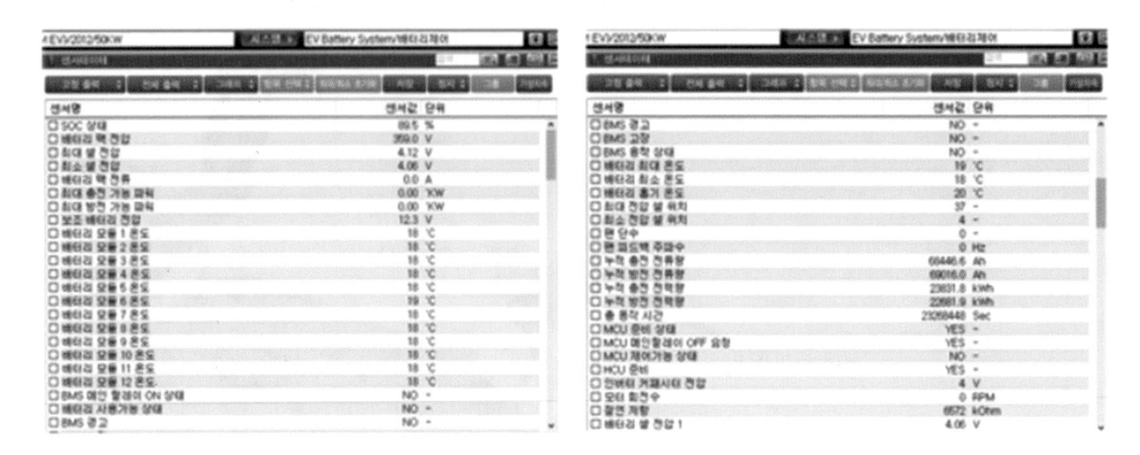

❖그림 3-146 BMU 스캔 데이터

2) 데이터 세부 내역

표 3-39 데이터 세부 내역

항목	내용	
배터리 충전 상태	의미	배터리 SOC 추정값
	분석	Key ON 후부터 충전 상태 표시
최대 방전 가능 파워	의미	배터리 열화 및 과방전과 과충전을 막기 위해 현재 배터리 상태를 파악하여 충/방전 허용값을 제한한다(최대 방전 가능 파워이다.).
	분석	Key ON 시
BMU 메인 릴레이 ON 상태	의미	BMU 제어 가능 상태
	분석	정상 시 YES
BMU 고장	의미	BMU 고장 유무를 표시함
	분석	정상 시 NO
배터리 팩 전압	의미	배터리 팩의 전압
	분석	Key ON 시
누적 방전 전류량	의미	차량 제작 시부터 현재까지 방전한 누적 전류량을 표시
	분석	Key ON 시
누적 방전 전력량	의미	차량 제작 시부터 현재까지 방전한 누적 전력량을 표시
	분석	Key ON 시
최대 충전 가능 파워	의미	배터리 열화 및 과방전과 과충전을 막기 위해 현재 배터리 상태를 파악하여 충/방전 허용값을 제한한다(최대 충전 가능 파워이다.).
	분석	Key ON 시

항목	내용	
MCU 메인 릴레이 OFF 요청	의미	MCU에서 고장 진단 후 필요 시 BMU 제어기에 메인 릴레이(고전압 릴레이)를 차단시킬 것을 요청하는 신호
	분석	정상 시 NO
배터리 제어기 준비	의미	배터리 제어기 준비 상태 표시
	분석	정상 시 YES
최대 셀 전압 최소 셀 전압	의미	현재 배터리 88셀에 최대 셀과 최소 셀 전압을 표시
	분석	최대 셀 전압과 최소 셀 전압이 1V 이상 차이가 나면 안 되며 2.8~4.3V 이내에 존재하여야 한다.
누적 충전 전류 량	의미	차량 제작 시부터 현재까지 충전한 누적 전류량을 표시
	분석	Key ON 시
누적 방전 전류 량	의미	차량 제작 시부터 현재까지 방전한 누적 전류량을 표시
	분석	Key ON 시
총 동작 시간	의미	BMS 시스템 총 동작 시간
	분석	Key ON 시
모터 제어기 준비 상	의미	Key ON 시 인버터의 상태를 표시함
	분석	정상 시 YES
절연 저항	의미	배터리 고전압 라인과 접지 간 단락에 의한 고전압 절연 파괴를 검출
	분석	절연저항 값이 300kΩ 이상여야 한다(300kΩ 이하 시 고장으로 판정).
Inverter Capacitor Voltage	의미	인버터 콘덴서(커패시터) 전압
	분석	배터리 팩 전압과 동일하면 정상

8 고전압 배터리 점검 · 진단 · 수리

1 고전압 장치의 안전 진단

전기 자동차는 고전압 배터리를 포함하고 있어서 시스템이나 차량을 잘못 건드릴 경우 심각한 누전이나 감전 등의 사고로 이어질 수 있다. 그러므로 고전압 시스템 작업 전에는 반드시 안전 진단을 해야 한다.

2 작업 전 보호 장구 착용

1) 금속성 물질은 고전압의 단락을 유발하여 인명과 차량을 손상시킬 수 있으므로 작업 전에 반드시 몸에서 제거해야 하며, (금속성 물질 : 시계, 반지, 기타 금속성 제품 등) 고전압 시스템 관련 작업 전에는 안전사고 예방을 위해 개인 보호 장비를 착용해야 한다.

표 3-40 안전 보호 장구

명칭	형상	용도
절연 장갑		고전압 부품 점검 및 관련 작업 시 착용 [절연 성능 : 1000V / 300A 이상]
절연화		고전압 부품 점검 및 관련 작업 시 착용
절연복		
절연 안전모		
보호 안경		아래의 경우에 착용 • 스파크가 발생할 수 있는 고전압 배터리 단자나 와이어링을 탈 장착 또는 점검 • 고전압 배터리 팩 어셈블리 작업
안면 보호대		아래의 경우에 착용 • 스파크가 발생할 수 있는 고전압 배터리 단자나 와이어링을 탈 장착 또는 점검 • 고전압 배터리 팩 어셈블리 작업
절연 매트		탈착한 고전압 부품에 의한 감전사고 예방을 위해 절연 매트 위에 정리하여 보관
절연 덮개		보호 장비 미착용자의 안전사고 예방을 위해 고전압 부품을 절연 덮개로 차단

2) 고전압계 부품 작업 시, '고전압 위험 차량' 표시를 하여 타인에게 고전압 위험을 주지시킨다.

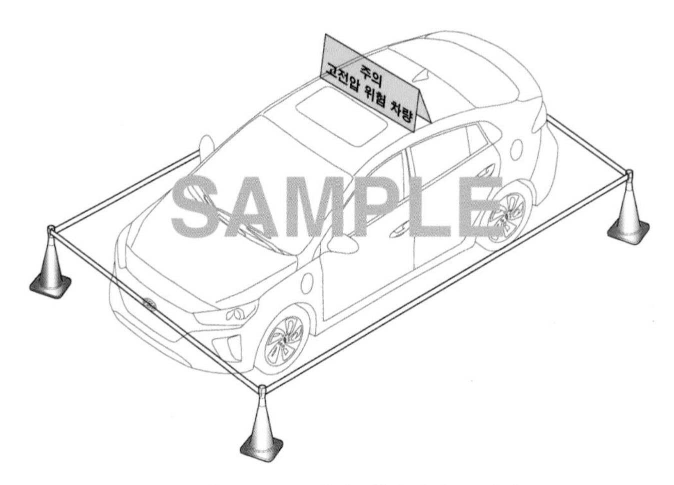

❖ 그림 3-147 고전압 위험 차량 표시판

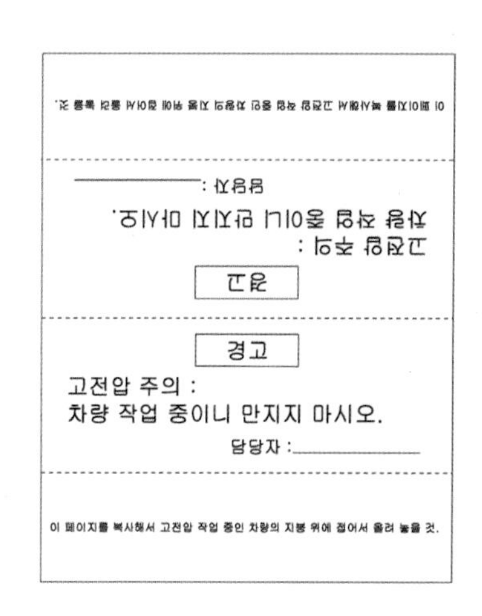
이 페이지를 복사해서 고전압 작업 중인 차량의 지붕 위에 접어서 올려 놓을 것.
담당자 :
차량 작업 중이니 만지지 마시오.
고전압 주의 :
경고

경고

고전압 주의 :
차량 작업 중이니 만지지 마시오.
담당자 :

이 페이지를 복사해서 고전압 작업 중인 차량의 지붕 위에 접어서 올려 놓을 것.

❖ 그림 3-148 경고 표지판

3) 절연 장갑의 안전성을 점검한다.

❶ 절연 장갑을 위와 같이 접는다.

❷ 공기 배출을 방지하기 위해 3~4번 더 접는다.

❸ 찢어지거나 손상된 곳이 있는지 확인한다.

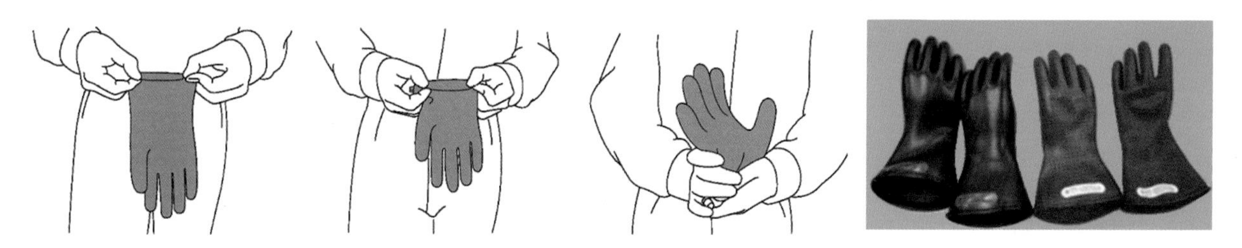

❖ 그림 3-149 절연 장갑의 점검

3 경고등 점검

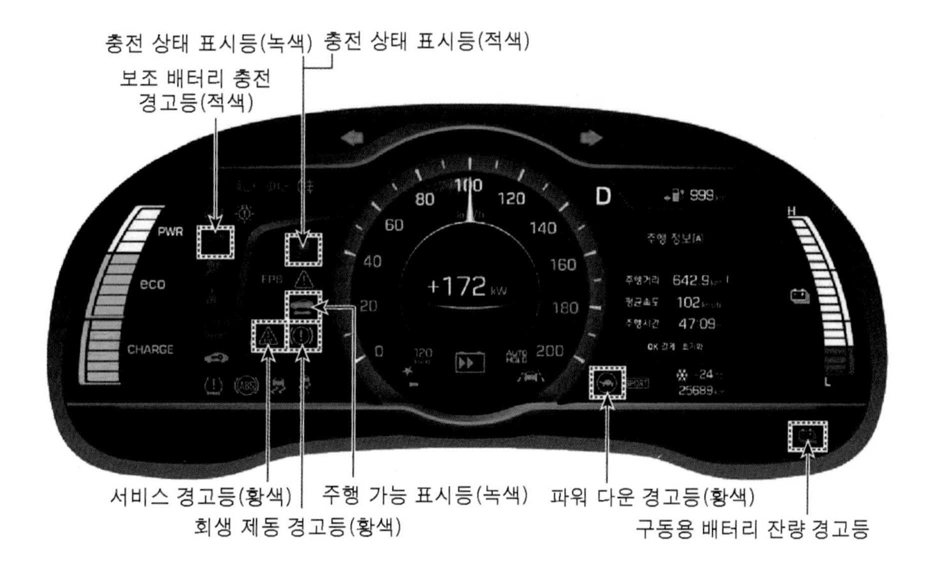

표 3-41 경고등 점검

번호	형상	명칭	점등조건	경고등 색상	조명원	신호 입력	제어 유닛	작동 전원
1		주행가능 표시등 (Ready lamp)	차량 주행 가능 상황 판단 시 점등 요청	녹색	LED	CAN	VCU	IGN1
2		충전 상태 표시등	충전 완료시 표시등 점등 요청	녹색	LED	CAN	BMS	IGN3
3		충전 상태 표시등	충전중일 경우 표시등 점등 요청	적색	LED	CAN	BMS	IGN3
4		파워 다운 경고등 (Power Down Lamp)	아래와 같은 이상이 생길 경우 차량의 출력을 제한하게 되며 이때 점등 요청 - 과열 온도, 배터리 잔류량(SOC)이 약 5% 이하일 경우 - 과열 온도 및 시스템 이상시 - ABS, 제동 시스템 고장 시 차속을 제한하는 경우 - 냉각 시스템 이상 시	황색	LED	CAN	VCU	IGN1
5		서비스 경고등 (Service Lamp)	- VCU, MCU, BMU, LDC, FATC, OBC의 고장 진단 시 점등 요청 - 시동 ON이 되면 점등 후 3초 후 소등된다.	황색	LED	CAN	VCU MCU BMU LDC FATC	IGN1
							OBC	IGN1 & IGN3
6		구동용 배터리 잔량 경고등 (LOW Battery Lamp)	구동용 고전압 배터리의 잔류량(SOC)이 약 13% 이하일 때 경고등 점등 요청	황색	LED	CAN	BMS	IGN1
7		보조 배터리 충전 경고등	12V 보조배터리가 방전되었거나 충전 장치 고장 및 충전 계통 고장시 경고등 점등 요청	적색	LED	CAN	LDC	IGN1
8		회생 제동 경고등(RBS: Regenerative Braking System)	회생제동 기능에 이상이 있을시 점등 요청	황색	LED	CAN	EBS	IGN1

4 배터리 제어 시스템의 기본점검

(1) 간헐적인 문제 점검

1) 직류 정류자 모터

❶ 고장 코드(DTC)를 메모한 후 삭제한다.

❷ 커넥터의 연결 상태 및 각 단자의 결합 상태, 배선과의 연결 상태, 굽힘, 파손, 오염 및 커넥터의 고정 상태를 점검한다.

❸ 와이어링 하니스를 상하 · 좌우로 살짝 흔들거나 또는 온도 센서일 경우 헤어드라이어를 사용하여 적합한 열을 가하면서 고장 현상의 재현 여부를 점검한다.

❹ 수분의 영향이라고 생각하면 전기 부품을 제외한 차량 주변에 물을 뿌리면서 점검한다.

❺ 전기적 부하의 영향이라고 여겨지면 오디오, 냉각팬, 램프 등을 작동하면서 점검한다.

❻ 결함이 있는 부품은 수리 또는 교환한다.

❼ GDS를 이용하여 문제가 해결되었는지 점검한다.

2) 커넥터 취급 방법

❶ 커넥터 분리 시 커넥터를 당겨서 분리하고 와이어링 하니스를 당기지 않는다.

❷ 록(Lock)이 부착된 커넥터 분리 시 록킹 레버(Locking Lever)를 누르거나 당긴다.

❸ 커넥터 연결 시 "딸깍" 하는 장착 음이 들리는지 확인한다.

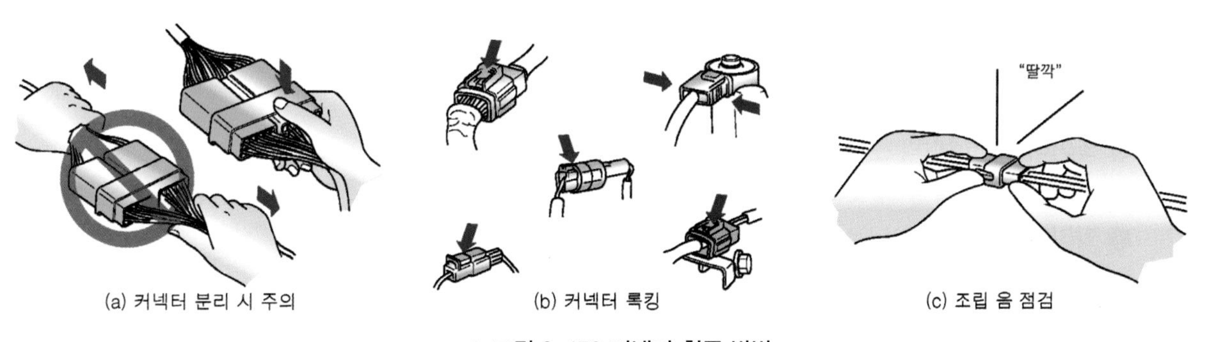

(a) 커넥터 분리 시 주의　(b) 커넥터 록킹　(c) 조립 음 점검

❖ 그림 3-150 커넥터 취급 방법

❹ 통전 상태 점검이나 전압 측정 시 항상 테스터 프로브를 와이어링 하니스측에 삽입한다.

❺ 방수 처리된 커넥터의 경우는 와이어링 하니스측이 아닌 커넥터 터미널 측을 이용한다.

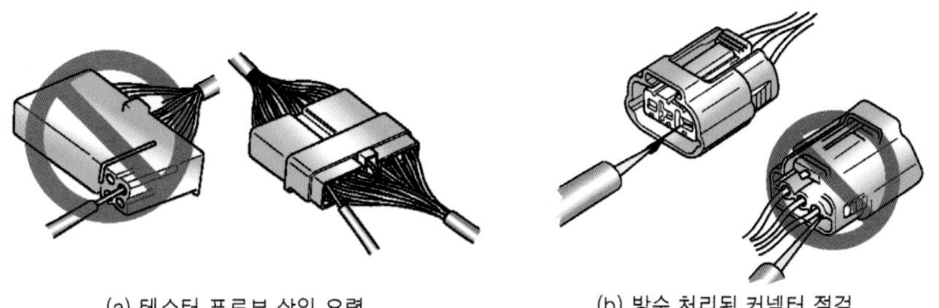

(a) 테스터 프로브 삽입 요령　(b) 방수 처리된 커넥터 점검

❖ 그림 3-151 점검 시 테스터 프로브 삽입 요령

3) 커넥터 점검 방법

❶ 커넥터가 연결되어 있을 때: 커넥터의 연결 상태 및 록킹(Locking) 상태

❷ 커넥터가 분리되어 있을 때: 와이어링 하니스를 살짝 당겨서 단자의 유실, 주름 또는 내부 와이어 손상에 대하여 점검한다. 그리고 녹 발생, 오염, 변형 및 구부러짐에 대하여 육안으로 점검한다.

❸ 단자 체결 상태: 단자(凹)와 단자(凸) 사이의 체결상태를 점검한다.

❹ 각각의 배선을 적당한 힘으로 당겨서 연결 상태를 점검한다.

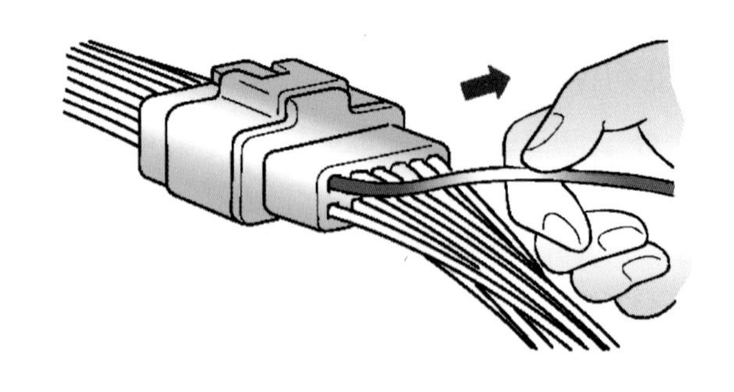

❖ 그림 3-152 배선 연결 상태 확인

4) 커넥터 터미널 수리

❶ 커넥터 터미널의 연결 부위를 에어건이나 페이퍼 타월로 세척한다.

❷ 커넥터 터미널에 사포를 이용할 경우 손상될 수 있으니 주의한다.

❸ 커넥터간의 체결력이 부족할 경우는 터미널(凹)을 수리 또는 교체한다.

5) 와이어링 하니스 점검 절차

❶ 와이어링 하니스를 분리하기 전에 와이어링 하니스의 장착 위치를 확인하여 재설치 및 교환 시 활용한다.

❷ 꼬임, 늘어짐, 느슨함에 대하여 점검한다.

❸ 와이어링 하니스의 온도가 비정상적으로 높지는 않은지 점검한다.

❹ 회전 운동, 왕복 운동 또는 진동을 유발하는 부분이 와이어링 하니스와 간섭되지는 않은지 점검한다.

❺ 와이어링 하니스와 단품의 연결 상태를 점검한다.

❻ 와이어링 하니스의 피복의 상태를 점검한다.

5 전기적인 회로 점검 절차

(1) 단선 회로 점검 방법

그림과 같이 단선 회로 발생 부분은 통전 점검 방법과 전압 점검 방법으로 고장 부위를 찾을 수 있다.

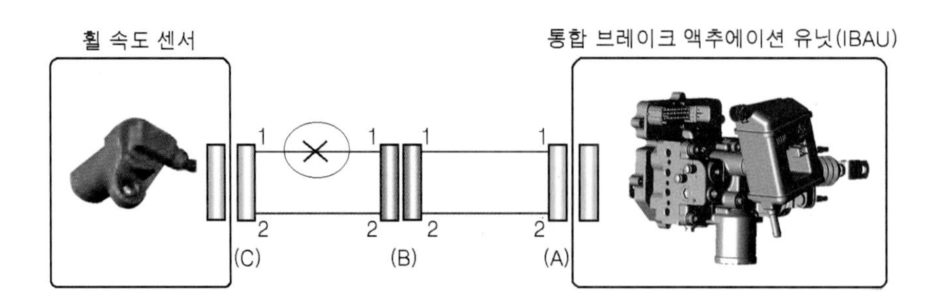

❖ 그림 3-153 단선 회로 점검

1) 통전 점검 방법

❶ A 커넥터와 C 커넥터를 분리하고, 커넥터 A 와 C 사이의 저항을 측정한다. [그림 154] 라인1의 측정 저항 값이 "1MΩ 이상"이고, 라인2의 측정 저항 값이 "1Ω 이하"라면, 라인1이 단선 회로이다.

❷ (라인2는 정상) 정확한 단선 부위를 찾기 위해서 라인1의 서브 라인을 점검한다.

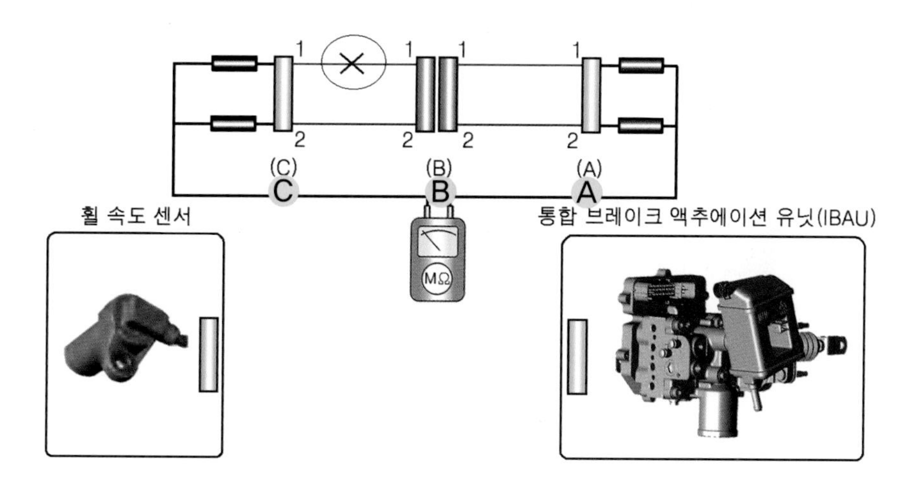

❖ 그림 3-154 회로 통전 점검 방법 (1)

❸ B 커넥터를 분리하고, 커넥터 C 와 B 1, 커넥터 B 2와 A 사이의 저항을 측정한다. C 와 B 1사이의 측정 저항 값이 "1MΩ이상"이고, B 2와 A 사이의 측정 저항 값이 "1Ω이하"라면, 커넥터 C 의 1번 단자와 커넥터 B 1의 1번 단자 사이가 단선 회로이다.

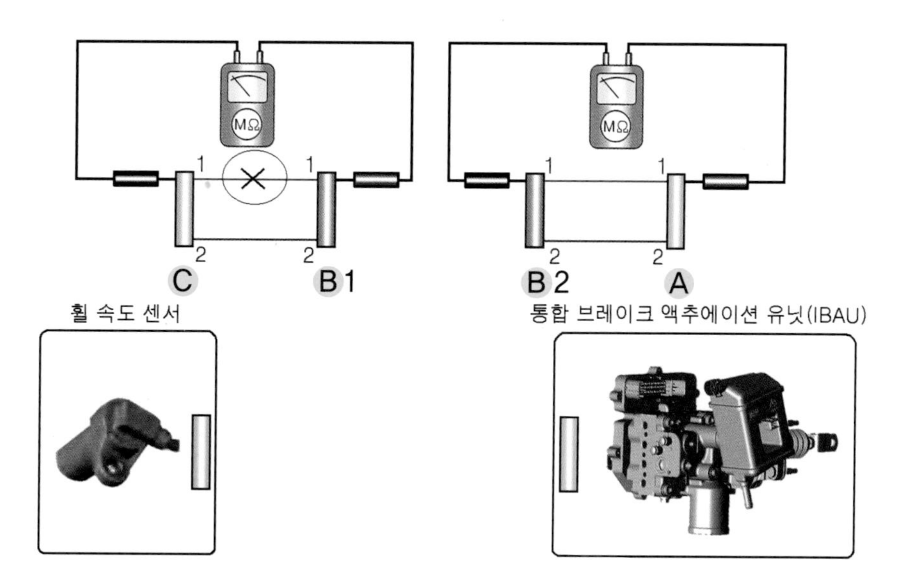

❖ 그림 3-155 회로 통전 점검 방법 (2)

2) 전압 점검 방법

❶ 모든 커넥터가 연결된 상태에서 각 커넥터 A, B, C 커넥터의 1번 단자와 섀시 접지 사이의 전압을 측정한다.

❷ 측정 전압이 각각 5V, 5V, 0V라면, C와 B 사이의 회로가 단선회로이다.

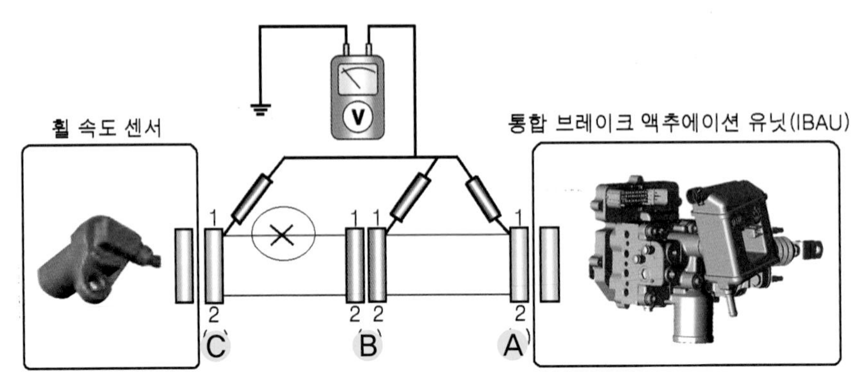

❖ 그림 3-156 전압 점검 방법

(2) 단락(접지) 회로 점검 방법

단락(접지) 회로 발생 부분은 접지와의 통전 점검 방법으로 고장 부위를 찾을 수 있다.

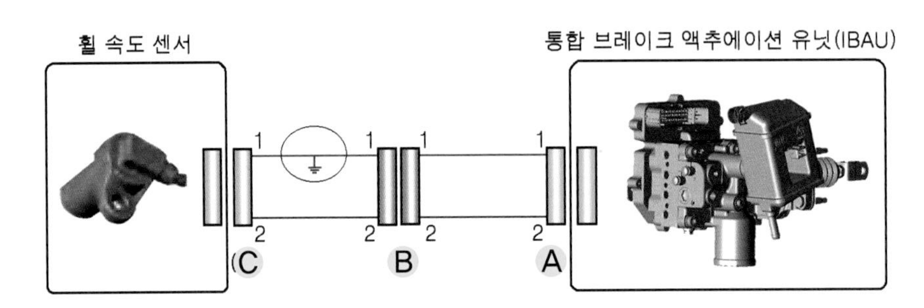

❖ 그림 3-157 접지 단락 점검 방법 (1)

❶ A 커넥터와 C 커넥터를 분리하고, 커넥터 A와 섭지 사이의 저항을 측정한다. 라인1의 측정 저항 값이 "1Ω 이하"이고, 라인2의 측정 저항 값이 "1MΩ 이상"라면, 라인1이 단락회로이다.

❷ 정확한 단락 부위를 찾기 위해서 라인1의 서브 라인을 점검한다.

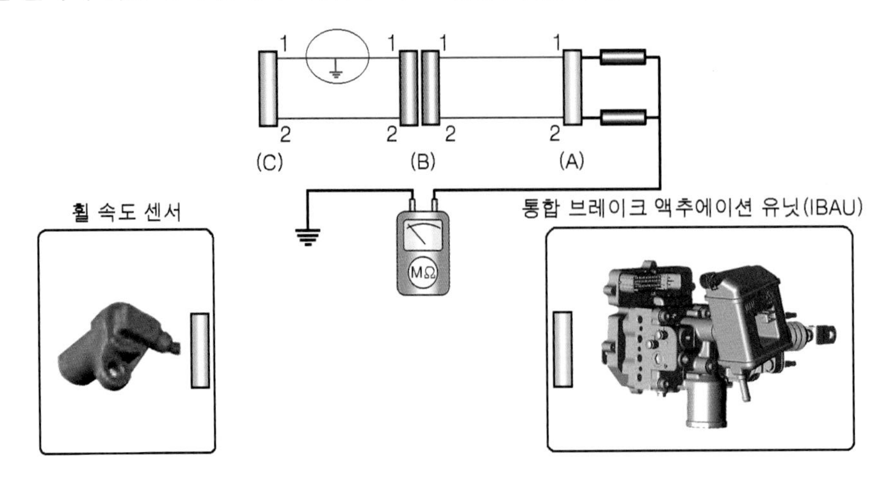

❖ 그림 3-158 접지 단락 점검 방법 (2)

❸ B 커넥터를 분리하고 커넥터 A 와 섀시 접지, 커넥터 B 1와 섀시 접지 사이의 저항을 측정한다.

❹ 커넥터 B 1와 섀시 접지 사이의 측정 저항 값이 “1Ω 이하”이고 커넥터 A 와 섀시 접지 사이의 측정 저항 값이 “1MΩ 이상”이라면, 커넥터 B 1의 1번 단자와 커넥터 C 의 1번 단자 사이가 단락(접지) 회로이다.

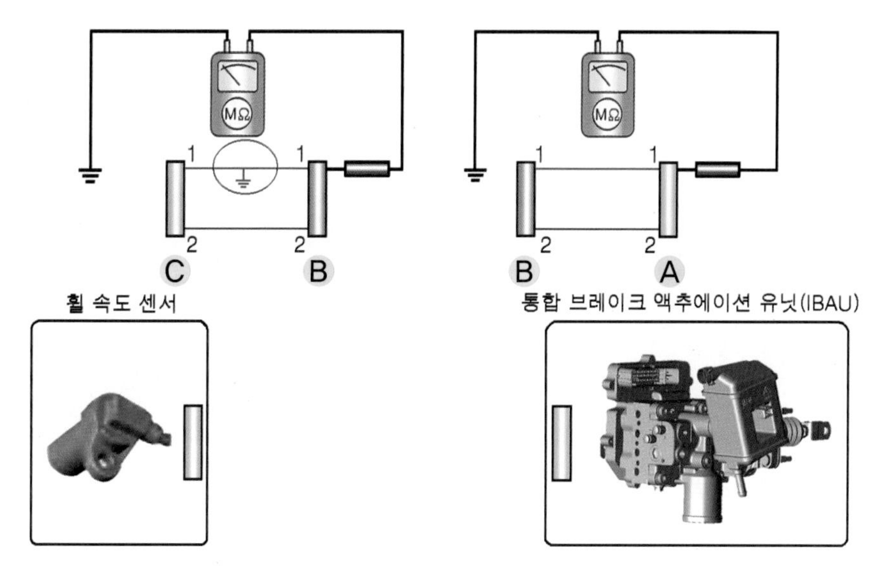

❖ 그림 3-159 접지 단락 점검 방법 (3)

6 CAN 라인 점검

(1) C-CAN 종단저항 점검(BMU 단품 측)

❶ 점화 스위치를 OFF하고 보조 배터리 (–) 터미널을 분리한다.

❷ 저항 점검 라인에 전압이 존재 할 경우 테스터기로 저항을 측정하면 절대 안 된다.

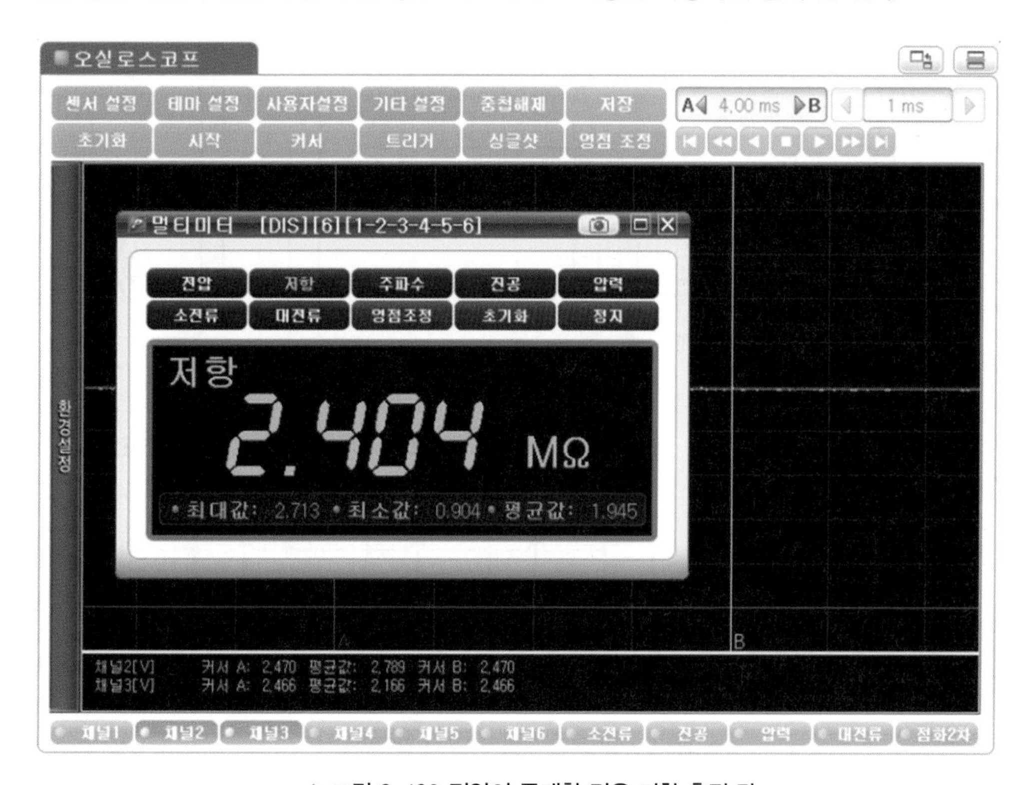

❖ 그림 3-160 전압이 존재할 경우 저항 측정 값

❸ 차량을 들어 올린 후 배터리 장착 볼트 및 너트를 푼 후 고전압 배터리 프런트 언더 커버 A를 탈착한다.

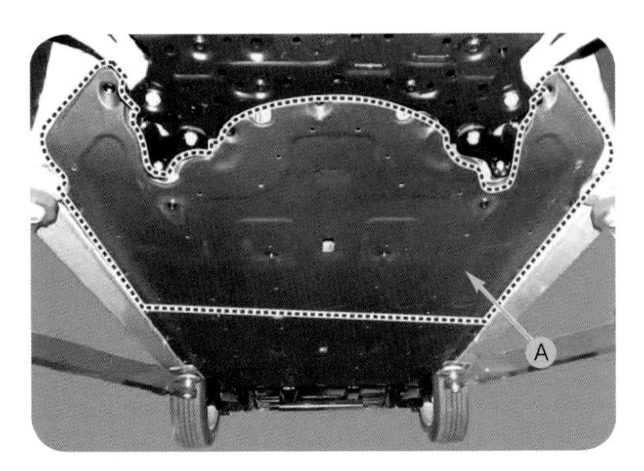

❖그림 3-161 배터리 프런트 언더 커버 탈착

❹ BMU 익스텐션 커넥터 B를 분리한다.

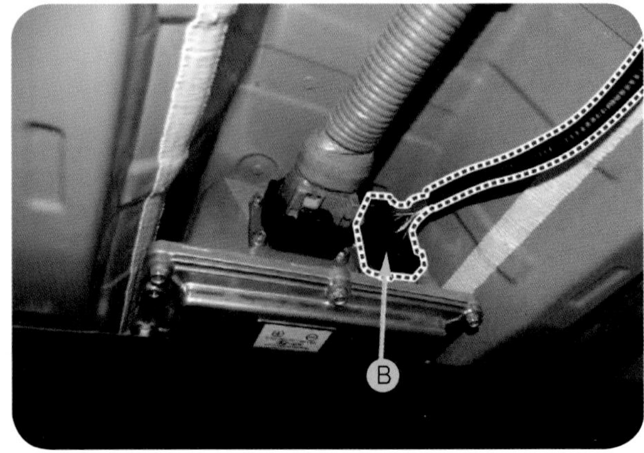

❖그림 3-162 BMU 익스텐션 커넥터 분리

❺ BMU 익스텐션 측 15번(CAN-하이)과 15번(CAN-로우) 단자 사이의 저항을 측정한다.

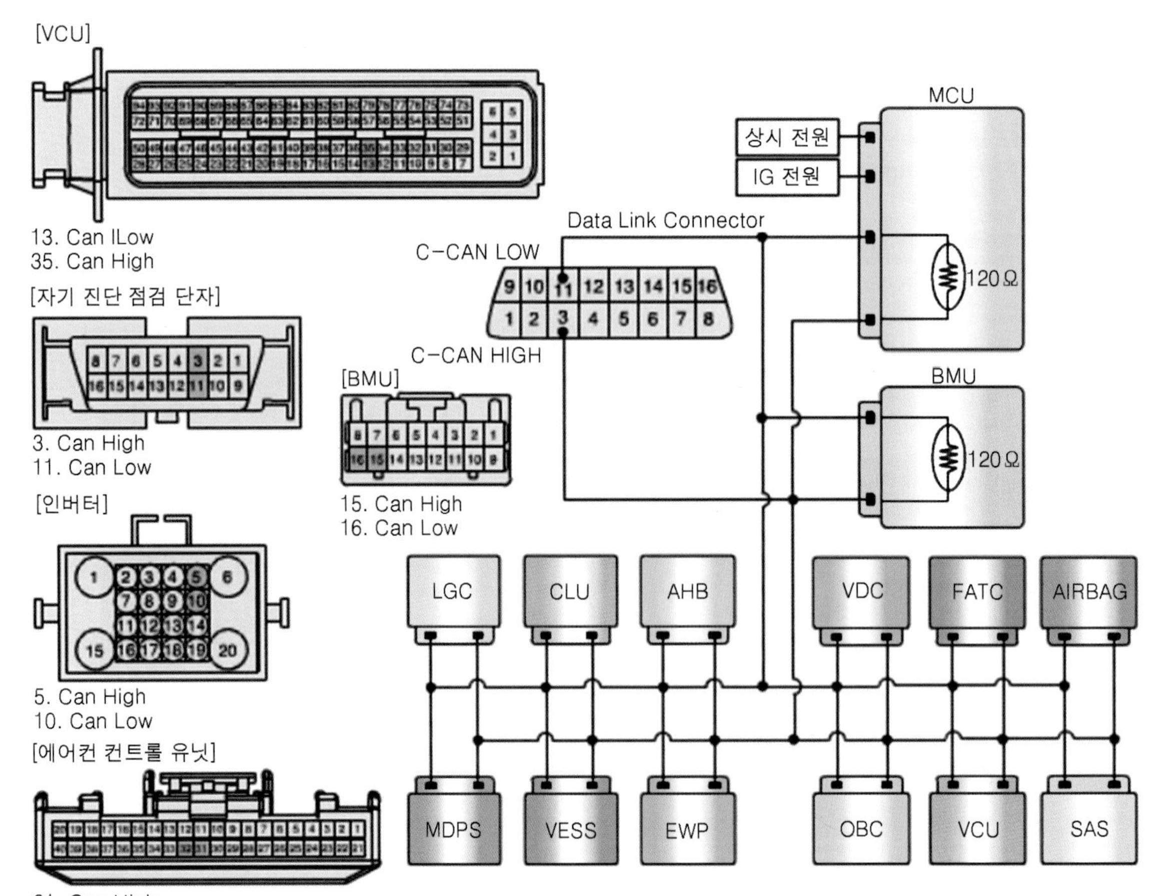

❖그림 3-163 전기 자동차 CAN 라인의 구성

❻ 합성 저항은 약 60Ω 정도 측정되는지 점검한다.

❼ 캔 통신선 중에 하이 라인 접지 단락 시 저항 값은 그림과 같다.

❽ 캔 통신선 중에 로우 라인 접지 단락 시 저항 값은 그림과 같다.

❾ 캔 통신선의 하이 라인과 로우 라인이 서로 선간 단락 시 저항 값은 그림과 같다.

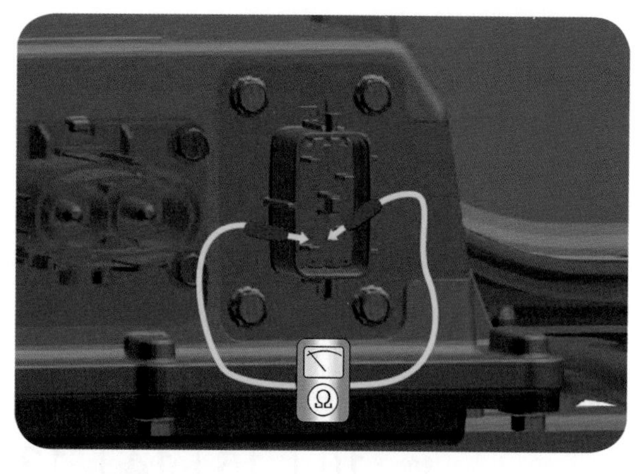

❖그림 3-164 C-CAN 종단 저항 점검(BMU 단품 측)

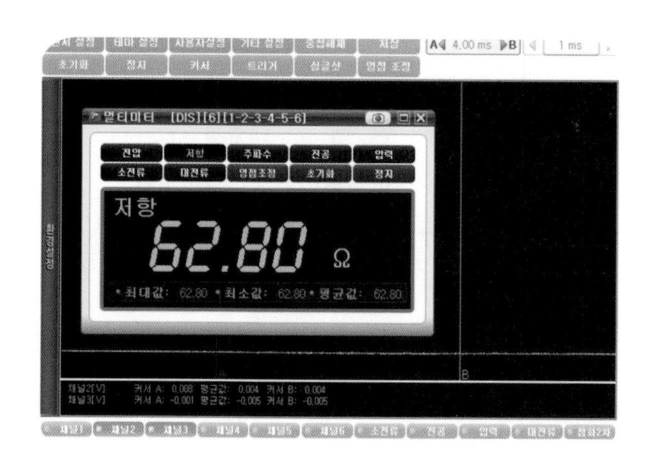

❖그림 3-165 정상 차량의 합성 저항 값

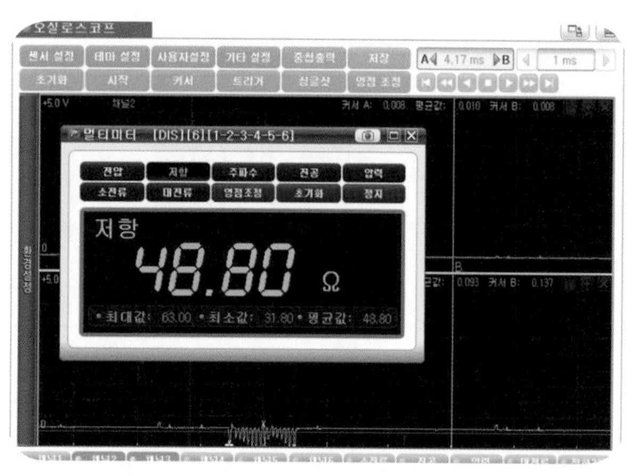

❖그림 3-166 CAN High 접지 단락시 저항 값

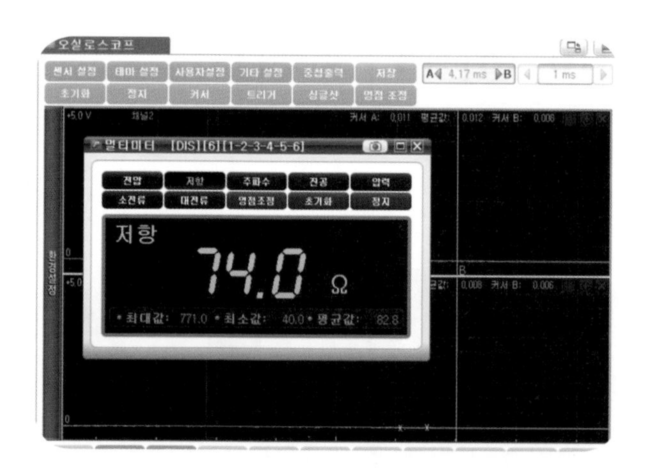

❖그림 3-167 CAN Low 접지 단락시 저항 값

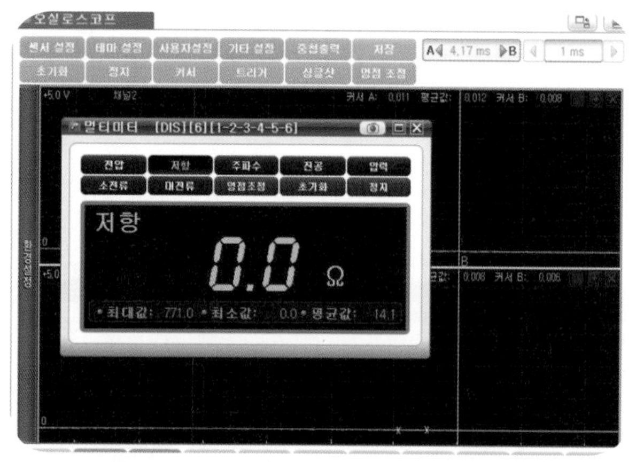

❖그림 3-168 High Low 선간 단락시 저항 값

(2) 멀티 테스터기를 이용한 C-CAN 라인 점검(진단 커넥터 측)

❶ 자기진단을 실시하고 이상 코드가 검출되면 IG key를 OFF시킨다.

❷ 저항을 측정할 수 있는 멀티 테스터를 활성화한다.

❸ CAN 통신 라인을 점검하기 위하여 테스터기의 프로브를 CAN 통신 라인에 연결한다.

❹ 모터 룸에 위치한 다기능 체크 커넥터 9번과 17번 사이에서 저항 값을 점검한다.

❺ 자기진단 점검 단자 3번과 11번 사이의 저항 값을 점검한다.

❻ 정상 값인 약 60Ω 범위에 있는지 점검하고 정상 값을 벗어날 경우 전기 자동차 점검 절차를 준수한 후 BMU와 인버터 사이의 라인과 종단 저항을 점검한다.

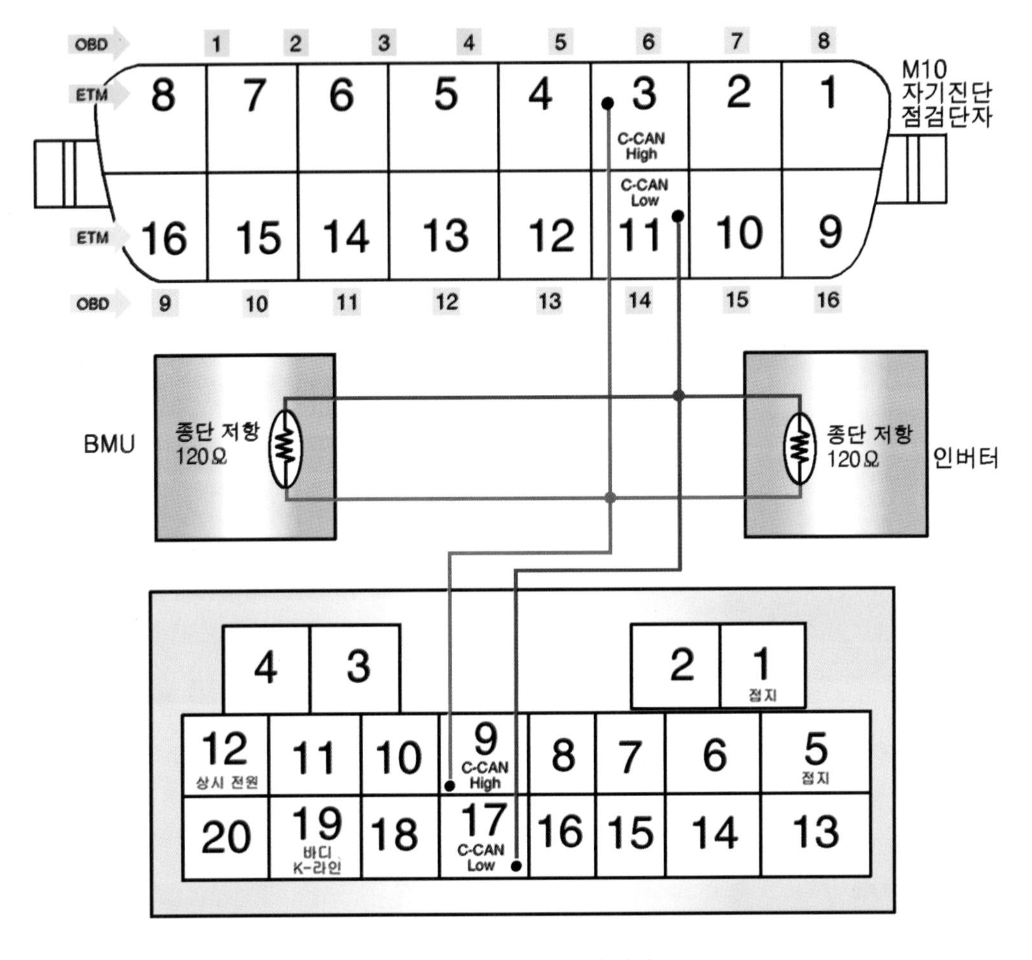

❖그림 3-169 자기진단 점검 단자

❖그림 3-170 CAN 통신 라인 저항 값

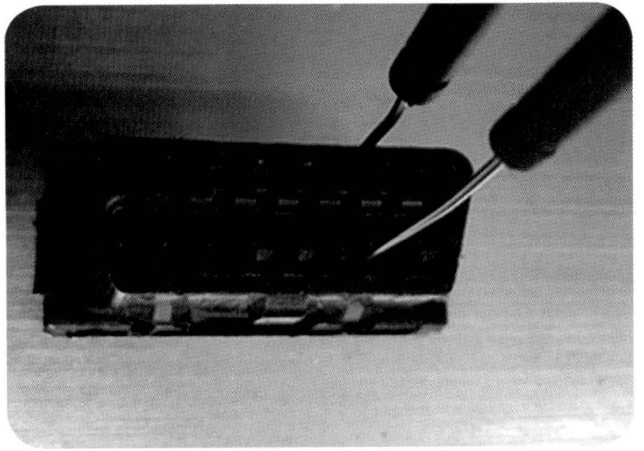

❖그림 3-171 CAN 통신 라인 저항 측정

(3) 오실로스코프를 이용한 C-CAN 라인 점점

❶ 자기진단을 실시하고 이상코드가 검출되면 IG key를 OFF시킨다.

❷ 오실로스코프 장비를 활성화한다.

❸ CAN 통신 라인을 점검하기 위하여 오실로스코프 장비의 프로브를 준비한다.

❹ IG key를 OFF시킨다.

❺ CAN 통신 라인에 프로브를 연결한다.

❻ IG key를 ON시킨다.

❼ 스코프의 CAN 파형을 관찰하고 이상 파형 검출 여부를 확인한다.

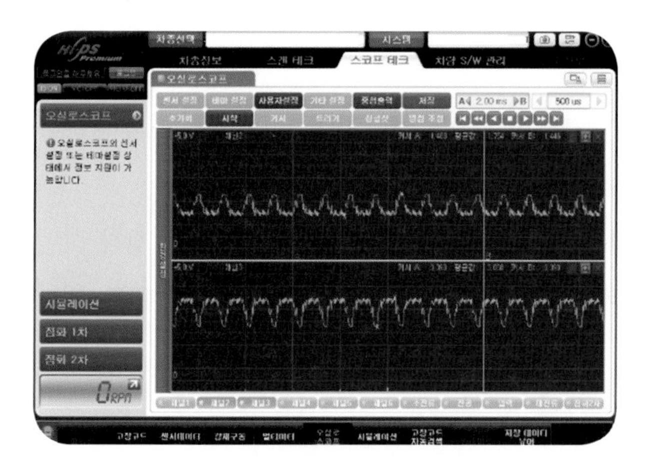

❖그림 3-172 고속 CAN 파형

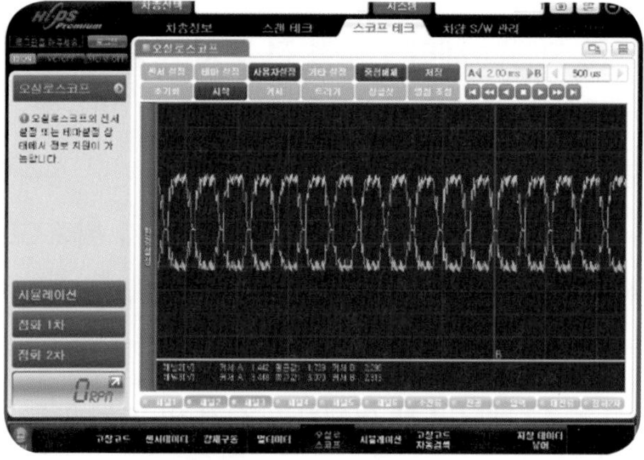

❖그림 3-173 고속 CAN 중첩 파형

❽ 위 ❼항의 파형 측정 시 이상 파형이 검출되면 전기 자동차 점검 절차를 준수한 후 자기진단 커넥터와 BMU 커넥터 사이의 CAN 통신 라인을 확인한다.

❾ CAN High 라인이 접지 측에 단락되면 출력 파형은 High 라인은 0V, Low 라인은 0V근처에서 노이즈 파형을 확인할 수 있다.

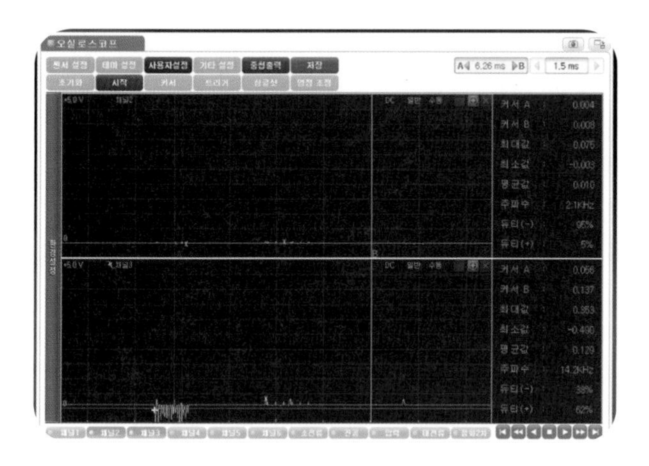

❖그림 3-174 CAN High 라인 접지 단락 파형

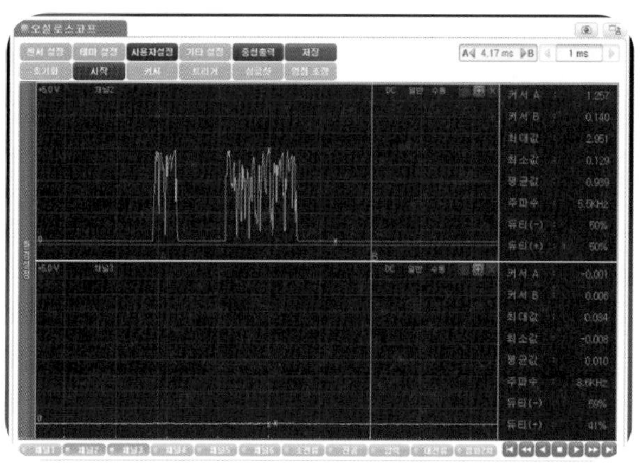

❖그림 3-175 CAN Low 라인 접지 단락 파형

⑩ BMU 및 인버터 커넥터를 분리한 후 CAN High 선 및 Low 선의 단선 단락 접지상태를 점검한다.

⑪ CAN 통신 라인의 파형이 정상일 경우에 IG key를 OFF시킨 후 진단 장비를 분리한다.

⑫ 차량의 점검 부위를 체결상태, 오염 등을 확인하고 작업을 완료한다.

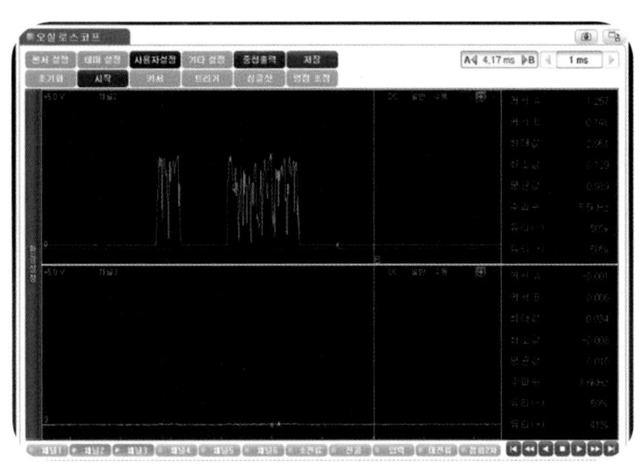

❖그림 3-176 CAN High Low 선간 단락 파형

7 배터리 팩 어셈블리 점검 및 조치 사항

(1) 고전압 배터리 점검 전 조치 사항

고전압 배터리 시스템 관련 작업 시 반드시 "안전사항 및 주의, 경고"내용을 숙지하고 준수해야 한다. 미준수시 감전 또는 누전 등으로 인한 심각한 사고를 초래할 수 있다.

고전압 배터리 관련 시스템을 점검하기 위해 고전압 배터리 팩 어셈블리를 탈착한 경우는 장착 작업 이전에 플로우 잭을 이용하여 가장착 후 고전압 배터리의 이상 유무를 판단한 후 조치가 완료 되면 고전압 배터리 팩 어셈블리를 차량에 장착한다.

3-42 배터리 팩 어셈블리 점검 및 조치 사항

점검 사항		규정값	점검 방법	이상시 조치 사항
단선		-	육안	상태에 따른 점검 및 수리
녹				
변색				
장착 상태				
배터리 균열에 의한 누유 흔적				
BMU 관련 DTC		"DTC 가이드" 참조	DTC 진단 수행 ("DTC 가이드" 참조)	DTC 진단 수행 ("DTC 가이드" 참조)
SOC		5% ~ 95%	"Current Data" 값 확인(GDS 이용)	SOC 수준에 따라 적절한 수리 절차 수행(SOC 수준 및 조치 사항 참조)
전압	셀	2.5 ~ 4.3V	"Current Data" 값 확인(GDS 이용)	배터리 전압 센싱 회로 확인 및 와이어링 수리("배터리 전압 센싱 회로" 참조)
	팩	240 ~ 413V		
	셀간 전압 편차	40mV 이하		
절연 저항		300kΩ ~ 1000kΩ	"Current Data" 값 확인(GDS 이용)	고전압 배터리 시스템의 단락 회로 수리("절연 저항 회로" 참조)
		2MΩ 이상	실차 측정 (메가 옴 테스터기 이용)	
		2MΩ 이상	단품 측정 (메가 옴 테스터기 이용)	

❶ 안전사항을 확인한다.

가) 전압 시스템 관련 작업 시 "안전사항 및 주의, 경고" 내용 미준수시 감전 또는 누전 등으로 인한 심각한 사고를 초래할 수 있으므로 주의 한다.

나) 고전압 시스템 관련 작업 시 "고전압 차단절차"에 따라 반드시 고전압을 먼저 차단해야 한다.

❷ 외관 점검 후 일반 고장수리 또는 사고 차량 수리 해당 여부를 판단한다.

❸ 일반적인 고장수리 시 DTC 코드 별 수리 절차를 준수하여 고장수리를 진행한다.

❹ 사고로 인한 차량수리 시 아래와 같이 사고 유형을 판단하여 차량 수리를 진행한다.

(2) 고전압 배터리 점검

❶ 과충전·과방전: 서비스 데이터 및 자기진단을 실시하여 "배터리 과전압(P0DE7)·저전압(P0DE6)" 코드 표출 등을 확인한다.

❷ 단락: 서비스 데이터 및 자기진단을 실시하여 "고전압 퓨즈의 단선 관련 진단(P1B77, P1B25) 코드"를 확인한다.

(3) 화재 사고 차량의 점검

3-43 화재 차량 점검

<table>
<tr><th>구분</th><th>점검 방법</th><th colspan="2">점검 결과</th><th>조치 사항</th></tr>
<tr><td rowspan="3">고전압 배터리 탑재 부위 외 화재 ※예) 차량 모터 룸 화재</td><td rowspan="3">1. 외관 점검 (변형, 부식, 와이어링 피복상태, 냄새, 커넥터)
2. 고전압 차단 후 메인 퓨즈 단선 유무 점검 ("고전압 차단 절차" 참조)
3. 고전압 메인 릴레이 융착 유무 점검
4. 고전압 배터리 · 섀시 절연 저항 측정
5. 기타 부품 고장 확인
6. BMU의 DTC 코드 확인</td><td colspan="2">고전압 배터리 절연파괴 및 손상</td><td>고전압 배터리 탈착 후 절연 처리 · 절연 포장</td></tr>
<tr><td rowspan="2">고전압 배터리 미손상</td><td>DTC 발생</td><td>DTC 코드 발생시 DTC 진단가이드 수리 절차 준수</td></tr>
<tr><td>DTC 미발생 및 배터리 외관 정상</td><td>고전압 배터리 미교체(단, 차량 폐차 필요 수준으로 파손 시 필요에 따라 고전압 배터리 폐기 절차 수행)</td></tr>
<tr><td rowspan="4">고전압 배터리 탑재 부위 화재 ※예) 트렁크 룸 화재</td><td rowspan="4">1. 외관 점검 (변형, 부식, 와이어링 피복상태, 냄새, 커넥터)
2. 고전압 배터리 외관 손상 유무 점검
3. 고전압 배터리 외관 미손상 시 고전압 차단 후 고전압 메인 릴레이 융착 유무 점검("고전압 차단 절차" 참조)
4. 고전압 배터리 · 섀시 절연저항 측정
5. 기타부품 고장 확인
6. BMU의 DTC 코드 확인</td><td colspan="2">고전압 배터리 외관 손상 (열흔, 그을음 등)</td><td>안전 플러그 탈착 후 염수 침전하여 고전압 배터리 폐기절차 수행</td></tr>
<tr><td colspan="2">고전압 배터리 절연 파괴</td><td>고전압 배터리 탈착 후 절연처리/절연포장</td></tr>
<tr><td rowspan="2">고전압 배터리 미손상</td><td>DTC 발생</td><td>DTC 코드 발생시 DTC 진단가이드 수리절차 준수</td></tr>
<tr><td>DTC 미발생 및 배터리 외관 정상</td><td>고전압 배터리 미교체(단, 차량 폐차필요 수준으로 파손 시, 필요에 따라 고전압 배터리 폐기 절차수행)</td></tr>
</table>

(4) 충돌 사고 차량의 점검

표 3-44 충돌 사고 차량 점검

<table>
<tr><th>구분</th><th>점검 방법</th><th colspan="2">점검 결과</th><th>조치 사항</th></tr>
<tr><td rowspan="3">고전압 배터리 탑재 부위 외 충돌
※예) 정면 · 측면 충돌</td><td rowspan="3">1. 외관 점검 (변형, 부식, 와이어링 피복상태, 냄새, 커넥터)
2. 고전압 차단 후 메인 퓨즈 단선 유무 점검("고전압 차단 절차" 참조)
3. 고전압 메인 릴레이 융착 유무 점검
4. 고전압 배터리 · 섀시 절연 저항 측정
5. 기타 부품 고장 확인
6. BMU의 DTC 코드 확인</td><td colspan="2">고전압 배터리 절연 파괴 및 손상</td><td>고전압 배터리 탈착 후 절연 처리 · 절연 포장</td></tr>
<tr><td rowspan="2">고전압 배터리 미손상</td><td>DTC 발생</td><td>DTC 코드 발생시 DTC 진단가이드 수리 절차 준수</td></tr>
<tr><td>DTC 미발생 및 배터리 외관 정상</td><td>고전압 배터리 미교체(단, 차량 폐차 필요 수준으로 파손 시 필요에 따라 고전압 배터리 폐기 절차 수행)</td></tr>
<tr><td rowspan="3">고전압 배터리 탑재부위 충돌
※예) 후방 충돌</td><td rowspan="3">1. 외관 점검 (변형, 부식, 와이어링 피복상태, 냄새, 커넥터)
2. 고전압 차단 후, 메인 퓨즈 단선 유무 점검 ("고전압 차단 절차" 참조)
3. 고전압 메인 릴레이 융착 유무 점검
4. 고전압 배터리/섀시 절연저항 측정
5. 기타부품 고장 확인
6. BMU의 DTC 코드 확인</td><td colspan="2">고전압 배터리 절연파괴 및 손상</td><td rowspan="3">●위와 동일한 기준으로 조치
※ 단, 트렁크 및 차량 도어 손상으로 고전압 배터리 탑재부위로 접근 불가시 고전압 시스템이 손상되지 않도록 차량 외부를 변형 및 절단하여 점검 및 수리 절차 수행</td></tr>
<tr><td rowspan="2">고전압 배터리 미손상</td><td>DTC 발생</td></tr>
<tr><td>DTC 미발생 및 배터리 외관 정상</td></tr>
</table>

(5) 침수 사고 차량의 점검

표 3-45 침수 사고 차량 점검

<table>
<tr><th>구분</th><th>점검 방법</th><th colspan="2">점검 결과</th><th>조치사항</th></tr>
<tr><td rowspan="3">고전압 배터리 미포함</td><td rowspan="3">1. 외관 점검(변형, 부식, 와이어링 피복상태, 냄새, 커넥터)
2. 고전압 차단 후 메인 퓨즈 단선 유무 점검("고전압 차단 절차" 참조)
3. 고전압 메인 릴레이 융착 유무 점검
4. 고전압 배터리 · 섀시 절연 저항 측정
5. 기타부품 고장 확인
6. BMU의 DTC 코드 확인</td><td colspan="2">고전압 배터리 절연파괴 및 손상</td><td>고전압 배터리 절연파괴 및 손상</td></tr>
<tr><td rowspan="2">고전압 배터리 미손상</td><td>DTC 발생</td><td>DTC 코드 발생 시 DTC 진단가이드 수리 절차 준수</td></tr>
<tr><td>DTC 미발생 및 배터리 외관 정상</td><td>고전압 배터리 미교체(단, 차량 폐차 필요 수준으로 파손 시 필요에 따라 고전압 배터리 폐기 절차 수행)</td></tr>
<tr><td>고전압 배터리 포함</td><td>1. 고전압 차단 후 메인 퓨즈 단선 유무 점검("고전압 차단 절차" 참조)
2. 고전압 메인 릴레이 융착 유무 점검
3. 배터리 · 섀시 절연저항 측정
4. BMU의 DTC 코드 확인</td><td colspan="2">점검 결과와 무관하게 조치사항 수행</td><td>고전압 배터리 탈착 후 절연 처리 · 절연 포장</td></tr>
</table>

(6) 배터리의 육안 점검

❶ 점검 항목 – 전장 부품, 냉각 부품, 고전압 배터리 팩 어셈블리

❷ 점검 내용 – 단선, 녹, 변색, 장착 상태, 균열에 의한 누유 상태

(7) 배터리의 SOC 점검

배터리 팩의 만충전 용량 대비 배터리 사용 가능 에너지를 백분율로 표시한 양 즉, 배터리 충전 상태를 SOC(State Of Charge)라고 하며, 다음과 같이 점검 한다.

❶ 점화 스위치를 "OFF"시킨다.

❷ GDS를 자기진단 커넥터(DLC)에 연결한다.

❸ 점화 스위치를 ON시킨다.

❹ GDS 서비스 데이터의 SOC 항목을 확인하며, SOC 값이 5~95% 내에 있는지 확인한다.

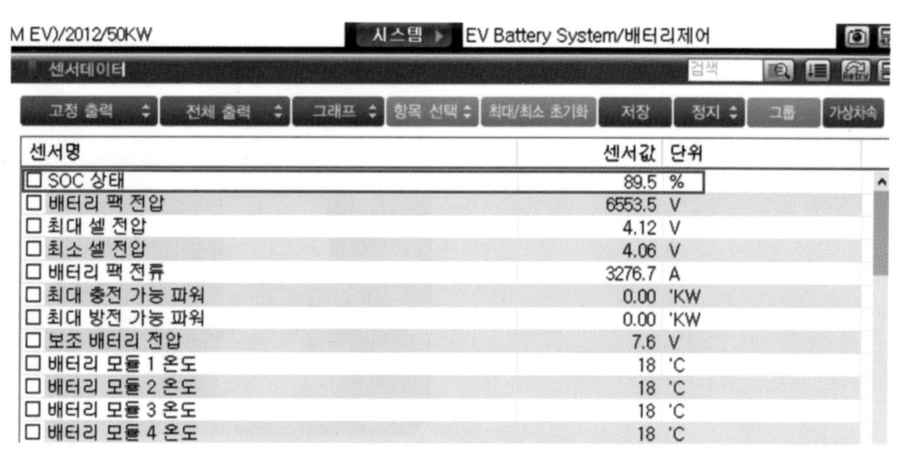

❖그림 3-177 레이 배터리 SOC 상태 확인

(8) 배터리 전압 점검

❶ 점화 스위치를 "OFF"시킨다. ❷ GDS를 자기진단 커넥터(DLC)에 연결한다.

❸ 점화 스위치를 ON시킨다.

❹ GDS 서비스 데이터의 "셀 전압" 및 "팩 전압"을 점검한다.

가) 셀 전압 : 2.5 ~ 4.3V 나) 팩 전압 : 240 ~ 413V 다) 셀간 전압편차 : 40 mV이하

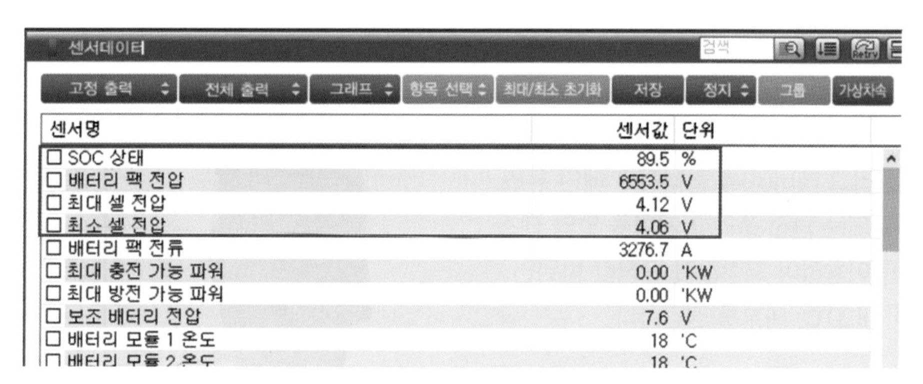

❖그림 3-178 레이 배터리 전압 점검

(9) 전압 센싱 회로 점검

❶ 고전압 배터리 팩 어셈블리를 탈착한다.

❷ 고전압 배터리 전압 & 온도 센서 와이어링 하니스를 탈착한다.

❸ 고전압 배터리 모듈과 BMU 하니스 커넥터의 와이어링 통전 상태를 확인하여 규정값인 1Ω 이하(20℃) 여부를 확인한다.

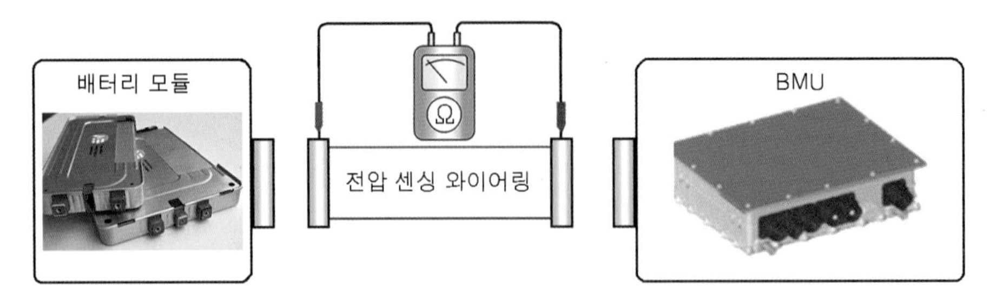

❖그림 3-179 고전압 센싱 회로 점검

❹ BMU를 하부 케이스에 장착한다.

❺ 고전압 배터리 전압 & 온도 센서 와이어링 하니스를 BMU에 연결한다.

❖그림 3-180 고전압 절연 테스터

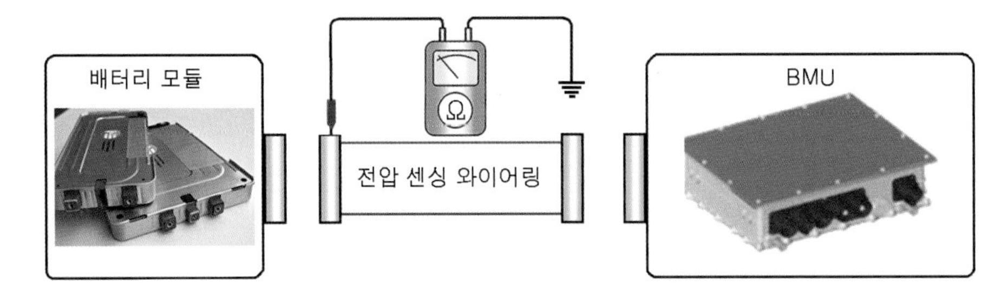

❖그림 3-181 커넥터와 케이스의 절연 저항 점검

(10) 메인 퓨즈 점검

❶ 안전 플러그를 탈착한다.

❷ 안전 플러그 레버(A)를 탈착하고 메인 퓨즈와 연결되는 안전 플러그 저항을 멀티 테스터기를 이용하여 저항값이 규정값 범위인 1Ω 이하(20℃) 여부를 점검한다.

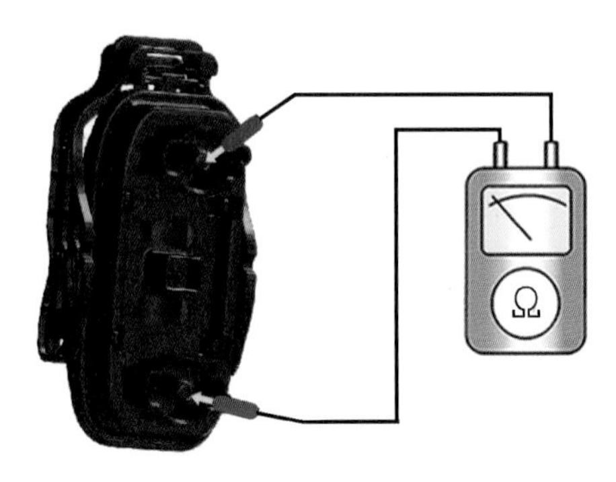

❖그림 3-182 안전 플러그 저항 점검

❸ 안전 플러그 커버(B)를 탈착한 후 메인 퓨즈(C)를 탈착한다.

❹ 메인 퓨즈 양 끝단 사이의 저항이 규정 값인 1Ω 이하 (20℃)인지를 점검한다.

❺ 탈착 절차의 역순으로 메인 퓨즈를 장착한다.

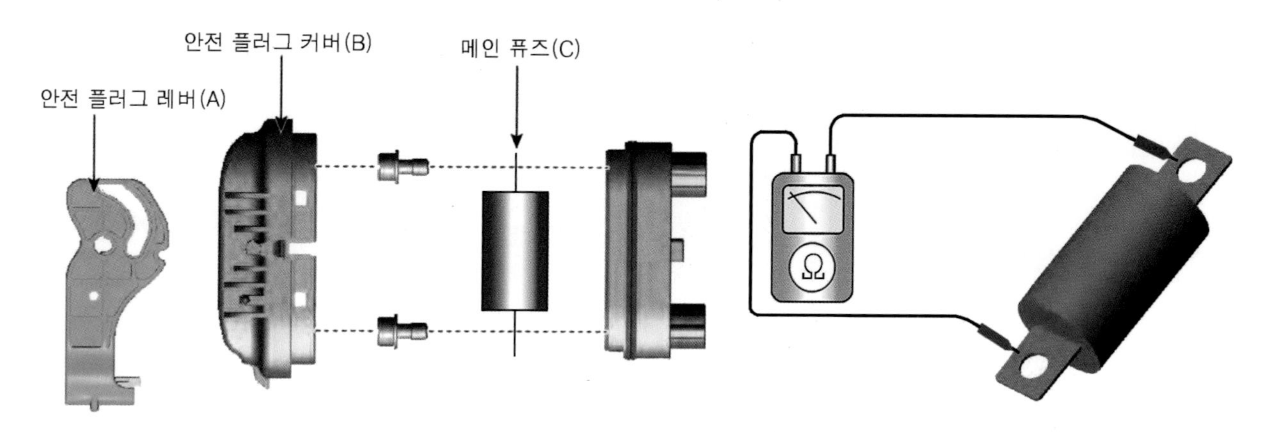

❖그림 3-183 안전 플러그와 메인 퓨즈

❖그림 3-184 메인 퓨즈 저항 점검

(11) 고전압 메인 릴레이 점검(융착 상태 점검)

❶ GDS 장비를 이용한 점검

가) GDS를 자기진단 커넥터(DLC)에 연결한다.

나) 점화 스위치를 ON시킨다.

다) GDS 서비스 데이터의 [BMU 융착 상태 'NO'] 인지를 확인한다.

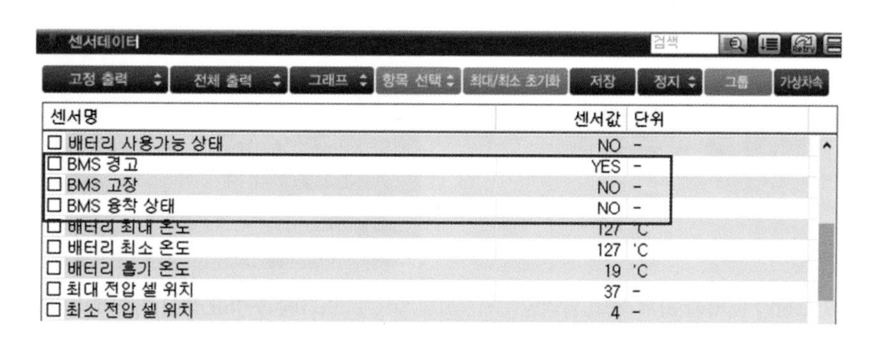

센서명	센서값	단위
□ 배터리 사용가능 상태	NO	-
□ BMS 경고	YES	-
□ BMS 고장	NO	-
□ BMS 융착 상태	NO	-
□ 배터리 최대 온도	127	'C
□ 배터리 최소 온도	127	'C
□ 배터리 흡기 온도	19	'C
□ 최대 전압 셀 위치	37	-
□ 최소 전압 셀 위치	4	-

❖그림 3-185 레이 BMU 융착 상태 점검

❷ GDS를 이용한 메인 릴레이 점검

가) 고전압 회로를 차단한다.

나) 고전압 배터리 상부 케이스를 탈착한다.

다) 고전압 배터리 팩을 플로우 잭을 이용하여 차량에 가장착 한다.

라) GDS 장비를 자기진단 커넥터(DLC)에 연결한다.

마) 점화 스위치를 ON시킨다.

바) GDS 강제 구동 기능을 이용하여, 고전압 배터리를 제어하는 메인 릴레이 (–)를 ON 하면서 릴레이 ON 시 "틱" 또는 "톡"하는 릴레이 작동 음을 확인한다.

❖그림 3-186 배터리 가장착

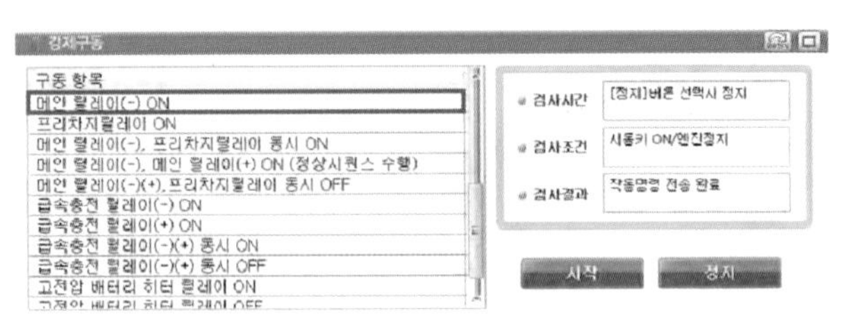

❖그림 3-187 GDS 장비를 이용 메인 릴레이 ON

❸ 멀티미터를 이용한 점검

가) 고전압 차단 절차를 수행한다.

나) 리프트를 이용하여 차량을 들어올린다.

다) 장착 너트를 푼 후 고전압 배터리 하부 커버 A를 탈착한다.

라) 장착 볼트를 푼 후 PRA 및 BMU 고전압 정션 박스 어셈블리 브래킷 B 및 커버 C를 탈착한다.

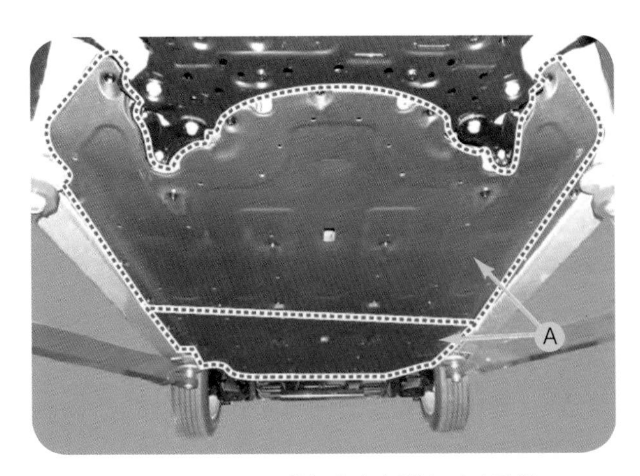

❖그림 3-188 고전압 배터리 하부 커버 탈착

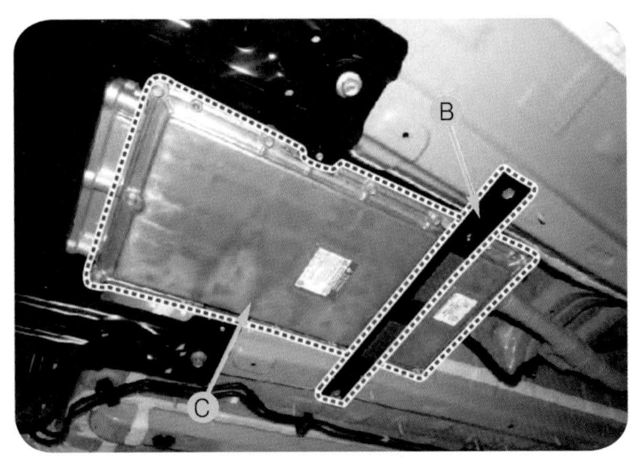

❖그림 3-189 정션 박스 커버 및 브래킷 탈착

❖그림 3-190 BMU 커넥터 탈착

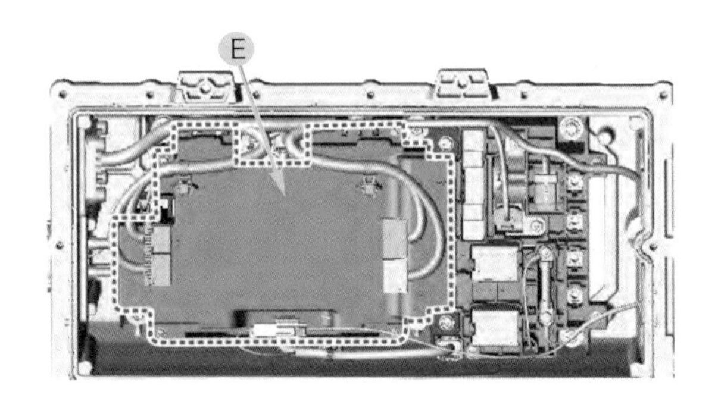

❖그림 3-191 PRA 톱 커버 탈착

사) 그림과 같이 고전압 메인 릴레이의 저항이 ∞Ω(20℃)이 검출되는지 여부를 점검한다.

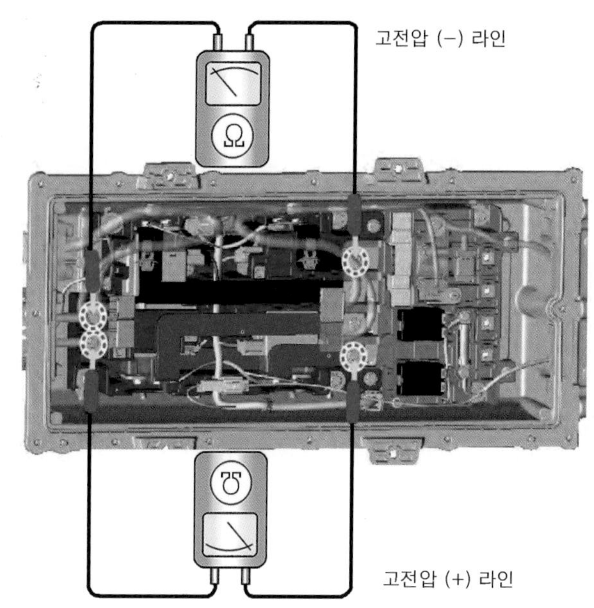

❖그림 3-192 고전압 메인 릴레이 저항 점검

(12) 고전압 배터리 절연 저항 점검

❶ GDS 장비를 이용한 점검

가) GDS를 자기진단 커넥터(DLC)에 연결한다.

나) 점화 스위치를 ON시킨다.

다) GDS 서비스 데이터의 "절연 저항 규정값: 300 kΩ ~ 1000 kΩ" 여부를 확인한다.

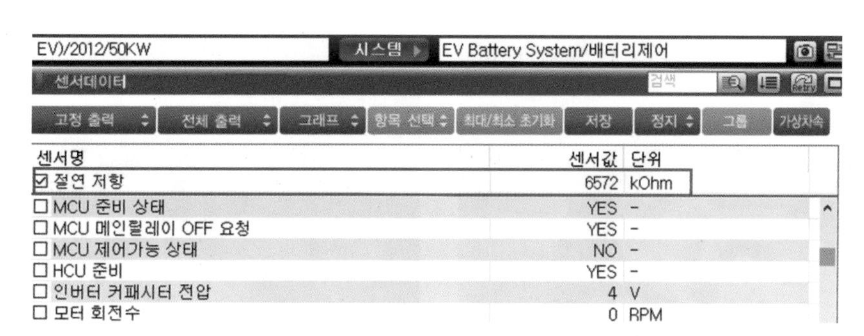

센서명	센서값	단위
☑ 절연 저항	6572	kOhm
☐ MCU 준비 상태	YES	-
☐ MCU 메인릴레이 OFF 요청	YES	-
☐ MCU 제어가능 상태	NO	-
☐ HCU 준비	YES	-
☐ 인버터 커패시터 전압	4	V
☐ 모터 회전수	0	RPM

❖그림 3-193 GDS 장비 이용 고전압 배터리 절연 저항 점검

❷ 메가 옴 테스터기를 이용한 점검

가) 고전압 차단 절차를 수행한다.

나) 절연 저항계의 (–) 단자 (A)를 차량측 차체 접지 부분에 연결한다.

다) 절연 저항계의 (+) 단자를 고전압 배터리 (+)에 각각 연결한 후 저항 값을 측정한다.

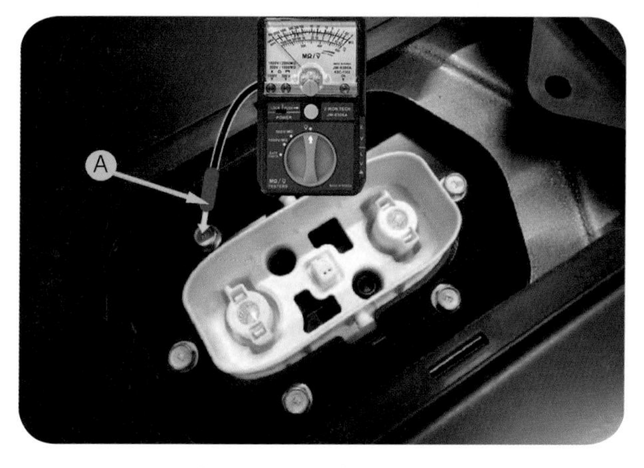

❖그림 3-194 메가 옴 테스터기 접지

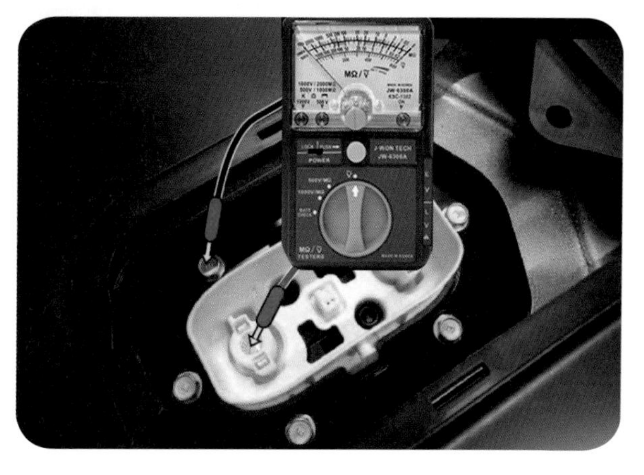

❖그림 3-195 배터리 (+)단자 절연 저항 점검

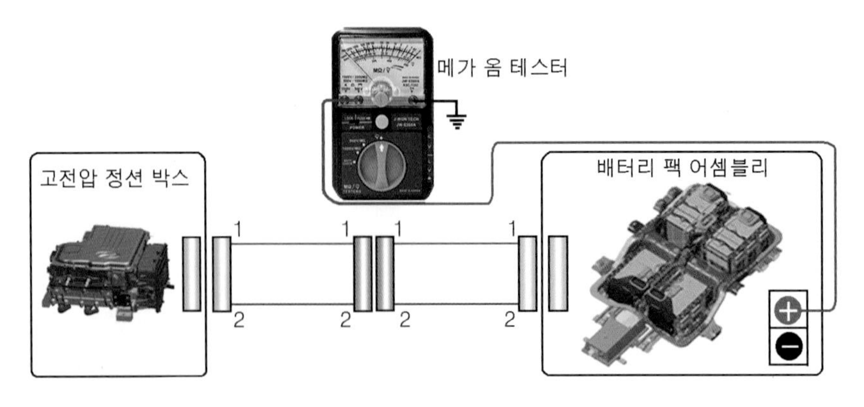

❖그림 3-196 메가 옴 테스터기 접지

㉠ 절연 저항계의 (+) 단자를 고전압 배터리 팩 (+)측에 연결한다.

㉡ 절연 저항계를 통해 500V 전압을 인가한 후 안정된 저항 값을 측정하기 위해 약 1분간 대기한다.

㉢ 절연 저항값이 규정 값인 2MΩ 이상(20℃)인지 확인한다.

라) 절연 저항계의 (+) 단자를 고전압 배터리 (−)에 각각 연결한 후 저항 값을 측정한다.

❖그림 3-197 메가 옴 테스터기 접지

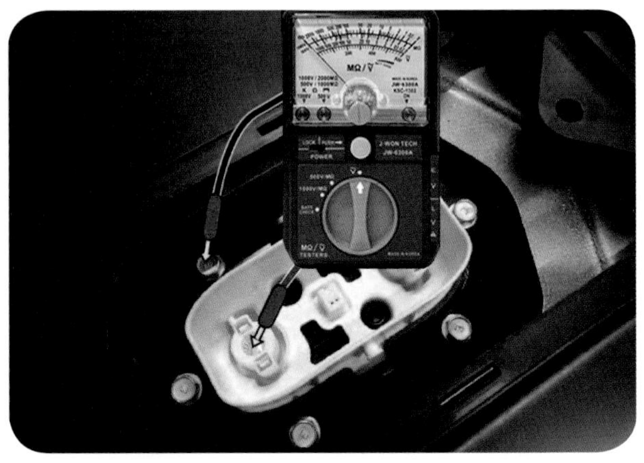

❖그림 3-198 배터리 (−)단자 절연 저항 점검

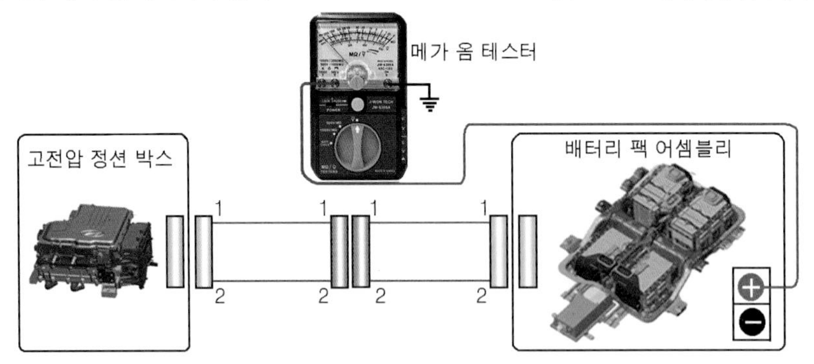

❖그림 3-199 고전압 배터리 (−) 단자 절연 저항 점검

㉠ 절연 저항계의 (+) 단자를 고전압 배터리 팩(−)측에 연결한다.

㉡ 절연 저항계를 통해 500V 전압을 인가한 후 안정된 저항 값을 측정하기 위해 약 1분간 대기한다.

㉢ 절연 저항 값이 규정 값인 2MΩ 이상 (20℃)인지 확인한다.

(13) 고전압 배터리 팩 어셈블리 절연 저항 점검

❶ 절연 저항계(메가 옴 테스터) 이용

가) 고전압 차단 절차를 수행한다.

나) 절연 저항계의 (–) 단자 (A)를 하부 배터리 케이스 또는 접지부에 연결한다.

다) 절연 저항계의 (+) 단자를 고전압 배터리 (+), (–)에 각각 연결한 후 저항 값을 측정한다.

라) 절연 저항 값이 규정 값인 2MΩ 이상 (20℃)인지 확인한다.

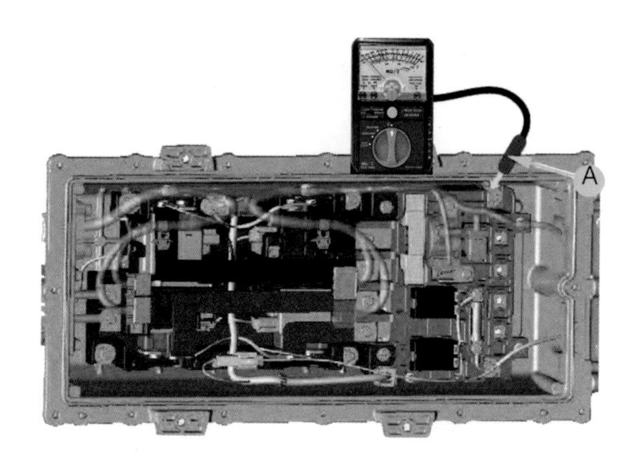

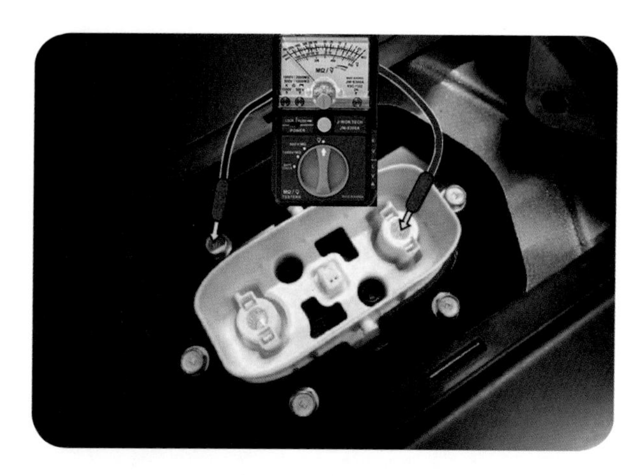

❖그림 3-200 고전압 배터리 케이스 절연 저항 점검

(14) 파워 릴레이 어셈블리 고전압 파워 단자 (+) 측 절연 저항 점검

❶ PRA 고전압 파워 단자 (+) 측에 절연 저항계의 (+)단자(A)를 연결한다.

❷ 절연 저항계를 통해 500V 전압을 인가한 후 안정된 저항 값을 측정하기 위해 약 1분간 대기한다.

❸ 절연 저항 값이 규정 값인 2MΩ 이상 (20℃)인지를 확인한다.

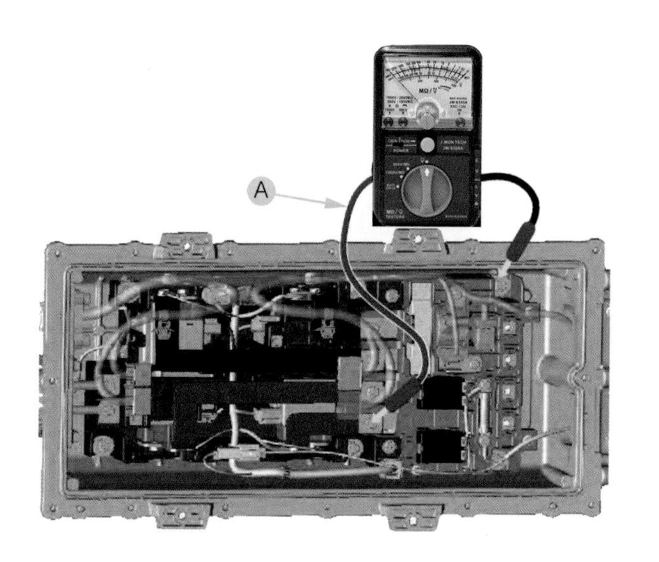

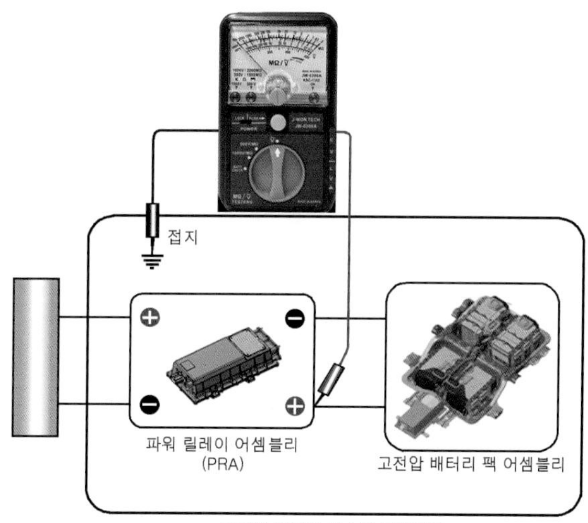

❖그림 3-201 고전압 파워 단자 (+) 측 절연 저항 점검

(15) 파워 릴레이 어셈블리 고전압 파워 단자 (-) 측 절연 저항 점검

❶ PRA 고전압 파워 단자 (-) 측에 절연 저항계의 (+)단자(A)를 연결한다.

❷ 절연 저항계를 통해 500V 전압을 인가한 후 안정된 저항 값을 측정하기 위해 약 1분간 대기한다.

❸ 절연 저항 값이 규정 값인 2MΩ 이상 (20℃)인지를 확인한다.

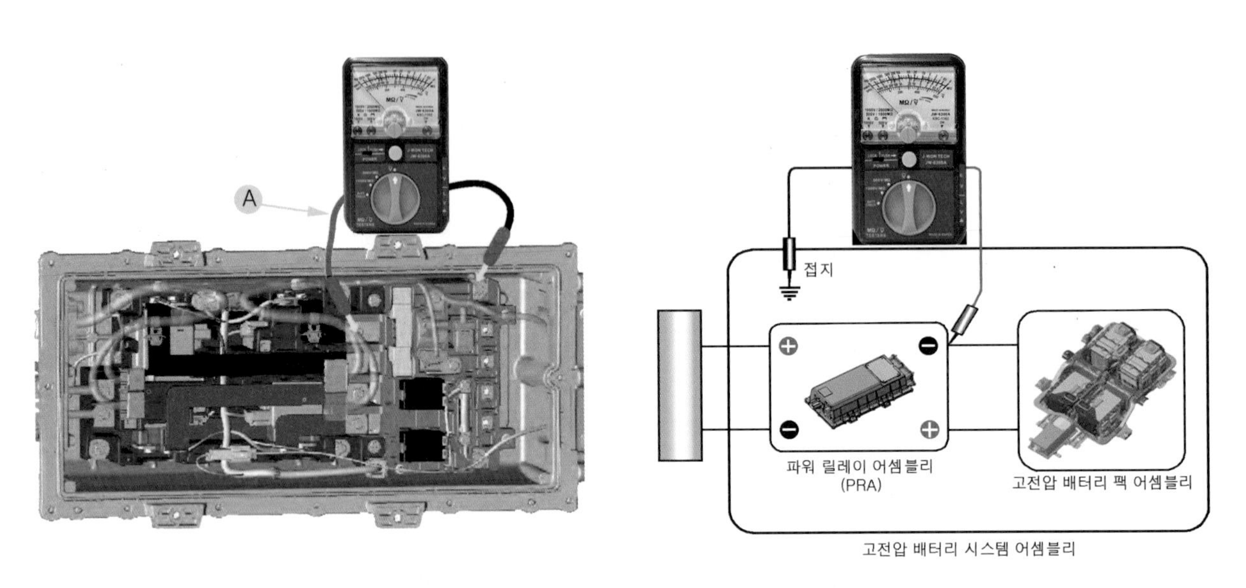

❖그림 3-202 고전압 파워 (-) 단자 절연 저항 점검

(16) 파워 릴레이 어셈블리 인버터 파워 단자 (+) 측 절연 저항 점검

❶ PRA 인버터 파워 단자 (+) 측에 절연 저항계의 (+)단자 (A)를 연결한다.

❷ 절연 저항계를 통해 500V 전압을 인가한 후 안정된 저항 값을 측정하기 위해 약 1분간 대기한다.

❸ 절연 저항 값이 규정 값인 2MΩ 이상 (20℃)인지를 확인한다.

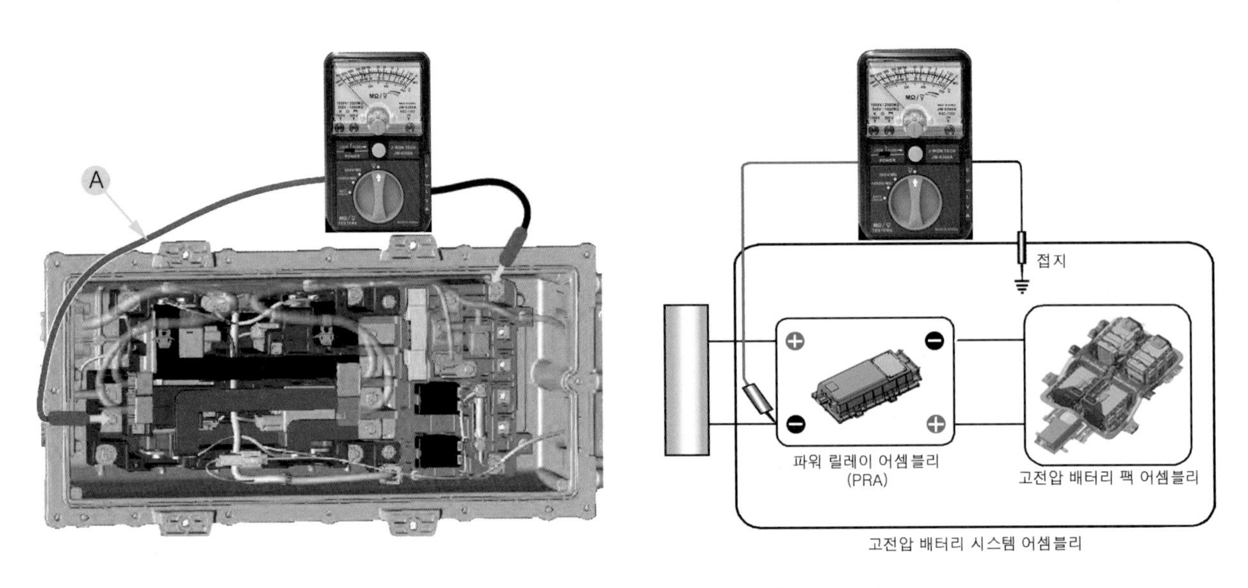

❖그림 3-203 파워 릴레이 어셈블리 인버터 파워 (+) 단자 절연 저항 점검

(17) 파워 릴레이 어셈블리 인버터 파워 단자 (–) 측 절연 저항 값 점검

❶ PRA 인버터 파워 단자 (–) 측에 절연 저항계의 (+)단자(A)를 연결한다.

❷ 절연 저항계를 통해 500V 전압을 인가한 후 안정된 저항 값을 측정하기 위해 약 1분간 대기한다.

❸ 절연 저항 값이 규정 값인 2MΩ 이상 (20℃)인지를 확인한다.

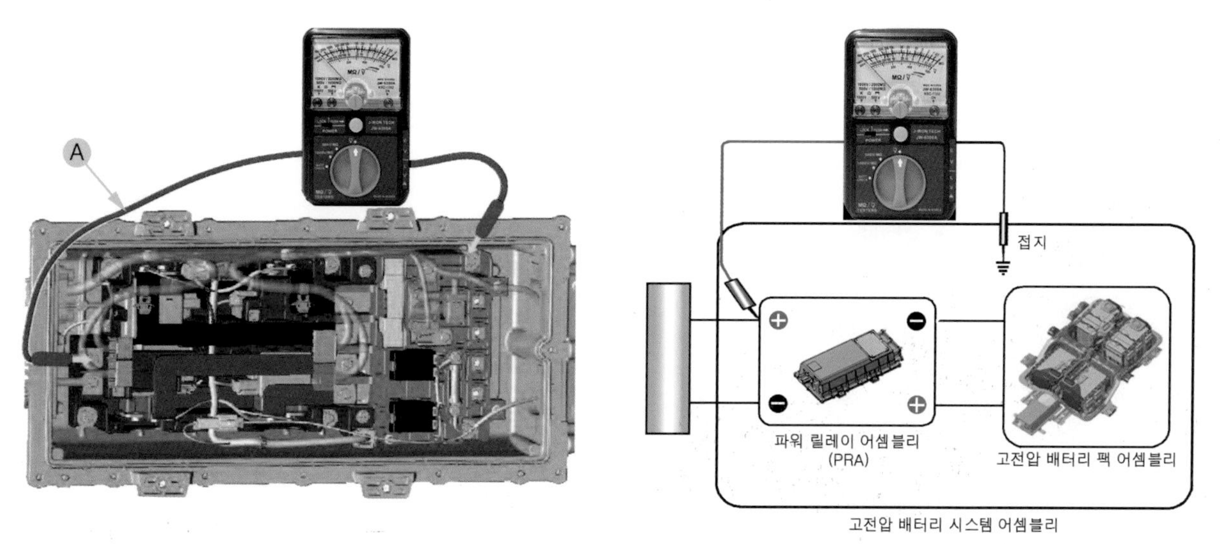

❖그림 3-204 파워 릴레이 어셈블리 인버터 파워 (–) 단자 절연 저항 점검

(18) 고전압 메인 릴레이 (–) 스위치 저항 점검

❶ 멀티미터 이용 (릴레이 OFF)

멀티 테스터를 이용하여 고전압 (–) 릴레이 OFF 상태에서 실시하는 점검 방법이며, 고전압 배터리 관련 시스템을 점검하기 위해 고전압 배터리 팩 어셈블리를 탈착한 경우는 장착하기 전에 플로우 잭을 이용하여 가장착 후 고전압 배터리의 이상 유무를 판단한 후 조치가 완료되면 고전압 배터리 팩 어셈블리를 차량에 장착한다.

가) 장착 스크루를 푼 후 PRA 톱 커버(A)를 탈착한다.

나) 그림과 같이 고전압 메인 릴레이의 저항을 측정하여 ∞Ω(20℃)의 규정 값 범주 내에 있는지 확인한다.

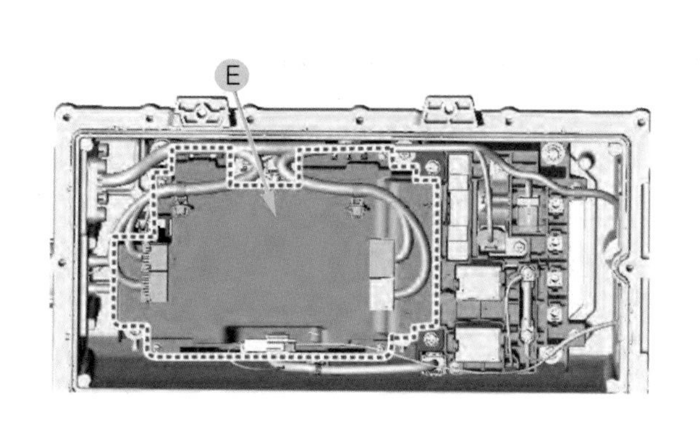

❖그림 3-205 PRA 톱 커버 탈착

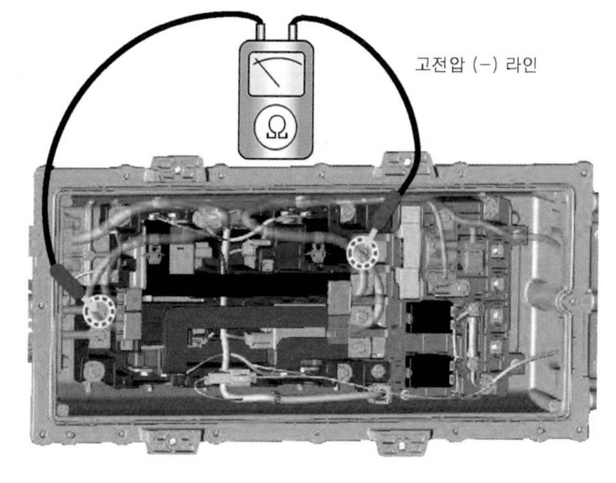

❖그림 3-206 메인 릴레이 (–) 단자 저항 점검

❷ GDS 이용 (릴레이 ON)

가) 고전압 회로를 차단한다.

나) 고전압 배터리 상부 케이스를 탈착한다.

다) 고전압 배터리 팩을 플로우 잭을 이용하여 차량에 가장착 한다.

라) GDS 장비를 자기진단 커넥터(DLC)에 연결한다.

마) 점화 스위치를 ON시킨다.

바) GDS의 강제 구동 기능을 이용하여, 메인 릴레이 (–)를 ON시킨다.

사) 릴레이 ON 시 "틱" 또는 "톡" 하는 릴레이 작동 음을 확인한다.

❖그림 3-207 배터리 팩 어셈블리 가장착

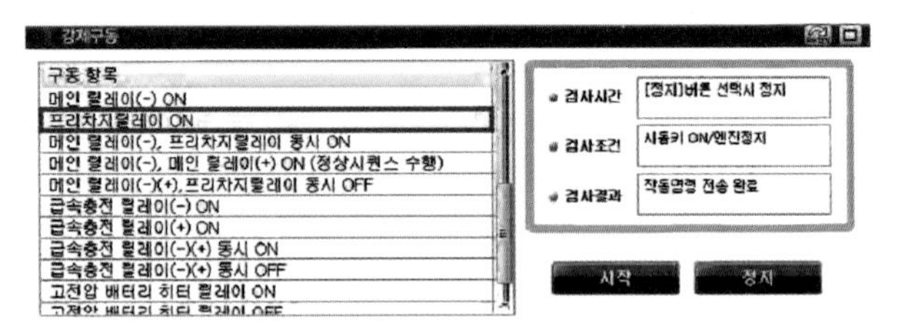

❖그림 3-208 GDS 장비를 이용 프리차지 릴레이 ON

(19) 배터리 온도 센서 점검

배터리 온도 센서는 1~8번 모듈에 내장되어 있으며, 분해가 불가능하다.

❶ 점화 스위치를 OFF시킨다.

❷ 고전압 회로를 차단한다.

❸ 고전압 배터리 시스템 어셈블리를 탈착한다.

❹ 고전압 배터리 팩 상부 케이스를 탈착한다.

❺ 고전압 배터리 팩을 플로우 잭을 이용하여 차량에 가장착 한다.

❻ GDS 장비를 자기진단 커넥터(DLC)에 연결한다.

❼ 점화 스위치를 ON시킨다.

❽ GDS 서비스 데이터의 "배터리 모듈 온도"를 점검한다.

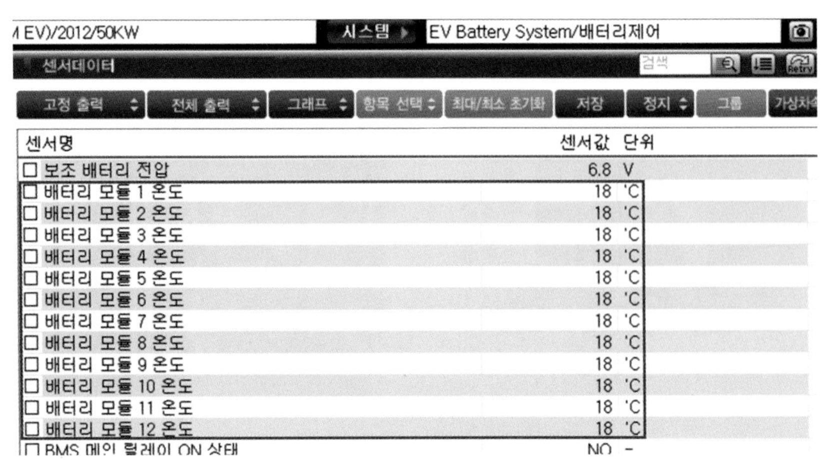

센서명	센서값	단위
□ 보조 배터리 전압	6.8	V
□ 배터리 모듈 1 온도	18	'C
□ 배터리 모듈 2 온도	18	'C
□ 배터리 모듈 3 온도	18	'C
□ 배터리 모듈 4 온도	18	'C
□ 배터리 모듈 5 온도	18	'C
□ 배터리 모듈 6 온도	18	'C
□ 배터리 모듈 7 온도	18	'C
□ 배터리 모듈 8 온도	18	'C
□ 배터리 모듈 9 온도	18	'C
□ 배터리 모듈 10 온도	18	'C
□ 배터리 모듈 11 온도	18	'C
□ 배터리 모듈 12 온도	18	'C
□ BMS 메인 릴레이 ON 상태	NO	-

❖그림 3-209 배터리 모듈 온도 센서 점검

❾ 점화 스위치를 OFF시킨다.
❿ 고전압 배터리 케이블 및 BMU 점검 단자를 분리한다.
⓫ 온도 센서별 저항 값을 정비지침서를 참조하여 확인한다.

(20) 고전압 프리 차지 릴레이 코일 저항 점검

❶ 고전압 차단 절차를 수행한다.
❷ 리프트를 이용하여 차량을 들어올린다.
❸ 장착 볼트 및 너트를 푼 후 고전압 배터리 프런트 언더 커버(A)를 탈착한다.
❹ BMU 익스텐션 커넥터(B)를 분리한다.

❖그림 3-210 배터리 프런트 언더 커버 탈착

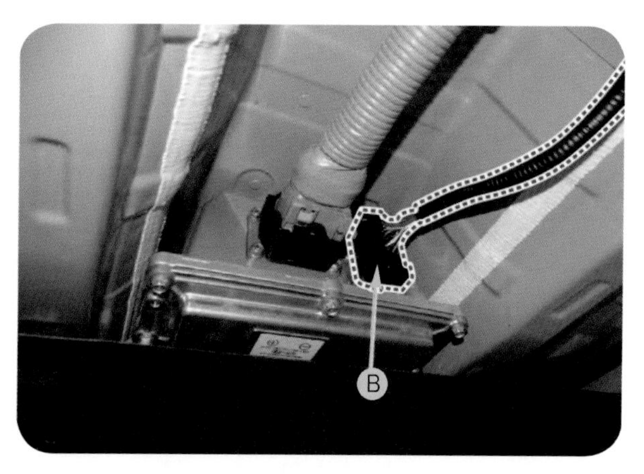

❖그림 3-211 BMU 익스텐션 커넥터 분리

❺ 파워 릴레이 어셈블리 커넥터 8번과 9번 단자 사이의 저항을 측정하여 규정 값인 104.4 ~ 127.6Ω(20℃)의 범주 내에 있는지 점검한다.

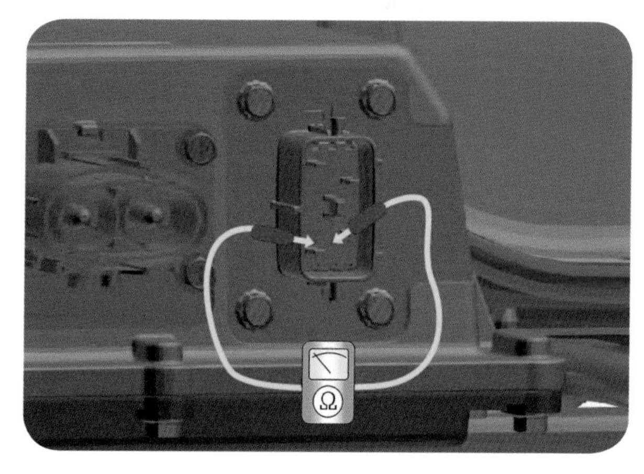

❖그림 3-212 파워 릴레이 코일 저항 점검

(21) 배터리 전류 센서 점검

❶ 점화 스위치를 OFF시킨다.
❷ 고전압 회로를 차단한다.
❸ 고전압 배터리 시스템 어셈블리를 탈착한다.
❹ 고전압 배터리 팩 상부 케이스를 탈착한다.
❺ 고전압 배터리 팩을 플로우 잭을 이용하여 차량에 가장착 한다.
❻ GDS 장비를 자기진단 커넥터(DLC)에 연결한다.
❼ 점화 스위치를 ON시킨다.

❽ GDS 서비스 데이터의 "배터리 팩 전류"를 확인한다.

/I EV)/2012/50KW 시스템 ▸ EV Battery System/배터리제어

센서데이터 검색

고정 출력 ÷ 전체 출력 ÷ 그래프 ÷ 항목 선택 ÷ 최대/최소 초기화 저장 정지 ÷ 그룹 가상차속

센서명	센서값	단위
☐ 배터리 팩 전압	6553.5	V
☐ 최대 셀 전압	4.12	V
☐ 최소 셀 전압	4.06	V
☐ 배터리 팩 전류	3276.7	A
☐ 최대 충전 가능 파워	0.00	'KW
☐ 최대 방전 가능 파워	0.00	'KW

❖그림 3-213 배터리 팩 전류 점검(1)

❾ 전류별 출력 전압 값을 확인한다.

표 3-46 배터리 센서 출력 전압

전류(A)	출력전압(V)
-400(충전)	0.5
-200(충전)	1.5
0	2.5
+200	3.5
+400	4.5

❿ BMU 측 B01-1A 커넥터 1번 단자(센서 출력)와 18번(센서 접지) 사이의 전압 값이 정상 값의 범위인 약 2.5V ± 0.1V에 있는지 점검한다.

⓫ BMU 측 B01-1A 커넥터 17번 단자(센서 전원)와 18번(센서 접지) 사이의 전압 값이 정상 값의 범위인 약 5V ± 0.1V에 있는지 점검한다.

❖그림 3-214 배터리 팩 전류 점검(2)

(22) 안전 플러그 점검

고전압 시스템 관련 작업 안전사항 미준수시 감전 또는 누전 등으로 인한 심각한 사고를 초래할 수 있으므로 반드시 "안전사항 및 주의, 경고" 내용을 숙지하고 준수해야 한다.

❶ 점화 스위치를 OFF시키고 보조 배터리 (–) 케이블을 분리한다.

❷ 트렁크 러기지 보드를 탈착한다.

❸ 안전 플러그 서비스 커버 A 를 탈착한다.

❹ 안전 플러그 B 를 탈착한다.

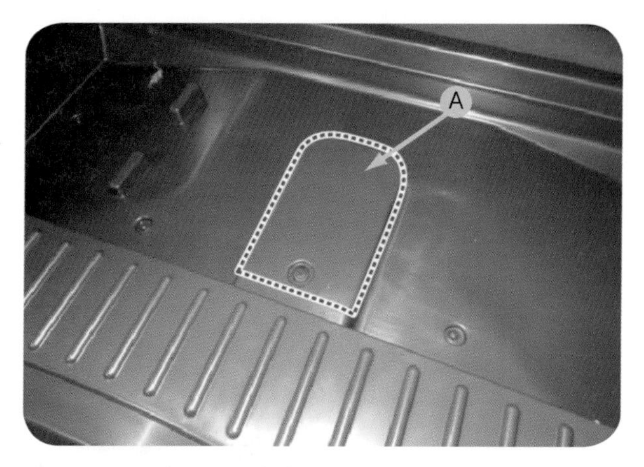

❖그림 3-215 안전 플러그 서비스 커버 탈착

❖그림 3-216 안전 플러그 탈착

⑤ 육안 점검 및 통전 시험을 통하여 인터록 스위치 단자 상태 및 고전압으로 연결되는 단자의 이상 유무를 확인한다.

(23) 안전 플러그 케이블 점검

❶ 점화 스위치를 OFF시키고 보조 배터리 (-) 터미널을 분리한다.

❷ 고전압 회로를 차단한다.

❸ 상부 케이스를 탈착한다.

❹ 안전 플러그 케이블 커넥터 A를 분리한다.

❺ 고정 너트 B를 풀고 안전 플러그 케이블 어셈블리 C를 탈착한다.

❖그림 3-217 안전 플러그 구성

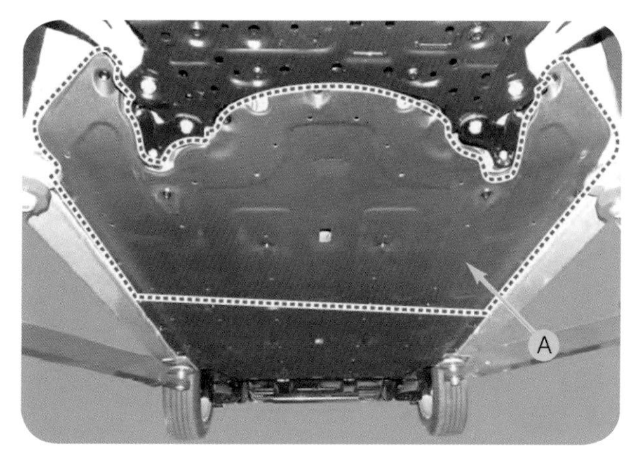

❖그림 3-218 안전 플러그 케이블 커넥터 분리

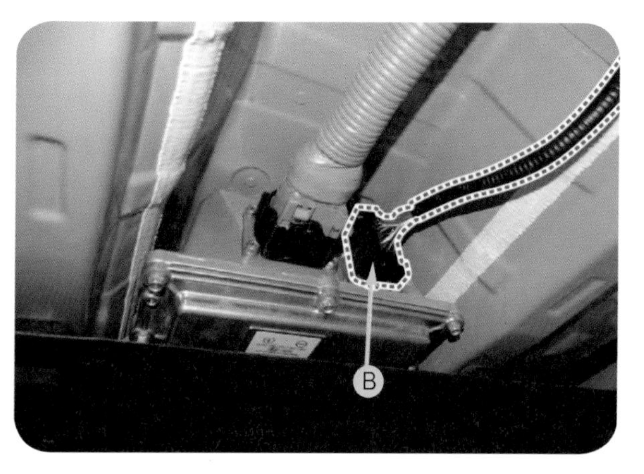

❖그림 3-219 안전 플러그 어셈블리 케이블 탈착

❻ 탈착 절차의 역순으로 안전 플러그를 장착한다.

❖그림 3-220 안전 플러그 어셈블리 케이블 점검

(24) 고전압 차단 릴레이(OPD) 점검

❶ 점화 스위치를 OFF시키고 보조 배터리 (–) 터미널을 분리한다.
❷ 고전압 회로를 차단한다.
❸ 상부 케이스를 탈착한다.
❹ OPD 단자 간의 통전 상태를 각 단품별로 저항 값이 규정 값인 0.375Ω 이하 (20℃) 인지를 점검한다.
❺ 통전되지 않는다는 것은 과충전에 의해서 스위치 접점이 열려진 상태이거나 OPD 단품 자체에 이상이므로 배터리 팩 어셈블리를 모두 교환하여야 한다.
❻ OPD 하니스 장착 시 오조립이 되면 프리차징 실패 또는 OPD 이상(고전압 배터리가 부푼 것으로 잘못 인식됨)으로 인식되므로 커넥터가 올바른 위치에 장착되어있는지 꼭 확인하여야 한다.

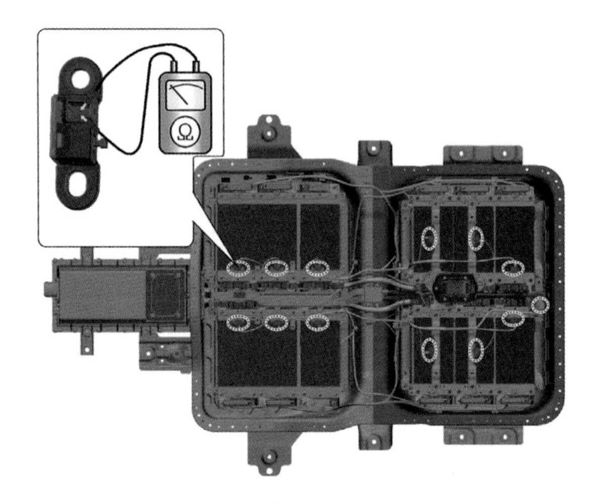

❖그림 3-221 고전압 차단 릴레이 점검

(25) 고전압 배터리 히터 시스템 점검

고전압 배터리 히터, 고전압 배터리 히터 온도 센서, 인렛 온도 센서는 고전압 배터리 팩 어셈블리 통합형이므로 각 부품들은 별도 분리가 불가능하므로 각각의 부품 수리 시는 "고전압 배터리 팩 어셈블리" 탈부착 절차를 참조하여 점검한다.

❶ 점화스위치를 OFF시킨다.
❷ 고전압 회로를 차단한다.
❸ 고전압 배터리 시스템 어셈블리를 탈착한다.
❹ 고전압 배터리 팩 상부 케이스를 탈착한다.
❺ 제원 값을 참조하여 저항이 제원 값과 상이한지 확인한다.

(26) 고전압 배터리 히터 릴레이, 퓨즈 및 온도 센서 점검

고전압 배터리 히터, 고전압 배터리 히터 온도 센서, 인렛 온도 센서는 고전압 배터리 팩 어셈블리 통합형이므로 각 부품들은 별도 분리가 불가능하다.

❶ GDS를 이용한 릴레이 ON 상태 점검

가) 고전압 회로를 차단한다.
나) 고전압 배터리 상부 케이스를 탈착한다.
다) 고전압 배터리 팩을 플로우 잭을 이용하여 차량에 가장착 한다.
라) GDS 장비를 자기진단 커넥터(DLC)에 연결한다.
마) 점화 스위치를 ON시킨다.
바) GDS 강제 구동 기능을 이용하여 고전압 배터리 히터를 제어하는 고전압 배터리 히터 릴레이를 ON시킨다.

❖그림 3-222 배터리 팩 어셈블리 가장착

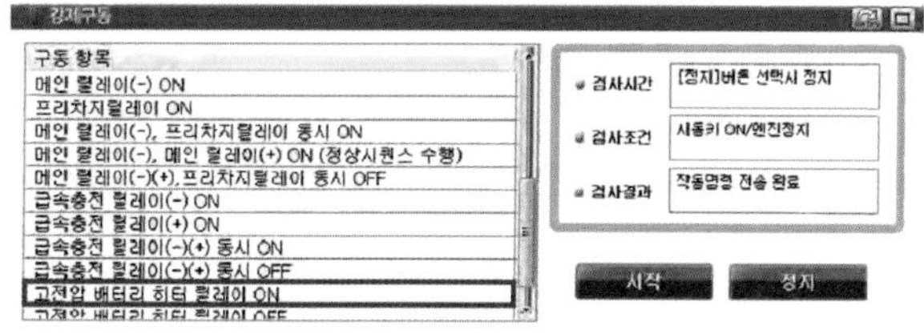

❖그림 3-223 배터리 히터 릴레이 점검

❷ 멀티 테스터기를 이용한 릴레이 OFF상태 점검

가) 고전압 회로를 차단한다.
나) 파워 릴레이 어셈블리를 탈착한다.
다) 파워 릴레이 어셈블리 커넥터 5번과 10번 단자 사이의 저항이 규정값인 54 ~ 66Ω 범위 내에 있는지 확인한다.
라) 고전압 배터리 히터 릴레이 퓨즈 Ⓐ의 단선 여부를 점검 한다.
마) 탈착 절차의 역순으로 고전압 배터리 히터 릴레이를 장착한다.

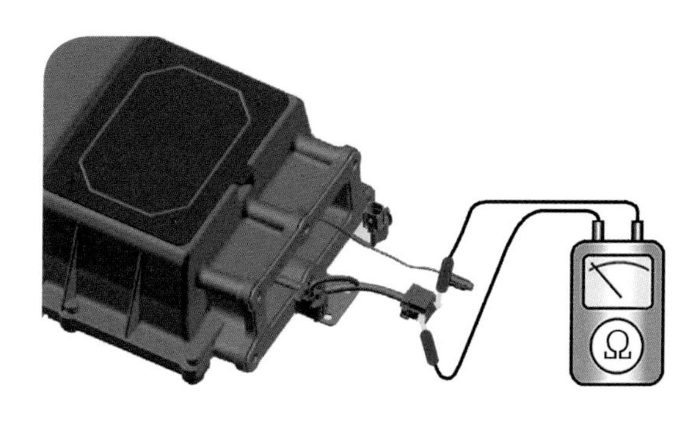

❖그림 3-224 파워 릴레이 코일 저항 점검

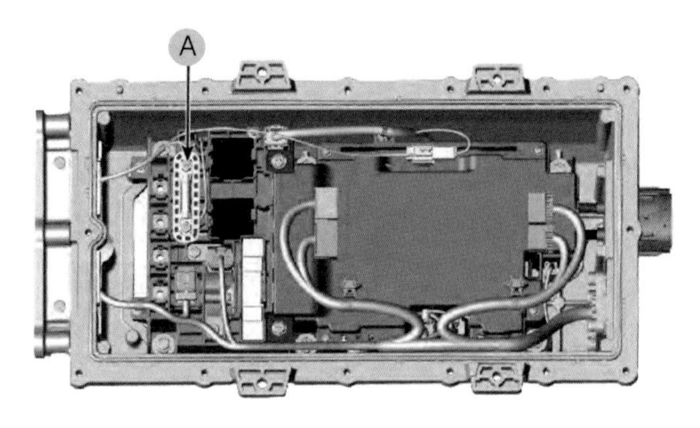

❖그림 3-225 배터리 히터 릴레이 퓨즈 점검

❸ 히터 온도 센서 점검

가) 고전압 회로를 차단한다.
나) 고전압 배터리 상부 케이스를 탈착한다.
다) 고전압 배터리 팩을 플로우 잭을 이용하여 차량에 가장착 한다.
라) GDS 장비를 자기진단 커넥터(DLC)에 연결한다.
마) 점화 스위치를 ON시킨다.
바) GDS 서비스 데이터의 "히터 온도"를 확인한다.
사) 점화 스위치를 OFF시킨다.
아) 특수공구(고전압 배터리 케이블 및 BMU 점검 단자)를 분리한다.
자) 정비 지침서를 참조하여 온도별 저항 값을 확인한다.

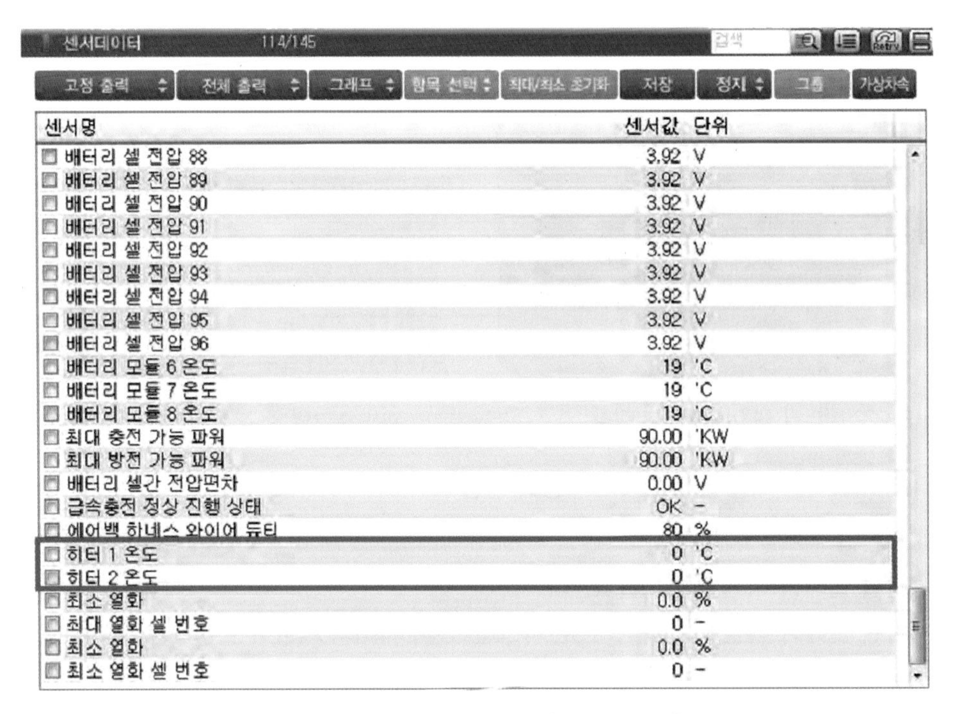

❖그림 3-226 배터리 히터 온도 센서 점검

(27) 배터리 흡기 온도 센서(인렛 온도 센서) 점검

고전압 배터리 히터, 고전압 배터리 히터 온도 센서, 인렛 온도 센서는 고전압 배터리 팩 어셈블리 통합형이므로 각 부품들은 별도 분리가 불가능하다.

❶ 점화 스위치를 OFF시킨다.
❷ 고전압 회로를 차단한다.
❸ 고전압 배터리 시스템 어셈블리를 탈착한다.
❹ 고전압 배터리 팩 상부 케이스를 탈착한다.
❺ 고전압 배터리 팩을 플로우 잭을 이용하여 차량에 가장착 한다.
❻ GDS 장비를 자기진단 커넥터(DLC)에 연결한다.
❼ 점화 스위치를 ON시킨다.
❽ GDS 서비스 데이터의 "배터리 흡기 온도"를 확인한다.
❾ 점화 스위치를 OFF시킨다.
❿ 정비지침서를 참조하여 온도별 저항 값을 확인한다.

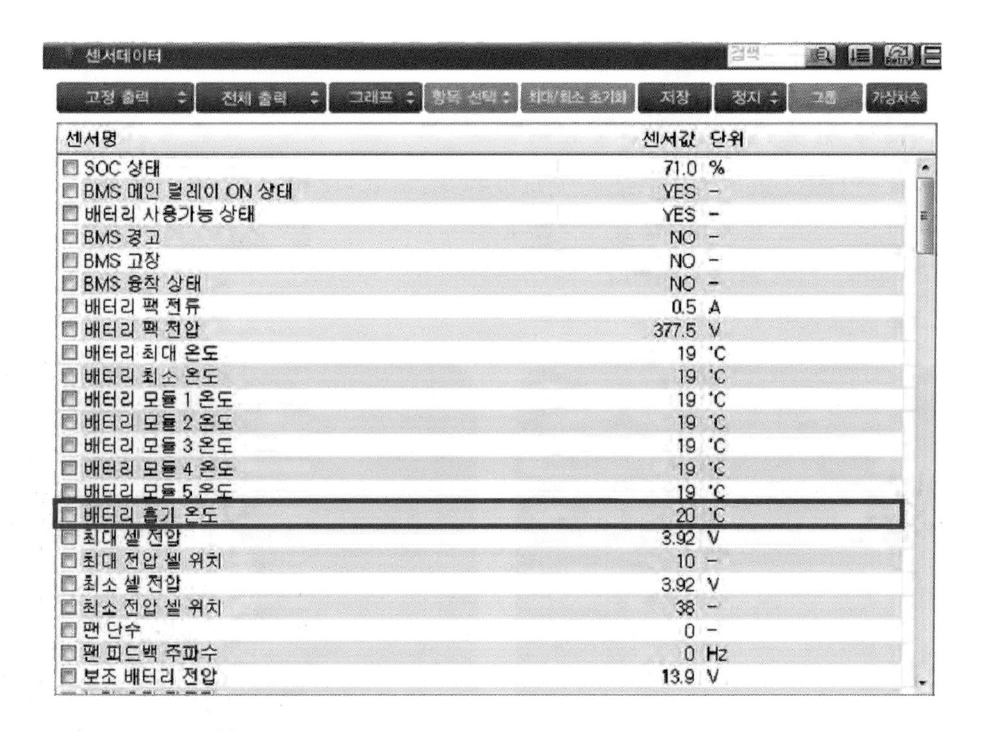

❖그림 3-227 배터리 흡기 온도 센서 점검

(28) 고전압 배터리 쿨링 시스템 점검

❶ 점화 스위치를 OFF시키고 보조 배터리(12V)의 (−) 케이블을 분리한다.

❷ GDS를 자기진단 커넥터(DLC)에 연결한다.

❸ 점화 스위치를 ON시킨다.

❹ GDS 장비를 이용하여 강제 구동을 실시하여 "팬 구동 단수에 따른 듀티값 및 파형"을 점검한다.

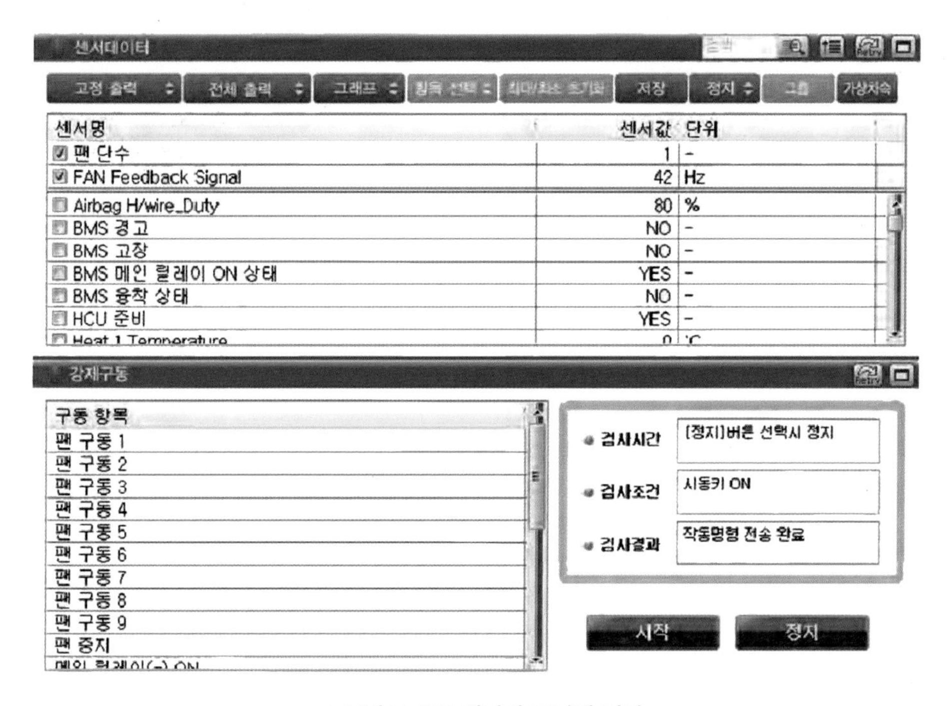

❖그림 3-228 배터리 쿨링팬 점검

8 고전압 배터리 관련 부품 탈부착

(1) 고전압 차단 조치 및 고전압 케이블 탈착

❶ 점화 스위치를 OFF시킨 후 보조 배터리(12V)의 (-) 케이블을 분리한다.

❷ 트렁크 러기지 보드 또는 플로어 매트를 탈착한다.

❸ 안전 플러그 서비스 커버 A를 탈착한다.

❹ 안전 플러그 B를 탈착한다.

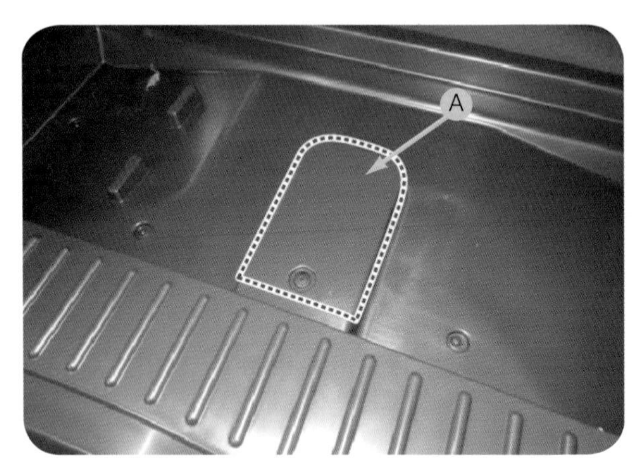

❖그림 3-229 안전 플러그 서비스 커버 탈착

❖그림 3-230 안전 플러그 탈착

❖그림 3-231 안전 플러그 서비스 커버 탈착

❖그림 3-232 안전 플러그 탈착

표 3-47 사전 작업 기록표

점검 항목	내용	판정
준비 사항	보호 장구 착용	
고전압 차단		

❺ 안전 플러그 탈착 후 인버터 내에 있는 커패시터의 방전을 위하여 반드시 5분 이상 대기한다.

❻ 인버터 내 커패시터의 방전 확인을 위하여 인버터 단자 간에 잔존 전압을 측정 후 고전압 케이블을 탈착한다.

가) 차량을 올린다.

나) 장착 너트를 푼 후 고전압 배터리 하부 커버 C)를 탈착한다.

다) 고전압 케이블 D 을 탈착한다.

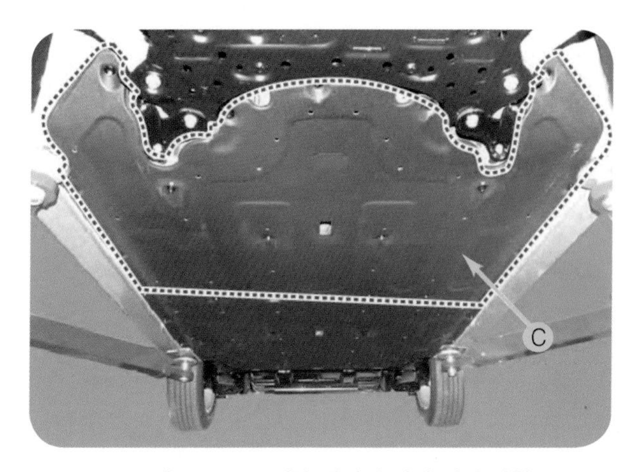

❖그림 3-233 고전압 배터리 언더 커버 탈착

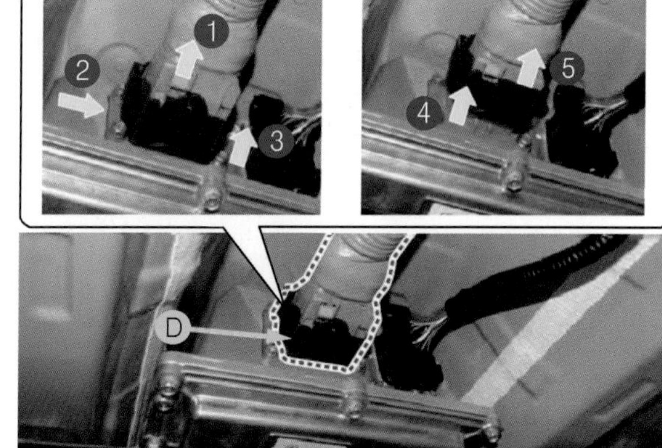

❖그림 3-234 고전압 케이블 분리

라) 인버터 내부의 커패시터의 방전을 확인하기 위하여 잔존 전압을 측정한다.

마) 인버터의 (+) 단자와 (–) 단자 사이의 전압 값을 측정한다.

㉮ 인버터의 (+) 단자와 (–) 단자 사이의 전압 값이 30V이하가 측정되는지 점검한다.

㉯ 30V 초과는 고전압 회로 이상으로 점검해야 한다.

㉰ 30V 이상의 전압이 측정 된 경우 안전 플러그 탈착 상태를 재확인한다. 안전 플러그가 탈착되었음에도 불구하고 30V 이상의 전압이 측정 되었다면 고전압 회로에 중대한 문제가 발생했을 수 있으므로 이러한 경우 DTC 고장진단 점검을 먼저 실시하고 고전압 시스템과 관련된 부분을 건드리지 않는다.

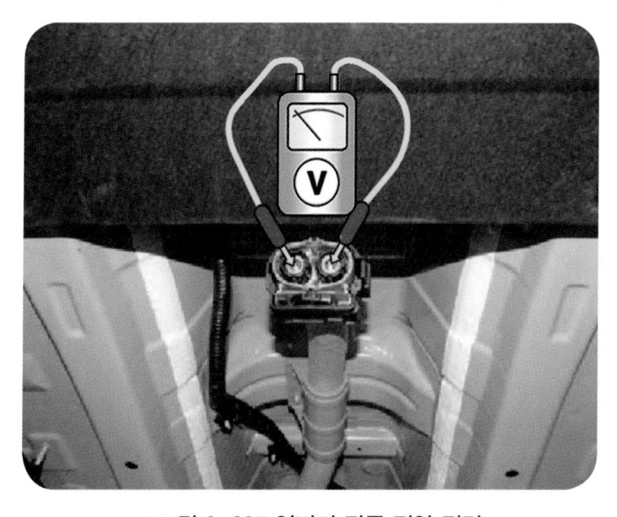

❖그림 3-235 인버터 잔존 전압 점검

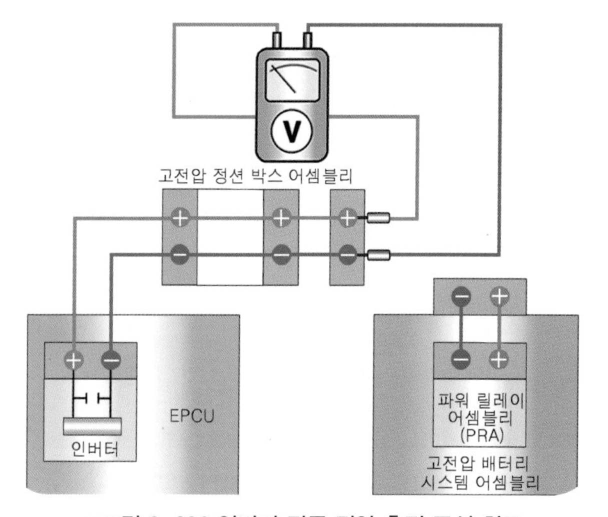

❖그림 3-236 인버터 잔존 전압 측정 구성 회로

표 3-48 잔존 전압 점검 기록표

점검 항목	측정값	판정
인버터 측	30V 이하	
파워케이블 측		

(2) BMU 탈부착

❶ 고전압 차단 절차를 수행한다.

❷ 리프트를 이용하여 차량을 들어올린다.

❸ 장착 너트를 푼 후 고전압 배터리 하부 커버 A를 탈착한다.

❹ 장착 볼트를 푼 후 PRA 및 BMU 고전압 정션 박스 어셈블리 브래킷 B을 탈착한다.

❺ 장착 볼트를 푼 후 PRA 및 BMU 고전압 정션 박스 어셈블리 커버 C를 탈착한다.

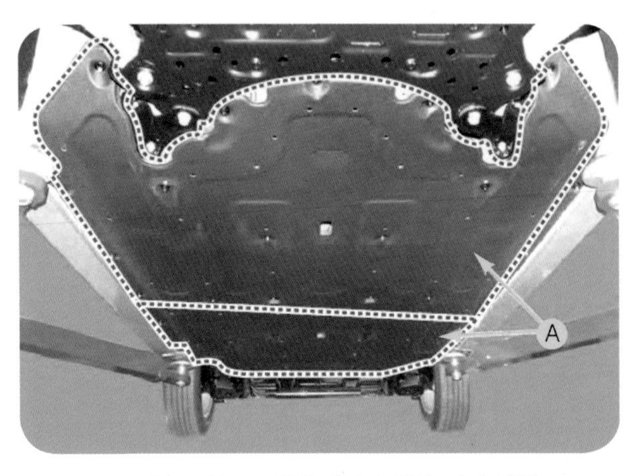

❖그림 3-237 고전압 배터리 하부 커버 탈착

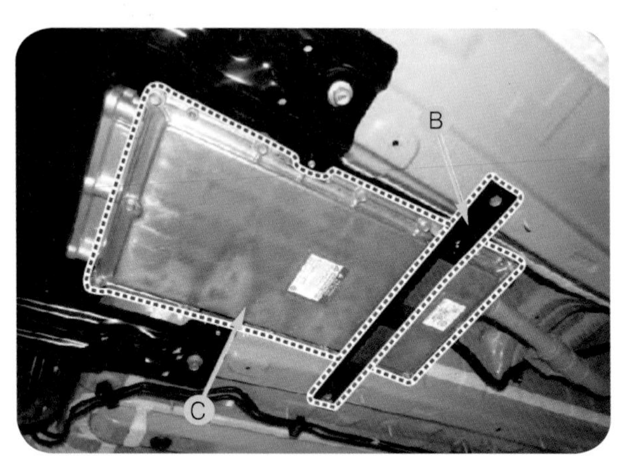

❖그림 3-238 정션 박스 어셈블리 커버 탈착

❻ BMU 커넥터 D를 분리한다.

❼ 장착 볼트 E를 푼 후 BMU F를 탈착한다.

❽ 탈착 절차의 역순으로 BMU를 장착한다.

❖그림 3-239 BMU 커넥터 분리

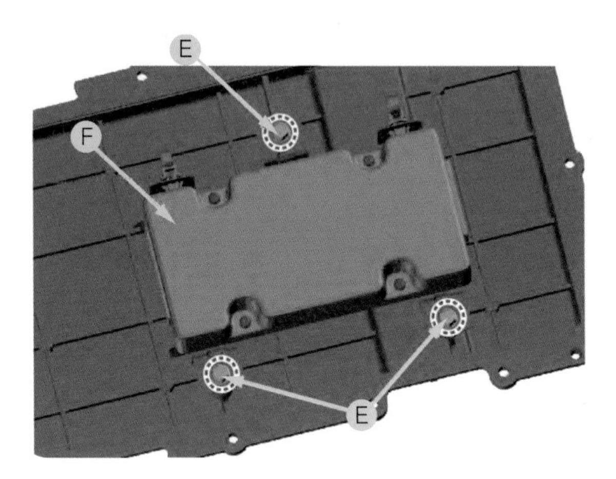

❖그림 3-240 BMU 탈착

(3) 프리 차지 레지스터 탈부착

❶ 장착 너트를 푼 후 고전압 배터리 하부 커버 A를 탈착한다.

❷ 장착 볼트를 푼 후 PRA 및 BMU 고전압 정션 박스 어셈블리 브래킷 B을 탈착한다.

❸ 장착 볼트를 푼 후 PRA 및 BMU 고전압 정션 박스 어셈블리 커버 C를 탈착한다.

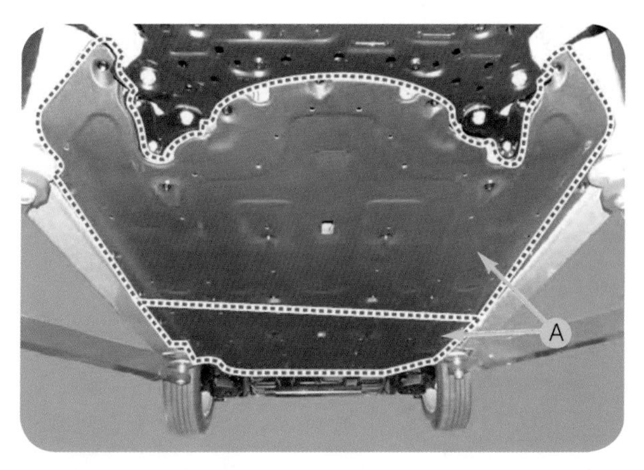

❖그림 3-241 고전압 배터리 하부 커버 탈착

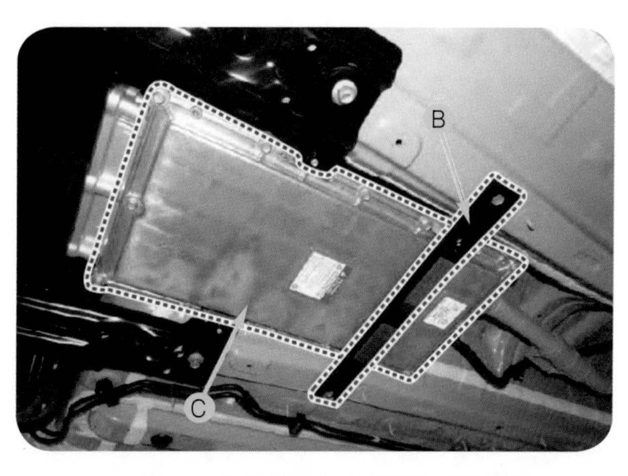

❖그림 3-242 정션 박스 어셈블리 커버 탈착

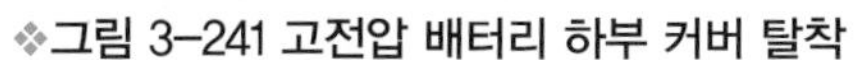

❹ BMU 커넥터 D를 분리한다.

❺ 프리 차지 레지스터 E를 분리한다.

❻ 탈착 절차의 역순으로 프리 차지 레지스터를 장착한다.

❖그림 3-243 BMU 커넥터 분리

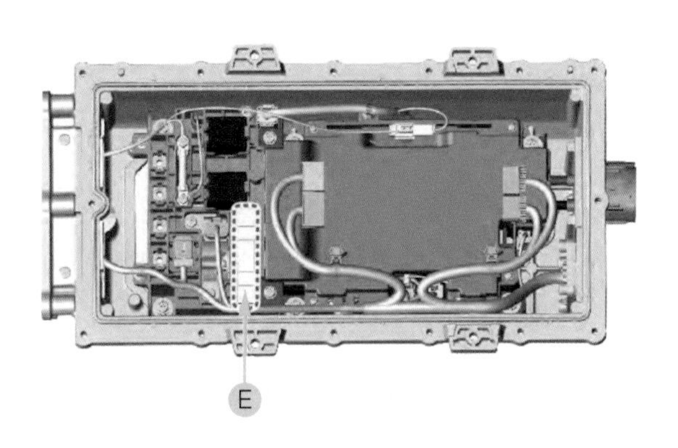

❖그림 3-244 프리 차지 레지스터 탈착

(4) 메인 릴레이 & 급속 충전 릴레이 어셈블리 교환

❶ 고전압 배터리 하부 커버 A를 탈착한다.

❷ BMU 익스텐션 커넥터 B 및 고전압 케이블 C을 분리한다.

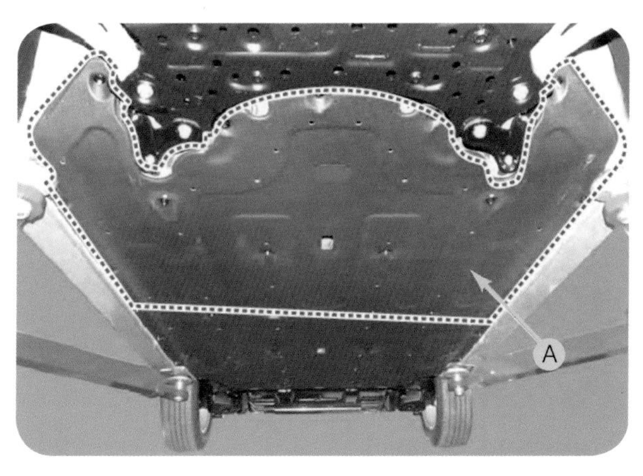

❖그림 3-245 배터리 프런트 언더 커버 탈착

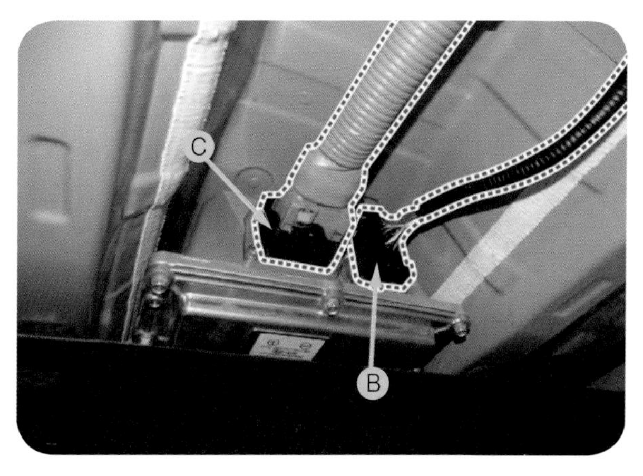

❖그림 3-246 BMU 커넥터, 고압 케이블 분리

❸ 장착 볼트를 푼 후 PRA 및 BMU 고전압 정션 박스 어셈블리 브래킷 D 을 탈착한다.
❹ 장착 볼트를 푼 후 PRA 및 BMU 고전압 정션 박스 어셈블리 커버 E 를 탈착한다.
❺ BMU 커넥터 F 를 분리한다.

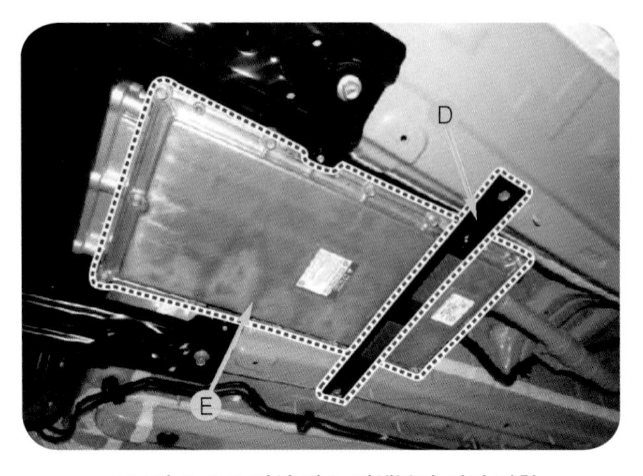

❖그림 3-247 정션 박스 어셈블리 커버 탈착

❖그림 3-248 BMU 커넥터 분리

❻ 파워 릴레이 어셈블리 장착 볼트 G 를 푼 후 BMU 익스텐션 와이어링 H 을 탈착한다.

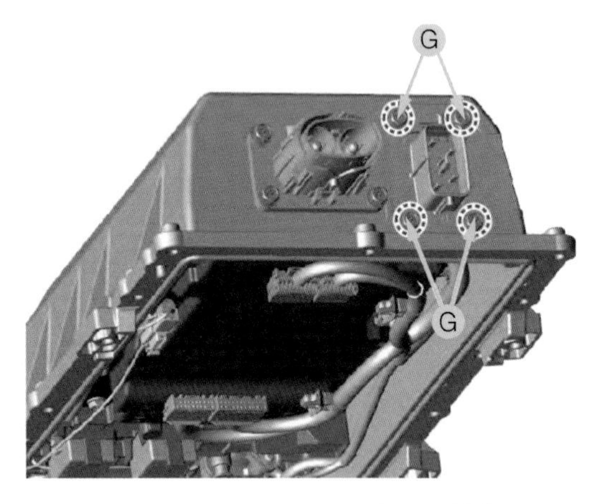

❖그림 3-249 PRA 고정 볼트 탈착

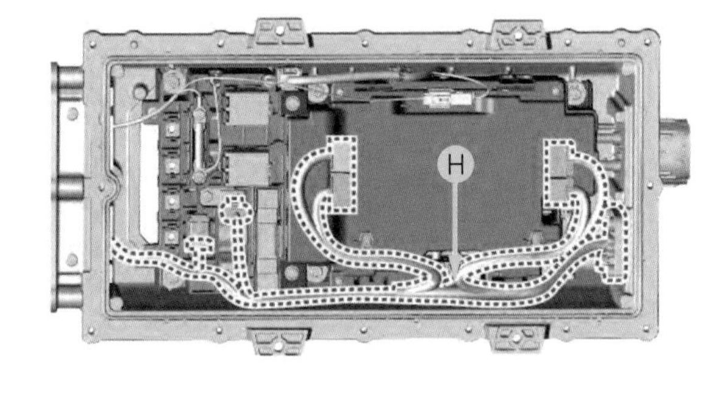

❖그림 3-250 BMU 익스텐션 와이어링 탈착

❼ 장착 스크루를 푼 후 PRA 톱 커버 I 를 탈착한다.

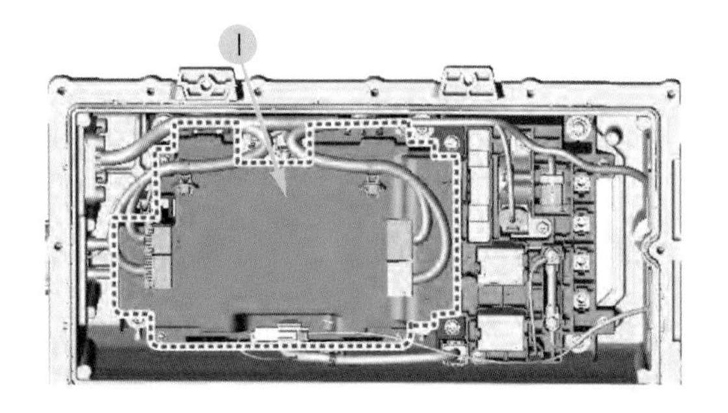

❖그림 3-251 PRA 톱 커버 탈착

❽ 장착 볼트 J 를 푼 후 고전압 커넥터 K 를 탈착한다.

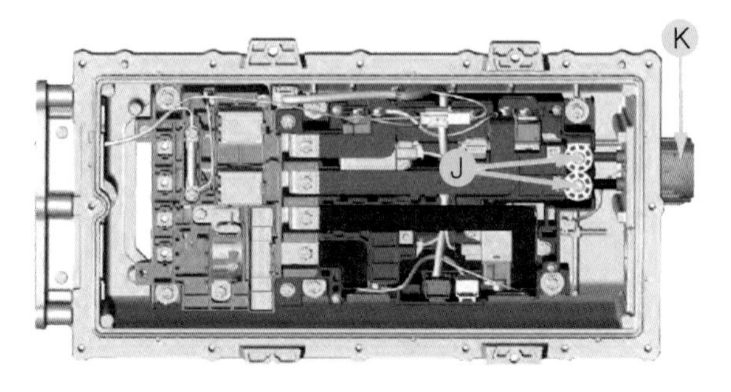

❖그림 3-252 고전압 커넥터 탈착

❾ 장착 볼트 L 를 푼 후 메인 릴레이 & 급속 충전 릴레이 어셈블리를 탈착한다.
❿ 탈착 절차의 역순으로 급속 충전 릴레이 어셈블리를 장착한다.

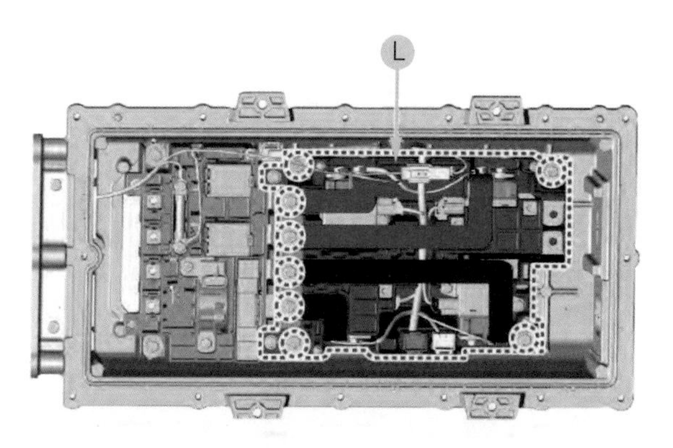

❖그림 3-253 메인 릴레이 및 급속 충전 릴레이 어셈블리 고정 볼트 탈착

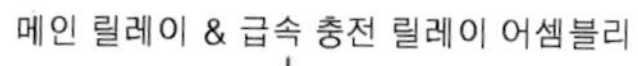

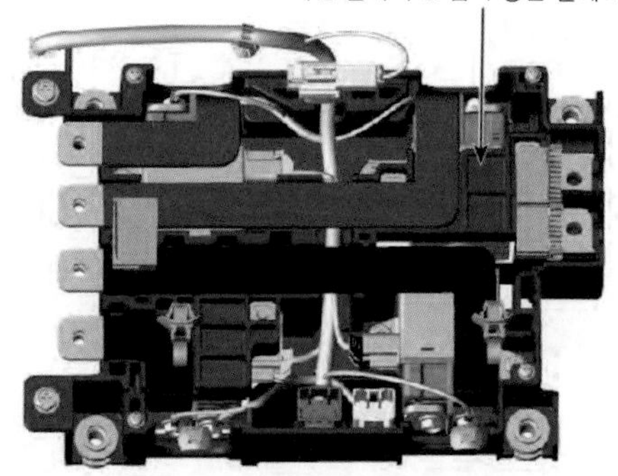

❖그림 3-254 메인 릴레이 및 급속 충전 릴레이 어셈블리 설치 위치

(5) 고전압 배터리 교환

❶ 점화 스위치를 OFF시키고 보조 배터리(12V)의 (−) 케이블을 분리한다.

❷ 고전압 회로를 차단한다.

❸ 차량을 들어 올린다.

❹ 장착 너트를 푼 후 고전압 배터리 프런트 하부 커버 A와 리어 언더 커버 B를 탈착한다.

❺ 장착 클립을 푼 후 리어 범퍼 언더 커버 C를 탈착한다.

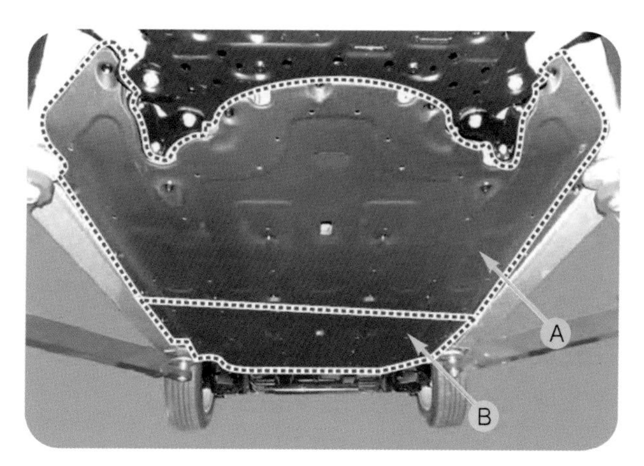

❖그림 3-255 프런트 및 리어 언더 커버 탈착

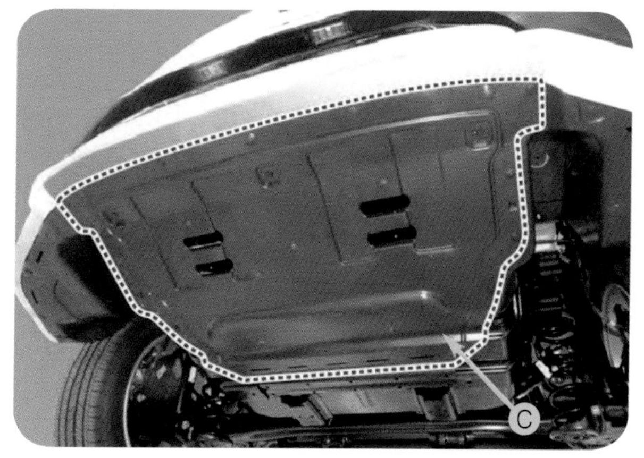

❖그림 3-256 리어 범퍼 언더 커버 탈착

❻ BMU 익스텐션 커넥터 D를 분리한다.

❼ 고전압 케이블 커넥터 E를 분리한다.

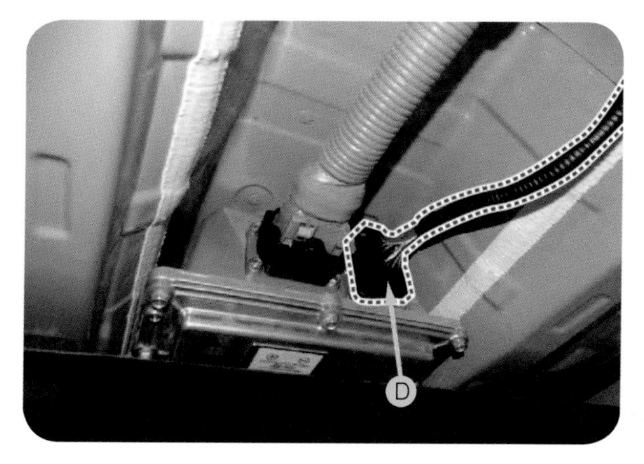

❖그림 3-257 BMU 익스텐션 커넥터 분리

❖그림 3-258 고전압 케이블 커넥터 분리

⑧ 고전압 배터리 팩 어셈블리에 플로어 잭 F 을 받힌다.

❖그림 3-259 고전압 배터리 팩 어셈블리 지지

⑨ 고전압 배터리 시스템 어셈블리 고정 볼트 G 를 푼다.

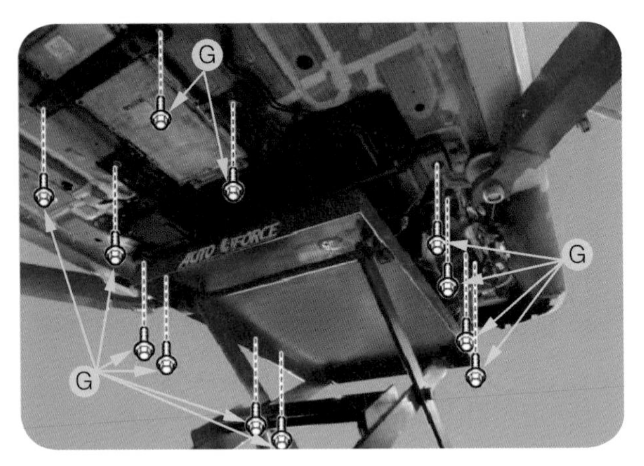

❖그림 3-260 배터리 어셈블리 고정 볼트 탈착

수행 TIP

- 배터리 팩 어셈블리 장착 볼트를 탈착한 후 배터리 팩 어셈블리가 아래로 떨어질 수 있으므로 플로어 잭으로 안전하게 지지한다.
- 배터리 팩 어셈블리를 탈착하기 전에 고전압 케이블 및 커넥터가 확실히 탈착되었는지 확인한다.
- 배터리 팩 하부 보호 및 언더 커버 고정용 스터드 볼트 보호를 위해 플로어 잭 위에 고무 또는 나무를 받친다.

⑩ 고전압 배터리 시스템 어셈블리 H 를 차량으로부터 탈착한다.

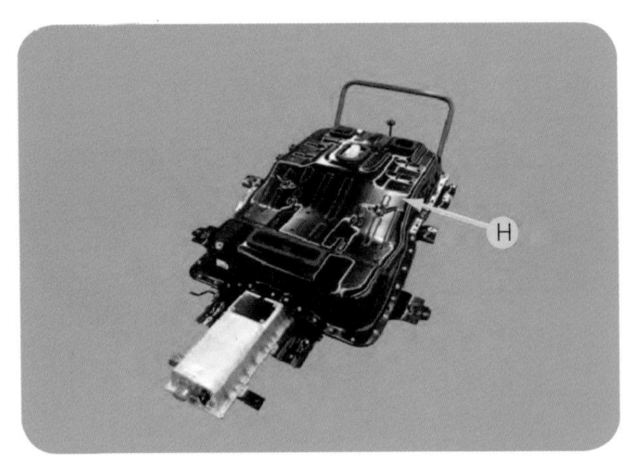

❖그림 3-261 고전압 배터리 시스템 어셈블리 탈착

⑪ 특수공구와 크레인 자키를 이용하여 고전압 배터리 팩 어셈블리를 이송한다.

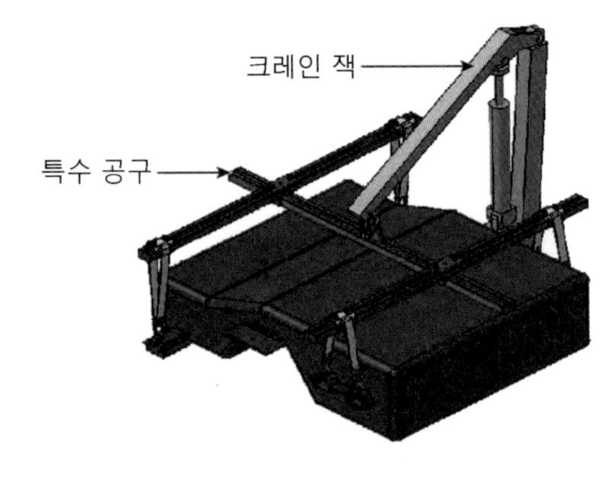

❖그림 3-262 고전압 배터리 팩 어셈블리 이송

⑫ 접지 고정 볼트 I 를 푼 후 접지 케이블 J 을 탈착한다.

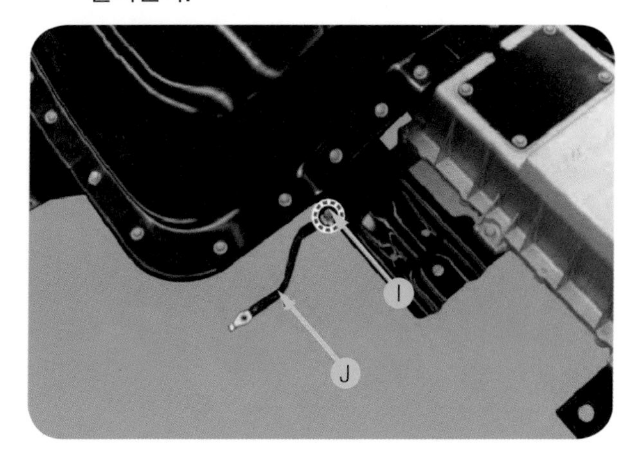

❖그림 3-263 접지 케이블 탈착

⑬ 안전 플러그 케이블 어셈블리 브래킷 고정 볼트 K 를 탈착한다.

❖그림 3-264 브래킷 고정 볼트 탈착

⑭ 고정 볼트를 풀고 고전압 배터리 팩 상부 케이스(L : 레인 포스먼트 브래킷)를 탈착한다.

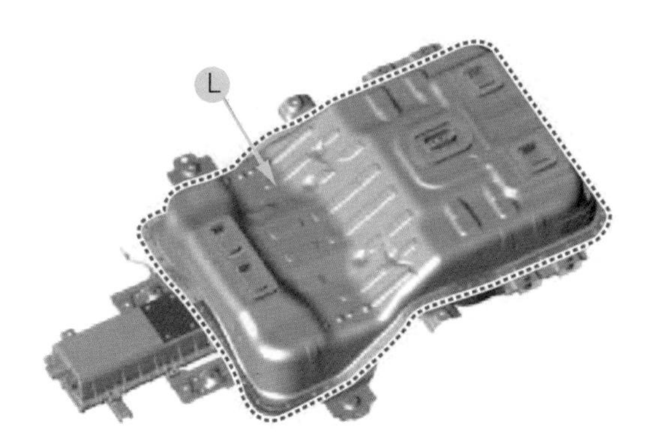

❖그림 3-265 고전압 배터리 팩 상부 케이스 탈착

⑮ 웨더 루프 개스킷 어셈블리 M 를 탈착한다.

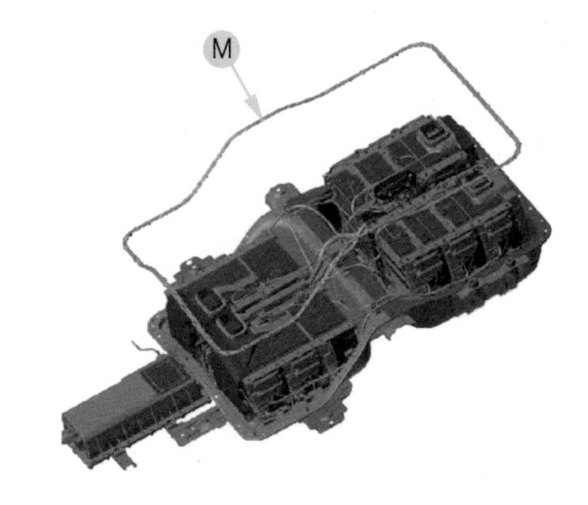

❖그림 3-266 웨더 루프 개스킷 어셈블리 탈착

⑯ 장착 볼트 N 를 푼 후 PRA 및 BMU 고전압 정션 박스 어셈블리 어퍼 커버 O 를 탈착한다.

⑰ 어퍼 커버 P 를 탈착 한 후 고전압 배터리 (−) 부스 바 A 와 (+) 부스 바 Q 를 탈착한다.

⑱ 어퍼 커버 R 를 탈착 한 후 급속 충전 (−) 부스 바 C)와 (+) 부스 바 S)를 탈착한다.

❖그림 3-267 정션 박스 어셈블리 어퍼 커버 탈착

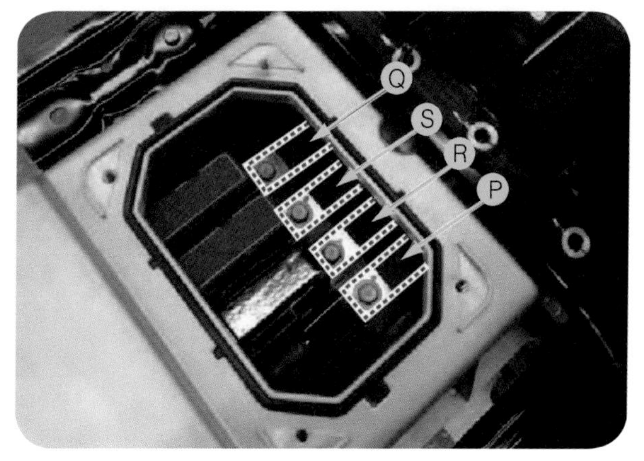

❖그림 3-268 어퍼 커버 및 부스 바 탈착

⑲ 장착 너트를 푼 후 인렛 쿨링 덕트 T 를 탈착한다.

⑳ 고정 후크를 해제하고 배터리 터미널 캡 U 을 탈착한다.

❖그림 3-269 인렛 쿨링 덕트 탈착

❖그림 3-270 배터리 터미널 캡 탈착

㉑ 장착 너트 V 를 푼 후 급속 충전 부스 바W를 탈착한다.

❖그림 3-271 급속 충전 부스 바 탈착(1)

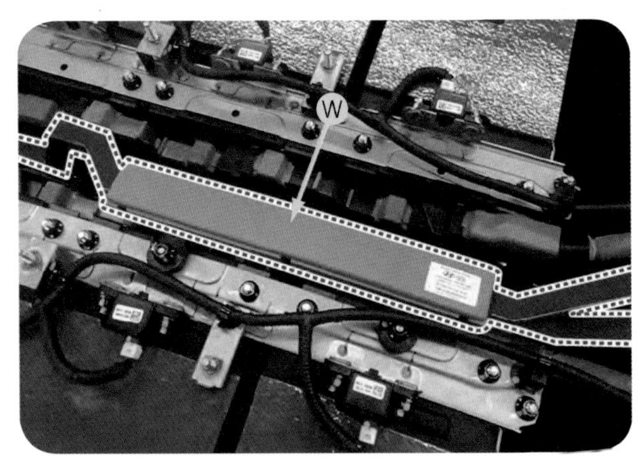

❖그림 3-272 급속 충전 부스 바 탈착(2)

㉒ 장착 너트를 푼 후 고전압 배터리 (−) 부스 바 X 와 (+) 부스 바 Y 를 탈착한다.

㉓ BMU 커넥터 Z 를 분리한다.

㉔ 안전 플러그 커넥터 a 를 분리한다.

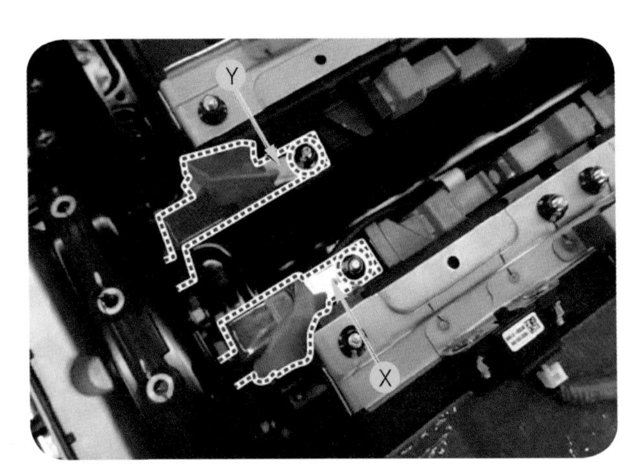

❖그림 3-273 고전압 배터리 부스 바 탈착

❖그림 3-274 BMU 및 안전 플러그 커넥터 분리

㉕ 장착 너트 & 볼트 b 를 푼 후 PRA 및 BMU 고전압 정션 박스 어셈블리 c 를 탈착한다.

❖그림 3-275 PRA 및 BMU 정션 박스 어셈블리 고정 너트 탈착

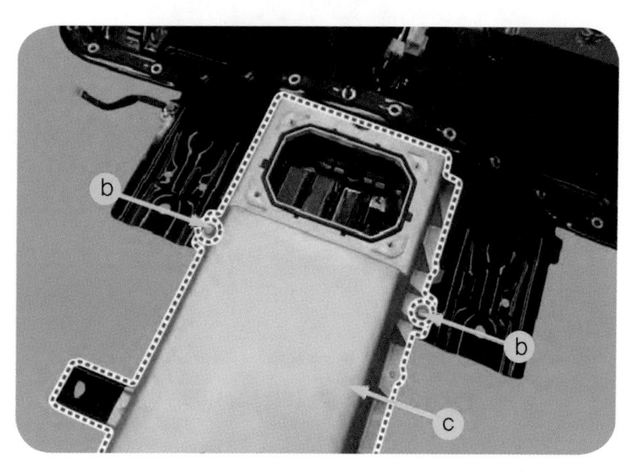

❖그림 3-276 PRA 및 BMU 정션 박스 어셈블리 탈착

㉖ 장착 너트를 푼 후 고전압 케이블 d 을 탈착한다.

㉗ 셀 모니터링 유닛 커넥터 e 를 분리한다.

❖그림 3-277 고전압 케이블 탈착

㉘ 장착 너트 f 를 푼 후, 셀 모니터링 유닛 g 을 탈착한다.

❖그림 3-278 셀 모니터링 유닛 #1 탈착

❖그림 3-279 셀 모니터링 유닛 #2 탈착

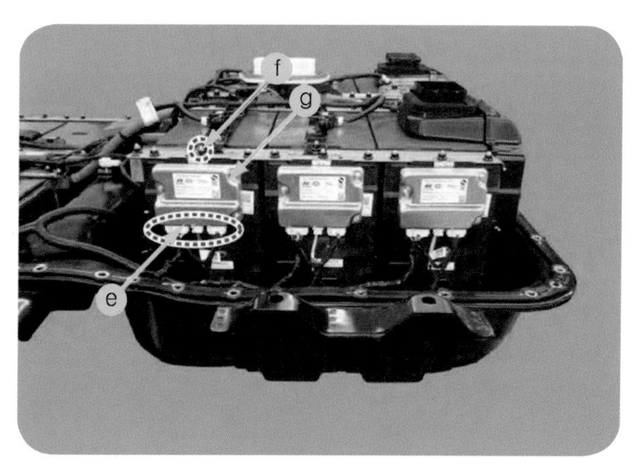

❖그림 3-280 셀 모니터링 유닛 #4 탈착

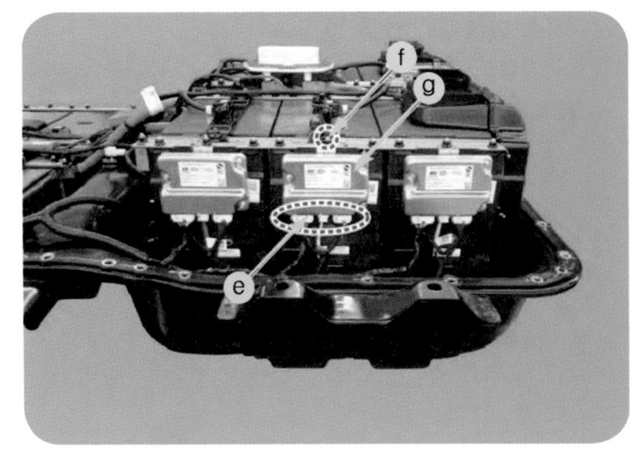

❖그림 3-281 셀 모니터링 유닛 #5 탈착

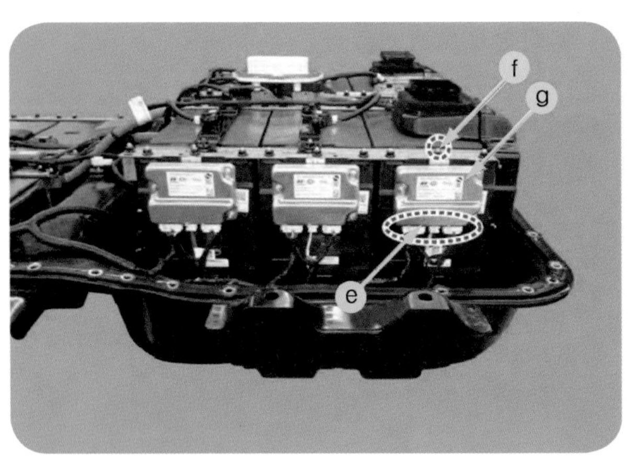

❖그림 3-282 셀 모니터링 유닛 #6 탈착

❖그림 3-283 셀 모니터링 유닛 #7 탈착

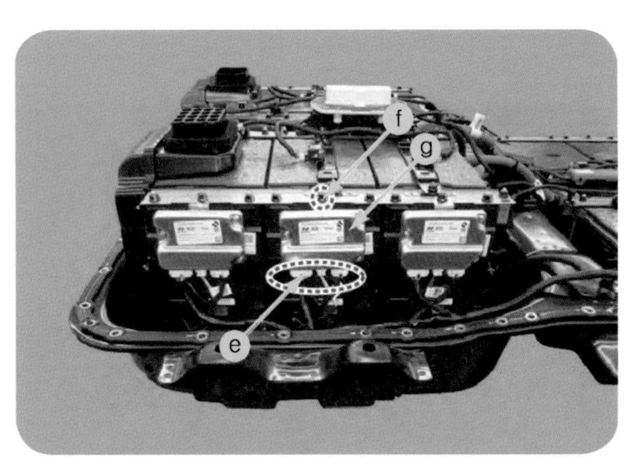

❖그림 3-284 셀 모니터링 유닛 #8 탈착

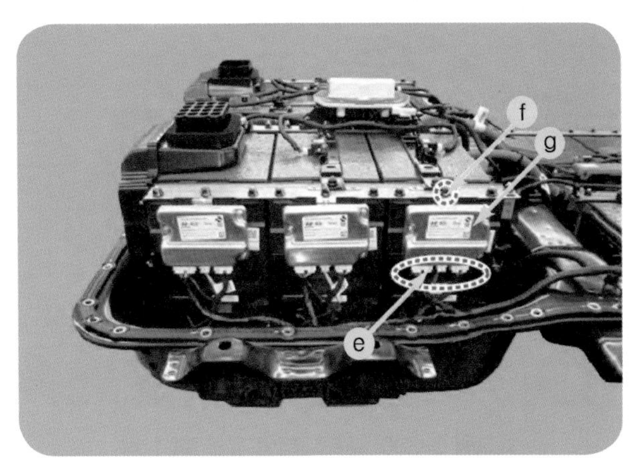

❖그림 3-285 셀 모니터링 유닛 #9 탈착

❖그림 3-286 셀 모니터링 유닛 #11 탈착

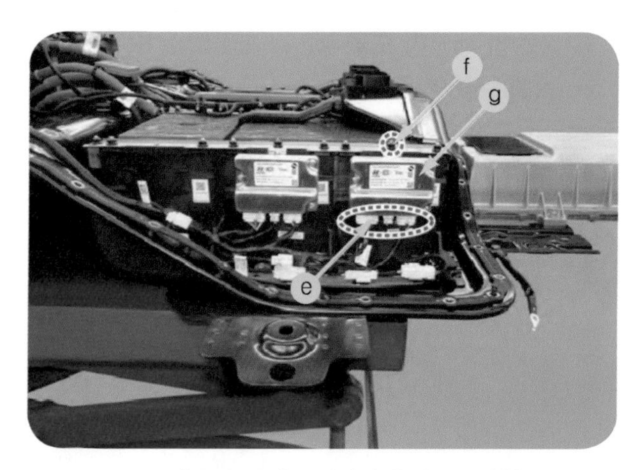

❖그림 3-287 셀 모니터링 유닛 #12 탈착

❖그림 3-288 배터리 전압 & 온도 센서 하니스

㉙ 고전압 배터리 모듈 #1 커넥터 및 온도 센서 #1커넥터 i 를 분리한다.

㉚ 고전압 배터리 모듈 #2 커넥터 및 온도 센서 #2커넥터 j 를 분리한다.

㉛ 고전압 배터리 모듈 #3 커넥터 및 온도 센서 #3커넥터 k 를 분리한다.

㉜ OPD 와이어링 커넥터 l 를 분리한다.

❖그림 3-289 모듈 및 온도 센서 커넥터 분리

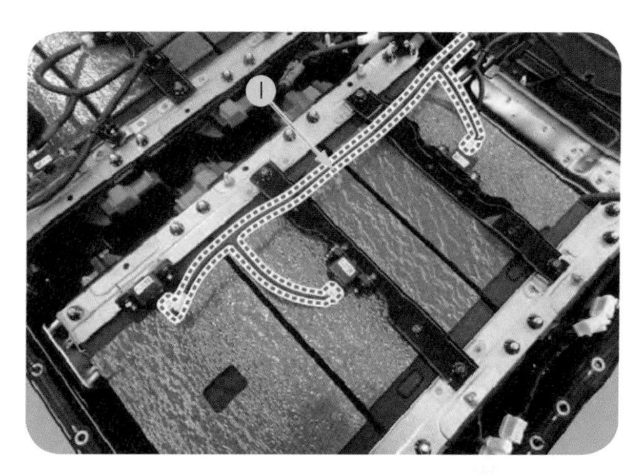

❖그림 3-290 OPD 와이어링 커넥터 분리

㉝ 장착 너트를 푼 후 고전압 배터리 모듈[#1~#3] 서포트 브래킷m을 탈착한다.

㉞ 장착 너트를 푼 후 고전압 배터리 모듈 부스 바 n 를 탈착한다.

㉟ 장착 너트 및 볼트를 푼 후 고전압 배터리 모듈[#1~#3 o 을 탈착한다.

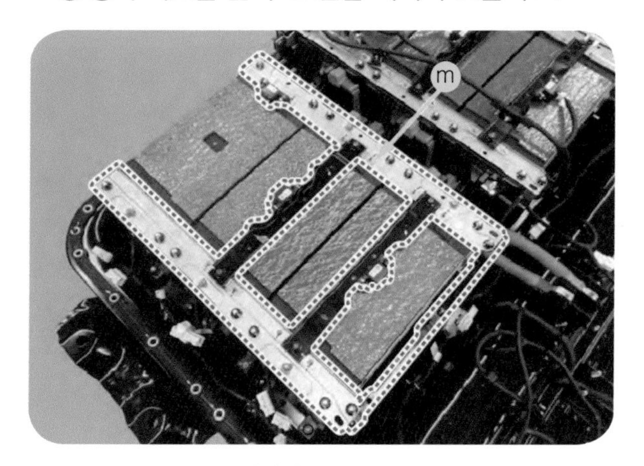

❖그림 3-291 배터리 모듈 서포트 브래킷 탈착

❖그림 3-292 모듈 부스 바 및 배터리 모듈 탈착

㊱ 고전압 배터리 모듈 #10 커넥터 및 온도 센서 #10 커넥터 p 를 분리한다.

㊲ 고전압 배터리 모듈 #11 커넥터 및 온도 센서 #11 커넥터 q 를 분리한다.

㊳ 고전압 배터리 모듈 #12 커넥터 및 온도 센서 #12 커넥터 r 를 분리한다.

㊴ OPD 와이어링 커넥터 s 를 분리한다.

❖그림 3-295 모듈 및 온도 센서 커넥터 분리

❖그림 3-296 OPD 와이어링 커넥터 분리

㊵ 장착 너트를 푼 후 고전압 배터리 모듈[#10~#12] 서포트 브래킷 t 을 탈착한다.

㊶ 장착 너트를 푼 후 고전압 배터리 모듈 부스 바 u 를 탈착한다.

❖그림 3-297 배터리 모듈 서포트 브래킷 탈착

❖그림 3-298 고전압 배터리 모듈 부스 바 탈착

㊷ 장착 너트 및 볼트를 푼 후 고전압 배터리 모듈 [#10~#12] v 를 탈착한다.

㊸ 장착 너트를 푼 후 아웃렛 쿨링 덕트 w 를 탈착한다.

❖그림 3-299 고전압 배터리 모듈 #10~12 탈착

❖그림 3-300 아웃렛 쿨링 덕트 탈착

㊹ 안전 플러그 케이블 커넥터 x 를 분리한다.

㊺ 안전 플러그 케이블 인터록 커넥터 y 를 분리한다.

❖그림 3-301 케이블 및 인터록 커넥터 분리

㊻ 장착 너트를 푼 후 안전 플러그 케이블 z 을 탈착한다.

❖그림 3-302 안전 플러그 케이블 탈착

㊼ 장착 너트를 푼 후 안전 플러그 케이블 어셈블리 a 를 탈착한다.

❖그림 3-303 안전 플러그 케이블 어셈블리 탈착

㊽ OPD 와이어링 커넥터 b 를 분리한다.

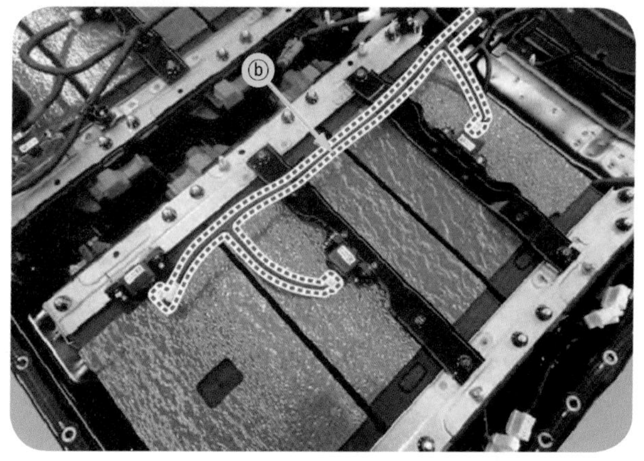

❖그림 3-304 OPD 와이어링 커넥터 분리

㊾ 장착 너트를 푼 후 고전압 배터리 모듈[#7~#9] 서포트 브래킷 c 을 탈착한다.

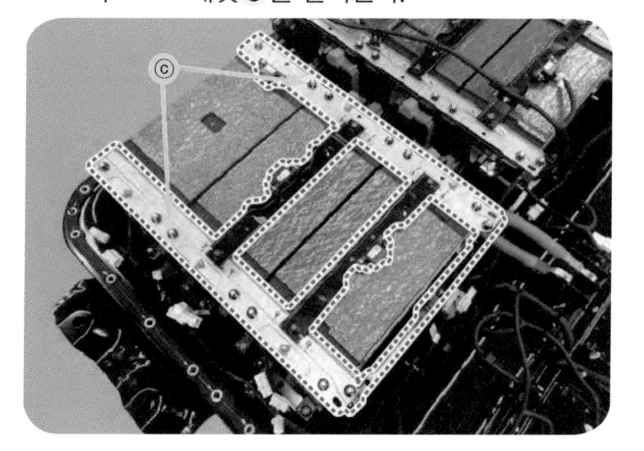

❖그림 3-305 배터리 모듈 서포트 브래킷 탈착

㊿ 장착 너트를 푼 후 고전압 배터리 모듈 부스 바 d 를 탈착한다.

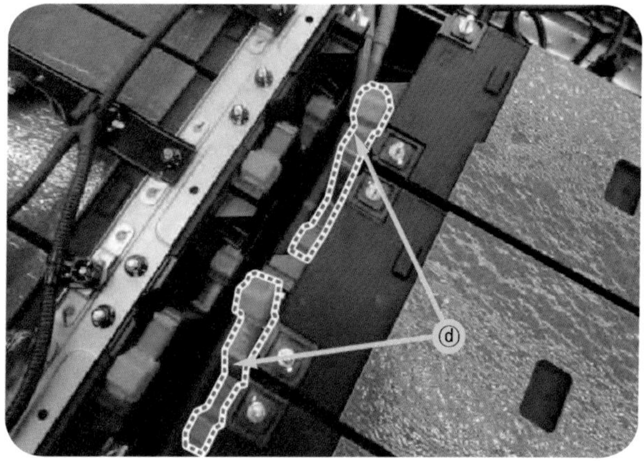

❖그림 3-306 배터리 모듈 부스 바 탈착

(51) 장착 너트 및 볼트를 푼 후 고전압 배터리 모듈 [#7~#9] e 를 탈착한다.

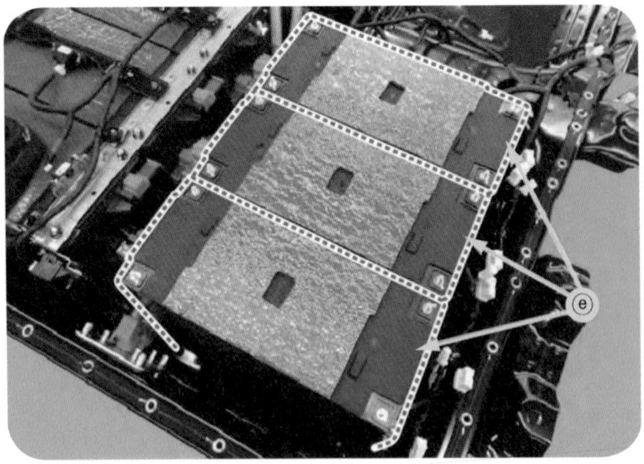

❖그림 3-307 고전압 배터리 모듈 #7~9 탈착

(52) OPD 와이어링 커넥터 f 를 분리한다.

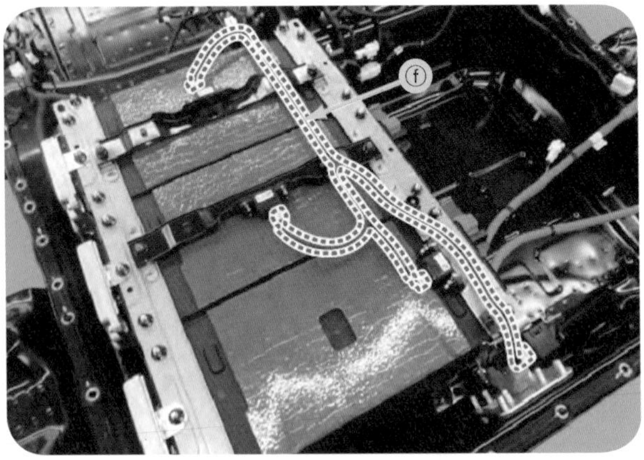

❖그림 3-308 OPD 와이어링 커넥터 분리

(53) 장착 너트를 푼 후 고전압 배터리 모듈[#4~#6] 서포트 브래킷 g 을 탈착한다.

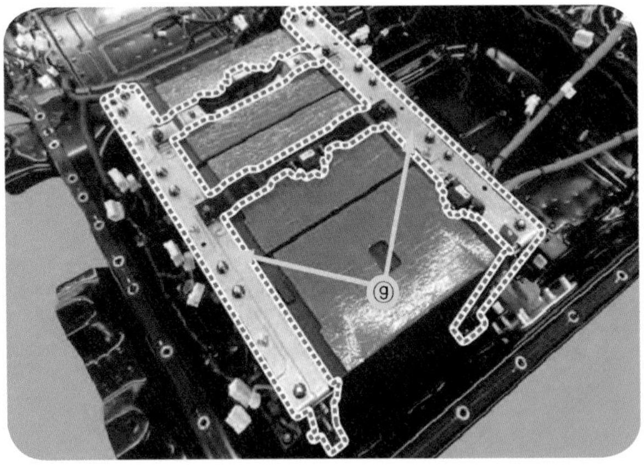

❖그림 3-309 배터리 모듈 서포트 브래킷 탈착

(54) 장착 너트를 푼 후 고전압 배터리 모듈 부스 바 h 를 탈착한다.

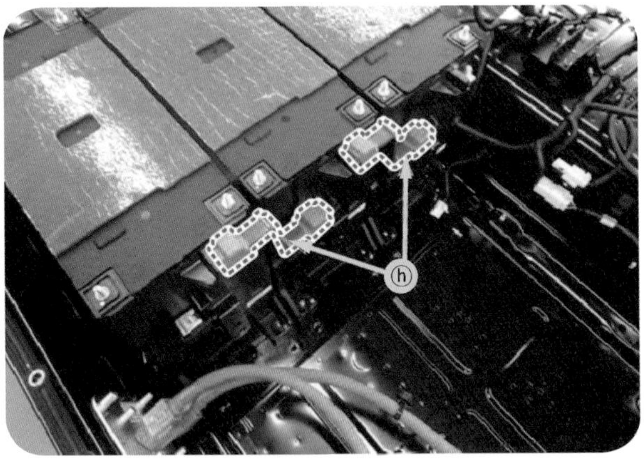

❖그림 3-310 고전압 배터리 모듈 부스 바 탈착

(55) 장착 너트 및 볼트를 푼 후, 고전압 배터리 모듈 [#4~#6] i 을 탈착한다.

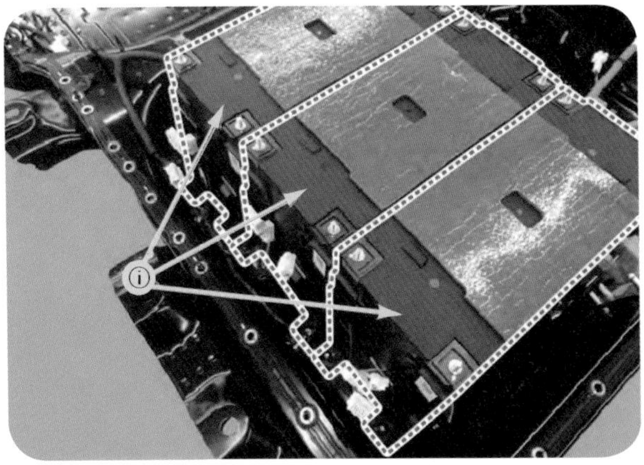

❖그림 3-311 고전압 배터리 모듈 #4~6 탈착

(56) 고전압 배터리 팩 어셈블리를 점검한다.

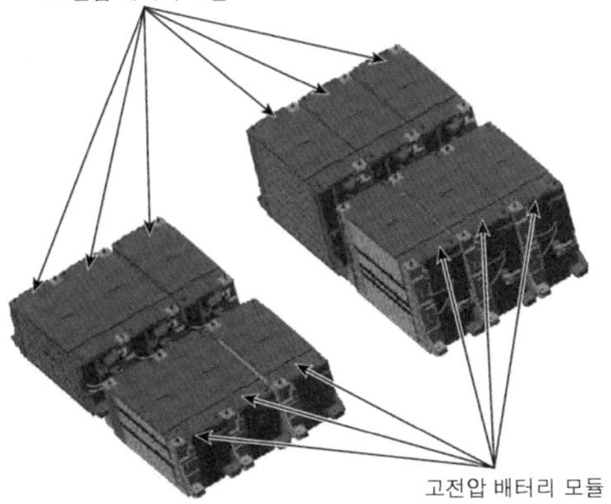

❖그림 3-312 고전압 배터리 팩 어셈블리 점검

⑰ 점검 후 조립은 분해의 역순으로 하며 OPD 하니스 장착 시 커넥터가 올바른 위치에 장착되어있는지 꼭 확인하도록 한다.

⑱ OPD 스위치 단자가 아래로 향해 있는지 확인하며, 오조립 시 데이터 표기 항목은 프리차징 실패 또는 OPD 이상(고전압 배터리가 부푼 걸로 잘못 인식됨)이 발생한다.

❖그림 3-313 OPD 단자 위치

⑲ 고전압 배터리 관련 시스템을 점검하기 위해 고전압 배터리 팩 어셈블리를 탈착한 경우는 장착 전에 플로우 잭을 이용하여 가장착한 후 고전압 배터리의 이상 유·무를 판단한 후 조치가 완료 되면 고전압 배터리 팩 어셈블리를 차량에 장착한다.

가) 충전 상태 (SOC) 점검

나) 절연 저항 점검은 GDS 장비를 이용하여 고전압 배터리 팩 어셈블리 (+), (–)측 절연 저항 값을 측정한다.

⑳ 탈착 절차의 역순으로 고전압 배터리 시스템 어셈블리 및 관련 부품을 장착한다.

표 3-49 고전압 배터리 교환 과정 기록표

순서	작업 항목	비고
1	보조 배터리(12V)의 탈착 후, 고전압 회로를 차단한다.	
2		
3		
4		
5		

수행 TIP

• 전기 자동차의 전기장치를 교환하기 위해서는 고전압 안전수칙을 반드시 준수해야만 감전 등의 위험을 방지할 수 있다.

9 쿨링 시스템 탈·부착

❶ 점화 스위치를 OFF시키고 보조 배터리(12V)의 (-)케이블을 분리한다.
❷ 트렁크 러기지 커버 보드를 탈착한다.
❸ 러기지 사이드 트림 [RH]를 탈착한다.
❹ 고정 너트 & 볼트를 푼 후 아웃렛 쿨링 덕트 A를 탈착한다.
❺ 쿨링팬 커넥터 B를 분리한다.

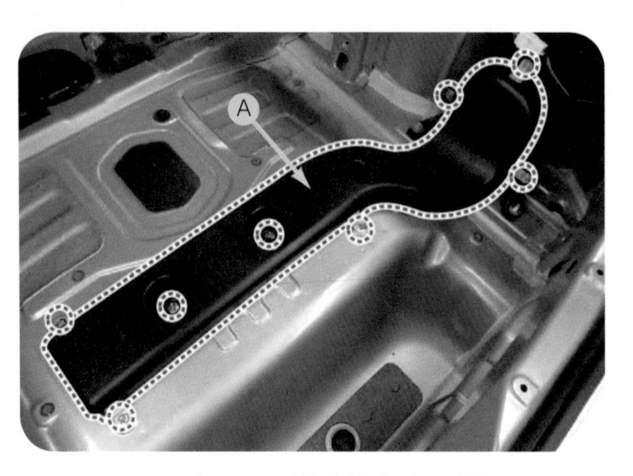

❖그림 3-314 아웃렛 쿨링 덕트 탈착

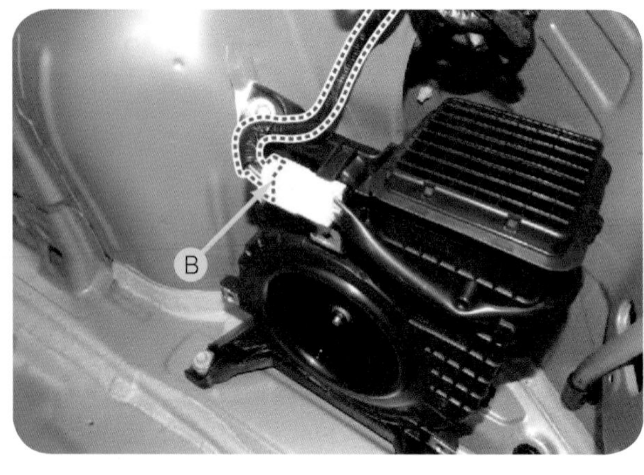

❖그림 3-315 쿨링팬 커넥터 분리

❻ 고정 볼트 & 너트를 푼 후, 쿨링팬 C을 탈착한다.
❼ 탈착 절차의 역순으로 쿨링팬을 장착한다.

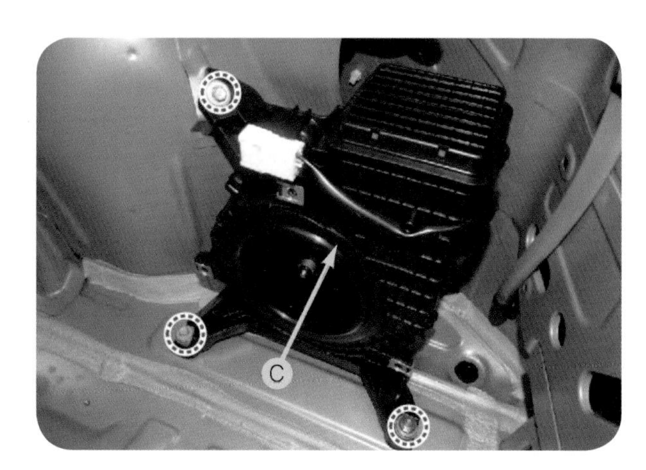

❖그림 3-316 쿨링팬 탈착

9 고전압 배터리 검사

고전압 배터리의 탑재 장소는 차량에 따라 약간의 차이는 있으나 보편적으로 차량의 후미 트렁크 부위에 배치한다.

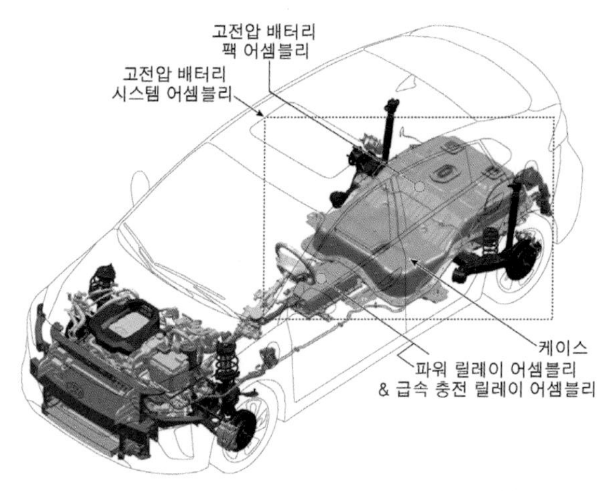

❖그림 3-317 고전압 배터리 시스템의 구성(1)

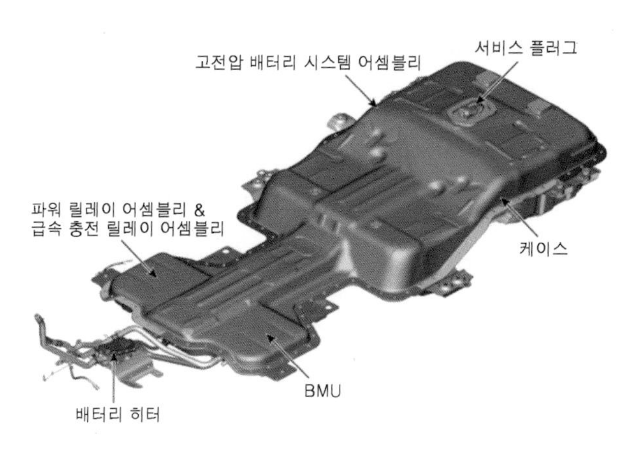

❖그림 3-318 고전압 배터리 시스템의 구성(2)

1 고전압 배터리 검사 준비

고전압 배터리 관련 시스템을 점검하기 위해 고전압 배터리 팩 어셈블리를 탈착하여 점검하며, 적합한 공구를 준비한다. 또한 차종에 적합한 특수 공구를 사용하여 고전압 배터리의 이상 유무를 검사 및 판단한 후 조치가 완료되면 고전압 배터리 시스템 어셈블리를 차량에 장착한다.

❖그림 3-319 고전압 배터리 검사 전 조치

2 고전압 메인 릴레이 융착 상태 검사(BMU 융착 상태 점검)

전기회로에서 접촉 부분이 용융되어 접점이 달라붙는 현상을 융착이라고 하며, 고전압 릴레이가 융착되어 정상적인 ON·OFF 제어가 불가능한 상태가 되면 충전과 방전을 제한하며, 경고등이 점등되고 고장 코드가 발생한다. 이때 센서 데이터 진단을 통하여 BMU의 융착 상태를 점검한다.

(1) 점검 시 주의 사항

① 고전압 메인 릴레이의 융착 유무는 GDS 장비의 서비스 데이터와 직접 측정방식으로 확인이 가능하다.

② 점검을 위하여 배터리 팩 어셈블리를 안전하게 탈착하기 위해서는 작업 전에 고전압 메인 릴레이 융착 상태 점검을 실시한다.

③ 고전압 배터리 관련 시스템을 점검하기 위해 고전압 배터리 팩 어셈블리를 탈착한 경우는 장착하기 전에 플로우 잭을 이용하여 가장착한 후 전기 자동차 전용 점검 도구를 사용하여 고전압 배터리의 이상 유무를 검사한다.

④ 점검 검사 후 정상일 경우에 고전압 배터리팩 어셈블리를 차량에 장착한다.

(2) GDS 장비를 이용한 서비스 데이터 점검

① GDS를 자기진단 커넥터(DLC)에 연결한다.

② 점화 스위치를 ON시킨다.

③ GDS 서비스 데이터의 BMU 융착 상태를 확인한다.

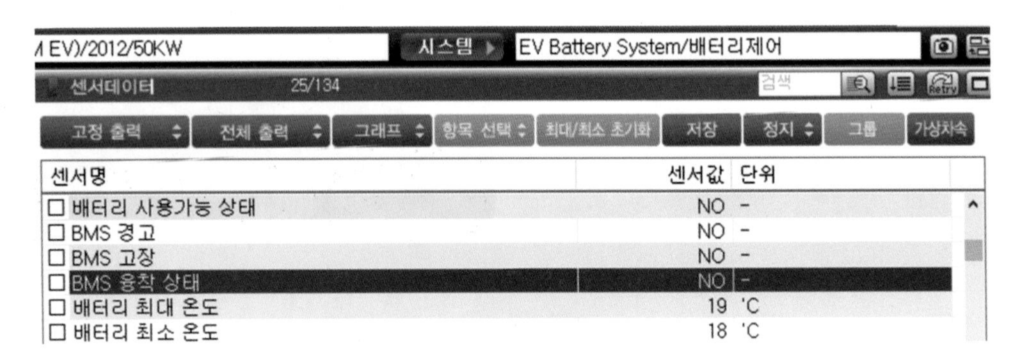

❖그림 3-320 BMU 융착 점검

(2) 멀티미터를 이용한 직접 측정

❶ 고전압 차단 절차를 수행한다.

❷ 리프트를 이용하여 차량을 들어올린다.

❸ 장착 너트를 푼 후 고전압 배터리 하부 커버 A 를 탈착한다.

❹ 장착 볼트를 푼 후 PRA 및 BMU 고전압 정션 박스 어셈블리 브래킷 B 을 탈착한다.

❺ 장착 볼트를 푼 후 PRA 및 BMS 고전압 정션 박스 어셈블리 커버 C 를 탈착한다.

❖그림 3-321 고전압 배터리 하부 커버 탈착

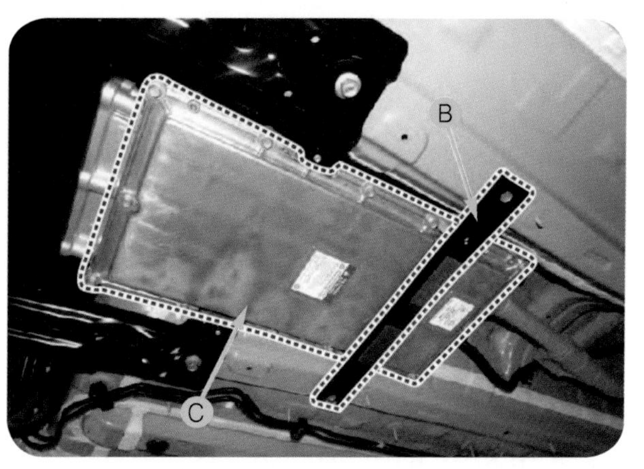

❖그림 3-322 정션 박스 커버 및 브래킷 탈착

❻ BMU 커넥터 D 를 분리한다.

❖그림 3-323 BMU 커넥터 분리

❼ 장착 스크루를 푼 후 PRA 톱 커버 E 를 탈착한다.

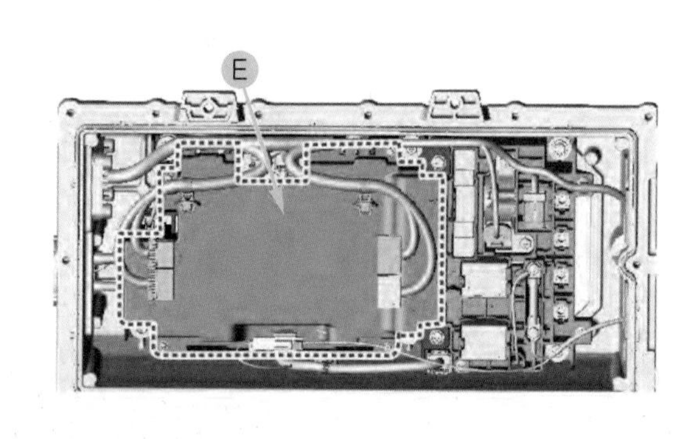

❖그림 3-324 PRA 톱 커버 탈착

❽ 그림과 같이 고전압 메인 릴레이의 융착 상태는 측정 저항 값이 ∞Ω(20℃) 규정범위 이내에 있는지 여부를 점검한다.

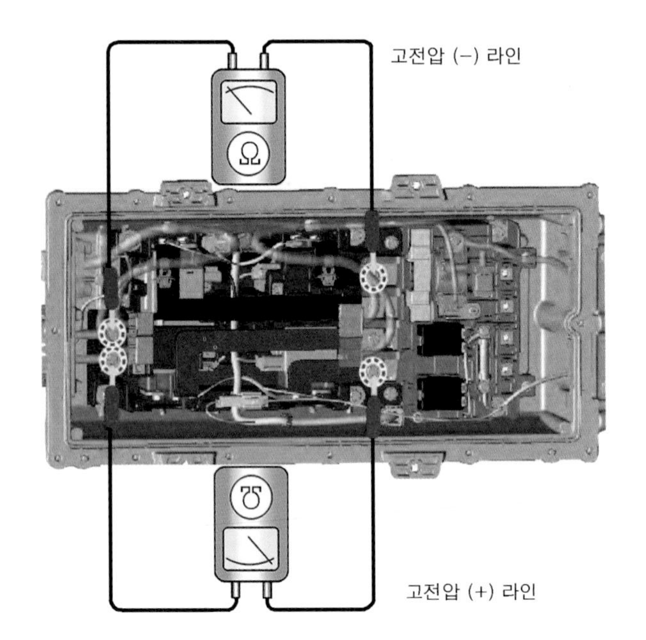

❖그림 3-325 고전압 메인 릴레이 융착 점검

3 고전압 메인 릴레이 코일 저항 측정

❶ BMU 익스텐션 커넥터 A를 분리한다.
❷ 파워 릴레이 어셈블리 커넥터 7번과 8번 단자[메인 릴레이 (+)], 3번과 8번 단자[메인 릴레이 (−)]사이의 저항을 측정하여 규정 값인 21.6 ~ 26.4Ω(20℃) 범위인지를 확인한다.

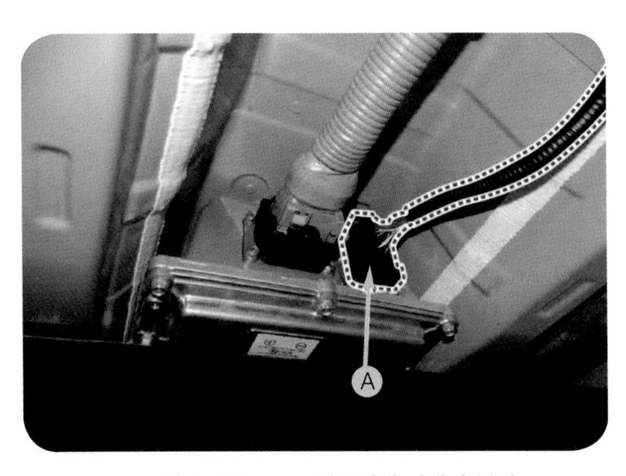

❖그림 3-326 BMU 익스텐션 커넥터 분리

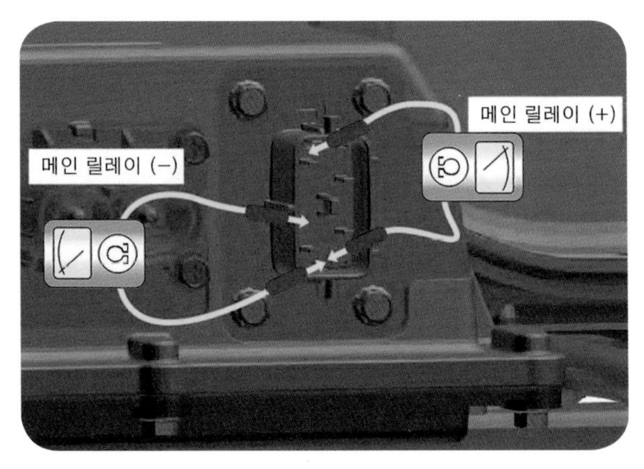

❖그림 3-327 메인 릴레이 저항 측정

10 고품 고전압 배터리 시스템 보관 · 운송 · 폐기

1 고품 고전압 배터리 시스템 점검 절차

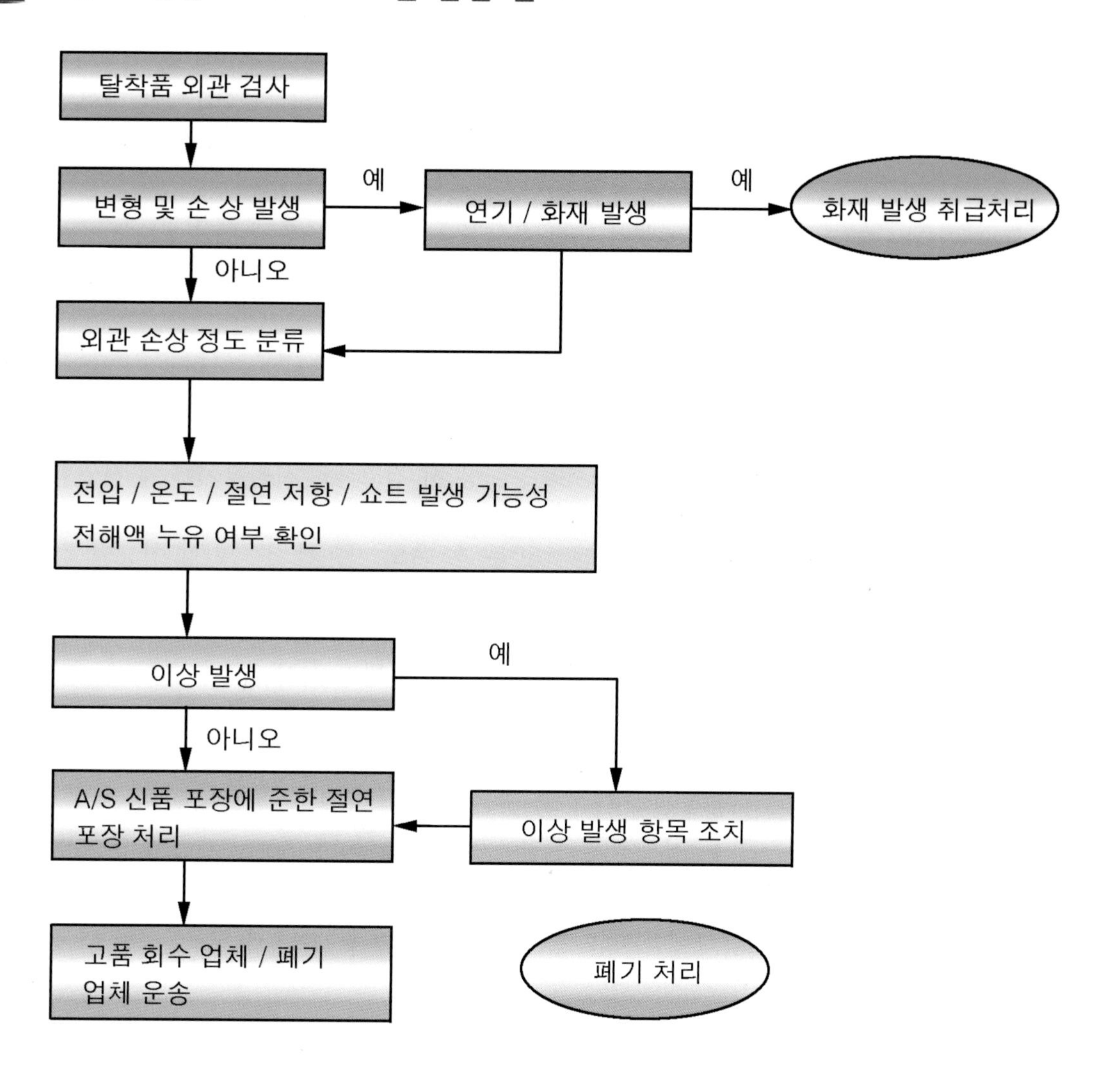

❖그림 3-328 고품 고전압 배터리 시스템 취급 절차

2 고품 고전압 배터리 시스템 취급 및 점검 방법

표 3-50 고전압 배터리 취급 방법

분류	항목	조치내용
미손상 배터리	보관	안전 플러그 탈착 후 신품 배터리 시스템과 동일한 기준으로 안전 포장 및 보관
	운송	충격을 최소화하고 타 일반부품과 섞이지 않도록 별도 운송 조치
	폐기	지정 폐기업체에 운송하여 염수 침전 또는 방전 장비 이용하여 완전 방전 시킨 후 폐기업체의 폐기 절차 수행

<table>
<tr><th>분류</th><th>항목</th><th colspan="2">조치내용</th></tr>
<tr><td rowspan="4">손상
배터리</td><td>공통항목</td><td>점검
방법</td><td>1. 전압 이상 점검(디지털 멀티미터 이용)
(1) 안전 플러그 상단 (+)단자와 [고전압 배터리-PRA] 연결 케이블 (-)단자간 전압 측정 = 120 ~ 207V 정상
(2) 안전 플러그 하단 (-)단자와 [고전압 배터리-PRA] 연결 케이블 (+)단자간 전압 측정 = 120 ~ 207V 정상
(3) 고전압 릴레이 연결 케이블 (+)단자와 (-)단자간의 전압 측정 = 240 ~ 413V
측정 기본 조건 : 안전 플러그 연결된 상태에서 측정 실시
▶ 조치 방법 : 비정상 시 고전압 배터리 화재방지를 위해 즉시 염수 침전 또는 방전 장비 이용한 완전 방전 실시

2. 온도 이상 점검 (비접촉식 온도계 이용)
(1) 배터리 팩 케이스의 외부 온도 확인
(2) 최초 온도/30분 후 온도 측정 후 온도 변화 확인
▶ 정상 기준 : 온도변화 3℃ 이하, 최대 온도 35℃ 이하
▶ 조치 방법
– 최대 온도 35℃ 이상 시 건조하고 시원한 장소에 자연방치한 후 35℃ 부근에서 온도 점검 진행
– 최초 온도와 30분 후 온도 차이가 3℃ 이상 상승할 경우 즉시 염수 침전 또는 방전 장비 이용한 완전 방전 실시
– 30분 간격으로 온도측정 결과 온도 지속상승 시 즉시 염수전 또는 방전 장비 이용한 완전 방전 실시

3. 절연저항 이상 점검(메가 옴 테스터 이용)
(1) 파워 릴레이 (+) 단자와 배터리 팩 커버 간 절연저항 측정
(2) 파워 릴레이 (-) 단자와 배터리 팩 커버 간 절연저항 측정
▶ 정상 기준 : 절연저항 2MΩ 이하 (500V 전압 적용 시)
▶ 조치 방법 : 절연처리 및 외부 절연체 포장

4. 단락 발생 가능부위 절연 조치(육안 점검 후 절연조치)
(1) 고전압 배터리-PRA 연결 케이블 단자
(2) BMU 전압 센싱 커넥터
▶ 조치 방법
– 팩, 셀간, 모듈간 단락 방지를 위해 고무 캡 혹은 절연 테이프 처리 필요
– 움직임 최소화를 위한 케이블 단자 고정 필요

5. 전해액 누설 점검
– 배터리 팩 30㎝ 이내 거리에서 냄새 직접 확인(화학약품, 아크릴 냄새와 유사)
▶ 조치 방법 : 전해액 누설이 의심되는 이상 냄새 감지 시 즉시 염수 침전 또는 방전 장비 이용한 완전 방전 실시</td></tr>
<tr><td rowspan="3">손상
배터리
점검 결과:
정상</td><td>보관</td><td>안전 플러그 탈착 후 신품 배터리 시스템과 동일한 기준으로 포장 및 보관</td></tr>
<tr><td>운송</td><td>충격을 최소화하고 타 일반부품과 섞이지 않도록 별도 운송 조치</td></tr>
<tr><td>폐기</td><td>지정 폐기업체에 운송하여 염수 침전 또는 방전 장비를 이용하여 완전방전 시킨 후 폐기업체의 폐기절차 수행</td></tr>
</table>

분류	항목	조치내용	
손상 배터리	손상 배터리 점검결과: 비정상	보관	안전 플러그 제거, 노출된 외부단자 위치 확인하여 절연처리, 건냉한 장소에 별도 보관 휘발성 물질/가연성 물질과 분리하여 보관 외부 단자간 단락 방지용 외부 절연체(절연 테이프, 고무 캡 등) 이용하여 절연처리, 절연체(비닐, 랩 등)를 이용하여 배터리 팩 외부 마감/포장 박스 내 충격 방지재 적용
		운송	충격을 최소화하고 타 일반부품과 섞이지 않도록 별도 운송 조치
		폐기	지정 폐기업체에 운송하여 염수 침전 또는 방전 장비를 이용하여 완전방전 시킨 후 폐기업체의 폐기 절차 수행

3 단락 발생 가능부위 절연 처리 방법

(1) 고전압 배터리와 PRA 연결 케이블 단자 절연 처리 방법

① 팩 단락 방지를 위해 고무 캡 혹은 절연 테이프를 이용한 케이블 단자 (+), (−) 각각에 대해 절연처리 작업을 한다.

② 움직임을 최소화하기 위해 절연 테이프를 이용하여 케이블 단자를 배터리 팩 케이스에 고정시킨다.

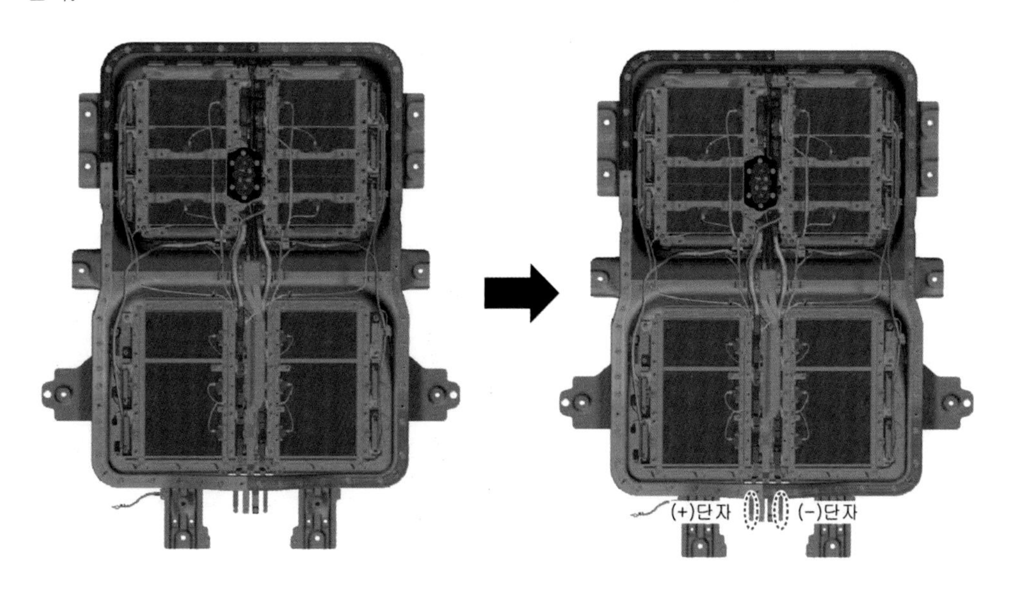

❖그림 3-329 고전압 배터리와 PRA 연결 케이블 단자 절연 처리 방법

(2) BMU 전압 신호 커넥터 절연 처리 방법

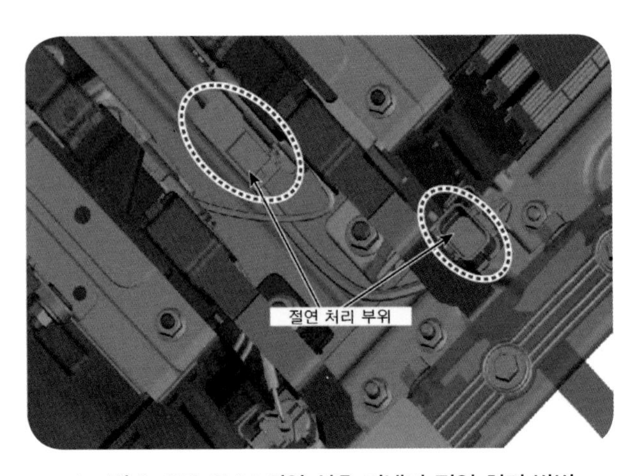

❖그림 3-330 BMU 전압 신호 커넥터 절연 처리 방법

① 셀간, 모듈간 단락을 방지하기 위해 고무 캡 또는 절연 테이프를 이용하여 커넥터 절연 처리 작업을 한다.

② 와이어링의 움직임을 최소화하기 위해 절연 테이프를 이용하여 와이어링을 배터리 팩 케이스에 고정시킨다.

(3) 고품 고전압 배터리 시스템 방전 절차

① 염수 침전 방전이 필요한 배터리

고전압 배터리는 감전 및 기타 사고의 위험이 있으므로 고품 고전압 배터리에서 아래와 같은 이상 징후가 감지되면 서비스 센터에서 염수 침전(소금물에 담금) 방식으로 고품 고전압 배터리를 즉시 방전하여야 한다.

가) 화재의 흔적이 있거나 연기가 발생하는 경우

나) 고전압 배터리의 전압이 비정상적으로 높은 경우 (413V 이상)

다) 고전압 배터리의 온도가 비정상적으로 지속적 상승하는 경우

라) 전해액 누설이 의심되는 이상 냄새(화학약품, 아크릴 냄새와 유사)가 발생할 경우

② 염수 침전 방전 방법

❖그림 3-331 고전압 배터리 침전 방전 방법

가) 고전압 배터리 전체를 잠수시킬 수 있는 플라스틱 용기에 물을 준비한다.

나) 소금물의 농도가 약 3.5% 정도가 되도록 소금을 부어 소금물을 만든다. 예를 들어 물의 양이(10ℓ)인 경우 소금의 양은 350g을 넣어준다.

다) 고전압 배터리 어셈블리 또는 배터리 모듈을 아래와 같이 소금물에 담근다.

라) 약 12시간 이상 방치한 후 고전압 배터리를 용기에서 꺼내어 건조한다.

표 3-51 고전압 배터리 제원

구분	항목	제원	비고
인버터	인버터 내의 커패시터 방전 상태	30V 이하	멀티 테스터기 이용하여 확인 가능
고전압 배터리	안전 플러그 케이블 측 저항(Ω)	1 이하 (20℃	멀티 테스터기 이용하여 확인 가능
	메인 퓨즈 저항(Ω)	1 이하 (20℃)	멀티 테스터기 이용하여 확인 가능
	고전압 메인 릴레이 융착 상태	NO	GDS 이용하여 확인가능
		∞Ω(20℃)	멀티 테스터기 이용하여 확인 가능
	절연 저항(kΩ)	300 ~ 1000	GDS 이용하여 확인가능
	절연 저항(MΩ) [실측]	2 이상	메가 옴 테스터기
	고전압 배터리 전압 이상 점검 (V) [측정 범위 : 1번 ~ 6번 모듈 또는 7번 ~ 12번 모듈	120 ~ 207	멀티 테스터기 이용하여 확인 가능
	고전압 배터리 전압 이상 점검 (V)[측정 범위 : 1번~12번 모듈 합성값]	240 ~ 413	멀티 테스터기 이용하여 확인 가능
	셀 구성	96셀	
	정격 전압(V)	360	
	공칭 용량(Ah)	78	
	에너지(kWh)	28	
	중량(kg)	271.8	
	냉각시스템	공냉식	쿨링 모터 강제 냉각
	SOC(%)	5~95	GDS 이용하여 확인 가능
	셀 전압(V)	2.5~4.3	GDS 이용하여 확인 가능
	팩 전압(V)	240~413	GDS 이용하여 확인 가능
	셀간 전압 편차(mV)	40이하	GDS 이용하여 확인 가능
	절연저항(KΩ)	300~1000	GDS 이용하여 확인 가능
	절연 저항(MΩ) [실측]	2이상	메가 옴 테스터기
BMU	C-CAN 종단 저항(Ω)	약 60	합성 저항값을 의미함 (BMU↔ 인버터)
	C-CAN 종단 저항(Ω)	약 60	BMU 단품 저항값을 의미함
메인 릴레이	접촉시	정격 전압(V)	450
		정격 전류(A)	150(A)
		전압 강하(V)	0.1이하(150A)
	코일	작동 전압(V)	12
		저항(Ω)	21.6~26.4(20℃)
	고전압 메인 릴레이 융착 상태	NO	GDS 이용하여 확인가능
	고전압 메인 릴레이 (-) 스위치 저항 (Ω)	∞	멀티 테스터기 이용하여 확인가능
	고전압 메인 릴레이 작동음	"틱", "톡"	GDS 이용하여 확인가능
	고전압 메인 릴레이 코일 저항 (Ω)	21.6 ~ 26.4 (20℃)	멀티 테스터기 이용하여 확인가능

구분	항목		제원	비고
프리차지 릴리이	접촉 시		정격 전압(V)	450
			정격 전류(A)	20(A)
			전압 강하(V)	0.5이하(10A)
	코일		작동 전압(V)	12
			저항(Ω)	54~66(20˚C)
	프리차지 릴레이 (-) 스위치 저항 (Ω)		∞	멀티 테스터기 이용하여 확인가능
	프리차지 릴레이 작동음		"틱", "톡"	GDS 이용하여 확인가능
	프리차지 릴레이 코일 저항 (Ω)		54 ~ 66(20℃)	멀티 테스터기 이용하여 확인가능
프리차지 레지스터 (FRE-Charge Resistor)	정격 용량(W)		60	
	저항(Ω)		40	
배터리 전류 센서	충전 전류 350(A)일 때		출력 전압 0.5V	
	충전 전류 200(A)일 때		출력 전압 1.357V	
	충전 전류 0(A)일 때		출력 전압 2.5V	
	방전 전류 200(A)일 때		출력전압 3.643V	
	방전 전류 350(A)일 때		출력전압 4.5V	
	전류 센서 출력 단자 전압값(V)		약 2.5 ± 0.1	멀티 테스터기 이용하여 확인가능
	전류 센서 전원 단자 전압값(V)		약 5 ± 0.1	멀티 테스터기 이용하여 확인가능
메인 퓨즈	정격 전압(V)		450 (DC)	
	정격 전류(A)		250 (DC)	
	안전 플러그 케이블 측 저항(Ω)		1 이하 (20℃)	멀티 테스터기 이용하여 확인가능
	메인 퓨즈 저항(Ω)		1 이하 (20℃)	멀티 테스터기 이용하여 확인가능
배터리 온도 센서	온도 (℃)	-40	저항값 204.7(kΩ)	편차 ±4.0(%)
		-30	저항값 118.5(kΩ)	편차 ±3.5(%)
		-20	저항값 71.02(kΩ)	편차 ±3.0(%)
		-10	저항값 43.67(kΩ)	편차 ±2.5(%)
		0	저항값 27.70(kΩ)	편차 ±2.0(%)
		10	저항값 18.07(kΩ)	편차 ±1.6(%)
		20	저항값 12.11(kΩ)	편차 ±1.2(%)
		30	저항값 8.301(kΩ)	편차 ±1.2(%)
		40	저항값 5.811(kΩ)	편차 ±1.5(%)
		50	저항값 4.147(kΩ)	편차 ±1.9(%)
		60	저항값 3.011(kΩ)	편차 ±2.2(%)
		70	저항값 2.224(kΩ)	편차 ±2.5(%)
고전압 릴레이 차단장치 (OPD)	VPD단자간 합성저항(Ω		3 이하 (20℃)	멀티 테스터기 이용하여 확인가능
	VPD 단자 저항(Ω)		0.375 이하 (20℃)	멀티 테스터기 이용하여 확인가능
	VPD 스위치 단자 위치		아래 방향	적색 스위치이며 육안 및 접촉을 통한 확인 가능
고전압 배터리 히터	10셀 LH/ RH 저항(Ω)		34~38	
	6셀 LH/ RH 저항(Ω)		20~22.4	

구분	항목		제원	비고
고전압 배터리 히터 릴레이	접촉시	정격 전압 (V)	450	
		정격 전류 (A)	10	
		전압 강하 (V)	0.5이하(10A)	
	코일	작동 전압 (V)	12	
		저항(Ω)	54 ~ 66 (20℃)	멀티 테스터기 이용하여 확인가능
	고전압 배터리 히터 릴레이 스위치 저항(Ω)		∞	
	고전압 배터리 히터 릴레이 작동음		“틱”, “톡”	GDS 이용하여 확인가능
고전압 배터리 히터 온도 센서	온도 (℃)	-40	저항값 188.5(kΩ)	편차 ±4.0(%)
		-30	저항값 111.3(kΩ)	편차 ±3.5(%)
		-20	저항값 67.77(kΩ)	편차 ±3.0(%)
		-10	저항값 42.47(kΩ)	편차 ±2.5(%)
		0	저항값 27.28(kΩ)	편차 ±2.0(%)
		10	저항값 17.96(kΩ)	편차 ±1.6(%)
		20	저항값 12.09(kΩ)	편차 ±1.2(%)
		30	저항값 8.313(kΩ)	편차 ±1.2(%)
		40	저항값 5.827(kΩ)	편차 ±1.5(%)
		50	저항값 4.160(kΩ)	편차 ±1.9(%)
		60	저항값 3.020(kΩ)	편차 ±2.2(%)
		70	저항값 2.228(kΩ)	편차 ±2.5(%)
고전압 배터리 쿨링 시스템	쿨링팬 속도(단)	0단	듀티 0(%)	팬 속도 0(rpm)
		1단	듀티 20(%)	팬 속도 1200(rpm)
		2단	듀티 28(%)	팬 속도 1440(rpm)
		3단	듀티 38(%)	팬 속도 1740(rpm)
		4단	듀티 44(%)	팬 속도 1920(rpm)
		5단	듀티 52(%)	팬 속도 2170(rpm)
		6단	듀티 60(%)	팬 속도 2450(rpm)
		7단	듀티 70(%)	팬 속도 2600(rpm)
		8단	듀티 80(%)	팬 속도 2800(rpm)
		9단	듀티 90(%)	팬 속도 3000(rpm)
고전압 배터리 인렛 온도센서	온도 (℃)	-40	저항값 188.5(kΩ)	편차 ±4.0(%)
		-30	저항값 111.3(kΩ)	편차 ±3.5(%)
		-20	저항값 67.77(kΩ)	편차 ±3.0(%)
		-10	저항값 42.47(kΩ)	편차 ±2.5(%)
		0	저항값 27.28(kΩ)	편차 ±2.0(%)
		10	저항값 17.96(kΩ)	편차 ±1.6(%)
		20	저항값 12.09(kΩ)	편차 ±1.2(%)
		30	저항값 8.313(kΩ)	편차 ±1.2(%)
		40	저항값 5.827(kΩ)	편차 ±1.5(%)
		50	저항값 4.160(kΩ)	편차 ±1.9(%)
		60	저항값 3.020(kΩ)	편차 ±2.2(%)
		70	저항값 2.228(kΩ)	편차 ±2.5(%)
고전압 배터리 충전 시스템	완속	최대출력	6.6 kW	
		출력밀도	0.57 kVA/ℓ	
		ICCB	약 1.4kW	
		EVSE	6.6kW	
	급속	100kW	DC 500V, 200A	
		50kW	DC 450V, 110A	

11 구동 모터 점검 정비

1 전기 자동차의 모터

영구자석이 내장된 IPM 동기 모터(Interior Permanent Magnet Synchronous Motor)가 주로 사용되고 있으며, 희토류 자석을 이용하는 모터는 열화에 의해 자력이 감소하는 현상이 발생하므로 온도 관리가 중요하다.

❖그림 3-332 구동 모터 고정자

❖그림 3-333 구동 모터 회전자

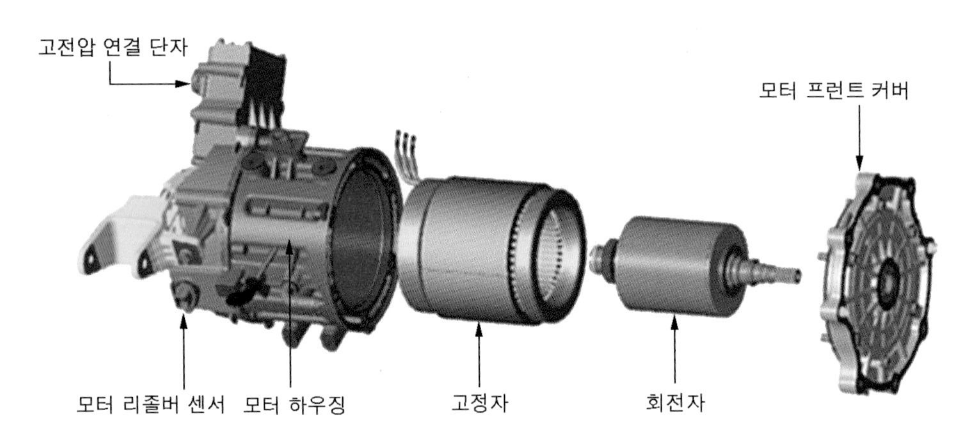

❖그림 3-334 구동 모터의 구조

2 전기 자동차의 후진

구동 모터에 흐르는 전기의 (+)와 (−)의 극성을 변화시키면 모터는 정회전과 역회전을 할 수 있으므로 전기 자동차는 별도의 후진장치가 필요 없다.

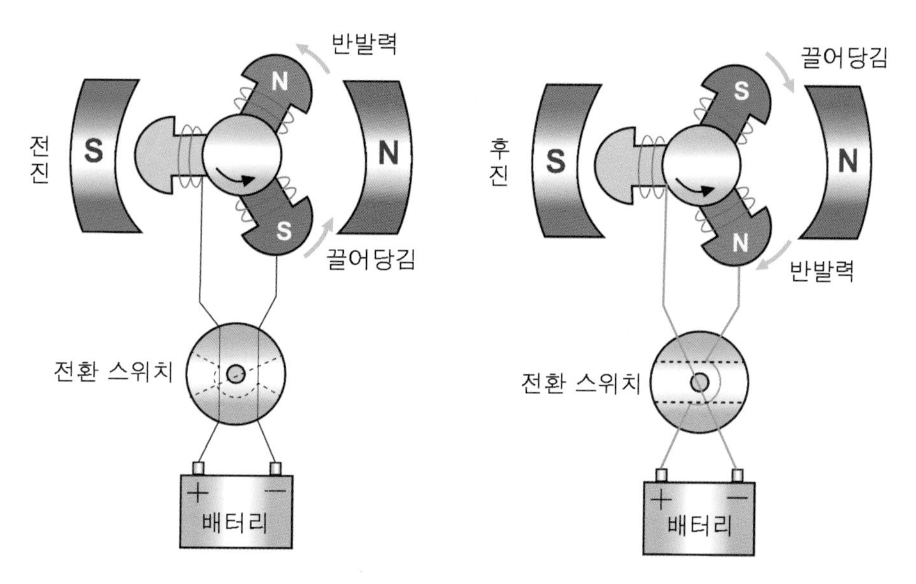

❖그림 3-335 전기 자동차 후진의 원리

3 모터 구동장치의 일반 사항

전기차용 구동 모터는 높은 구동력과 고출력으로 가속과 등판 및 고속 운전에 필요한 동력을 제공하며, 소음이 거의 없는 정숙한 차량 운행을 제공하는 기능을 한다. 모터에서 발생한 동력은 회전자 축과 연결된 감속기와 드라이브 샤프트를 통해 바퀴에 전달된다.

또한 감속 시에는 발전기로 전환되어 전기를 회생 발전하여 고전압 배터리를 충전함으로써 연비를 향상시키고 주행거리를 증대시킨다.

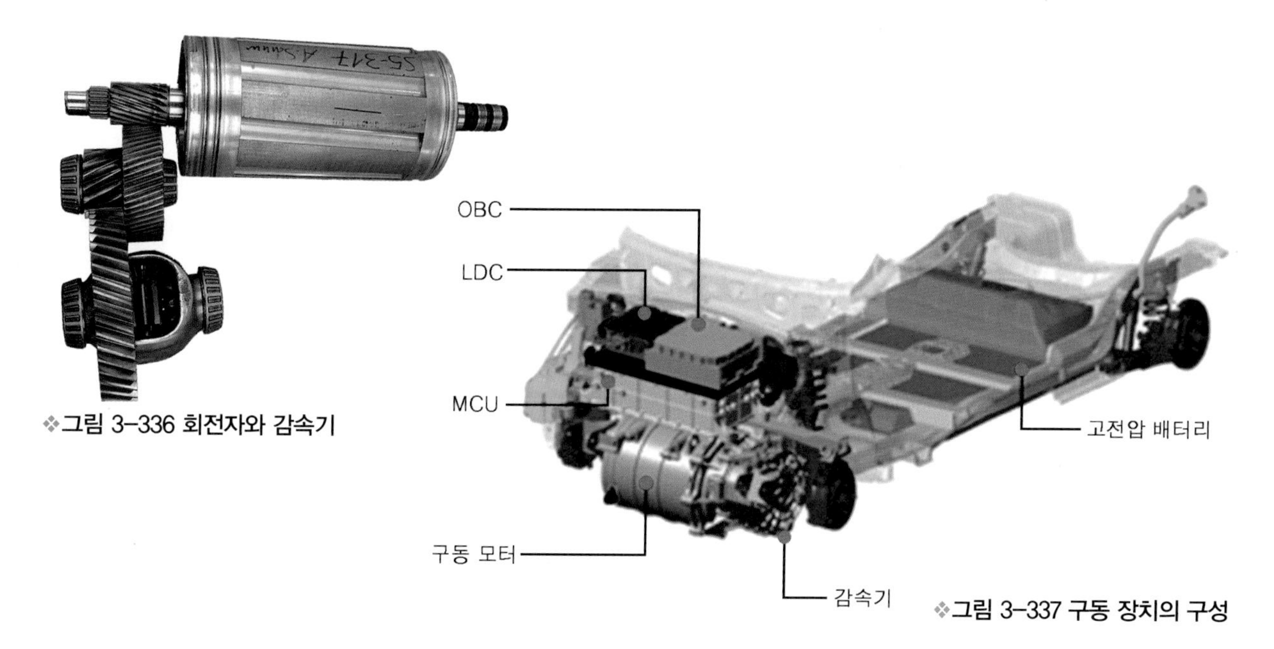

❖그림 3-336 회전자와 감속기

❖그림 3-337 구동 장치의 구성

(1) 구동 모터의 주요 기능

1) **동력(방전) 기능:** MCU는 배터리에 저장된 전기에너지로 구동 모터를 삼상 제어하여 구동력을 발생 시킨다.

2) **회생 제동(충전) 기능:** 감속 시에는 발생하는 운동에너지를 이용하여 구동 모터를 발전기로 전환시켜 발생된 전기에너지를 고전압 배터리에 충전한다.

(2) 감속기의 기능

전기 자동차용 감속기는 일반 가솔린 차량의 변속기와 같은 역할을 하지만 여러 단이 있는 변속기와는 달리 일정한 감속비로 모터에서 입력되는 동력을 자동차 차축으로 전달하는 역할을 하며, 변속기 대신 감속기라고 불린다.

감속기의 역할은 모터의 고회전, 저토크 입력을 받아 적절한 감속비로 속도를 줄여 그만큼 토크를 증대시키는 역할을 한다. 감속기 내부에는 파킹 기어를 포함하여 5개의 기어가 있으며, 수동변속기 오일이 들어 있는데 오일은 무교환식이다.

❖그림 3-338 감속기

(3) 구동 모터의 제원

표3-52 구동 모터의 제원

항목	제원
형식	영구자석형 동기 모터
최대 출력	88kW
정격 출력	77kW
최대 토크	295N.m
최대 회전 속도	10,300 rpm
정격 회전 속도	2850~6000 rpm
작동 온도 조건	-40~105℃
냉각 방식	수냉식

표3-53 전자식 워터 펌프(EWP)의 제원

항목	제원
형식	모터 구동
작동 조건	속도 제어
작동 회전 속도	1000~3320 rpm
작동 전압	13.5~14.5 V
용량	최소 12 lpm(0.65bar)
정격 전류	2.5A 이하 (14 V 시)
작동 온도 조건	-40 ~ 105℃
저장 온도 조건	-40 ~ 120℃
냉각수 온도	75℃ 이하

(4) 모터의 작동 원리

3상 AC 전류가 스테이터 코일에 인가되면 회전 자계가 발생되어 로터 코어 내부에 영구 자석을 끌어당겨 회전력을 발생시킨다.

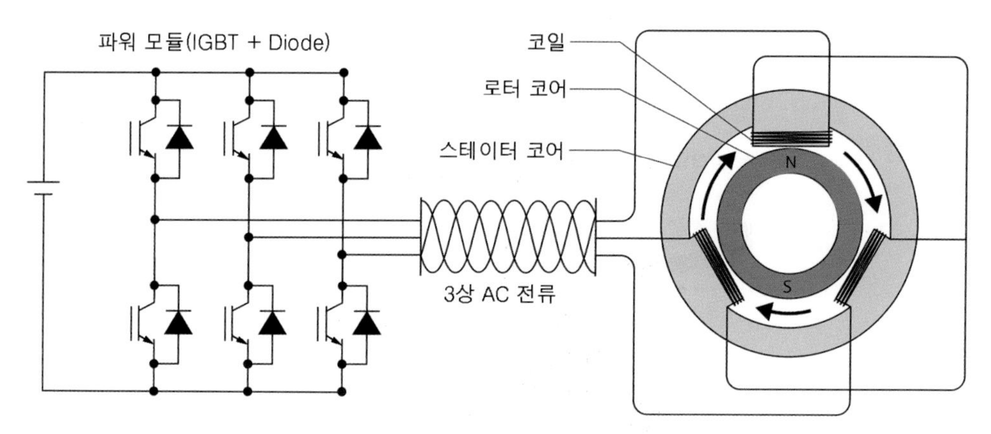

❖그림 3-339 모터의 작동 원리

4 구동 모터의 탈부착

(1) 고전압 시스템 작업 전 주의 사항

전기 자동차는 고전압 배터리를 포함하고 있어서 시스템이나 차량을 잘못 건드릴 경우 심각한 누전이나 감전 등의 사고로 이어질 수 있다. 그러므로 고전압 시스템 작업 전에는 반드시 아래 사항을 준수하도록 한다.

① 고전압 시스템을 점검하거나 정비하기 전에 반드시 안전 플러그를 분리하여 고전압을 차단하도록 한다.

② 분리한 안전 플러그는 타인에 의해 실수로 장착되는 것을 방지하기 위해 반드시 작업 담당자가 보관하도록 한다.

③ 시계, 반지, 기타 금속성 제품 등의 금속성 물질은 고전압 단락을 유발하여 인명과 차량을 손상시킬 수 있으므로 작업 전에 반드시 몸에서 제거한다.

④ 고전압 시스템 관련 작업 전에 안전사고 예방을 위해 개인 보호 장비를 착용하도록 한다.

⑤ 보호 장비를 착용한 작업 담당자 이외에는 고전압 부품과 관련된 부분을 절대 만지지 못하도록 한다. 이를 방지하기 위해 작업과 연관되지 않는 고전압 시스템은 절연 덮개로 덮어놓는다.

⑥ 고전압 시스템 관련 작업 시 절연 공구를 사용한다.

⑦ 탈착한 고전압 부품은 누전을 예방하기 위해 절연 매트에 정리하여 보관하도록 한다.

⑧ 고전압 단자 간 전압이 30V 이하임을 확인한다.

(2) 고전압 시스템 작업 시 참고 사항

① 모든 고전압 계통의 와이어링과 커넥터는 오렌지색으로 구분되어 있다.

② 고전압 계통의 부품에는 "고전압 경고" 라벨이 부착되어 있다.

③ 고전압 계통의 부품: 고전압 배터리, 파워 릴레이 어셈블리(PRA), 급속 충전 릴레이 어셈블리(QRA), 모터, 파워 케이블, BMU, 인버터, LDC, 완속 충전기(OBC), 메인 릴레이, 프리 차지 릴레이, 프리 차지 레지스터, 배터리 전류 센서, 안전 플러그, 메인 퓨즈, 배터리 온도 센서, 부스 바, 충전 포트, 전동식 컴프레서, 전자식 파워 컨트롤 유닛(EPCU), 고전압 히터, 고전압 히터 릴레이 등

(3) 구동 모터 탈착

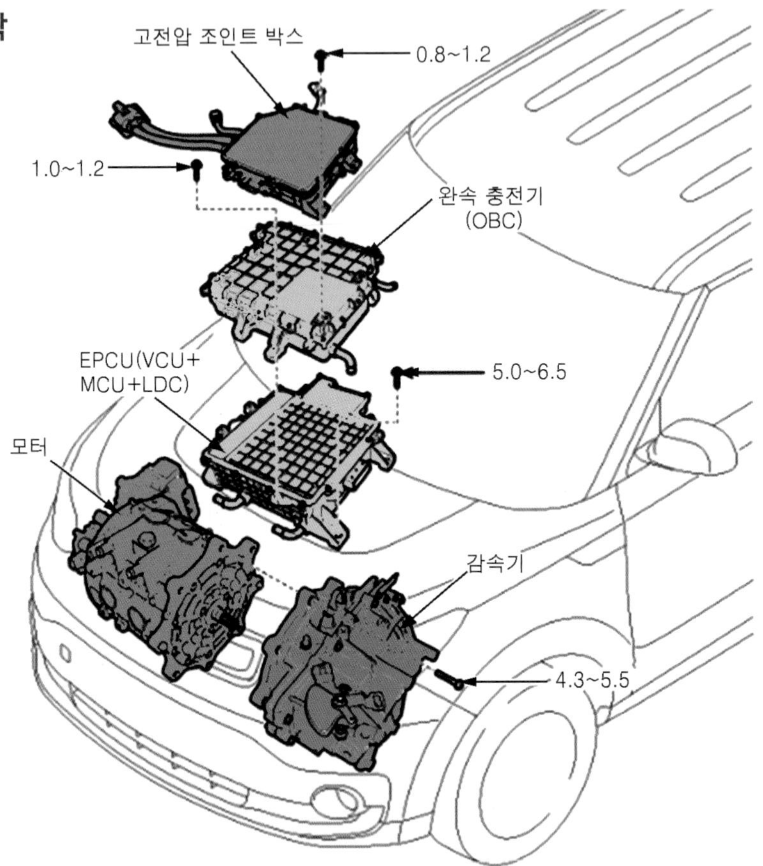

❖그림 3-340 구동 모터의 구성

❶ 고전압을 차단한다.

❷ 12V 보조 배터리 및 트레이를 탈착한다.

❖그림 3-341 파워 일렉트릭 커버 탈착

❸ 파워 일렉트릭 커버 A 및 언더 커버 B를 탈착한다.

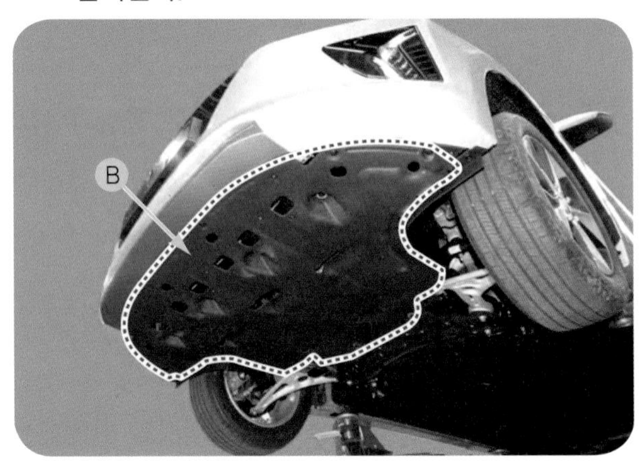

❖그림 3-342 언더 커버 탈착

❹ 냉각수를 배출한다.

❺ 너트 C를 풀고 (+) 와이어링 케이블 D을 분리한다.

❖그림 3-343 와이어링 케이블 분리

❻ 리저버 호스 파이프 고정 볼트 E를 탈착하고 전자식 인히비터 스위치 커넥터 F를 분리한다.

❖그림 3-344 전자식 인히비터 스위치 커넥터 분리

❼ 에어컨 컴프레서 고전압 케이블 G을 분리한다.

❽ 리저버 호스 파이프 고정 볼트 H를 탈착하고

❖그림 3-345 에어컨 컴프레서 고전압 케이블 분리

에어컨 컴프레서 커넥터 브래킷 고정 볼트 I를 탈착한다.

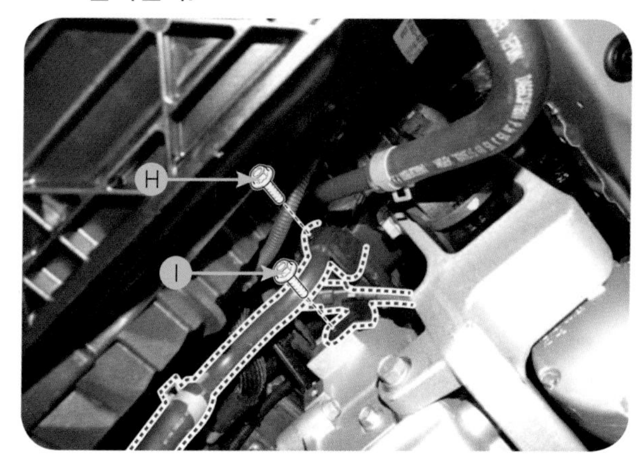

❖그림 3-346 파이프 및 브래킷 고정 볼트 탈착

❾ 프런트 드라이브 샤프트를 분리한다.

❿ 에어컨 컴프레서 고정 볼트를 풀고 에어컨 컴프레서 J를 로어암 측면에 위치시킨다.

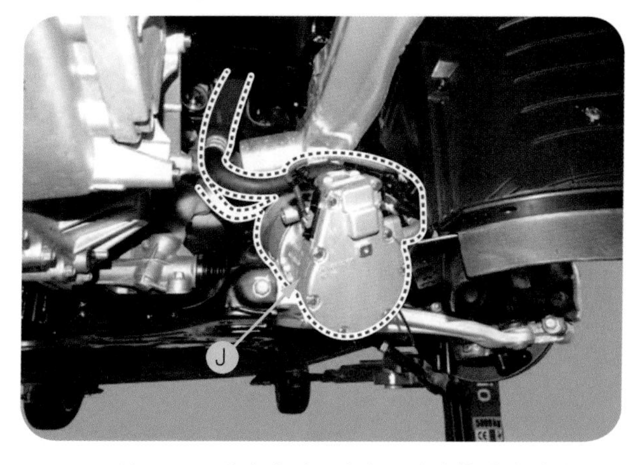

❖그림 3-347 에어컨 컴프레서 로어암 측면에 위치

⓫ 모터 위치 및 온도 센서 커넥터 K를 분리하고 고정 볼트 L를 풀어 3상 냉각수 밸브 M를 탈착한다.

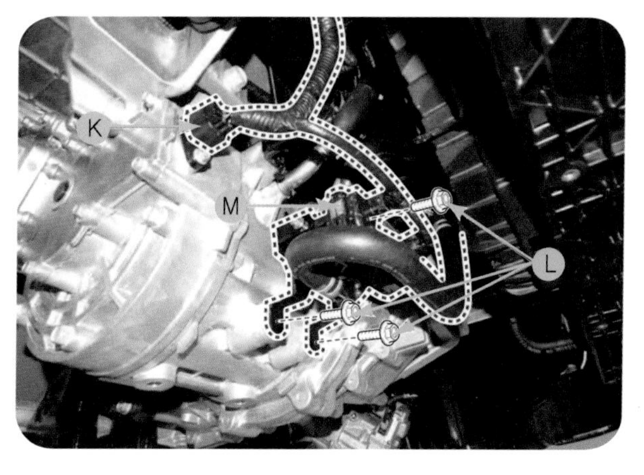

❖그림 3-348 커넥터 분리, 3상 냉각수 밸브 탈착

⑫ 냉각수 인렛 호스 N 및 아웃렛 호스 O 를 분리한다.

❖그림 3-349 냉각수 인렛 및 아웃렛 호스 분리

⑬ 잠금 핀 P 을 누른 후, 화살표 방향으로 레버 Q 를 잡아 당겨 해제한다.

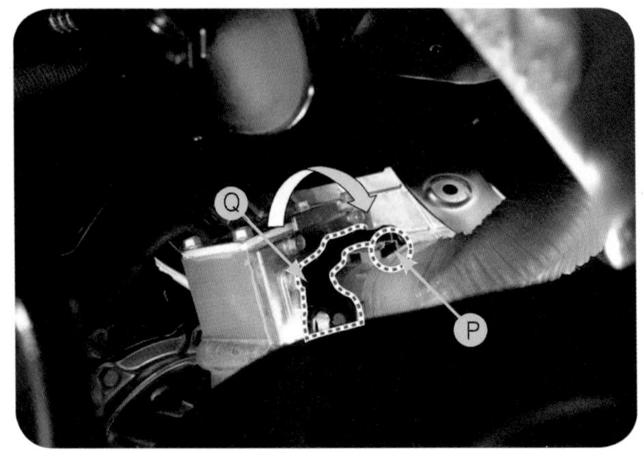

❖그림 3-350 핀 누르고 케이블 고정 레버 해제

⑭ 레버 해제 전 고전압 케이블 커버 고정부 R 를 탈착하고 고전압 케이블 S 을 분리한다.

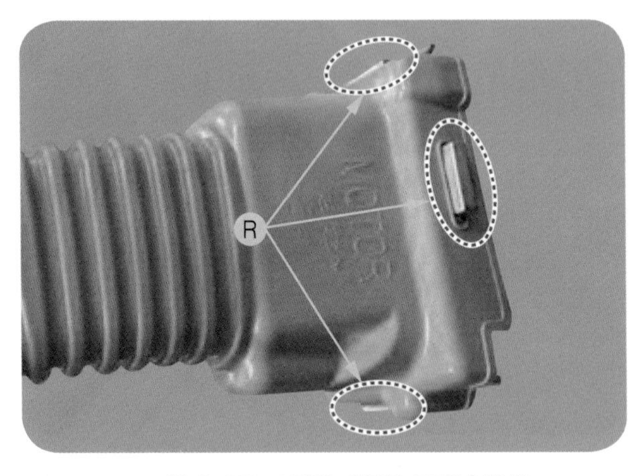

❖그림 3-351 고전압 케이블 고정부 탈착

❖그림 3-352 고전압 케이블 분리

⑮ 모터 하부에 모터와 잭 사이에 나무 블록 등을 넣어 모터의 손상을 방지하면서 잭을 받친다.

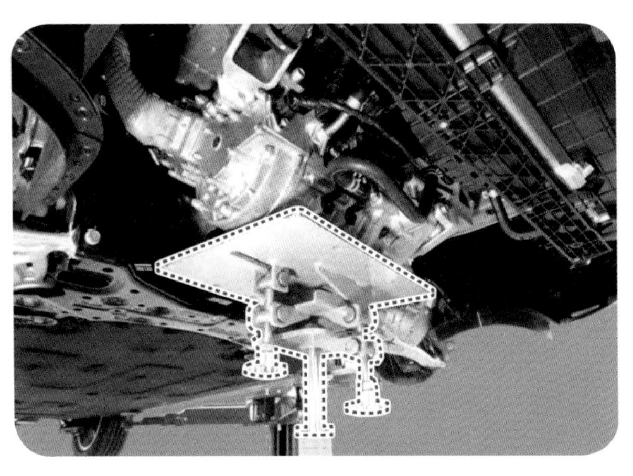

❖그림 3-353 모터 하부를 잭으로 받침

⑯ 모터 마운팅 브래킷 관통볼트 T 를 탈착한다.

❖그림 3-354 모터 마운팅 브래킷 관통볼트 탈착

⑰ 감속기 마운팅 브래킷 관통볼트 U 및 리어 롤 마운팅 브래킷 관통볼트 V를 탈착한다.

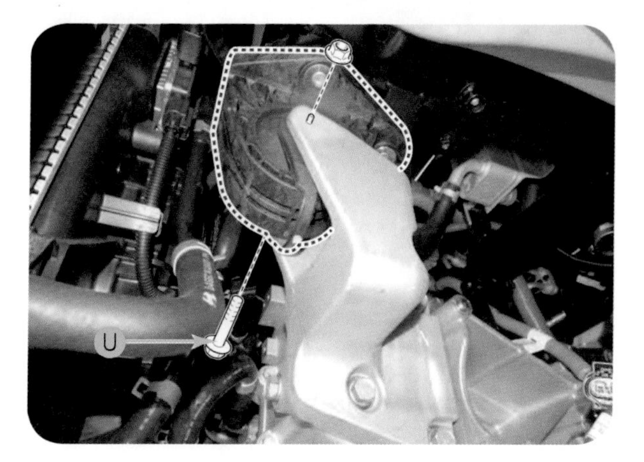

❖그림 3-355 감속기 마운팅 브래킷 관통볼트 탈착

❖그림 3-356 리어 롤 마운팅 브래킷 관통볼트 탈착

⑱ 차량을 서서히 들어 올려 모터 및 감속기 어셈블리 W를 차상에서 탈착한다.

❖그림 3-357 모터 및 감속기 차상에서 탈착

⑲ 모터 서포트 브래킷 X을 탈착한다.

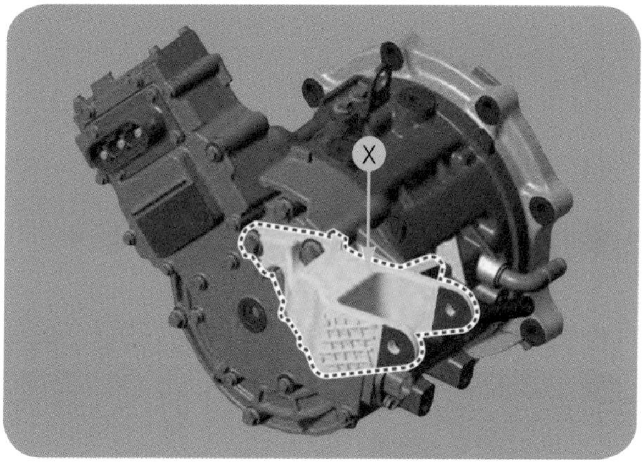

❖그림 3-358 모터 서포트 브래킷 탈착

⑳ 감속기 서포트 브래킷 Y과 리어 롤 마운팅 브래킷 Z을 탈착한다.

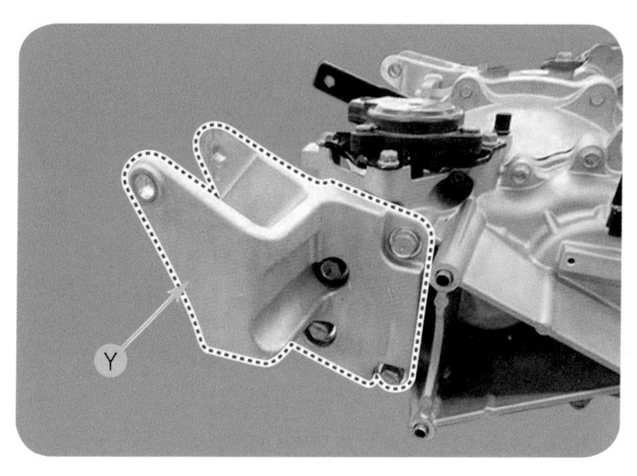

❖그림 3-359 감속기 서포트 브래킷 탈착

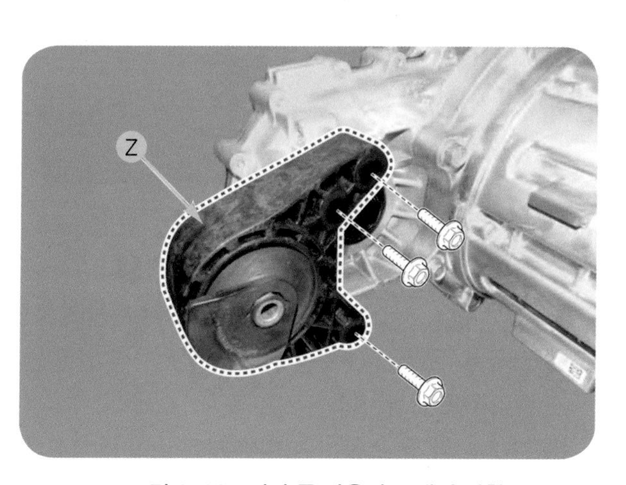

❖그림 3-360 리어 롤 마운팅 브래킷 탈착

㉑ 모터에서 감속기를 탈착한다.
㉒ 이물질에 들어가는 것을 방지하기 위해 깨끗한 천이나 비닐 커버 등을 사용하여 고전압 커넥터 부분을 덮어둔다.
㉓ 조립은 분해의 역순으로 한다.

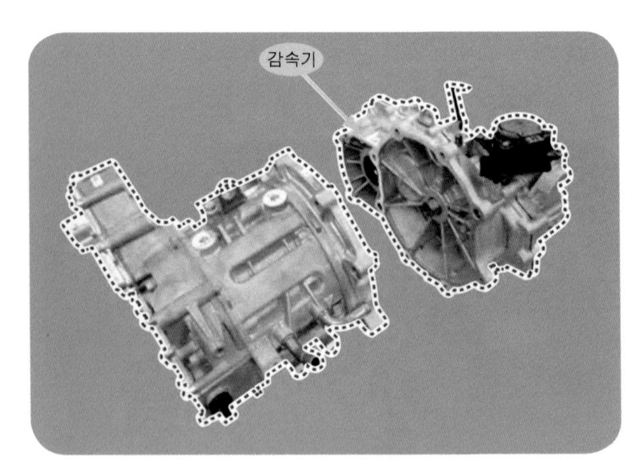

❖그림 3-361 모터에서 감속기 탈착

표 3-54 구동 모터 교환 과정 기록표

순서	작업 항목	비고
1	고전압을 차단하고 12V 보조 배터리 탈착 후, 완속 충전기(OBC)를 탈착한다.	
2		
3		
4		
5		

(4) 구동 모터 장착

❶ 샤프트 O-링 A을 신품으로 장착 위치 B에 장착한다.
❷ 그리스를 도포하지 않을 경우 감속기 P단 진입 시 충격음 발생 및 스플라인 내구 수명 저하의 원인이 될 수 있으므로 스플라인 부 C에 그리스를 도포한다.

❖그림 3-362 샤프트에 신품 O-링 장착

❖그림 3-363 스플라인부에 그리스 도포

❸ 탈착의 역순으로 분해된 부품을 장착한다.
❹ U, V, W의 3상 파워 케이블을 정확한 위치에 조립한다.
❺ 냉각수 주입 시 GDS를 이용하여 전자식 워터 펌프(EWP)를 강제 구동시켜 공기 빼기를 실행하면서 냉각수를 교환한다.
❻ 모터 교환 후 리졸버 오프셋 자동 보정 초기화를 하지 않은 경우 최고 출력 저하 및 주행 거리가 짧아질 수 있으므로 모터 장착 완료 후 리졸버 오프셋 자동 보정 초기화를 진행한다.

(5) 모터 검사

❶ 모터 선간 저항 검사

멀티 테스터기를 이용하여 각 선간(U, V, W)의 저항을 점검한다.

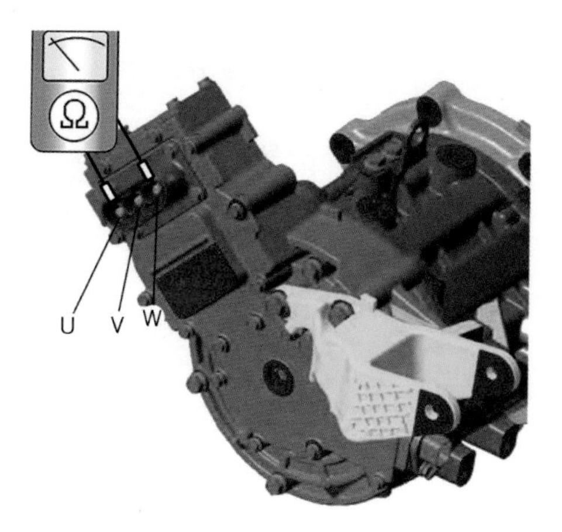

❖그림 3-364 모터 선간 저항 점검 (1)

❖그림 3-365 모터 선간 저항 점검 (2)

표 3-55 모터 선간 저항 규정값

항목	점검 부위	규정값	비고
선간 저항	U - V	22.42 ~ 24.78 mΩ	상온 (20~20.08℃)
	V - W		
	W - U		

❷ 모터 절연 저항 검사

절연 저항 시험기를 이용하여 절연 저항을 점검한다.

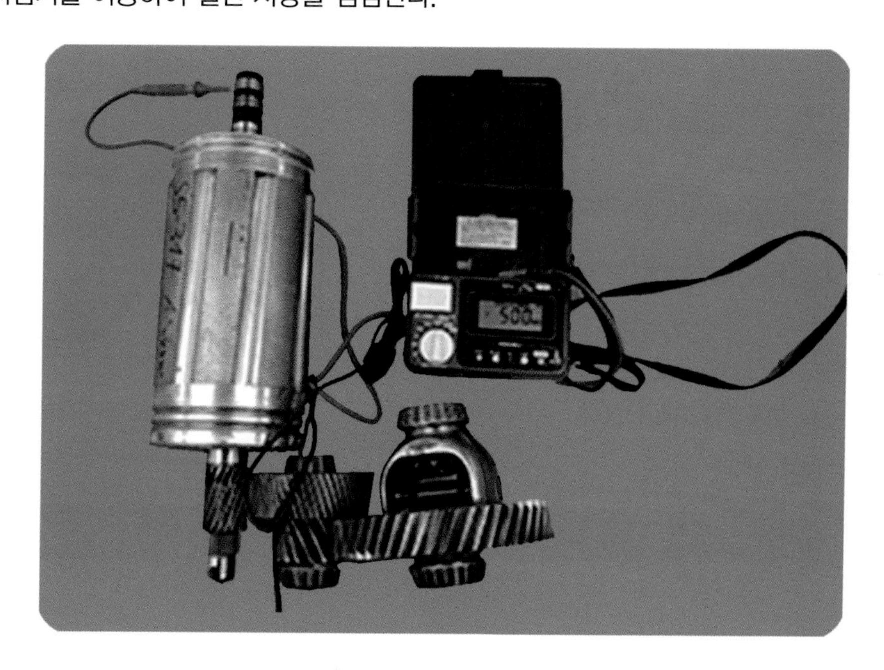

❖그림 3-366 모터 절연 저항 점검

가) 절연 저항 시험기의 (–) 단자와 하우징, (+) 단자와 상(U, V, W)에 연결한다.

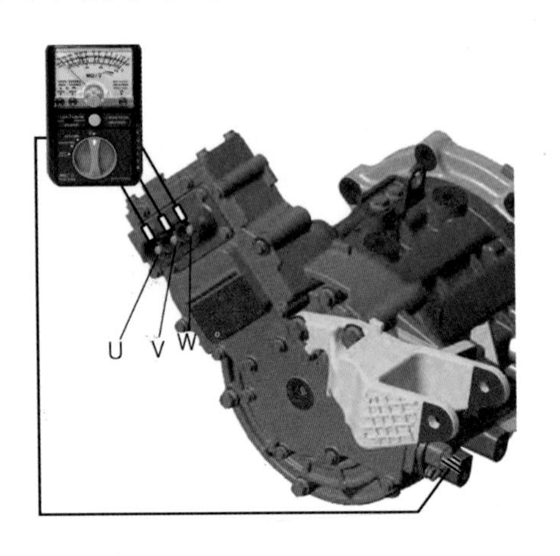

❖그림 3–367 모터 절연 저항 점검 (1)

나) 1분간 DC 540V를 인가하여 측정값을 확인한다.

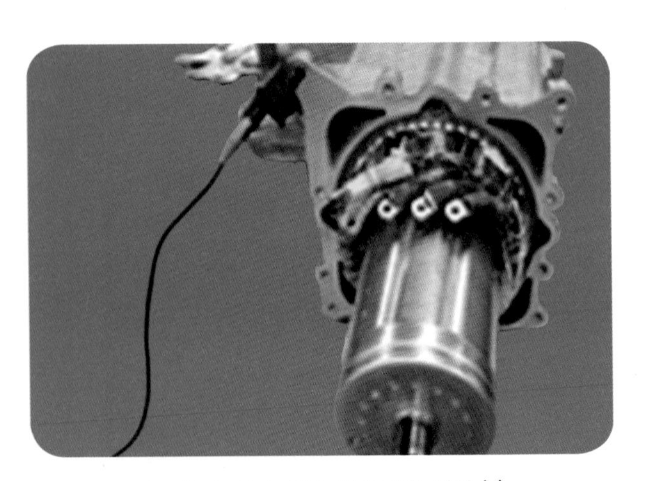

❖그림 3–368 모터 절연 저항 점검 (2)

표 3–56 모터 절연 저항 규정값

항목	점검 부위	규정값	비고
절연 저항	하우징 – U	10 MΩ 이상	DC 540V, 1분간
	하우징 – V		
	하우징 – W		

❸ 모터 절연 내력 검사

내전압 시험기를 이용하여 누설 전류를 점검한다.

가) 내전압 시험기의 (–) 단자와 하우징, (+) 단자와 상(U, V, W)에 연결한다.

나) 1분간 AC 1600V를 인가하여 측정값을 확인한다.

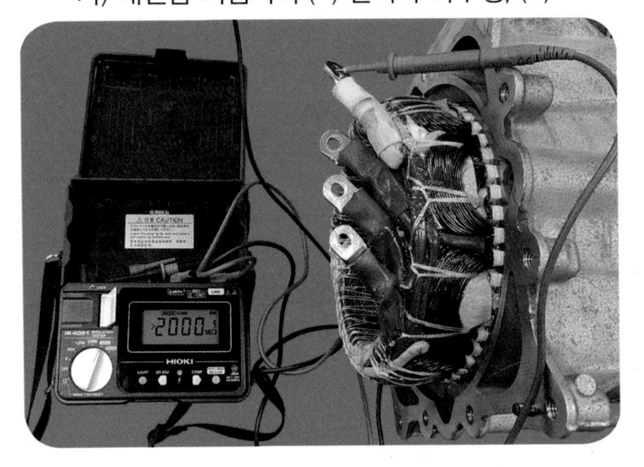

❖그림 3–369 모터 절연 내력 점검 (1)

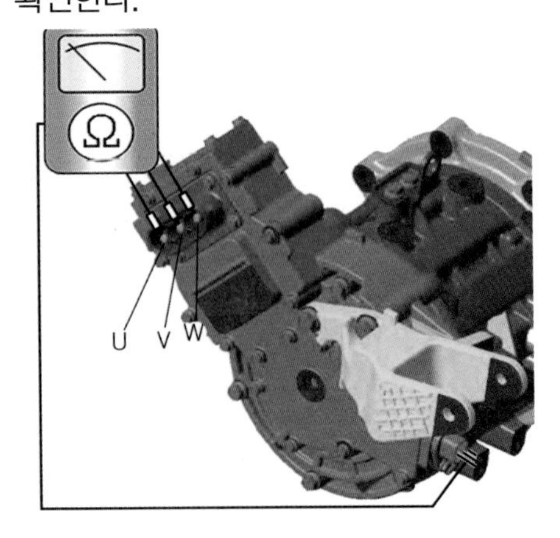

❖그림 3–370 모터 절연 내력 점검 (2)

표 3–57 모터 절연 내력 규정값

항목	점검 부위	규정 값	비고
절연 내력	하우징 – U	10 mA 이하	DC 1600V, 1분간
	하우징 – V		
	하우징 – W		

❹ 모터/HSG 리졸버 보정 초기화

가) 점화 스위치를 OFF시키고 자기진단 커넥터에 GDS를 연결한다.

나) 변속단 P 위치 & 점화 스위치를 ON(Power 버튼 LED "Red")시킨다.

다) GDS의 "부가기능" 모드를 선택한다.

라) 부가기능의 "모터·HSG 리졸버 보정" 항목을 수행한다.

❖그림 3-371 리졸버

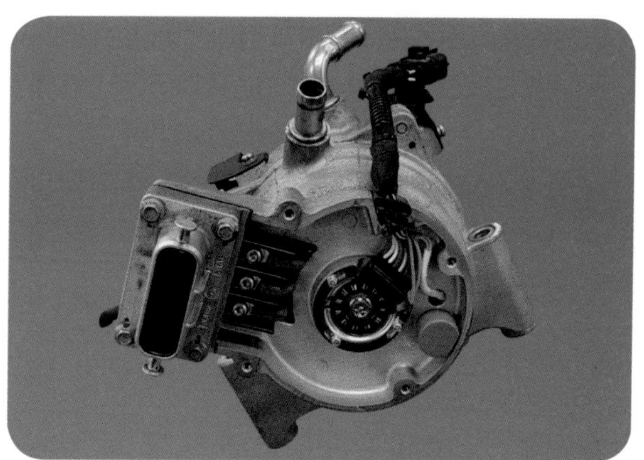

❖그림 3-372 HSG 리졸버

㉮ 모터 · HSG 리졸버 보정

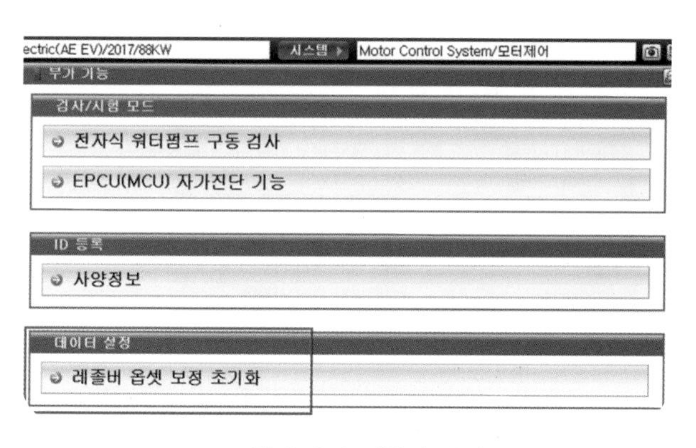

❖그림 3-373 리졸버 보정

㉯ "확인"을 누른다.

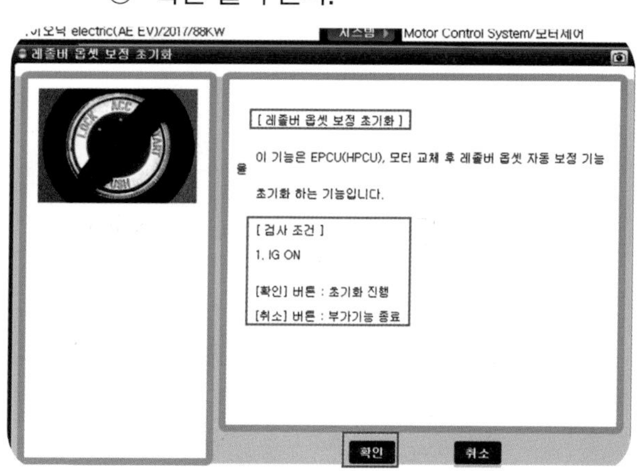

❖그림 3-374 검사 조건 확인

㉰ 학습 보정 중㉯ "확인"을 누른다.

㉱ 모터 · HSG 리졸버 보정 완료 후 확인 버튼을 눌러 학습을 종료 한다.

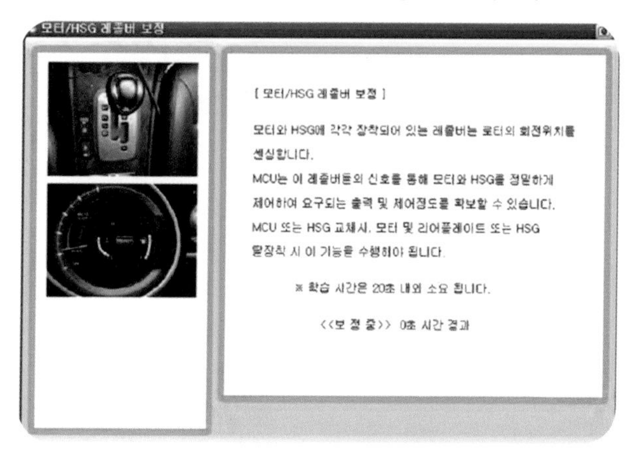

❖그림 3-375 학습 보정 중

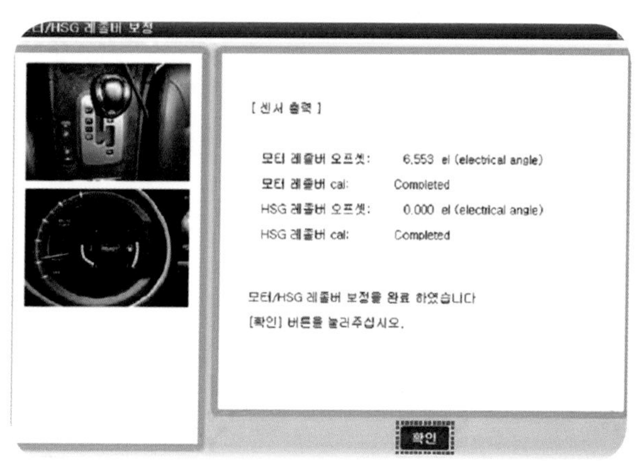

❖그림 3-376 학습 보정 완료

(6) 모터 위치 및 온도 센서

❶ 모터 위치 센서

모터를 정확하게 제어하기 위해서는 모터 회전자의 절대 위치 검출이 필요하므로 리졸버 센서를 이용하여 회전자의 절대 위치 및 절대 속도 정보를 검출하여 MCU는 최적으로 모터를 제어할 수 있게 된다. 리졸버는 모터 하우징 플레이트에 장착되며, 모터의 회전자와 리졸버 센서의 자계 구도 변화에 의해 회전자의 위치를 파악한다.

❖그림 3-377 리졸버 센서 장착 위치

❷ 모터 온도 센서

모터 온도는 모터의 출력에 큰 영향을 미치므로 모터 코일의 변형 또는 성능 저하를 방지하기 위해 모터 코일의 온도에 따라 토크를 제어하기 위하여 모터에 내장한다.

❸ 모터 커넥터 및 단자 기능

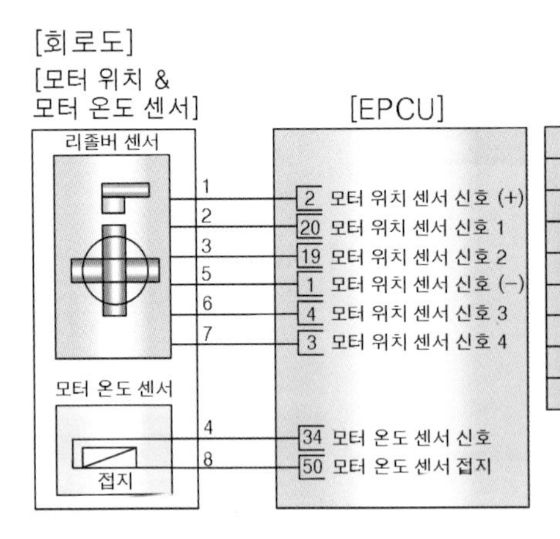

[연결 정보]

단자	연결 부위	기능
1	EPCU (2)	모터 위치 센서 신호 (+)
2	EPCU(20)	모터 센서 신호 1
3	EPCU(19)	모터 위치 센서 신호 2
4	EPCU(34)	모터 온도 센서 신호
5	EPCU(1)	모터 위치 센서 신호 (−)
6	EPCU(4)	모터 위치 센서 신호 3
7	EPCU(3)	모터 위치 센서 신호 4
8	EPCU(50)	모터 온도 센서 접지

[하니스 커넥터]

모터 위치 & 모터 온도 센서 커넥터

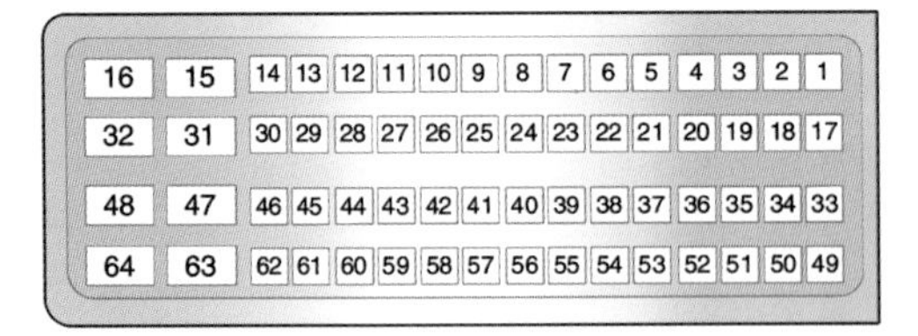

전력 제어 장치(EPCU) 커넥터

❖그림 3-378 모터 커넥터

❹ 모터 위치 및 온도 센서 선간 저항 점검

가) 언더 커버(A)를 탈착한다.

❖그림 3-379 언더 커버 탈착

나) 모터 위치 및 온도 센서 커넥터(B)를 분리한다.

❖그림 3-380 모터 위치 및 온도 센서 커넥터 분리

다) 멀티 테스터기를 이용하여 선간 저항을 점검한다.

❖그림 3-381 모터 위치 및 온도 센서

❖그림 3-382 모터 위치 및 온도 센서 커넥터

표3-58 단자별 기능

핀 단자	핀 기능
1	REZ +
2	REZ S1
3	REZ S2
4	TEMP
5	REZ -
6	REZ S3
7	REZ S4
8	TEMP GND

❺ 고장 진단

가) 모터 위치 및 온도 센서 선간 저항 측정

㉮ 언더 커버를 탈착한다.

㉯ 모터 위치 및 온도 센서 커넥터 A를 분리한다.

㉰ 멀티 테스터기를 이용하여 선간 저항을 점검한다.

❖그림 3-383 모터 위치 및 온도 센서 커넥터 분리

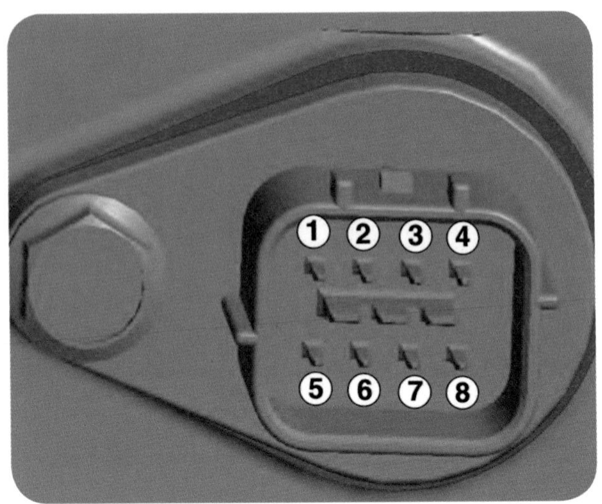

❖그림 3-384 모터 위치 및 온도 센서 선간 저항

표3-59 단자별 기능

핀 단자	핀 기능
1	REZ +
2	REZ S1
3	REZ S2
4	TEMP
5	REZ -
6	REZ S3
7	REZ S4
8	TEMP GND

나) 저항 규정값

표3-60 모터 위치 및 온도 센서 선간 저항 규정값

항목	점검 부위		규정값	비고
선간 저항	모터위치 센서	1-5	26.5Ω ± 10 %	15.06℃~25.1℃
		2-6	87.0Ω ± 10 %	
		3-7	76.0Ω ± 10 %	
	모터온도 센서	4-8	12.12kΩ(20℃) 8.322kΩ(30℃)	

5 모터 쿨링 시스템

(1) 전자식 워터 펌프(EWP) 시스템의 개요

전기 자동차 시스템을 구성하는 구동 모터, 완속 충전기(OBC), 전력 제어 장치(EPCU) 등은 작동 중에 필연적으로 고열이 발생하므로 적합한 냉각장치를 필요로 한다. 전력 제어 장치(EPCU)는 각 부품의 작동 온도를 모니터링 하여 필요 시 전자식 워터 펌프(EWP)를 작동시켜 냉각수를 순환시킨다.

(2) 전자식 워터 펌프(EWP)의 작동 원리

모터 시스템의 냉각수 온도가 전력 제어 장치(EPCU)에 설정 온도 이상 일 때 전력 제어 장치(EPCU)는 전자식 워터 펌프(EWP)를 작동하기 위해 CAN 라인에 전자식 워터 펌프(EWP)의 작동 명령 신호를 보낸다. 또한 전자식 워터 펌프(EWP)는 작동 유무를 CAN 통신에 전송하는 구조이다.

표3-61 전자식 워터 펌프(EWP)의 제원

항목	제원
형식	모터 구동
작동 조건	속도 제어
작동 회전 속도	1000 ~ 3320rpm
작동 전압	13.5 ~ 14.5V
용량	최소 12 lpm (0.65 bar)
정격 전류	2.5 A 이하 (14 V 시)
작동 온도 조건	-40 ~ 105℃
저장 온도 조건	-40 ~ 120℃
냉각수 온도	75℃ 이하

(3) 고장 진단

고장	원인	점검 항목
냉각수 부족에 의한 과열	- 냉각수 통로 내부의 공기 과다 - 냉각수의 부족 - 냉각수 누수	- 자기진단 시스템(GDS)으로 내부 공기 빼기 및 냉각수 추가 - 호스 클램핑, 라디에이터의 누수 등
부품 고장에 의한 과열	- 쿨링팬, 전자식 워터 펌프(EWP) 등의 부품 고장	- 전자식 워터 펌프(EWP), 쿨링팬
냉각수 통로 차단에 의한 과열	- 냉각수 통로의 차단	- 냉각수 통로의 내부
파워 일렉트릭 관련 부품 작동 불능	- 고전압 케이블 단선(고전압 정션 박스 - 완속 충전기(OBC) - 전력 제어 장치(EPCU) - 구동 모터) - 신호 커넥터 분리 - CAN 배선이 절연 불량	- 고전압 케이블 연결 상태 - 신호 커넥터 연결 상태 - CAN 통신 배선 상태
절연 저항 낮음	- 파워 일렉트릭 관련 부품 절연 불량 *하나의 부품이 절연되어 있지 않은 경우 다른 부품이 손상 될 수 있다.	- 고전압 정션 박스, 완속 충전기(OBC), 전력 제어 장치(EPCU), 구동 모터, 고전압 케이블 상태

(4) 냉각수 라인 점검

❶ 리저버 탱크

리저버 탱크 탈부착 후 냉각수 주입 시 GDS를 이용하여 전기식 워터 펌프(EWP)를 강제 구동시켜 공기빼기를 실시한다.

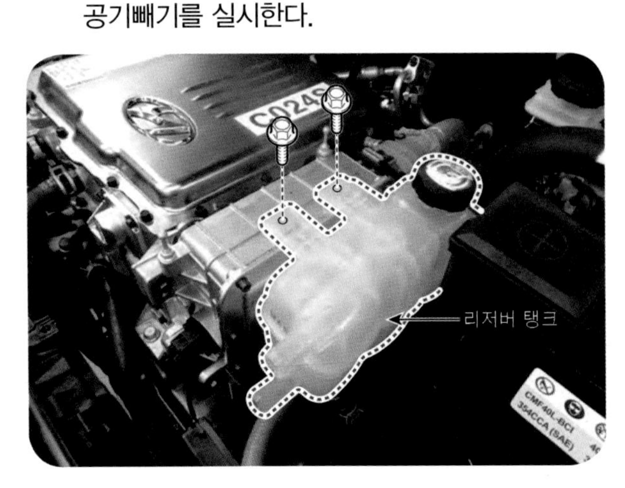

❖그림 3-385 리저버 탱크

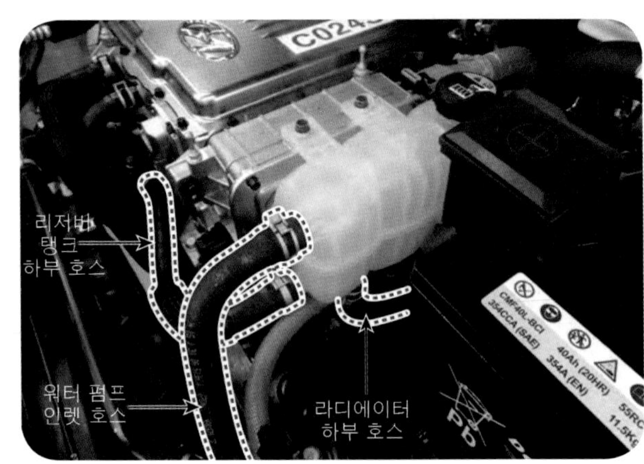

❖그림 3-386 냉각수 호스의 구분

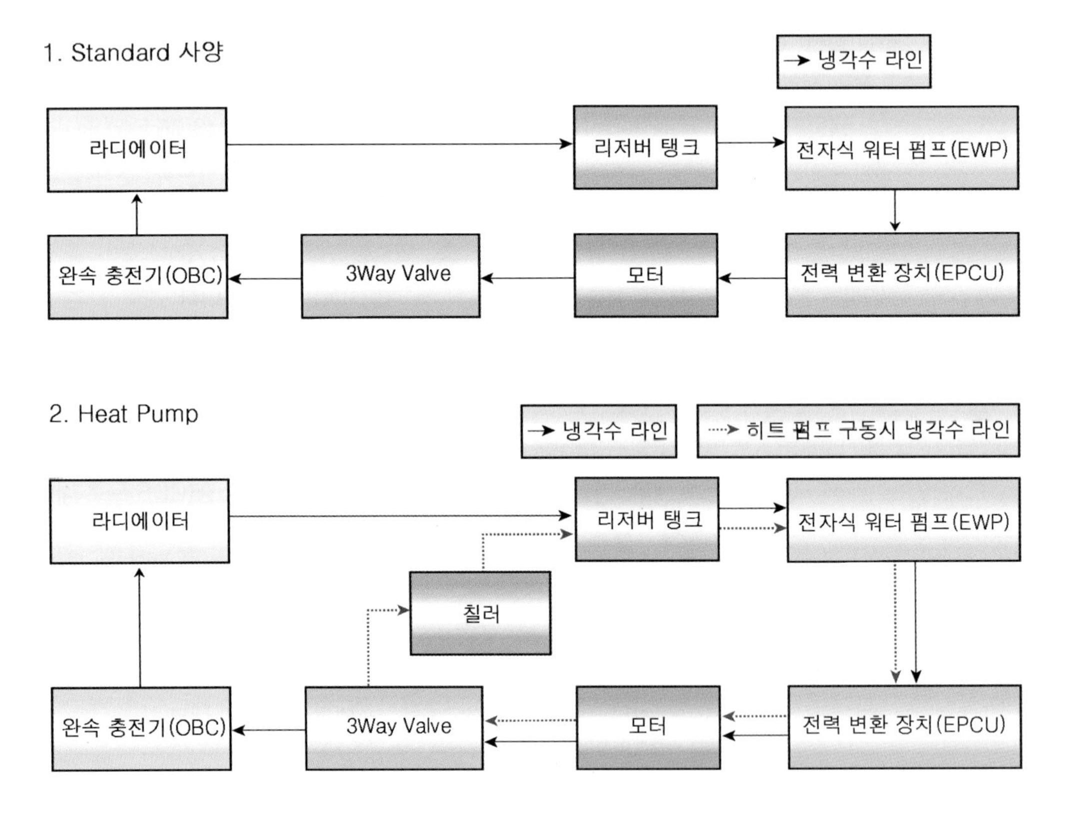

❖그림 3-387 냉각수 흐름도

❷ 냉각수 라인의 누수 점검

가) 전기 자동차 관련 시스템이 완전히 식을 때까지 기다린 후 리저버 캡을 조심스럽게 개방한다. 냉각수를 채우고 압력 테스터를 장착한다.

나) 압력 테스터의 압력을 0.95~1.25kgf/cm² 정도까지 상승시킨다.

다) 냉각수의 누수 및 압력 하강 유무를 점검한다.

라) 압력이 하강할 경우 호스, 라디에이터 및 워터 펌프의 누수를 점검한다. 상기 부품이 정상이라면, 구동 모터, EPCU, OBC 등을 점검한다.

마) 압력 테스터를 분리하고 리저버 캡을 장착한다.

❖그림 3-388 냉각수 라인 누수 점검

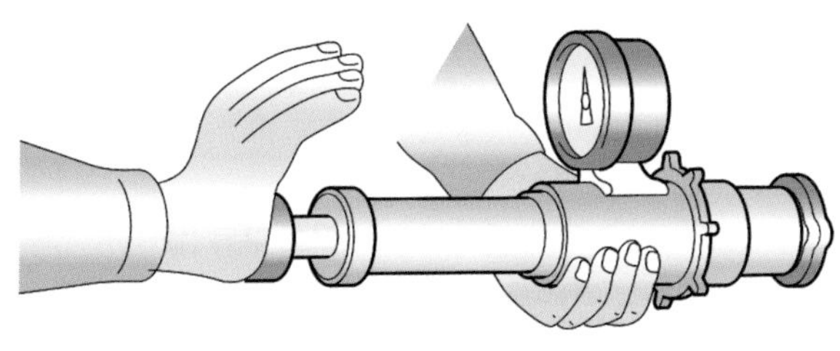

❖그림 3-389 리저버 캡 점검

❸ 리저버 캡의 점검

가) 리저버 캡을 분리한 뒤 실(seal) 부분에 냉각수를 도포하고 압력 테스터를 설치한다.

나) 0.95~1.25kgf/cm² 정도로 압력을 가한다.

다) 압력이 유지되는지 확인한다.

라) 압력이 하강하는 경우 리저버 캡을 교환한다.

❹ 냉각수 교환 및 공기 빼기

가) 전기 자동차 관련 시스템과 라디에이터가 식었는지 확인한다.

나) 언더 커버를 탈착한다.

다) 냉각수가 전기 장치 등에 묻지 않도록 주의하면서 드레인 플러그 A를 풀어 냉각수를 배출시킨다.

라) 원활한 배출을 위하여 리저버 캡 B을 열어둔다.

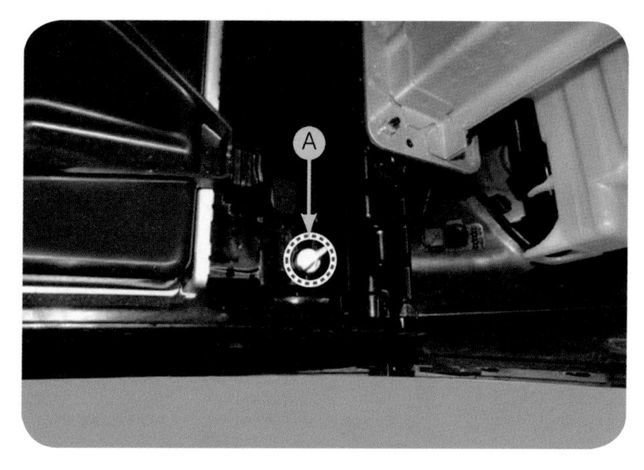

❖그림 3-390 드레인 플러그 풀고 냉각수 배출

❖그림 3-391 리저버 캡을 열어 둔다.

마) 냉각수 배출이 끝나면 드레인 플러그를 다시 조인다.

바) 리저버 탱크 내부의 냉각수를 배출하고 리저버 탱크를 청소한다.

사) 리저버 청소를 위해 리저버 탱크에 물을 채우고 리저버 캡을 장착한다.

아) GDS를 연결한 후 전자식 워터 펌프(EWP)를 강제 구동시킨다.

❖그림 3-392 전자식 워터 펌프 구동 (1)

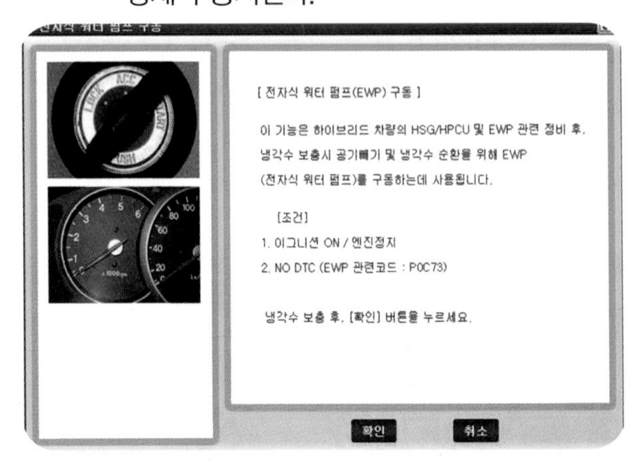

❖그림 3-393 전자식 워터 펌프 구동 (2)

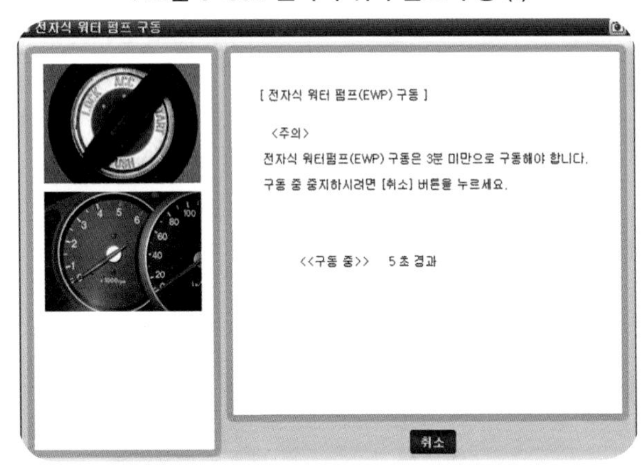

❖그림 3-394 전자식 워터 펌프 구동 (3)

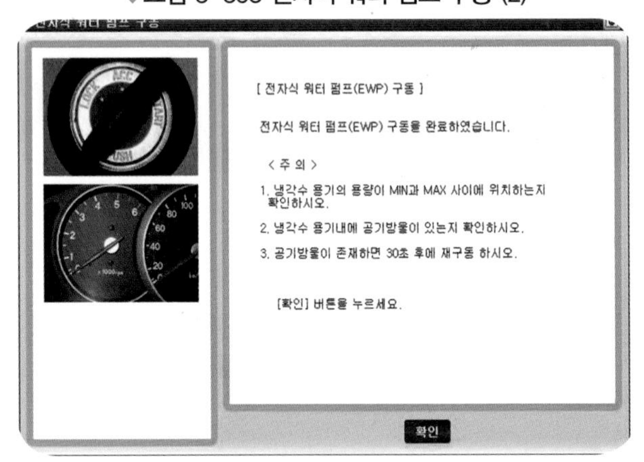

❖그림 3-395 전자식 워터 펌프 구동 (4)

자) 라디에이터에서 배출되는 물이 깨끗해질 때까지 가)~아) 항을 반복한다.

차) 부동액과 물 혼합액(50%)을 리저버 탱크에 천천히 채운다. 이때 냉각수 라인의 호스를 눌러주어 공기가 쉽게 배출되도록 한다.

카) GDS를 연결한 후 전자식 워터 펌프(EWP)를 강제 구동시킨다.

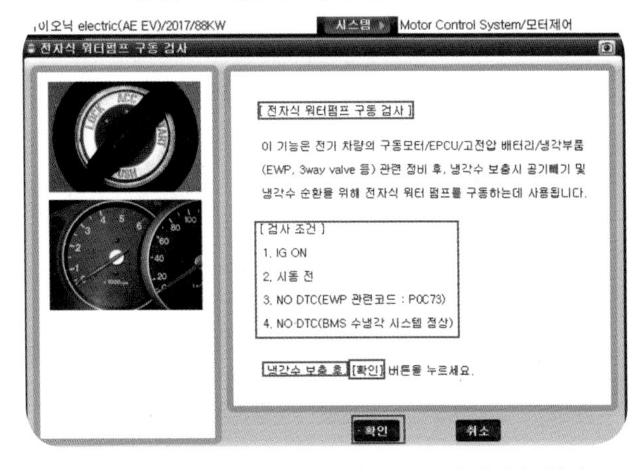

❖그림 3-396 전자식 워터 펌프 구동 및 냉각수 확인

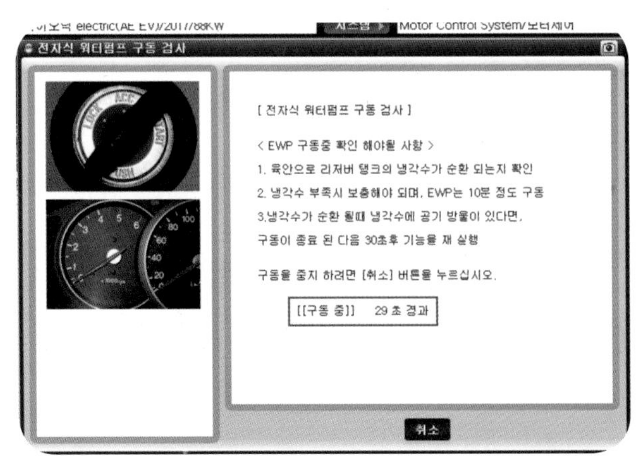

❖그림 3-397 전자식 워터 펌프 구동 중

타) 전자식 워터 펌프(EWP)가 작동하고 냉각수가 순환하면 냉각수가 리저버 탱크 "MAX"와 "MIN" 사이에 오도록 냉각수를 채운다.

파) 전자식 워터 펌프(EWP) 작동 중 리저버 탱크에서 더 이상 공기방울이 발생하지 않을 때 까지 펌프를 구동한다.

하) 공기빼기가 완료되면 전자식 워터 펌프(EWP)의 작동을 멈추고 리저버 탱크의 "MAX" 선까지 냉각수를 채운 후 리저버 캡을 잠근다.

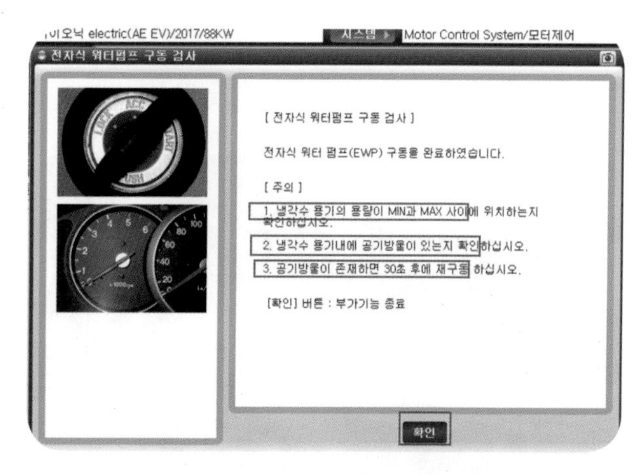

❖그림 3-398 공기 방울 및 냉각수 량 확인

거) 냉각수가 완전히 식었을 때 냉각 시스템 내부의 공기 배출 및 냉각수 보충이 가장 용이하게 이루어지므로 냉각수 교환 후 2~3일 정도는 리저버 탱크의 냉각수 용량을 재확인하여야 한다.

(5) 쿨링팬 점검

❶ 냉각 회로도

쿨링팬의 속도는 컨트롤러의 PWM 제어에 의해 구동되며 소비 전류는 MAX 23A이다.

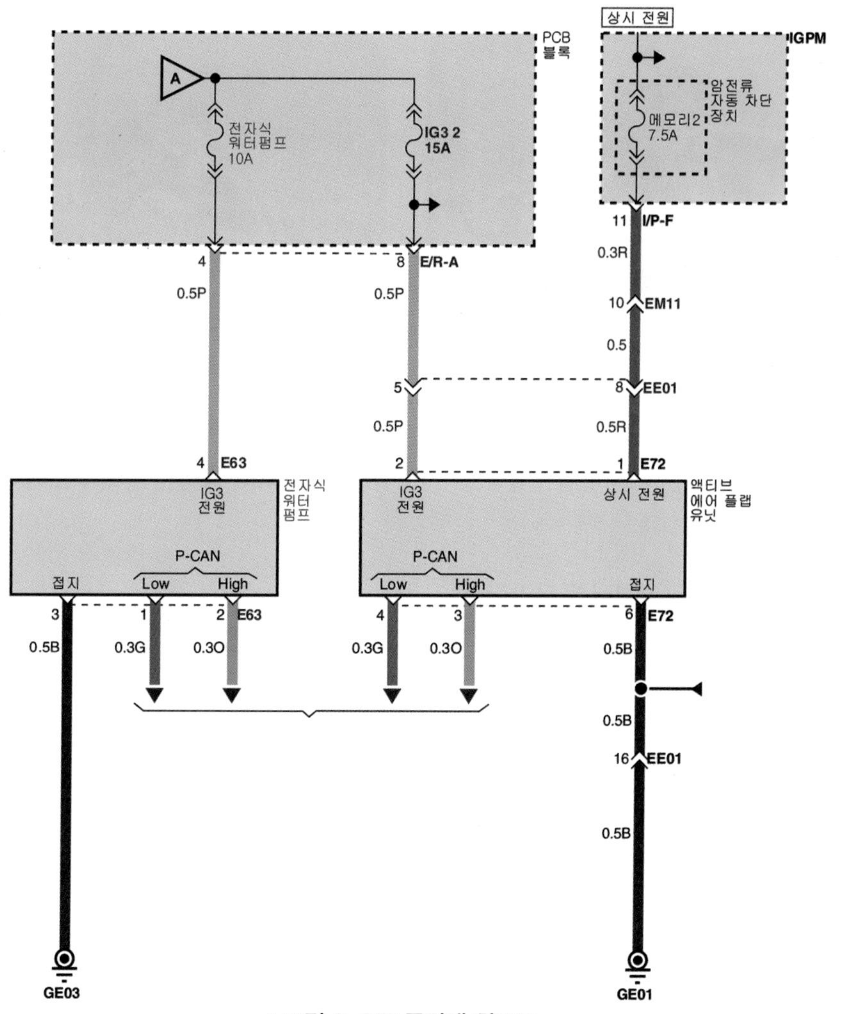

❖그림 3-399 쿨링팬 회로도

❷ 쿨링팬 컨트롤러 및 팬 탈부착

가) 쿨링팬 컨트롤러 커넥터 A를 분리한다.

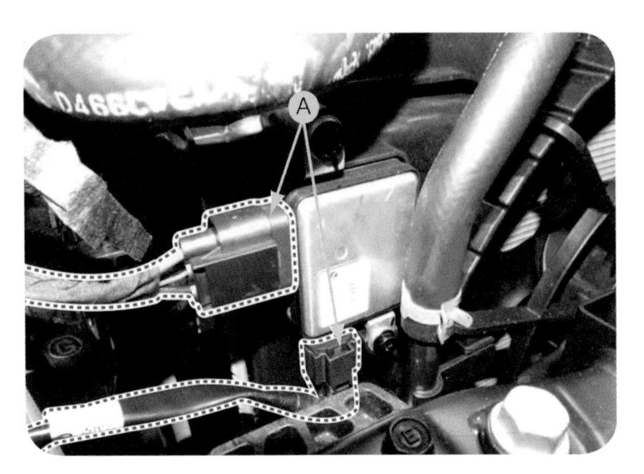

❖그림 3-400 쿨링팬 컨트롤러 커넥터 분리

나) 쿨링팬 슈라우드에서 쿨링팬 컨트롤러 B를 탈착한다.

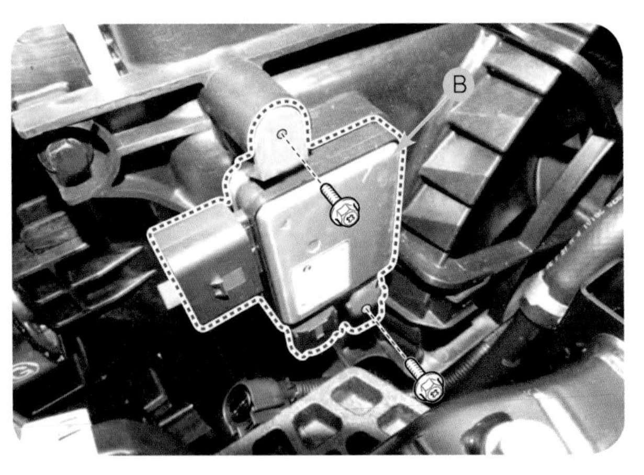

❖그림 3-401 쿨링팬 컨트롤러 탈착

다) 쿨링팬 어셈블리에서 쿨링팬 C을 탈착한다.

라) 쿨링팬 컨트롤러(PWM) 커넥터 D를 분리하고 스크루를 풀어 쿨링팬 슈라우드에서 팬 모터(E)를 탈착한다.

마) 장착은 탈착의 역순으로 행한다.

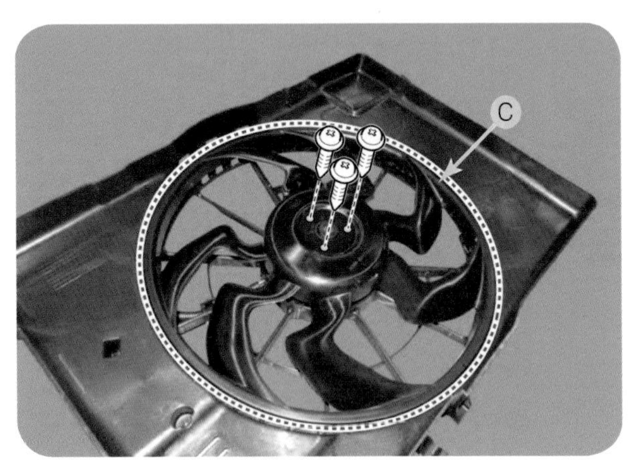

❖그림 3-402 쿨링팬 어셈블리에서 쿨링팬 탈착

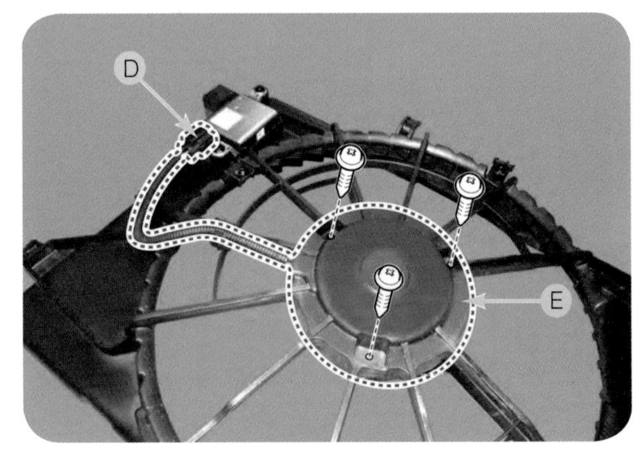

❖그림 3-**403 쿨링팬 슈라우드에서 쿨링팬 모터 탈착**

❸ 쿨링팬 모터 점검

가) 레지스터에서 팬 모터 커넥터를 분리한다.

나) 배터리 전원을 커넥터의 (+) 터미널에 연결하고 (−) 터미널을 접지시킨다.

다) 팬 모터가 원활히 작동하는지 확인한다.

6 액티브 에어 플랩(AAF)

(1) 개요

액티브 에어 플랩(Active Air Flap)은 라디에이터 그릴 후면에 개폐가 가능한 에어 플랩을 설치하여 엔진의 냉각을 위한 공기의 유입량을 제어 한다. 이 시스템은 고속 주행 시 플랩을 닫아 공기저항을 감소시켜 연비 향상 및 주행 안정성을 향상시킨다. 또한, 엔진 고온 시에는 플랩을 열어 엔진을 냉각시킨다.

에어컨 컴프레서가 작동하는 동안에는 플랩을 열어 냉매의 압력을 보호하고, 냉간 시동 시에는 플랩을 닫아 엔진 웜업 시간을 단축시키는 역할을 하는 등 AAF 제어기가 P-CAN을 통해 EMU, DATC·FATC로부터 각종 차량의 조건을 입력받아 제어 조건을 판단하고 모터를 통하여 AAF를 제어한다.

(2) 제원

표 3-63 액티브 에어 플랩 제원

항목	제원
작동 온도	-30 ~ 85℃
작동 전압	DC 9 ~ 16V
정격 전압	DC 12V
정격 전류(무부하)	70mA 이하

전압(V)
4.1V ±0.2 (Hi)
with in ±2%
0.9V ±0.2 (Low)
0° (open)
90° (close)
각도 (angle)

(3) 액티브 에어 플랩 탈부착 및 분해

❶ 고전압을 차단한다.
❷ 12V 보조 배터리 (–) 터미널을 분리한다.
❸ 프런트 범퍼 커버를 탈착한다.
❹ 액티브 에어 플랩(AAF) 커넥터 A를 분리하고 에어플랩 B을 탈착한다.

❖그림 3-404 액티브 에어 플랩 커넥터 분리

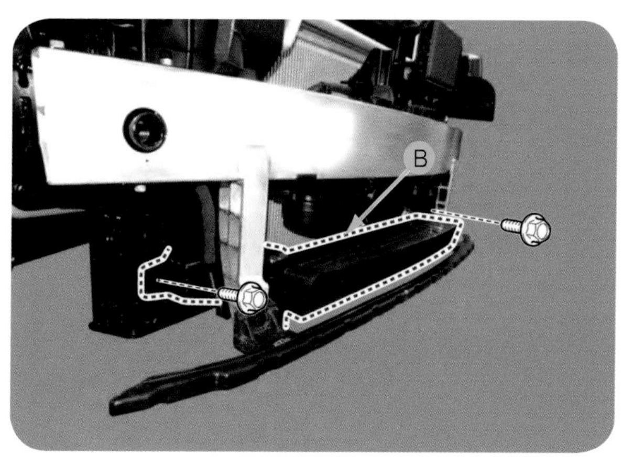

❖그림 3-405 액티브 에어 플랩 탈착

❺ 드라이버를 이용하여 액티브 에어 플랩(AAF) 액추에이터 커버 C를 분리한다.

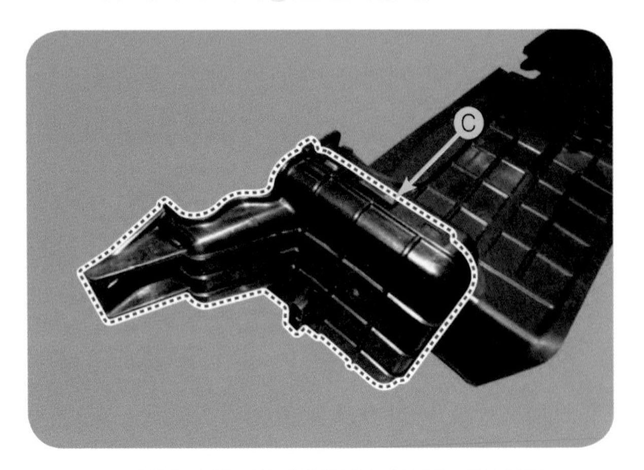

❖그림 3-406 에어 플랩 액추에이터 커버 분리

❻ 에어 플랩(AAF) 액추에이터 D를 탈착한다.

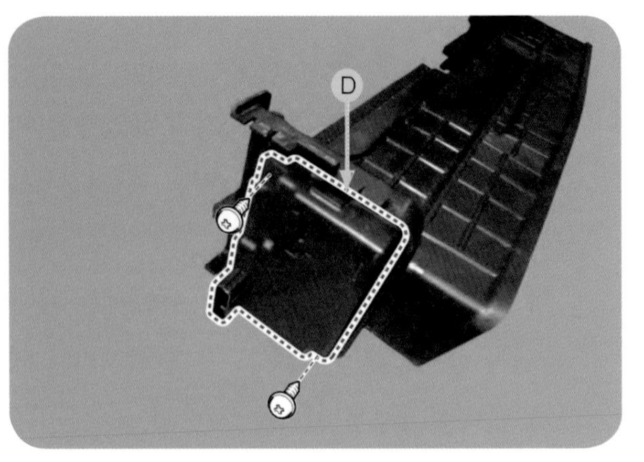

❖그림 3-407 에어 플랩 액추에이터 탈착

❼ 드라이버를 이용하여 액티브 에어 플랩(AAF) 마운팅 암 E을 분리한다.

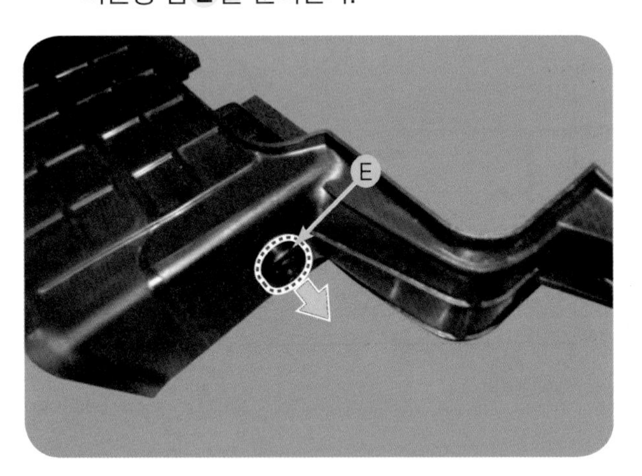

❖그림 3-408 액티브 에어 플랩 마운팅 암 분리

❽ 액티브 에어 플랩(AAF) 고정 브래킷 F을 풀고 액티브 에어 플랩 G을 분리한다.

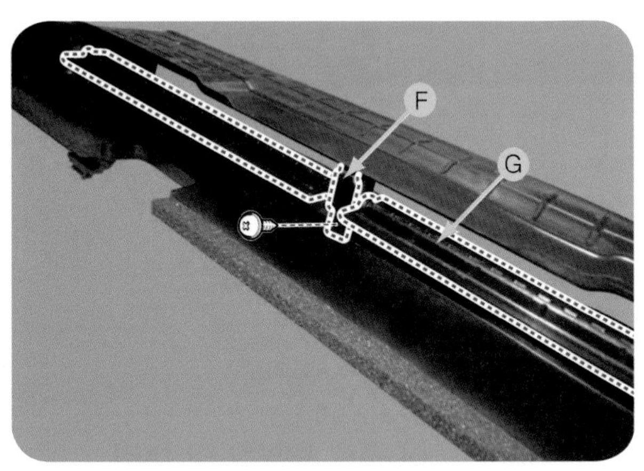

❖그림 3-409 브래킷을 풀고 액티브 에어 플랩 분리

❾ 액티브 에어 플랩(AAF) 장착 시 훅을 걸림 턱 홀 H에 확실히 삽입한다.

❿ 장착은 탈착의 역순으로 진행한다.

❖그림 3-410 액티브 에어 플랩 장착 시 훅을 걸림 턱 홀에 삽입

단원 4
구동 시스템

1. 구동 장치
2. 감속기
3. 드라이브 샤프트 및 액슬
4. 프런트 액슬 어셈블리
5. 리어 액슬 어셈블리

구동 시스템

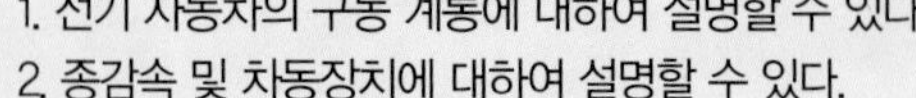

학습목표

1. 전기 자동차의 구동 계통에 대하여 설명할 수 있다.
2. 종감속 및 차동장치에 대하여 설명할 수 있다.
3. 감속기 및 감속기 컨트롤 시스템에 대하여 설명할 수 있다.
4. 전자식 파킹 액추에이터의 점검에 대하여 설명하고 실행할 수 있다.
5. 드라이브 샤프트 및 액슬의 점검에 대하여 설명하고 실행할 수 있다.

1 구동 장치

모터에서 타이어까지 회전력(torque)을 전달하는 기구를 구동 장치라고 하며, 전기 자동차의 구동 장치는 클러치와 변속기가 없기 때문에 매우 간단하며, 가장 심플한 방식은 구동 모터를 휠에 장착한 인휠 모터 방식이라고 한다.

한편 대부분의 전기 자동차는 내연기관 자동차와 비슷하게 모터의 회전력을 종감속 기어 및 차동 장치를 거쳐 좌우의 휠에 전달하는 파워트레인을 구성하고 있다.

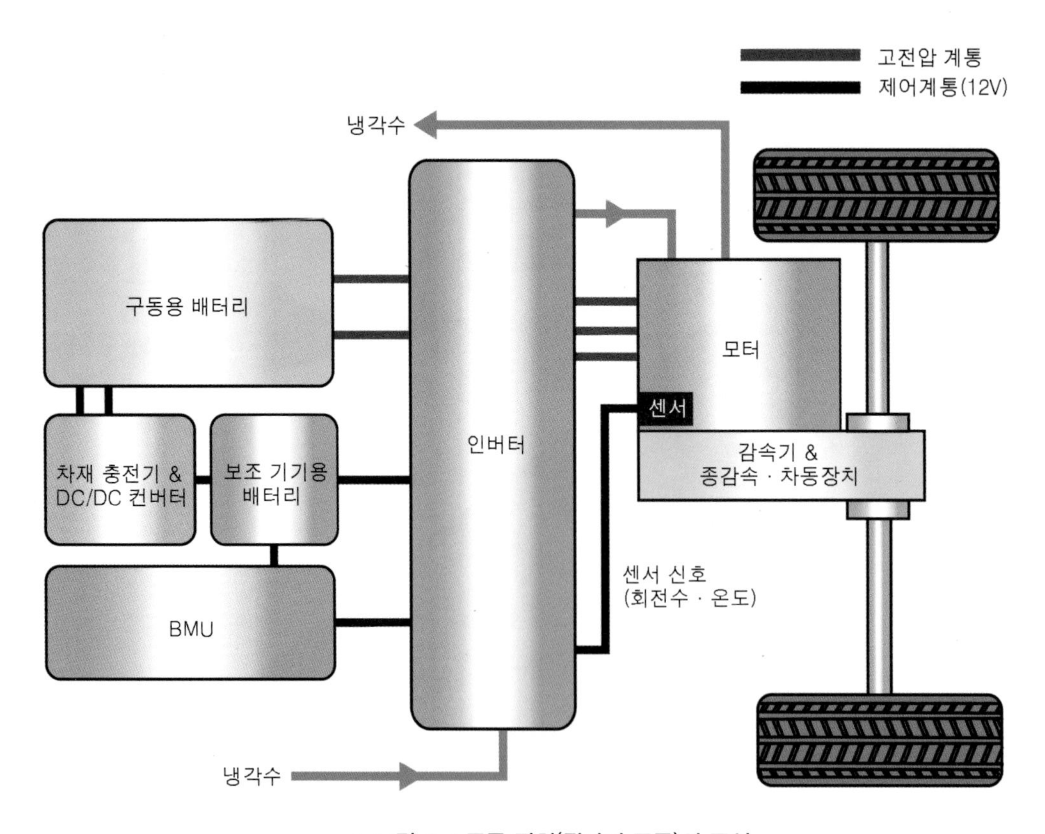

❖ 그림 4-1 구동 장치(뒷바퀴 구동)의 구성

1 구동 계통의 비교

전기 자동차의 구동 계통은 간단하며, 전통 방식의 차량과 비교하면 아래와 같다.

- **일반 자동차** : 엔진 (+ECU) + 변속기 + 감속기 + 휠
- **하이브리드 자동차** : 엔진 + 모터 + 인버터 + 변속기 + 감속기 + 휠
- **전기 자동차** : 모터 + 인버터 + 감속기 + 휠

표 4-1 전기 자동차의 구동계 비교

Conventional Vehicle

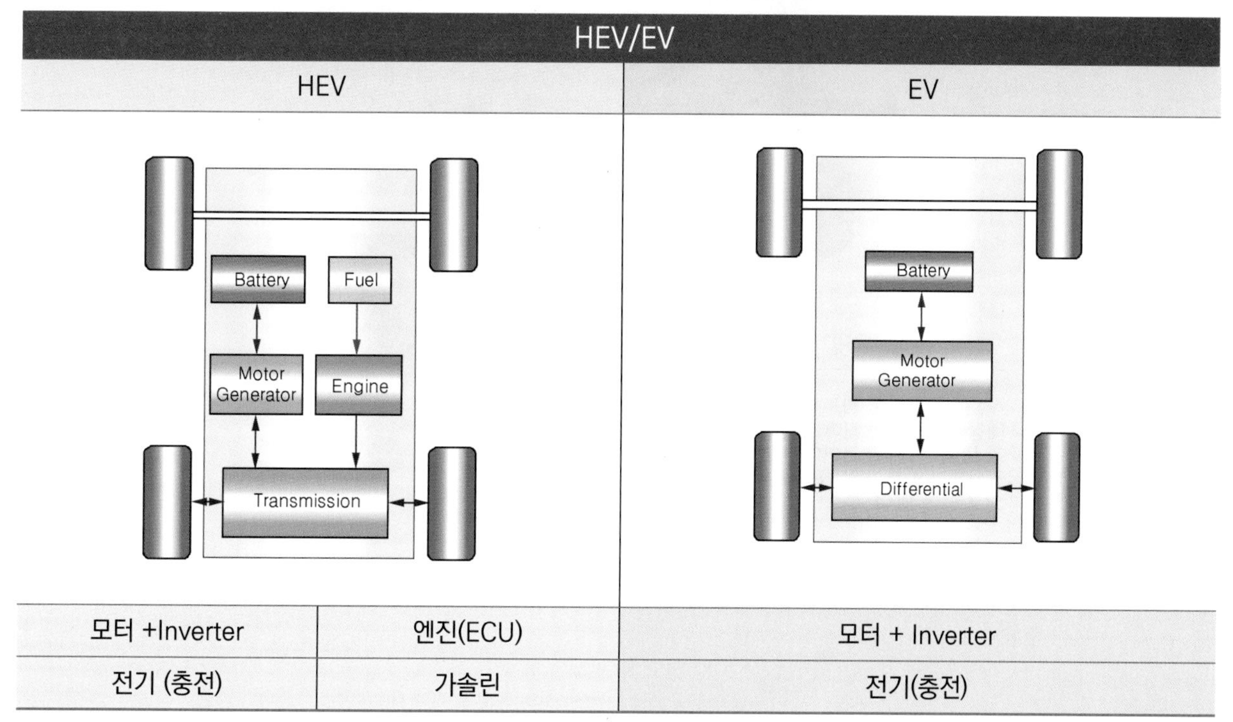

HEV		EV
모터 +Inverter	엔진(ECU)	모터 + Inverter
전기 (충전)	가솔린	전기(충전)

2 종감속 및 차동장치

모터의 회전력을 좌우의 구동 바퀴에 전달하기 위한 종감속 기어와 차동장치로 구성되어 있다.

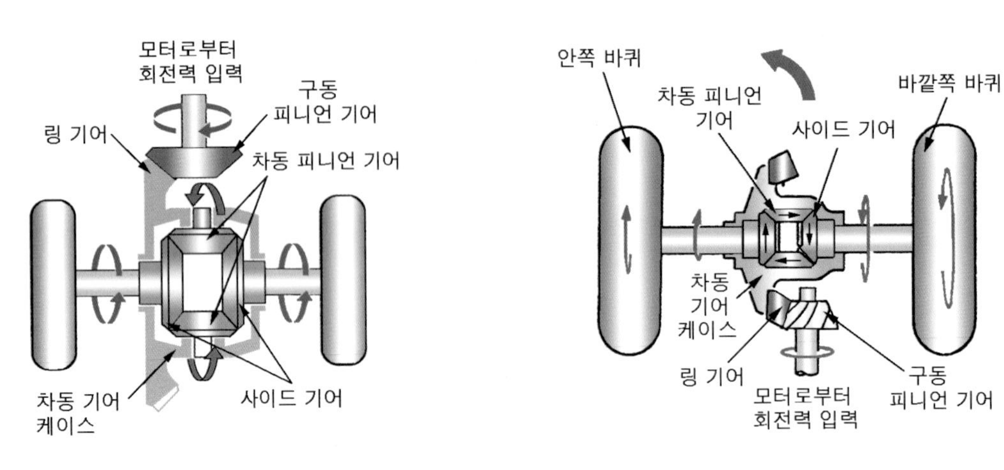

❖ 그림 4-2 종감속 및 차동장치

❖ 그림 4-3 종감속 및 차동장치(회전)

내연기관 자동차에서는 변속비에 따라 변속하면서 가속하지만 전기 자동차의 감속기는 후진과 중립을 위해서 장착되었으며, 모터 특성상 저속회전에서 고속회전까지 안정적으로 회전력을 계속 출력할 수 있는 특징을 나타내고 있다.

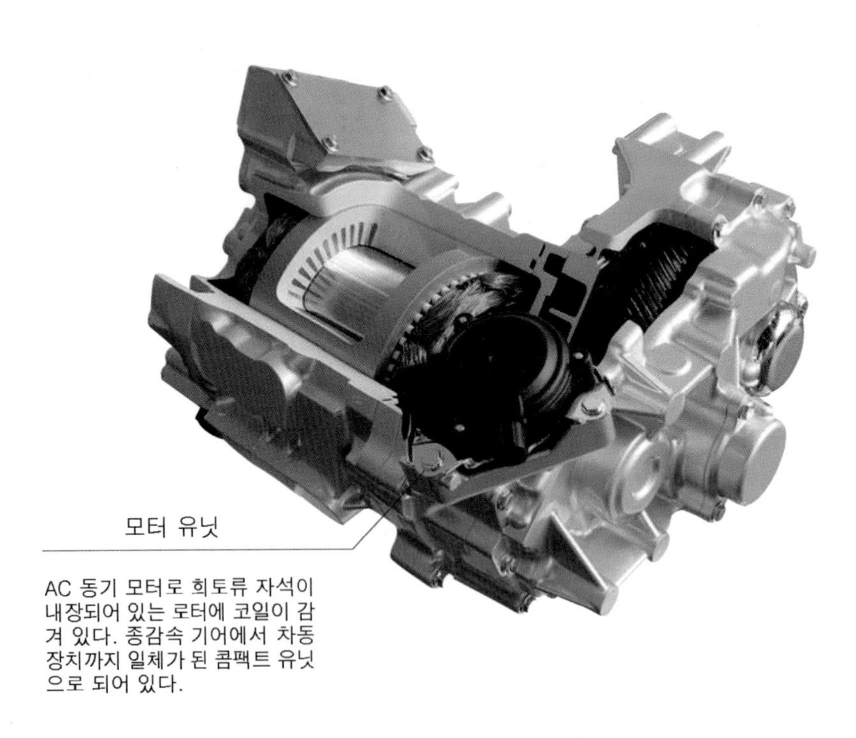

❖ 그림 4-4 모터 유닛

2 감속기

1 감속기의 개요

❶ 전기 자동차용 감속기는 일반 차량의 변속기와 같은 역할을 하지만 여러 단이 있는 변속기와는 달리 모터의 동력을 일정한 감속비로 감속하여 자동차 차축으로 전달하는 역할을 하며, 감속기라고 부른다.

❷ 모터의 고 회전 저 토크를 적절히 감속하여 토크를 증대시키는 역할을 한다.

❸ 감속기 내부에는 파킹 기어를 포함하여 4~5개의 기어가 있고 수동변속기 오일을 사용하며, 오일은 무교환을 원칙으로 하나 가혹 운전 시 매 120,000km 마다 점검 및 교환하여야 한다.

2 감속기의 구성

주요 기능으로는 모터의 동력을 받아 기어비 만큼 감속하여 출력축(휠)으로 동력을 전달하는 토크 증대의 기능과 차량 선회 시 양쪽 휠에 회전속도를 조절하는 차동 기능, 차량 정지 상태에서 기계적으로 구동 계통에 동력 전달을 단속하는 파킹 기능 등을 한다.

(a) 구동 모터 & 감속기

(b) 파킹 기구

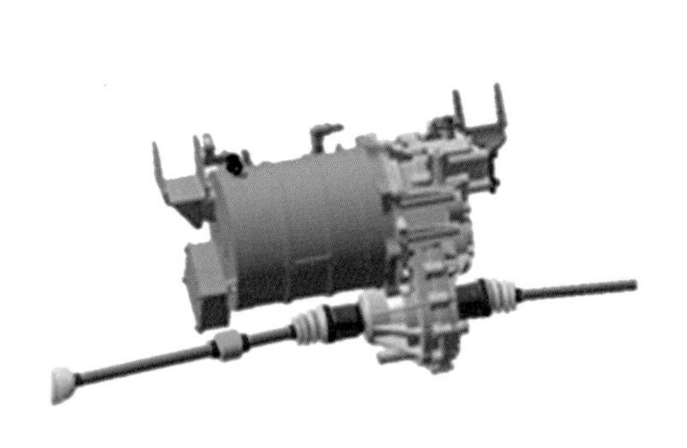

(c) 드라이브 샤프트

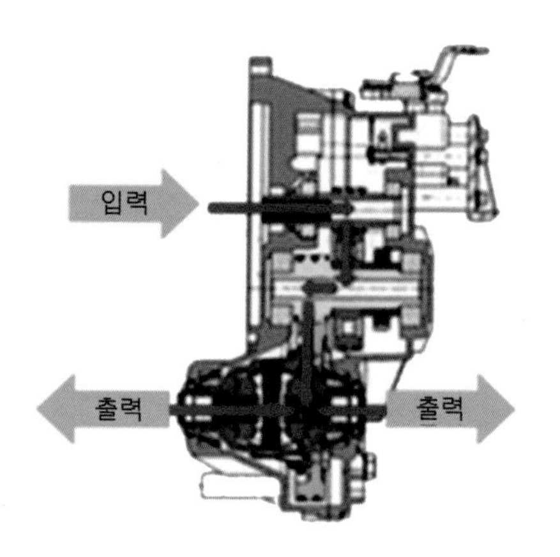

(d) 동력 흐름

❖ 그림 4-5 감속기의 구성

3 감속기 제원

항목	사양	기타
감속비	7.4	
최대 토크	285 Nm	
최개 rpm	10500 rpm	
DBSGHKFDB	SAE 75W/85, API GL-4	1.2 ~ 1.4 L

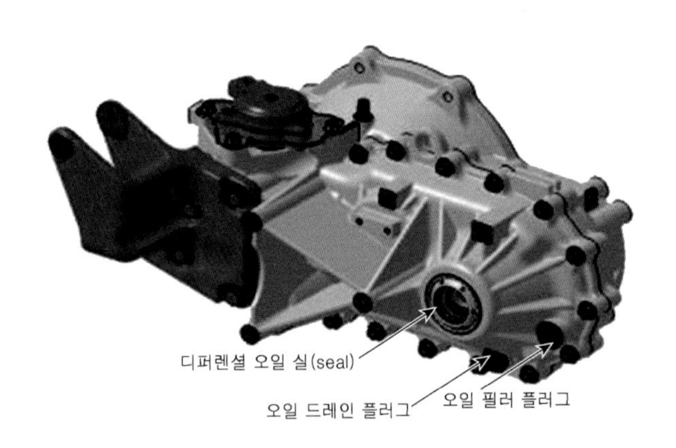

❖ 그림 4-6 감속기

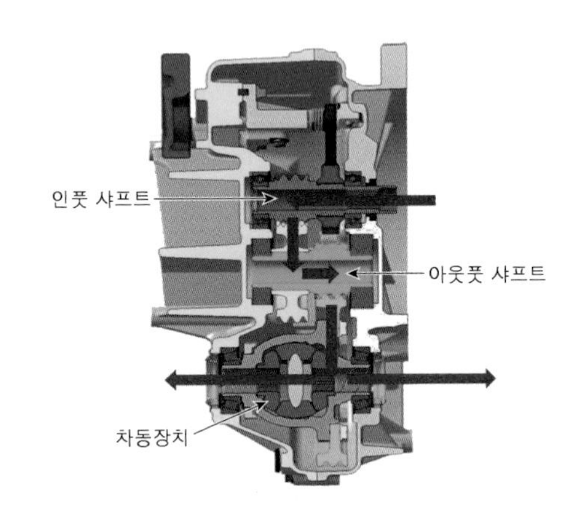

❖ 그림 4-7 감속기의 단면도

4 감속기 컨트롤 시스템

(1) 전자식 버튼(SBW ; Shift By Wire)의 개요

❶ 버튼 조작을 통해 차량의 변속으로 주행·주차 시 변속 편의성 향상

❷ D·R 위치에서 시동 OFF 시 자동 P위치 체결, D·R 위치에서 주행 중 도어 열림 시 P단 체결 등의 안전 로직 적용으로 차량 안전성 증대

❸ N위치에서 시동 OFF 이후 3분 이내 도어 열림 시 자동 P위치 체결로 안전성 확보(N위치에서 시동 OFF 이후 3분 초과하면 계속 N위치 유지)

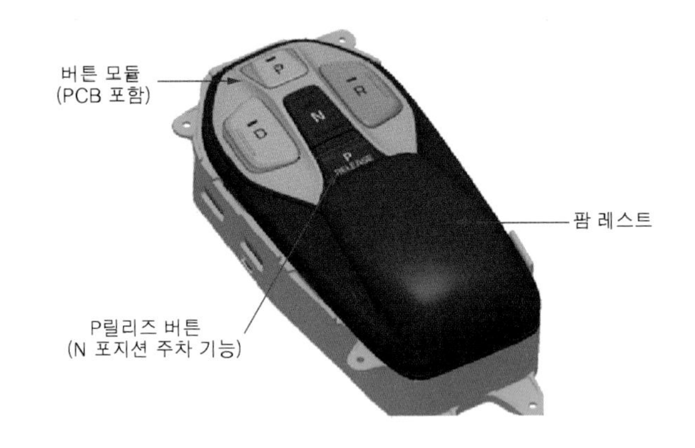

❖ 그림 4-8 전자식 감속기 컨트롤 버튼

❹ 기계식 변속레버 대비 크기 축소로 콘솔 공간 활용성 및 디자인 자유도 증대

❺ 변속 버튼 후방 팜 레스트 적용으로 버튼 조작 시 편의성 향상

(2) 전자식 컨트롤 버튼 탈착

❶ 12V 보조 배터리 및 트레이를 탈착한다.

❷ 콘솔 트레이 A를 탈착한다.

❸ 로어 커버 B를 탈착한다.

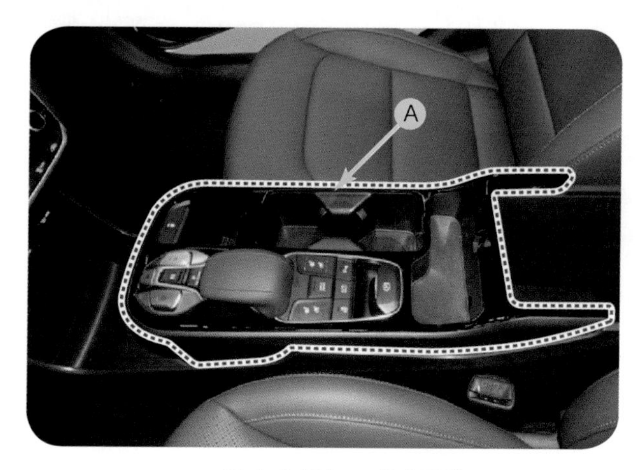

❖그림 4-9 콘솔 트레이 탈착

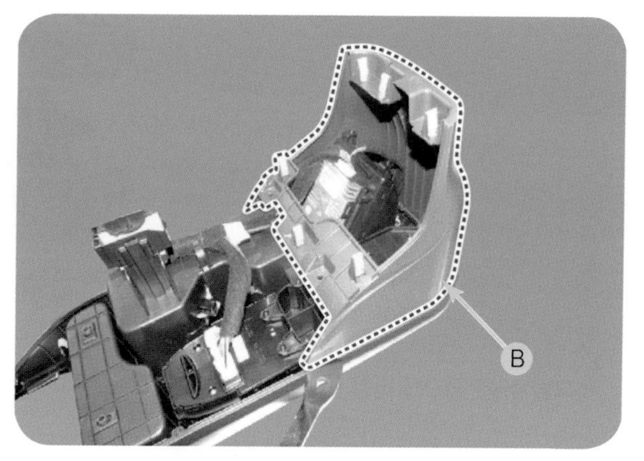

❖그림 4-10 로어 커버 탈착

❹ 커넥터 및 와이어링 C을 분리한다.

❺ 가니쉬 D를 탈착한다.

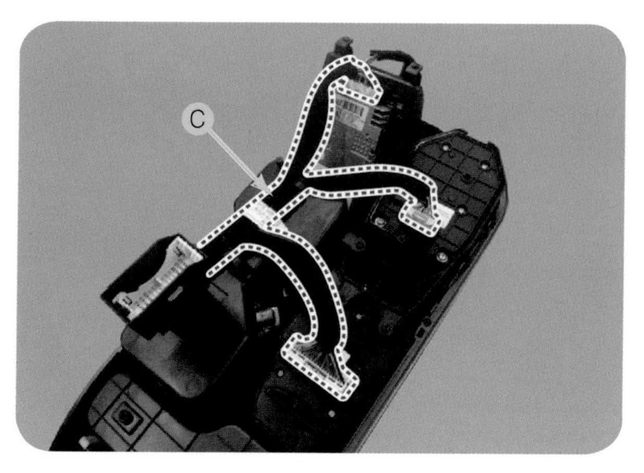

❖그림 4-11 커넥터 및 와이어링 분리

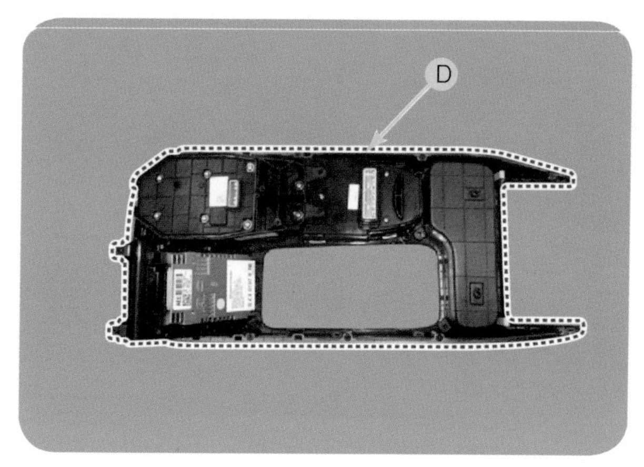

❖그림 4-12 가니쉬 탈착

❻ 장착된 스크루 E를 풀고 전자식 변속 버튼을 탈착한다.

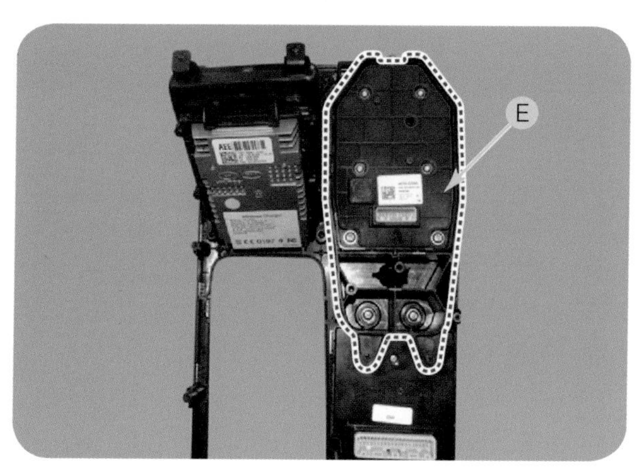

❖그림 4-13 장착 스크루 탈착

❖그림 4-14 전자식 변속 버튼 탈착

5 전자식 파킹 액추에이터

(1) 전자식 파킹 액추에이터 부품 위치

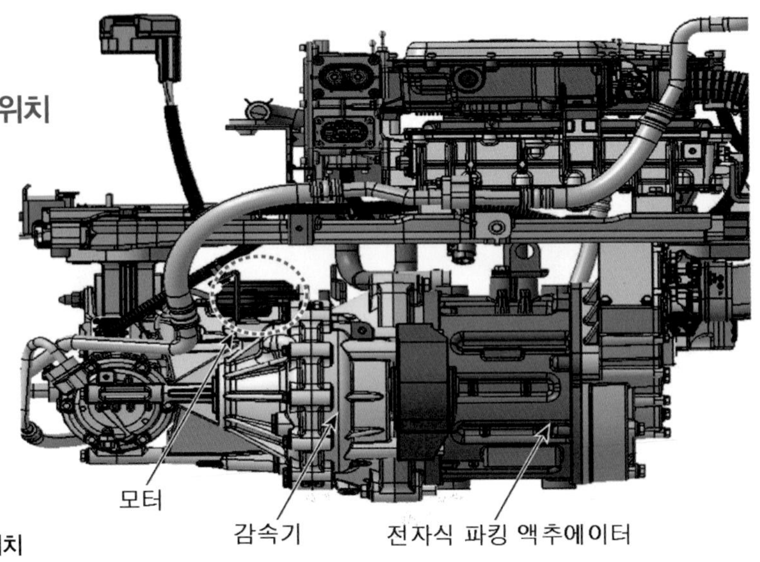

❖그림 4-15 전자식 파킹 액추에이터 설치 위치

(2) 전자식 파킹 액추에이터 컨트롤 유닛 탈부착

❶ 12V 보조 배터리 및 트레이 A를 탈착한다.

❖그림 4-16 보조 배터리 및 트레이 탈착

❷ EPB 커넥터 B를 분리한다.

❖그림 4-17 EPB 커넥터 분리

❸ 고정 너트 C를 풀고 전자식 변속 버튼 컨트롤 유닛 커넥터 D를 분리한다.

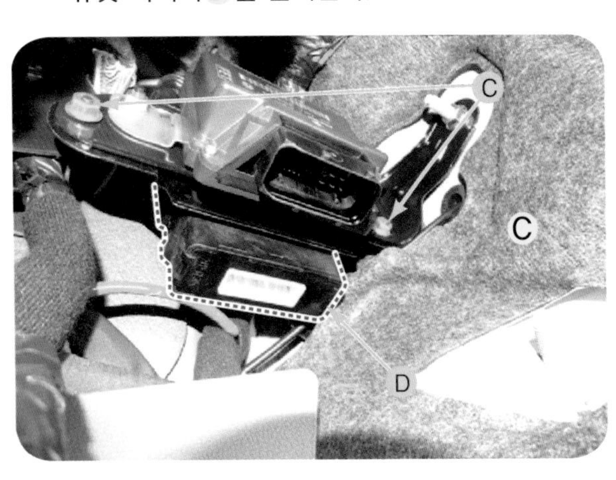

❖그림 4-18 버튼 컨트롤 유닛 커넥터 분리

❹ 컨트롤 유닛 E을 탈착한다.
❺ 장착은 탈착의 역순으로 진행한다.

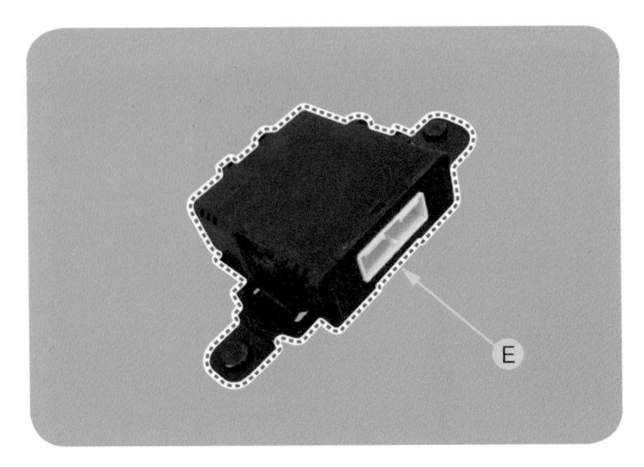

❖그림 4-19 버튼 컨트롤 유닛 탈착

(3) 전자식 파킹 액추에이터 탈부착

❶ 12V 보조 배터리 및 트레이를 탈착한다.

❷ 전자식 파킹 액추에이터 커넥터 A를 분리한다.

❸ 볼트를 풀고 파킹 액추에이터 B를 탈착한다.

❹ 장착은 탈착의 역순으로 진행한다.

❖그림 4-20 파킹 액추에이터 커넥터 분리

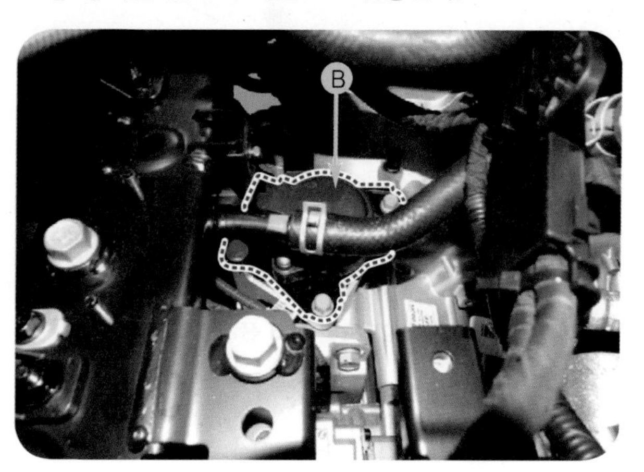

❖그림 4-21 전자식 파킹 액추에이터 탈착

6 감속기 점검

감속기 오일은 통상운전 시 무교환을 원칙으로 하나 가혹 운전 시 매 120,000 km 마다 점검 및 교환한다.

(1) 가혹 운전 조건

❶ 짧은 거리를 반복해서 주행하는 경우

❷ 모래 먼지가 많은 지역을 주행하는 경우

❸ 기온이 섭씨 32도 이상이며, 교통 체증이 심한 도로의 주행이 50% 이상인 경우

❹ 험한 길(요철로, 모래자갈길, 눈길, 비포장도로) 주행의 빈도가 높은 경우

❺ 산길, 오르막 내리막길 주행의 빈도가 높은 경우

❻ 경찰차, 택시, 상용차, 견인차 등으로 사용하는 경우

❼ 고속주행(170km/h 이상)의 빈도가 높은 경우

❽ 소금, 부식물질 또는 한랭지역을 주행하는 경우

(2) 오일 점검 및 교환

❶ 시동을 끄고 차량을 리프트로 들어올린다.

❷ 언더 커버를 탈착한다.

❸ 오일 필러 플러그(A)를 탈착한다.

❹ 필러 플러그 홀을 통해 오일의 상태를 점검하고 오일 레벨이 적정 레벨(B)에 있는지 확인한다.

❺ 오일 레벨 부족 시 필러 플러그 홀까지 오일을 보충한다.

❻ 오일 필러 플러그 가스켓은 신품으로 교환한 후 오일 필러 플러그(A)를 장착한다.

❼ 언더 커버를 장착한다.

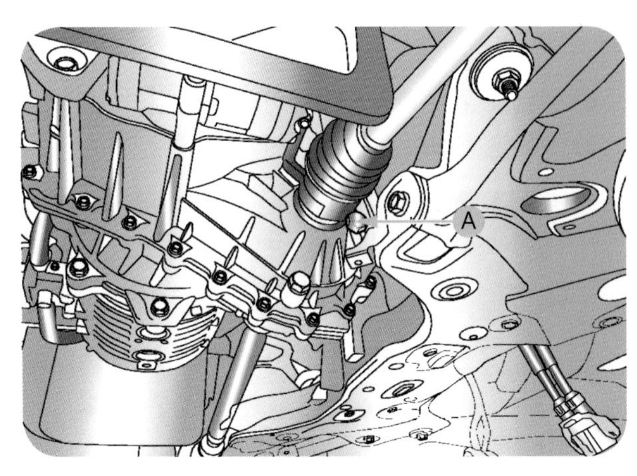

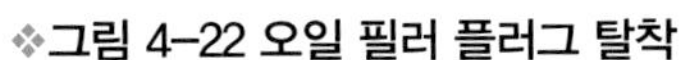

❖그림 4-22 오일 필러 플러그 탈착

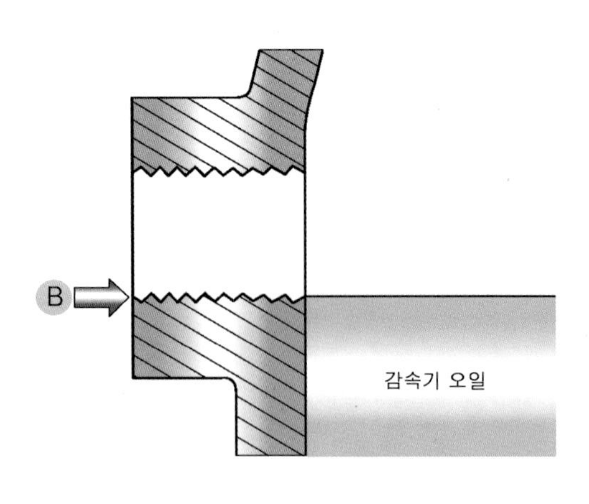

❖그림 4-23 오일 레벨 적정 수준

(3) 감속기 탈부착

모터 & 감속기는 어셈블리 공급이므로 모터 어셈블리 정비 절차를 참고한다.

3 드라이브 샤프트 및 액슬

1 재원

엔진	변속기	조인트 형식		최대 허용각	
		외측	내측	외측	내측
81.4 kW	감속기	BJ#23	CTJ#23	46.5˚	23˚

2 고장진단

현상	가능한 원인	정비
차량이 한쪽으로 쏠린다.	드라이브 샤프트 볼 조인트 굵힘	교환
	휠 베어링의 마모, 소음 혹은 소착	교환
	프런트 서스펜션과 스티어링의 결함	조정 혹은 교환
진동	드라이브 샤프트의 마모, 손상 혹은 굽음	교환
	드라이브 샤프트의 소음과 허브의 돌출	교환
	휠 베어링의 마모, 소음 혹은 열화	교환
시미	부적절한 휠 밸런스	조정 혹은 교환
	프런트 서스펜션과 스티어링의 결함	조정 혹은 교환
과도한 소음	드라이브 샤프트의 마모, 손상 혹은 굽음	교환
	드라이브 샤프트의 소음, 허브의 돌기	교환
	드라이브 샤프트 떨림 소음, 사이드 기어의 돌기	교환
	휠 베어링의 마모, 소음 혹은 열화	교환
	허브 너트의 느슨해짐	조정 혹은 교환
	프런트 서스펜션과 스티어링의 결함	조정 혹은 교환

3 드라이브 샤프트 어셈블리

(1) 드라이브 샤프트 구성 부품

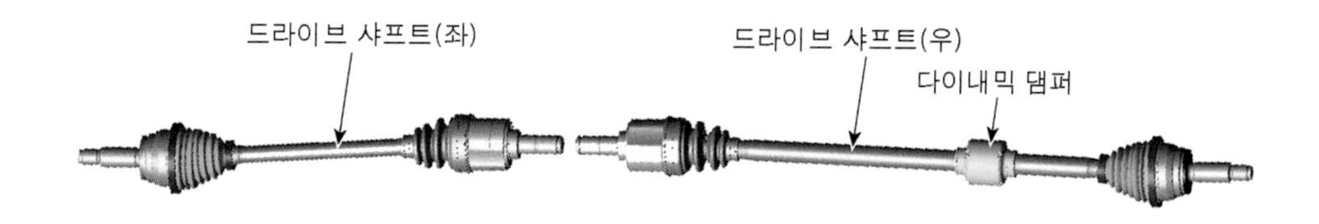

❖그림 4-24 드라이브 샤프트

(2) 드라이브 샤프트 구성 부품의 탈부착

❶ 프런트 액슬 탈부착에 이어서 작업을 진행한다.

❷ 너트 A를 풀어 쇽업소버에서 스태빌라이저 링크의 아웃터 헥사를 고정하고 너트를 탈착 한 후 스태빌라이저 링크를 탈착한다.

❸ 플라스틱 해머를 사용하여 프런트 드라이브 샤프트 B를 너클 어셈블리 C로부터 분리한다.

❖그림 4-25 스태빌라이저 링크 탈착

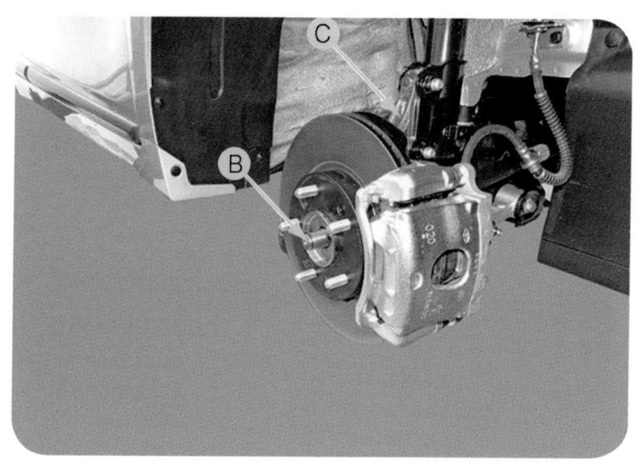

❖그림 4-26 프런트 드라이브 샤프트 분리

❹ 프라이 바(D)를 이용하여 드라이브 샤프트 E를 탈착한다.

가) 오염을 방지하기 위해 감속기 케이스의 구멍을 오일 실 캡으로 막는다.

나) 드라이브 샤프트를 적절하게 지지한다.

다) 변속기 케이스에서 드라이브 샤프트를 탈착할 때 마다 리테이너 링을 교환한다.

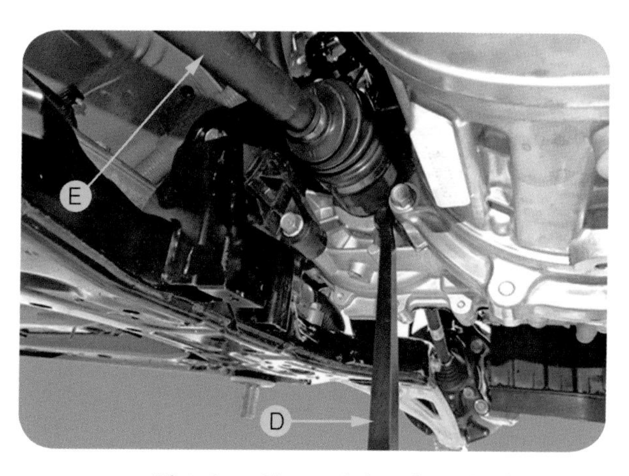

❖그림 4-27 프런트 드라이브 샤프트 분리

(3) TJ 조인트 정비

1) TJ 조인트 구성 부품

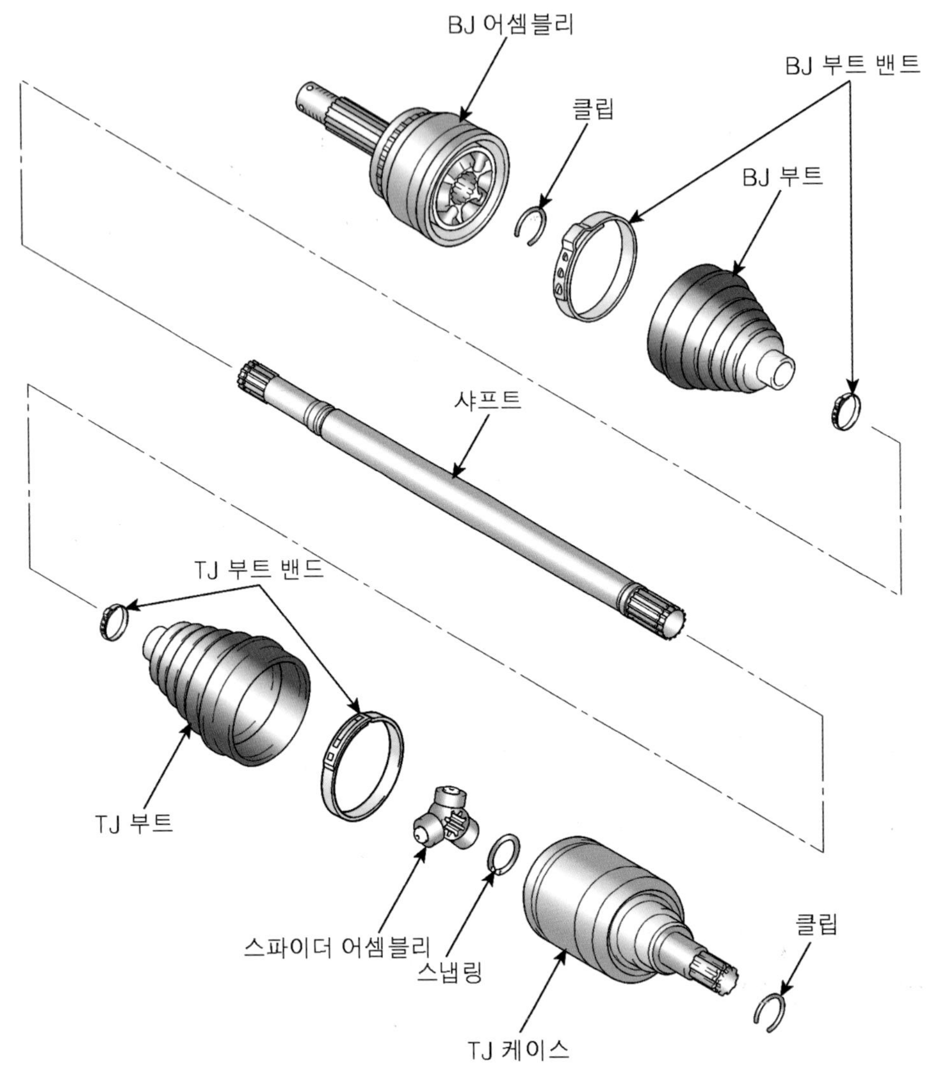

❖그림 4-28 등속 조인트

2) TJ 조인트 분해 조립

❶ 프런트 드라이브 샤프트를 탈착한다.

❷ 트랜스미션쪽 조인트 스플라인 A 부에서 클립 B 을 탈착한다.

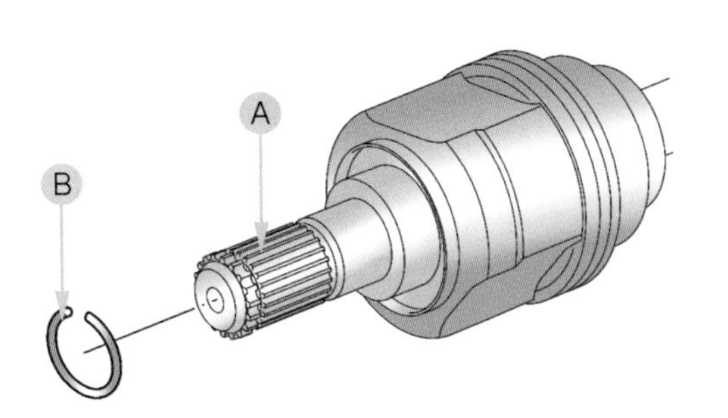

❖그림 4-29 스플라인부에서 클립을 탈착

❸ 트랜스미션쪽 조인트(TJ) 양쪽 부트 밴드를 탈착한다.

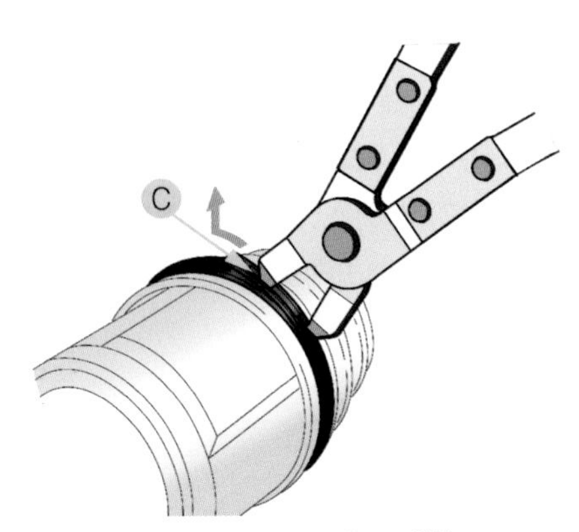

❖그림 4-30 부트 밴드 탈착

❹ 트랜스미션쪽 조인트(TJ) 부트를 당긴다.

❺ 클립 D 을 탈착한 후 트랜스미션쪽 조인트(TJ) 부트 E 와 분리하면서 TJ 외륜 F 안에 있는 그리스를 닦아내어 따로 모아 놓는다.

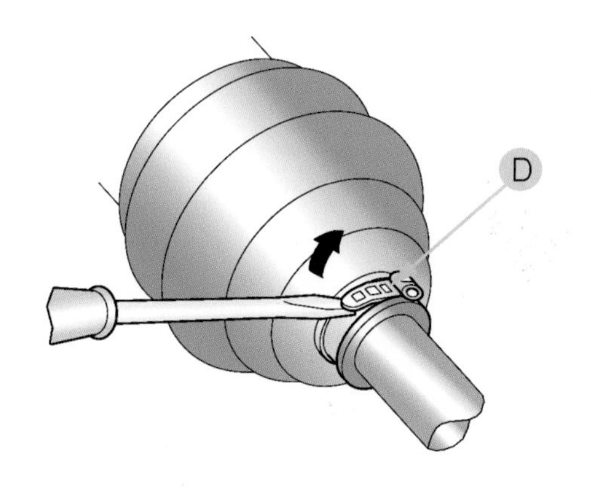

❖그림 4-31 TJ 조인트 부트 분리

❖그림 4-32 TJ 조인트 분리

㉮ BJ 어셈블리는 분해하지 않는다.

㉯ 드라이브 샤프트 조인트는 특수 그리스를 사용해야 하므로 다른 종류의 그리스를 첨가하지 않는다.

㉰ 부트 밴드는 반드시 신품으로 교환해야 한다.

㉱ 스파이더 어셈블리의 롤러 G 와 TJ 외륜 F , 그리고 스플라인 부 H 에 조립시를 대비한 마크 I 를 표시해둔다.

㉲ 스냅링 플라이어와 (−) 드라이버로 스냅링 J 을 탈착한 후 스파이더 어셈블리 K 를 탈착한다.

㉳ 스파이더 어셈블리를 청소한다.

㉴ 트랜스미션쪽 조인트(TJ) 부트 E 를 탈착한다.

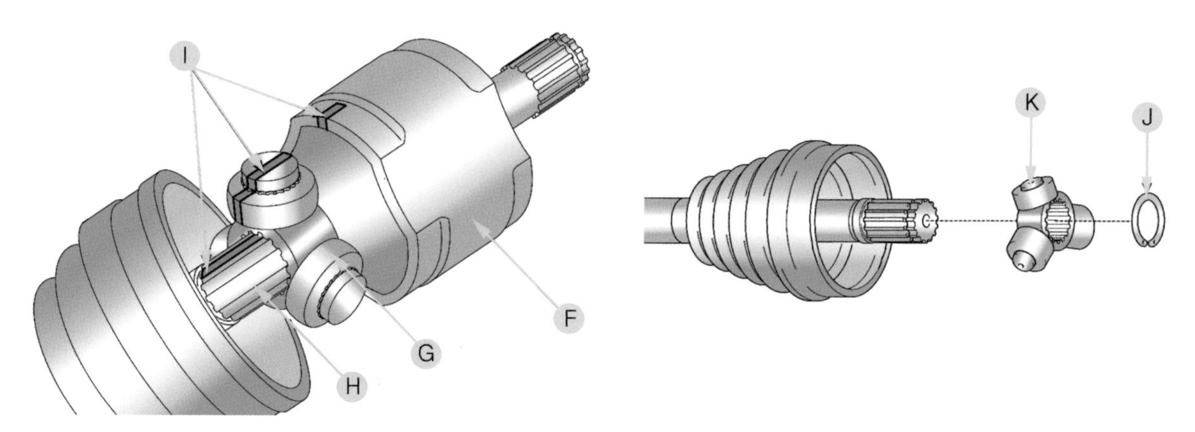

❖그림 4-33 조립 마크 표기

❖그림 4-34 스파이더 어셈블리 탈착

3) TJ 조인트 구성부품의 점검

❶ 스플라인의 마모를 점검한다.

❷ TJ 부트에 물이나 이물질이 유입되었는가를 점검한다.

❸ TJ 케이스 안쪽의 마모와 녹슴을 점검한다.

4) TJ 조인트 조립

❶ 드라이브 샤프트 스플라인부에 스파이더 어셈블리와 스냅링을 장착한다. 이때 분해 작업 시 표시해 두었던 마크를 일치시킨다.

❷ 특수공구를 사용하여 TJ 부트 밴드를 장착한다.

❖그림 4–35 TJ 부트 밴드 장착(1)

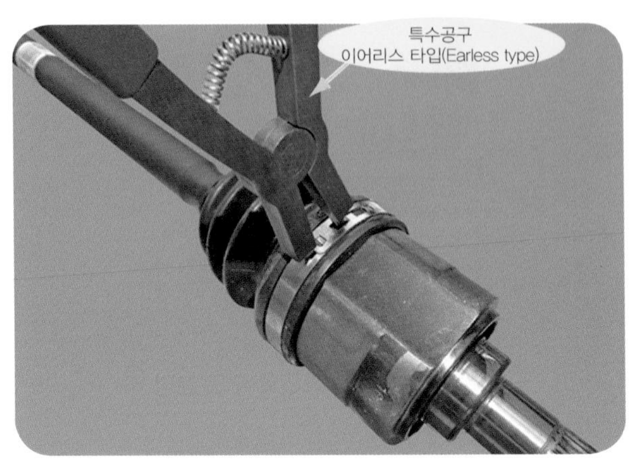

❖그림 4–36 TJ 부트 밴드 장착(2)

❸ 부트 밴드는 재사용 하지 않는다.

❹ 프런트 드라이브 샤프트를 장착한다.

❺ 프런트 얼라이언먼트를 점검한다.

4 프런트 액슬 어셈블리

(1) 프런트 허브 구성 부품

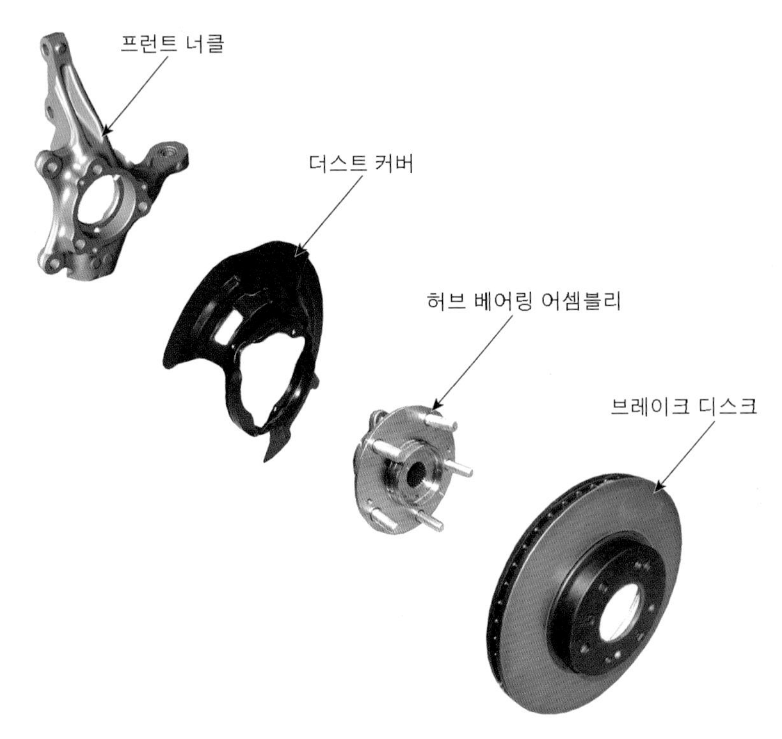

❖그림 4–37 프런트 허브 구성 부품

(2) 프런트 허브 구성 부품의 탈부착

❶ 프런트 휠 너트를 느슨하게 푼다. 차량을 리프트를 이용하여 들어 올린 후 안전을 확인한다.

❷ 프런트 휠 및 타이어 A를 프런트 허브에서 탈착한다.

❸ 프런트 캘리퍼를 탈착한 후 프런트 허브에서 코킹 너트 B를 탈착한다.

❖그림 4-38 프런트 휠 및 타이어 탈착

❖그림 4-39 프런트 허브에서 코킹 너트 탈착

❹ 마운팅 볼트를 풀고 쇽업소버에서 브레이크 호스 브래킷 C을 탈착한다.

❺ 프런트 브레이크 캘리퍼를 탈착한다.

❻ 너클에서 휠 스피드 센서 볼트를 풀고 휠 스피드 센서 D를 탈착한다.

❖그림 4-40 브레이크 호스 브래킷 탈착

❖그림 4-41 휠 스피드 센서 탈착

❼ 특수공구를 사용하여 타이로드 엔드 볼 조인트 E를 탈착한다.

가) 분할 핀 F을 탈착한다.

나) 캐슬 너트 G를 탈착한다.

다) 특수공구(엔드 풀러)를 사용하여 타이로드 엔드 볼 조인트 E를 탈착한다.

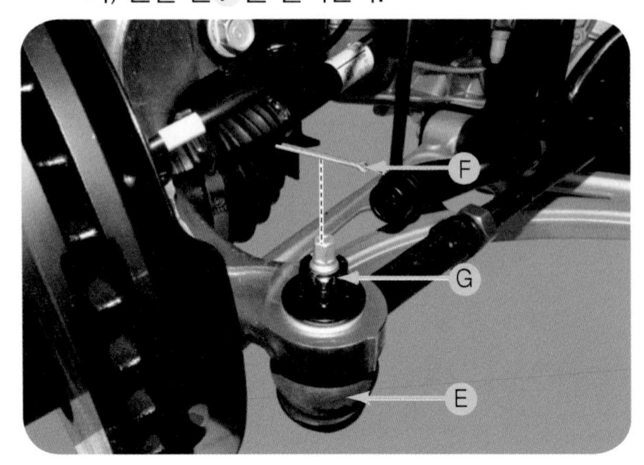

❖그림 4-42 타이로드 엔드 볼 조인트 탈착(1)

❖그림 4-43 타이로드 엔드 볼 조인트 탈착(2)

❽ 로어 암 체결 너트를 풀고 특수공구(엔드 풀러)를 이용하여 로어 암 H을 분리한다.

가) 고정 핀 I을 탈착한다.

나) 캐슬 너트 J 및 와셔 K를 탈착한다.

다) 특수공구(엔드 풀러)를 사용하여 로어 암 볼 조인트 H를 탈착한다.

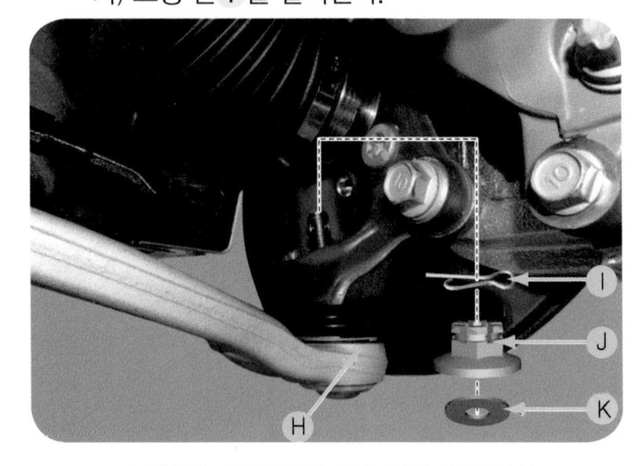

❖그림 4-44 고정 핀, 캐슬 너트, 와셔 탈착

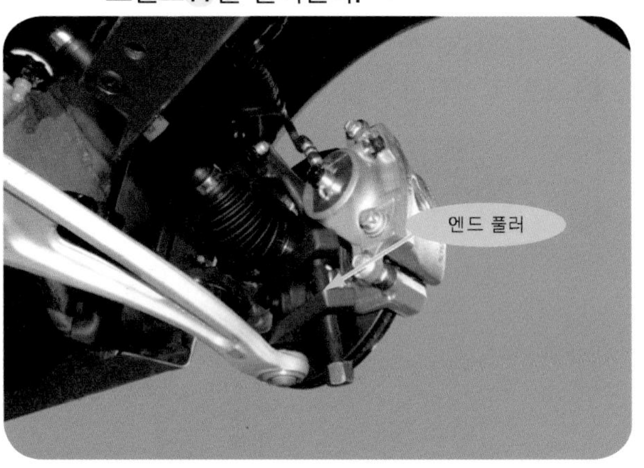

❖그림 4-45 로어 암 볼 조인트 탈착

❾ 스크루를 풀고 프런트 브레이크 디스크(L)를 탈착한다.

❿ 마운팅 볼트(M)를 풀고 프런트 너클에서 허브 베어링을 탈착한다.

❖그림 4-46 프런트 브레이크 디스크 탈착

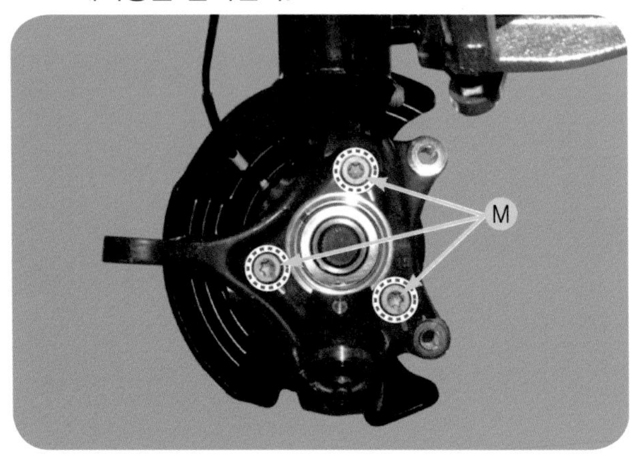

❖그림 4-47 프런트 너클에서 허브 베어링 탈착

⓫ 볼트를 풀고 더스트 커버 N 를 탈착한다.

⓬ 볼트와 너트를 풀고 프런트 너클 O를 탈착한다.

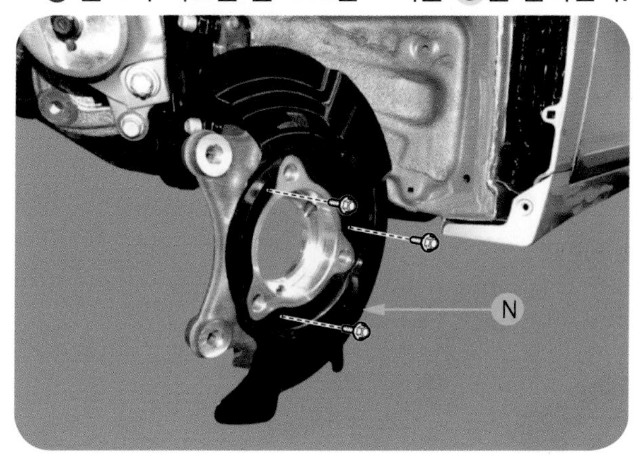

❖그림 4-48 더스트 커버 탈착

⓭ 장착은 탈착의 역순으로 진행한다.

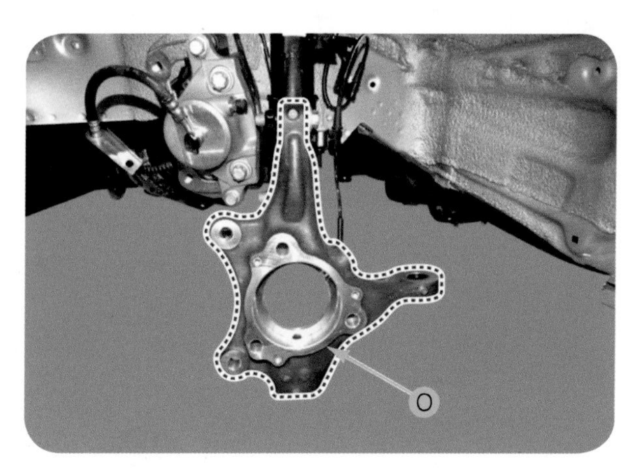

❖그림 4-49 프런트 너클 탈착

가) 코킹 너트 교환 시 새것으로 사용한다.

나) 코킹 너트(B)를 체결 한 후 치즐과 망치를 이용해 코킹 깊이(코킹량 : 1.5mm 이상)에 맞춰 2점 코킹을 한다.

다) 로어 암 볼 조인트 체결 너트는 재사용 하지 않는다.

⓮ 프런트 얼라이언먼트를 점검한다.

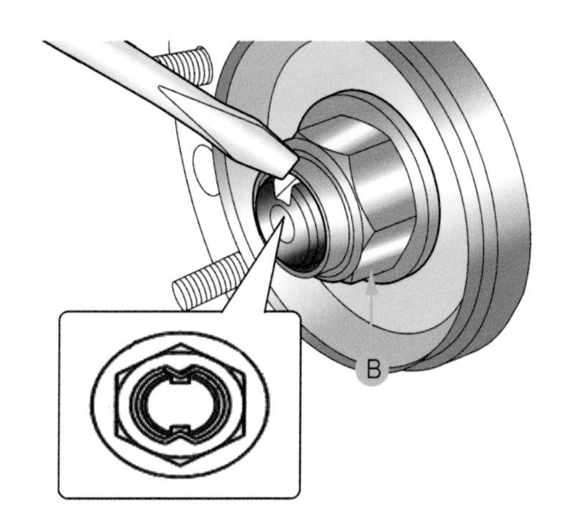

❖그림 4-50 코킹

(3) 프런트 허브 구성 부품의 점검

❶ 허브의 균열, 스플라인의 마모를 점검한다.

❷ 브레이크 디스크의 긁힘, 손상을 점검한다.

❸ 너클의 균열을 점검한다.

❹ 베어링의 결함을 점검한다.

5 리어 액슬 어셈블리

(1) 리어 허브 - 캐리어 구성 부품

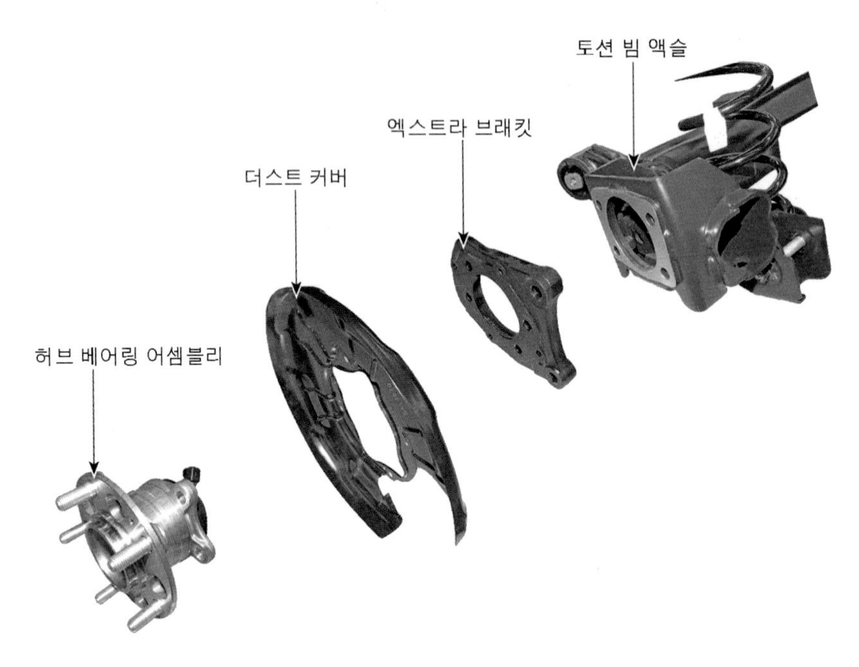

❖그림 4-51 리어 허브 캐리어 구성 부품

(2) 리어 허브 - 캐리어 구성 부품 탈착

❶ 차량을 리프트를 이용하여 들어 올린 후 안전을 확인한다.

❷ 리어 휠 너트를 풀고 휠 및 타이어 A 를 리어 허브에서 탈착한다.

❸ 리어 브레이크 캘리퍼를 탈착한다.

❹ 스크루를 풀고 브레이크 디스크 B 를 탈착한다.

❖그림 4-52 리어 휠 및 타이어 탈착

❖그림 4-53 브레이크 디스크 탈착

❺ 리어 휠 속도 센서 커넥터 C 를 탈착한다.

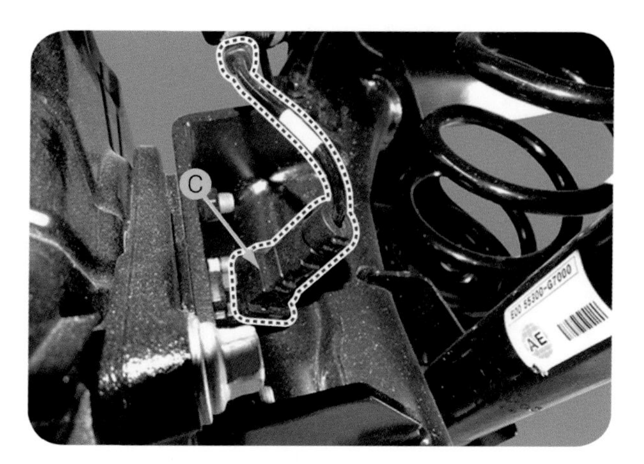

❖그림 4-54 리어 휠 스피드 센서 커넥터 탈착

❻ 허브 베어링 마운팅 볼트를 풀고 허브 베어링 D 을 탈착한다.

❖그림 4-55 허브 베어링 탈착

❼ 토션 빔에서 브래킷과 더스트 커버 E 를 탈착한다.

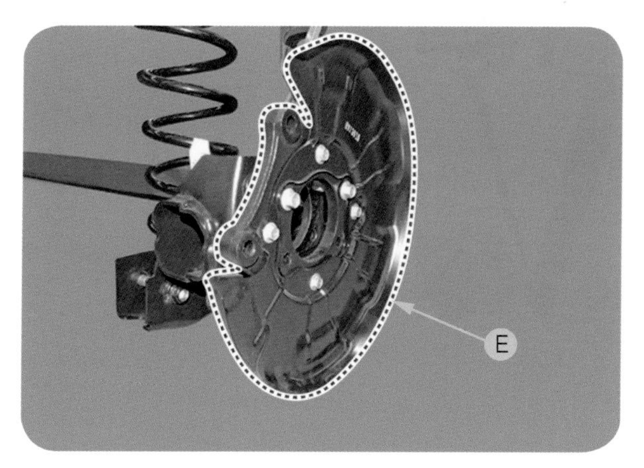

❖그림 4-56 토션 빔에서 더스트 커버 탈착

❽ 볼트를 풀고 더스트 커버에서 엑스트라 브래킷 F 을 탈착한다.

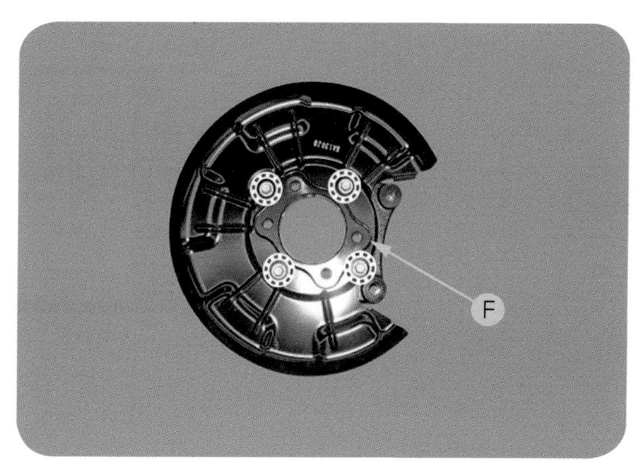

❖그림 4-57 엑스트라 브래킷 탈착

❾ 장착은 탈착의 역순으로 진행한다.

❿ 리어 얼라이언먼트를 점검한다.

(3) 리어 허브 - 캐리어 구성부품 점검

❶ 리어 허브 유닛 베어링의 마모 및 손상을 점검한다.

❷ 리어 액슬 캐리어의 균열을 점검한다.

실습교육 그리고 기술인들의 지침서
EV
Electric Vehicle
Manual

단원 5
제동 장치

1. 제동 장치 일반 사항
2. 전기 자동차의 제동 장치
3. 전기 자동차의 제동 장치 정비
4. AHB(Active Hydraulic Booster): 회생 제동 브레이크 시스템
5. 브레이크 액추에이션 유닛
6. 하이드롤릭 파워 유닛

단원 5

제동 장치

학습목표

1. 진공식 배력장치, 디스크 및 드럼 브레이크에 대하여 설명할 수 있다.
2. ABS 및 전기 자동차의 제동 장치에 대하여 설명할 수 있다.
3. 회생 브레이크의 효과 및 인휠 모터와 브레이크에 대하여 설명할 수 있다.
4. 브레이크 시스템의 공기빼기 작업을 실행할 수 있다.
5. 프런트 브레이크 시스템의 정비에 대하여 설명하고 실행할 수 있다.
6. 전자식 브레이크 시스템에 대하여 설명할 수 있다.
7. 주차 브레이크 해제 방법에 대하여 설명하고 실행할 수 있다.
8. 회생 제동 브레이크 시스템에 대하여 설명할 수 있다.
9. 브레이크 액추에이션 유닛의 정비에 대하여 설명하고 실행할 수 있다.
10. 하이드롤릭 파워 유닛의 정비에 대하여 설명하고 실행할 수 있다.

1 제동 장치 일반 사항

1 진공식 배력 장치

운전자의 편의를 위하여 브레이크 페달의 답력을 경감시키는 장치는 진공과 대기압의 압력차를 이용하는 진공식 배력 장치, 대기압과 압축공기의 압력차를 이용하는 부스터식, 압축공기만을 이용하는 에어식 배력 장치 등이 있으나 일반 가솔린 차량에서는 대부분 진공식 배력 장치를 이용하여 제동력을 증대시킨다.

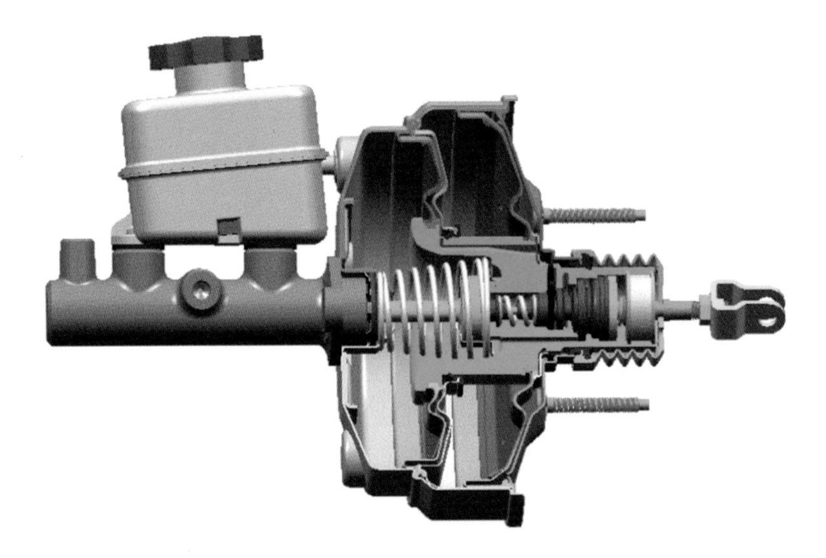

❖ 그림 5-1 진공 배력 장치

2 디스크 브레이크

디스크 브레이크는 바퀴와 함께 회전하는 금속제의 디스크, 마찰재를 이용한 브레이크 패드 및 브레이크 캘리퍼 등으로 구성되며, 제동 시 디스크와 브레이크 패드 사이의 마찰에 의하여 제동 작용을 한다. 자동차의 속도(운동) 에너지를 마찰에 의해 발생하 는 열에너지로 변환하여 제동을 하고 열은 공기 중으로 방출하게 된다.

❖ 그림 5-2 디스크 브레이크 장치

3 드럼 브레이크

디스크 브레이크는 바퀴와 함께 회전하는 금속제의 디스크, 마찰재를 이용한 브레이크 패드 및 브레이크 캘리퍼 등으로 구성되며, 제동 시 디스크와 브레이크 패드 사이의 마찰에 의하여 제동 작용을 한다. 자동차의 속도(운동) 에너지를 마찰에 의해 발생하는 열에너지로 변환하여 제동을 하고 열은 공기 중으로 방출하게 된다.

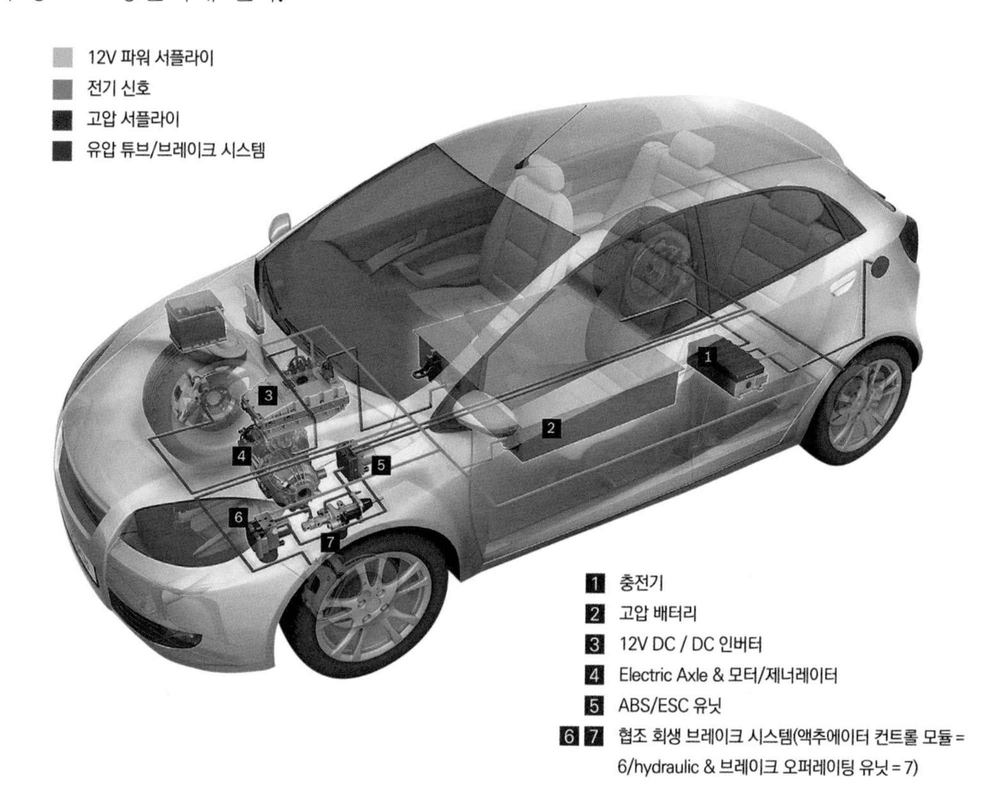

❖ 그림 5-3 브레이크 시스템

4 ABS(Anti-Lock Brake System)

ABS는 제동 시 감압, 유지, 증압을 실행하여 바퀴가 고정되는 현상을 방지함으로써 방향 안정성 유지, 제동 및 조향 안정성 유지 및 제동거리를 최소화하는 장치이다.

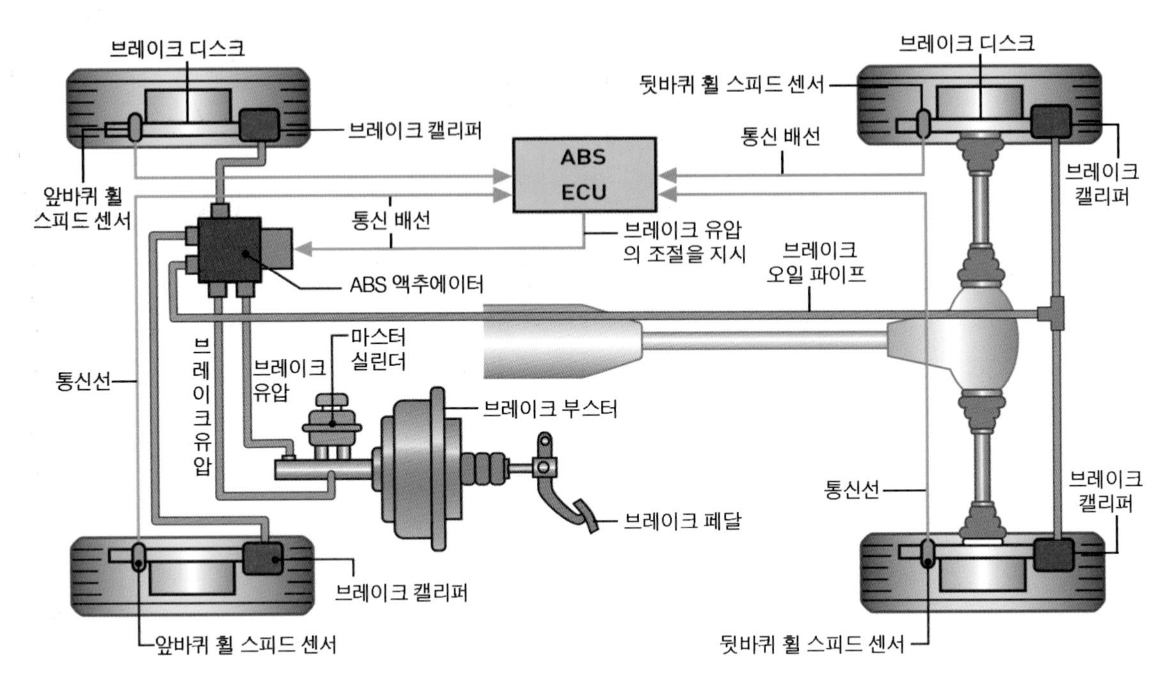

❖ 그림 5-4 ABS 시스템

2 전기 자동차의 제동 장치

전기 자동차에서는 속도를 감속할 경우에 모터를 발전기로 전환하여 발전과 동시에 제동 효과를 발휘하는데 이를 회생 제동(Regenerative Braking)이라 한다. 또한 전기 자동차에는 회생제동과 함께 내연기관 자동차와 같은 유압식의 풋 브레이크를 갖추고 있다.

표 5-1 전기 자동차의 시스템과 모터 사양

구분	부품 구성	형상	요구 특성	특징
ABS	DC 모터, 센서, 컨트롤러		소형화	• 방향 안정성, 제동거리 단축
ESP	DC 모터, 센서, 컨트롤러		고응답성	• 차량의 진행 방향 제어 • 2011년 미국 의무 사항
BBW	MB, 센서 컨트롤러		고신뢰성, 고응답성	• 최소 차량당 4개의 EMB 필요

(※ EMB: Electric Motor Brake, ABS: Antilock Braking System, ESP: Electric Stability Program, BBW: Brake By Wire)

1 회생 브레이크(Regenerative Braking)의 효과

전기 자동차의 브레이크 컨트롤러는 액셀러레이터 페달에서 발을 떼고 브레이크 페달을 밟아서 감속시킬 때에는 회생에 의해 이루어진 감속과 브레이크 디스크와 패드의 마찰에 의한 감속을 동시에 실행한다.

즉, 제동 시 전기 자동차의 구동 모터 코일에서 발생되는 리액턴스는 로터의 회전을 방해하는 저항으로 작용하면서 제동 효과가 발생한다. 더불어 제동 시에 발전기의 역할을 행하면서 전기를 발생시키는 작용을 하며, 발전량을 증가시키면 강한 감속효과가 얻어진다.

회전
브레이크 힘
S
N
인버터
배터리
중앙의 회전축은 좌회전 방향으로 돌고 있지만, 점선과 같은 자력이 작용하여, 그 회전을 멈추려고 하는 힘이 걸린다. 이것이 회생 브레이크의 작용이다.

❖ 그림 5-5 회생 브레이크가 작용하는 구조

2 인휠 모터와 브레이크

인휠 모터는 타이어가 조립되어 있는 휠의 림 안쪽에 모터를 배치하여 구동하는 방식이다.

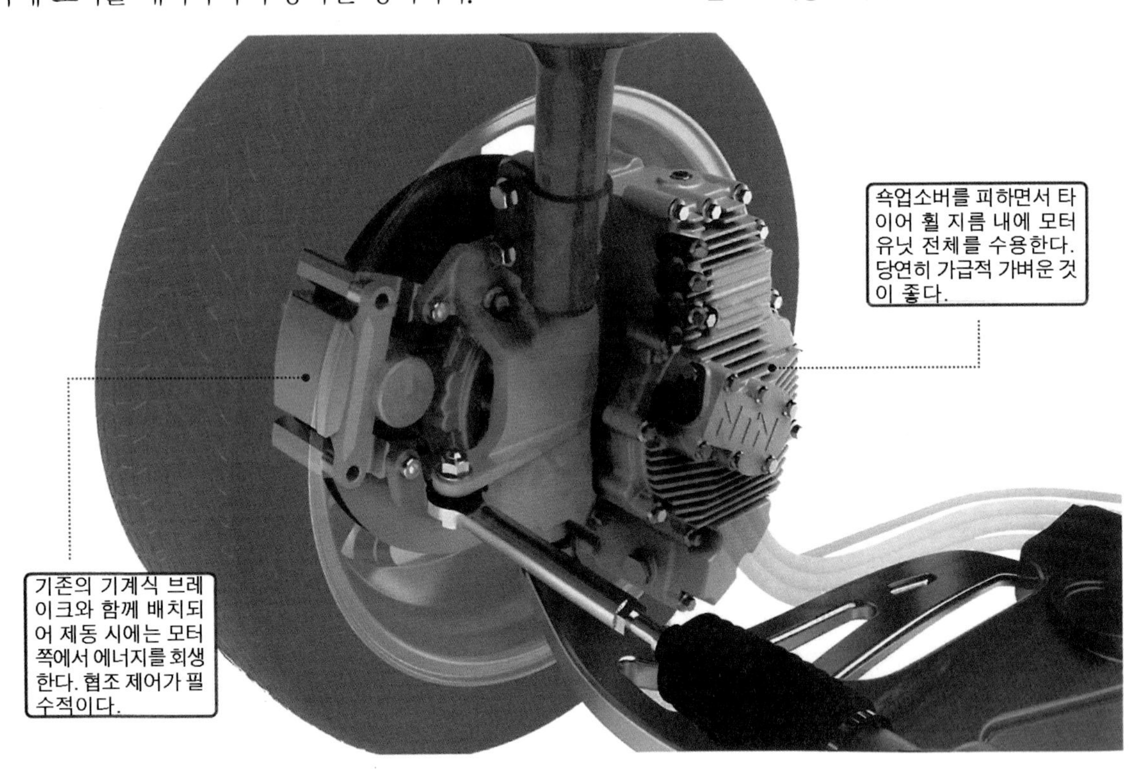

❖ 그림 5-6 인휠 모터의 배치 위치

(1) 스프링 아래 중량과 모터

브레이크에서 인휠 모터를 채용할 경우라도 제동력 확보를 위하여 모터를 차축이 있는 허브에 장착하게 되는데 이는 스프링 아래 질량이 커지게 되어 승차감이 저하되므로 가급적 모터를 소형화하여 장착한다.

(2) 소형 모터와 출력

인휠 모터를 적용하는 전기 자동차는 2륜 뿐만 아니라 4륜 모두에 감속기가 있는 소형 모터를 장착하여 출력을 보완할 수 있다.

3 전기 자동차의 제동 장치 정비

1 제원

형식	제원	기준값	비고
프런트 브레이크	벤틸레이티드 디스크		
리어 브레이크	솔리드 디스크		
주차 브레이크	전자식 주차 브레이크(EPB)		
통합 브레이크 액추에이션 유닛(IBAU)	시스템 사양	계통 배관용 4채널/ 4센서 제어 시스템	ABS, TCS, EBD, VDC 통합제어 ECU, TCU와 CAN 통신
	형식	밸브 릴레이 내장형	
	작동 전압	10V ~ 15V	
	작동 온도	-40℃C ~ 120℃	
엑티브 휠 스피드 센서	공급 전압	DC 4.5 ~ 20V	
	출력 전류(Low)	5.9 ~ 8.4 mA	
	출력 전류(High)	11.8 ~ 16.8 mA	
	출력 범위	1 ~ 2500 Hz	
	치형 수	46개	
	에어갭	0.4 ~1.5 mm	
고압 소스 유닛(PSU)	시스템 사양	3피스톤 펌프/고압 어큐뮬레이터 펌프 시스템	
	작동 전압	10V ~ 15V	
	작동 온도	-40℃ ~ 120℃	

2 정비 기준

항목	기준치
브레이크 페달 행정	136.0 mm
브레이크 페달 높이	177.2 mm
정지등 스위치 간극	1.0 ~ 2.0 mm
브레이크 페달 자유 유격	2.0 ~ 4.0 mm
브레이크 액	DOT 3 또는 DOT 4
브레이크 페달 부싱 및 브레이크 페달 볼트	장수명 일반 그리스 – 섀시용
주차 브레이크 슈 및 백킹 플레이트 접촉면	내열성 그리스

3 브레이크 시스템의 작동 및 누유 점검

구성 부품	절차
통합 브레이크 액추에이션 유닛(IBAU) (A) 고압 소스 유닛(PSU) (B)	시험 운행동안 브레이크를 가하여 브레이크 작동을 점검한다. 만약 브레이크가 적절히 작동하지 않는다면 브레이크 액추에이션 유닛과 하이드롤릭 파워 유닛을 점검한다. 만약 적절히 작동하지 않거나 누유가 있으면 브레이크 액추에이션 유닛과 하이드롤릭 파워 유닛을 교환한다.
피스톤 컵 및 압력 컵 점검 (A)&(B)	브레이크를 가하여 브레이크 작동을 점검한다. 손상 또는 오일 누유를 관찰한다. 만약 적절히 작동하지 않거나 손상 또는 누유가 있으면 브레이크 부스터 어셈블리를 교환한다.
브레이크 호스(C)	손상 또는 누유를 관찰한다. 만약 손상 또는 누유가 있으면, 브레이크 호스를 신품으로 교환한다.
캘리퍼 피스톤 씰 및 피스톤 부트(D)	브레이크를 가하여 브레이크 작동을 점검한다. 손상 또는 누유를 관찰한다. 만약 페달이 적절히 작동하지 않는다면, 브레이크가 끌리거나 손상 또는 누유가 있으면 브레이크 캘리퍼를 신품으로 교환한다.

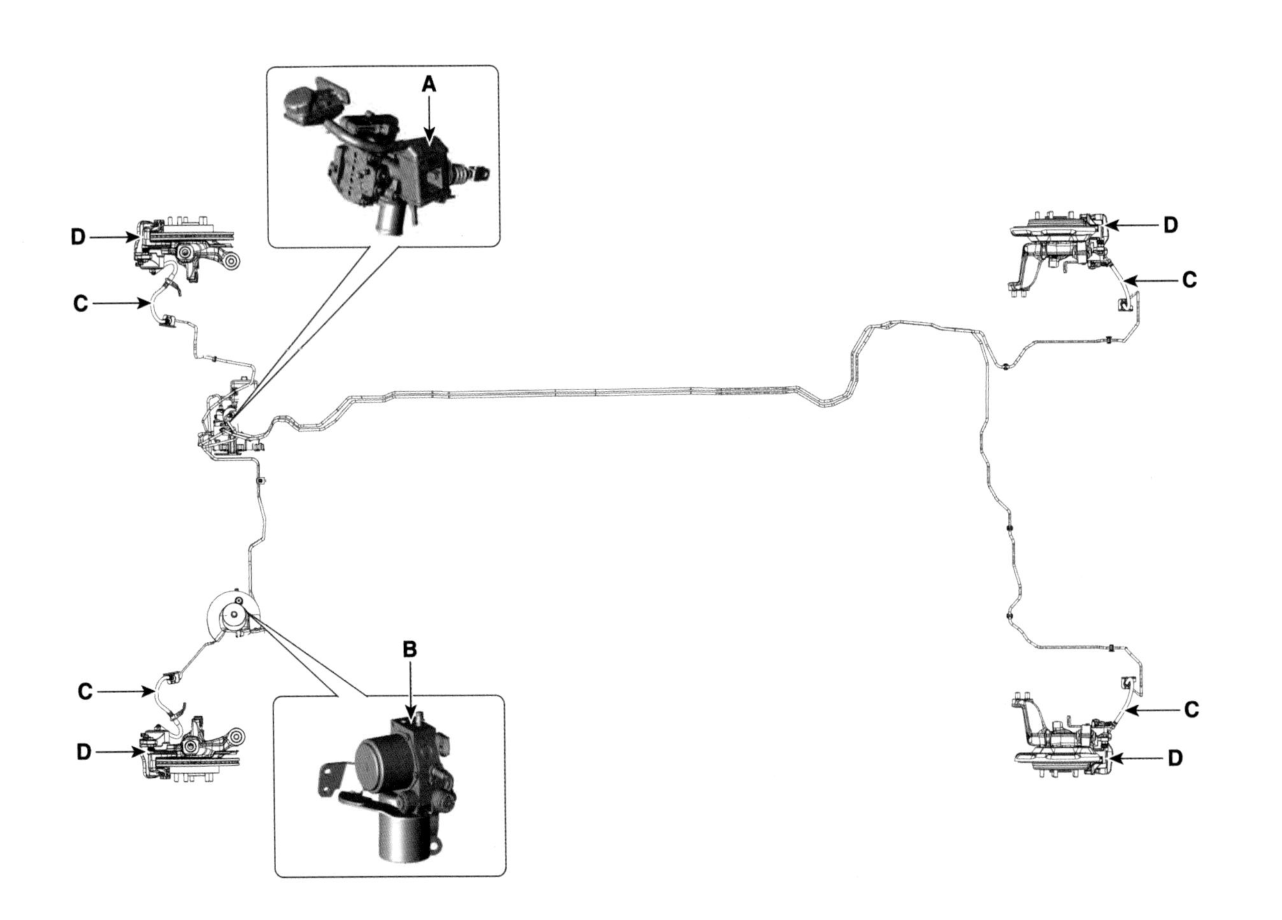

❖ 그림 5-7 브레이크 시스템의 작동 및 누유 점검

4 브레이크 시스템의 공기 빼기 작업

(1) 일반 브레이크 시스템 공기 빼기 작업 시 주의 사항

❶ 배출된 브레이크 액은 재사용하지 않는다.
❷ 브레이크 액은 항상 정품 DOT3 또는 DOT4를 사용한다.
❸ 리저버 캡을 열기 전에 반드시 리저버 및 리저버 캡 주위의 이물질을 제거한다.
❹ 브레이크 액이 먼지 또는 기타 이물질로 오염되지 않도록 주의한다.
❺ 브레이크 액이 차량 또는 신체에 접촉되지 않도록 주의하고 접촉된 경우 즉시 닦아낸다.
❻ 공기 빼기 작업을 할 때 브레이크 액이 리저버의 "MIN"이하로 떨어지지 않도록 브레이크 액을 보충한다. 브레이크 액 보충을 위해 리저버 캡을 탈착할 때는 반드시 특수 공구의 에어 차단 밸브를 닫고 리저버 캡을 탈착한다.

(2) 일반 브레이크 시스템 에어 빼기 작업

❶ 리저버 'MAX' 라인까지 브레이크 액을 채운다.
❷ 보조자는 브레이크 페달을 수차례 반복하여 펌핑한 다음 페달을 밟은 상태를 유지한다.
❸ 보조자가 브레이크 페달을 밟고 있는 상태에서 블리드 스크루 A 를 잠시 풀어 공기를 제거한 뒤 재빨리 다시 조인다.
❹ 기포가 완전히 제거될 때까지 위 절차를 반복한다.
❺ 아래 그림과 같은 순서로 작업한다.

❖그림 5-8 프런트 블리드 스크루 위치

❖그림 5-9 리어 블리드 스크루 위치

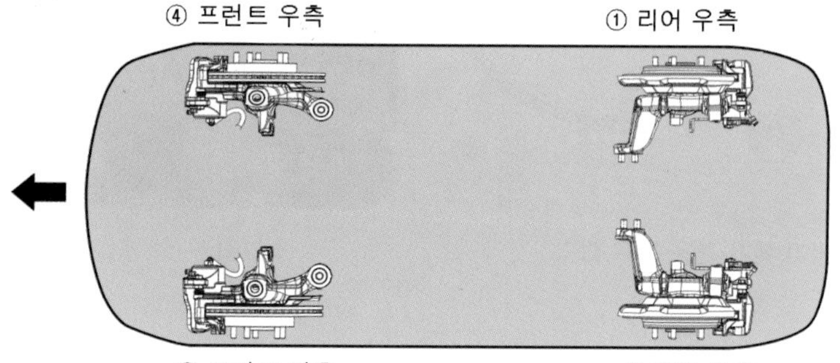

❖그림 5-10 일반 브레이크 공기 빼기 작업 순서

❻ 공기빼기 작업이 완료되면 리저버 'MAX' 라인까지 브레이크 액을 보충한다.

(3) 특수 공구(브레이크 장치 공기 빼기 전용 공구) 사용 공기빼기 작업 시 주의 사항

❶ 브레이크 리저버 탱크의 파손 방지와 작업자의 안전을 위해 특수 공구를 장착하기 전에 압력 게이지 압력을 규정값 0.3~0.5MPa(43.5~72.5psi, 3~5bar)로 설정하여야 한다.

❷ 특수 공구를 차량에 장착하기 전에 압력 게이지의 규정 압력값을 조정하기 위해 먼저 에어 차단 밸브 A를 닫는다.

❸ 작업자의 안전과 정확한 압력 조절기 세팅을 위하여 에어 주입 전 플러그 B가 정확히 장착되었는지 확인한다.

❹ 에어 호스 연결 후 에어 차단 밸브 A를 천천히 열어 압력 조절기로 압력게이지 C를 규정 값 0.3~0.5MPa(43.5~72.5psi, 3~5bar)으로 설정한다.

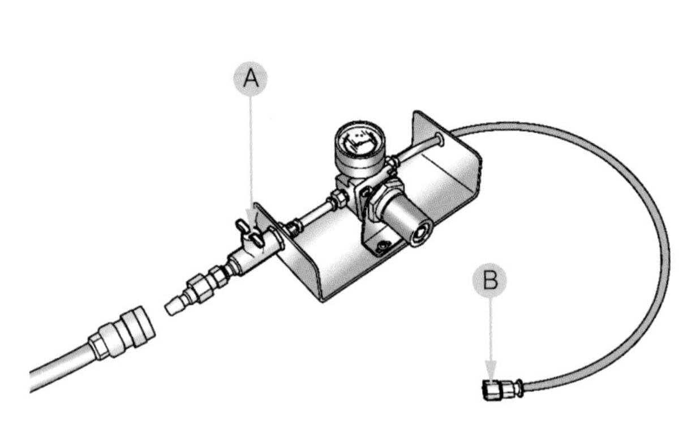

❖그림 5-11 공기 빼기 전용 공구 세팅(1)

❖그림 5-12 공기 빼기 전용 공구 세팅(2)

❺ 작업자의 안전을 위하여 반드시 에어 차단 밸브 A를 잠근 후 플러그 B를 제거한다.

❻ 에어 차단 밸브 A를 먼저 닫고 플러그 B를 브레이크 리저버 탱크 캡을 제거한 뒤 특수공구 캡 D을 리저버 탱크에 장착한다.

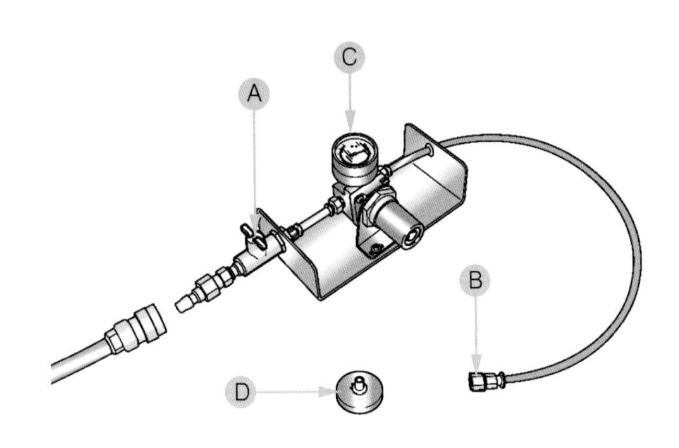

❖그림 5-13 공기 빼기 전용 공구 캡

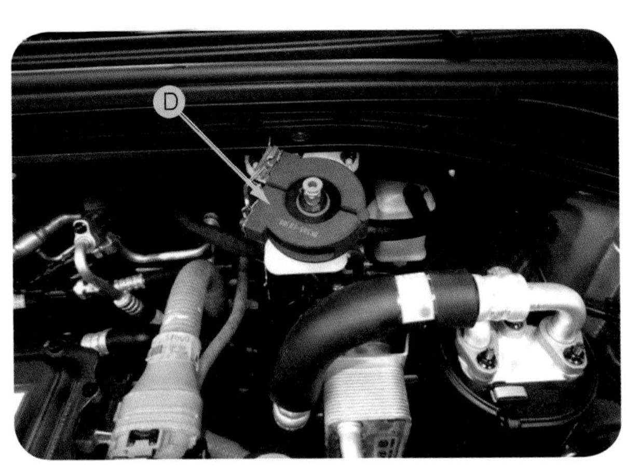

❖그림 5-14 캡을 리저버 탱크에 장착한다.

❼ 에어 배출용 특수공구 E를 캡 D에 장착한다.
❽ 에어 차단 밸브 A를 열고 에어빼기 순위의 따라 휠 실린더의 에어 브리더 스크루를 열어 기포가 완전히 제거될 때까지 위 절차를 반복한다.
❾ 더 이상 에어 혼입이 없을 시에 에어 브리더 스크루를 규정의 토크로 조인다.
❿ 차단 밸브 A를 닫고 에어 호스를 제거한 뒤 밸브를 천천히 열어 에어를 배출한다.
⓫ 브레이크 리저버 탱크에서 특수공구와 캡 A을 탈착한다.
⓬ 브레이크 리저버 탱크 캡을 장착 한다.

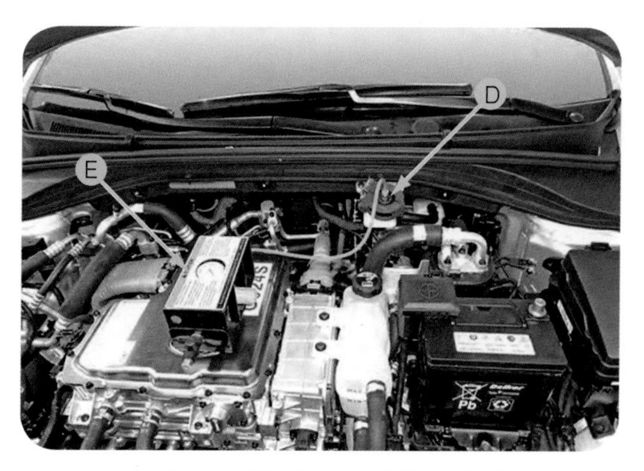

❖그림 5-15 배출용 특수공구를 캡에 장착

❖그림 5-16 에어 차단 밸브 A를 연다.

5 브레이크 페달 정비

(1) 구성 부품

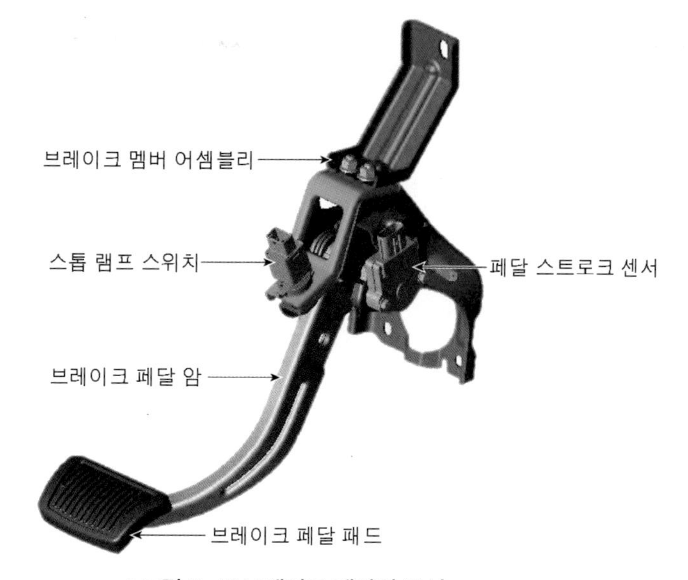

❖그림 5-17 브레이크 페달의 구성

(2) 브레이크 페달 탈·부착

❶ 배터리 (-) 단자를 분리한다.
❷ 크래쉬 패드 로어 패널을 탈착한다.
❸ 운전석 무릎 에어백을 탈착한다.

❹ 스톱 램프 스위치 A와 브레이크 페달 스트로크 센서 커넥터 B를 분리한다.

가) 브레이크 페달 스트로크 센서는 단독 부품으로 교환이 불가능하며, 브레이크 페달 어셈블리로 교환되어야 한다.

나) 브레이크 페달 어셈블리 교환 또는 재장착 시 브레이크 페달 스트로크의 영점 설정 오류로 제동 성능에 악영향을 미칠 수 있다.

❺ 브래킷 고정 너트 C를 탈착한다.

❖그림 5-18 스위치 및 센서 커넥터 분리

❖그림 5-19 브래킷 고정 너트 탈착

❻ 스냅 핀 D과 클레비스 핀 E을 분리한다.

❼ 통합 브레이크 액추에이션 유닛(IBAU)과 브레이크 페달 멤버 고정 너트 F를 풀고 브레이크 페달 어셈블리를 탈착한다.

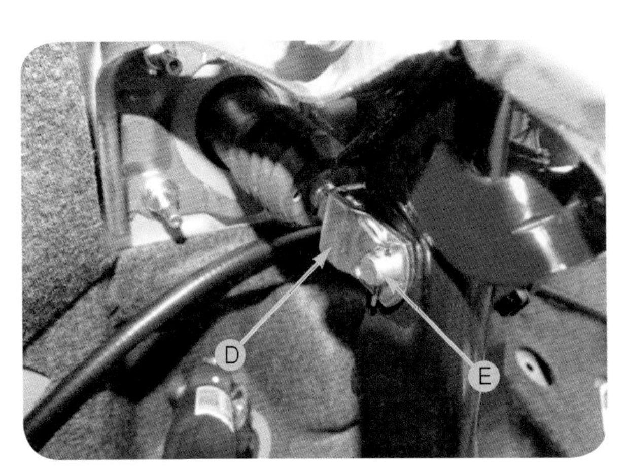

❖그림 5-20 스냅 핀과 클레비스 핀 분리

❖그림 5-21 페달 멤버 고정 너트 탈착

❽ 탈착의 역순으로 장착한다.

❾ 장착 후 페달의 작동상태를 점검한다.

❿ 브레이크 페달 어셈블리 교체 후 반드시 브레이크 페달 스트로크 센서의 영점 설정(PTS 영점 설정)을 실시한다.

(3) 브레이크 페달 스트로크 센서 영점 설정

브레이크 페달 센서 값의 기준 값 즉, 영점을 기준으로 브레이크 페달 스트로크를 계산하므로 정확한 작동을 위하여 센서 값의 영점 설정이 필요하다.

1) 영점 설정 시기

㉮ 브레이크 페달 어셈블리를 교체한 경우
㉯ 브레이크 액추에이션 유닛(BAU)을 교체한 경우
㉰ C1380(영점 설정) 또는 C1379(신호 이상)이 검출되었을 경우

2) 영점 설정 방법

차량의 진동으로 떨림이 없는 정지 상태 및 브레이크 페달을 밟지 않은 상태에서 영점 설정 작업을 실시한다.

㉮ 차량의 OBD 커넥터에 GDS를 연결한다.
㉯ 점화 스위치를 ON시킨다.
㉰ GDS에서 브레이크 페달 스트로크 센서 영점 설정을 한다.

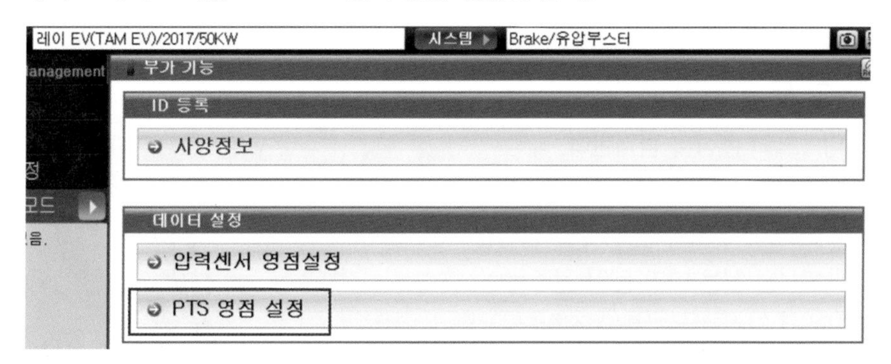

❖그림 5-22 브레이크 페달 스트로크 센서 영점 설정 초기 화면

㉱ 브레이크 페달 스트로크 센서의 영점 설정 절차를 수행한다.

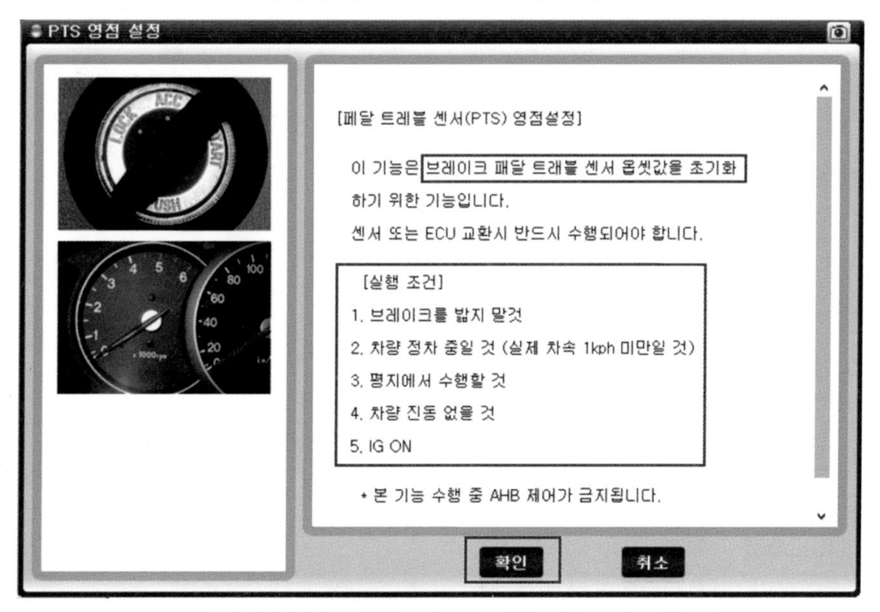

❖그림 5-23 브레이크 페달 스트로크 센서 영점 설정 화면

㉤ 점화 스위치를 OFF시킨 후 다시 ON으로 하고 영점 설정이 완료되었는지 확인한다.

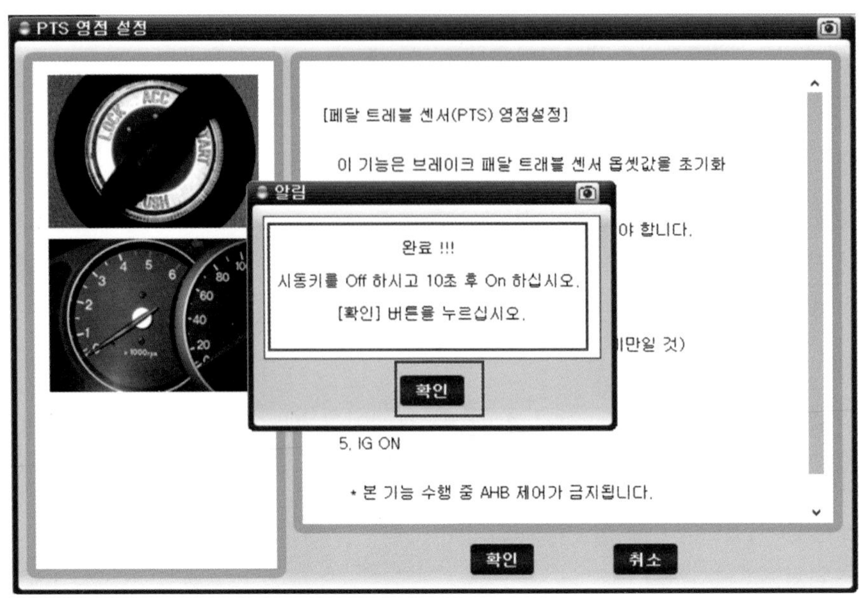

❖그림 5-24 브레이크 페달 스트로크 센서 영점 설정 확인

6 프런트 브레이크 점검

(1) 프런트 디스크 두께 점검

❶ 브레이크 디스크의 손상을 점검한다.

❷ 마이크로 미터와 다이얼 게이지를 사용하여 브레이크 디스크의 두께와 런 아웃을 점검한다. 그림에 표시된 선을 따라 동일 원주상의 8부분 이상에서 디스크 두께를 측정한다.

❸ 프런트 브레이크 디스크 두께

- 규정값 : 22 mm, • 한계값 : 20 mm

❹ 각 측정부의 두께 차이 : 0.05 mm미만(원주방향) 0.01 mm(반경방향)

❺ 한계값 이상으로 마모된 경우에는 좌우의 디스크 및 패드 어셈블리를 교환한다.

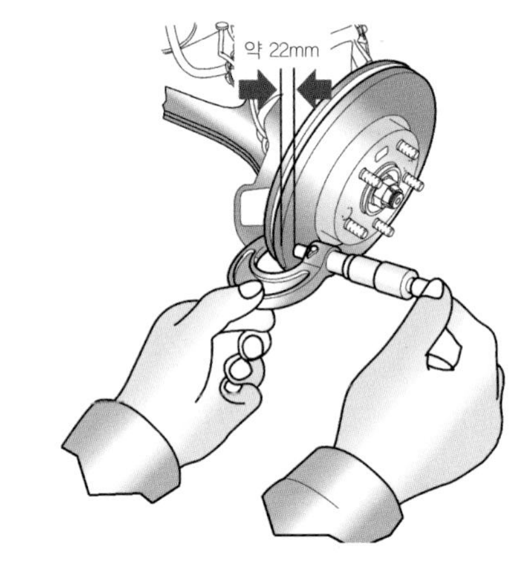

❖그림 5-25 디스크 두께 측정

(2) 프런트 브레이크 디스크 런 아웃 점검

❶ 브레이크 디스크 가장자리에서 5 mm 정도의 위치에 다이얼 게이지를 설치하고 디스크의 런 아웃을 측정한다.

❷ 브레이크 디스크 런 아웃 : 정비한계 : 0.05 mm이하

❸ 브레이크 디스크의 런 아웃이 한계 값 이상이 되면 디스크를 교환하여 런 아웃을 재측정 한다.

❹ 브레이크 디스크를 교환한 후 런 아웃이 한계 값을 초과하면 다른 신품의 디스크를 장착하여 런 아웃을 재점검 한다.

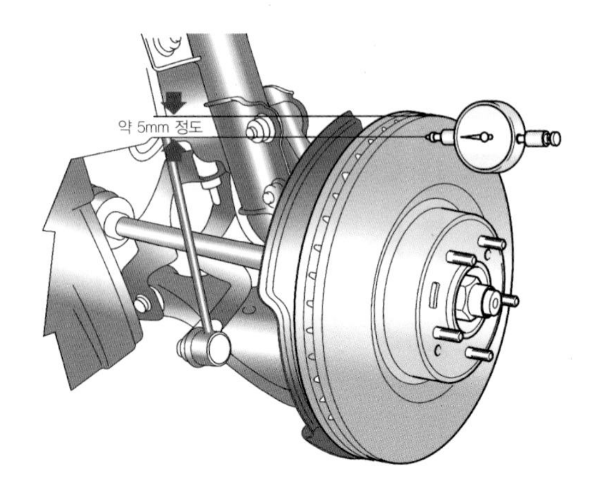

❖그림 5-26 디스크 런 아웃 측정

7 브레이크 제동등 스위치

(1) 시스템 회로도

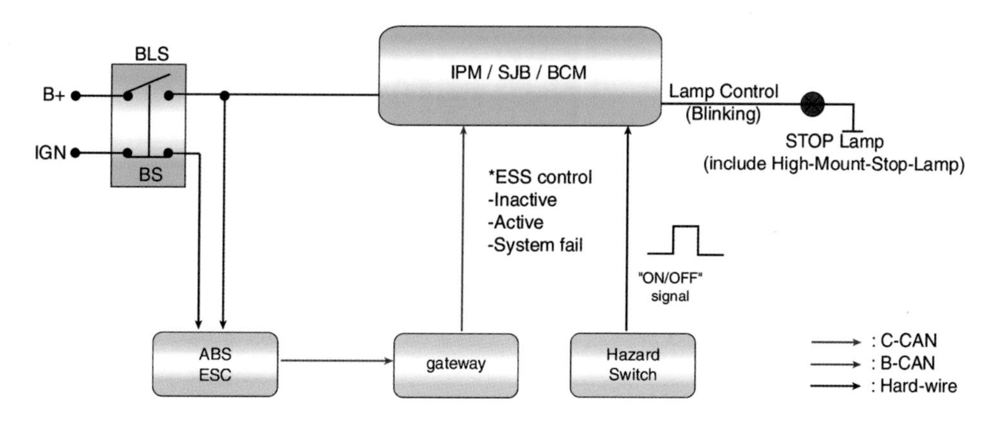

❖그림 5-27 제동등 회로도

(2) 현상별 고장진단

고장 현상	가능한 원인 부품	조치 방법
시동 불량	스위치 퓨즈, 릴레이 퓨즈, 스톱 램프 스위치, 정지 신호 전자 모듈, ABS/VDC 컨트롤 모듈, 각 배선, 커넥터	Ⅰ. 오실로 스코프를 이용하여 각 부품의 차량 가속/정지 시 파형을 점검한다. (스톱 램프 스위치 회로 점검 절차 참조) Ⅱ.이상 파형 발견 시 해당 부품의 정비절차를 참조하여 단품을 점검하고, 필요시 교체한다.
변속 불량	스위치 퓨즈, 릴레이 퓨즈, 스톱 램프 스위치, 정지 신호 전자 모듈, BCM, ECM, 인히비터 스위치, 각 배선, 커넥터	
VDC 경고등 점등	스위치 퓨즈, 릴레이 퓨즈, 스톱 램프 스위치, 정지 신호 전자 모듈, ABS/VDC 컨트롤 모듈, 각 배선, 커넥터	
P0504	스위치 퓨즈, 릴레이 퓨즈, 스톱 램프 스위치, 정지 신호 전자 모듈, ECM, 각 배선, 커넥터	
스톱 램프 미작동	스위치 퓨즈, 릴레이 퓨즈, 스톱 램프 스위치, 정지 신호 전자 모듈, 배선, 커넥터 단선	
스톱 램프 상시 작동	스톱 램프 스위치, 정지 신호 전자 모듈, 배선 쇼트	

(3) 스톱 램프 스위치 시스템 진단

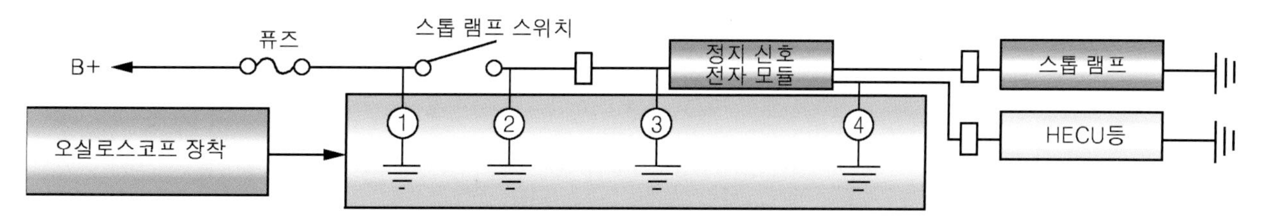

❖그림 5-28 스톱 램프 스위치 시스템 진단 방법

표 5-2 고장 진단

현상(VDC 경고등 점등 시)	시스템				조치 방법
	① 스위치 전원단(B+)	② 스위치후단	③ 정지 신호 전자 모듈 입력 단	④ 정지 신호 전자 모듈 출력 단	
스위치 내부 단선	●	X	X	X	스톱 램프 스위치 신품 교 환 후 재점검 한다 .
스위치 내부 단락	●	●	●	●	스톱 램프 스위치 탈거 후 이상 여부를 점검한다. ① 스위치 이상 시 : 신품으로 교환한다. ② 배선 이상 시 : 단락 부위 점검이 필요하다.
정지 신호 전자 모듈 내부 단락	●	○	○	● 또 는 X	정지 신호 전자 모듈 탈거 후 이상 여부를 점검한다 . ① 정지 신호 전자 모듈 이상 시 : 신품으로 교환한다. ② 배선 이상 시 : 단락 부위 점검이 필요
정지 신호 전자 모듈 내부 단선	●	○	○	X	정지 신호 전자 모듈 교환 후 재점검 한다.
전원 단 단선 시	X	X	X	X	전원단 커넥터 및 퓨즈 등 을 점검한다.
전원 단 단락 시 (전류량 감소)	●	○	○	● 또 는 X	전원단 단락 시는 전류량 감소로 정지 신호 전자 모듈 의 ON – OFF 동작이 잘 되지 않을 수 있다 . 퓨즈 소손 여부를 확인한다.
출력 – 정지 신호 전자 모듈간 불량	●	○	X	X	커넥터 점검 및 와이어링을 점검한다.
정지 신호 전자 모듈 – 램프간 불량	●	○	○	○	커넥터, 와이어링 및 각 부품을 점검한다.

●: 상시 ON　○: ON – OFF 동작　X : 상시 OFF

(4) 스톱 램프 스위치 간극 조정

❶ 점화 스위치를 OFF시키고 배터리 (–) 단자를 분리한다.
❷ 크래쉬 패드 로어 패널을 분리한다.
❸ 운전석 무릎 에어백을 탈착한다.
❹ 스톱 램프 스위치의 간극(A : 1.0 ~ 2.0 mm)을 조정한다.
❺ 스위치 간극이 규정 값을 만족하지 않으면 스톱 램프 스위치를 탈착하고 장착부의 클립 등 주변 부품의 손상 여부를 확인한다.
❻ 이상이 없으면 스톱 램프 스위치를 재장착한 후 간극을 재확인 한다.

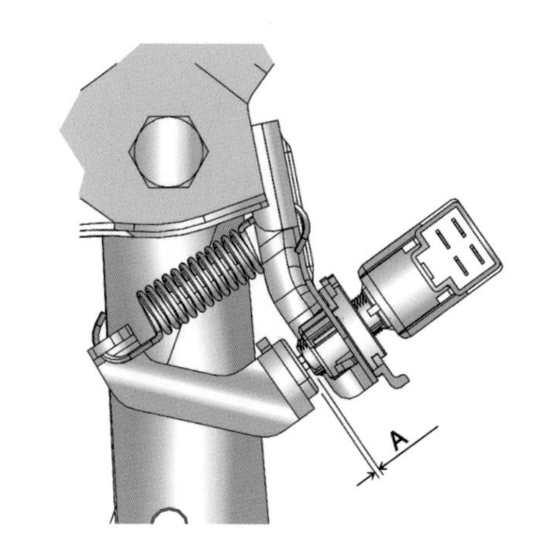

❖그림 5-29 스톱 램프 스위치 간극 점검

(5) GDS를 이용한 데이터 분석

GDS 데이터를 분석하여 스톱 램프 스위치의 이상 유무를 확인한다.

❶ 자기진단 커넥터에 GDS를 연결한다.
❷ 점화 스위치를 ON시킨다.
❸ 브레이크 페달을 밟는다.
❹ GDS의 "센서 데이터"에 표시되는 "브레이크 스위치" 항목을 점검한다.
정상 파형 : 스톱 램 스위치 ON, OFF에 따라 압력 센서 신호 값이 변경된다.

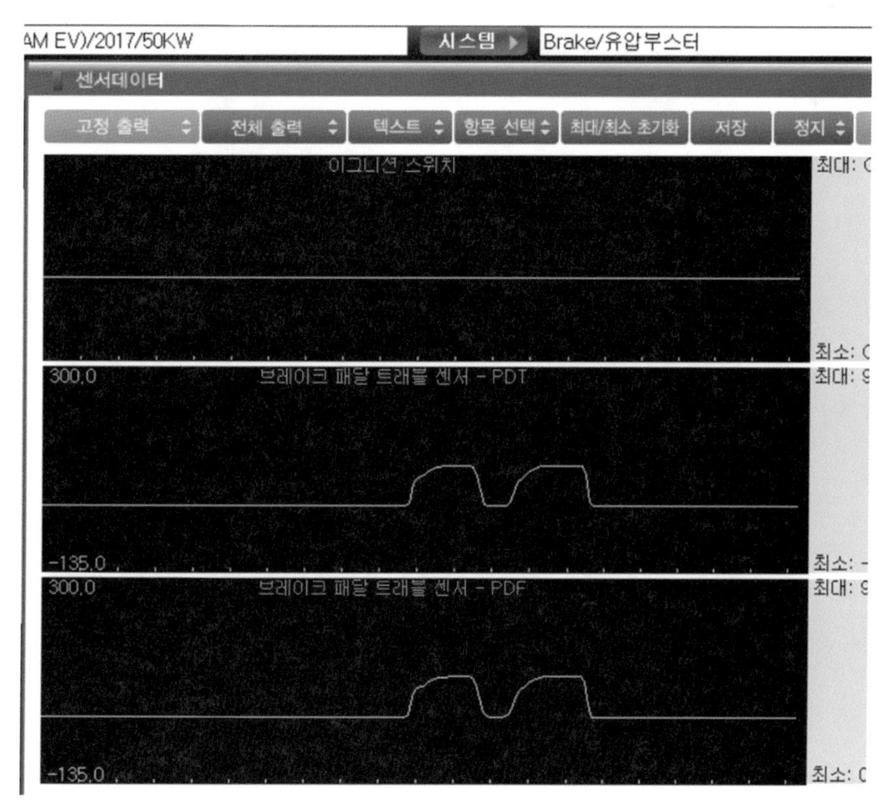

❖그림 5-30 GDS를 이용한 스톱 램프 스위치 점검

8 전자식 브레이크 시스템(EPB)

(1) 개요

전자식 주차 브레이크 시스템(EPB)는 일반차량에서 사용하는 페달 또는 레버로 케이블을 당겨 주차 브레이크를 작동시키는 대신 EPB 스위치 조작으로 모터를 구동하여 주차 브레이크를 작동함으로써 운전자 편의성을 향상한다.

EPB는 페달 또는 레버로 케이블을 당겨 주차 브레이크를 작동시키는 기존의 주차 브레이크 시스템과는 달리 운전자의 간단한 버튼 스위치 조작에 의해서 전기 신호가 ECU로 전달되면 ECU가 각 캘리퍼에 있는 EPB 액추에이터를 작동시켜 캘리퍼내의 피스톤을 밀어서 제동력을 발생시키는 시스템이다.

EPB 주요 기능으로는 차량 정지 상태에서 스위치 조작으로 주차 브레이크를 작동 및 해제하는 정차 기능, 유압 브레이크 고장 등으로 인한 위급 상황에서 EPB로 제동을 하는 비상 제동 기능, 차량 정지 시 점화 스위치가 OFF되면 자동으로 주차 브레이크가 체결되는 자동 체결 기능 등을 가지고 있다.

(2) EPB 부품 위치

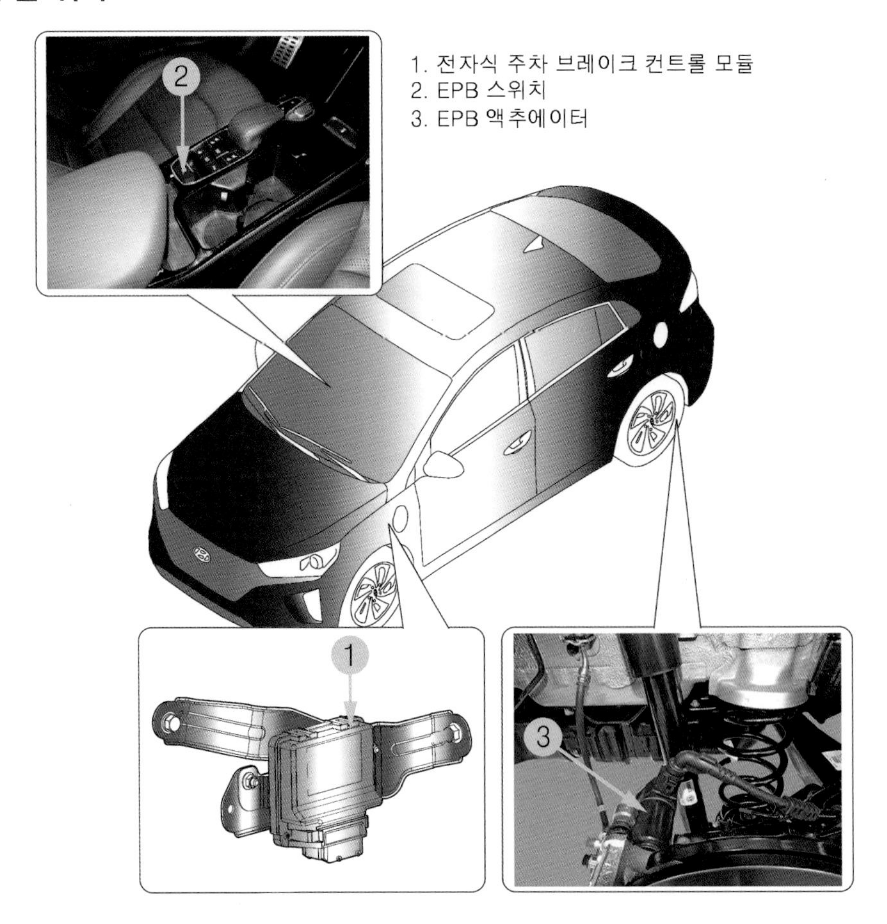

❖그림 5-31 전자식 주차 브레이크 부품 위치

(3) EPB 주요 기능

1) 주차 브레이크 작동(Static Apply)

차량 정지 상태에서 EPB 스위치를 당겨 수동으로 주차 브레이크를 체결하는 기능이며, 차량 안전을 위해 점화 스위치 OFF 후에도 배터리 정상 전압 시 EPB 체결 가능하며, 계기판에 브레이크 경고등이 점등된다.

2) 평지 감소력 체결(RCF: Reduced Clamp Force on Flat)

정차 시 8%미만 경사로에서 모터 회전 중에 EPB 스위치를 당겨 작동시키면 감소된 체결력으로 체결된다. 이때 스위치를 3초 이상 작동시키면 최대 힘(3.5kN 이상의 힘)의 주차 브레이크 체결로 전환된다.

3) 주차 브레이크 작동 해제(Static Release)

EPB 스위치를 수동으로 눌러 주차 브레이크 해제할 수 있다. 단, 아래 조건이 만족되는 경우에 해제된다.

❶ 점화 스위치가 ON일 때

❷ 브레이크 페달을 밟은 상태: 점화 스위치 OFF시 주차 브레이크 해제는 불가하다.

4) 자동 작동 해제(DAA: Drive Away Assist)

아래의 모든 조건이 만족된 경우 가속 페달을 천천히 밟아 주차 브레이크를 자동으로 해제시킬 수 있다.

❶ 모터가 켜져 있는 상태

❷ 운전자가 안전벨트를 착용한 상태

❸ 운전석 도어, 모터 룸 후드 및 트렁크가 닫힌 상태

❹ 변속 레버가 R위치·D위치 또는 스포츠 모드에 있는 경우

5) 전자 제어 감속 기능(ECD; Electronic Controlled Deceleration)

주행 중 EPB 스위치를 조작하면 VDC에게 작동 명령을 송부하여 VDC·ABS로 제동 감속한다.(브레이크 시스템 고장 등 비상시 사용) EPB 액추에이터가 아닌 VDC의 유압 브레이크를 이용하여 감속한다.

6) 후륜 잠김 방지 감속 기능(RWU; Rear Wheel Unlocker)

VDC 고장 시 주행 중 EPB 스위치를 조작하면 EPB 액추에이터를 작동하여 감속된다.(리어 휠이 록 되지 않도록 조절함)

7) 자동 체결(Auto Apply)

AUTO HOLD 스위치를 켠 상태에서 차량을 정지한 후 점화 스위치를 OFF시키면 자동으로 주차 브레이크가 체결된다. 이때 EPB 스위치를 누른 상태에서 점화 스위치를 OFF시키면 자동 체결 기능이 작동하지 않는다.

8) 차량 흐름 감지 재체결(RAR; Roll Away Reclamp)

주차 후 차량의 움직임 발생 시 주차 브레이크를 재체결 기능이다. 휠 속도로 차량의 움직임 파악하며, CAN 통신으로 수신되는 기간까지 모니터링이 가능하다. 차량 움직임의 감지는 휠 스피드 센서 신호를 이용한다.

9) 고온 재체결(HTR; High Temperature Reclamp)

주차 브레이크를 체결할 때 브레이크가 과열된 상태이면 온도차로 생기는 체결력의 손실 보상을 위해 일정 시간 후 주차 브레이크를 자동으로 재체결하는 기능이다. 작동 조건 : 350℃ 이상

10) 협조 제어 체결 (EAR; External Apply / Release)

다른 시스템의 요청에 따른 EPB 체결 기능이다.(ESC 명령으로 AVH → EPB 체결구현 가능)

11) 패드 교체 모드(Pad Change Mode)

리어 브레이크 패드의 교체를 위해 브레이크 캘리퍼의 피스톤을 후퇴시킬 수 있는 기능으로 GDS를 차량의 진단 커넥터에 연결하여 사용한다.

12) 차량 주행 여부 감지(DSD; Dynamic Standstill Deceleration)

고장으로 인한 휠 속도 신호가 없을 때 주차 브레이크를 작동하는 기능이다. 차량 운행 시 일정한 체결력을 적용하여 천천히 감속할 수 있으며, EPB 스위치를 계속하여 당기면 주차 브레이크를 최대의 힘으로 체결시킬 수 있다.

9 주차 브레이크 비상 해제 방법(수동식)

본 작업은 EPB가 고장 났을 때 주차 브레이크 비상 해제를 위한 작업 방법이며, 액추에이터 또는 EPB의 직접 손상 또는 전원선 단선 등이 의심 되어 GDS 또는 전기적 방법으로 해제가 불가능 할 때 사용하는 방법이다.

❶ 작업은 평탄하고 안전한 곳에서 이루어져야 하며, 주차 브레이크를 해제할 때는 반드시 차량이 움직이지 않도록 안전하게 작업한다.

❷ 주차 브레이크가 해제되어 차량이 움직일 경우 사고 발생 가능성이 있으므로 안전성을 확보한 후 작업한다.

❸ 차량의 리어 캘리퍼 뒷면의 스크루 A를 탈착한다.

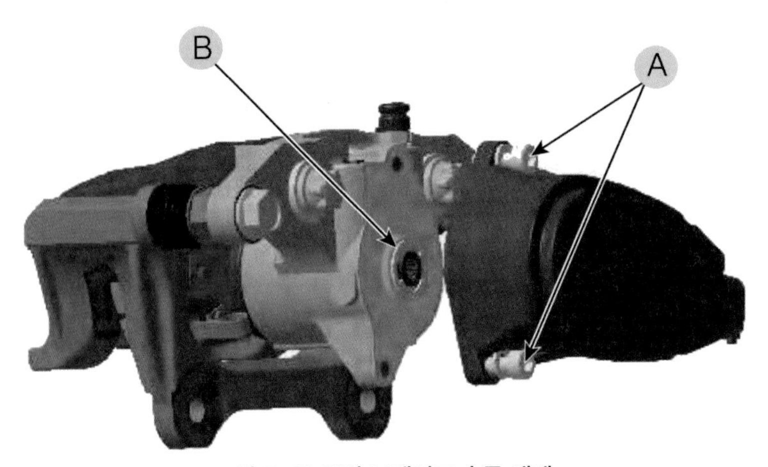

❖그림 5-32 주차 브레이크 수동 해제

❹ 내측 바닥의 스핀들 B을 시계방향으로 0.5~1회전하여 주차 브레이크를 해제한다.

10 자동 정차 기능(Auto Hold)

변속 레버 D위치·N위치 혹은 스포츠 모드에서 브레이크 페달을 밟고 차량이 정지한 후 브레이크 페달에서 발을 떼고 있어도 정지 상태를 계속 유지하는 기능이다. D위치 혹은 스포츠 모드에서 가속 페달을 밟고 출발하면 자동으로 브레이크 상태가 해제되어 차량의 출발이 가능하다.

(1) 자동 정차 기능은 안전을 위해서 다음과 같은 조건에서는 작동되지 않는다.

1) 운전석 안전벨트 해제와 운전석 도어 열림이 동시에 발생하였을 때
2) 모터 룸 후드가 열렸을 때
3) 변속 레버가 P(주차) 위치에 있을 때
4) 변속 레버가 R(후진) 위치에 있을 때
5) 전자 파킹 브레이크가 작동 중일 때

(2) 자동 정차 상태(녹색등)에서 다음과 같은 조건이 발생하면 안전을 위해서 주차 브레이크(EPB 작동)로 전환된다. "AUTO HOLD" 표시등이 녹색에서 흰색으로 바뀌고 빨간색 브레이크 경고등이 점등된다.

1) 운전석 안전벨트 해제와 운전석 도어 열림이 동시에 이루어졌을 때
2) 모터 룸 후드가 열렸을 때
3) 가파른 언덕길이나 내리막길에 정차 했을 때
4) 10분 이상 정차 했을 때
5) 차량의 움직임이 여러 번 감지될 때

(3) 자동 주차 기능 설정

1) 운전석 도어, 모터 룸 후드가 닫혀 있는 상태에서 운전석 안전벨트 체결 또는 브레이크 페달을 밟은 상태에서 "AUTO HOLD" 스위치를 누른다. 이때 계기판에 흰색 "AUTO HOLD" 표시등이 점등된다.
2) 주행 중 브레이크 페달을 밟고 차량이 멈추면 자동 정차 기능이 작동되면서 "AUTO HOLD" 표시등이 흰색에서 녹색으로 바뀐다. 이때 브레이크 페달에서 발을 떼어도 차량은 정지 상태를 유지한다.
3) EPB가 작동 중일 경우에는 자동 정차 기능은 작동하지 않고 표시등은 흰색을 유지한다.

(4) 자동 주차 기능 해제

수동으로 해제를 원할 경우 브레이크 페달을 밟은 상태에서 "AUTO HOLD" 스위치를 눌러 자동 정차 기능을 해제한다. "AUTO HOLD" 표시등은 녹색에서 소등된다.

(5) 자동 주차 기능 배선도

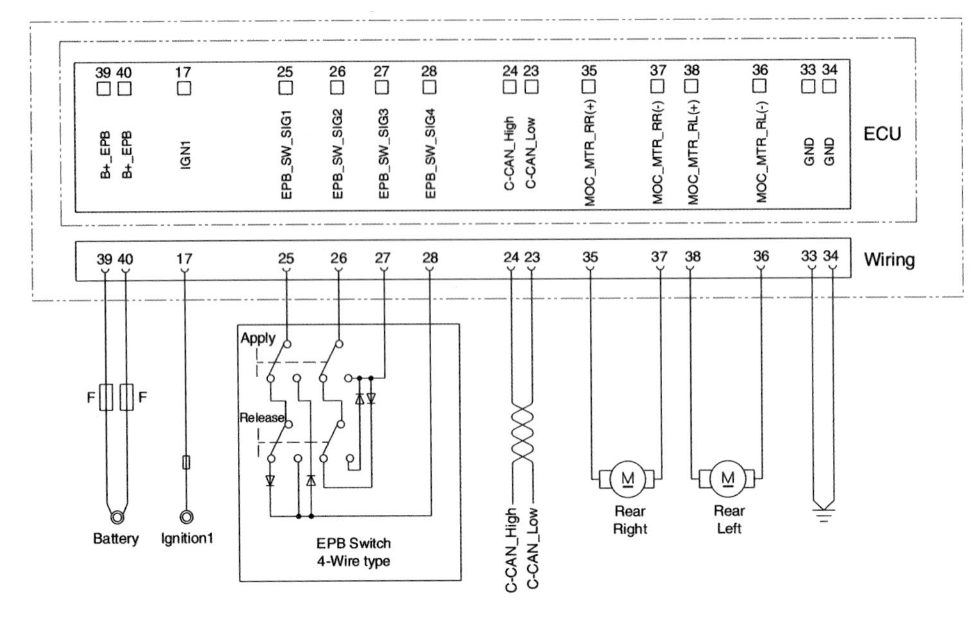

❖그림 5-33 자동 주차 기능 배선도

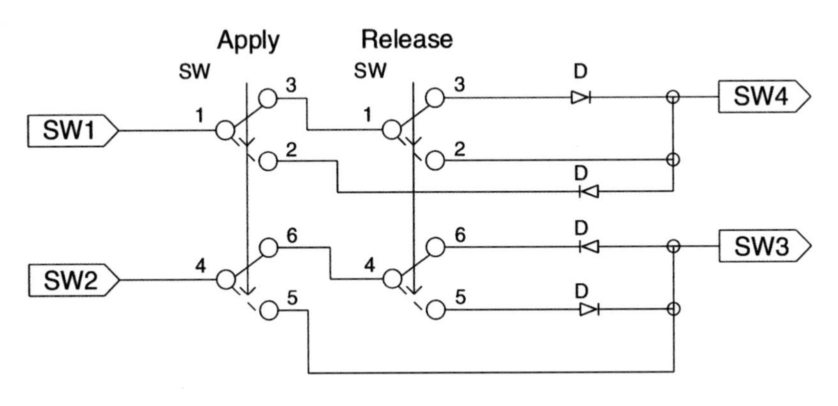

❖그림 5-34 EPB 스위치 배선도

11 자동 주차 컨트롤 모듈 탈부착

❶ 점화 스위치를 OFF시키고 배터리 (−) 단자를 분리한다.

❷ EPB 컨트롤 모듈 커넥터 A를 분리한다.

❸ 너트 B를 풀고 EPB 컨트롤 모듈 C을 탈착한다.

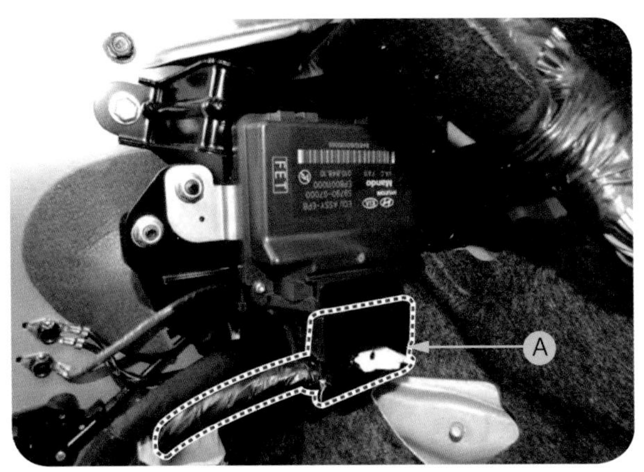

❖그림 5-35 EPB 컨트롤 모듈 커넥터 분리

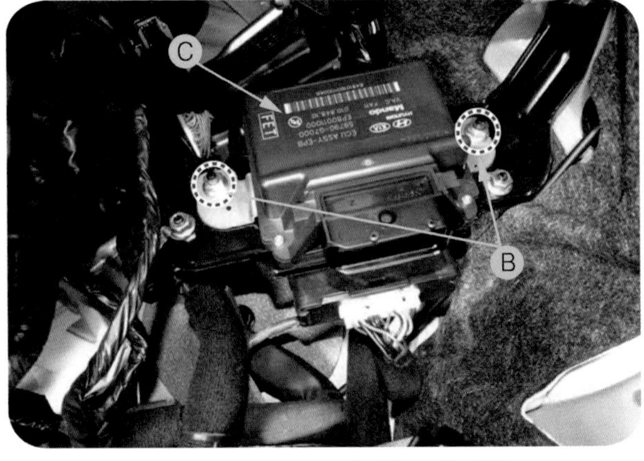

❖그림 5-36 EPB 컨트롤 모듈 탈착

❹ 장착은 탈착의 역순으로 진행한다.
❺ 장착 후 EPB 스위치를 3회 이상 작동시켜 주차 브레이크 작동을 확인한다.

4 AHB(Active Hydraulic Booster) : 회생 제동 브레이크 시스템

1 회생 제동 시스템(Regeneration Brake System)의 개요

차량의 감속, 제동 시 발생되는 운동에너지를 전기에너지로 변화시켜 배터리에 충전하는 것을 회생 제동이라고 하며, 회생 제동량은 차량의 속도, 배터리의 충전량 등에 의해서 결정되고 가속 및 감속이 반복되는 시가지 주행 시 큰 연비 향상의 효과가 가능하다.

2 회생 제동 협조 제어

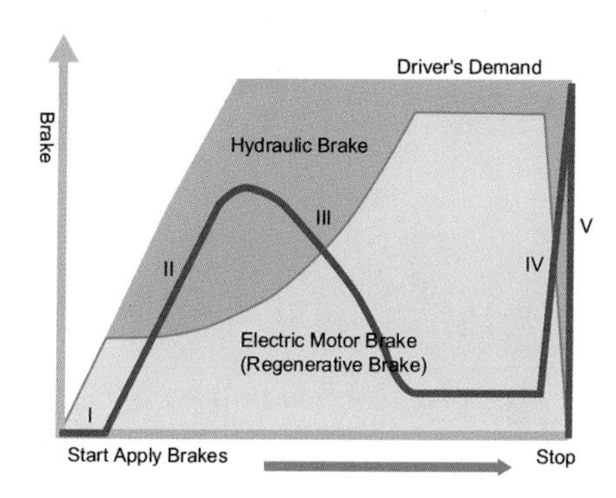

Driver's Demand = Friction Brake + Electric Brake

I	Electric Brake	Driver's Demand = Electric Brake
II	Blended Brake	Pressure Increase
III		Pressure Decrease
IV		Fast Pressure Increase
V	Friction Brake	Driver's Demand = Friction Brake

❖그림 5-37 회생 제동 협조 제어

1) 제동력의 배분은 유압 제동을 제어함으로써 배분되고 전체 제동력(유압+회생)은 운전자가 요구하는 제동력이 된다.

2) 고장 등의 이유로 회생 제동이 되지 않으면 운전자가 요구하는 전체 제동력은 유압 브레이크 시스템에 의해 공급된다.

3 시스템 구성도

시스템의 구성 부품으로 크게 고압 소스 유닛(PSU; Pressure Source Unit), 통합 브레이크 액추에이션 유닛(IBAU; Intergrated Brake Actuation Unit)으로 구성되어 있다.

첫 번째로 고압 소스 유닛(PSU)은 제동에 필요한 유압을 생성하는 역할을 한다. 진공 부스터 사양에서 운전자가 브레이크 페달을 밟았을 때 진공에 의하여 배력되는 것과 마찬가지로 마스터 실린더에 증압된 유압을 공급함으로써 전체 브레이크 라인에 압력을 공급한다.

두 번째로 통합 브레이크 액추에이션 유닛(IBAU)은 고압 소스 유닛(PSU)에서 발생된 압력을 바퀴의 캘리퍼에 전달하는 역할을 한다. 또한 브레이크 페달과 연결되어 운전자의 제동 요구량 및 제동 느낌을 생성하며, 기존의 VDC 기능인 ABS, TCS, ESC 등을 수행한다.

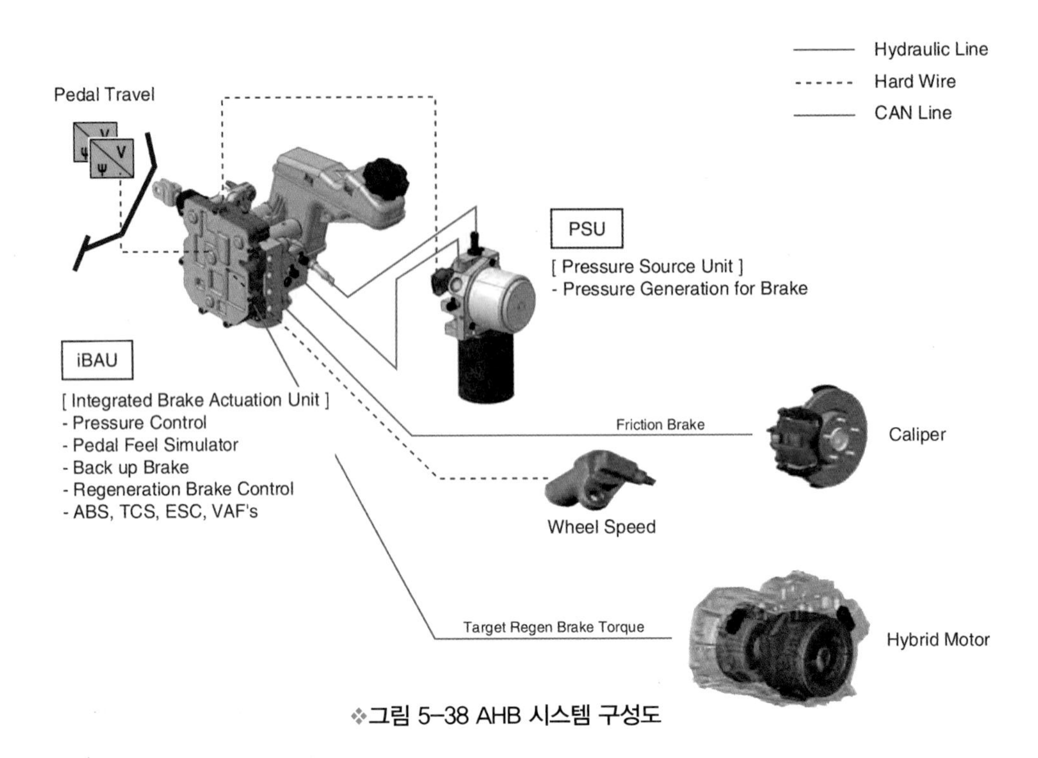

❖그림 5-38 AHB 시스템 구성도

4 AHB 시스템의 작동 원리

(1) 초기 상태

초기상태	IN 1, 2	OUT 1, 2	CUT 1, 2	SIM	Motor
	OFF(닫힘)	OFF(닫힘)	OFF(닫힘)	OFF(닫힘)	OFF

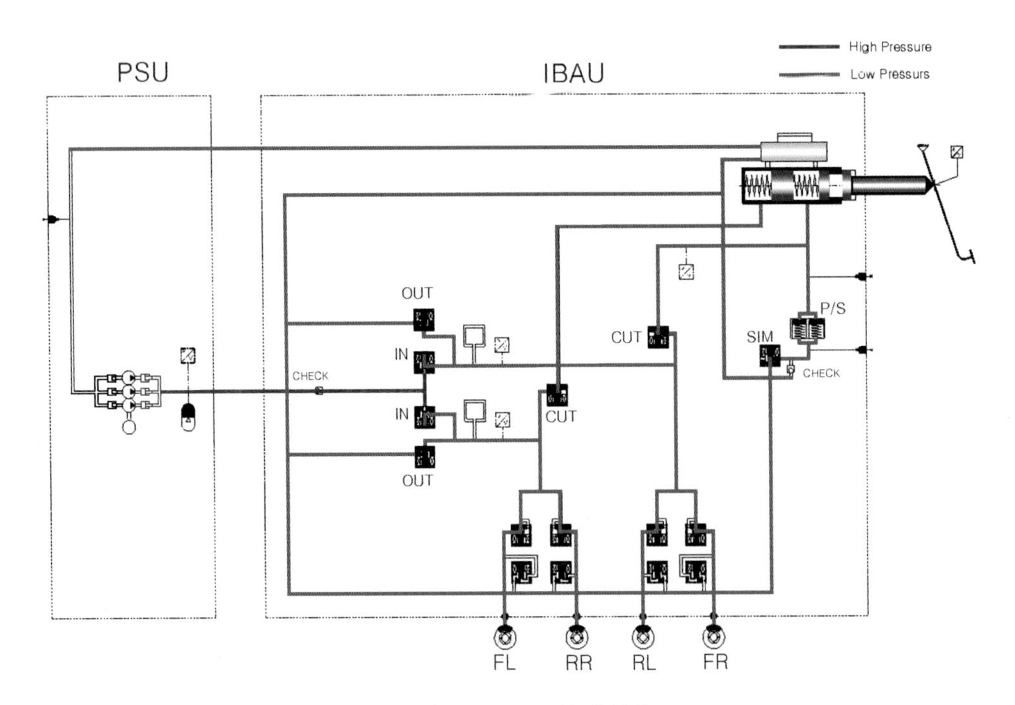

❖그림 5-39 AHB 초기 상태

1) 고압 소스 유닛(PSU)과 통합 브레이크 액추에이션 유닛(IBAU) 사이에는 180 bar에 이르는 상시 고압이 형성되어 있다.
2) 탈착 시 안전을 위해 진단 커넥터 단자에 GDS를 연결하고 "고압 해제 모드"를 실행하여 어큐뮬레이터에 저장된 고압의 브레이크 압력을 해제시켜 주어야 한다.

(2) 작동 상태

작동상태	IN 1, 2	OUT 1, 2	CUT 1, 2	SIM	Motor
Apply mode	ON(열림)	OFF(닫힘)	ON(닫힘)	ON(열림)	ON
Release mode	OFF(닫힘)	ON(열림)	ON(닫힘)	ON(열림)	OFF

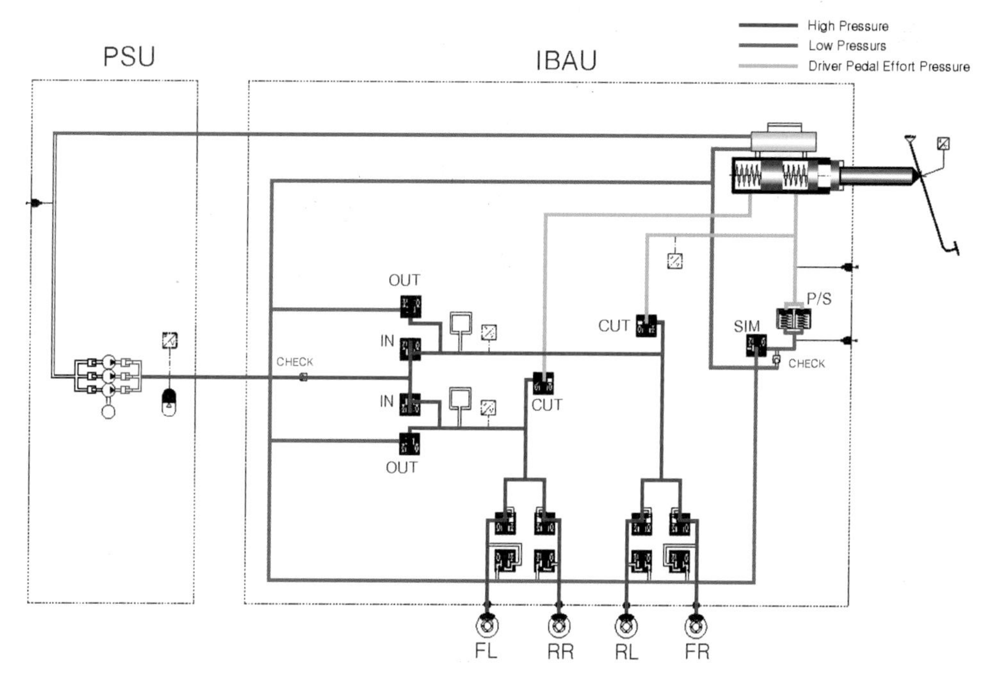

❖그림 5-40 AHB 작동 상태

1) Apply Mode: 운전자가 브레이크 페달을 밟으면 IN 밸브가 열리면서 PSU에서 형성된 고압의 브레이크 압력이 통합 브레이크 액추에이션 유닛(IBAU)에 의해 캘리퍼까지 전달되어 제동력을 발생한다.
2) 제동력은 페달 스트로크 센서에서 측정된 운전자의 제동 의지를 iBAU가 연산하여 결정한다.
3) Release Mode: 운전자가 브레이크 페달을 해제하면 OUT 밸브는 열리고 IN 밸브는 닫히게 되면서 유압은 Reservoir로 되돌아간다. 이때 CUT 밸브는 ON상태가 되어 Master Cylinder로 유압의 역류를 막는다.

(3) 고장 상태

고장상태	IN 1, 2	OUT 1, 2	CUT 1, 2	SIM	Motor
	OFF(닫힘)	OFF(닫힘)	OFF(닫힘)	OFF(닫힘)	OFF

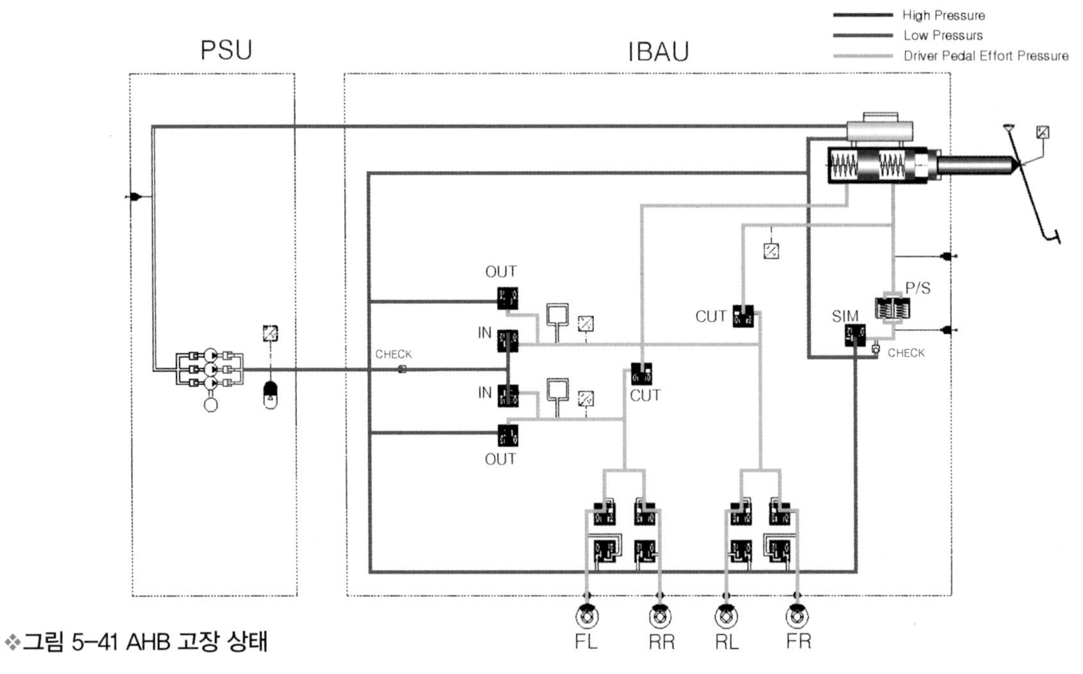

❖그림 5-41 AHB 고장 상태

고압 소스 유닛(PSU)이나 통합 브레이크 액추에이션 유닛(IBAU)이 고장이 나면 IN 밸브와 OUT 밸브가 모두 닫히고 CUT 밸브도 OFF 상태가 되면서 운전자가 페달을 밟는 답력으로만 브레이크의 제동력이 형성된다.

5 AHB 시스템 공기 빼기

(1) AHB 시스템 공기 빼기 단계 1(IBAU ECU OFF)

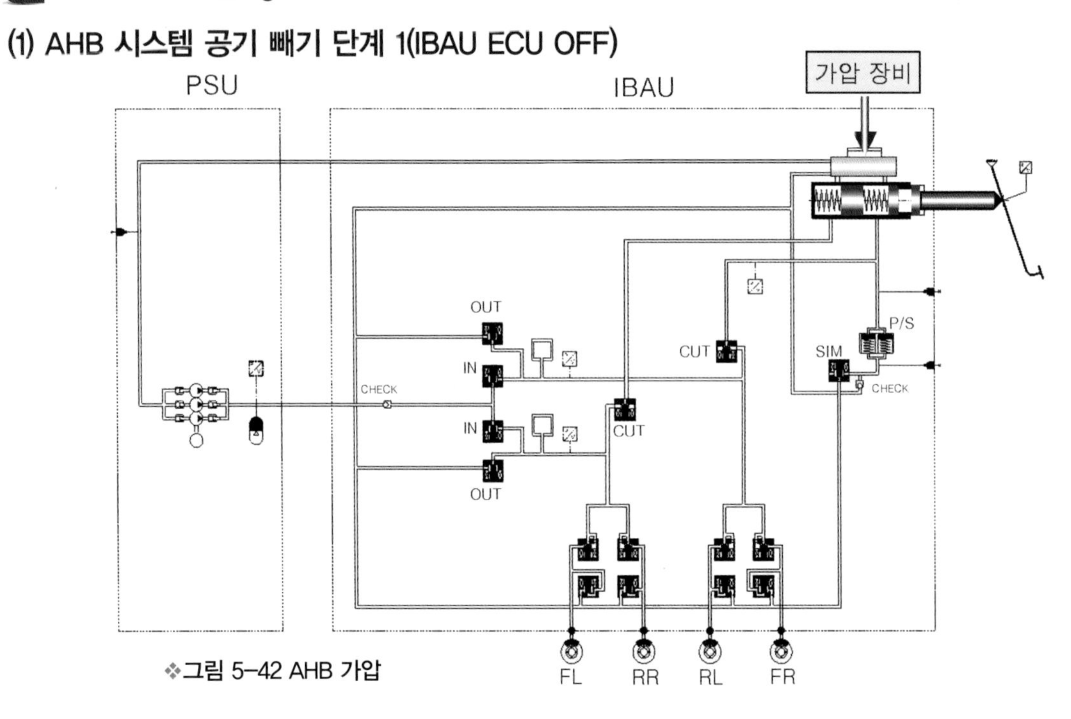

❖그림 5-42 AHB 가압

1) 통합 브레이크 액추에이션 유닛(IBAU) ECU를 OFF시키기 위해 배터리(12V) 마이너스 전기선을 분리한다.
2) 가압 주입 장비를 이용하여 리저버에 유압(3~5bar)을 가압한다.
3) 각 블리드 스크루를 열어서 공기가 섞여 나오지 않을 때까지 브레이크 액을 빼낸다. 작업 후 블리드 스크루를 잠근다.

블리드 스크루 작업 순서 : 고압 소스 유닛(PSU) → 통합 브레이크 액추에이션 유닛(IBAU) 2개소

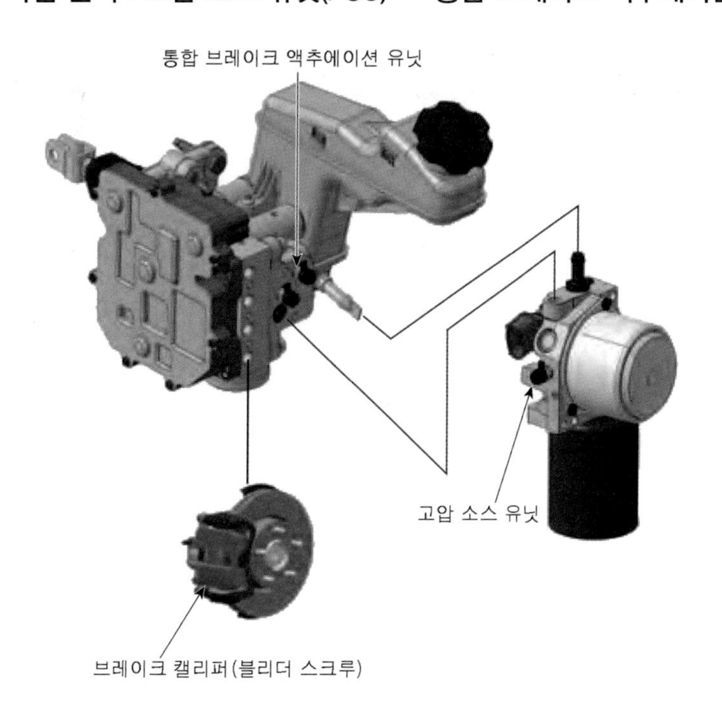

❖그림 5-43 블리딩 작업 순서

4) 페달을 밟은 상태에서 블리드 스크루를 열어 브레이크 액을 빼낸 후 블리드 스크루를 잠그고 페달을 해제하는 작업을 10회 실시한다.
   ❶ 블리드 스크루 작업 순서 : 통합 브레이크 액추에이션 유닛(IBAU) 2개소
   ❷ 공기가 섞여 나오지 않을 때까지 반복한다.
5) 각 블리드 스크루를 열어서 공기가 섞여 나오지 않을 때까지 브레이크 액을 빼낸다. 작업 후 블리드 스크루를 잠근다.

- 블리드 스크루 작업순서 : 브레이크 캘리퍼 4개소(각 15초)

(2) AHB 시스템 공기 빼기 단계 2(IBAU ECU ON)

1) 통합 브레이크 액추에이션 유닛(IBAU) ECU를 ON 하기 위해 배터리(12V) 마이너스 전기선을 연결한다.
2) ECU S/W를 공기 빼기 모드로 변경 한다.

※ 공기 빼기 모드 진입

가. 시동(IGN ON)을 건 상태에서 스티어링 휠을 나란히(직진)하고 기어를 P위치로 설정한다.

나. ESC OFF 스위치를 누르고 있는 상태에서 약 3초 후 ESC 기능이 완전히 OFF되고 나면 ESC OFF 스위치를 누르고 있는 상태에서 브레이크 페달을 풀 스트로크로 10회 작동한 후 시동을 끈다.

㉮ 브레이크 페달을 밟을 때는 40mm 이상, 해제할 때는 10mm 이하로 밟는다.

㉯ ESC OFF 스위치는 누르기 시작한 후부터 페달 작동 10회를 종료하고 시동을 끌 때까지 누른 상태를 계속 유지한다.

다. 시동을 켜고 ESC OFF 스위치를 3초 이상 눌러서 ESC OFF 모드로 진입한다.

㉮ 공기 빼기 모드 진입 시 ESC OFF 램프와 EBD·ABS 램프 ON을 통하여 공기 빼기 모드로의 진입을 확인 할 수 있다.

㉯ 공기 빼기 모드에 진입하지 않고 공기 빼기를 실시할 경우 브레이크 경고등이 점등되며, 이 경우 압력 센서에서 브레이크 액 누유로 감지하여 ECU에서 해당 브레이크 라인을 폐쇄 하므로 공기 빼기 작업이 진행되지 않는다.

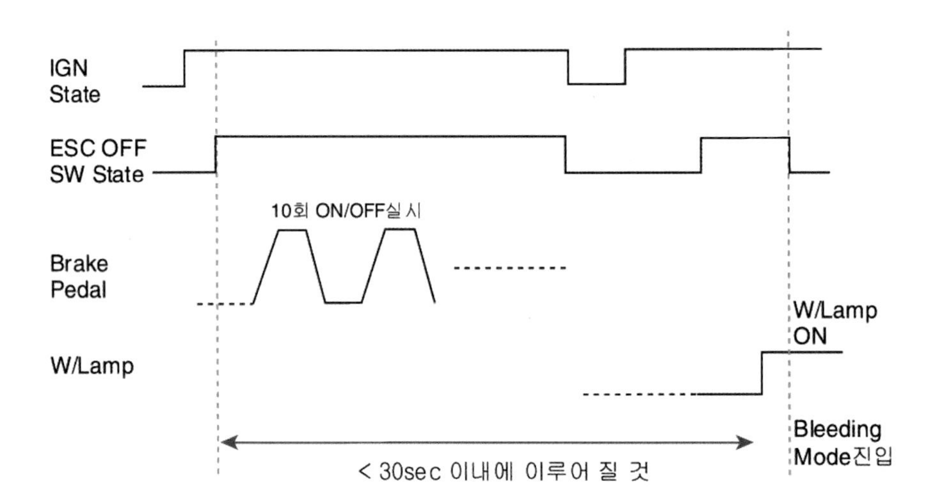

❖그림 5-44 공기 빼기 모드

※ 공기 빼기 모드 진입

아래 사항 중 1개라도 해당 시 해제 된다.

㉮ IGN OFF 및 D·R·N 위치에 진입된 경우

㉯ 고장 검출된 경우

㉰ 브레이크 액 레벨 Low인 경우

㉱ ESC OFF 모드 해제인 경우

3) 브레이크 페달 밟은 상태에서 각 휠의 블리딩을 실시한다.

❶ 브레이크 액에 공기가 섞여 나오지 않을 때까지 반복한다.

❷ 브레이크 액 토출이 원활하지 않을 경우에는 보조 작업자가 브레이크 페달을 떼었다가 다시 밟아주며 작업을 속행한다.

❸ 블리드 스크루를 너무 많이 열면 공기가 배관으로 들어 갈 수 있으므로 주의한다.

4) 진단 커넥터에 GDS를 연결하여 “강제 순환 모드”를 실행한다.

❶ 강제 순환 모드 작동 전에 가압 주입 장비의 압력을 해제하고 장비를 탈착해야 한다. 만약 리저버에 유압이 가압된 상태에서 강제 순환 모드를 작동할 경우 오일이 넘치면서 비산될 수 있으므로 주의하여야 한다.

❷ 강제 순환 모드: IBAU 내부 유압회로 내부의 브레이크 액을 리저버 탱크로 순환시켜 내부의 미세 공기를 제거하며, 미세 공기는 리저버 탱크를 통해 방출된다.

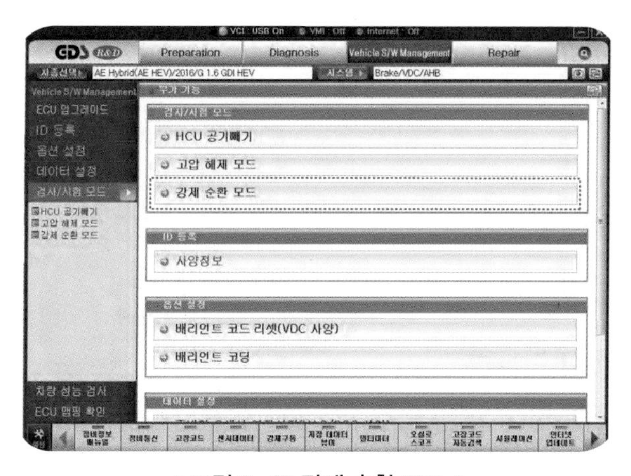

❖그림 5-45 강제 순환 모드 1

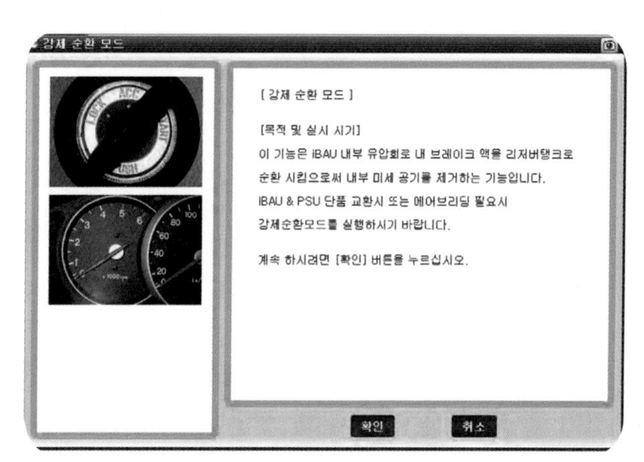

❖그림 5-46 강제 순환 모드 2

5 브레이크 액추에이션 유닛

1 구성 부품

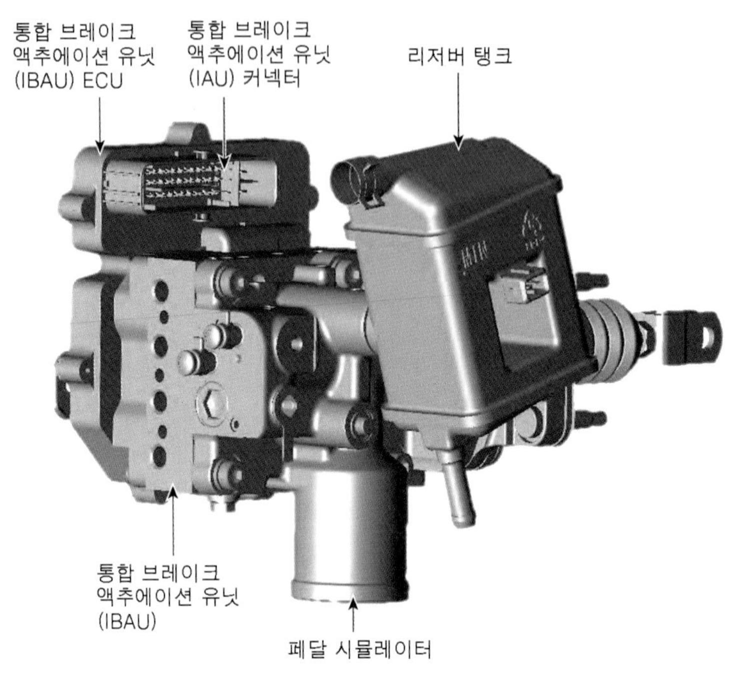

❖그림 5-47 브레이크 액추에이션

2 브레이크 액추에이션 탈부착 시 주의 사항

(1) 통합 브레이크 액추에이션 유닛(IBAU)은 분해하지 않는다.

(2) 탈착 전 안전을 위해 진단 커넥터에 GDS를 연결하고 "고압 해제 모드"를 실행하여 어큐뮬레이터에 저장된 고압의 브레이크 압력을 해제한다.

❶ 점화 스위치를 ON시킨다.

❷ 차량의 OBD 커넥터에 GDS를 연결한다.

❸ 차종을 선택하고 VDC AHB를 선택한다.

❹ 고압 해제 모드를 실행한다.

❺ 12V 배터리 (–) 단자를 탈착하거나 IBAU ECU 커넥터를 분리한다.

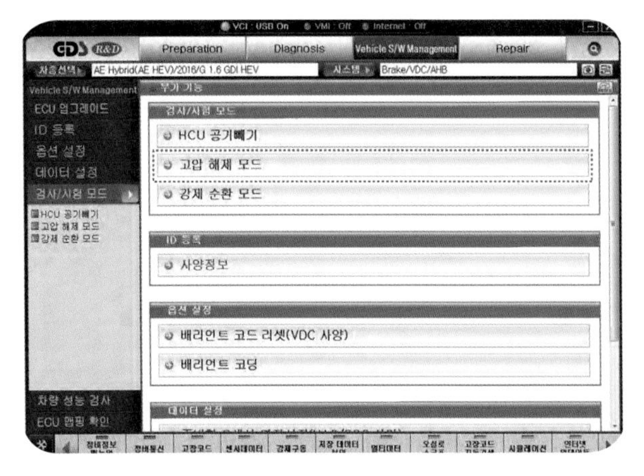

❖그림 5-48 고압 해제 모드 1

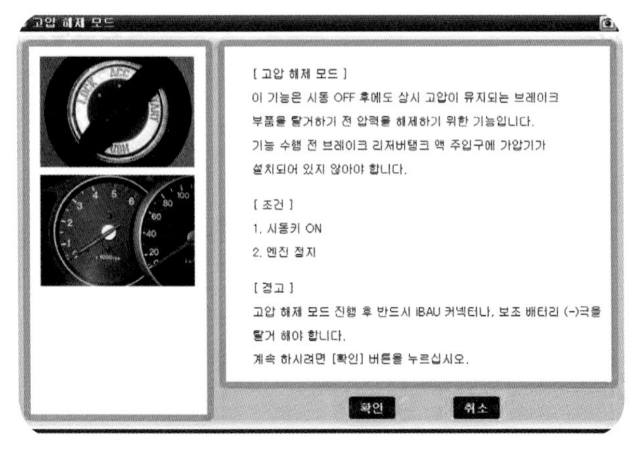

❖그림 5-49 고압 해제 모드 2

(3) 브레이크 액추에이션 탈착

❶ 점화 스위치를 OFF시키고 배터리 (–) 케이블을 분리한다.
❷ 통합 브레이크 액추에이션 유닛(IBAU) 커넥터 A 를 분리한다.
❸ 리저버 탱크에서 브레이크 액을 빼낸다.
가) 브레이크 액이 차량 또는 신체에 접촉되지 않도록 주의한다. 만약 접촉된 경우 즉시 닦아낸다.
나) 리저버에 먼지가 들어가는 것을 방지하기 위해 브레이크 액을 빼낸 후에 리저버 캡을 다시 장착한다.
❹ 브레이크 액 레벨 센서 커넥터 B 를 분리한다.

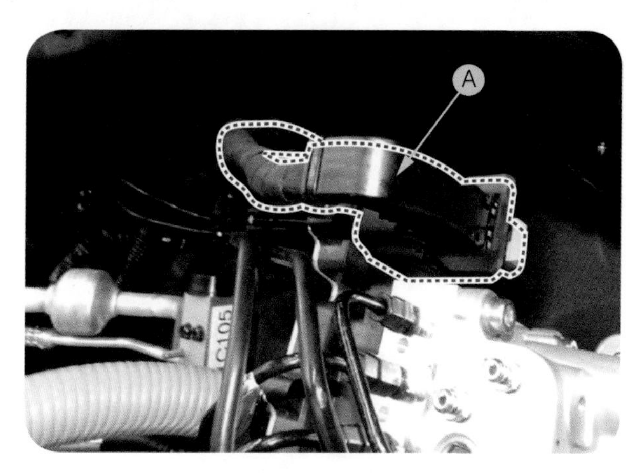

❖그림 5-50 IBAU 커넥터 분리

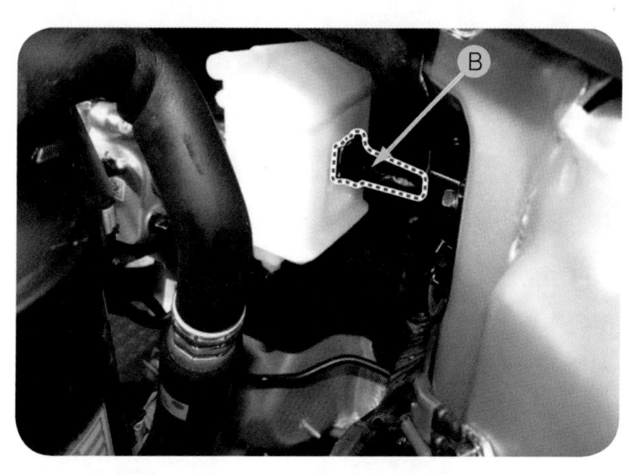

❖그림 5-51 브레이크 액 레벨 센서 커넥터 분리

❺ 리저버 탱크에서 브레이크 호스를 분리 C 한 후 리저버 탱크 D 를 탈착한다.

❖그림 5-52 브레이크 호스 분리

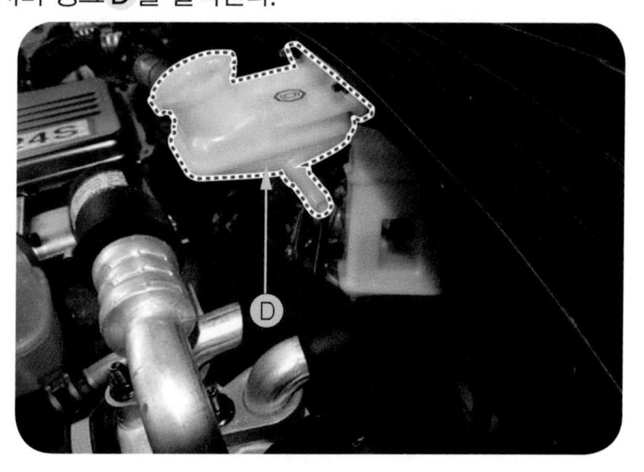

❖그림 5-53 리저버 탱크 탈착

❻ IBAU 브래킷에서 케이블 고정 클립 E 을 제거한다.

❼ 고전압 배터리 어셈블리에서 고전압 케이블 커넥터와 PCT 히터 고전압 케이블 커넥터 F 를 고압 정션 박스에서 분리한다.

❖그림 5-54 케이블 고정 클립 제거

❖그림 5-55 고전압 케이블 커넥터 분리

❽ 리어 브레이크 파이프 G 를 탈착한다.

❾ 통합 브레이크 액추에이션 유닛(IBAU)에서 플레어 너트를 풀고 브레이크 파이프 H 를 분리한다.

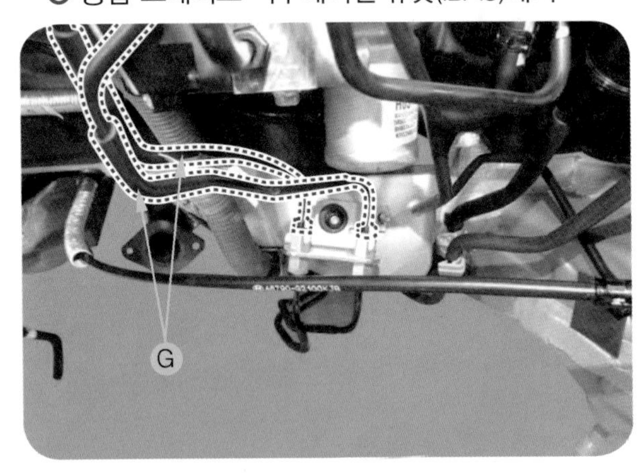

❖그림 5-56 리어 브레이크 파이프 탈착

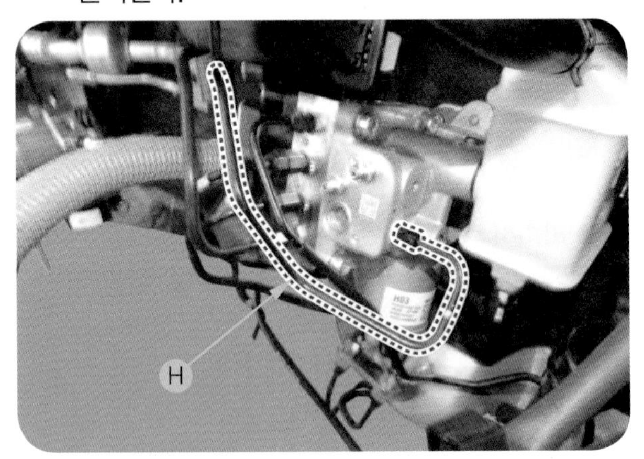

❖그림 5-57 IBAU의 브레이크 파이프 탈착

❿ 통합 브레이크 액추에이션 유닛(IBAU)에서 플레어 너트를 풀고 브레이크 튜브 I 를 분리한다.

⓫ 스냅 핀 J 과 클레비스 핀 K 을 분리한다.

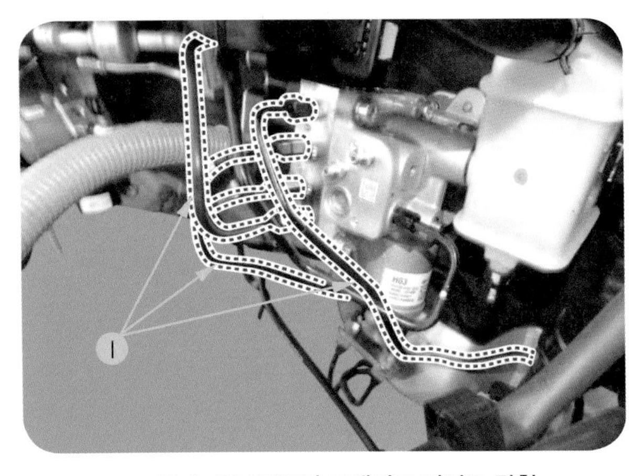

❖그림 5-58 IBAU의 브레이크 파이프 탈착

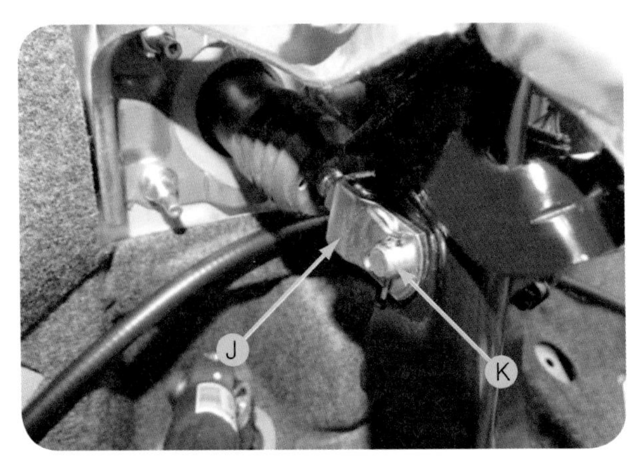

❖그림 5-59 스냅 핀과 클레비스 핀 분리

⓬ 브레이크 페달 멤버 고정 너트 L 를 풀고 통합 브레이크 액추에이션 유닛(IBAU)을 탈착한다.

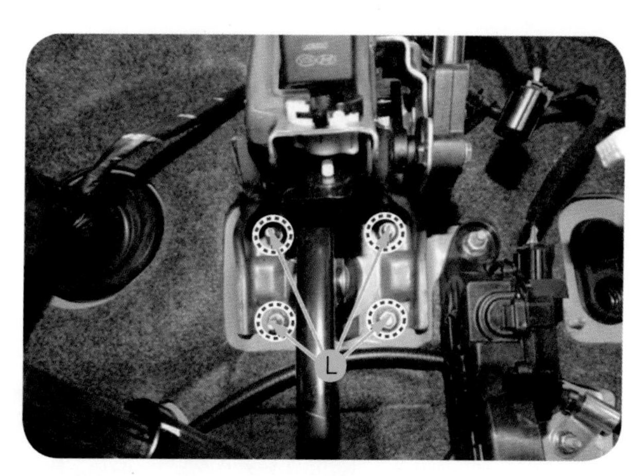

❖그림 5-60 액추에이션 유닛 탈착

(4) 브레이크 액추에이션 장착

❶ 탈착의 역순으로 장착한다.

❷ 브레이크 페달의 작동 상태를 점검한다.

❸ 브레이크 리저버 탱크에 브레이크 액을 채운 후 AHB 시스템 – "AHB 시스템 공기 빼기"를 참조하여 공기 빼기 작업을 실시하며, 공기 빼기 작업을 완료한 후 '강제 순환 모드'를 실시한다.

❹ 베리언트 코딩을 실시한다.

❺ 브레이크 페달 – "브레이크 페달 스트로크 센서 영점 설정"을 참조하여 브레이크 페달 스트로크 센서의 영점 설정을 실시한다.

가) 브레이크 페달 스트로크 센서는 단독 부품으로 교환이 불가하며, 브레이크 페달 어셈블리로 교환되어야 한다.

나) 브레이크 페달 어셈블리 교환 또는 재장착 시 스트로크 영점 설정 오류로 제동성능에 악영향을 미칠 수 있다.

❻ HAC • DBC 적용 차량은 종방향 G 센서의 영점 설정을 실시한다.

가) 운전석측 크래쉬 패드 하부에 있는 자기진단 커넥터(16핀)에 진단기기를 연결하고 시동 키를 ON시킨 후 진단기기를 켠다.

나) GDS 차종 선택 화면에서 "차종"과 "VDC AHB" 시스템을 선택한 후 확인을 선택한다.

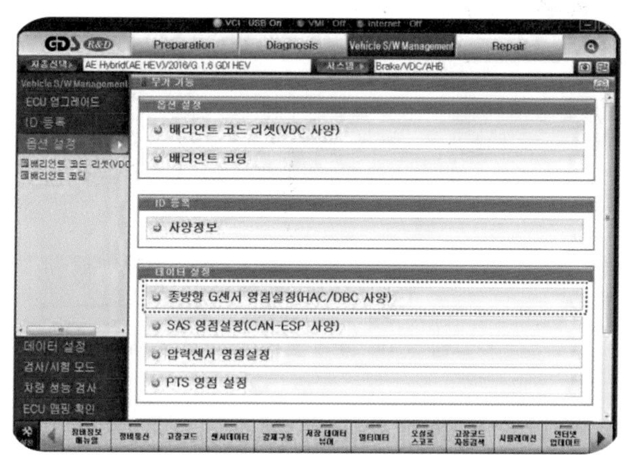

❖그림 5-61 종방향 G 센서 영점 설정(1)

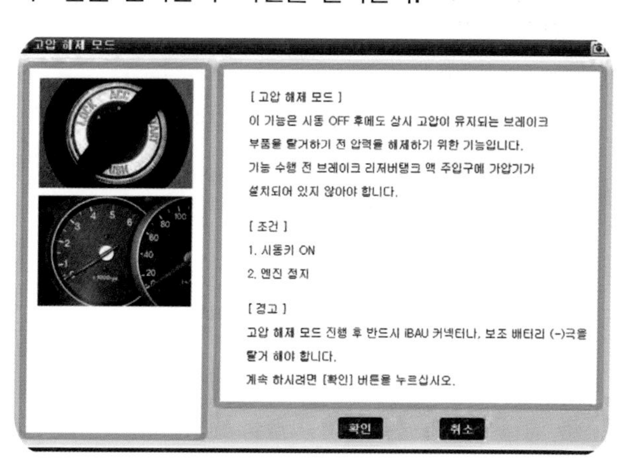

❖그림 5-62 고압 해제 모드

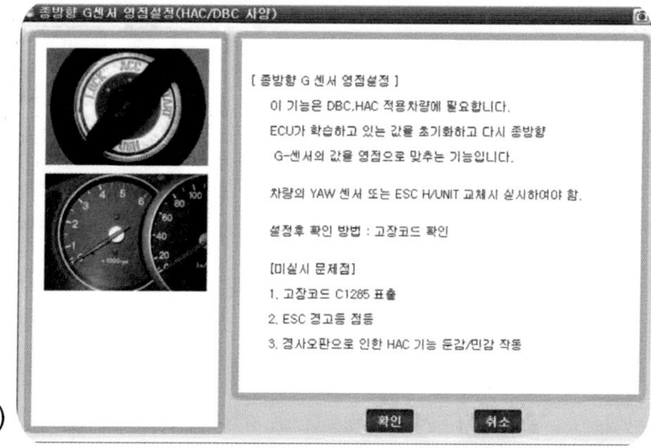

❖그림 5-63 종방향 G 센서 영점 설정(2)

❼ 압력 센서 영점 설정을 실시한다.

가) 차량의 OBD 커넥터에 GDS를 연결한다.

나) 시동 키 스위치를 ON시킨다.

다) GDS에서 압력 센서의 영점 설정을 한 후 실행 조건을 확인한 뒤 '확인' 버튼을 누른다.

라) 시동 키를 'OFF'하고 10초를 대기한다.

마) '완료' 팝업 창에 '확인' 버튼을 누른다.

바) 시동 키를 OFF시킨 후 다시 ON으로 하고,영점 설정이 완료되었는지 확인한다.

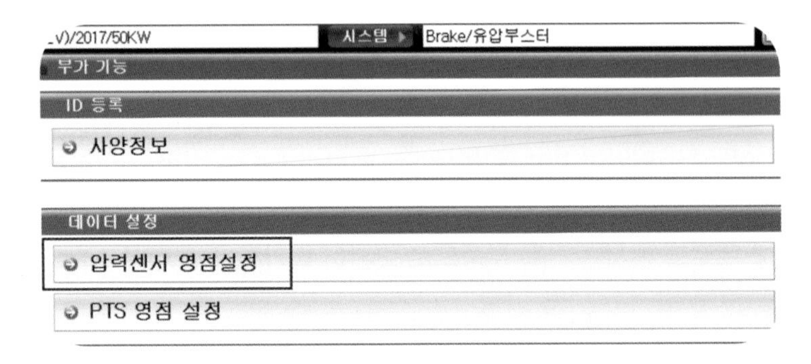

❖그림 5-64 압력 센서 영점 설정(1)

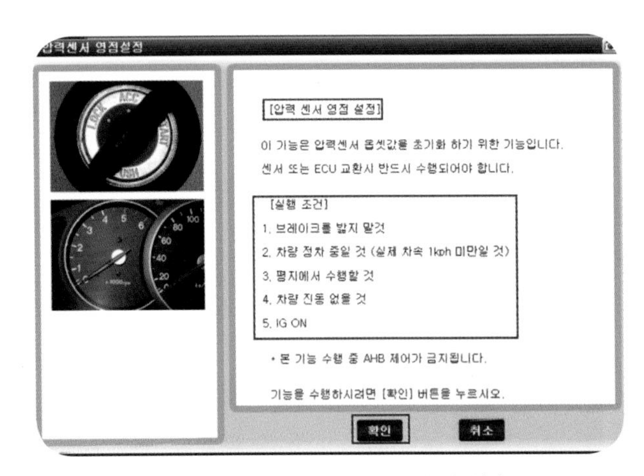

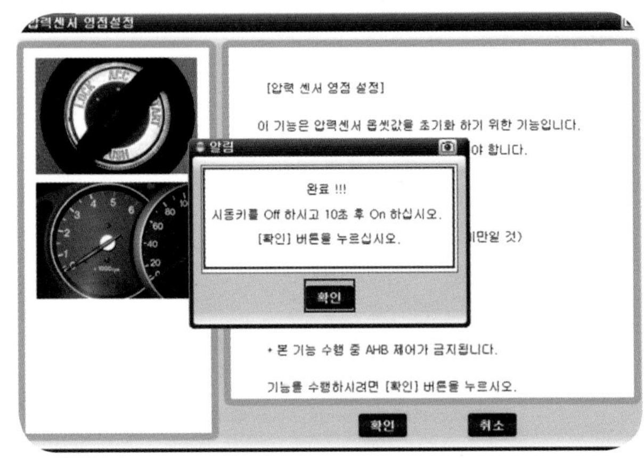

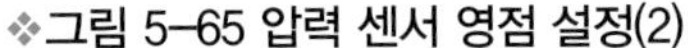

❖그림 5-65 압력 센서 영점 설정(2)

❖그림 5-66 압력 센서 영점 설정(3)

❽ 페달 트러블 센서(PTS) 영점 셋팅을 실시한다.

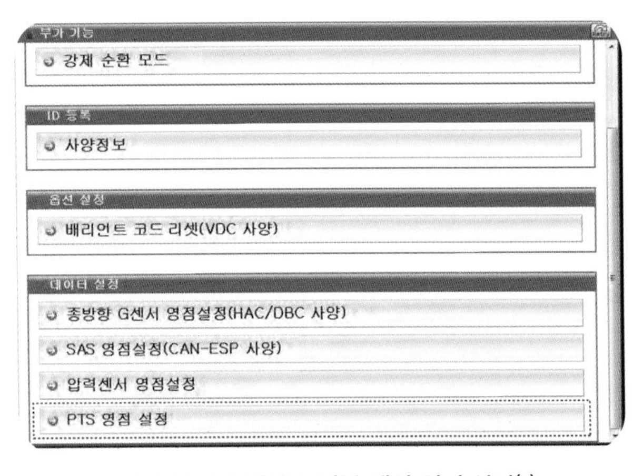

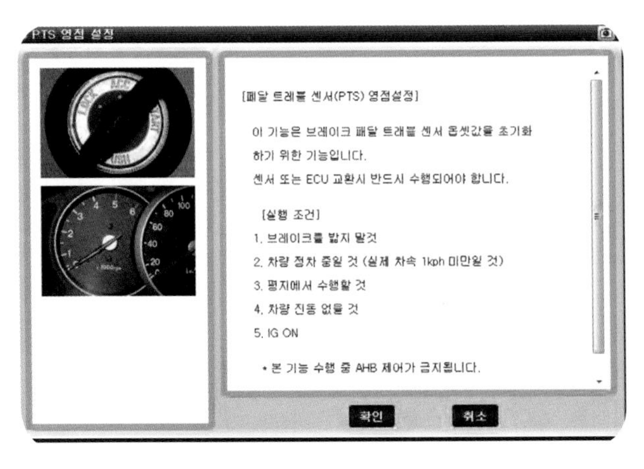

❖그림 5-67 페달 트러블 센서 영점 설정(1)

❖그림 5-68 페달 트러블 센서 영점 설정(2)

⑨ 필요시 베리언트 코드 리셋을 실시한다.

❖그림 5-69 베리언트 코드 리셋(1)

가) 베리언트 코드 옵션 자동인식 초기화를 실시한다.

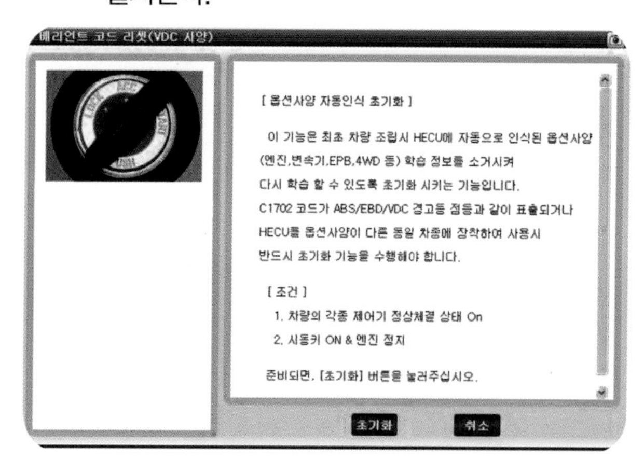

❖그림 5-70 베리언트 코드 리셋(2)

나) 베리언트 코딩을 실시한다.

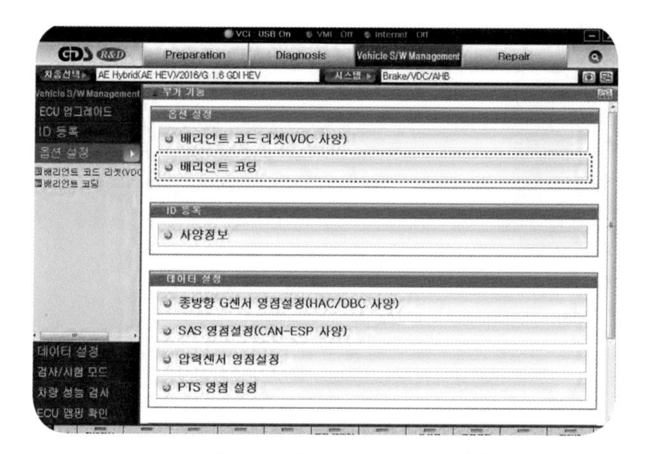

❖그림 5-71 베리언트 코딩 실시(1)

❖그림 5-72 베리언트 코딩 실시(2)

6 하이드롤릭 파워 유닛

1 구성 부품

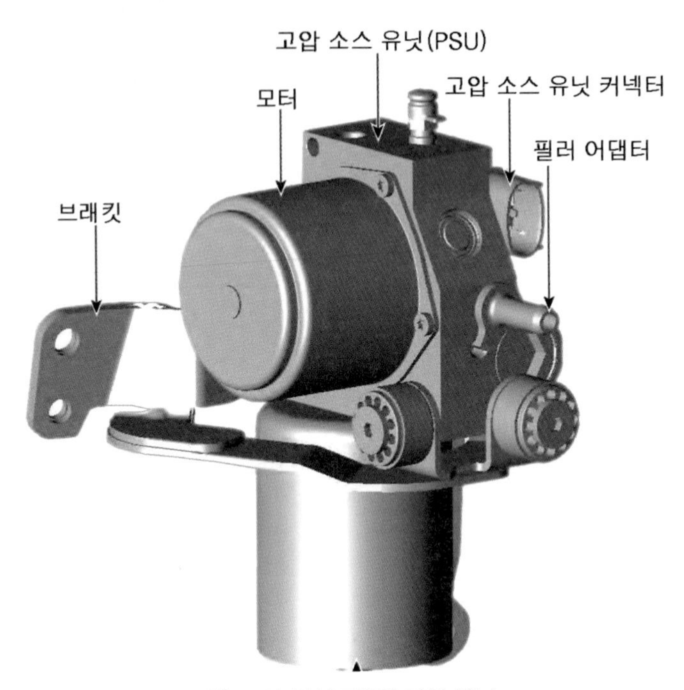

❖그림 5-73 하이드롤릭 파워 유닛

2 하이드롤릭 유닛 탈착

❶ 하이드롤릭 유닛 탈착 전에 안전을 위해 진단 커넥터에 GDS를 연결하고 "고압 해제 모드"를 실행하여 어큐뮬레이터에 저장된 고압의 브레이크 압력을 해제한다.

가) 시동 키 스위치를 ON시킨다.

나) 차량의 OBD 커넥터에 GDS를 연결한다.

다) 차종을 선택하고 VDC AHB를 선택한다.

라) 고압 해제 모드를 실행한다.

❷ 시동 키 위치를 OFF시키고 배터리 (–) 케이블을 분리한다.

❸ 리저버 탱크에서 브레이크 액을 빼낸다.

❹ 고압 소스 유닛(PSU)의 플레어 너트(A)를 풀고 브레이크 파이프를 분리한다.

❺ 12V 배터리 (–) 단자를 탈착하거나 IBAU ECU 커넥터를 분리한다.

❖그림 5-74 고압 소스 유닛에서 브레이크 파이프 분리

❻ 우측 프런트 드라이브 샤프트를 탈착한다.

❼ 고정 볼트 및 너트(B)를 풀고 고압 소스 유닛을 탈착한다.

❖그림 5-75 PSU 고정 볼트 및 너트 탈착

❽ PSU 커넥터(C)를 분리하고 고압 소스 유닛을 차량에서 탈착한다.

❖그림 5-76 PSU 커넥터 분리

3 하이드롤릭 유닛 장착

❶ 탈착의 역순으로 장착한다.

❷ 고압 소스 유닛(PSU)의 브래킷 고정 볼트를 규정 체결 토크로 조인다.

❸ 고압 소스 유닛(PSU)의 브레이크 파이프를 규정 체결 토크로 조인다.

❹ 장착 후 AHB 시스템 – "AHB 시스템 공기 빼기 작업" 참조하여 공기 빼기 작업을 실시한다.

❺ 브레이크 페달 스트로크 센서의 영점 설정을 실시한다.

❻ 고압 소스 유닛(PSU) 탈착 · 장착 후 반드시 압력 센서의 영점 설정을 실시한다.
통합 브레이크 액추에이션 유닛(IBAU)을 교체한 경우(센서 단품 교체 불가) 반드시 영점 설정을 실시하여야 하며, 통합 브레이크 액추에이션 유닛(IBAU) 내부에 장착되어 있는 압력 센서는 초기 영점을 기준으로 입 · 출력 압력을 계산하므로 최초 장착할 때 영점 보정을 하여야 한다.

실습교육 그리고 기술인들의 지침서
EV
Electric Vehicle
Manual

단원 6 차량 자세 제어 장치(VDC)

1. 차량 자세 제어 장치(VDC)
2. 급제동 경보 시스템(ESS)
3. 전방 충돌 방지 보조(FCA) 시스템

단원 6

차량 자세 제어 장치(VDC)

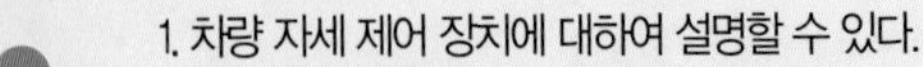

학습목표

1. 차량 자세 제어 장치에 대하여 설명할 수 있다.
2. 언더 스티어 및 오버 스티어 제어에 대하여 설명할 수 있다.
3. 차량 자세 제어 장치에 대하여 점검 정비를 실행할 수 있다.
4. 급제동 경보 시스템에 대하여 설명할 수 있다.
5. 전방 충돌 방지 보조 시스템에 대하여 설명할 수 있다.
6. 전방 충돌 방지 보조 시스템의 점검에 대하여 실행할 수 있다.

1 차량 자세 제어 장치(VDC)

1 차량 자세 제어 장치(VDC)

VDC 시스템은 ABS·EBD 제어, 트랙션 컨트롤(TCS), 요 컨트롤 기능을 포함하며, 컨트롤 유닛(HECU)은 가속도 센서, 요 센서 및 4개의 휠 속도 센서의 신호를 이용하여 차속 및 4개 휠의 가·감 속도를 산출한 후 ABS 및 TCS의 기능과 연계 작동하며, 오버(Over) 또는 언더 스티어(Under Steer) 상황을 감지하여 내측 또는 외측 차륜에 제동을 가해 차량의 자세를 제어하여 차량의 안정과 안전한 운행을 도모한다.

즉, VDC는 요 모멘트 제어(YAW-Mont), 자동 감속 제어, ABS 제어, TCS 제어 등 에 의해 스핀 방지, 오버 스티어 제어, 굴곡로 주행 시 요잉(Yawing) 발생 방지, 제동시의 조종 안정성 향상, 가속 시 조종 안정성 향상 등의 효과가 있다.

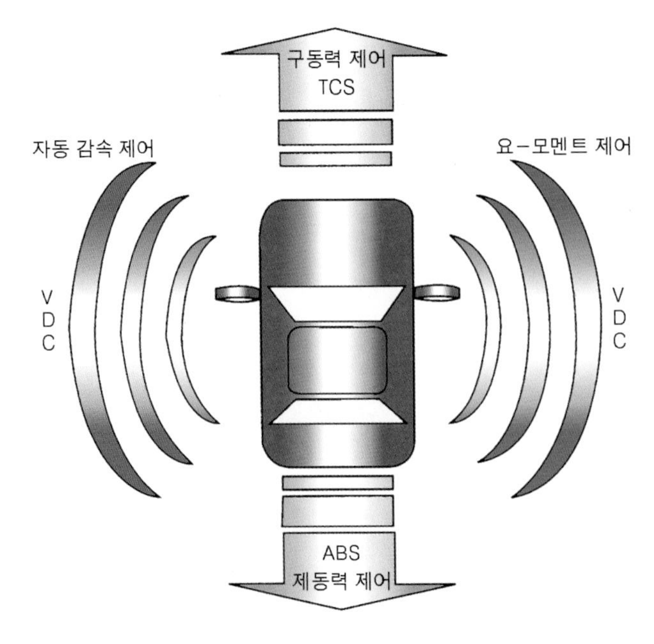

❖ 그림 6-1 구동력 및 제동력 제어

(1) 언더 스티어 제어

주행 중 앞 타이어의 그립력이 약하여 차량은 도로의 바깥쪽으로 자동차가 나가려고 하는 현상이며, 그림에서와 같이 왼쪽 뒤의 타이어에 브레이크를 작동시키면 자동차는 좌회전하려는 힘이 발생하여 운전자가 원하는 주행 방향으로 진행하게 된다.

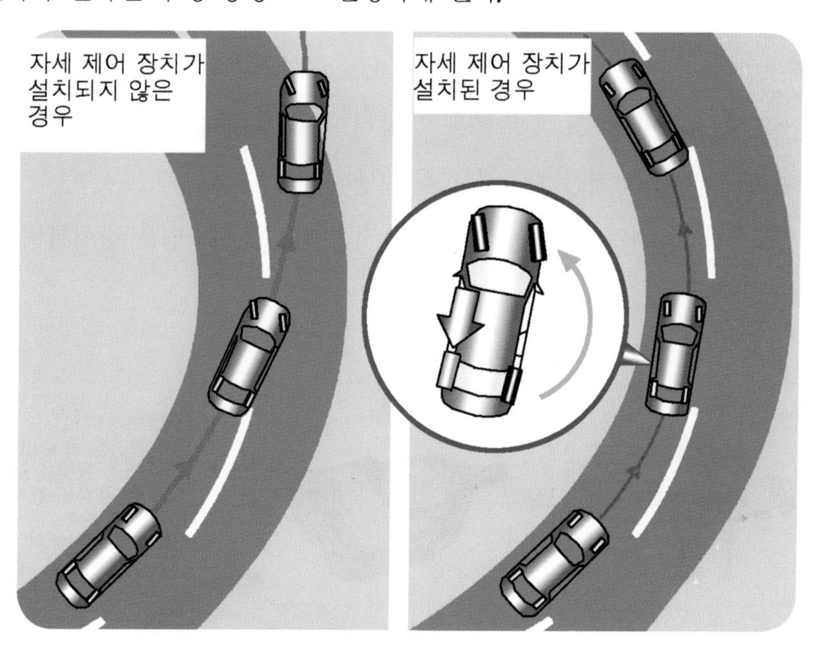

❖ 그림 6-2 언더 스티어 제어

(2) 오버 스티어 제어

주행 중 뒷 타이어의 그립력이 약하여 자동차가 도로의 안쪽으로 파고 들어가는 즉 회전 반경이 작아지는 현상을 말하며, 이때 외측 바퀴에 제동력을 작동시켜 운전자가 원하는 회전반경을 유지토록 한다.

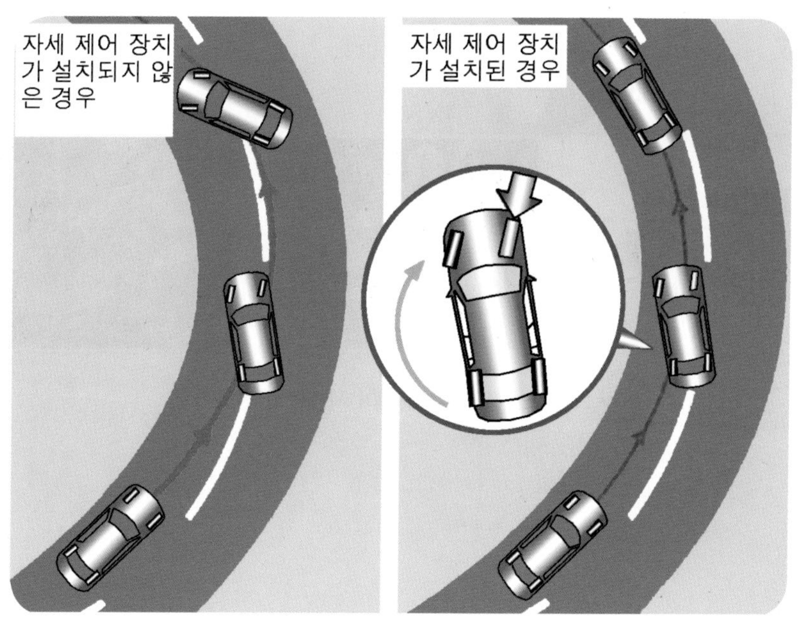

❖ 그림 6-3 오버 스티어 제어

2 구성 부품

VDC 시스템은 요레이트 센서, 횡가속도 센서, 마스터 실린더 압력 센서, 조향 휠 각속도 센서, 휠 속도 센서 등의 입력 신호를 연산하여 자세 제어의 기준이 되는 요-모멘트와 자동 감속 제어의 기준이 되는 목표 감속도를 산출하여 이를 기초로 4륜 각각의 제동 압력 및 엔진의 출력을 제어함으로써 차량의 안정성을 확보한다.

차량의 자세가 불안정 할 경우에는 요 컨트롤을 작동하여 특정 휠에 브레이크 압력을 가함과 동시에 CAN 통신을 통하여 엔진의 토크 저감 요구 신호를 보낸다.

시동 키 스위치를 ON시킨 후 컨트롤 유닛(HECU)은 지속적으로 시스템을 감시하며, 시스템의 고장이 감지되면 HECU는 ABS및 VDC 경고등을 점등한다.

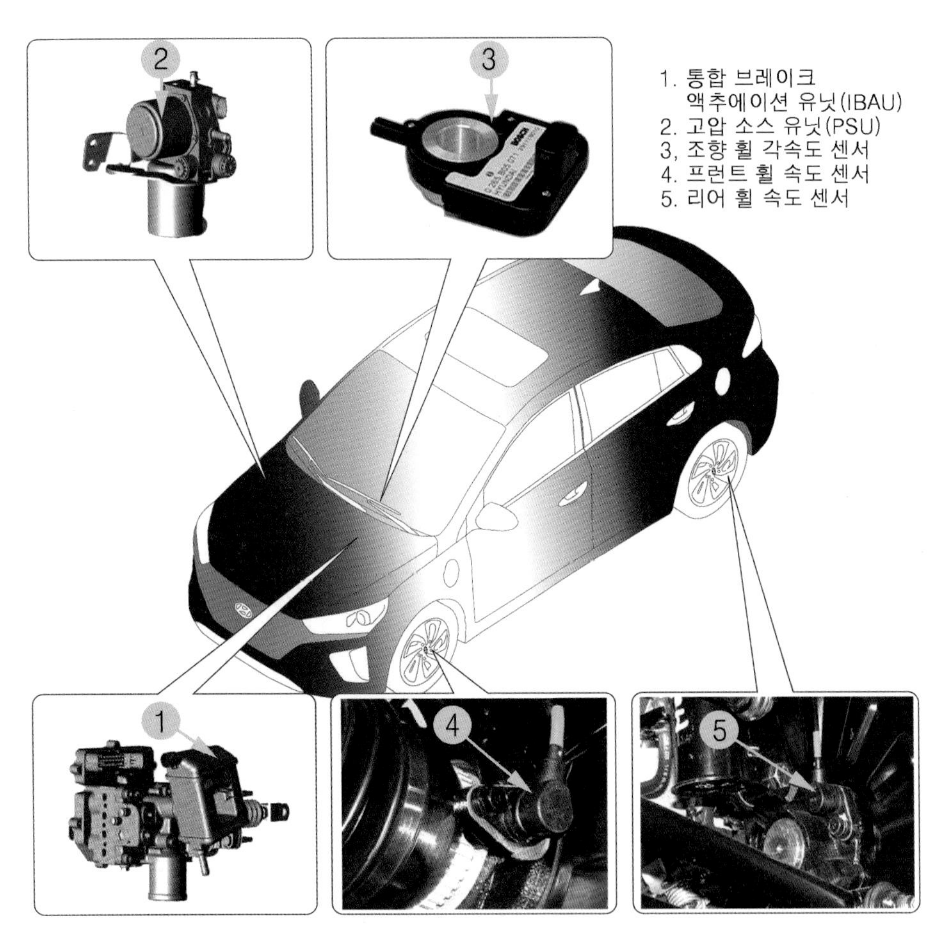

❖ 그림 6-4 차량 자세 제어 시스템의 구성 부품

3 VDC ECU 입·출력 요소

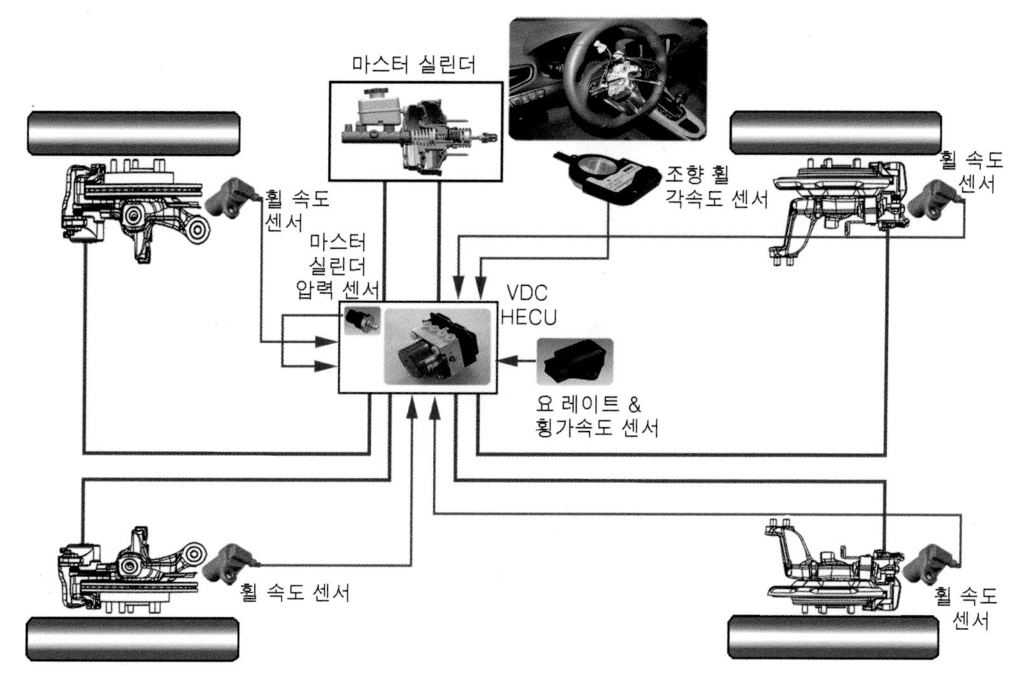

❖ 그림 6-5 VDC 입 · 출력 요소

표 6-1 VDC ECU 입출력 요소

입력	VDC ECU	출력
휠 속도 센서(전후 · 좌우) 조향 각속도 센서(CAN 통신) 요-레이트 및 횡가속도 센서 정지등 신호 VDC OFF 스위치 신호	DVC 제어 ABS 제어 TCS 제어	하이드롤릭 유닛(HECU 일체형) 경고등(VDC, ABS, EBD) 진단 커넥터(CAN) 작동등(VDC) 및 VDC OFF등 휠 속도 센서 출력 CAN 통신(ECU, TCU)

4 VDC 작동 로직

(1) 1단계: 운전자 의도 분석

VDC는 조향 휠의 위치, 차량 속도 및 가속 페달 값으로 운전자의 의도를 분석한다.

(2) 2단계 : VDC 차량의 거동 상태 분석

차량의 요 레이트 및 횡가속도 값으로 측면에 작동하는 힘을 VDC ECU가 분석하여 차량의 거동을 판단한다.

(3) 3단계: VDC 제동력을 통한 차량 자세 제어

❶ 유압 조절 장치를 작동하여 각 바퀴의 제동력을 독립적으로 조절한다.

❷ CAN 통신 라인을 통하여 엔진 출력을 조절한다.

5 VDC 경고등

ABS 및 VDC 시스템은 고장 시 각각의 경고등을 점등하며, 공급 전원 전압 ON·OFF 솔레노이드 밸브 릴레이 전압 이상 시는 고장 판정을 하지 않는다.

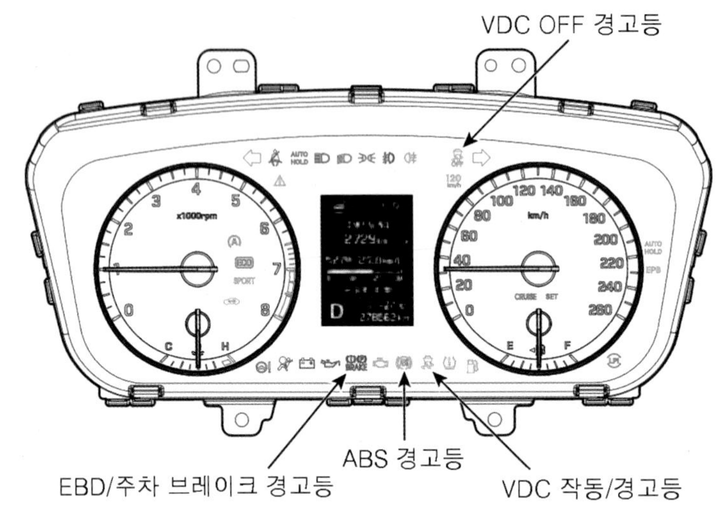

❖ 그림 6-6 VDC 경고등

6 VDC ECU의 고장 판단

(1) 최초 점검은 HECU 전원이 ON된 직후에 실행한다.

(2) 솔레노이드 밸브 릴레이의 점검은 IG1의 ON 직후에 실행한다.

(3) IG1 전원이 ON 상태에서는 항시 실행한다.

7 VDC ECU 의 고장 판정 후 제어 로직

(1) 원칙적으로 ABS의 고장 시에는 VDC 및 TCS 제어를 금지한다.

(2) VDC 또는 TCS 고장 시에는 해당 시스템만 제어를 금지한다.

(3) VDC 고장 시 솔레노이드 밸브 릴레이를 OFF시켜야 되는 경우에는 ABS의 페일 세이프에 준한다.

(4) ABS의 페일 세이프 사항은 VDC 미장착 시스템과 동일하다.

8 VDC ECU의 경고등 제어

(1) ABS 경고등

ABS 경고등 모듈은 ABS 기능의 자기진단 및 고장상태를 표시하며, ABS 경고등은 다음의 경우에 점등된다.

1) 시동 키 스위치 ON시 3초간 점등되며, 자기진단 하여 ABS 시스템에 이상 없을시 소등된다(초기화 모드).
2) 시스템의 이상 발생 시 점등된다.
3) 자기진단 중 점등된다.
4) ECU 커넥터 탈착 시 점등된다.
5) 점등 중 ABS 제어 중지 및 ABS 비장착 차량과 동일하게 일반 브레이크만 작동된다.

(2) EBD(Electronic Brake-force Distribution) 경고등·주차 브레이크 경고등

EBD 경고등 모듈은 EBD 기능의 자기진단 및 고장상태를 표시한다. 단, 주차 브레이크 스위치가 ON일 경우에는 EBD 기능과는 상관없이 항상 점등된다. EBD 경고등은 다음의 경우 점등된다.

1) 시동 키 스위치 ON시 3초간 점등되며, EBD 관련 이상이 없을 시 소등된다.(초기화 모드)
2) 주차 브레이크 스위치 ON시 점등된다.
3) 브레이크 오일 부족 시 점등된다.
4) 자기진단 중 점등된다.
5) ECU 커넥터 탈착 시 점등된다.
6) EBD 제어 불능 시 점등된다(EBD 작동 안됨).
   ❶ 솔레노이드 밸브 고장 시
   ❷ 휠 센서 2개 이상 고장 시
   ❸ ECU 고장 시
   ❹ 과전압 이상 시
   ❺ 솔레노이드 밸브 릴레이 고장 시

(3) VDC 작동·경고등

VDC 작동·경고등은 VDC 기능 작동, 자가진단 및 고장상태를 표시한다. VDC 작동·경고등은 다음의 경우에 점등한다.

1) 시동 키 스위치 ON시킨 후 초기화 모드 시 3초간 점등된다.
2) 자기진단 중 점등된다.
3) 시스템의 고장으로 인하여 VDC 기능이 금지될 때 점등된다.
4) VDC 제어 작동 중 2Hz로 점멸된다.

(4) VDC OFF등

VDC OFF등은 VDC ON·OFF 스위치에 의한 VDC 기능의 ON·OFF 상태를 표시한다. VDC OFF등은 다음의 경우에 점등된다.

1) 시동 키 스위치 ON시킨 후 초기화 모드 시 3초간 점등된다.
2) 운전자에 의해 VDC OFF 스위치가 입력될 때 점등된다.

(5) VDC ON・OFF 스위치(VDC 사양 적용 시)

VDC ON・OFF 스위치는 운전자의 입력으로 VDC 기능을 ON・OFF 상태로 전환하는데 쓰이며, 스위치는 노멀 오픈 순간 접점 스위치로 IG ON 상태에서 작동하며, VDC OFF 선택 시 VDC OFF 지시등이 계기판에 점등된다.

(6) VDC ECU의 고장 발생 시의 처리

1) 시스템을 DOWN하고 다음의 처리를 행한 후 HECU 전원 OFF까지 유지한다.
2) 솔레노이드 밸브 릴레이는 OFF시킨다.
3) 제어 중에는 제어를 중단하고 정상 조건까지 모든 제어를 실행하지 않는다.

9 VDC 점검 정비

(1) 베리언트 코딩(Variant Coding)

차량의 제원에 따라 ECU의 하드웨어적인 차이는 없지만 VDC 제어용 차량 파라미터 즉, 각각의 엔진 종류, 엔진 배기량, T/M 종류를 바탕으로 기분류 된 Variant code 값을 ECU 메모리에 저장하는 것을 베리언트 코딩이라 하며, VDC는 메모리에 저장된 Code 값을 이용하여 필요한 Parameter값을 load하여 사용한다.

근래의 신품 VDC 모듈 교환 시는 IG. KEY ON 하는 순간 VDC 모듈에 사양 인식을 자동적으로 수행하므로 진단 장비를 사용하지 않아도 된다.

(2) 휠 속도 센서 점검

1) 휠 속도 센서의 출력 전압을 측정하기 전에 액티브 휠 속도 센서를 보호하기 위해 반드시 규정 저항(100Ω)을 그림(A)과 같이 연결한다.
2) 휠을 서서히 회전시키면서 휠 속도 센서 시그널 단자와 접지 사이의 출력 전압을 오실로스코프와 같은 측정 장비로 측정한다.
3) 휠 속도 센서의 출력 파형이 아래 그림(B)과 같이 정상적으로 출력되는지 점검한다.
4) 휠 속도 센서의 출력 주파수는 1 ~ 2500Hz 정도이다.

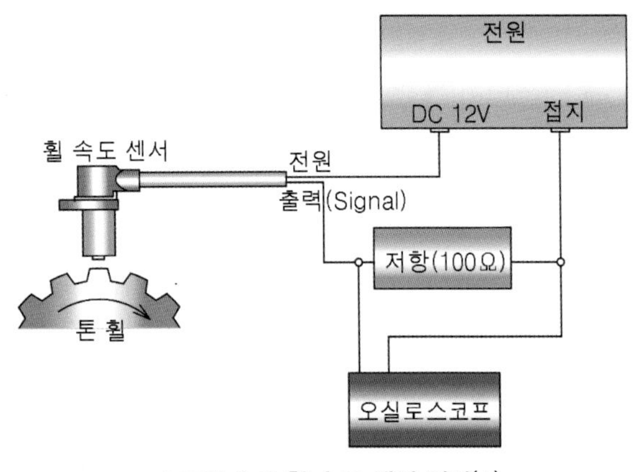

❖그림 6-7 휠 속도 센서 점검(A)

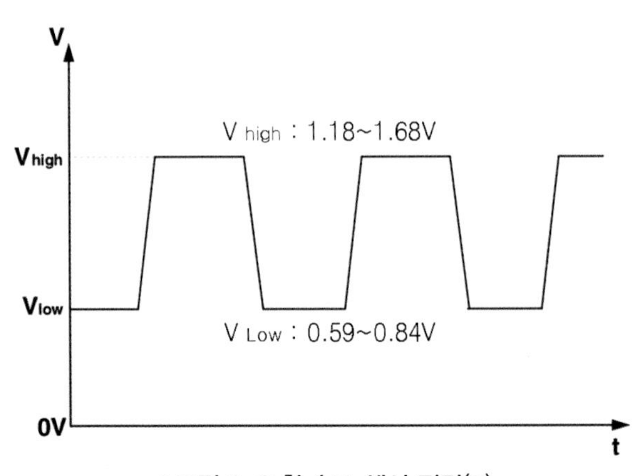

❖그림 6-8 휠 속도 센서 점검(B)

(3) VDC 스위치 점검

정비지침서의 회로도를 참조하여 VDC OFF 스위치를 작동시키면서 스위치 단자사이의 통전을 점검한다.

2 급제동 경보 시스템(ESS)

1 급제동 경보 시스템(ESS)의 개요

운전자의 조작에 의한 급제동 발생 시 제동등 또는 방향지시등을 점멸하여 후방 차량에게 위험 경보한다.

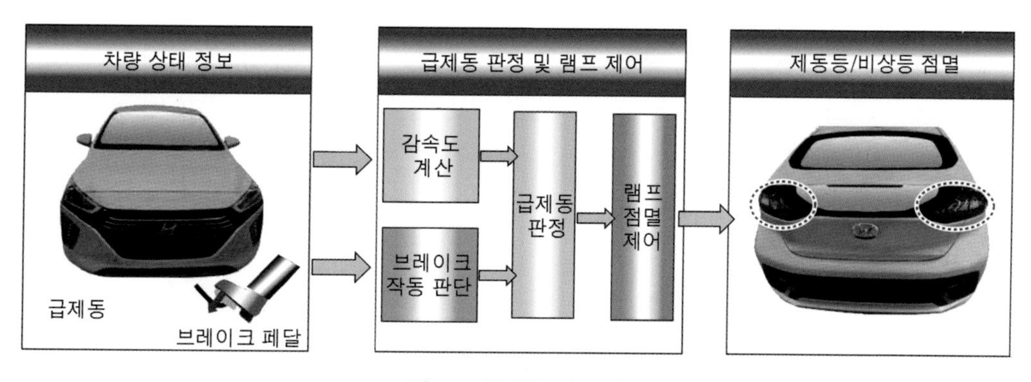

❖그림 6-9 급제동 경보 시스템

(1) 기본 기능 (제동등 점멸)

1) **작동 조건 :** 일정 속도 이상에서 급제동을 하거나 ABS가 작동될 경우

2) **해제 조건 :** 급제동 종료 또는 ABS 작동 해제 시

(2) 부가 기능 (방향지시등 점멸)

1) **작동 조건 :** 기본 기능 작동 후 ESS 해제 시

2) **해제 조건 :** 차량 주행 출발 시 해제

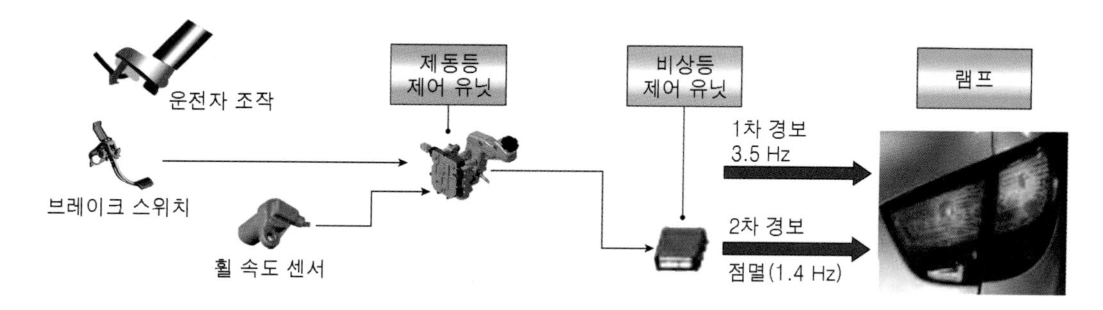

❖그림 6-10 급제동 경보 시스템 작동 조건

2 시스템의 구성

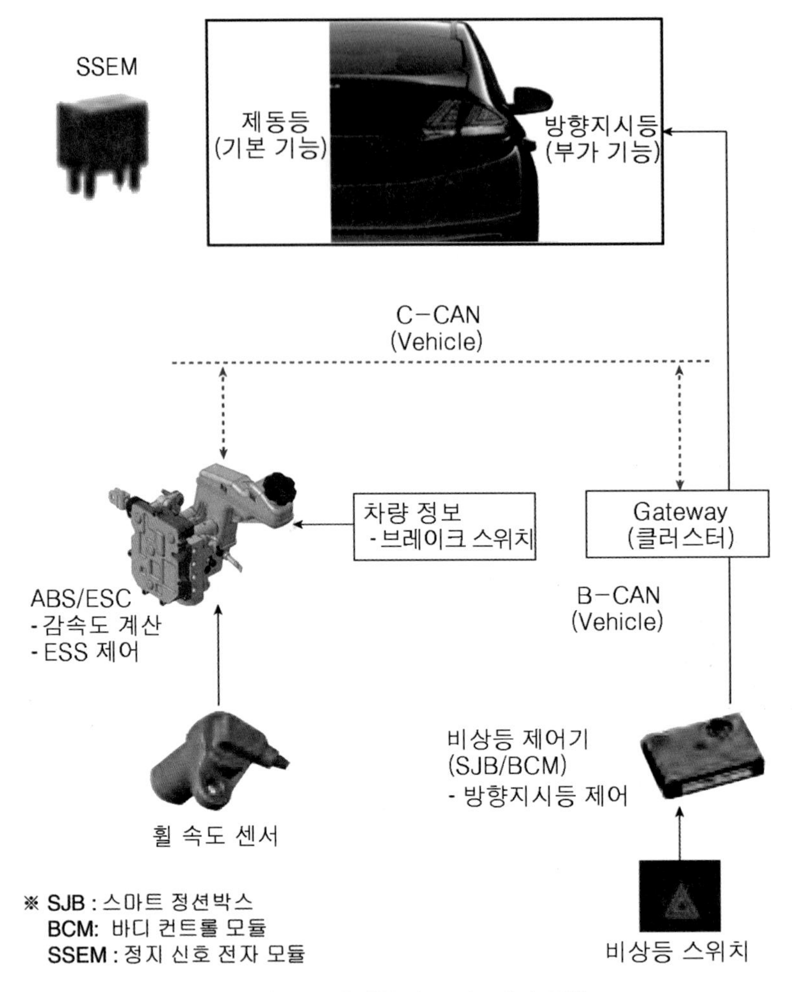

❖그림 6-11 급제동 경보 시스템의 구성

3 ESS 시스템의 구성 회로

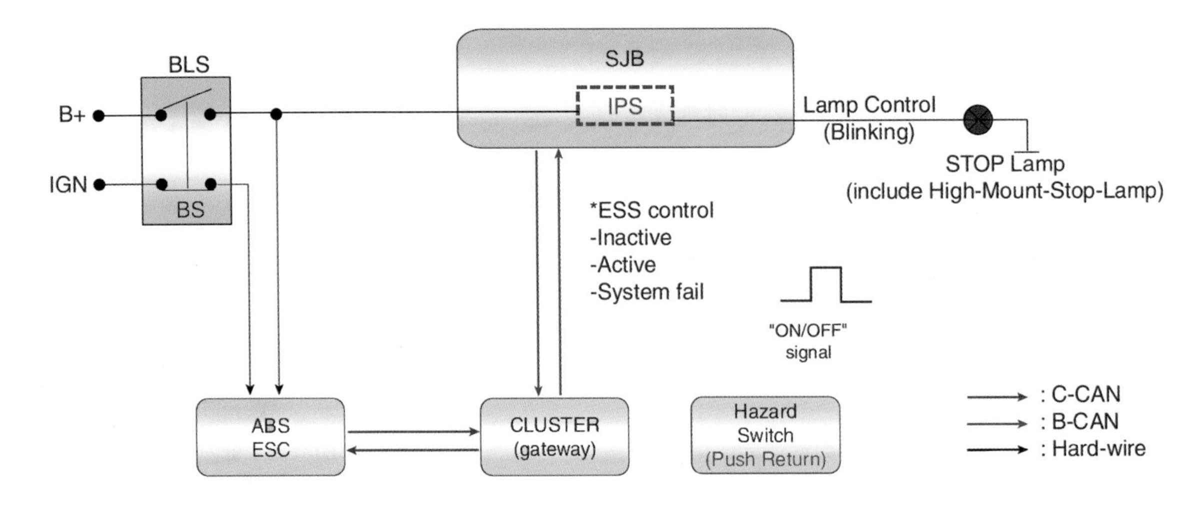

❖그림 6-12 급제동 경보 시스템의 구성 회로

3 전방 충돌 방지 보조(FCA) 시스템

1 전방 충돌 방지 보조 시스템의 개요

FCA 시스템(Front Collision-Avoidance Assist system)은 운전자의 주의 산만과 같은 요인으로 제동 시점이 늦어지거나 제동력이 충분하지 않아 발생할 수 있는 사고에 대한 충돌 회피 또는 피해 경감을 목적으로 하는 시스템으로 전방 감시 센서를 이용하여 도로의 상황을 파악하여 위험 요소를 판단하고 운전자에게 경고를 하며, 비상 제동을 수행하여 충돌을 방지하거나 충돌 속도를 낮추는 기능을 수행한다.

전방 감시 레이더와 전방 카메라에서 감지하는 신호를 종합적으로 판단하여 선행 자동차 및 보행자와의 추돌 위험 상황이 감지될 경우 운전자에게 경고를 하고 필요시 자동으로 브레이크를 작동시켜 충돌을 방지하거나 충돌 속도를 늦춰 운전자와 자동차의 피해를 경감한다.

2 전방 충돌 방지 보조 시스템의 구성 부품

FCA 시스템은 아래와 같은 시스템으로 구성된다.

1) 전방의 잠재적 장애물을 식별 할 수 있는 감지 장치(레이더, 카메라)

2) 운전자 경고 및 설정 변경을 위한 Human-Machine Interface(HMI) 장치

3) 제동력을 발생하기 위한 제동 장치

FCA는 SCC(스마트 크루즈 컨트롤)와 달리 정지된 차량에 대하여도 제어를 수행해야 하므로 레이더와 카메라의 복합 타겟(Fusion Target)을 이용한다.

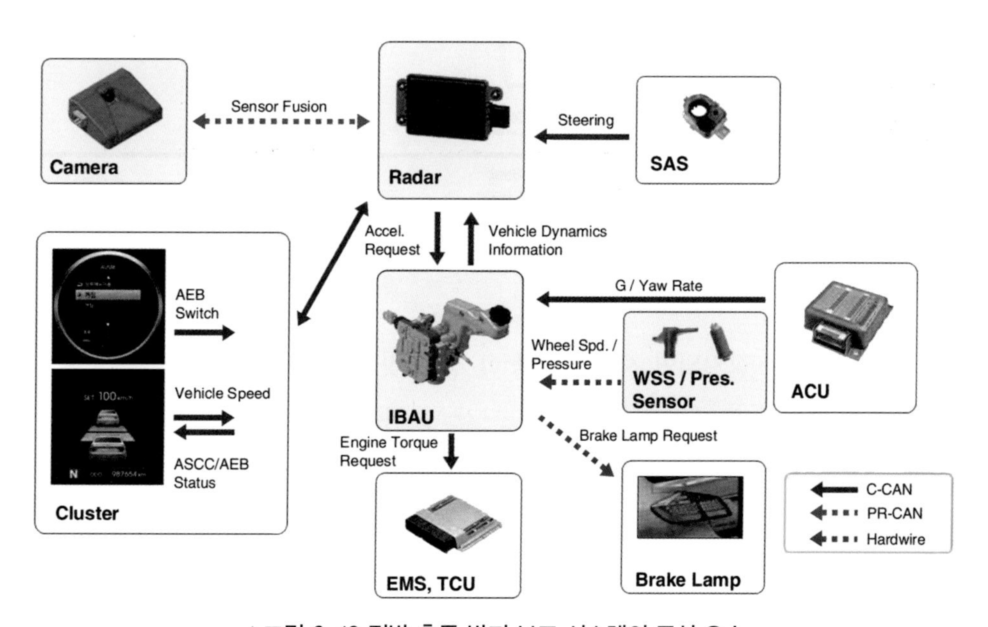

❖그림 6-13 전방 충돌 방지 보조 시스템의 구성 요소

3 FCA 시스템의 제어 순서

1) 스마트 크루즈 컨트롤 시스템(SCC)의 레이더 센서와 차로 이탈 경고 시스템 (LDW ; Land Departure Warning system)의 카메라 센서를 이용하여 선행 차량(사람) 감지 및 데이터 분석(CAN 통신)
2) 분석한 감지 데이터를 이용하여 AEB(Autonomous Emergency Braking System) 제어 대상(차량 및 보행자) 확인
3) 선행 차량 유무·속도·거리에 따라 적절한 감속도 계산
4) 계산된 "요구 감속도"를 차량 자세 제어 유닛(VDC)으로 전송(CAN 통신)
5) VDC는 "요구 감속도" 구현을 위한 필요 토크 계산 후 제동 제어를 수행(CAN 통신)

4 작동 원리

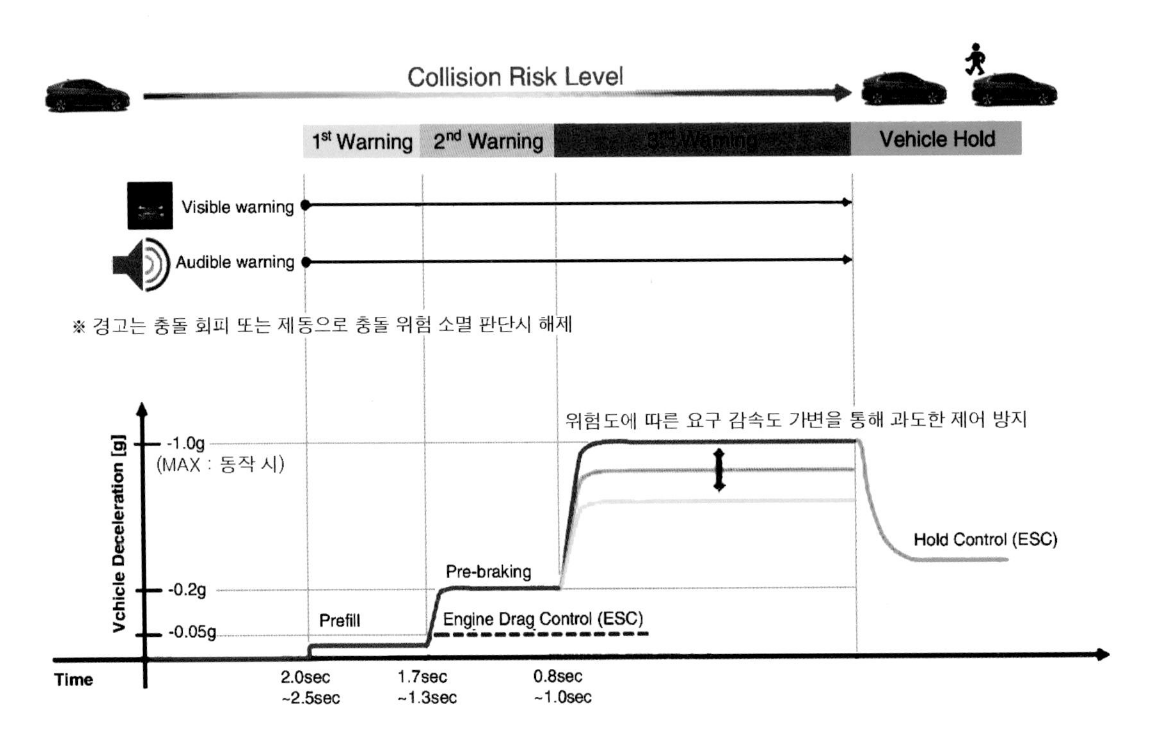

❖그림 6-14 전방 충돌 방지 보조 시스템의 작동 원리

1) **1단계:** 충돌 위험이 감지되면 시각(Display) 경보 및 음성 경보를 수행한다.
2) **2단계:** 충돌 위험이 높아지면 엔진 토크 저감 및 자동 제동을 수행한다.
3) **3단계:** 충돌 위험시 긴급 제동을 수행한다.
4) **자동 제동 완료 후:** 일정시간 제동력을 유지한 후 제동 제어를 해제한다.

5 FCA 시스템의 해제 조건

제동력은 충돌 위험도에 따라 다르게 발생하나 아래와 같은 운전자의 회피 거동을 인지하는 순간 자동제어는 즉시 해제된다.

1) 최대 작동 속도를 초과했을 경우
2) 핸들을 급격히 꺾는 등 회피 거동을 인지할 경우
3) 기어 위치가 R 위치, P 위치 일 경우
4) 가속 페달을 60%이상 밟았을 경우

6 FCA 시스템의 주의 사항

1) 80km/h ~ 180km/h의 속도로 직진 및 완만한 곡선로 주행 중에는 경보 후 3단계에서 부분 브레이킹을 수행한다.(풀 브레이킹 수행 불가)
2) 80km/h 이하의 속도로 직진 및 완만한 곡선로 주행 중에는 경보 후 3단계에서 풀 브레이킹을 수행한다.
- 단, 노면 상태 및 도로 환경에 따라 충돌이 발생할 수 있다.
- 주변 환경에 따라 부분 브레이킹만 수행할 수 있다.
3) 180km/h 이하의 속도로 직진 및 완만한 곡선로 주행 중에는 시각 경보 및 음성 경보 후 자동 제동을 수행하여 차량의 속도를 저감한다.
4) 80km/h 이상의 속도에서는 충돌 회피가 불가능하며, 오프셋(Offset)이 50% 미만이여야 한다.
5) 후진 차량 및 대향 차량에 대해서는 반응하지 않는다.
6) 70km/h 이상의 주행에서 보행자에 대해 반응하지 않는다.

7 FCA 시스템의 참고 사항

오프셋(Offset): 선행 차량과 자기 차량과의 선상 불일치율

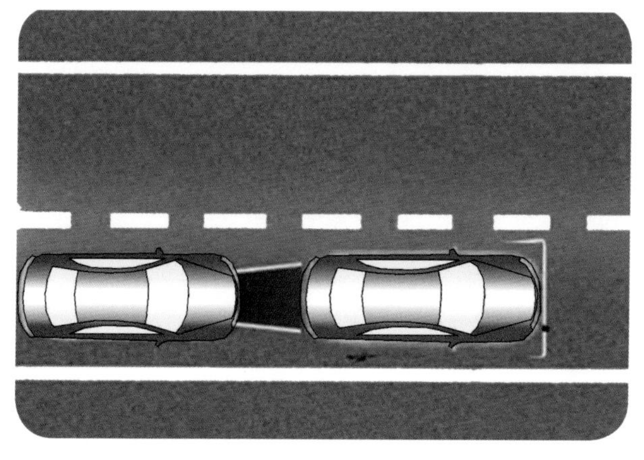

❖그림 6-15 오프셋 0%

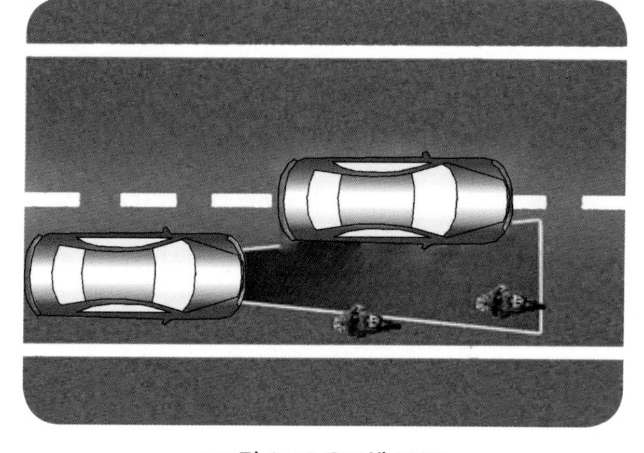

❖그림 6-16 오프셋 100%

8 전방 충돌 방지 보조 시스템의 점검

(1) 운전자 설정

1) FCA 기능 ON·OFF 스위치는 USM(User Setting Menu)에 포함되어 있으며, 출고상태는 ON이다.

2) IGN ON 시 기본적으로 ON 상태를 유지하며, 운전자가 설정한 상태가 다음 IGN ON 시 반영되지 않는다.

3) VDC OFF 시 AEB 기능도 OFF 된다.

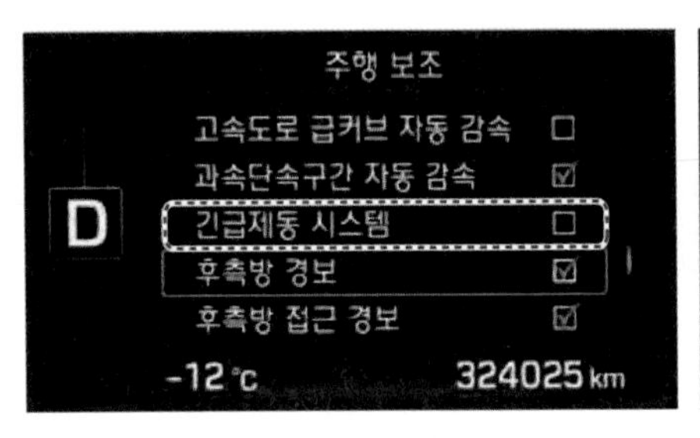

(a) USM 스위치 입력

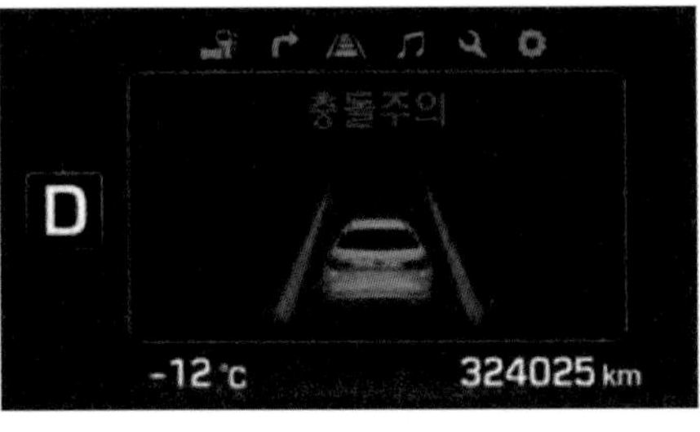

(b) LCD 출력

(c) 경고등

❖그림 6-17 전방 충돌 방지 보조 시스템 운전자 설정

(2) FCA 시스템 탈착

1) 레이더 탈착

❶ 점화 스위치를 OFF시키고 배터리 (–) 단자를 분리한다.

❷ 프런트 범퍼 커버를 탈착한다.

❸ FCA 레이더(SCC 레이더)를 탈착한다.

2) LDW 카메라 탈착

FCA는 SCC(스마트 크루즈 컨트롤)와 달리 정지된 차량에 대하여도 제어를 수행해야 하므로 레이더와 카메라의 복합 타겟(Fusion Target) 을 이용한다.

❶ 배터리 (–) 단자를 분리한다.

❷ 카메라를 탈착한다.

(3) FCA 시스템 장착

1) 레이더 장착

❶ 장착은 탈착의 역순으로 진행한다.

❷ FCA 레이더 센서 정렬을 실시한다.

2) LDW 카메라 장착

❶ 장착은 탈착의 역순으로 진행한다.

❷ 카메라 자동 공차 보정을 실시한다.

단원 7
조향 장치

1. 조향장치의 일반적인 사항
2. 전기 자동차의 조향 장치
3. 전기 자동차 조향 장치의 고장 진단
4. 전기 자동차 조향 핸들 정비
5. 전동 파워 스티어링 시스템 (EPS)의 정비

단원 7

조향 장치

학습목표

1. 애커먼 장토식 조향 원리에 대하여 설명할 수 있다.
2. 바이 와이어 조향과 코너링 포스에 대하여 설명할 수 있다.
3. 전기 자동차의 조향 장치에 대하여 설명할 수 있다.
4. 전기 자동차 조향 장치의 고장 진단을 실행할 수 있다.
5. 전기 자동차 조향 휠의 정비에 대하여 실행할 수 있다.
6. 전동 파워 스티어링 시스템의 정비에 대하여 실행할 수 있다.

1 조향장치의 일반적인 사항

조향 장치는 운전자가 조향 핸들(Steering Wheel)의 조작에 의해 선회하는 장치로 전기 자동차의 조향 장치는 일반 자동차와 유사하다.

1 자동차의 선회

조향 핸들(Steering Wheel)은 조향축의 상단에 조립되고 반대편 끝에는 피니언 기어가 랙 기어에 접촉되어 설치되어 있다. 운전자의 조향에 따라 조작력이 조향 축을 통하여 피니언 기어에서 랙으로 전달되며, 조향 휠의 회전운동은 랙을 통하여 좌우 직선 운동으로 변환된다.

2 애커먼 장토식

피니언 기어와 랙의 좌우 움직임은 타이로드를 거처 허브의 너클 암에 전달되어 타이어가 좌우로 회전하는 구조이다. 너클 암은 후차축의 중심부를 향한 각도로 설정되어 있기 때문에 커브 길에서의 회전 시 차륜의 내측과 외측은 회전반경에 차이가 발생하면서 모든 휠은 동심원을 그리는 구조이며, 이를 애커먼 장토식 조향의 원리라고 한다.

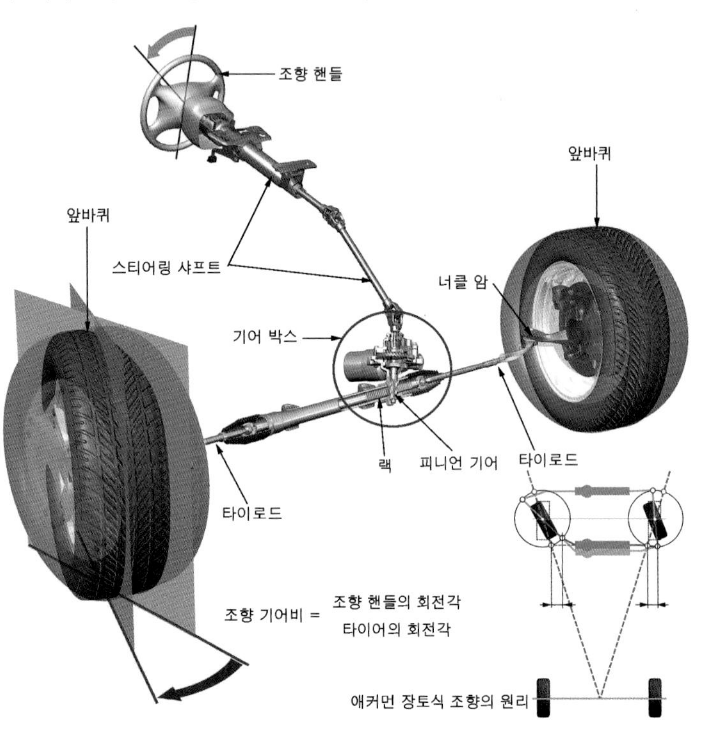

❖ 그림 7-1 조향 장치의 구성

3 전동 파워 스티어링(MDPS)

유압 파워 스티어링은 엔진의 동력으로 작동하는 유압 펌프에 의해 발생된 유압으로 핸들 조작의 보조력을 얻는 방식이지만 전기 자동차는 엔진이 없기 때문에 전기를 이용하는 전동 파워 스티어링을 사용한다.

(1) 전동 파워 스티어링

전동 파워 스티어링은 엔진에 부담을 주지 않으므로 연비가 좋으며, 또한 전기 자동차에서는 엔진이 없으므로 반드시 모터를 이용하여 보조력을 얻는 전동 모터 구동 방식을 이용한다.

(2) 모터 장착 위치에 따른 MDPS 분류

전동 파워 스티어링은 보통 승용 차량에서 많이 적용하는 조향 축에 보조력을 주는 방식의 칼럼 구동 방식(Column type), 중형 차량에 적용하는 시스템으로 피니언 기어를 직접 구동하는 피니언 구동 방식(Pinion type) 및 랙을 구동하는 랙 구동 방식(Rack type) 등이 있다.

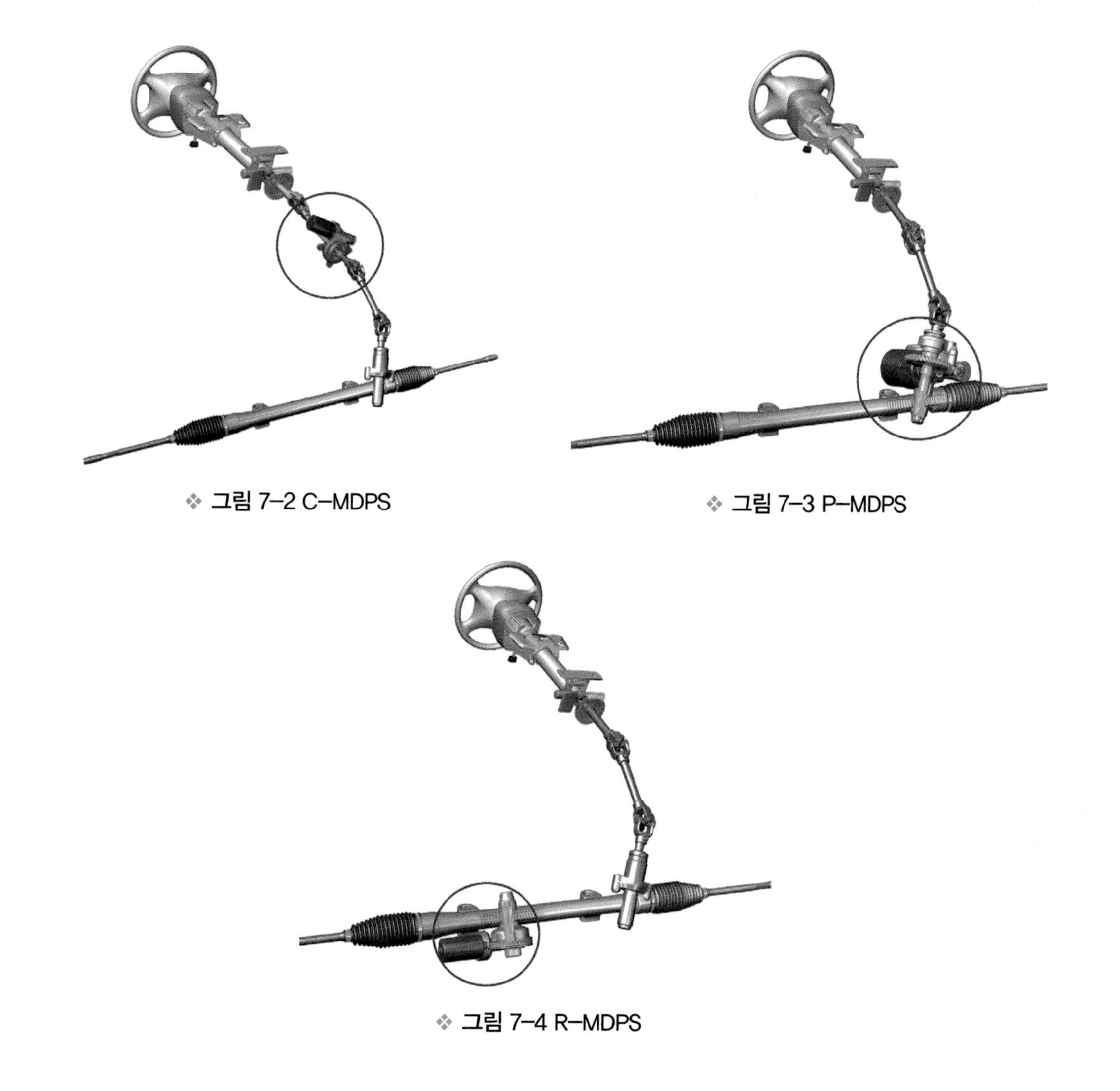

❖ 그림 7-2 C-MDPS

❖ 그림 7-3 P-MDPS

❖ 그림 7-4 R-MDPS

4 바이 와이어 조향(By-wire Steering)

바이 와이어 조향이란 엔진의 전자제어 스로틀 시스템(ETS)과 같은 구조로서 조향 핸들의 움직임을 전기적 신호로 바꾸어 기계적인 연결 없이 조향하는 구조를 말하며 자동차의 주행 안정성을 향상시킨다.

그러나 바이 와이어 조향에서는 타이어와 핸들과의 사이에 직접적인 물리적 연결이 없어지므로 운전자의 손에 반응을 곧바로 전달할 수가 없으므로 센서 등으로 감지하고 컴퓨터가 제어 할 수 있는 기능을 설치할 필요가 있다.

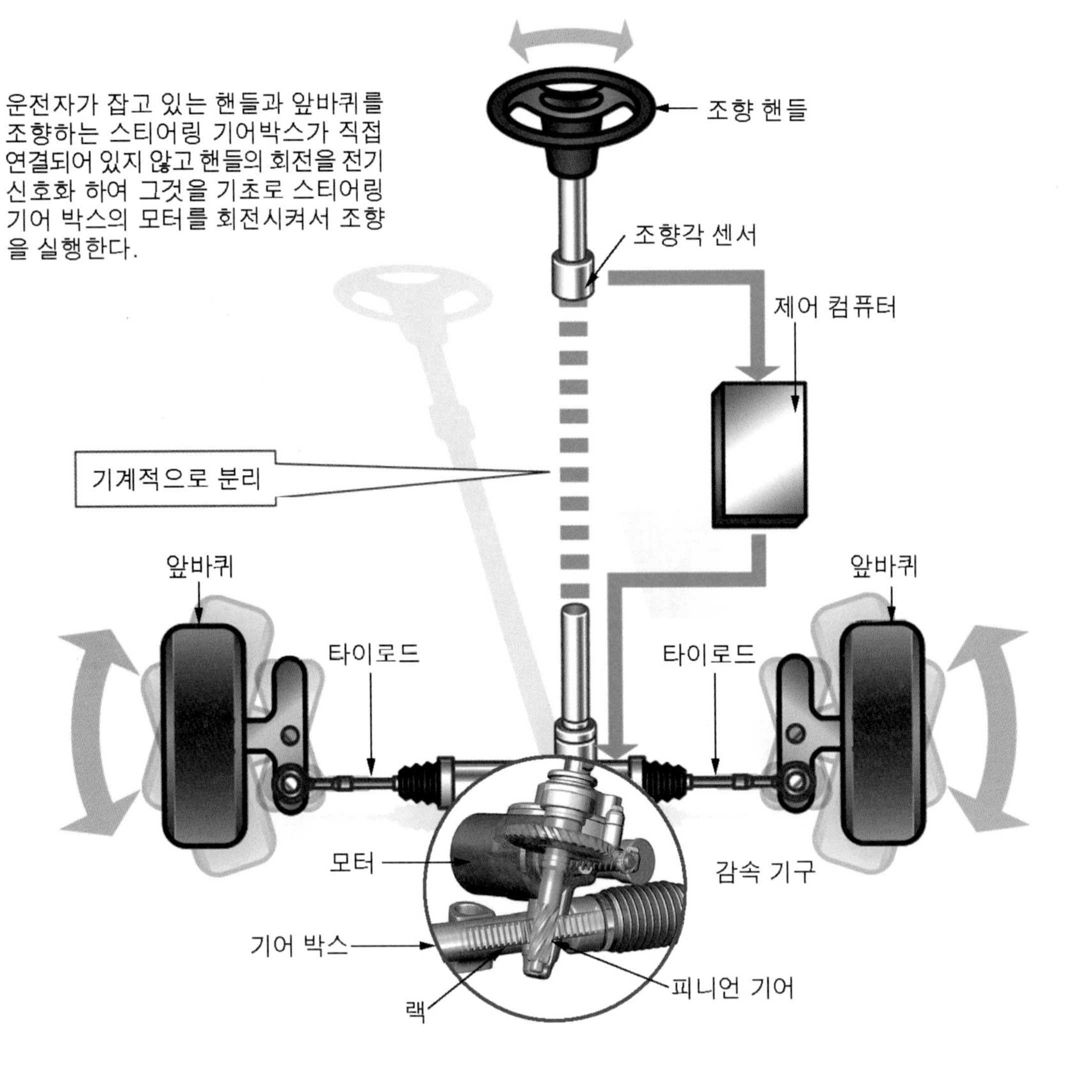

❖ 그림 7-5 바이 와이어 조향 장치의 구조

5 코너링 포스(Cornering force)

자동차가 선회 시에 자동차의 원심력에 대응하여 자동차가 선회하는 원의 중심 방향으로 타이어와 접지 노면 사이에서 발생하는 힘을 코너링 포스라고 한다. 코너링 포스는 자동차의 속도와 타이어의 노면과의 밀착 관계에서 성립하며, 접지면에서는 고무의 성질에 의한 비틀림 현상이 발생한다.
이와 같이 타이어의 접촉면에서는 자동차가 앞으로 나아가려는 힘과 타이어의 접지압력과 회전 원심력 사이에서 비틀림 현상이 발생되며, 타이어의 고무의 특성상 원래대로 돌아가려는 힘이 코너링 포스를 발생시킨다. 이 힘은 선회 시 원심력에 항거하여 자동차가 선회할 수 있도록 한다.

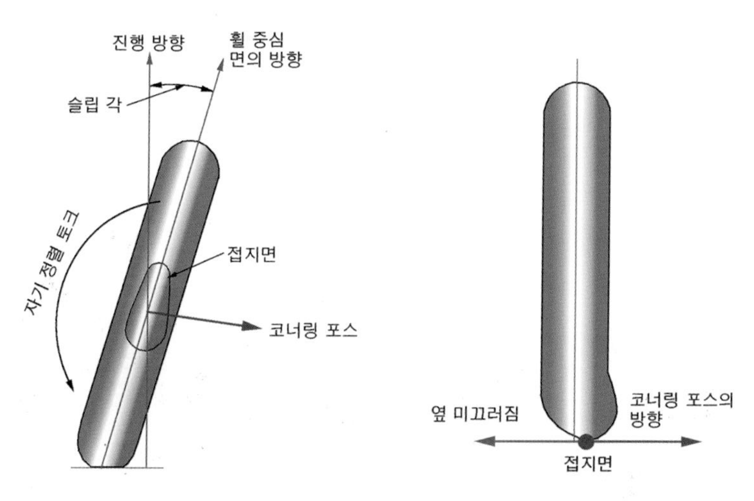

❖ 그림 7-6 코너링 포스

6 조향 장치의 휠 정렬 작업

자동차가 주행 중 조향 휠의 복원 성능 불량, 자동차 운행 중 움직임이 이상하거나 또는 조향 장치의 구성 부품을 수리하였을 경우에는 조향 휠 정렬 작업을 하여야 한다.

❶ PSCM 교환

❷ 스티어링 기어 어셈블리 교환

❸ 파워 스티어링 모터 교환

❹ 스티어링 칼럼 교환

❺ 타이 로드 또는 엔드 교환

❻ 서스펜션 구성품의 물리적인 변형 발생

2 전기 자동차의 조향 장치

전기 자동차는 BLDC 또는 BLAC 모터를 사용하는 전자식 파워 스티어링(EPS)을 적용하여 저속에서는 큰 보조 조향력을 제공하고, 고속에서는 조종 안정성을 위해 작은 보조 조향력을 제공하여 운전자의 편의를 향상시켜 주며, 연비가 향상되고 유체를 포함하지 않으므로 친환경적이다.

1 개요

MDPS(Motor Driven Power Steering) 시스템은 조향력을 보조하기 위한 전기 모터를 사용하며, 토크 센서, 조향 각 센서 및 페일 세이프 릴레이 등과 같은 MDPS 시스템 구성 부품은 스티어링 칼럼 & MDPS 컨트롤 유닛(ECU) 내부에 배치되어 있어 이 부품들의 점검 또는 교환을 위해 스티어링 칼럼이나 MDPS 컨트롤 유닛을 분해해서는 안된다.

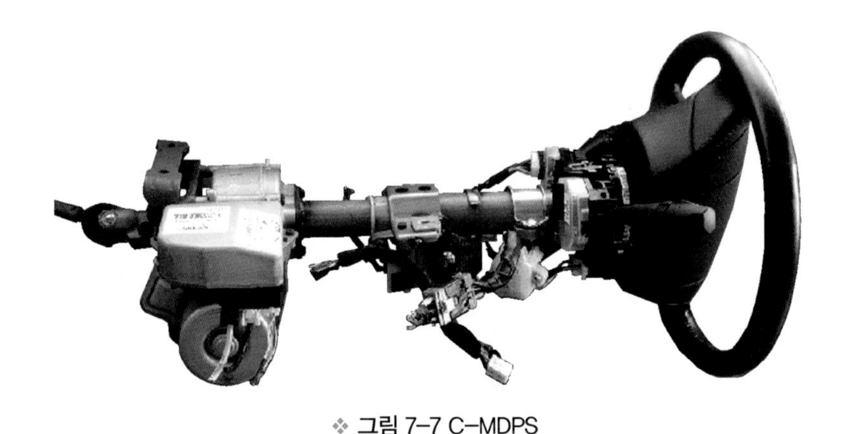

❖ 그림 7-7 C-MDPS

2 회로도

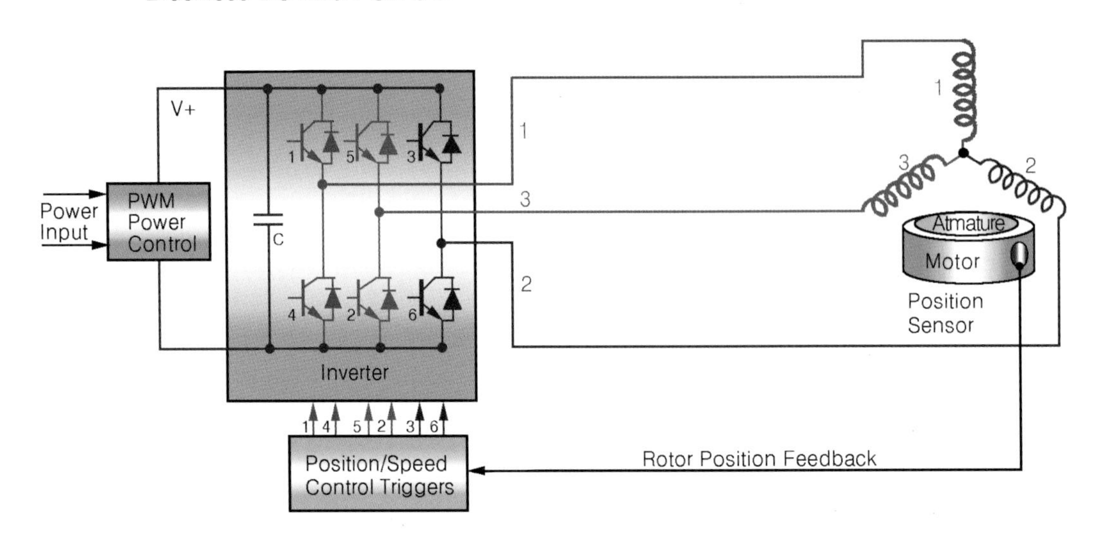

❖ 그림 7-8 MDPS 회로도

3 구성 부품

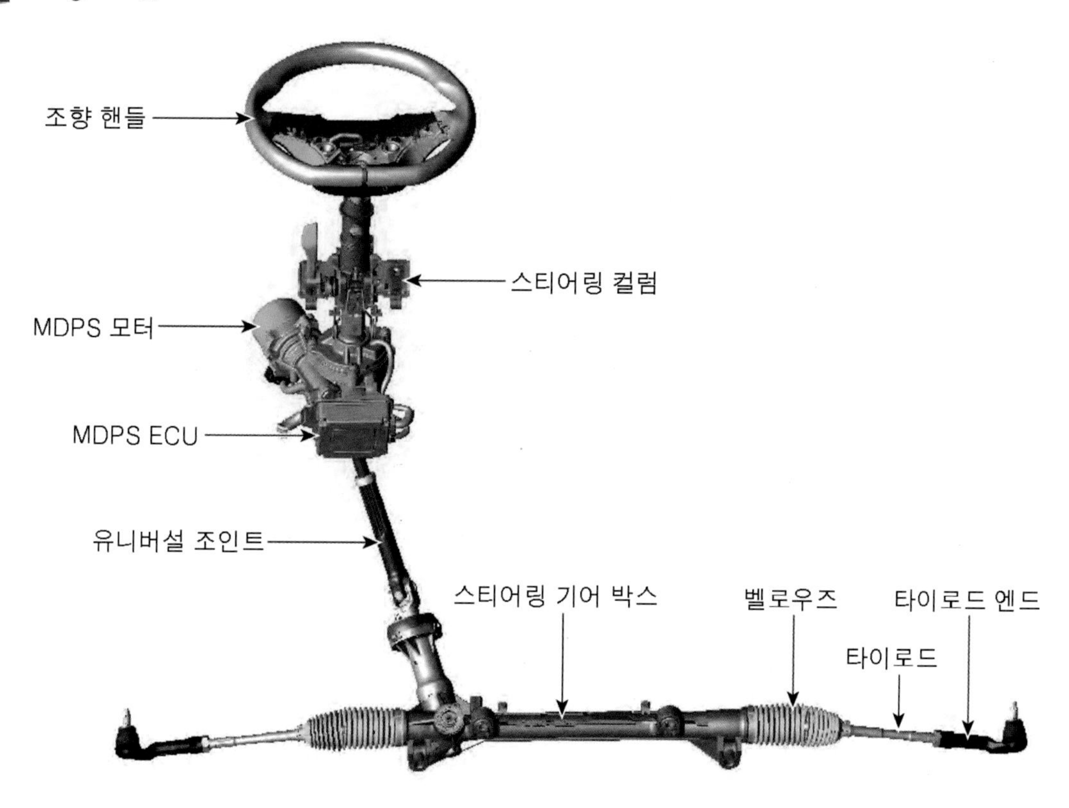

❖ 그림 7-9 조향 장치의 구성 부품

표 7-1 시스템 비교

구분	EHPS	EPS	SBW	비교
형상				HEV/EV 구조 유사
용량	1.2kw	0.5~0.6kw	1.6kw	
특징	• 조향감/탄력감 우수 • 고급차 채용	• C-Type, P-Type, R-Type • 소형차 우선 채용	• 조이스텍으로 Steering 가능 • 경량화, 모듈화	
구성 부품	센서, 펌프, 벨트 모터, 컨트롤러	모터, 센서 컨트롤러,	모터(2), 센서 컨트롤러	
특성	저소음, 고출력, 고응답			

전기 자동차의 EPS 시스템은 파워 스티어링 컨트롤 모듈(PSCM)과 토크 센서, 모터 회전 센서, 배터리 전압 회로 및 통신 데이터 회로에서 공급되는 입력 정보를 통해 보조 조향력 수준을 결정한다.

4 토크 센서

PSCM은 스티어링 보조 조향력의 크기를 결정하기 위한 주요 입력으로 토크 센서를 사용하며, 운전자의 스티어링 핸들 조작력이 스티어링 샤프트에 가해지는 정도에 따라 토크 센서의 출력 시그널은 변화하며, PSCM은 시그널 변화 값으로 MDPS모터를 구동한다.

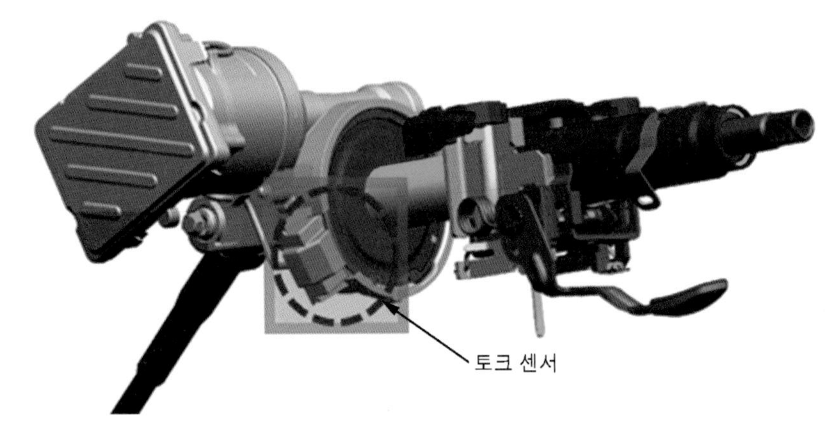

❖ 그림 7-10 토크 센서 설치 위치

5 전자식 파워 스티어링 모터

EPS 모터는 BLAC 모터 또는 BLDC 모터를 사용하며, 감속 기어를 통해 스티어링 보조 조향력을 발생시킨다.

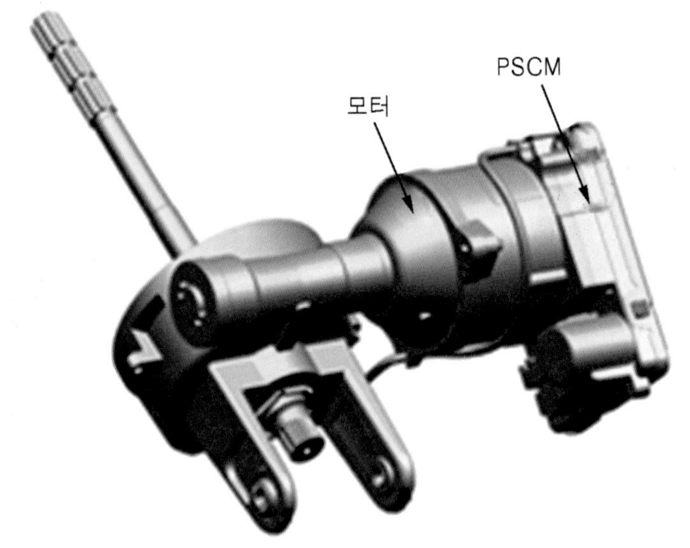

❖ 그림 7-11 칼럼형 MDPS

6 파워 스티어링 컨트롤 모듈

파워 스티어링 컨트롤 모듈(PSCM)은 토크 센서, 차량 속도, 시스템 온도 및 스티어링 보정 정보를 조합해 필요한 스티어링 보조 조향력의 크기를 결정하며, 모터의 온도가 80℃보다 높아지면 고온으로부터 보호하기 위하여 파워 스티어링 모터로 공급되는 전류의 양을 줄인다.

7 작동

PSCM은 운전자에 의해 스티어링 칼럼 샤프트에 가해지고 있는 토크의 양과 CAN 통신 라인으로 분석한 차속을 기본으로 펄스 폭 변조(PWM)하여 전류의 량을 조절하거나 또는 주파수를 변조하여 모터 구동 회로를 제어한다.

3 전기 자동차 조향 장치의 고장 진단

표 7-2 조향장치 고장 진단

현상	고장 원인	조치
스티어링 핸들의 유격이 과다하다.	유 조인트 체결 볼트 풀림	재조임 혹은 필요시 교환
	요크 플러그 풀림	재조임
	스티어링 기어 장착 볼트 풀림	재조임
	타이로드 엔드의 스터드 마모, 풀림	재조임 혹은 필요시 교환
스티어링 핸들이 적절히 복원되지 않는다.	타이로드 볼 조인트의 회전저항 과도	교환
	요크 플러그의 고도한 조임	조정
	내측 타이로드 및 볼 조인트 불량	교환
	기어 박스와 크로스 멤버의 체결이 풀림	조임
	스티어링 샤프트 및 바디 글로매트 마모	수리 혹은 교환
	랙 휨	교환
랙과 피니언에서 덜거덕거리거나 삐거덕 거리는 소음이 난다.	기어박스 브래킷이 풀림	재조임
	타이로드 앤드 볼 조인트 풀림	재조임
	타이로드 및 타이로드 앤드 볼 조인트 마모	교환
	요크 플러그 풀림	재조임

4 전기 자동차 조향 핸들 정비

1 열선 스티어링 핸들 정비

(1) 개요

스티어링 그립에 열선 패드를 부착하여 그립부를 발열시킨다.

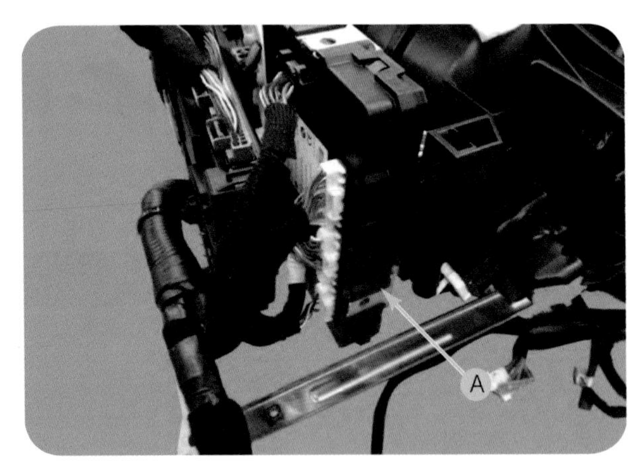

(a) 히티드 스티어링 핸들 컨트롤 모듈(BCM)

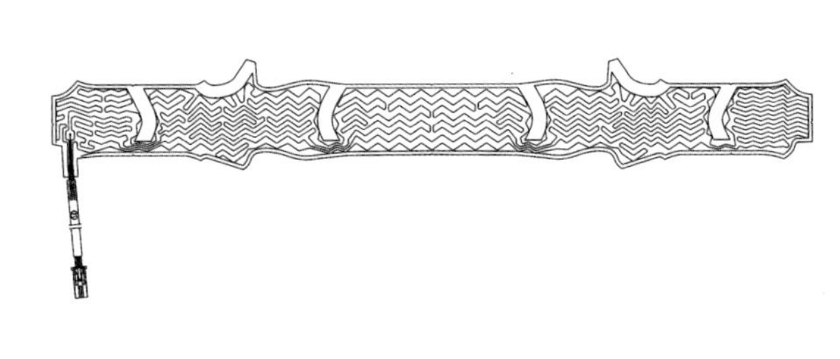

(b) 히티드 패드

❖그림 7-12 열선 조향 핸들

(2) 열선 조향 핸들의 제원

표 7-3 조향 핸들의 제원

항목	제원
전압	13.5V
히티드 패드 저항	1.8±0.2Ω(25℃)
NTC 저항	10.0kΩ ±5%(25℃)

(3) BCM과 열선 히티드 스위치 회로도

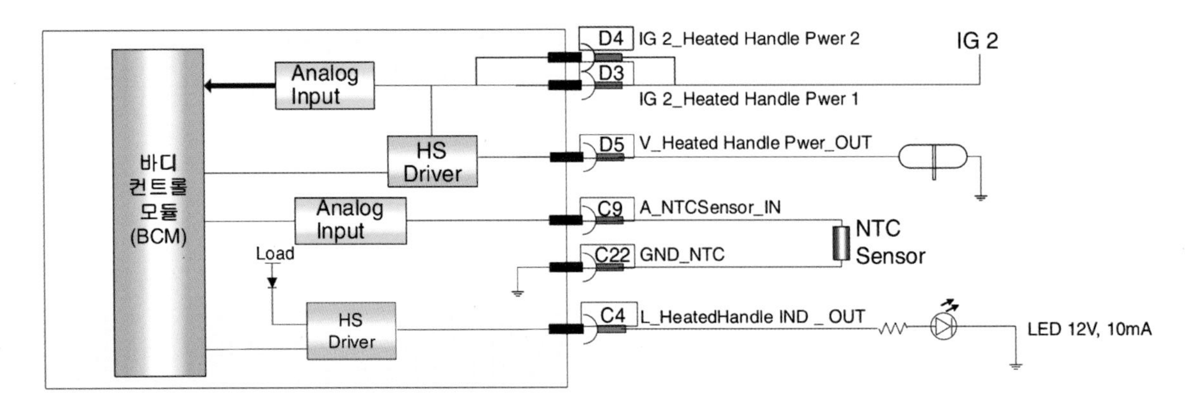

❖그림 7-13 열선 조향 핸들 스위치 회로도

(4) 열선 조향 핸들의 점검

1) NTC와 온수 패드의 저항

❶ NTC 저항: 10.0kΩ ±5%(25℃)

❷ 온열 패드 저항: 1.8±0.2Ω

2) 온도

❶ 핸들 표면 그립의 온도가 6분 이내에 20℃ 정도(-20℃에서) 상승해야 한다.

❷ 핸들 표면 그립의 온도가 38℃±4℃로 25분을 유지한다.

❸ 1~8까지의 모든 측정 지점

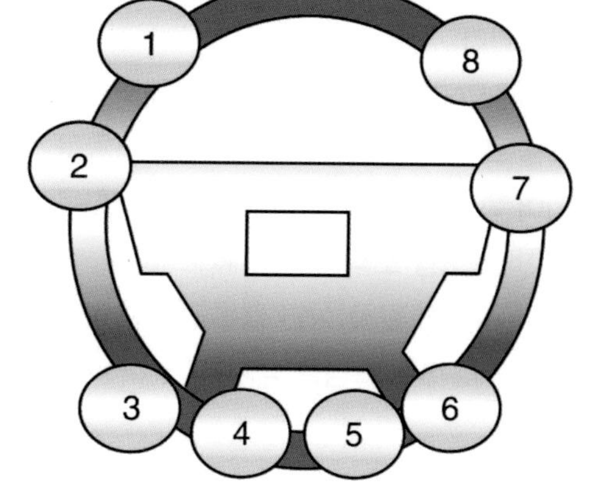

❖그림 7-14 조향 핸들 온도 측정 장소

2 히티드 스티어링 스위치 점검

❶ 배터리 (-) 단자를 분리한다.

❷ 플로어 콘솔 어퍼 커버 A를 분리한다.

❸ 장착은 탈착의 역순으로 진행한다.

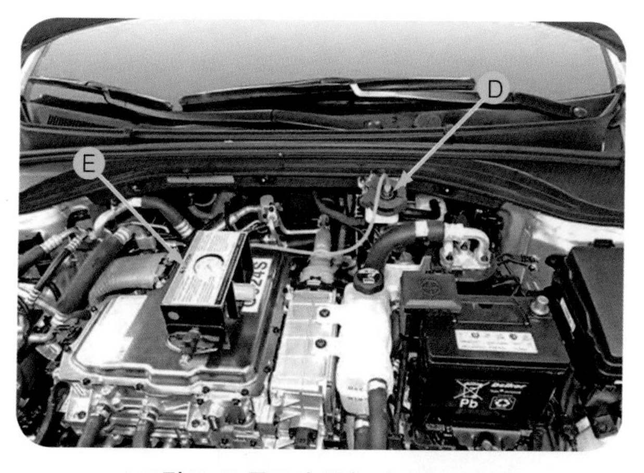

❖그림 7-15 플로어 콘솔 어퍼 커버 분리

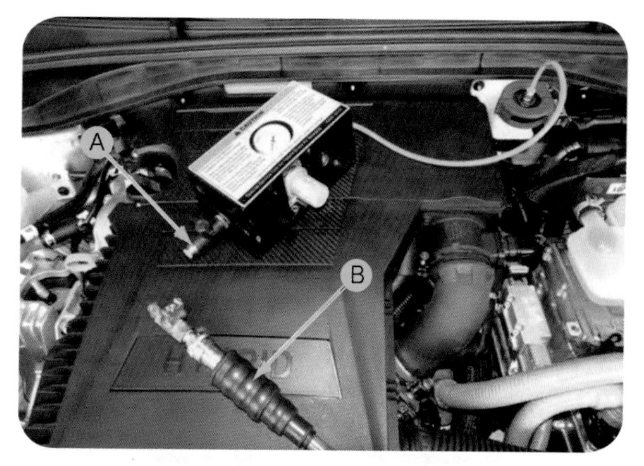

❖그림 7-16 히티드 스티어링 스위치 위치

3 스티어링 핸들 유격 점검

❶ 스티어링 핸들을 직진 상태로 정렬한다.

❷ 스티어링 핸들을 좌우로 가볍게 돌려 바퀴가 움직이기 전까지 스티어링 핸들이 회전한 거리를 측정한다.

❸ 스티어링 핸들 유격 : 15 ~ 30 mm

❹ 유격이 규정의 범위를 초과하는 경우 스티어링 칼럼, 기어 기타 링키지 및 체결부의 유격을 점검한다.

❖그림 7-17 스티어링 핸들 유격 점검

4 정지 시 보조 조작력 점검

❶ 바닥 면이 깨끗하고 평탄한 장소에 차량을 위치시킨다.

❷ 차량을 READY(시동 키 ON) 상태에서 스프링 저울을 스티어링 휠 끝부분에 걸고 저울을 당겨 스티어링 휠이 움직이기 시작할 때의 힘을 측정한다.(조향 조작력 : 3.0 kgf・m)

❸ 측정값이 규정 값 이상인 경우 스티어링 기어 박스와 MDPS 시스템을 검사한다.

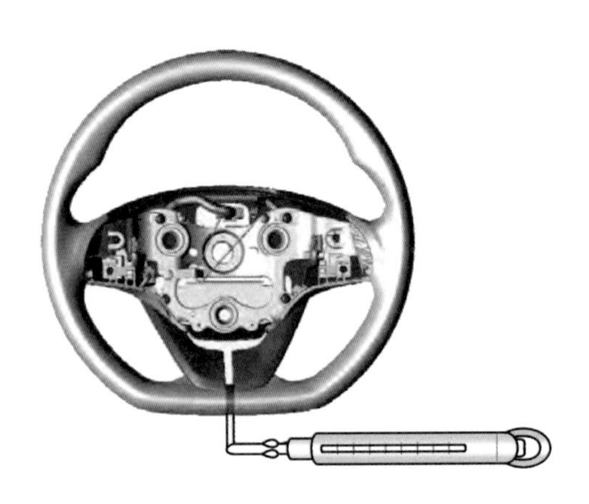

❖그림 7-18 스티어링 핸들 조작력 점검

5 바디 컨트롤 모듈(BCM) 탈부착

❶ 배터리 (–) 단자를 탈착한다.

❷ 글러브 박스 어퍼 커버 어셈블리를 탈착한다.

❸ 장착 볼트 A와 너트 B를 풀고, 바디 컨트롤 모듈 C를 분리한다.

❹ 바디 컨트롤 모듈 커넥터 D를 분리하고 바디 컨트롤 모듈 C를 탈착한다.

❺ 장착은 탈착의 역순으로 진행한다.

❖그림 7-19 바디 컨트롤 모듈 분리

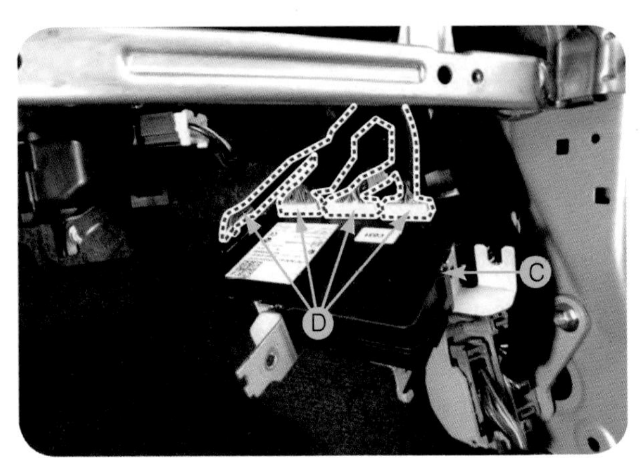

❖그림 7-20 바디 컨트롤 모듈 탈착

5 전동 파워 스티어링 시스템 (EPS)의 정비

1 MDPS(Motor Driven Power Steering) 취급 시 주의사항

표 7-3 MDPS 취급 시 주의 사항

고장 원인	대상 부품	차량 현상	이유	요구 사항
낙하, 충격, 과다 하중	모터	소음 증가	• MDPS 컨트롤 유닛(ECU) 및 모터의 정밀부품은 진동과 충격에 민감하며, 외형상 변형이 없더라도 내부 손상 발생 • 과다한 하중으로 예상치 못한 고장 발생 • MDPS 컨트롤 유닛(ECU) 및 모터의 정밀부품은 진동과 충격에 민감하며, 외형상 변형이 없더라도 내부 손상 발생 • 과다한 하중으로 예상치 못한 고장 발생	• 각 부품 허용량 이상의 하중 부하 금지 • 전자부품(모터 · MDPS 컨트롤 유닛 · 센서부)은 충격을 가하지 말아야 하며, 낙하 등 큰 충격이 발생한 경우 신품으로 교체 • 각 부품 허용량 이상의 하중 부하 금지 • 전자부품(모터 · MDPS 컨트롤 유닛 · 센서부)은 충격을 가하지 말아야 하며, 낙하 등 큰 충격이 발생한 경우 신품으로 교체
	MDPS 컨트롤 유닛(ECU)	회로 손상에 의한 오작동 - 용접점 이탈 - PCB 파손 - 정밀부품 파손		
	토크 센서	토크 센서 작동불량으로 조향감 저하	• 입력축 샤프트에 과다 하중 부하 시 토크 센서 작동불량	• 연결부 작업 시(삽입&체결) 충격을 가하지 말 것. • 스티어링 휠 탈착 시 정규 공구 사용할 것(해머로 가격하지 말 것) • 충격이 가해진 MDPS를 사용하지 말 것
	샤프트	조향감 저하 (좌우 상이)	• 샤프트 변형으로 인한 불완전 장착	• 충격이 가해진 MDPS를 사용하지 말 것
손상	커넥터 배선	오작동-파워 작동 불가, MDPS 성능 불안정	• 커넥터 연결부 및 배선 손상 발생	• MDPS 과다 사용 금지
비정상적인 온도 · 습도	모터 · MDPS 컨트롤 유닛(ECU)	모터 · MDPS 컨트롤 유닛(ECU) 오작동으로 조향 불안정	• 일반적인 사용 조건에서는 방수가 가능하나 실내 세차 및 비 등으로 인한 수분 침투로 고장 발생우려 • 수분 침투는 소량일지라도 모터·MDPS 컨트롤 유닛(ECU)의 정밀부품 오작동 유발	• 상온 및 적정 습도 유지 • 비 등으로 인한 침수 주의

2 MDPS(Motor Driven Power Steering) 취급 시 유의사항

MDPS 경고등이 점등되지 않은 상태에서 아래 현상들은 고장이 아니다.

① 모터 시동 직후 MDPS 시스템 자기진단 시간(약 2초) 동안 일시적으로 보조 조향력의 발생은 없으나 이것은 고장이 아니다.

② 시동 키 ON 또는 OFF 시 릴레이 접속으로 인한 소음 있으나 이것은 정상 작동 음이다.

③ 정차 또는 저속 주행 상태에서 스티어링 핸들 조작 시 모터의 회전에 의한 소음 있으나 이것은 정상 작동 음이다.

3 MDPS 고장 진단 및 점검 절차

EPS 시스템 관련 정비 또는 기타 작업 전후에는 아래와 같은 고장 진단 및 점검 절차를 실시하여야 한다. 차량의 상태를 아래 표의 정상 조건과 비교하여 점검하고 이상이 발견되면 필요한 조치 및 수리 절차를 실시한다.

(1) 점검 시 유의 사항

- **EPS 경고등이 점등되지 않은 상태에서 아래 현상들은 고장이 아니다.**

① 모터 시동 직후 EPS 시스템 자기진단 시간(약 2초) 동안 일시적으로 보조 조향력의 발생은 없으나 이것은 고장이 아니다.

② 시동 키 ON 또는 OFF 시 릴레이 접속으로 인한 소음 있으나 이것은 정상 작동 음이다.

③ 정차 또는 저속 주행 상태에서 스티어링 핸들 조작 시 모터의 회전에 의한 소음 있으나 이것은 정상 작동 음이다.

표7-4 MDPS 고장 진단 및 점검

시험 조건	현상	Assist 시간	경고등	문제 원인	점검 내용
IG ON · 모터 ON · 정차 → IG OFF · 모터 OFF · 정차	보조 조향력 없음	–	–	–	정상
	보조 조향력 있음	120초	점등	IG OFF 상태임에도 IG 전원이 공급되고 조향각 초기화 설정이 되어 있지 않음	① IG 전원 라인 점검 ② 스캔 툴 이용하여 조향각 초기화 실시
			미점등	(IG OFF 상태임에도 IG 전원이 공급되거나 조향각 초기화 설정이 되어 있지 않음) & 클러스터 이상	① 클러스터 배선 점검 ② IG 전원 라인 점검 ③ 스캔 툴 이용하여 조향각 초기화 실시
		70초	점등	CAN BUS OFF or EMU 신호 미수신	CAN 통신라인 점검
			미점등	(CAN BUS OFF or EMU 신호 미수신) & 클러스터 이상	① CAN 통신라인 점검 ② 클러스터 배선 점검

시험 조건		현상	Assist 시간	경고등	문제 원인	점검 내용
IG ON · 모터 OFF · 정차	–	보조 조향력 없음	–	–	–	–
		보조 조향력 있음	지속	점등		CAN 통신라인 점검
				미점등		① CAN 통신라인 점검 ② 클러스터 배선 점검
	모터 ON 상태에서 IG On 유지하며, 모터 OFF된 경우	보조 조향력 있음	지속	점등		CAN 통신라인 점검
		보조 조향력 있음	120초	미점등	–	정상
IG ON · 모터 ON · 정차		보조 조향력 없음	–	점등	EPS 시스템 상시전원 및 IG 전원 공급 불량	EPS 시스템 상시전원 및 IG 전원 라인 점검
			–	점등	고장 코드(DTC) 발생	스캔툴 이용하여 진단 및 수리
		보조 조향력 있음	–	–	–	정상
			–	점등	고장 코드(DTC) 발생	스캔툴 이용하여 진단 및 수리

4 스티어링 칼럼 및 샤프트 교환

❶ 배터리 (–) 터미널을 분리한다.

❷ 앞바퀴를 일직선으로 정렬한다.

❸ 운전석 에어백 모듈을 탈착한다.

가) 에어백 모듈 고정 와이어가 젖혀지도록 가이드 홀을 따라 끝이 납작한 공구를 삽입한다.(육각 렌치 Ø5mm 사용 권장)

나) 공구 삽입 후 화살표 방향 A 으로 공구를 회전하여 체결 핀을 눌러주면 쉽게 탈착할 수 있다.

❹ 에어백 모듈 커넥터 B 와 혼 커넥터 C 를 탈착한다.

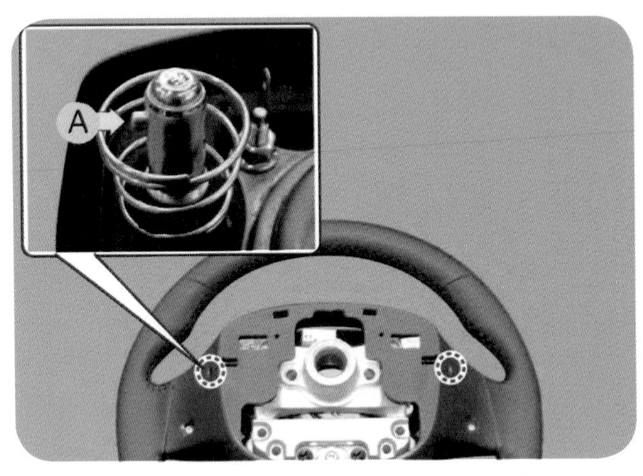

❖그림 7-21 에어백 모듈 탈착

❖그림 7-22 에어백 모듈 및 혼 커넥터 탈착

❺ 와이어링 커넥터 D 를 분리한다.

❻ 스티어링 록 볼트 E 를 풀어 스티어링 핸들을 칼럼에서 분리시킨다.

가) 스티어링 핸들 체결 볼트는 재사용하지 않는다.

나) 장착 시 칼럼 샤프트 끝단의 합치(마킹부)와 스티어링 핸들 결치(마킹부)가 매칭 되도록 조립한다.

❖그림 7-23 와이어링 커넥터 분리

❖그림 7-24 스티어링 핸들 분리

❼ 스티어링 칼럼 상부 커버 F를 탈착하고 스크루를 풀어 하부 슈라우드 G를 분리한다.

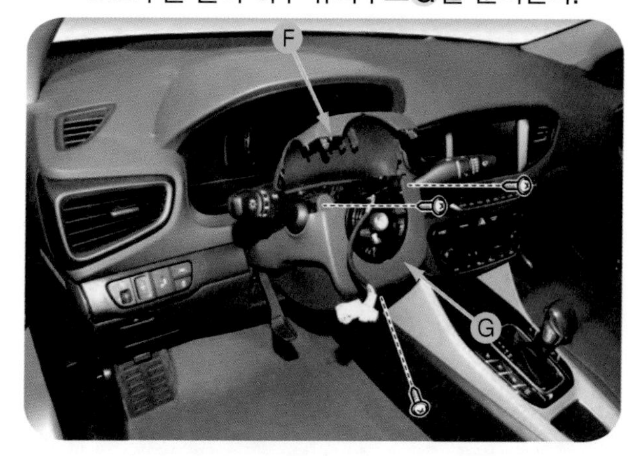

❖그림 7-25 상부 커버 및 슈라우드 분리

❽ 클록 스프링 커넥터를 분리한 후 클록 스프링 H을 분리한다.

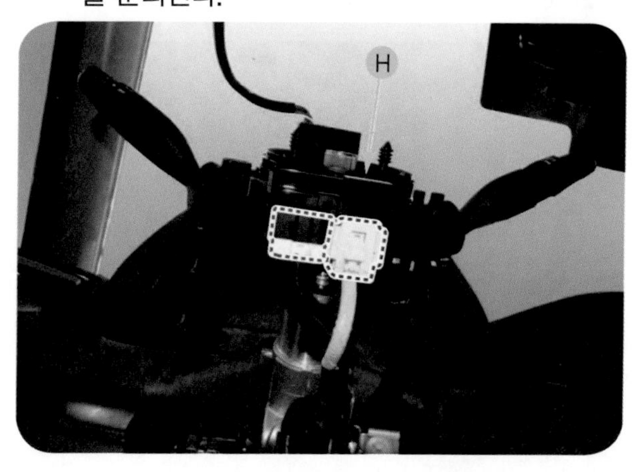

❖그림 7-26 클록 스프링 분리

가) 클록 스프링 장착 시 정렬 마크를 일치시켜 중심 위치를 맞춘다.

나) 오토 록을 누른 후 시계 방향으로 클록 스프링을 멈출 때까지 돌리고 다시 반대 방향으로 약 2회전시켜서 중립 마크(I, ▶ ◀)를 일치시킨다.

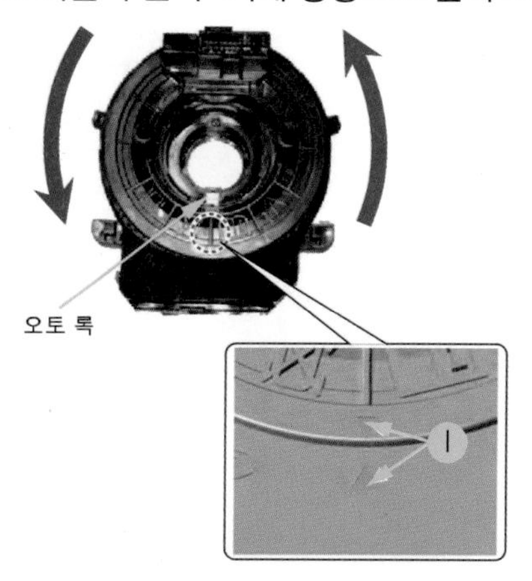

❖그림 7-27 클록 스프링 장착

❾ 다기능 스위치 커넥터 J를 분리한다.

❖그림 7-28 다기능 스위치 커넥터 분리

❿ 다기능 스위치 고정 스크루 K를 풀고 다기능 스위치 L를 탈착한다.

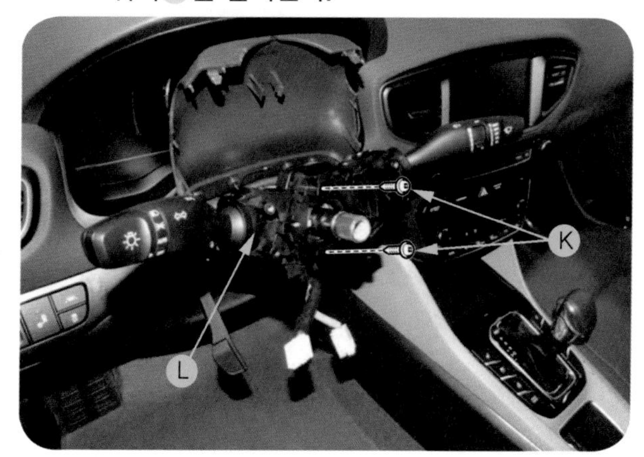

❖그림 7-29 다기능 스위치 탈착

⓫ 스티어링 칼럼에서 고정 클립 M을 탈착한다.

❖그림 7-30 칼럼에서 고정 클립 탈착

⑫ 크래시 패드 로어 패널을 탈착한다.

⑬ 운전석 무릎 에어 백 N을 탈착한다.

❖그림 7-31 무릎 에어백 탈착

⑭ 운전석 무릎 에어 백 커넥터 O를 분리한다.

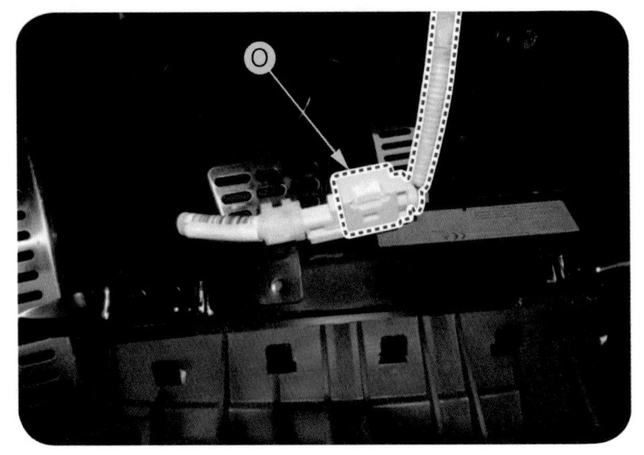

❖그림 7-32 무릎 에어백 커넥터 분리

⑮ MDPS ECU 커넥터 P를 분리한다.

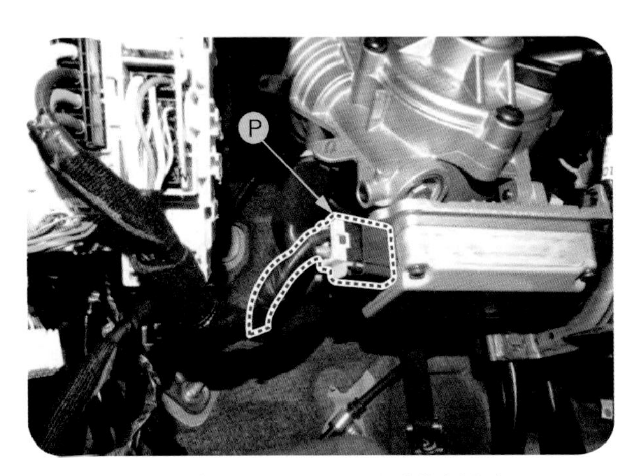

❖그림 7-33 MDPS ECU 커넥터 분리

⑯ 유니버설 조인트 체결 볼트 Q를 풀고 유니버설 조인트 R를 스티어링 기어박스에서 분리한다.

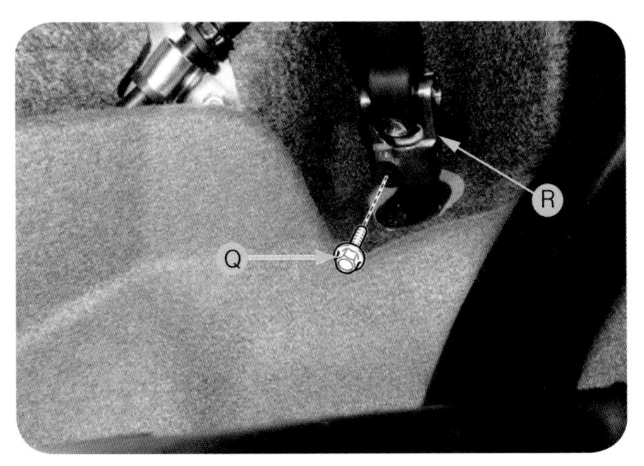

❖그림 7-34 유니버설 조인트 분리

가) 스티어링 핸들 유동 시 클록 스프링 내부 케이블이 손상될 수 있으므로 중립을 유지한다.

나) 장착 시 유니버설 조인트를 스티어링 기어박스 피니언 샤프트에 확실히 삽입하여 체결한다.

다) 유니버설 조인트 체결 볼트는 재사용 하지 않는다.

라) 유 조인트 슬롯 사이로 피니언 샤프트 샤크 핀이 삽입 될 수 있도록 조립한다.

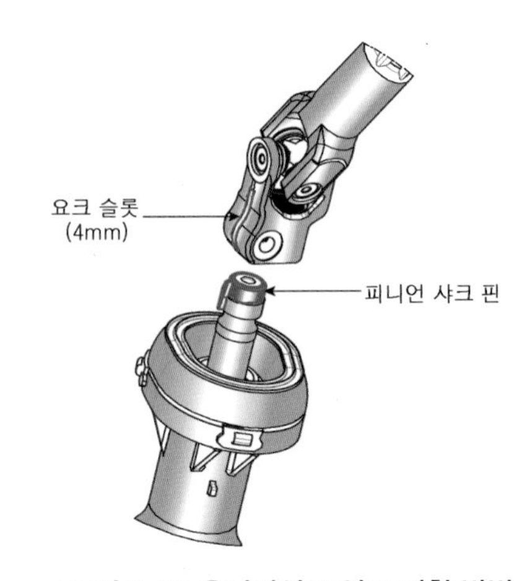

❖그림 7-35 유니버설 조인트 장착 방법

⑰ 고정 볼트 S 및 너트 T 를 풀어 스티어링 칼럼 어셈블리를 분리한다.

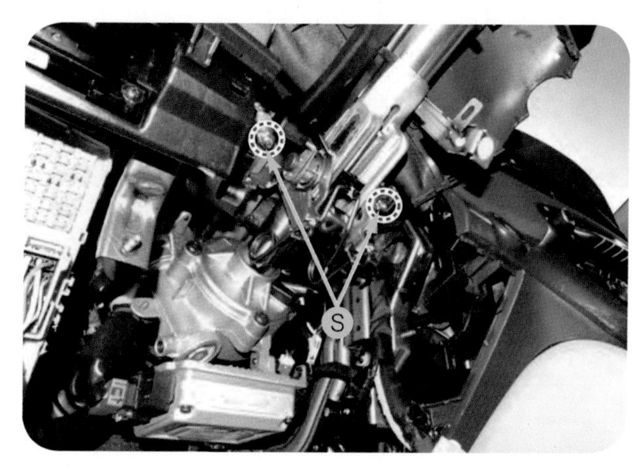

❖그림 7-36 스티어링 칼럼 어셈블리 분리(1)

❖그림 7-37 스티어링 칼럼 어셈블리 분리(2)

5 스티어링 칼럼 및 샤프트 분리 및 장착

❶ 볼트 U 를 분리하여 스티어링 칼럼 어셈블리와 유니버설 조인트 어셈블리를 분리한다.

❷ 조립은 분해의 역순으로 진행하며, 칼럼 샤프트 끝단의 결치와 유 조인트의 합치가 매칭 되도록 조립한다.

❸ 장착은 탈착의 역순으로 진행한다.

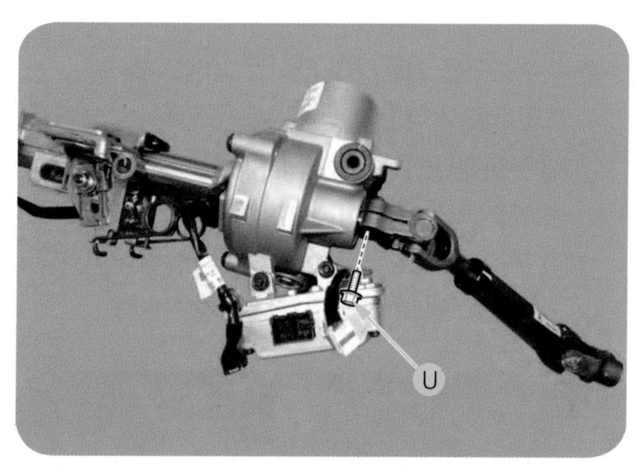

❖그림 7-38 칼럼과 유니버설 조인트 분리

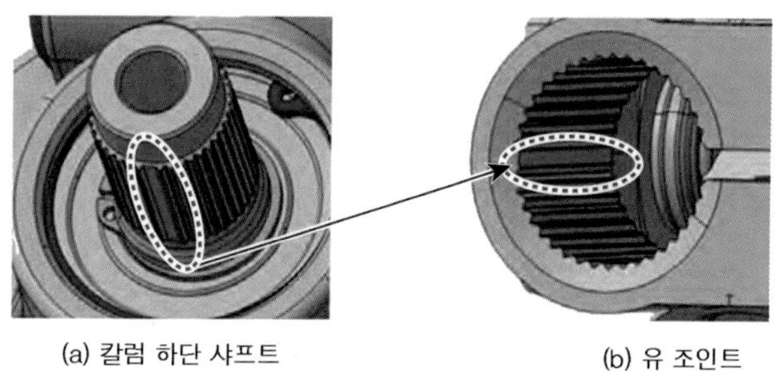

❖그림 7-39 칼럼 샤프트와 유 조인트 조립 방법

6 전동 파워 스티어링 시스템 (EPS)의 영점 설정

❶ 필요시 영점을 재설정 한다.
❷ GDS 진단 장비를 차량의 자가진단 커넥터와 연결한다.
❸ ASP 영점 설정을 실시한다.
❹ 파워 스티어링 사양 인식을 실시한다.
❺ 고장진단 코드가 발생하는지 확인한다.

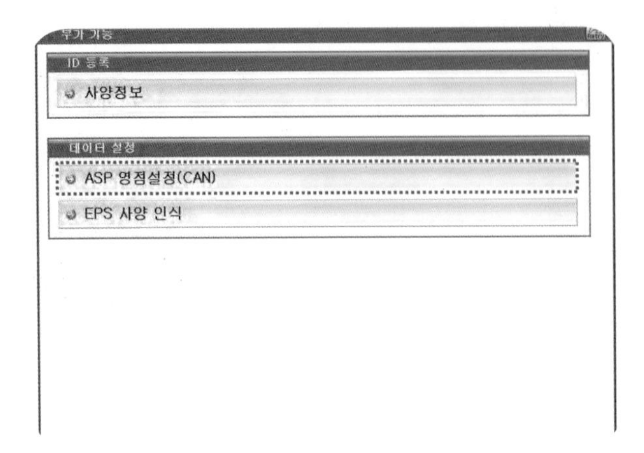

❖그림 7-40 파워 스티어링 영점 설정(1)

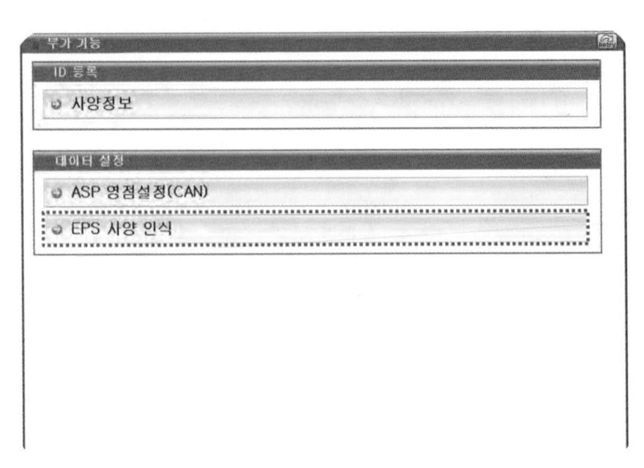

❖그림 7-41 파워 스티어링 영점 설정(2)

7 전동 파워 스티어링의 기어 박스 탈부착

❶ 차량을 리프트를 이용하여 들어 올린 후 안전을 확인한다.
❷ 프런트 휠 너트를 풀고 휠 및 타이어 A 를 프런트 허브에서 탈착한다.
❸ 특수공구를 사용하여 타이로드 엔드 볼 조인트를 탈착한다.
가) 분할 핀 B 을 탈착한다.
나) 캐슬 너트 C 를 탈착한다.
다) 특수공구(볼 조인트 엔드 풀리)를 사용하여 타이로드 엔드 볼 조인트 D 를 탈착한다.

❖그림 7-42 휠 및 타이어 탈착

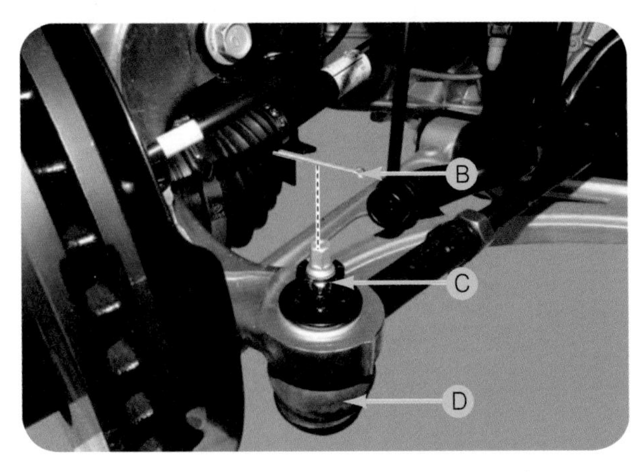

❖그림 7-43 타이로드 엔드 볼 조인트 탈착

❹ 로어 암 체결 너트를 풀고 특수공구를 이용하여 로어 암을 분리한다.

가) 고정 핀 E 을 탈착한다.

나) 캐슬 너트 F 및 와셔 G 를 탈착한다.

다) 특수공구(볼 조인트 엔드 풀러)를 사용하여 로어 암 볼 조인트 H 를 탈착한다.

❖그림 7-44 로어 암 볼 조인트 탈착(1)

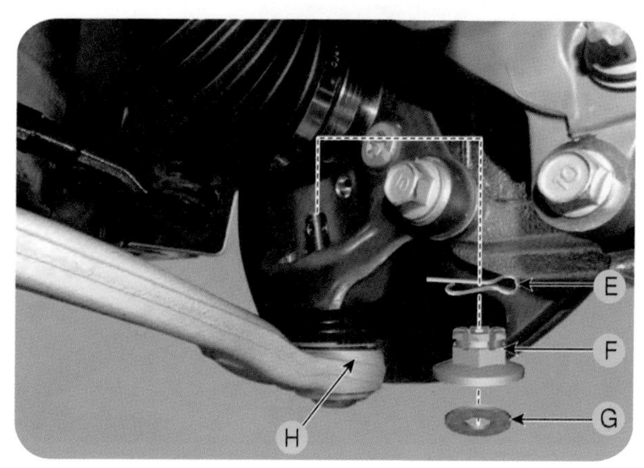

❖그림 7-45 로어 암 볼 조인트 탈착(2)

❺ 스패너를 사용하여 쇽업소버에서 스태빌라이저 링크 I 를 탈착한다.

• 스태빌라이저 바 링크를 탈착할 때 링크의 아웃터 헥사를 고정하고 너트를 탈착한다.

❻ 유니버설 조인트 체결 볼트 J 를 풀고 유니버설 조인트 K 를 스티어링 기어박스에서 분리한다.

가) 스티어링 핸들 유동 시 클록 스프링 내부 케이블이 손상될 수 있으므로 중립을 유지한다.

나) 장착 시 유니버설 조인트를 스티어링 기어박스 피니언 샤프트에 확실히 삽입하여 체결한다.

다) 유니버설 조인트 체결 볼트는 재사용 하지 않는다.

라) 유 조인트 슬롯 사이로 피니언 샤프트 샤크 핀이 삽입 될 수 있도록 조립한다.

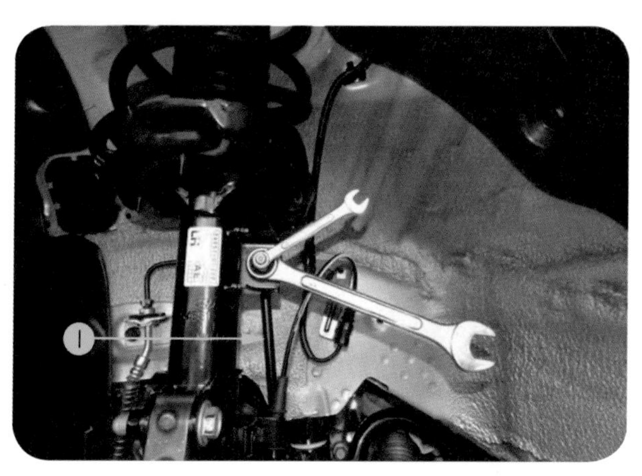

❖그림 7-46 스태빌라이저 링크 탈착

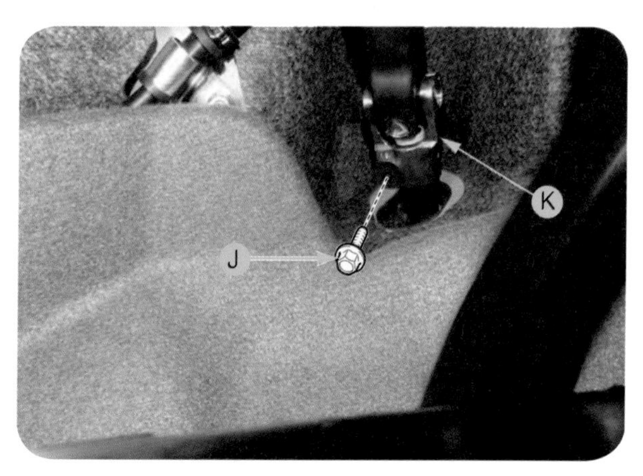

❖그림 7-47 유니버설 조인트 장착

❼ 프런트 서브 프레임을 탈착한다.

가) 리어 롤 마운팅 브래킷 장착 볼트 L 를 먼저 탈착한다.

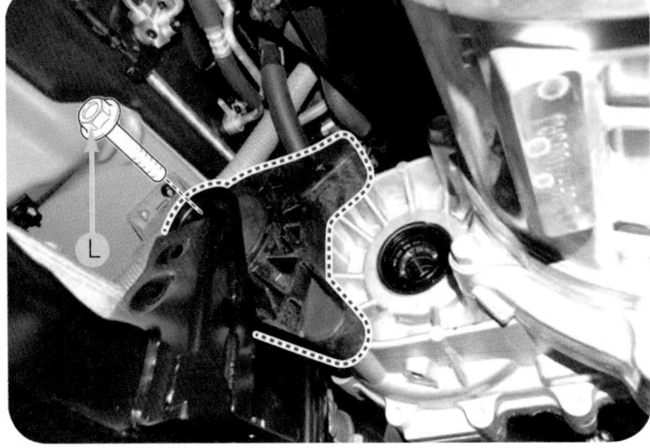

❖그림 7-48 리어 롤 마운트 브래킷 볼트 탈착

㉮ 모터 하부 M 에 잭을 받친다.

㉯ 모터와 잭 사이에 나무 블록 등을 넣어 모터의 손상을 방지한다.

❖그림 7-49 모터 하부에 잭을 받친다.

나) 안전을 위해 트랜스미션 잭 N 을 설치한 뒤 볼트와 너트 O 를 풀고 서브 프레임 P 을 탈착한다.

❖그림 7-50 트랜스미션 잭을 받친다.

다) 마운팅 볼트 R 를 풀고 스태빌라이저 바 Q 를 탈착한다.

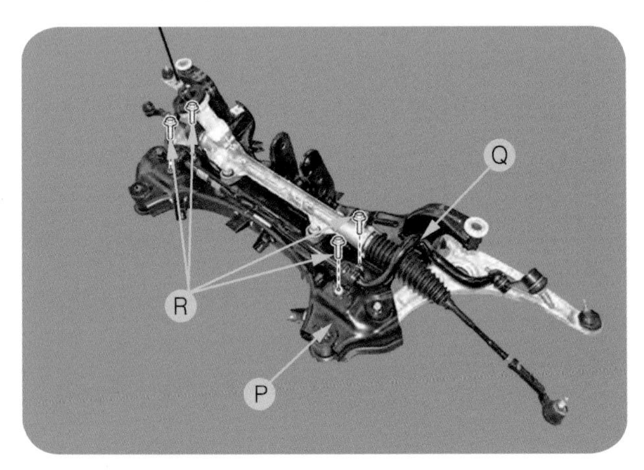

❖그림 7-51 프런트 스태빌라이저 바 탈착

❽ 고정 볼트를 풀고 스티어링 기어박스(S)를 서브 프레임(P)에서 탈착한다.

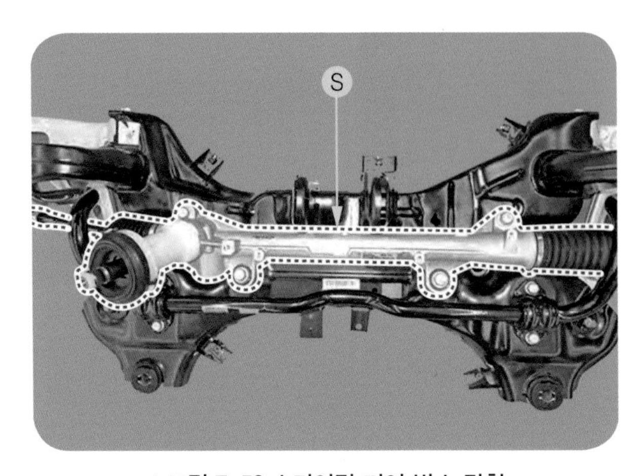

❖그림 7-52 스티어링 기어 박스 탈착

❾ 전동 파워 스티어링의 기어 박스를 신품으로 교환 한다.

가) 스티어링 기어박스는 분해하지 않는다.

나) 단순 체결 부품을 제외한 소음・청정도・기능 등과 관련된 내부 부품의 교환 시 부품의 성능을 보장할 수 없다.

❿ 장착은 분해의 역순으로 진행한다.

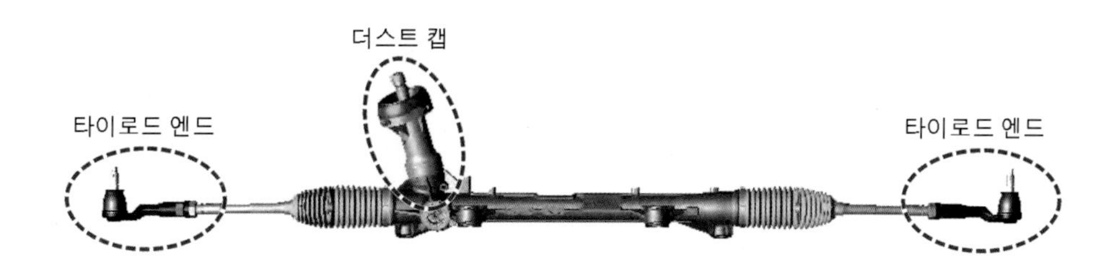

❖그림 7-53 스티어링 기어 박스

실습교육 그리고 기술인들의 지침서
EV
Electric Vehicle
Manual

단원 8
서스펜션 시스템

1. 완충 장치
2. 프런트 서스펜션 시스템
3. 리어 서스펜션 시스템

단원 8

서스펜션 시스템

학습목표

1. 완충 장치 구성품의 기능에 대하여 설명할 수 있다.
2. 완충 장치의 고장 진단에 대하여 설명하고 실행할 수 있다.
3. 프런트 스트럿의 탈부착 및 점검 정비에 대하여 실행할 수 있다.
4. 프런트 로어 암의 탈부착 및 점검 정비에 대하여 실행할 수 있다.
5. 리어 쇽업소버의 탈부착 및 점검 정비에 대하여 실행할 수 있다.
6. 리어 코일 스프링의 탈부착 및 점검 정비에 대하여 실행할 수 있다.

1 완충 장치

완충 장치는 노면에 접촉되어 있는 타이어에서부터 차체 사이에서 충격을 흡수하는 부품을 말하며, 주행 중 발생된 진동을 적절히 조절하여 승차감을 향상시키는 역할을 한다.

완충 장치는 차체와 타이어를 연결하는 서스펜션 암과 차체를 지지하는 스프링, 상하의 진동을 흡수하는 쇽업소버, 차체의 기울어짐을 억제하는 스태빌라이저로 구성된다. 또한 부품의 구성에 따라 더블 위시본식, 맥퍼슨식 또는 커플 더블 위시본식으로 구분한다.

❖그림 8-1 앞바퀴 완충장치

❖그림 8-2 뒷바퀴 완충장치

1 완충 장치의 구성

(1) 전동 파워 스티어링

스프링은 노면으로부터 발생된 충격을 완화하는 작용과 차체를 지지하는 역할을 하며, 쇽업소버는 실린더 내 피스톤의 상하 움직임에 따른 유체의 저항을 이용하여 진동을 감쇠시킨다.

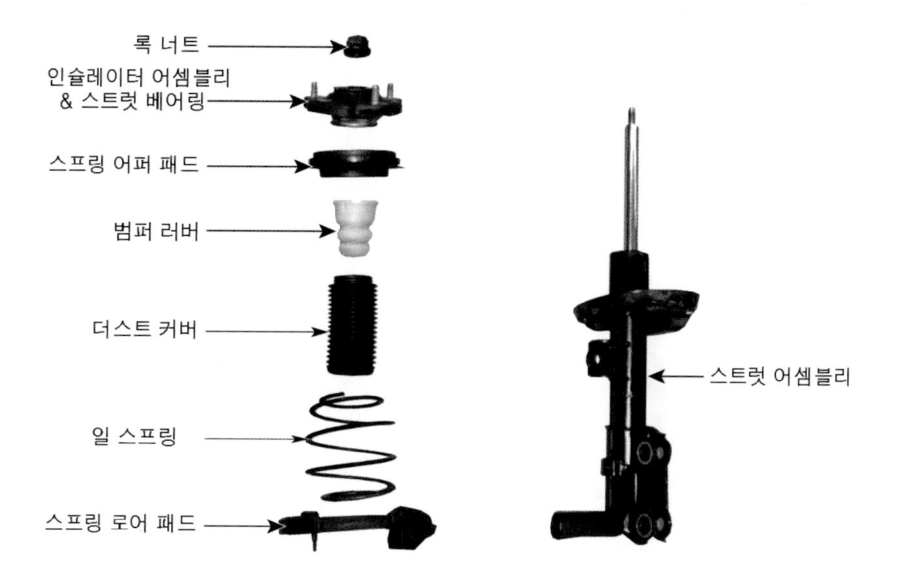

❖그림 8-3 스트럿 어셈블리의 구성

(2) 스태빌라이저(stabilizer)

자동차는 선회 시 차체에 롤 현상이 발생되면서 안정성이 저하된다. 그러므로 스태빌라이저를 장착하여 롤 현상을 제어함으로써 차체의 안정성과 승차감을 적절히 조절할 수 있다.

스태빌라이저의 강성에 따라 차체 기울기 즉 롤링량을 조정할 수 있으며, 고속으로 주행하는 자동차 레이스용으로 개조하는 경우 등은 강성계수가 높은 스태빌라이저로 교환함으로써 차체의 기울어짐을 줄이고 고속 주행 안정성을 높일 수 있다.

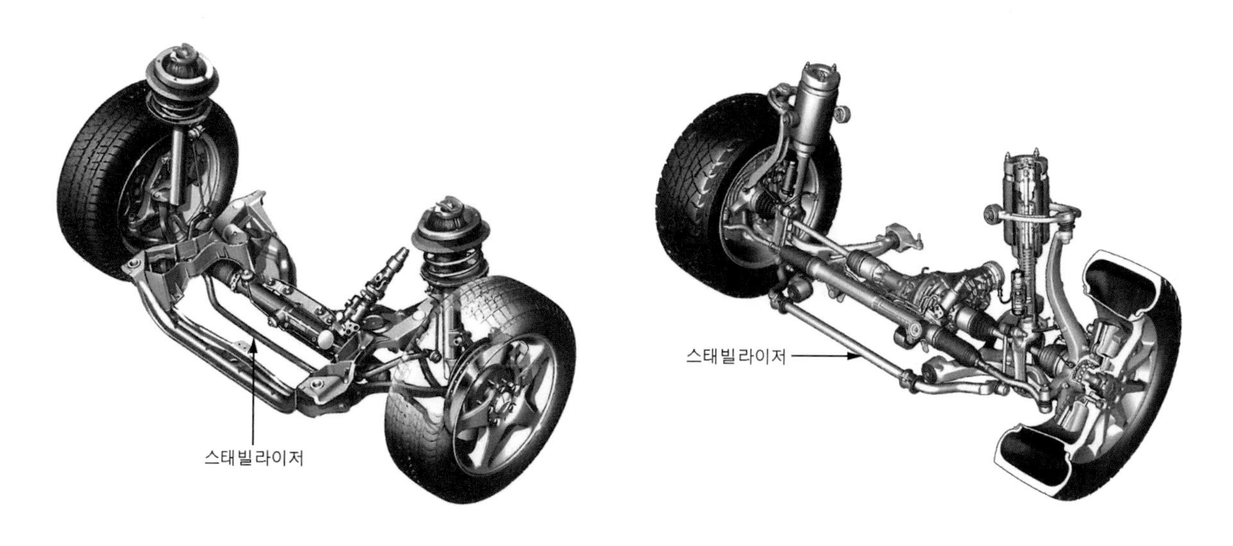

❖그림 8-4 스테이빌라이저

2 완충 장치의 구분

(1) 더블 위시본(double wishbone) 형식

어퍼 암과 로어 암에 너클을 연결하여 타이어를 지지하는 형식이다.

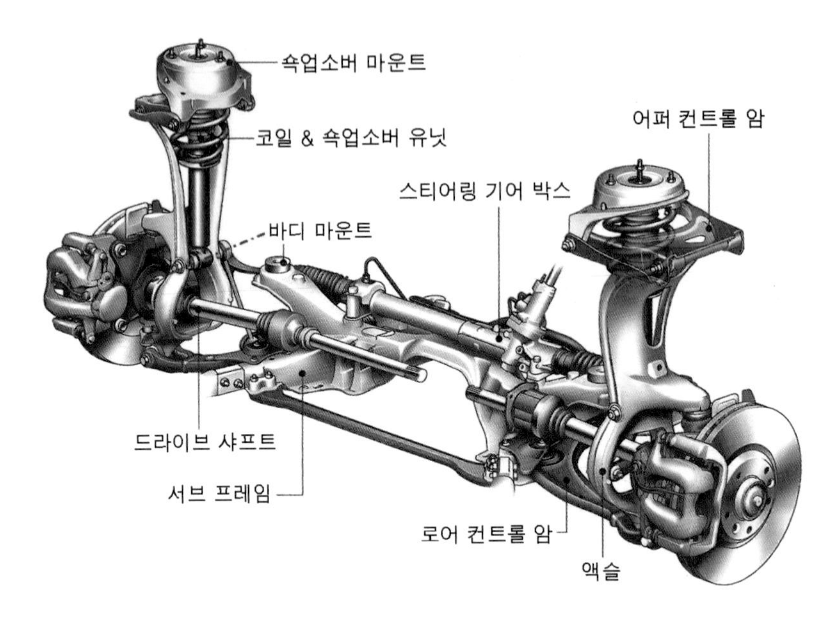

❖그림 8-5 더블 위시본 형식

(2) 멀티 링크(multi-link) 형식

어더블 위시본 형식과 비슷하지만 4~5개의 막대형 로드를 연결하여 너클을 지지하는 형식이다.

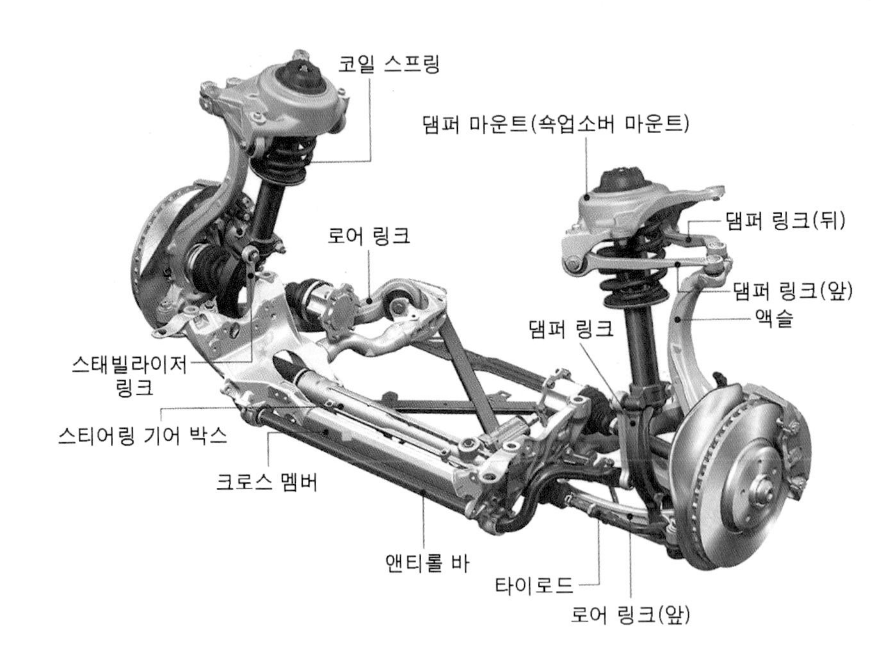

❖그림 8-6 멀티 링크 형식

(3) 맥퍼슨(macpherson) 형식

더블 위시본 형식과 비교해 보면 어퍼 암이 생략된 방식으로 쇽업소버가 어퍼 암을 병행한다.

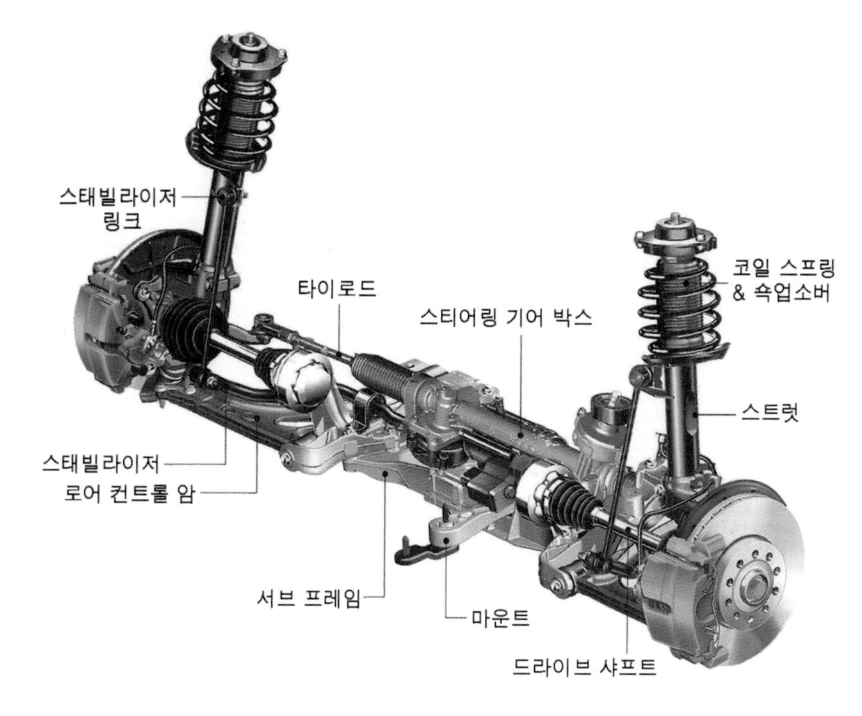

❖그림 8-7 맥퍼슨 형식

(4) 커플 더블 위시본(Couple Double Wishbone) 형식

맥퍼슨 형식과 위시본 형식의 장점을 적용한 시스템이다.

❖그림 8-8 커플 위시본 형식

3 완충 장치 고장진단

표 8-1 아이오닉 차량의 완충 장치제원

구분	항목			제원
서스펜션 형식	프런트 서스펜션 형식			맥퍼슨 스트럿
	리어 서스펜션 형식			토션 빔 액슬
얼라이먼트	토우	토털	프런트	0.1˚ ±0.2˚
			리어	0.1˚ ±0.2˚
		개별	프런트	0.05˚ ±0.1˚
			리어	0.15˚ ±0.15
	캠버		프런트	-0.5˚ ±0.5
			리어	-1.2˚ ±0.5˚
	캐스터		프런트	4.5˚ ±0.5˚
			리어	-
	킹핀		프런트	14.0˚ ±0.5˚
			리어	-

표 8-2 완충장치 고장진단

현상	가능한 원인	정비
차량이 한쪽으로 쏠린다.	드라이브 샤프트 볼 조인트 굵힘	교환
	휠 베어링의 마모, 소음 혹은 소착	교환
	프런트 서스펜션과 스티어링의 결함	조정 혹은 교환
진동	드라이브 샤프트의 마모, 손상 혹은 굽음	교환
	드라이브 샤프트의 소음과 허브의 돌출	교환
	휠 베어링의 마모, 소음 혹은 열화	교환
시미	부적절한 휠 밸런스	조정 혹은 교환
	프런트 서스펜션과 스티어링의 결함	조정 혹은 교환
과도한 소음	드라이브 샤프트의 마모, 손상 혹은 굽음	교환
	드라이브 샤프트의 소음과 허브의 돌기	교환
	드라이브 샤프트 떨림 소음, 사이드 기어의 돌기	교환
	휠 베어링의 마모, 소음 혹은 굵힘	교환
	허브 너트의 느슨해짐	조정 혹은 교환
	프런트 서스펜션과 스티어링의 결함	조정 혹은 교환

2 프런트 서스펜션 시스템

1 스트럿 탈부착

(1) 스트럿 탈착

❶ 차량을 리프트를 이용하여 들어 올린 후 안전을 확인한다.

❷ 프런트 휠 너트를 풀고 휠 및 타이어 A를 프런트 허브에서 탈착한다.

❸ 마운팅 볼트 B를 풀고 쇽업소버에서 브레이크 호스 브래킷을 탈착한다.

❖그림 8-9 휠 및 타이어 탈착

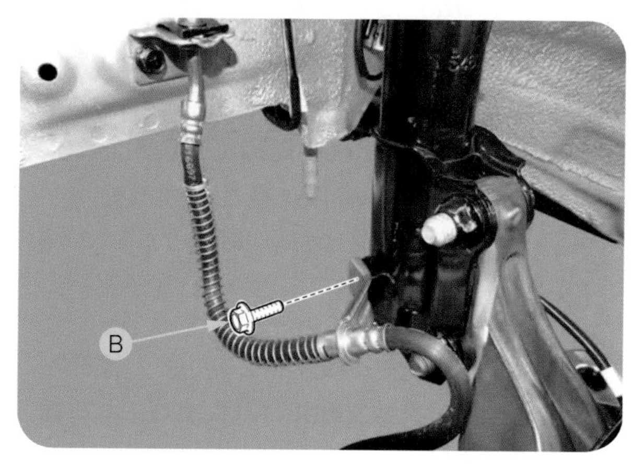

❖그림 8-10 브레이크 호스 브래킷 탈착

❹ 마운팅 볼트 C를 풀고 쇽업소버에서 휠 속도 센서 브래킷을 탈착한다.

❺ 스패너를 사용하여 쇽업소버에서 스태빌라이저 바 링크를 탈착할 때 링크의 아우터 헥사를 고정하고 너트를 탈착한 후 스태빌라이저 링크 D를 탈착한다.

❖그림 8-11 휠 속도 센서 브래킷 탈착

❖그림 8-12 스태빌라이저 링크 탈착

⑥ 볼트와 너트를 풀어 프런트 스트럿 어셈블리를 액슬 E 에서 탈착한다.

⑦ 카울 탑 커버를 탈착한다.

⑧ 프런트 스트럿 어퍼 마운트 체결 너트 F 를 분리한 후 스트럿 어셈블리를 차량으로부터 분리한다.

⑨ 장착은 탈착의 역순으로 진행한다.

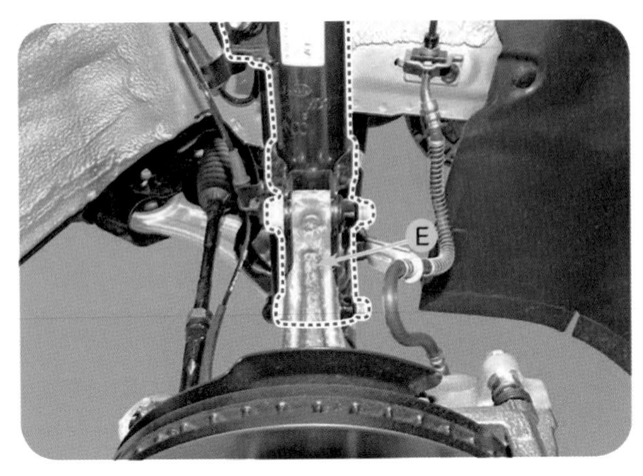

❖그림 8-13 액슬에서 스트럿 어셈블리 탈착

❖그림 8-14 차량에서 스트럿 어셈블리 탈착

(2) 코일 스프링 탈착

❶ 특수공구(스트럿 스프링 컴프레서)를 사용하여 스프링에 약간의 장력이 생길 때까지 스프링 A 을 압축한다.

❷ 특수공구(쇽업소버 록킹 너트 리무버)를 사용하여 스트럿에서 셀프 록킹 너트를 탈착한다.

❸ 스트럿에서 인슐레이터, 스트럿 베어링, 코일 스프링 및 더스트 커버 등을 분리한다.

❖그림 8-15 스트럿 스프링 컴프레서로 압축

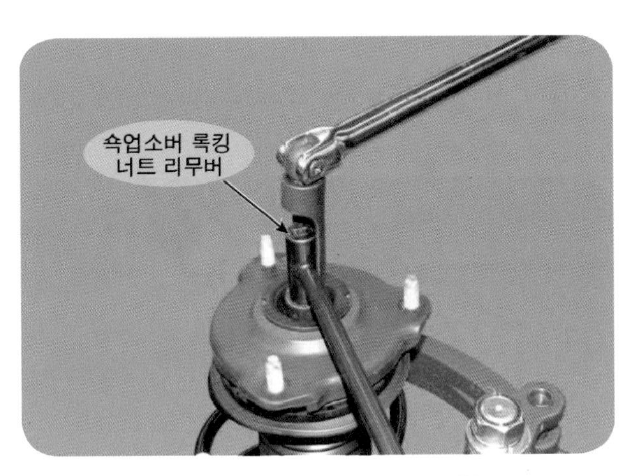

❖그림 8-16 셀프 록킹 너트 탈착

(3) 부품 점검

❶ 스트럿 인슐레이터 베어링의 마모 및 손상 여부를 점검한다.

❷ 고무 부품의 손상 및 변형여부를 점검한다.

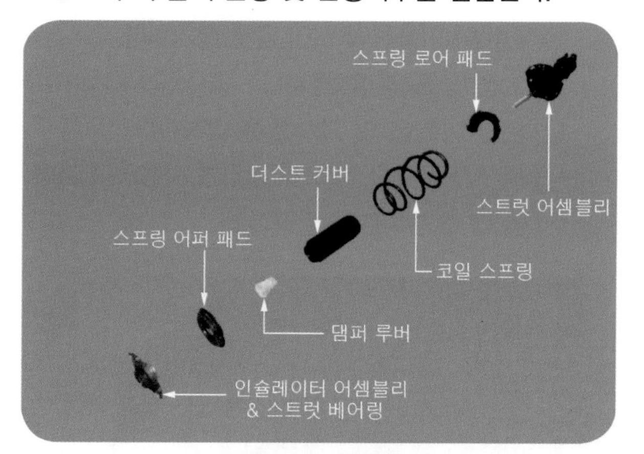

❖그림 8-17 부품 점검

❸ 스트럿 로드 A 의 압축, 인장 및 좌우 움직임을 반복하면서 작동 간에 비정상적인 저항이나 소음이 없는지 점검한다.

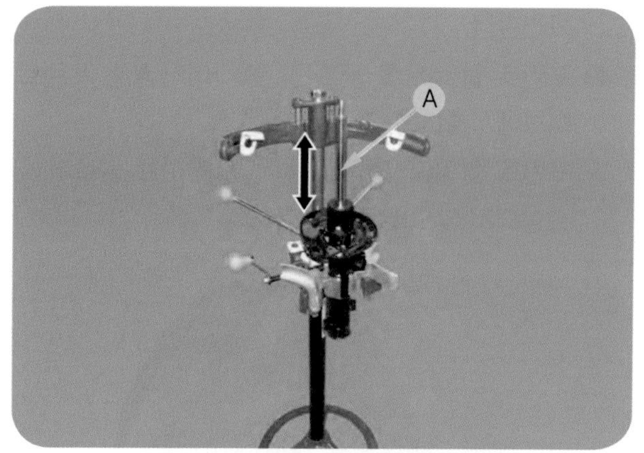

❖그림 8-18 스트럿 로드 작동 점검

(4) 코일 스프링 조립

❶ 돌기부분 A 이 스프링 로어 시트 B 의 구멍 C 에 들어가도록 로어 스프링 패드 D 를 장착한다.

❷ 조립은 분해의 역순으로 진행한다.

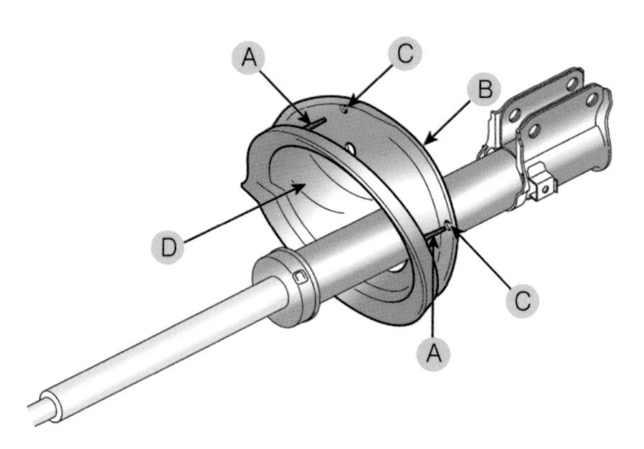

❖그림 8-19 로어 스프링 패드 장착

❸ 특수공구(스트럿 스프링 컴프레서)를 사용하여 스프링 E 에 약간의 장력이 생길 때까지 특수공구의 손잡이를 돌려서 스프링을 압축한다.

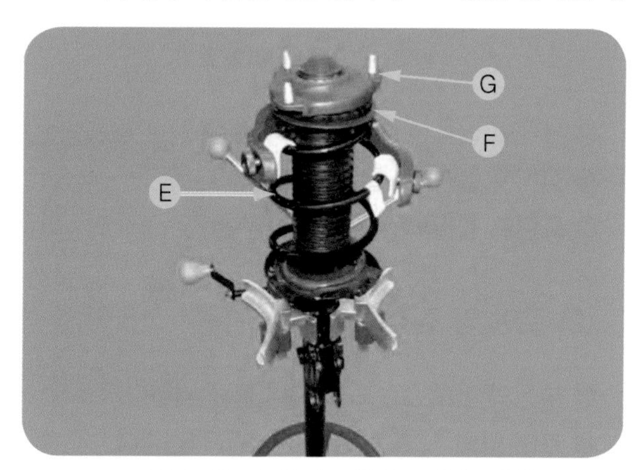

❖그림 8-20 스트럿 스프링 컴프레서로 압축

❹ 스프링 어퍼 패드 F 및 인슐레이터 G 를 조립한다.

❺ 특수공구(쇽업소버 록킹 너트 리무버)를 사용하여 스트럿에서 셀프 록킹 너트를 장착한다.

❖그림 8-21 셀프 록킹 너트 장착

2 프런트 로어 암 탈부착

(1) 로어 암 탈착

❶ 차량을 리프트를 이용하여 들어 올린 후 안전을 확인한다.

❷ 프런트 휠 너트를 풀고 휠 및 타이어 A를 프런트 허브에서 탈착한다.

• 프런트 휠 및 타이어를 탈착할 때 허브 볼트가 손상되지 않도록 주의한다.

❸ 로어 암 체결 너트를 풀고 특수공구(볼 조인트 리무버)를 이용하여 로어 암을 분리한다.

가) 고정 핀 B을 탈착한다.

나) 캐슬 너트 C 및 와셔 D를 탈착한다.

다) 특수공구(볼 조인트 리무버)를 사용하여 로어 암 볼 조인트 E를 탈착한다.

❖그림 8-22 휠 및 타이어 탈착

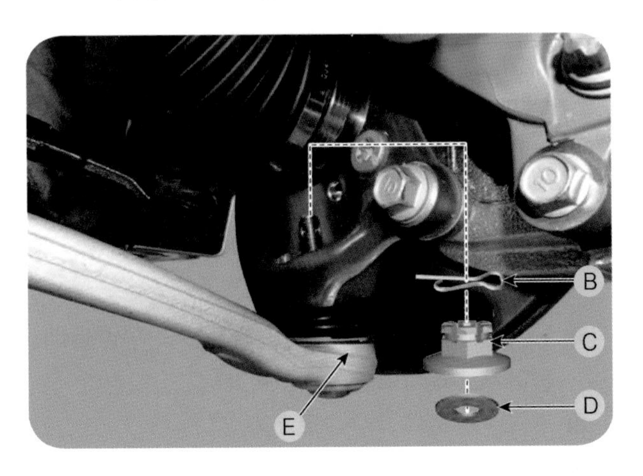

❖그림 8-23 로어 암 탈착

❹ 볼트와 너트를 풀어 로어 암 E을 서브 프레임에서 탈착한다.

❺ 장착은 탈착의 역순으로 진행한다.

❻ 프런트 휠 얼라이먼트를 점검한다.

(2) 로어 암 점검

❶ 부싱의 마모 또는 노화 여부를 점검한다.

❷ 로어 암의 휨 또는 손상 여부를 점검한다.

❸ 볼 조인트 더스트 커버의 균열 여부를 점검한다.

❹ 모든 볼트를 점검한다.

3 리어 서스펜션 시스템

1 리어 서스펜션 부품 위치

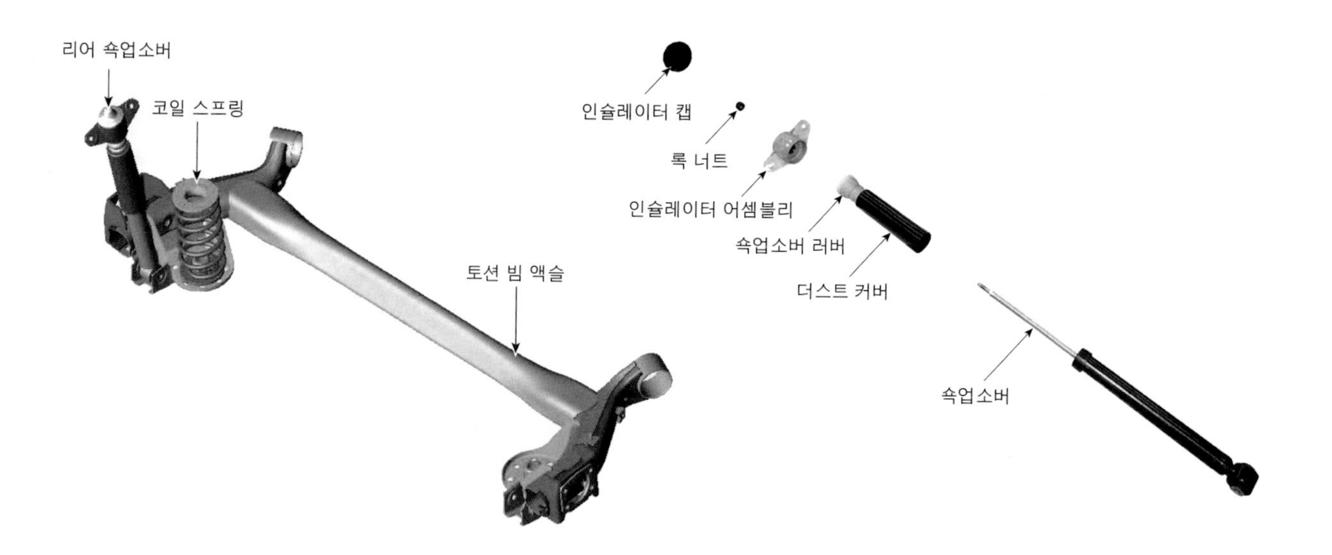

❖그림 8-24 리어 서스펜션

❖그림 8-25 리어 쇽업소버의 구성품

2 리어 쇽업소버 탈부착

(1) 쇽업소버 탈부착

❶ 리어 휠 너트를 느슨하게 푼다. 차량을 리프트를 이용하여 들어 올린 후 안전을 확인한다.

❷ 리어 휠 및 타이어 A를 리어 허브에서 탈착한다.

❸ 볼트 B를 풀어 프레임에서 리어 쇽업소버 C를 분리한다.

❖그림 8-26 리어 휠 및 타이어 탈착

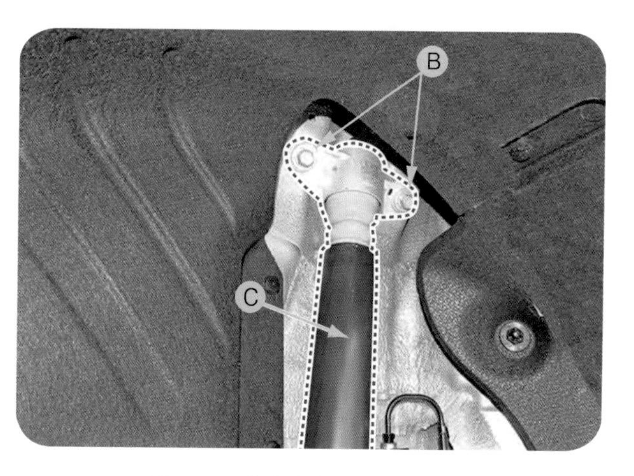

❖그림 8-27 차체에서 리어 쇽업소버 탈착

❹ 볼트 D를 푼 후 토션 빔 액슬 E에서 리어 쇽업소버 C를 분리한다.
❺ 장착은 탈착의 역순으로 진행한다.

❖그림 8-28 토션 빔 액슬에서 쇽업소버 탈착

(2) 쇽업소버 관련 부품 분해

❶ 록 너트 커버를 탈착한 후 특수공구(쇽업소버 록킹 너트 리무버)를 사용하여 록킹 너트를 푼다.

❖그림 8-29 록킹 너트 탈착

❷ 브래킷 어셈블리 A, 쇽업소버 루버 B, 더스트 커버 C, 쇽업소버 D를 분리한다.

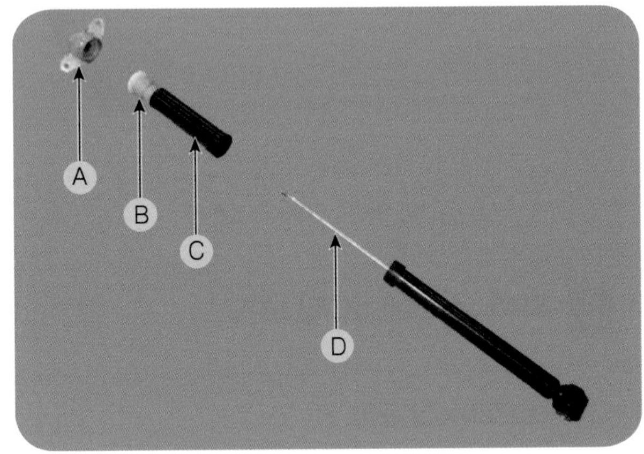

❖그림 8-30 쇽업소버 관련 부품 분해

(3) 쇽업소버 점검

❶ 고무 부품의 손상 및 변형 여부를 검사한다.
❷ 리어 쇽업소버 로드 E의 압축, 인장 및 좌우 흔듦을 반복하면서 작동 간에 비정상적인 저항이나 소음이 없는지 검사한다.

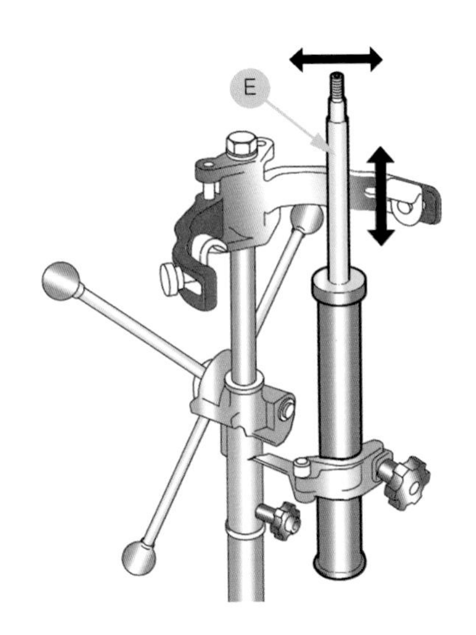

❖그림 8-31 리어 쇽업소버 점검

(4) 쇽업소버 폐기

❶ 리어 쇽업소버 로드를 완전히 늘인 상태로 한다.

❷ 실린더 F 구간에 드릴 구멍을 뚫어 가스를 빼낸다.

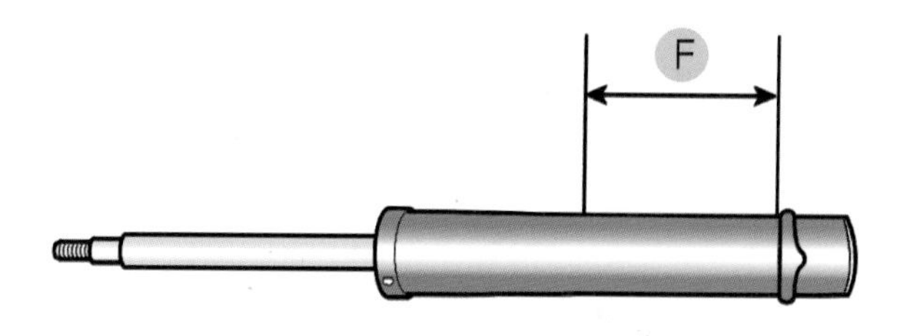

❖그림 8-32 리어 쇽업소버 폐기 방법

3 리어 코일 스프링

(1) 구성 부품

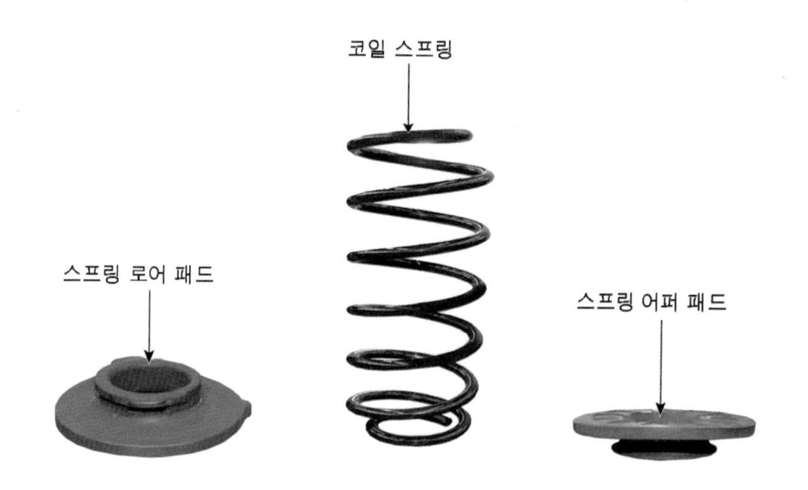

❖그림 8-33 리어 코일 스프링 구성 부품

(2) 리어 코일 스프링 탈착

❶ 리어 휠 너트를 느슨하게 푼다. 차량을 리프트를 이용하여 들어 올린 후 안전을 확인한다.

❷ 리어 휠 및 타이어 A를 리어 허브에서 탈착한다.

❸ 너트 B를 풀어 우측 리어 오토 헤드 램프 레벨링 유닛 C을 토션 빔에서 분리한다.

❖그림 8-34 록킹 너트 탈착

❖그림 8-35 쇽업소버 관련 부품 분해

❹ 볼트를 풀어 프레임에서 리어 쇽업소버(D)를 분리한다.

- 좌/우 쇽업 소버를 동일하게 탈착한다.
- 안전을 위해 토션 빔 액슬 잭(E)을 설치한다.

❺ 잭을 천천히 내리면서 리어 코일 스프링을 탈착한다.

❻ 장착은 탈착의 역순으로 진행한다.

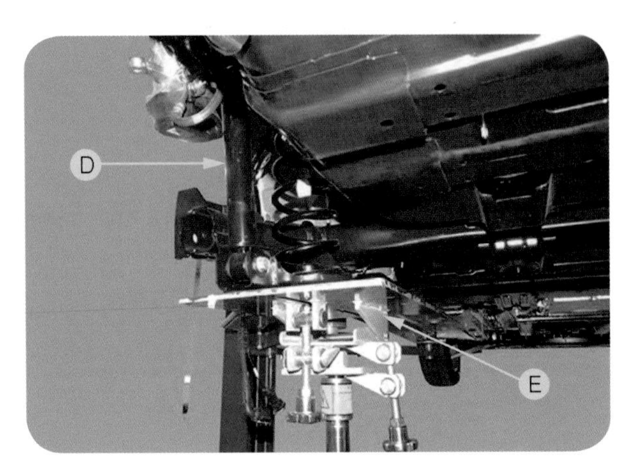

❖그림 8-36 리어 쇽업소버 탈착

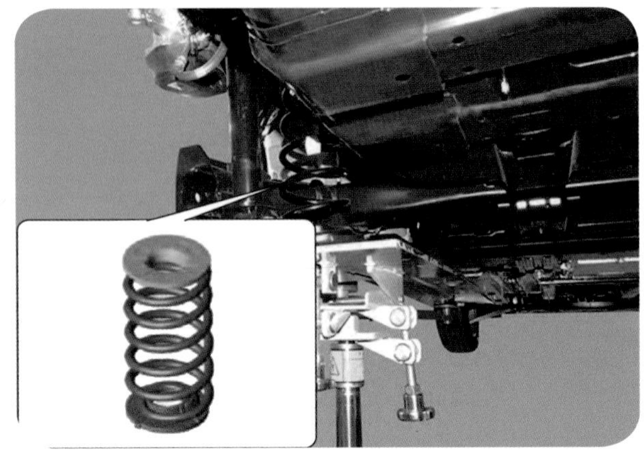

❖그림 8-37 리어 코일 스프링 탈착

(3) 리어 코일 스프링 점검

❶ 스프링의 변형, 노화 또는 손상 상태를 점검한다.

❷ 스프링 어퍼 패드의 손상 또는 노화 상태를 점검한다.

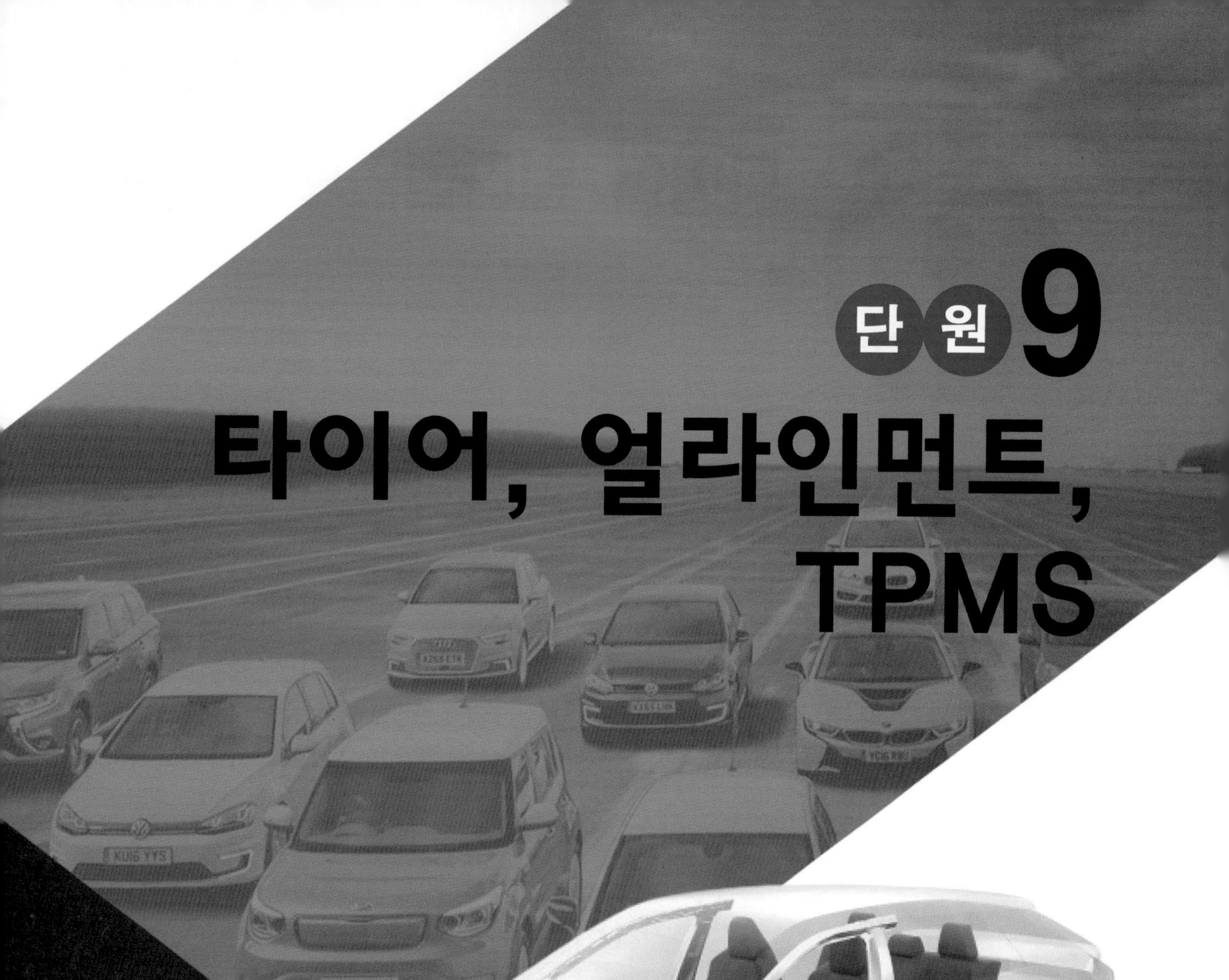

단 원 9

타이어, 얼라인먼트, TPMS

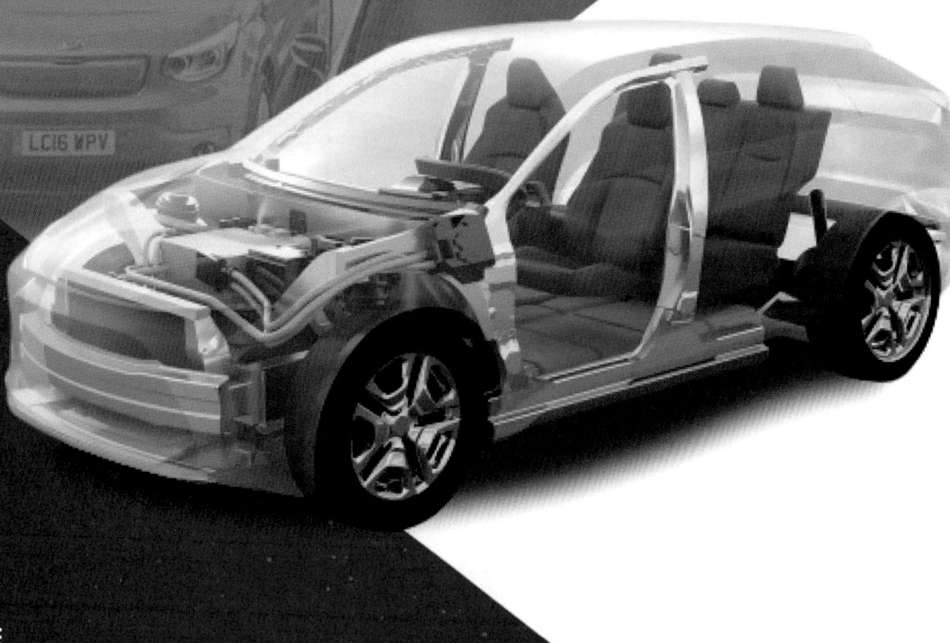

1. 휠 및 타이어
2. 휠 얼라이언먼트
3. 타이어 공기압 경보 장치(TPMS)

단원 9 타이어, 얼라인먼트, TPMS

학습목표

1. 타이어 마모 측정에 대하여 설명하고 실행할 수 있다.
2. 휠 밸런스 점검 및 조정에 대하여 설명하고 실행할 수 있다.
3. 타이어 관리에 대하여 설명하고 실행할 수 있다.
4. 휠 얼라인먼트에 대하여 설명하고 실행할 수 있다.
5. 타이어 공기압 경보 장치에 대하여 설명할 수 있다.
6. TPMS 센서의 점검 및 교환에 대하여 설명하고 실행할 수 있다.
7. TPMS 리시버의 진단 및 교환에 대하여 설명하고 실행할 수 있다.

1 휠 및 타이어

타이어의 펑크로 인해 타이어 속에 충전(充塡)되어 있던 공기가 빠지면 타이어는 납작하고 평평하게 되는데 이와 같은 상황에서도 주행을 계속할 수 있는 타이어를 런 플랫(Run-flat) 타이어 라고 한다.

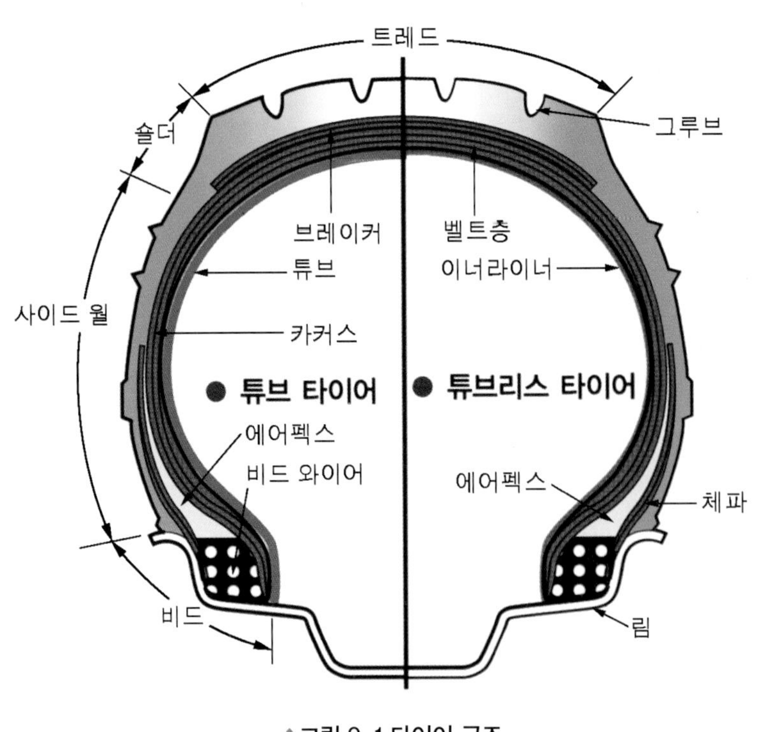

❖그림 9-1 타이어 구조

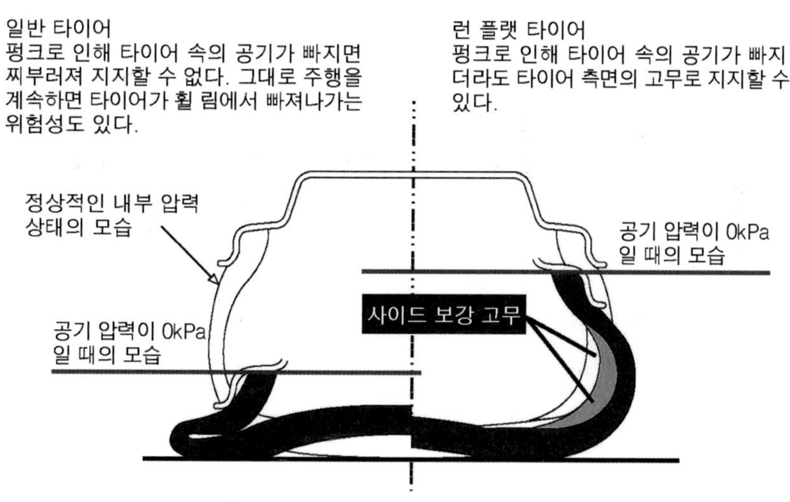

❖그림 9-2 기존 타이어와 런 플랫 타이어 비교

1 타이어 마모 측정

❶ 타이어의 트레드 깊이를 측정한다. : 트레드 깊이 한계값 1.6 mm

❷ 트레드 깊이 Ⓐ가 한계값 이하이면 타이어를 교환한다. : 트레드 깊이가 1.6 mm 이하이면 마모 한계 표시 Ⓑ가 나타난다.

❸ 측정 방법

가) 타이어 접지부의 임의의 한 점에서 120도 각도가 되는 지점마다 접지부의 1/4 또는 3/4지점 주위의 트레드 홈의 깊이를 측정한다.

나) 트레드 마모표시(1.6mm로 표시된 경우에 한한다)가 되어 있는 경우에는 마모표시를 확인한다.

다) 각 측정점의 측정값을 산술 평균하여 이를 트레드의 잔여 깊이로 한다.

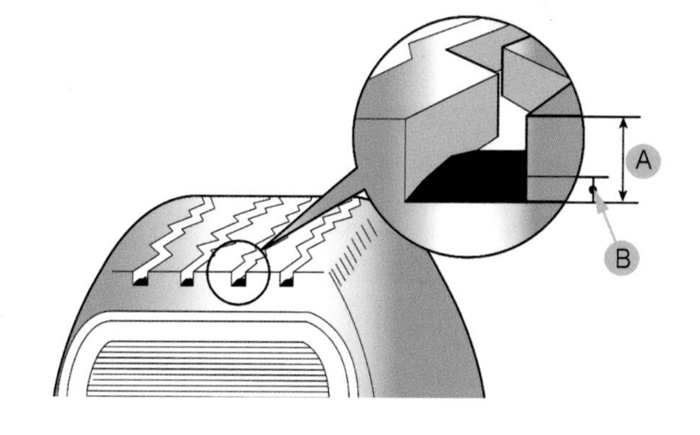

❖그림 9-3 타이어 트레드 깊이 점검

2 휠 런 아웃 측정

❶ 차량을 들어 올리고 잭 스탠드로 지지한다.

❷ 그림과 같이 다이얼 게이지로 휠 런 아웃을 측정한다.

한계값		반경 방향	축 방향
런 아웃(mm)	스틸 휠	0.6	1.0
	알루미늄 휠	0.3	0.3

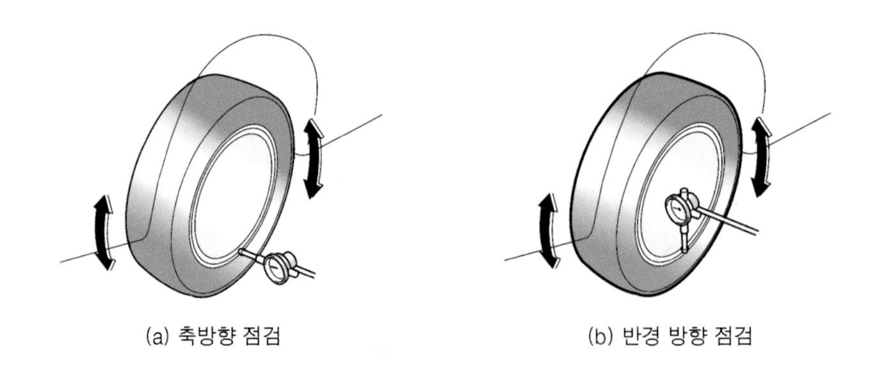

❖그림 9-4 휠 런 아웃 점검

3 휠 밸런스 점검

❶ 바퀴가 불균형하거나 타이어 교체 시 바퀴의 밸런스를 측정한다.

❷ 밸런스 조정 추의 총 중량이 3.53 oz(100g)을 초과하면 타이어와 림을 분리하여 위치를 재조정한 후 밸런스를 측정한다.

❸ 자동 변속기 차량은 on-car 밸런서를 사용하지 않는다.

4 타이어 관리

(1) 타이어 탈착

❶ 타이어의 공기를 빼낸다.

❷ 타이어 교환 장비를 이용하여 타이어의 측면 비드 부위를 휠에서 탈착시킨다.

가) 비드 브레이커가 TPMS 센서와 충분히 이격되어 있는지 확인한다.

나) 밸브로부터 90도, 180도, 270도의 위치에서 비드를 탈착시킨다.

❸ 휠을 시계 방향으로 회전시킨다.

가) 타이어 교환 장비의 머리 부분으로부터 12시 방향에 TPMS센서가 위치하도록 한다.

나) 지렛대로 비드를 들어 올릴 때 센서에 충격을 가하지 않도록 한다.

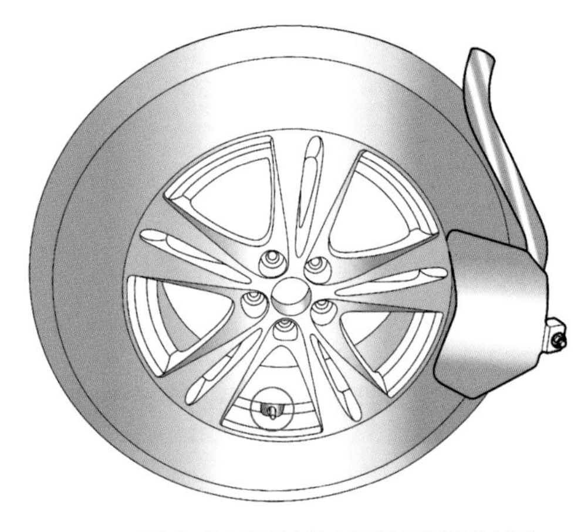

❖그림 9-5 비드부에 브레이커 위치시킴

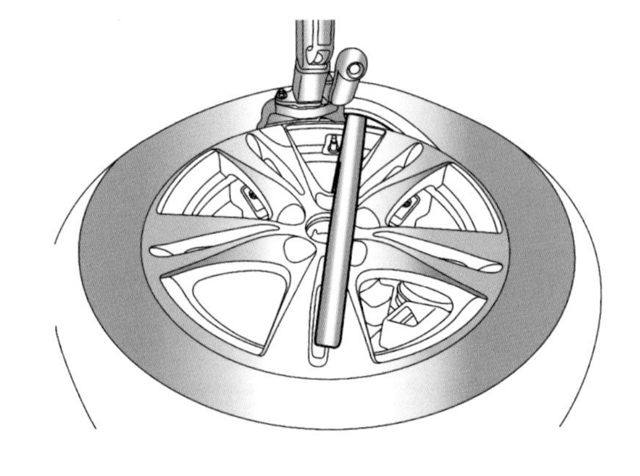

❖그림 9-6 지렛대로 비드를 들어 올림

(2) 타이어 장착

❶ 타이어의 상 · 하 비드 부에 비눗물 또는 윤활제를 도포한다.

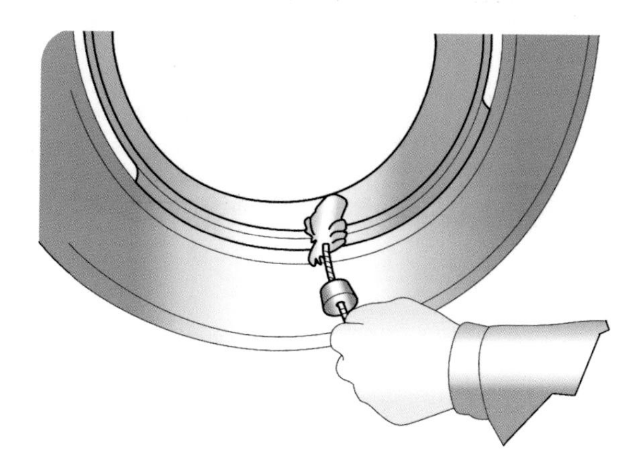

❖그림 9-7 비드에 비눗물 또는 윤활제 도포

❸ 림을 시계 방향으로 회전시키고 하단 비드를 장착하기 위해 3시 방향에서 타이어를 누른다.

❹ 타이어를 휠에 장착하여 비드가 센서 뒤쪽의 림 가장자리(6시 방향)에 닿도록 한다.

❖그림 9-9 하단 비드 장착

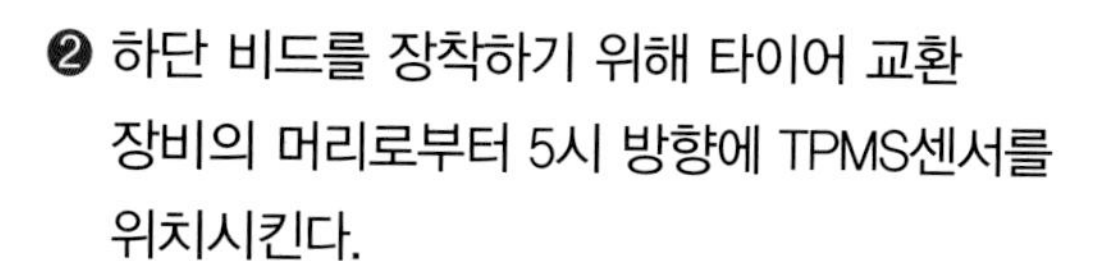

❷ 하단 비드를 장착하기 위해 타이어 교환 장비의 머리로부터 5시 방향에 TPMS센서를 위치시킨다.

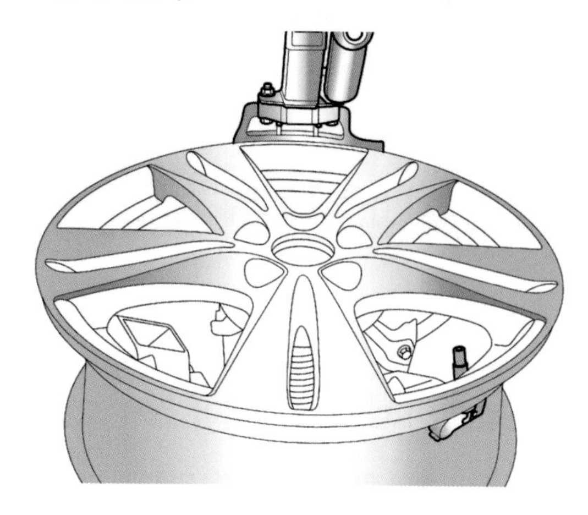

❖그림 9-8 TPMS 센서 5시 방향 위치시킴

❺ 상단 비드를 장착시키기 위해 3시 방향에서 타이어를 누르고 림을 시계 방향으로 회전시킨다.

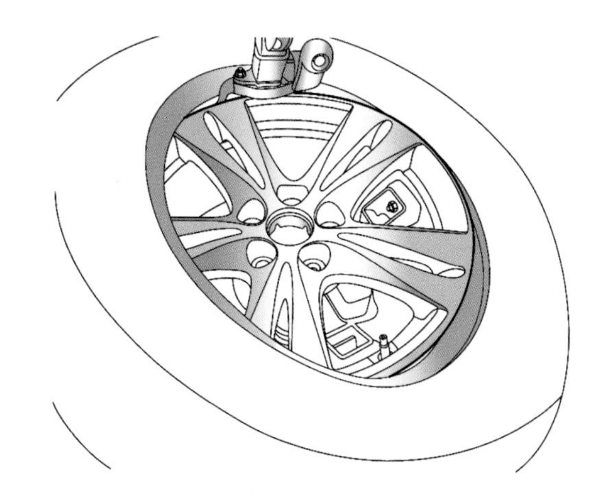

❖그림 9-10 상단 비드 장착

❻ 비드가 완전히 안착될 때까지 타이어에 공기를 규정값으로 주입한다.

- 규정 타이어 공기압 : 2.3 kg/cm²(33psi)

(3) 타이어 위치 교환

❶ 그림에 나타난 화살표 방향으로 타이어를 교환한다.

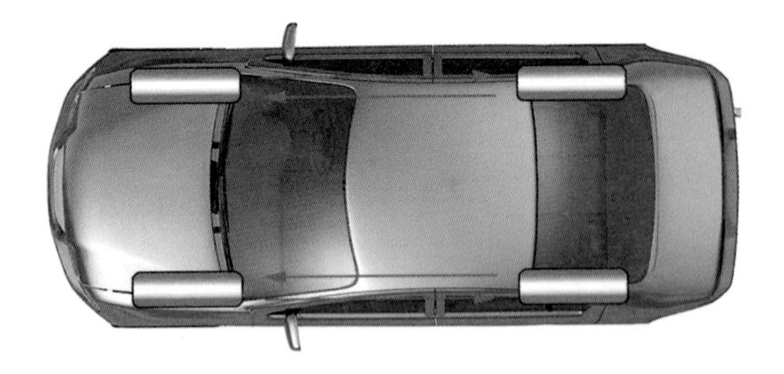
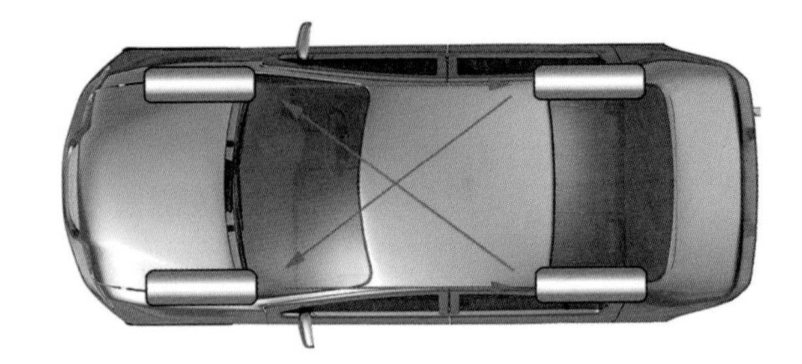

❖그림 9-11 타이어 위치 교환

(4) 주행 쏠림 발생 시 타이어 위치 교환 방법

❶ 스티어링 휠이 한쪽으로 쏠릴 경우에는 다음과 같은 절차에 의하여 타이어 교환을 실시한다.

❷ 프런트의 좌 · 우측 타이어를 교환하고 차량의 안정성을 확인하기 위해 주행 테스트를 한다.

❸ 만일 반대편으로 쏠릴 경우에는 프런트와 리어 타이어를 교환하고 주행 테스트를 한다.

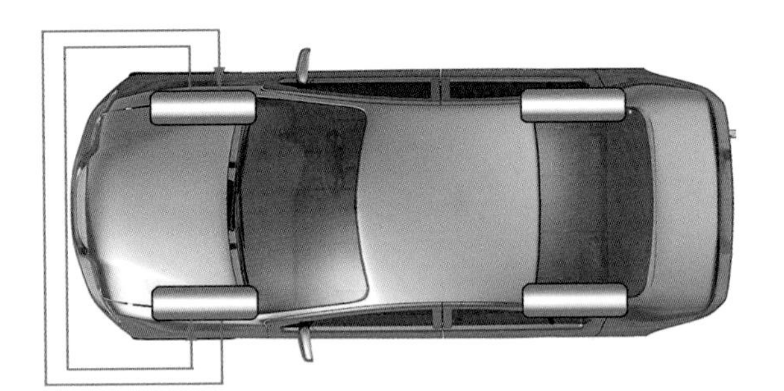
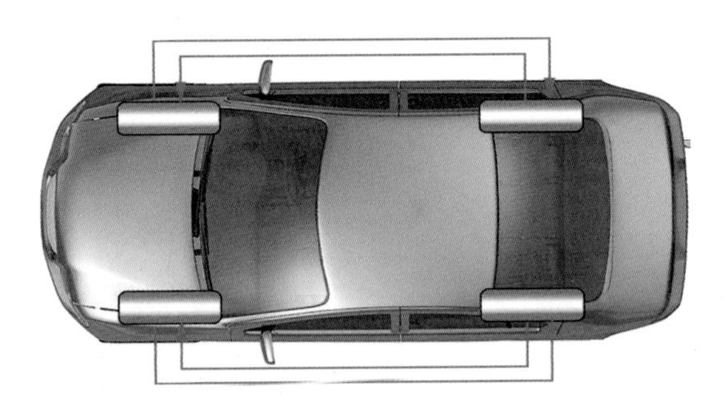

❖그림 9-12 편 주행 시 타이어 위치 교환(1)

❹ 계속 한쪽으로 쏠릴 경우 프런트 좌우측 타이어를 교환하고 주행 테스트를 한다.

❺ 만일 스티어링 휠이 3.단계의 반대편으로 다시 쏠리면 프런트 타이어를 신품으로 교환한다.

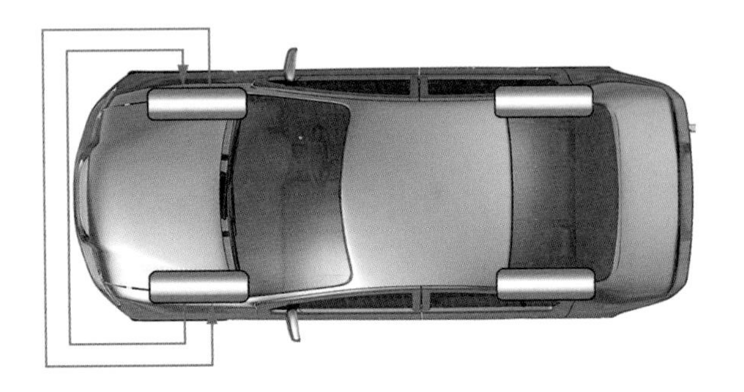
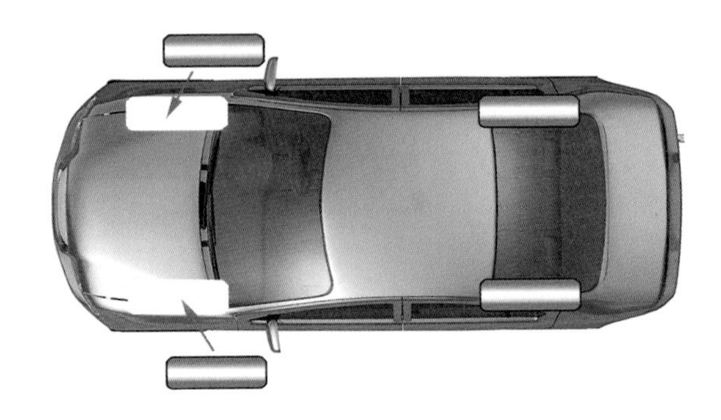

❖그림 9-13 편 주행 시 타이어 위치 교환(2)

2 휠 얼라이언먼트

1 프런트 얼라인먼트

휠 얼라인먼트 측정 시 서스펜션과 스티어링 장치가 정상 조건에서 차량은 수평 상태로 하고 스티어링 휠은 직진상태로 놓는다. 또한 공기압은 규정압력으로 한다.

(1) 토

❶ 토인(B−A은 좌・우측 휠의 타이로드 C를 돌려 조정한다.
❷ 토탈 토 : 0.1 ° ± 0.2 °
❸ 개별 토 : 0.05 ° ± 0.1 °

항목	개요
A − B < 0	토 인 (+)
A − B > 0	토 아웃 (-)

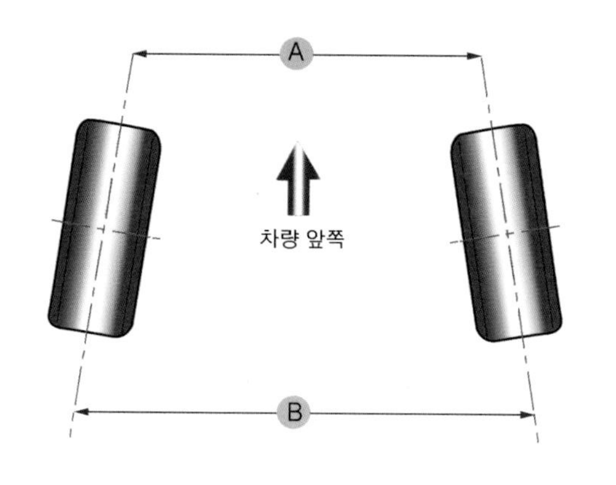

❖그림 9-14 토

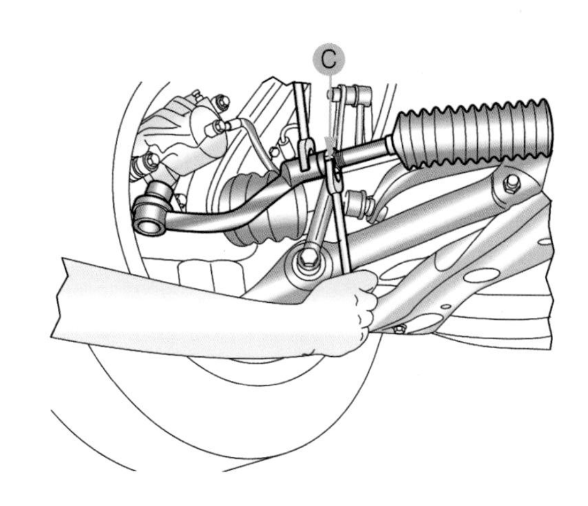

❖그림 9-15 토 조정

(2) 캠버

❶ 캠버 E는 휠의 중심선과 기하학적 수직선 F이 이루는 각으로 즉, 타이어의 중심선이 안 또는 밖으로 기울어 있는 각도를 말한다.
❷ 캠버 각 : −0.5±0.5°

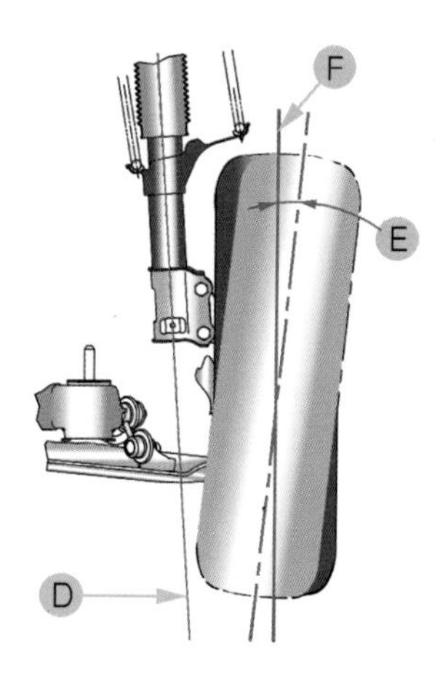

❖그림 9-16 캠버

(3) 캐스터

❶ 타이어를 차량의 옆면에서 바라보았을 때 킹핀의 경사각과 타이어의 기하학적 수직선이 이루는 각을 말하며, 캐스터 각은 차량의 서스펜션 형식에 따라 조절 할 수도 있으나 근래의 차량은 대부분 조정할 수 없다.
❷ 캐스터 규정 값 : 4.5° ±0.5°

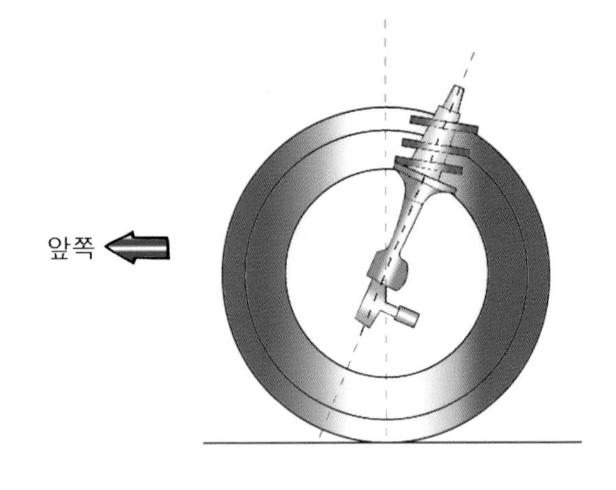

❖그림 9-17 캐스터 각

2 리어 얼라인먼트

❶ 휠 얼라인먼트를 점검 시 차량은 수평, 스티어링 휠은 직진상태, 서스펜션과 스티어링 장치는 정상 조건으로 하고 공기압을 규정압력으로 조정한다.
❷ 리어 얼라인먼트 측정 시 기준 값을 벗어나면 굽은 부품 또는 손상 부품을 교환한다.
❸ 토탈 토 : 0.3° ±0.3°
❹ 개별 토 : 0.15° ±0.15°
❺ 캠버 : -1.2° ±0.5°

3 타이어 공기압 경보 장치(TPMS)

1 개요

타이어 공기압 경보 장치는 차량의 운행 조건에 영향을 줄 수 있는 타이어 내부 압력의 변화를 경고하기 위해 타이어 내부의 압력 및 온도를 지속적으로 감시한다. TPMS 컨트롤 모듈은 각각의 휠 안쪽에 장착된 WE(Wheel Electronic) 센서로부터의 정보를 분석하여 타이어 상태를 판단한 후 경고등 제어에 필요한 신호를 출력한다.

2 부품 위치

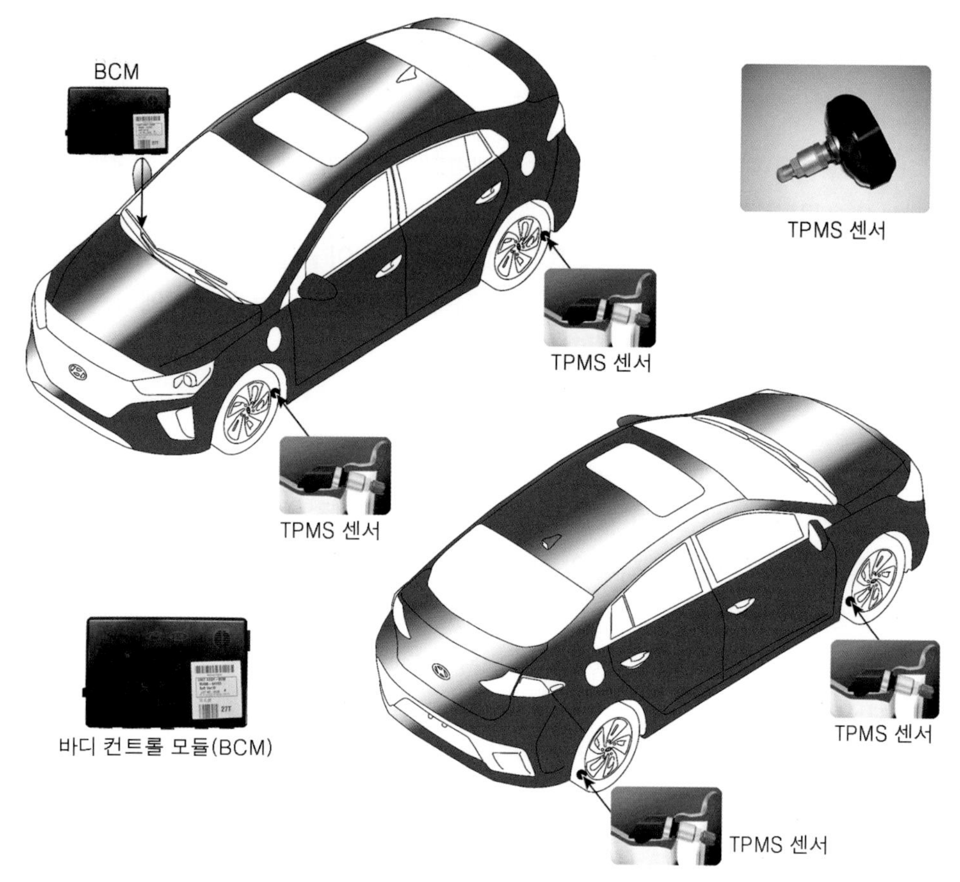

❖그림 9-18 TPMS 구성 부품

3 타이어 저압 경고등(트레이드 경고등)

공기압 저하 시 또는 공기 누출 시 점등 및 소등 조건

(1) 점등 조건

❶ 타이어 압력이 규정값 이하로 저하 되었을 시 점등한다.
❷ 센서가 급격한 공기 누출을 감지했을 때 점등한다.

(2) 소등 조건

❶ 낮은 공기압: 공기압이 경고등을 소등시키는 기준 압력보다 올라가게 되면 소등한다.
❷ 급격한 공기 누출: 공기압이 경고등을 소등시키는 기준 압력보다 올라가게 되면 소등한다.

4 TPMS 고장 경고등

(1) 경고 조건 및 표시 방법

❶ 시스템이 리시버, 센서의 외부에서 결함을 감지했을 때 약 1분 정도 점멸 후 점등한다.
❷ 시스템이 리시버의 결함을 감지했을 때 약 1분정도 점멸 후 점등한다.
❸ 시스템이 센서의 결함을 감지했을 때 약 1분정도 점멸 후 점등한다.

(2) 소등 조건

– 결함이 치명적일 때 비록 DTC가 해결되었을 지라도 운전자에게 문제가 발생했다는 것을 알리기 위해 주행 중에 경고등은 계속 점등한다.

(3) 유의 사항

❶ 운행 중에 이와 같은 현상이 발생하면 DTC가 해결되었을 지라도 다시 점검해야 한다.(키 스위치를 OFF에서 ON시킨 후 재점검)

❷ DTC가 해결되면 경고등은 소등된다. DTC가 해결되는 점검이 끝날 때까지 경고등은 점등되어 있다.

❸ 치명적이지 않는 문제는 DTC가 해결되면 동일 점화 주기에서 경고등도 동시에 소등된다.

(4) 시스템 결함

❶ 일반적인 작동

가) 시스템은 결함이 있는지를 알아보기 위해 많은 입력 요소들을 감지한다.

나) 원인에 따라 결함의 중요도가 결정된다.

다) 특정 결함은 DTC로 진단이 되지 않는다.

❷ 주된 경우는 다음과 같다.

가) 이그니션 라인 고장 시 진단하기 위해서 점화 스위치 ON상태 일 때 경고등의 상태를 확인하는 것이 필요하다.

나) 경고등 점등 후 소등되었는지 여부를 확인한다.

5 TPMS 센서

(1) 센서의 구성

❶ 하이 라인(고급형)에서 19분 정차 후에 자동 학습 및 자동 위치 학습을 수행 한다.

❷ 정상 상태

가) 차속 20km/h 이상에서 약 10분간 자동 학습 및 자동 위치 학습을 진행 하며, 이 조건에서 센서는 16초 마다 한 번씩 신호를 송출한다.

나) 자동 학습 및 자동 위치 학습을 완료한 이후 센서는 20km/h 이상의 주행상태에서 64초 마다 한 번씩 신호를 송출한다.

다) 센서의 신호는 압력, 가속도, 온도, 센서 상태 등에 대한 정보로 구성되어 있다.

❸ 경고 상태

가) 센서의 자체 결함이 있거나 타이어 내부의 온도가 115℃ 이상일 때 센서의 결함으로 판단하여 ECU에 송출한다.

나) 센서의 배터리 전압이 낮을 때에도 배터리 낮음 신호를 송출한다.

다) 차속이 25km/h 이상이고 RF(Radio Frequency)의 신호가 9분 동안 연속으로 송출되지 않을 경우 경고등이 점등된다.

❖그림 9–20 TPMS 센서

(2) TPMS 센서 교환

❶ 타이어의 공기를 빼낸다.

❷ 타이어 교환 장비를 이용하여 타이어의 측면 비드 부위를 휠에서 탈착시킨다.

가) 비드 브레이커가 TPMS 센서와 충분히 이격되어 있는지 확인한다.

나) 밸브로부터 90도, 180도, 270도의 위치에서 비드를 탈착시킨다.

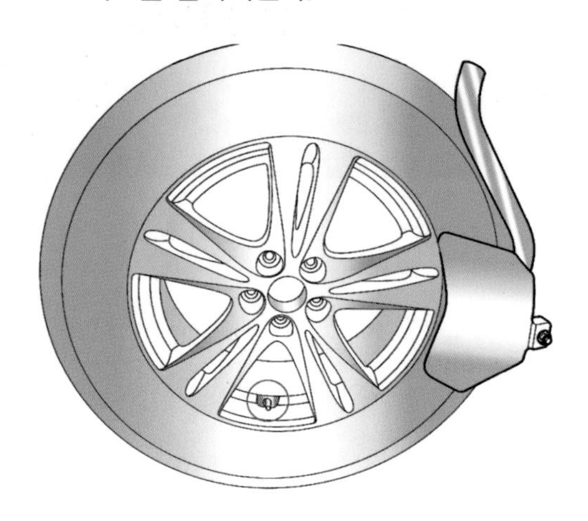

❖그림 9-21 비드 부위 휠에서 탈착

❸ 휠을 시계 방향으로 회전시킨다.

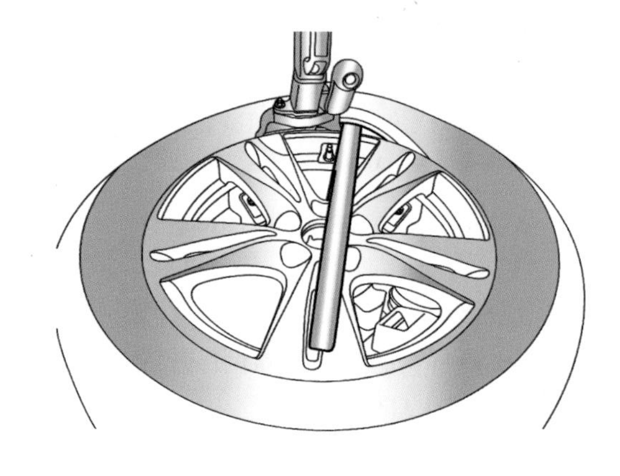

❖그림 9-22 비드를 들어 올리고 휠 회전

❹ 운송 중 밸브(은색 공기 주입구 부분)가 원래의 위치에서 이탈 여부를 반드시 확인한 후 밸브가 원래의 위치(금속 브래킷) 안쪽으로 들어간 상태에서 장착한다.

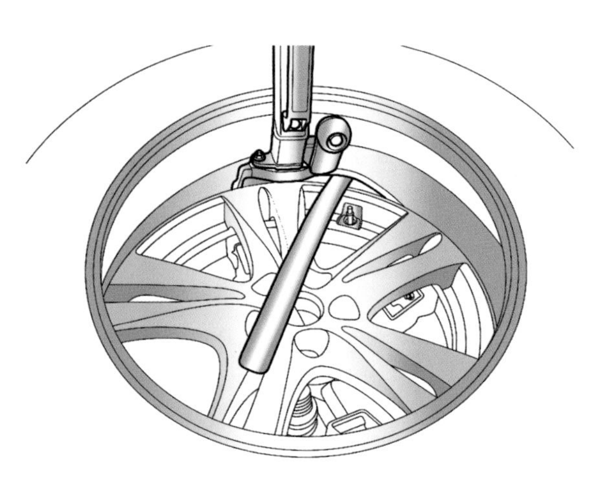

❖그림 9-23 타이어 탈착 후 센서 분리

❺ 너트가 조여지는 동안에 밸브가 같이 회전하면서 정해진 위치를 이탈하지 않도록 하기 위하여 밸브를 정해진 위치(금속 브래킷 안쪽으로 들어가도록)로 밀어 넣는다. 규정 토크(8Nm)로 조이고 너트는 재사용 하지 않는다.

❻ 실(seal) 와셔와 림이 접촉 되도록 밸브를 밸브 홀 안으로 넣는다.

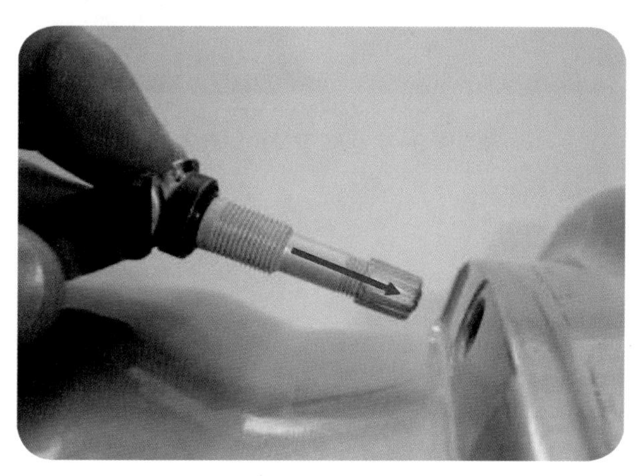

❖그림 9-24 TPMS 센서 장착

❼ 두 손가락으로 센서 하우징을 잡고 한 손가락으로 밸브 축 방향으로 밸브를 밀어 넣는다.

❖그림 9-25 TPMS 센서에 밸브 장착

❽ 하우징 레이저 마킹이 보이는 상태여야 한다.

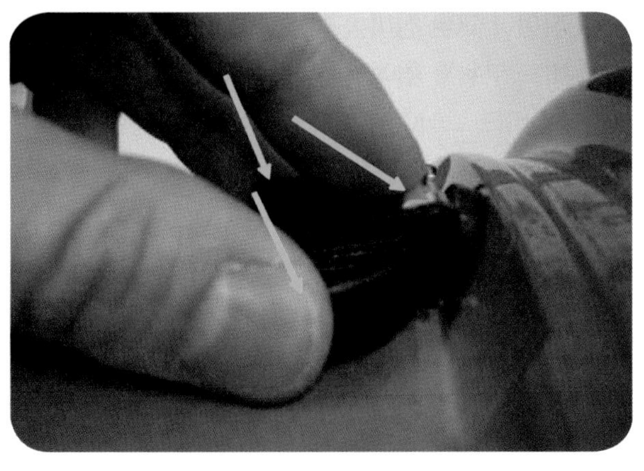

❖그림 9-26 밸브 장착 상태 확인

❾ 밸브가 완전히 삽입되었을 때 센서와 림 사이가 접촉되도록 유지한 상태에서 너트를 수 바퀴 손으로 조이기 시작한다.

❿ 밸브와 센서의 위치를 유지시키면서 공구를 이용하여 너트를 장착한다.

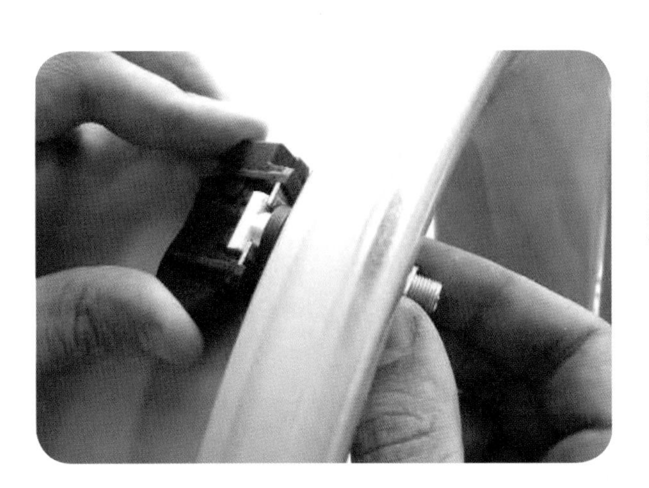

❖그림 9-27 센서 장착용 너트 조임

⓫ 타이어의 상 · 하 비드 부에 비눗물 또는 윤활제를 도포한다.

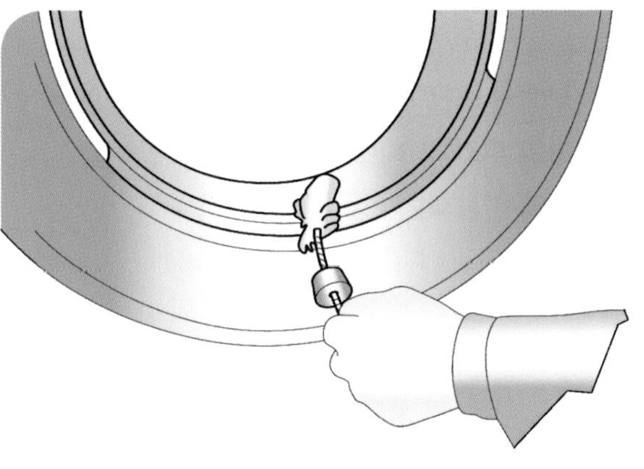

❖그림 9-28 비드에 비눗물 도포

⑫ 하단 비드를 장착하기 위해 타이어 교환 장비의 머리로부터 5시 방향에 TPMS센서를 위치시킨다.

⑬ 림을 시계 방향으로 회전시키고 하단 비드를 장착하기 위해 3시 방향에서 타이어를 누른다.

⑭ 타이어를 휠에 장착하여 비드가 센서 뒤쪽의 림 가장자리(6시 방향)에 닿도록 한다.

⑮ 비드가 완전히 안착될 때까지 타이어에 공기를 규정 값으로 주입한다.

❖그림 9-29 타이어를 림에 장착

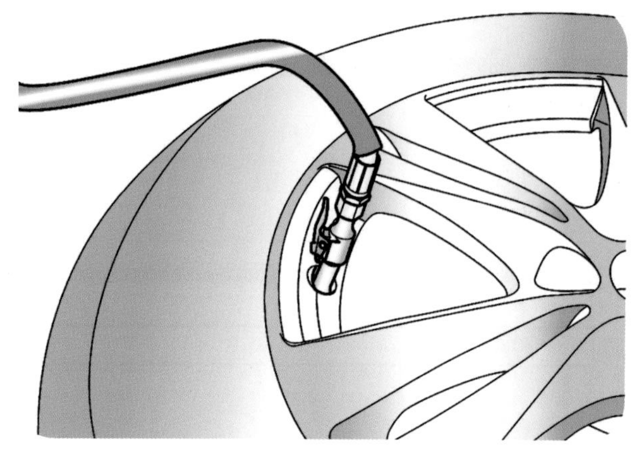

❖그림 9-30 규정의 공기압 주입

⑯ 차량의 표준 공기압에 따라 타이어 공기압을 조정한다.

⑰ TPMS 센서가 고장인 경우 TPMS 센서 학습이 필요하다. 고장이 난 센서를 새 유닛으로 교환하고 TPMS 센서 학습을 실시한다.

6 TPMS 점검

(1) TPMS(타이어 압력) 센서 장착 후 검사 방법

❶ 실 와셔가 림 홀의 외면에 대해 압축되어야 한다.

❷ 밸브의 아래 부분이 하우징의 정해진 곳(금속 브래킷 안)에 위치해야 한다.

❸ 하우징이 최소한 한 포인트 이상 림의 표면에 접촉하고 있어야 한다.

❹ 하우징의 장착 높이가 림의 턱 높이를 초과하지 말아야 한다.

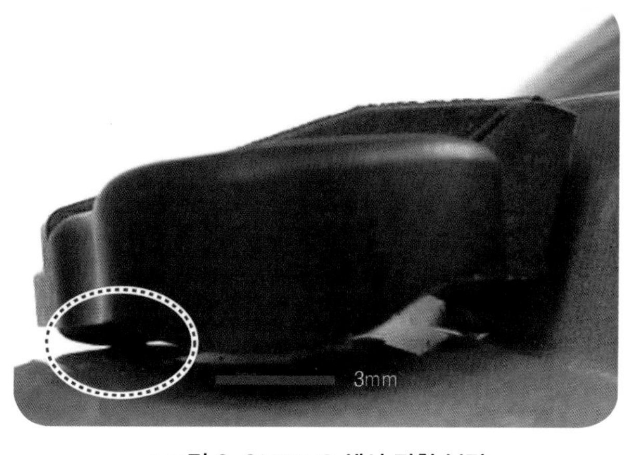

❖그림 9-31 TPMS 센서 장착 불량

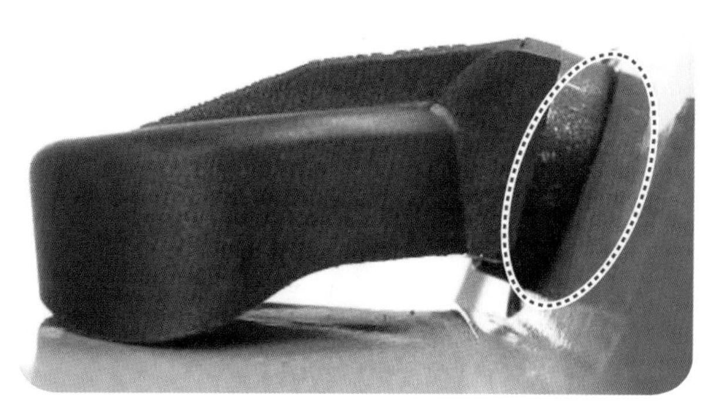

❖그림 9-32 TPMS 센서 장착 양호

(2) 진단기기를 이용한 TPMS 센서 진단 절차

진단기기를 이용한 진단 방법에 대한 사용 안내로써 주요 내용은 다음과 같다.

❶ 운전석측 크래시 패드 하부에 있는 자기진단 커넥터(16핀)에 진단기기를 연결하고 시동 키를 ON시킨 후 진단기기를 켠다.

❷ GDS 차종 선택 화면에서 "차종"과 "TPMS" 시스템을 선택한 후 확인을 선택한다.

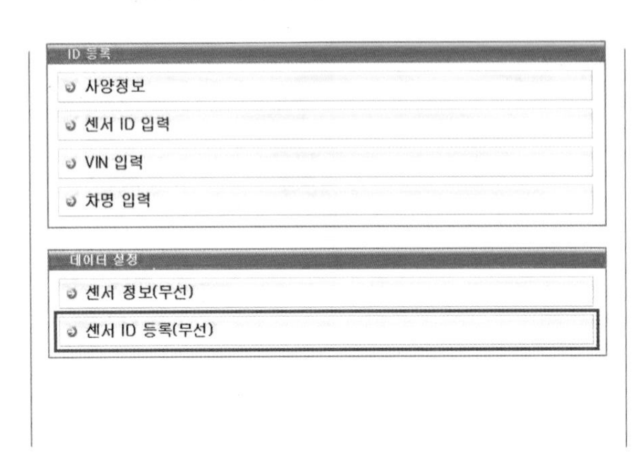

❖그림 9-33 센서 ID 등록 초기 화면

❖그림 9-34 센서 ID 등록 준비 단계

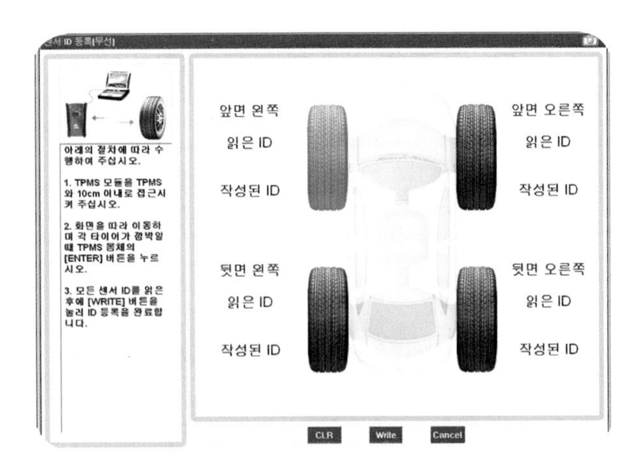

❖그림 9-35 센서 ID 등록 방법 (1)

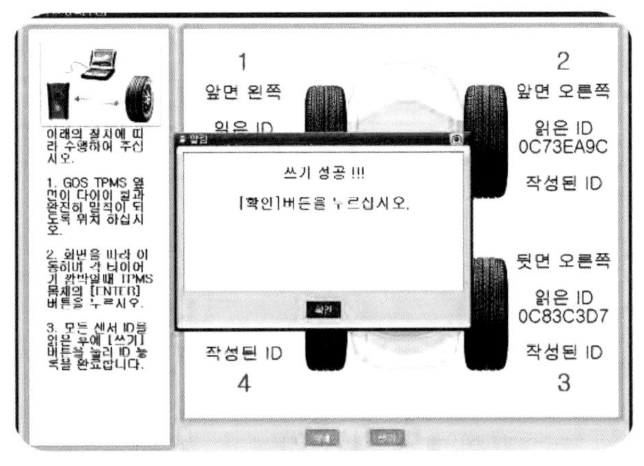

❖그림 9-36 센서 ID 등록 방법 (2)

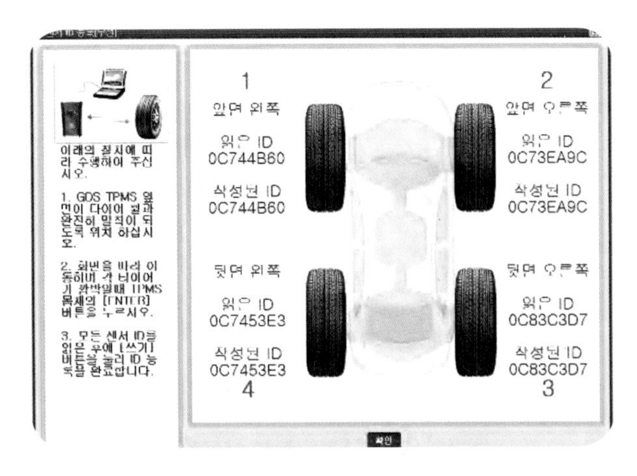

❖그림 9-37 센서 ID 등록 방법 (3)

❖그림 9-38 센서 정보 확인 초기 화면

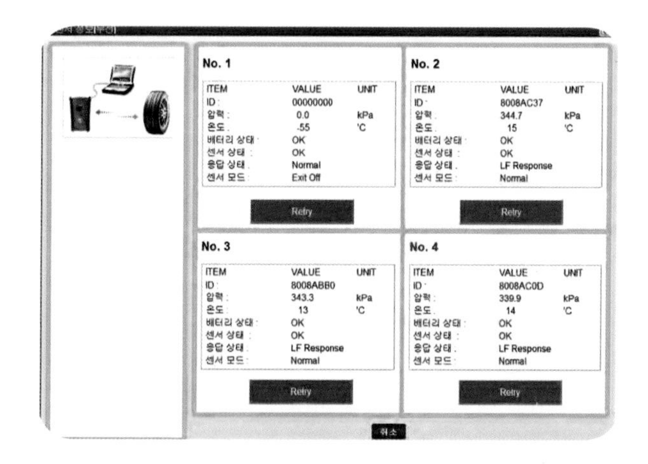

❖그림 9–39 등록 센서 정보 확인

7 TPMS 리시버

(1) 개요

TPMS는 운전 조건들에 영향을 미칠 수도 있는 압력 변화를 경고하기 위해 자동차 타이어의 압력과 온도를 모니터 하여 처리된 데이터로부터 산출된 메시지들은 1개의 경고 램프를 통하여 클러스터에 보내지며, 병행으로 ECU는 입력과 출력 신호들에 대한 ERROR로 평가를 수행한다.

주차하는 동안에 모니터를 한 압력도 제공 받으며, ECU는 휠 센서로부터 받은 데이터를 처리하고 타이어들의 상태를 결정하여 운전자에게 CAN 라인 또는 하드 와이어 컨트롤 라인을 통해 요구된 경고 메시지를 전달한다.

(2) TPMS 리시버: BCM(바디 컨트롤 모듈) 통합 운용

❶ 초기 상태: 플랫폼 정보 및 센서ID가 입력되어 있지 않다.

❷ 정상 동작 상태

가) 타이어 공기압 및 DTC를 감지하기 위해서 리시버는 정상 동작 상태에 있어야 한다.

나) 리시버는 센서의 위치 및 정보를 확인할 수 있다.

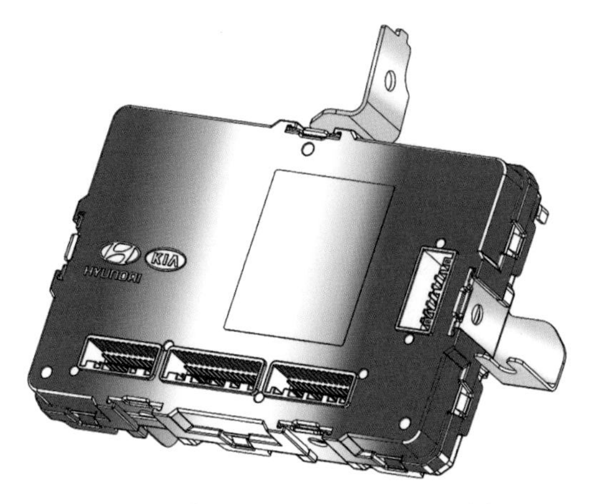

❖그림 9–37 센서 ID 등록 방법 (3)

❖그림 9–38 센서 정보 확인 초기 화면

(3) 작동 원리

❶ 일반적인 작동

가) 자동 학습은 각 주행 시에 한 번만 발생한다.

나) 이러한 과정이 성공적으로 끝나고 나면 4개의 센서 ID 기억 장치에 입력된다.

다) 자동 학습이 끝날 때까지 공기압 저하 및 공기 누출이 있을 경우 이전에 학습된 센서 및 각각의 휠 위치가 감지된다.

라) 예비 타이어 팽창 및 DTC 상태는 표시되지 않는다.

❷ 새로운 센서를 학습하기 위한 일반적인 조건

가) 자동 학습은 속도가 25km/h 이상일 때만 작동한다.

나) 새로운 센서를 학습하기 위해 걸리는 일반적인 시간은 25km/h 이상의 속도에서 최대 10분까지다.

❸ 탈착된 센서에 대한 학습을 지우는 일반적인 조건

가) 20~30km/h 속도에서 10분 미만으로 주행한다.

나) 차량의 속도 및 리시버에 입력된 센서의 수에 달려있다.

(4) TPMS 리시버(바디 컨트롤 모듈) 탈부착

❶ 배터리 (–) 단자를 탈착한다.

❷ 글러브 박스 어퍼 커버 어셈블리를 탈착한다.

❸ 장착 볼트 A 와 너트 B 를 풀고 바디 컨트롤 모듈 C 을 차체에서 분리한다.

❹ 바디 컨트롤 모듈 커넥터 D 를 분리하고 바디 컨트롤 모듈 C 을 탈착한다.

❺ 장착은 탈착의 역순으로 진행한다.

❖그림 9-42 바디 컨트롤 모듈 차체에서 분리

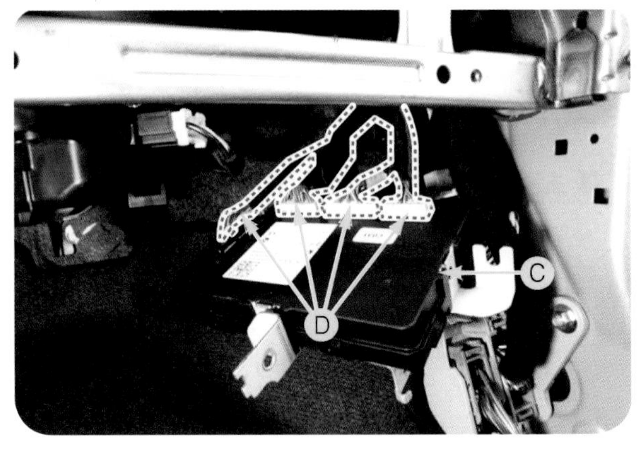

❖그림 9-43 바디 컨트롤 모듈 커넥터 탈착

(5) 진단기기를 이용한 리시버 진단 절차

진단기기를 이용하여 진단하는 방법에 대한 사용 안내로써 주요 내용은 다음과 같다.

❶ 운전석측 크래시 패드 하부에 있는 자기진단 커넥터(16핀)에 진단기기를 연결하고 시동 키를 ON시킨 후 진단기기를 켠다.

❷ GDS 차종 선택 화면에서 "차종"과 "TPMS" 시스템을 선택한 후 확인 버튼을 누른다.

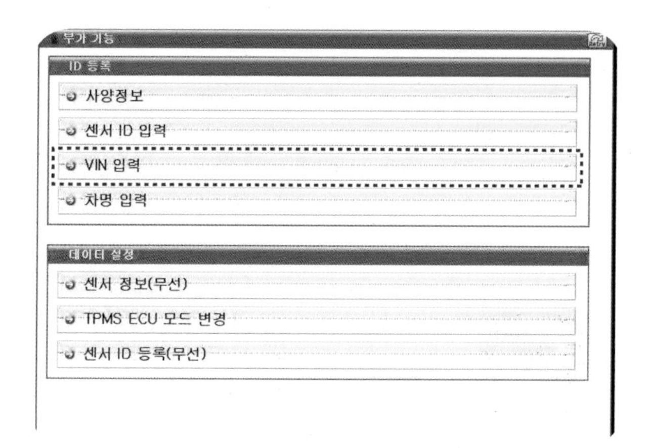

❖그림 9-44 VIN 입력 초기 화면

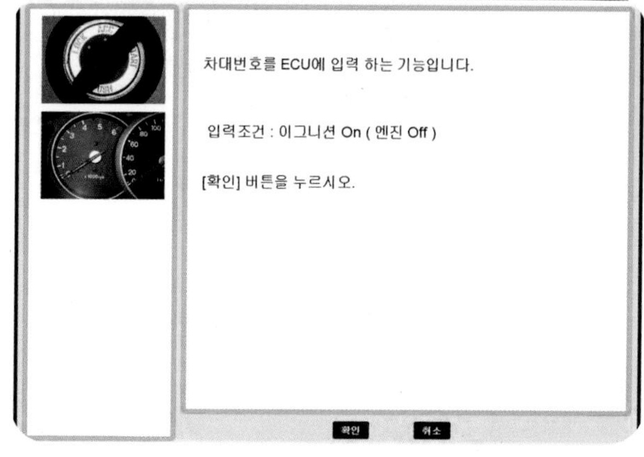

❖그림 9-45 VIN 입력 (1)

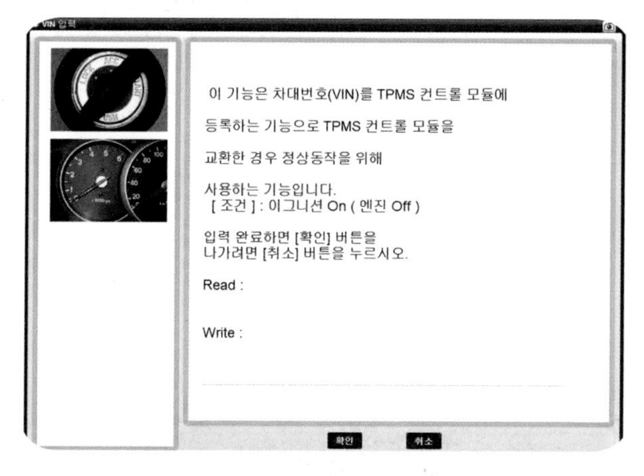

❖그림 9-46 VIN 입력 (2)

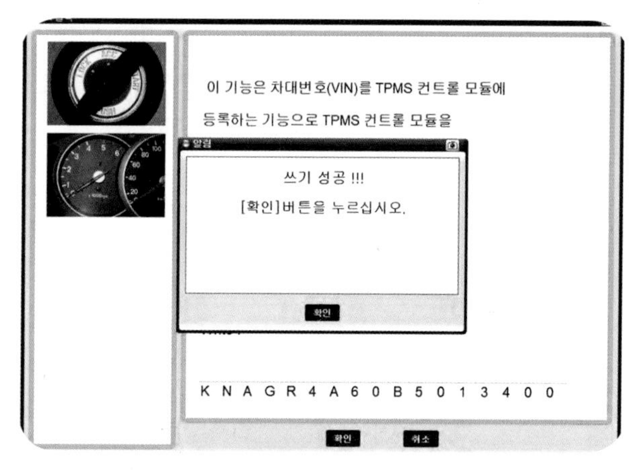

❖그림 9-47 VIN 등록 완료

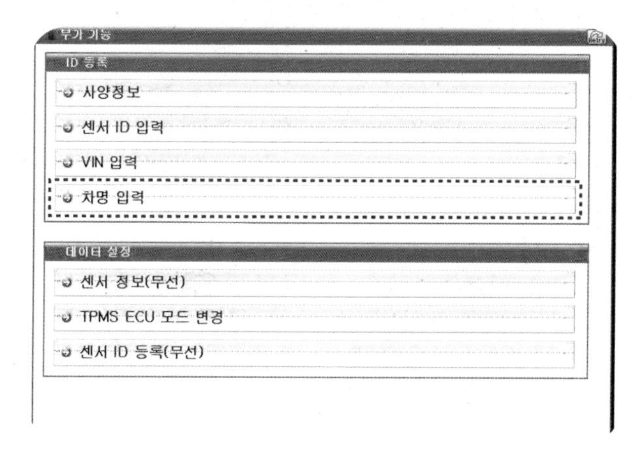

❖그림 9-48 차명 입력 초기 화면

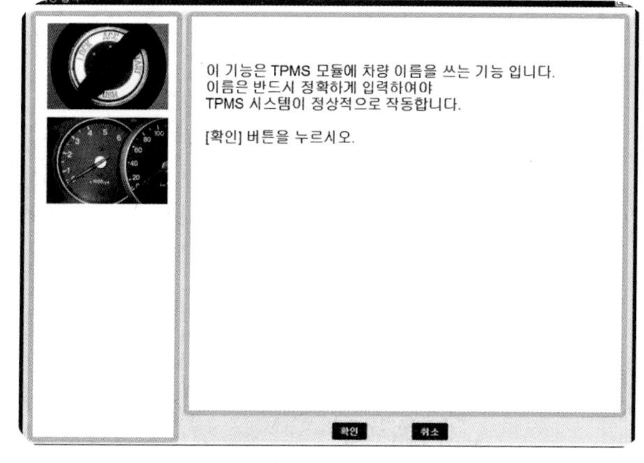

❖그림 9-49 차명 입력 (1)

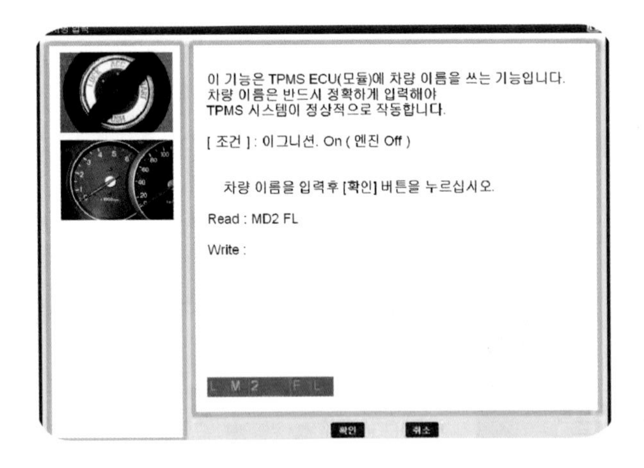

❖그림 9–50 차명 입력 (2)

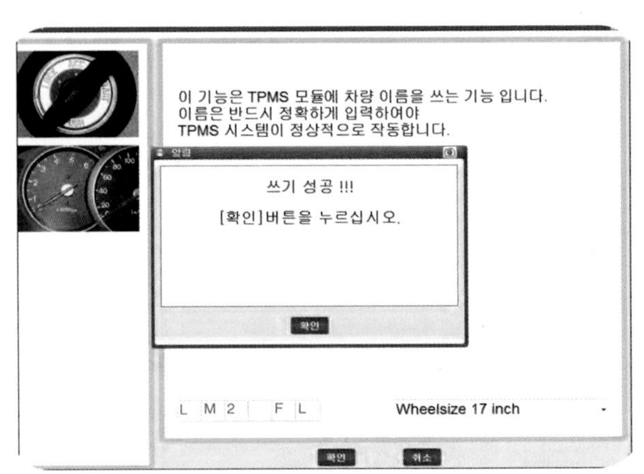

❖그림 9–51 차명 입력 (3)

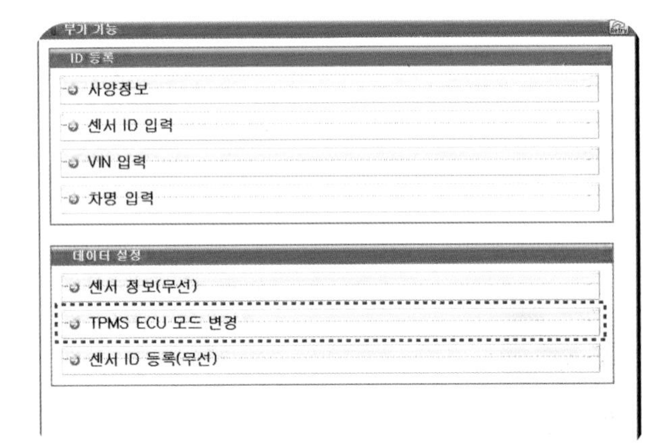

❖그림 9–52 ECU 모드 변경

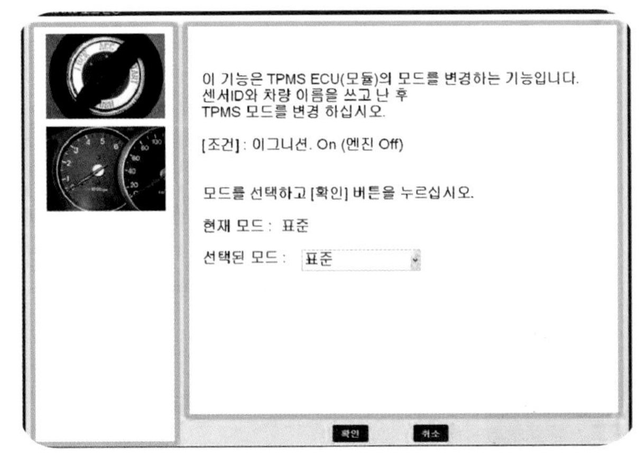

❖그림 9–53 ECU 모드 선택

출처〉 아이오닉 정비지침서 SS–64
[그림] 진단 기기를 이용한 TPMS 리시버 진단 절차

❸ 차량에 제원을 확인한 다음, 선택한 항목 옵션을 확인해서 누르면 입력이 완료된다.

단원 10

편의 장치

단원 10

편의 장치

학습목표

1. 크루즈 컨트롤 시스템의 기능에 대하여 설명하고 점검 정비를 실행할 수 있다.
2. 스마트 크루즈 컨트롤 시스템의 기능에 대하여 설명하고 점검 정비를 실행할 수 있다.
3. 전기 자동차의 공조 시스템의 기능에 대하여 설명하고 점검 정비를 실행할 수 있다.
4. 에어컨 각 부품의 점검 정비 및 냉매의 충전 방법에 대하여 설명하고 실행할 수 있다.
5. 전기 자동차의 히터 시스템의 기능에 대하여 설명하고 점검 정비를 실행할 수 있다.
6. 에어백 시스템의 기능에 대하여 설명하고 점검 정비를 실행할 수 있다.

1 크루즈 컨트롤 시스템

1 개요

운전자의 스위치 조작에 의해 인위적인 액셀러레이션 및 제동 없이 정속으로 주행하는 시스템이다.

(1) 브러시의 존재 여부에 따른 분류

❶ 크루즈 컨트롤 시스템은 스티어링 핸들의 오른쪽에 있는 ON, OFF 메인 스위치에 의해 작동 대기 상태가 된다.

❷ 크루즈 컨트롤 시스템은 정속주행을 할 수 있고 스위치의 작동을 통해 설정 속도를 올리거나 내릴 수 있다.

❸ 정속주행 중에 브레이크를 밟거나 변속 레버를 변속하면 정속주행은 자동 해제된다.

❹ 크루즈 컨트롤 시스템은 정상 주행 조건에서 설정된 속도를 유지하는 속도 조절 시스템이다.

❺ 크루즈 컨트롤 시스템의 주요 구성부품은 크루즈 컨트롤 스위치, 변속 레버 스위치, 브레이크 스위치, 차속 센서, ECM, MCU와 HCU로 구성된다.

❻ 크루즈 컨트롤 시스템은 최저 속도 30km/h 아래에서는 시스템의 동작을 방지하는 최저 속도 한계 값을 가지고 있다.

❼ 크루즈 컨트롤 시스템의 작동은 스티어링 휠에 위치한 크루즈 컨트롤 스위치의 조정에 따라 제어된다.

❽ 변속 레버 스위치와 브레이크 스위치는 크루즈 컨트롤 시스템에 해제신호를 보낸다.

❾ 브레이크 페달을 밟거나 변속 레버를 변속하면 크루즈 컨트롤 시스템은 해제되고 아이들 위치로 작동 대기상태가 된다.

2 스위치의 기능

(1) ON, OFF 스위치

크루즈 컨트롤 시스템의 메인 스위치로서 시스템을 ON, OFF 할 수 있다.

❶ **시스템 ON 상태:** 계기판에 CRUISE 점등

❷ **시스템 OFF 상태:** 계기판에 CRUISE 소등

(2) SET 스위치

❶ **시스템 설정:** SET/− 스위치를 눌러 시스템을 설정한 순간의 계기판이 가리키는 속도가 설정 속도가 된다.

❷ **설정 속도 감소:** 시스템이 설정된 상태에서 SET/− 스위치를 누르면 설정 속도가 감소된다.

❸ **설정 속도 감소 스위치 조작 방법**

(가) SET/− 스위치를 짧게 누르면 약 2km/h씩 감소된다.

(나) SET/− 스위치를 길게 누르면 점차적으로 속도가 감소된다.

(3) RES + 스위치

❶ **시스템 재설정:** 해제 조건에 의해 시스템이 해제된 경우 RES/+ 스위치를 눌러 해제되기 전의 설정 속도로 재설정 할 수 있다.

❷ **설정 속도 증가:** 시스템이 설정된 상태에서 RES/+ 스위치를 누르면 설정 속도가 증가 된다.

❸ **설정 속도 증가 스위치 조작 방법**

(가) RES/+ 스위치를 짧게 누르면 약 2km/h씩 증가된다.

(나) RES/+ 스위치를 길게 누르면 점차적으로 속도가 증가된다.

(4) CANCEL 스위치

시스템이 설정된 상태에서 “CANCEL” 스위치를 누르면 시스템 설정이 해제된다.

3 시스템의 구성

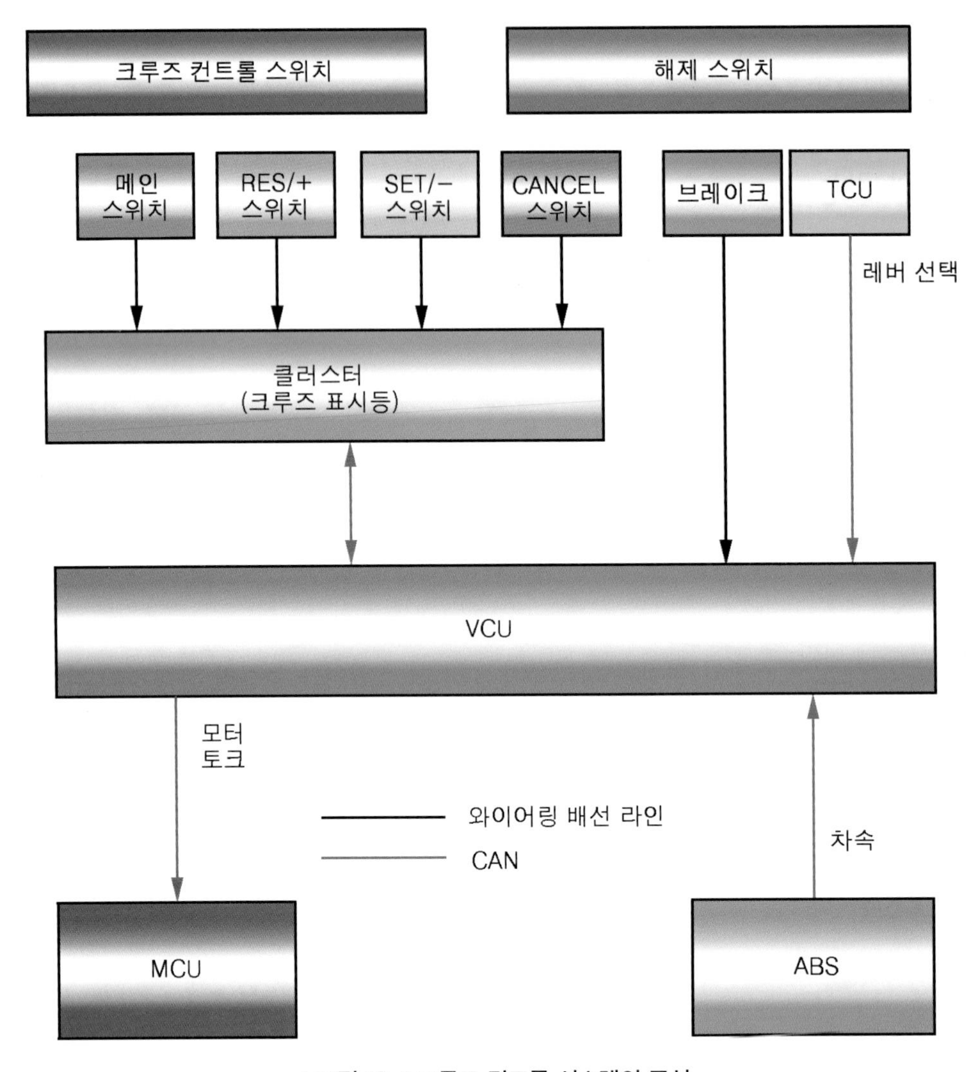

❖그림 10-1 크루즈 컨트롤 시스템의 구성

4 크루즈 컨트롤 시스템의 구성 부품과 기능

구성 부품		기능
MCU		드라이브 모터 제어
ABS		차량 속도를 VCU로 송신
VCU		센서와 컨트롤 스위치로부터 신호를 수신하고 클러스터에 표시 신호 송신 및 VCU와 MCU에 출력 토크 신호 송신
클러스터(크루즈 컨트롤 지시등)		크루즈 메인 표시등, SET 표시등 점등
크루즈 컨트롤 스위치	ON┌OFF 스위치	크루즈 시스템 기능 ON, OFF
	RES/+ 스위치	크루즈 컨트롤 속도 재설정 및 가속을 할 수 있다.
	SFT/- 스위치	크루즈 컨트롤 속도 설정 및 가속을 할 수 있다.
Cancel 스위치	CANCEL 스위치	VCU 로 크루즈 컨트롤 시스템 신호 송신
	BREAK PEDAL 스위치	
	TRANS AXLE RANGE 스위치	

5 고장 진단

표 10-1. 크루즈 컨트롤 시스템 고장 진단

고장 증상	가능 원인	해결 방안
• 설정된 차량의 속도가 매우 높거나 낮게 변경된다. • 차량의 속도 설정 후에 반복적으로 가속 감속이 발생한다.	차속 센서 배선의 손상 및 커넥터의 접속 불량	차속 센서 배선 수리 및 부품 교환
	브레이크 시스템의 고장, 배선 불량	브레이크 시스템의 입출력 신호 점검
• 브레이크 페달을 밟았는데 크루즈 컨트롤 시스템이 해제되지 않는다.	브레이크 페달 스위치 배선의 손상 및 커넥터 접속불량	브레이크 페달 스위치 배선의 수리 및 부품 교환
	브레이크 신호 또는 브레이크 시스템의 고장, 배선 불량	HCU 또는 브레이크 시스템의 신호 점검
• 변속 레버가 중립(N)상태로 변속되었는데 크루즈 컨트롤 시스템이 해제되지 않는다.	인히비터 스위치 입력회로 배선의 손상 및 커넥터 접속불량	인히비터 스위치 배선의 수리 및 부품 교환
	인히비터 스위치의 부정확한 조정	인히비터 스위치 배선의 수리 및 부품 교환
	TCU의 고장, 배선 및 스위치 단품 불량	TCU 입출력 신호 점검
• SET/ - 스위치를 이용해서 속도 설정 및 감속이 안 된다.	SET/ - 스위치 입력회로 배선의 손상 및 커넥터 접속 불량	SET/ - 스위치 배선의 수리 및 부품 교환
	클러스터의 고장, 배선 및 스위치 단품 불량	클러스터 입출력 신호 점검
• RES/+ 스위치를 이용해서 속도 재설정 및 가속이 안 된다.	RES/+ 스위치 입력회로 배선의 손상 및 커넥터 접속불량	RES/+ 스위치 배선의 수리 및 부품 교환
	클러스터의 고장, 배선 및 스위치 단품 불량	클러스터 입출력 신호 점검
• 차량 속도 40km/h이하 주행 상태에서 크루즈 컨트롤이 설정된다. • 차량 속도40km/h이하 주행 상태에서 크루즈 컨트롤이 해제되지 않는다.	차속 센서 배선의 손상 및 커넥터 접속 불량	차속 센서 배선 수리 및 부품 교환
	브레이크 시스템의 고장, 배선 및 스위치 단품 불량	브레이크 시스템의 입출력 신호 점검
• 크루즈 컨트롤 시스템은 정상 작동되나 크루즈 표시등이 점등되지 않는다.	배선의 손상 및 커넥터 접속불량, 통신(CAN) 불량	배선 수리 및 부품 교환

6 크루즈 컨트롤 스위치

❖그림 10-2 크루즈 컨트롤 스위치(1)

❖그림 10-3 크루즈 컨트롤 스위치(2)

7 크루즈 컨트롤 스위치

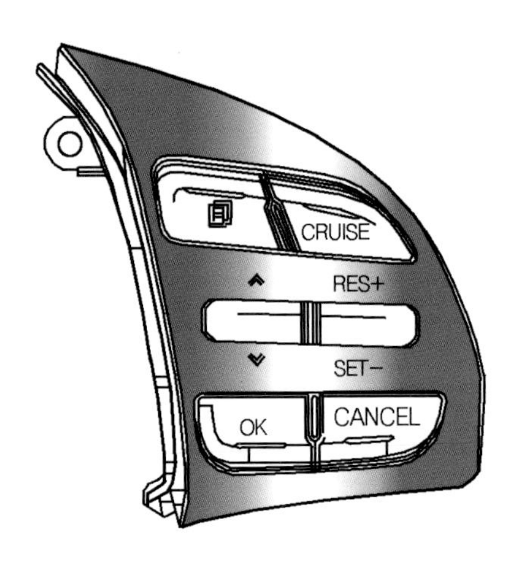

핀 번호	명칭
1	트립 스위치 (+)
2	크루즈 스위치 (–)
3	조명 (=)
4	–
5	조명 (–)
6	접지 (–)

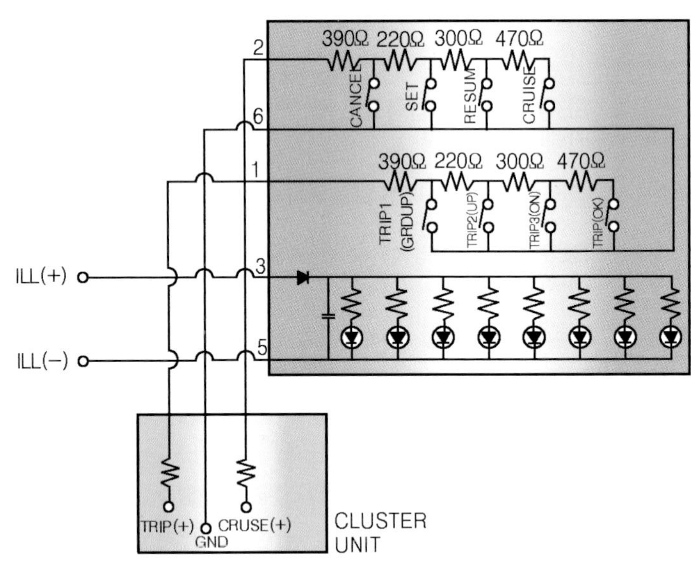

❖그림 10–4 크루즈 컨트롤 회로도

8 크루즈 컨트롤 스위치 탈부착 및 점검

(1) 저항 측정

❶ 크루즈 컨트롤 스위치를 탈착한다.

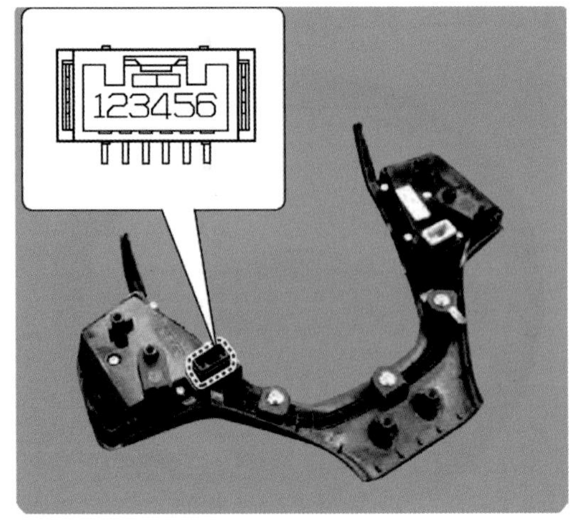

❖그림 10–5 크루즈 컨트롤 스위치 저항 측정

❷ 각 기능 스위치를 ON시켰을 때(스위치가 눌려졌을 때) 컨트롤 스위치의 터미널 간의 저항을 측정한다.

❸ 측정값이 기준값을 벗어나면 컨트롤 스위치를 교환한다.

표10-2 크루즈 컨트롤 스위치 단자간 저항

기능 스위치	단자	저항
CANCEL	2 - 5	330Ω ± 5%
SET -	2 - 5	550Ω ± 5%
RES +	2 - 5	880Ω ± 5%
CRUISE	2 - 5	1.44kΩ ± 5%

2 스마트 크루즈 컨트롤 시스템

1 개요

스마트 크루즈 컨트롤 시스템은 운전자가 설정한 속도와 차간 거리를 유지하면서 자동 주행하는 시스템이다.

❶ **정속 주행:** 전방에 차량이 없으면 운전자가 설정한 속도로 정속 주행을 한다.

❷ **감속 제어:** 설정 속도보다 속도가 느린 전방 차량이 감지되면 감속 제어를 한다.

❸ **가속 제어:** 전방 차량이 사라지면 설정된 속도로 다시 가속되어 정속 주행을 한다.

❹ **차간 거리 제어:** 설정된 거리 단계에 따라 전방 차량과의 거리를 유지하며, 전방 차량과 같은 속도로 주행한다.

❺ **정체 구간 제어:** SCC 기능으로 일정거리를 유지하던 전방 차량이 정차를 하게 되면 전방 차량 뒤에 정차를 하고, 전방 차량이 출발하면 다시 거리를 유지하며, 따라간다. 단, 정차 후 3초 이후에는 가속 페달을 밟거나 RES + 또는 SET - 버튼을 누르면 재출발한다.

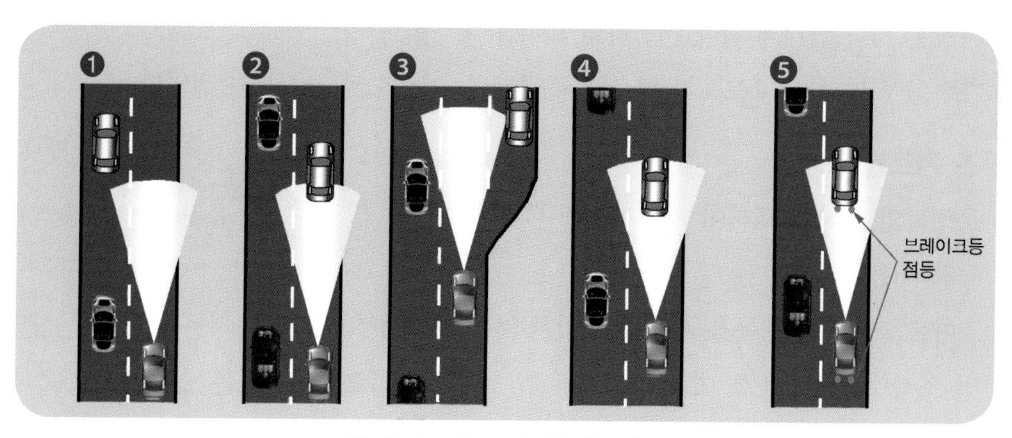

❖그림 10-6 크루즈 컨트롤 시스템의 작동

2 커브에서의 기능 및 성능

❶ 센서가 차량을 인식하는 각도는 제한적이므로 전방의 차량을 인식하지 못하는 경우나 옆 차선의 차를 인식하는 경우가 발생할 수 있다.

❷ SCC 차량은 커브에서 빠른 속도로 설정되어 있으면 차량이 옆으로 밀리는 경우가 발생하므로 커브에서는 전방의 차량이 없더라도 속도가 줄어들 수 있다.(이때는 브레이크 제어는 하지 않는다.)

❸ 직선 도로에서 선행 차량을 추종하다가 선행 차량이 커브에 진입하면 SCC 차량은 목표 속도를 추종하기 위해 가속할 수 있다.

❹ 커브에서 전방 차량을 추종 제어하다가 선행 차량이 사라지면 설정 속도로 가속하지 않고 전방 차량을 추종하던 속도를 계속 유지한다. 이유는 가속을 해서 거리가 가까워지면 다시 감속을 하는 등 반복적인 가·감속을 방지하기 위해서이다.(이 경우에도 SCC 차량이 차선을 바꾸거나 운전자가 액셀러레이터 페달을 밟으면 가속을 하게 된다.)

(1) 경고 기능

전방 차량이 감속이나 끼어들기 등으로 인해 SCC 차량이 감속할 경우 운전자에게 경고를 하는 기능이다.

❶ SCC 차량이 시스템 내에서 충분히 감속이 가능할 경우: 경보 없음

❷ SCC 차량의 시스템 내에서 감속이 불충분하여 운전자의 감속이 필요할 경우: 계기판 내 표시부 점멸 및 부저 경고음 발생(브레이크 페달 작동시까지 경보 및 감속 유지)

❸ 30km/h 이하에서 앞 차량과의 거리 제어 중 앞 차량이 옆 차선으로 사라지면 경고음이 울리면서 계기판에 경고 화면이 나타난다. 새롭게 나타난 정차 차량이나 물체가 있으면 충돌할 수 있으니 직접 속도를 조절한다.

(2) 운전자 가속 기능

❶ 스마트 크루즈 컨트롤 시스템이 감속 제어 중이라도 운전자가 액셀러레이터 페달을 밟으면 차량은 가속을 하게 된다.(운전자의 의지를 최대한 반영)

❷ 가속을 하면 설정 속도보다 빠르게 주행할 수 있으므로 표시부가 점멸된다.

(3) 크루즈 컨트롤 기능

❶ 운전자의 조작에 의하여 차간거리를 유지하지 않고 일정속도만 유지하는 크루즈 컨트롤 기능을 이용할 수 있다.

❷ 스마트 크루즈 컨트롤을 사용하고 있지 않은 상태에서(크루즈 표시등이 들어온 상태) 차간거리 조작 스위치를 2초 이상 길게 누르면 크루즈 컨트롤 기능 또는 스마트 크루즈 컨트롤 기능을 선택할 수 있다.

❸ 속도 설정 방법은 스마트 크루즈 컨트롤 속도 조작법과 동일하다.

❹ 크루즈 컨트롤 기능 사용 시 운전자가 적절하게 브레이크 조작을 하지 않으면 앞 차량과 추돌할 수 있다.

(4) 내비게이션 연동 기능

❶ SCC 동작 중 내비게이션으로부터 전방의 제한 속도 정보를 사전에 수신하여 현재 차량이 제한 속도 이상으로 주행하는 경우 일시적으로 감속하거나 가속을 제한하여 운전자 편의를 향상하는 부가 기능이다.

❷ 과속의 단속을 회피하는 것을 목적으로 하는 기능이 아니며, 내비게이션 정보가 제한 속도 정보를 보증하지 않기 때문에 본 기능이 동작 중이더라도 운전자는 도로교통법 준수의 의무를 다 하여야 한다.

3 스위치의 기능

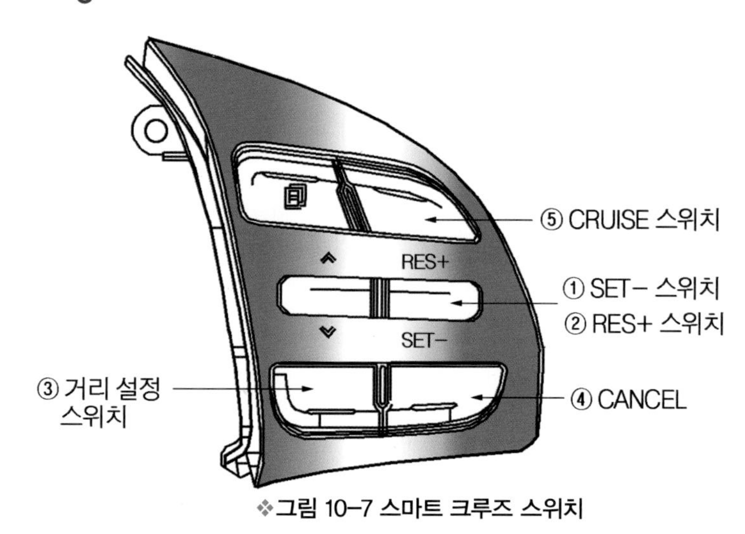

❖그림 10-7 스마트 크루즈 스위치

(1) ON · OFF 스위치

스마트 크루즈 컨트롤 시스템의 메인 스위치로서 시스템을 ON, OFF시킬 수 있다.

❶ **시스템 ON 상태:** 계기판에 CRUISE 점등

❷ **시스템 OFF 상태:** 계기판에 CRUISE 소등

(2) SET− 스위치

❶ 시스템 설정

SET− 스위치를 눌러 시스템을 설정한 순간의 계기판 속도가 설정 속도가 된다. 단, 30km/h 이하의 속도에서는 3.5~70m사이에, 정차했을 경우 2~8m 사이에 선행 차량이 존재해야 하며 목표 속도는 30km/h로 설정된다.

❷ 설정 속도 감소

가) 시스템이 설정된 상태에서 SET− 스위치를 누르면 설정 속도가 감소하게 된다.

나) 설정 속도 감소 스위치 조작 방법

㉮ SET- 스위치를 짧게 누르면 설정 속도가 1km/h씩 감소된다.

㉯ SET- 스위치를 길게 누르면 설정 속도가 10의 배수로 감소된다.

- 운전자가 가속 페달을 밟아서 차량 속도가 SET 속도보다 높으면 그때의 속도가 SET 속도가 된다.

(3) RES+ 스위치

❶ 시스템 재설정

시스템의 자동 해제 조건에 의해 시스템이 해제된 경우 RES+ 스위치를 눌러 해제되기 전의 설정 속도로 재설정 할 수 있다.

❷ 설정 속도 증가

시스템이 설정된 상태에서 RES+ 스위치를 누르면 설정 속도가 증가 하게 된다.

❸ 설정 속도 증가 스위치 조작 방법

가) RES+ 스위치를 짧게 누르면 설정 속도가 1km/h씩 증가된다.

나) RES+ 스위치를 길게 누르면 설정속도가 10의 배수로 증가된다.

(4) CANCEL 스위치

시스템이 설정된 상태에서 CANCEL 스위치를 누르면 시스템 설정이 해제된다.

(5) 거리 단계 설정 스위치

❶ 목표 거리 단계 변경

가) SCC 차량이 전방 차량과 유지하는 거리를 운전자가 조절하는 기능이다.

나) 거리 설정은 이전에 설정되었던 단계로 자동 설정되며, 운전자가 변경할 수 있다.

(ex) 4단 -> 3단 -> 2단 -> 1단 -> 4단

❷ 목표 거리 조절 기능

가) 목표 거리 단계에 따라 유지하는 거리는 절대 거리가 아니고 전방 차량의 속도에 따른 상대 거리를 유지하게 된다.

나) SCC 차량이 전방 차량과 거리를 유지할 때 전방 차량과 동일한 속도로 주행하면서 거리를 일정하게 유지하는 기능이다.

다) 전방 차량과 추종 속도가 90km/h이면 4단계에서 약 52.5m, 3단계에서 약 40m, 2단계에서 약 30m, 1단계에서 약 25m의 차간 거리를 유지하며, 선행차를 추종한다.

4 속도 설정

❶ CRUISE 스위치 버튼을 누른다.

❷ 계기판에 CRUISE 표시등 점등된다.

❸ 원하는 속도까지 액셀러레이터 페달을 밟는다. 단, 스마트 크루즈 컨트롤 작동을 위해 차량 속도 설정은 아래와 같다.

가) 전방에 차가 없을 경우 : 30km/h ~ 180km/h

나) 전방에 차가 있을 경우 : 0km/h ~ 180km/h

❹ 원하는 속도에 도달하면 SET- 버튼을 아래로 내린다.

❺ 계기판에 SET 표시등이 점등된다.

❻ 속도, 차간거리 표시등이 켜지면서 설정한 속도가 유지된다.

❼ 액셀러레이터 페달에서 발을 뗀다.

❽ 액셀러레이터 페달을 밟지 않아도 설정한 속도 유지가 가능해 진다.

❾ 전방에 다른 차량이 있을 경우 거리 유지를 위해 속도가 줄어들 수 있다

5 계기판

표10-3 계기판 상황

SCC 동작 중 선행 차량 있을 때 목표 차간 거리 1단계

SCC 동작 중 선행 차량 있을 때 목표 차간 거리 2단계

SCC 동작 중 선행 차량 있을 때 목표 차간 거리 3단계

SCC 동작 중 선행 차량 있을 때 목표 차간 거리 4단계

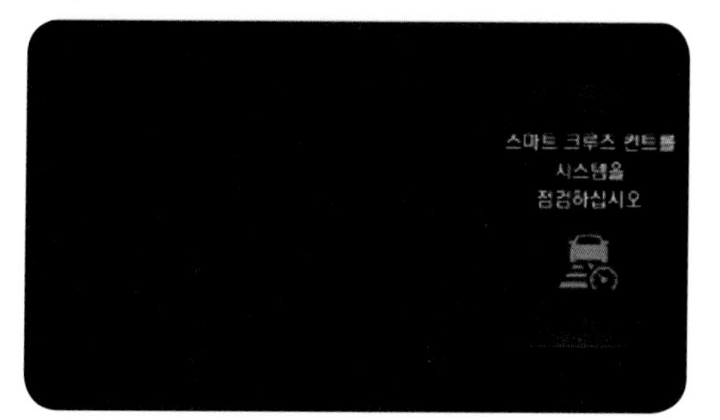

레이더 고온 또는 레이더 회로 이상

센서 주변 및 커버 오염

6 작동 원리

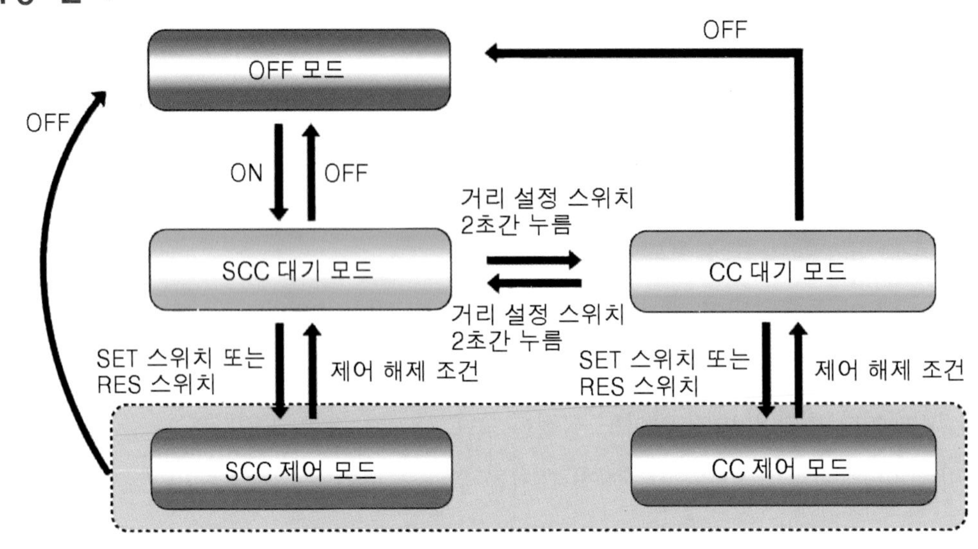

❖그림 10-8 스마트 크루즈 시스템의 작동 원리

(1) 작동 조건

❶ 차량 속도가 약 0 ~ 180km/h 범위(단, 약 30km/h 미만에서는 선행 차량이 있을 경우에만 작동 : 차간 거리 제어 수행)

❷ 기어 D 위치 또는 스포츠 모드

❸ VDC OFF 스위치 OFF

❹ 주차 브레이크 해제

❺ CRUISE 스위치 ON(CRUISE 표시등 점등)

(2) 시스템 제어 금지·해제 조건

❶ 운전자가 브레이크 조작(제어 해제 메시지 화면 표시하지 않음)

❷ CANCEL 스위치 조작(제어 해제 메시지 화면 표시하지 않음)

❸ OFF 스위치 조작(제어 해제 메시지 화면 표시하지 않음)

❹ 액셀러레이터 페달을 장시간 지속적으로 밟은 경우

❺ ESC OFF 스위치 조작

❻ 변속 레버 N, P, R 위치 조작

❼ 주차 브레이크가 작동한 경우

❽ 운전자 도어가 열릴 경우

❾ 정차 모드에서 전방 선행 차량 감지 이상 발생한 경우

❿ ABS, TCS, ESC가 작동한 경우

⓫ 차량 속도가 과도한 경우

가) 180km/h 초과에서 제어를 시도할 경우 제어 금지가 된다.

나) 190km/h 초과에서는 동작 중인 SCC가 제어 해제 된다.

⓬ 센서 커버가 심하게 오염되었을 경우

⓭ 차량이 5분 이상 정차할 경우

⓮ 차량이 정차와 주행을 장시간 반복할 경우

⓯ 차량 정차 제어 3초 후 앞 차량이 없는 상태에서 운전자가 재출발 시도(RES+, SET-스위치 또는 액셀러레이터 페달 조작)

⑯ 엔진이 비정상적인 경우

⑰ AEB 제동 제어가 작동하는 경우

⑱ 경고등이 점등한 경우(시스템 고장 또는 일시적 사용불가) : DTC 코드 확인 후 정비지침에 따라 점검한다.

⑲ 외부 충격으로 장착 상태가 틀어진 경우: 접촉 사고 등이 발생한 경우 외관상 문제가 없더라도 SCC는 작동 이상 현상이 발생될 수 있으므로 정비지침에 따라 점검한다.

⑳ 이전 설정 값 없음: RESUME으로 제어 시도 시 이전 사용 설정 값이 없으면 제어 금지 된다.

7 시스템의 구성

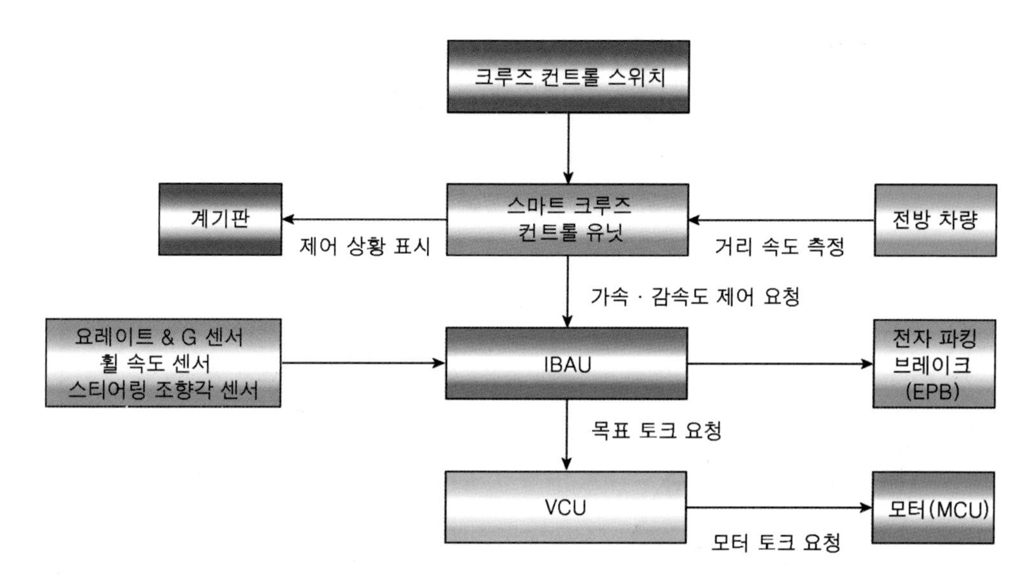

❖그림 10-9 스마트 크루즈 시스템의 구성

8 구성 부품의 정비

표10-4 스마트 크루즈 구성 부품

구성 부품	기능
스마트 크루즈 컨트롤 스위치	• 설정 속도 및 설정 차간 거리를 SCC ECU로 입력한다.
계기판	• SCC로부터 입력되는 각종 정보를 표시한다.
스마트 크루즈 컨트롤 유닛	• 전방 차량을 인식하고 추적한다. • 목표 속도와 목표 차간 거리를 계산한다. • 목표 가 · 감속도를 계산하여 VDC로 제어를 요청한다.
IBAU	• VCU로 목표 토크를 요청한다.
VCU	• 목표 토크를 모터로 전달한다.
모터(MCU)	• 모터 토크를 제어한다.
전자 파킹 브레이크(EPB)	• EPB 토크를 제어 한다.

(1) 스마트 크루즈 컨트롤 스위치

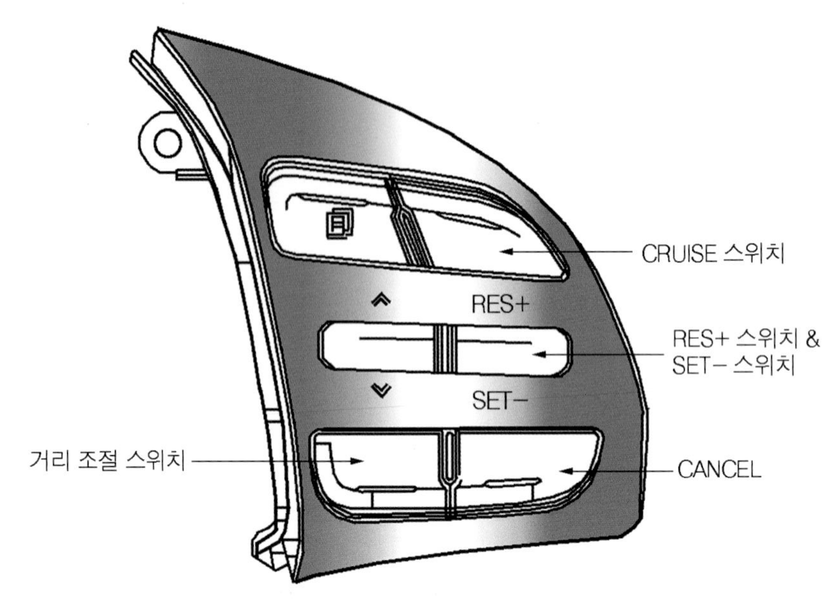

❖그림 10-10 스마트 크루즈 컨트롤 스위치

1) 회로도

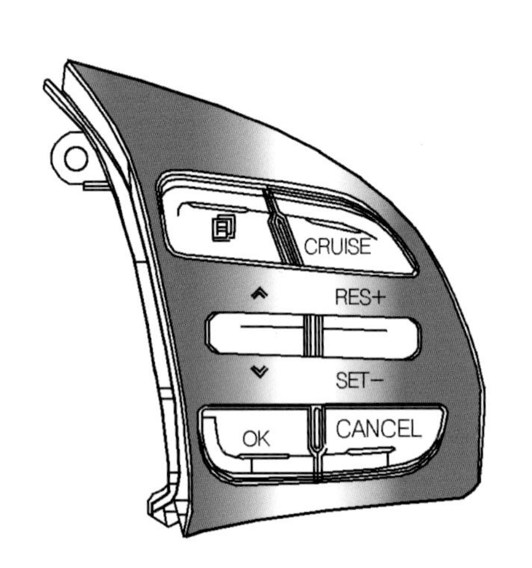

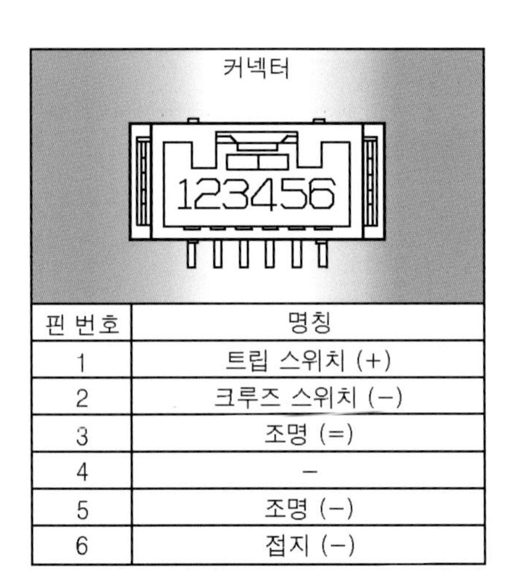

핀 번호	명칭
1	트립 스위치 (+)
2	크루즈 스위치 (-)
3	조명 (=)
4	-
5	조명 (-)
6	접지 (-)

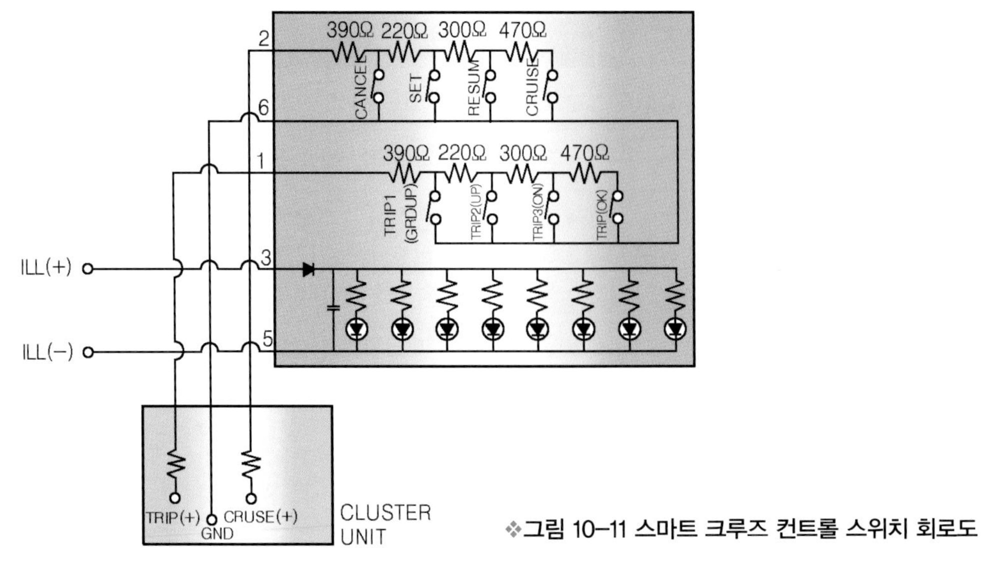

❖그림 10-11 스마트 크루즈 컨트롤 스위치 회로도

2) 스마트 크루즈 컨트롤 스위치 탈부착

❶ 배터리 (-) 단자를 탈착한다.
❷ 스티어링 휠을 탈착한다.
❸ 스티어링 백 커버 A를 탈착한다.
❹ 스티어링 리모컨에 장착된 커넥터 B를 분리한다.

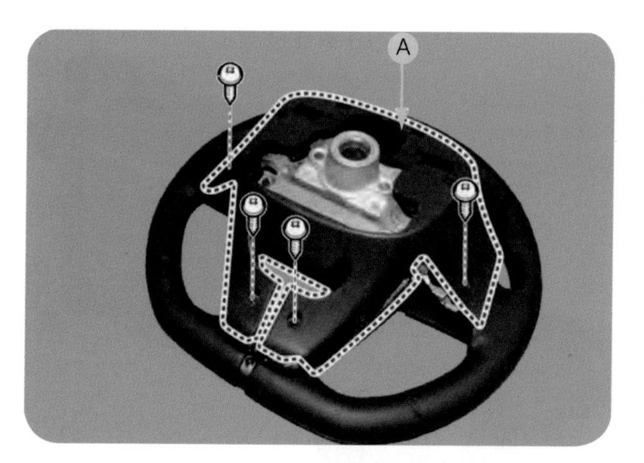

❖그림 10-12 스티어링 백 커버 탈착

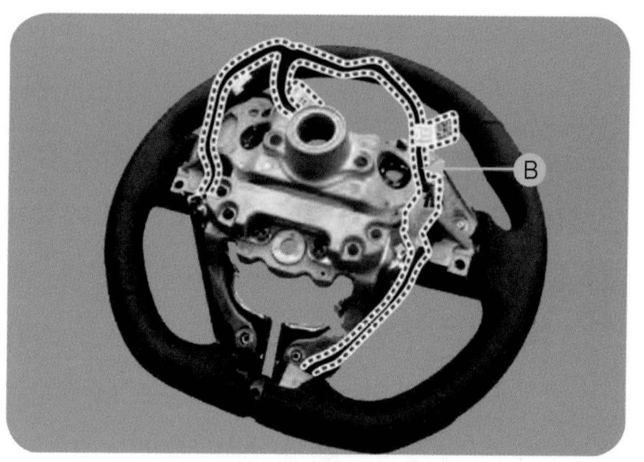

❖그림 10-13 리모컨 커넥터 분리

❺ 스크루를 풀고 스티어링 리모컨 C을 탈착한다.
❻ 점검 후 장착 시 커넥터를 연결한 후 스티어링 휠 리모컨을 장착한다.
❼ 커버 및 운전석 에어백 모듈을 장착한다.
❽ 배터리 (-) 단자를 연결한다.

❖그림 10-14 스티어링 리모컨 탈착

3) 스마트 크루즈 컨트롤 스위치 점검(저항 측정)

❶ 스마트 크루즈 컨트롤 스위치 커넥터를 탈착한다.
❷ 각 기능 스위치를 ON시켰을 때(스위치가 눌려졌을 때) 컨트롤 스위치 터미널 간의 저항을 측정한다.

표 10-5 스마트 크루즈 컨트롤 스위치 단자 간 저항

기능 스위치	단자	저항
CANCEL	2-5	330Ω ± 5%
SET -	2-5	550Ω ± 5%
SET +	2-5	880Ω ± 5%
CRUISE	2-5	1.44kΩ ± 5%
SCC	3-5	5,54kΩ ± 5%

측정값이 기준값을 벗어나면 컨트롤 스위치를 교환한다.

(2) 스마트 크루즈 컨트롤 유닛

1) 개요

스마트 크루즈 컨트롤 유닛은 차체 전방 프레임 상단 중앙에 장착되어 있다. 유닛 전면에는 레이더 센서가 내장되어 있어서 전방의 차량 및 물체를 감지하는 역할을 한다. 레이더 센서는 전방의 물체를 최대 64개까지 감지가 가능하며, 주행 중에 수직 및 수평 정렬이 틀어지게 되면 경고음 제어 역할도 한다. 계기판, 경고 부저, 스마트 크루즈 컨트롤 스위치, 차량 자세 제어 장치(VDC), ECM, TCM 등과 CAN 통신을 한다. 차량 자세 제어 장치(VDC)와 ECM, TCM 간의 CAN 통신 제어를 통해서 차량 속도를 제어하게 된다.

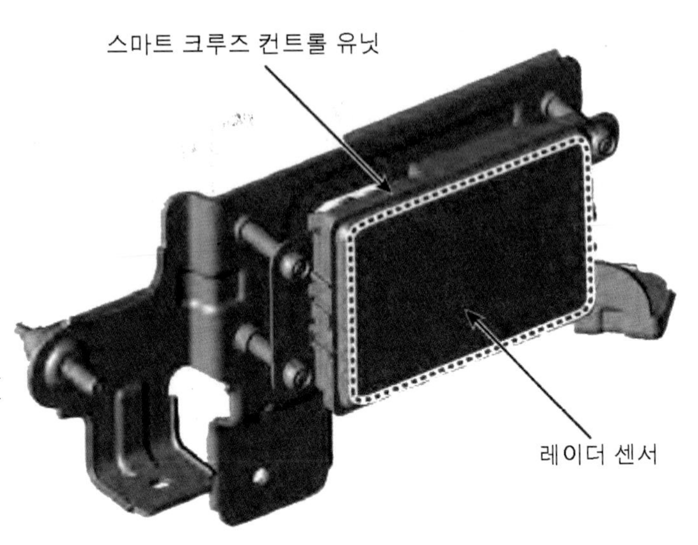

❖그림 10-15 스마트 컨트롤 유닛

2) 회로도

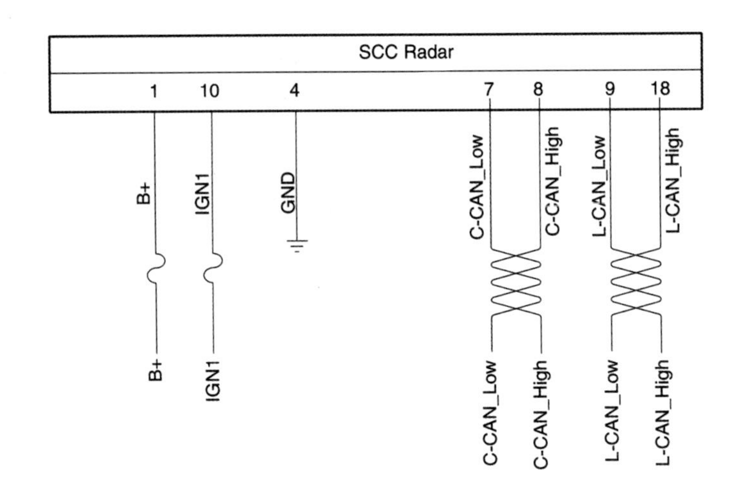

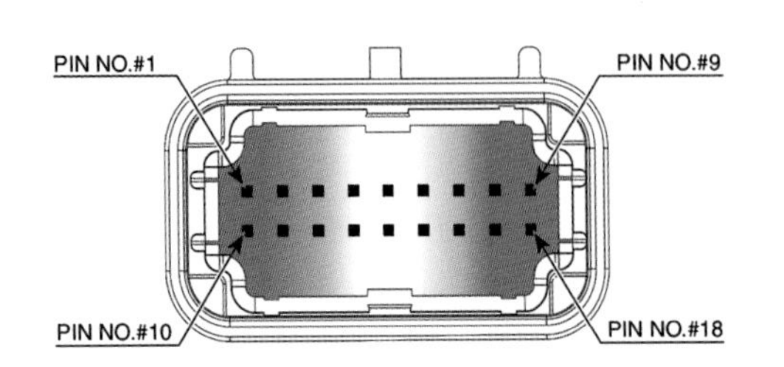

No	ITEM
1	배터리 전원 (B+)
4	접지
7	C-CAN [로]
8	C-CAN [하이]
9	L-CAN [로]
10	IGN1
18	L-CAN [하이]

❖그림 10-16 스마트 컨트롤 유닛 회로도

2) 스마트 컨트롤 유닛 탈부착

❶ 범퍼를 탈착한다.
❷ 스마트 크루즈 컨트롤 유닛 커넥터 A 를 분리한다.
❸ 고정 볼트를 풀어 스마트 크루즈 컨트롤 유닛 어셈블리 B 를 차체에서 탈착한다.
❹ 탈착 장착의 역순으로 스마트 크루즈 컨트롤 유닛을 장착한다.
- 센서 장착 시 센서 전면이 차량 진행 방향과 일치되도록 장착하고 센서 상면은 수평계 C 를 이용하여 지면과 수평이 되도록 장착한다.

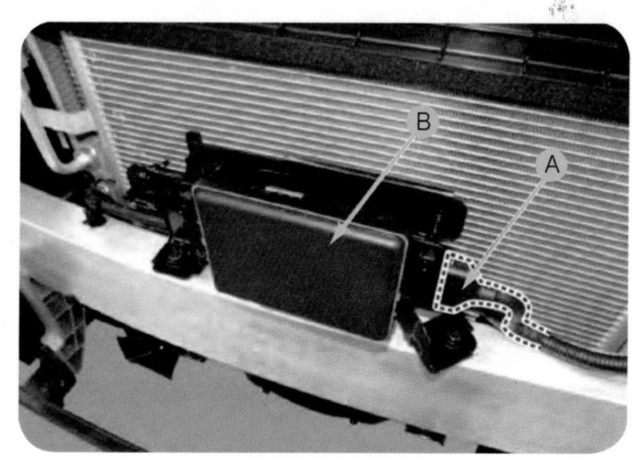

❖그림 10-17 스마트 컨트롤 유닛 탈착

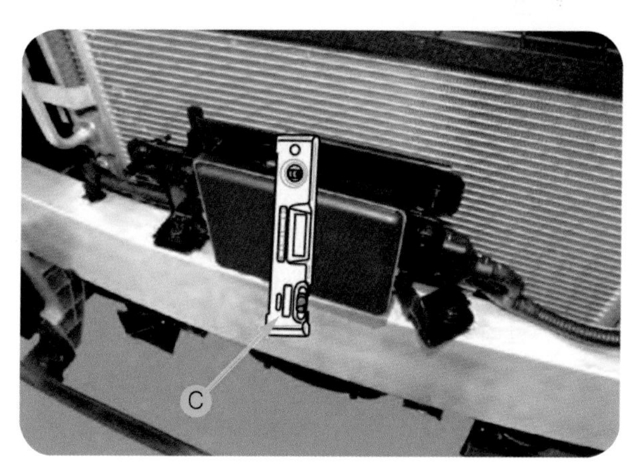

❖그림 10-18 스마트 컨트롤 유닛 장착

❺ 스마트 크루즈 컨트롤 센서 정렬을 실시한다.(센서 정렬 방법 참조)
❻ 범퍼를 장착한다.

(3) 스마트 크루즈 컨트롤(SCC) 레이더 센서 정렬

SCC는 레이더를 이용해 제어 대상 차량을 감지하고 대상과의 거리, 상대 속도 등을 인식한다. 이를 위해서는 센서 장착 방향이 차량과 정확하게 일직선 상에 있어야 한다. 따라서 사고 등에 의해 센서를 탈착 후 재장착하거나 신품 센서를 장착하는 경우에는 반드시 센서 정렬을 실시하여야 한다. 만약 위와 같은 경우 센서 정렬을 실시하지 않으면 SCC 제어의 정확성을 보장할 수 없다.

1) 센서 정렬이 필요한 경우

❶ SCC 탈착 후 재 장착할 경우
❷ 신품 SCC를 장착할 경우
❸ 가벼운 접촉 사고 후 센서나 그 주변부에 강한 충격을 받았을 때
❹ 주행 중 전방 차량을 인식하지 못할 때

2) 센서 정렬 전 조치 사항

❶ 차량 내(탑승석 및 트렁크) 무거운 물건 등은 빼놓는다.
❷ 모든 타이어를 규정된 공기압으로 맞춘다.
❸ 휠 얼라인먼트를 확인한다.
❹ 센서 커버의 오염 상태를 확인한다.

3) 레이더 센서 정렬 방법 [주행 모드]

레이더 센서는 수직 방향과 수평 방향으로 각각 정렬을 시켜야 한다. 수직 방향은 수직·수평계를 이용하여 정렬하고, 수평 방향은 주행을 통하여 자동 정렬한다.

❖그림 10-19 레이더 센서 정렬

❶ 지면과 차량의 수평 상태를 유지하기 위하여 차량을 리프트 또는 평탄면에 고정한다.
❷ 범퍼를 탈착한다.
❸ 수직·수평계(A)를 이용하여 센서의 수직 정렬 상태를 확인한다.(허용 공차 : ± 0.1° 이내)
- 센서 수직방향의 장착 각도가 허용 공차를 벗어났을 경우에는 센서의 각도 조정나사를 돌려 허용 공차 이내로 정렬한다.
- 센서 수직 정렬을 하기 위해서는 가능한 전자식 ilt Meter를 사용하고 없을 경우에는 Bubble Meter를 이용한다.

❹ 범퍼를 재장착한다.
❺ 센서의 수평 정렬을 위하여 시동을 건 상태에서 GDS를 연결하고 SCC 보정을 선택한다.

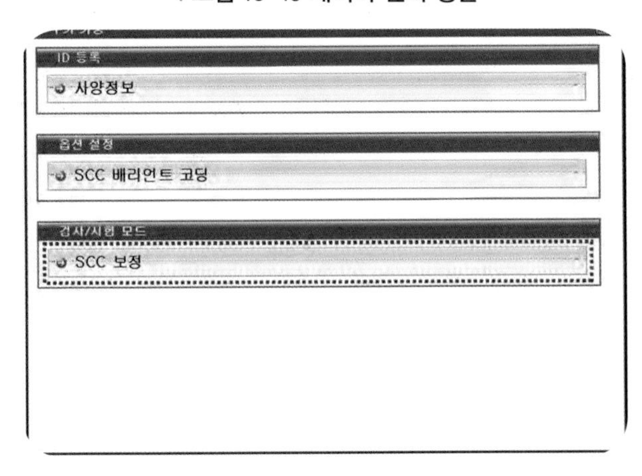

❖그림 10-20 레이더 센서 SCC 보정

❻ 센서 정렬 전 고장 코드를 소거한다.
❼ 센서 정렬을 시작하기 위하여 부가기능 중 주행 모드를 선택한다.
❽ 주행 모드 센서 정렬을 시작한 후 주행을 한다. 계기판의 적색 경고등 점등을 확인한다.

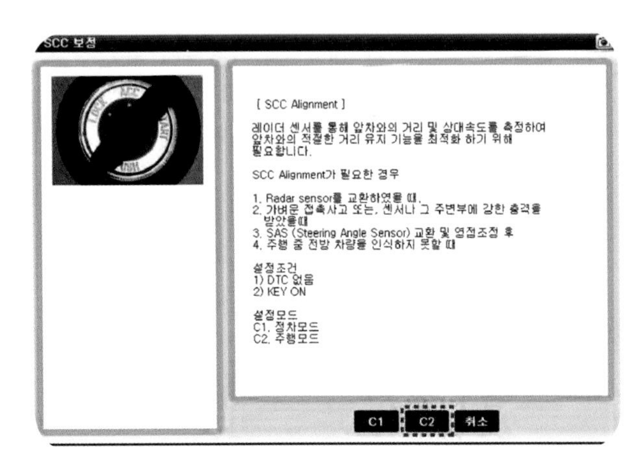

❖그림 10-21 주행 모드 선택

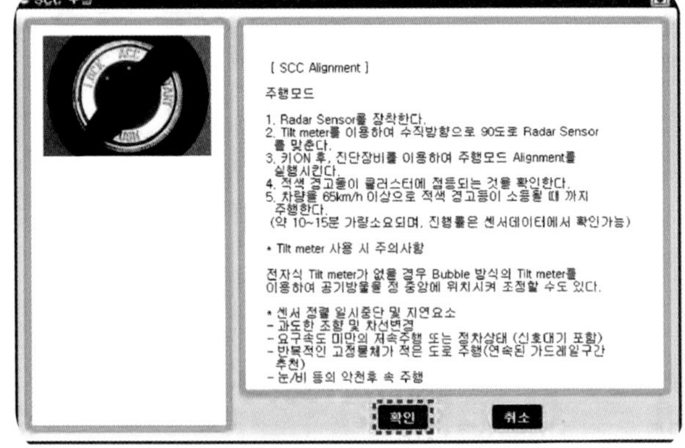

❖그림 10-22 주행 중 적색 경고등 확인

❾ 센서 정렬이 완료되면 계기판의 경고등이 소등된다.
- 센서 정렬이 완료되지 않으면 GDS를 통하여 수평 각도를 확인한다.
- 수평 각도가 ±3도가 넘을 경우에는 백빔 또는 마운팅부의 상태를 확인하고 이상이 없을 경우에는 SCC 유닛을 교체한다.
- SCC 유닛을 교체한 후에는 다시 센서를 정렬한다.

4) 레이더 센서 정렬 시 주의 사항

센서 정렬은 일반적으로 약 5~15분 정도 소요되나 도로 및 주행 상태에 따라 달라질 수 있다. 센서 정렬 시간을 단축하기 위해서는 가능한 아래 사항을 고려하여 주행한다.

❶ 센서 정렬 시간 단축을 위한 주행 조건

- 차속 65km/h 이상의 속도로 주행
- 커브나 경사가 거의 없는 직선 도로 주행
- 두껍고 넓은 아스팔트 포장 도로 주행
- 반복적인 고정 목표물(가로등, 가드레일 등 금속 재질)이 있는 도로 주행
- 눈, 비 등이 내리지 않는 날씨의 건조하고 양호한 도로 주행

❷ 센서 정렬 일시 중단 또는 지연 요소

- 반경 100m 이내의 급한 커브길 주행
- 요구 속도 이하의 저속 주행 또는 정차 상태(신호 대기 등)
- 터널 안이나 고가 도로 밑 주행
- 좌·우 회전 등의 과도한 조향 또는 차선 변경 등
- 반복적인 고정물체가 적은 도로주행

❸ 센서 정렬을 위해 주행 시 아래의 사항에 주의한다.

- 규정된 속도를 준수하여 차량을 운행한다.
- 센서 정렬 시간의 단축을 목적으로 무리하게 운행하지 말고 도로 여건을 고려하여 안전하게 운행한다.
- 주행 중 GDS 장비를 조작하거나 운전에 방해가 될 정도로 오랫동안 GDS 화면을 응시하지 않는다.
- GDS 장비의 조작은 반드시 차량을 정차시킨 후 실시한다.

9 스마트 크루즈 시스템 사용 시 주의 사항

스마트 크루즈 컨트롤 시스템을 사용 시 주변 차량이나 도로 사정에 의해 전방 차량을 감지함에 있어 오차가 발생할 수 있으므로 아래의 주의사항을 참고한다.

(1) 커브길 또는 오르막·내리막길

1) 커브길 또는 오르막·내리막길에서는 같은 차로에 있는 차량을 인식하지 못해 설정 속도까지 급하게 가속되거나 갑자기 인식하여 급하게 감속될 수 있다.

2) 커브길 또는 오르막·내리막길에서는 적정한 설정 속도를 선택하고 필요한 경우 브레이크 페달을 밟아 차량 속도를 조절해야 한다.

❖그림 10-23 오르막길

3) 다른 차로에 있는 차량이 감지되어 차량 속도에 영향을 줄 수 있다. 필요한 경우 차량 속도를 조절해야 한다. 이 경우 주위의 교통상황을 확인한 후 액셀러레이터 페달을 밟아 불필요한 감속을 방지할 수 있다.

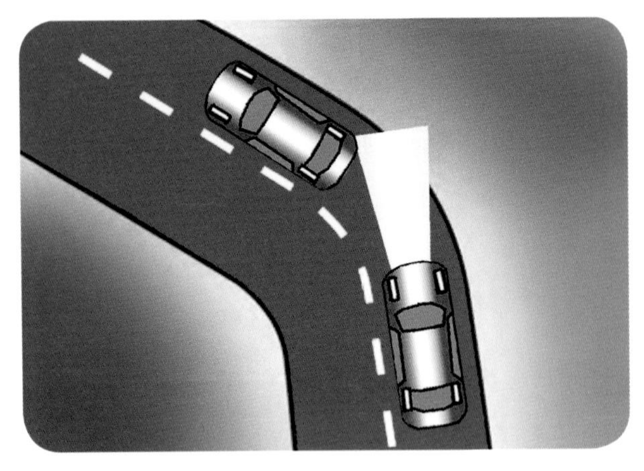

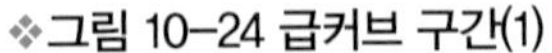

❖그림 10-24 급커브 구간(1)

❖그림 10-25 급커브 구간(2)

(2) 차선 변경 시

1) 옆 차로의 차량이 같은 차로로 차선을 변경 시 센서의 감지 범위 안으로 들어올 때까지 전방의 차량을 인식하지 못할 수 있다.

2) 갑자기 끼어드는 차량은 센서가 늦게 인식할 수 있으니 항상 주의를 기울여야 한다.

3) 같은 차로로 진입한 차량의 속도가 운전자의 차량 속도보다 느릴 경우에는 속도를 감속시켜 차간 거리를 유지한다.

4) 같은 차로로 진입한 차량의 속도가 운전자의 차량 속도보다 빠를 경우에는 일정 거리 이내에 있다 하더라도 계속 정속 주행을 하게 된다.

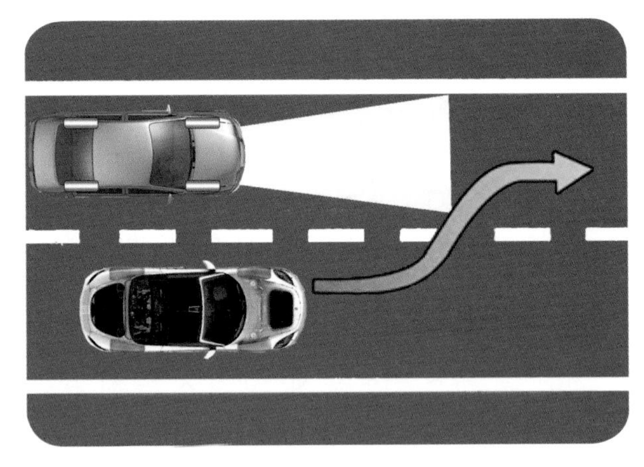

❖그림 10-26 차선 변경 시

(3) 차량 인식

1) 같은 차선에 있다 하더라도 센서의 감지 범위를 벗어나 있는 다음과 같은 차량은 인식하지 못할 수 있다.

❶ 오토바이, 자전거, 경운기 등의 소형차량
❷ 한쪽으로 치우쳐서 주행하는 차량
❸ 속도가 매우 낮은 차량이나 급격하게 감속하는 차량
❹ 정지한 차
❺ 후면부가 작은 차량(짐을 싣지 않은 트레일러 등)

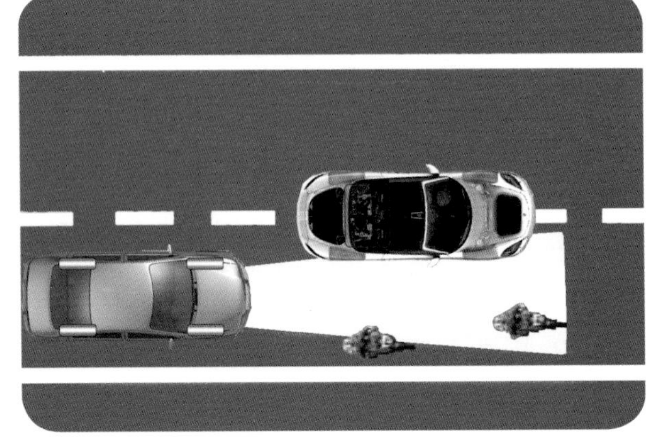

❖그림 10-27 차선 인식

2) 다음과 같은 상황에서는 선행 차량을 정확하게 인식하지 못할 수 있으므로 필요한 경우 속도를 직접 조절한다.

❶ 트렁크에 과도하게 짐을 실어 차량의 전면부가 들려있는 경우

❷ 핸들을 조작중일 경우

❸ 차로의 한쪽으로 주행할 경우

❹ 차로 폭이 좁거나 굴곡이 심한 도로를 주행할 경우

3) 스마트 크루즈 컨트롤을 사용하지 않을 때는 반드시 OFF시킨다. 오조작으로 인하여 주행속도가 설정되는 것을 방지한다. 계기판의 CRUISE 표시등이 소등되는 것을 확인한다.

4) 속도를 설정할 때는 반드시 법규로 정해진 규정 속도 이내로 설정한다.

5) 스마트 크루즈 컨트롤은 주행이 원활한 도로에서만 사용한다. 아래의 상황에서는 사용하지 않는다.

❶ 고속도로 인터체인지, 톨게이트 부근

❷ 지하철 공사현장, 주차장

❸ 차선 근접 가드레일

❹ 비, 눈, 얼음 등으로 미끄러워진 도로

❺ 급커브길

❻ 경사가 급한 내리막길이나 오르막길

❼ 기상 상태가 좋지 않거나 시야 확보가 어려운 경우(안개, 눈, 비, 모래바람 등)

❽ 바람이 많이 부는 도로

❾ 경고음이 빈번하게 발생하는 도로

6) 예기치 못한 상황 발생 시 사고의 위험이 있으므로 도로 및 주행 상태에 지속적으로 주의를 기울인다.

7) 비상 상황 발생으로 차량을 정지시켜야 할 때는 반드시 브레이크를 사용한다.

8) 차량의 속도와 도로 조건 등에 따라 안전거리를 유지한다. 고속 주행 시 차간 거리를 가깝게 설정할 경우 매우 위험하다.

9) 전방에 정차된 차량이나, 보행자, 마주 오는 차량 등에 대해서는 차량이 이에 대처할 수 없으므로 항상 전방을 주시하여 예기치 못한 상황에 대처할 수 있도록 주의를 기울인다.

10) 스마트 크루즈 컨트롤은 운전자를 위한 편의장치이므로 차량의 통제에 대해서는 운전자 스스로의 판단에 의해 이루어져야 한다. 스마트 크루즈 컨트롤에만 의존할 경우 사고의 위험이 있다.

11) 전방의 차량이 차선을 자주 변경할 경우 운전자 차량의 반응속도가 느려질 수 있다. 전방을 주시하여 위험한 상황에 대처할 수 있도록 주의를 기울인다.

12) 교차로에서 전방 차량이 사라진 경우 가속할 수 있으므로 전방 차량의 사라짐 경고 발생 시 전방 상황을 고려하여 운전한다.

13) 전방 차량이 빠져 나가는 경우 정지 차량을 인지하지 못하여 충돌 위험이 있을 수 있으니 주의하여야 한다.

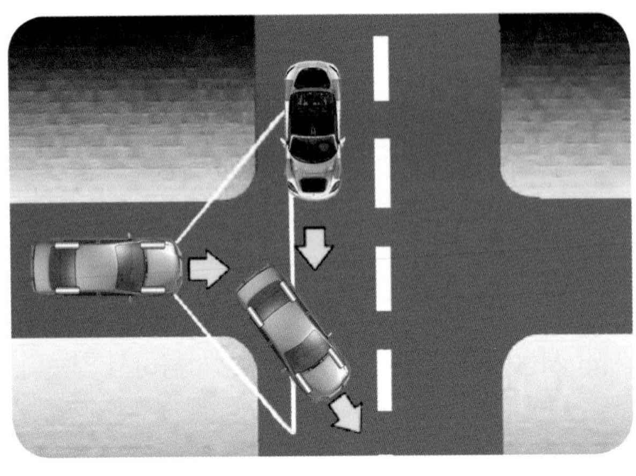

❖그림 10-28 교차로 전방 차량 주시

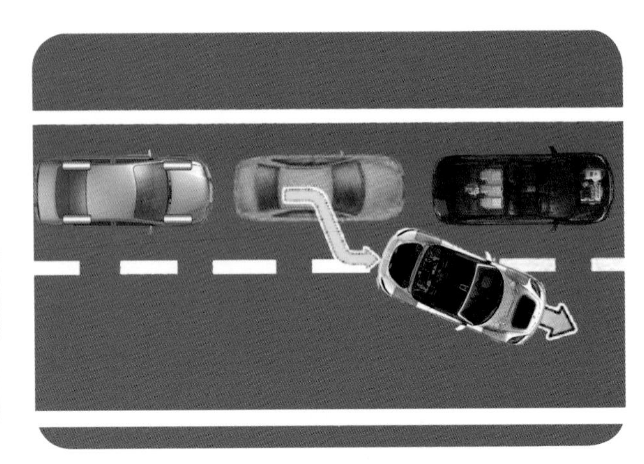

❖그림 10-29 전방 차량 차선 변경

14) 전방 차량을 감지하여 차간 거리를 유지하는 중 보행자 진입 시 위험 상황이 발생할 수 있으므로 주의하여야 한다.

15) 차고가 높거나 적재물이 차량 후면으로 돌출되어 있는 차량을 추종할 경우 위험상황이 발생할 수 있으므로 주의하여야 한다.

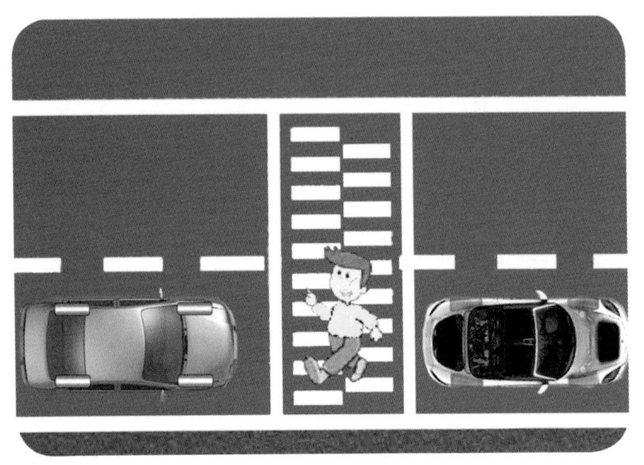

❖그림 10-30 횡단보도 전방 차량 주시

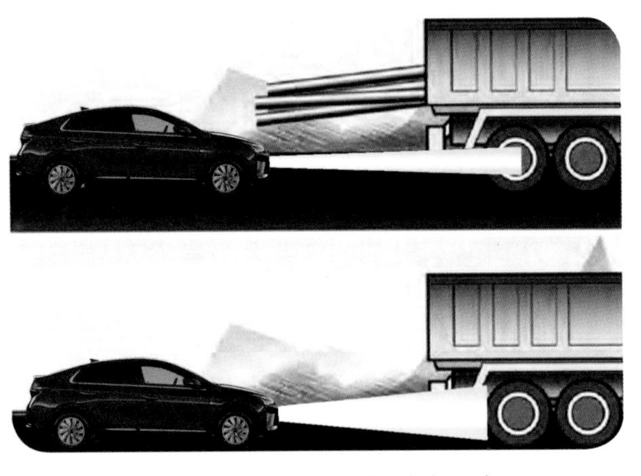

❖그림 10-31 전방 대형 차량 주시

3 전기 자동차의 공조 계통

내연기관 자동차에서는 엔진의 회전을 이용하여 냉난방 장치를 작동시키지만 전기자동차의 공조 계통은 전동형 BLAC 컴프레서와 BLDC 블로어 모터를 사용한다.

표 10-6. 전기 자동차의 공조계통

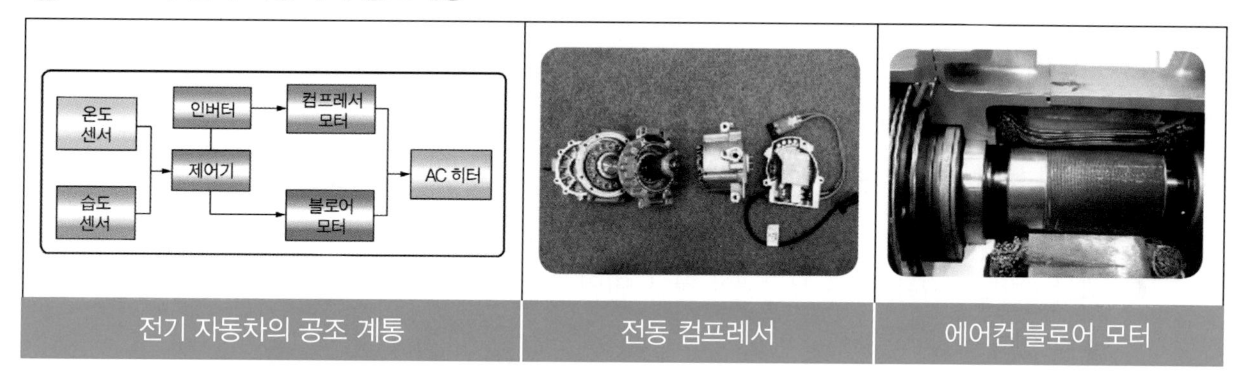

전기 자동차의 공조 계통 | 전동 컴프레서 | 에어컨 블로어 모터

❖그림 10-32 전기 자동차 공조 계통의 구성

1 히터 및 에어컨 일반 제원

표 10-6 전기자동차의 히터 및 에어컨 일반 제원

구분	항목		제원	
에어컨 장치	컴프레서	형식	HES33 (전동 스크롤식)	
		제어 방식	CAN 통신	
		윤활유 타입 및 용량	POE Oil 180 ± 10cc	
		모터 타입	BLDC	
		정격 전압	360V	
		작동 전압 범위	240 ~ 412V	
	팽창 밸브	형식	블록 타입	
	냉매	형식	R - 134a	
		냉매량	A/C 사양	550 ± 25g
			히트 펌프 사양	1000 ± 25g
블로어 유닛	블로어	풍량 조절 방식	PWM 타입	
히터	PTC 히터	형식	공기 가열식	
		작동 전압	DC 240V ~ DC 420V	
히트 펌프	실외 콘덴서	방열량	15,400 - 3% kcal/hr	
	실내 콘덴서	방열량	4,000 - 5% kcal/hr	
	칠러		770g	
	어큐뮬레이터		1250cc	
이베퍼레이터	온도 작동 방식		액추에이터	
	온도 조절 방식		이배퍼레이터 온도 센서	
	블로어 단수		에어컨 출력 OFF 온도	에어컨 출력 ON 온도
	1 ~ 4단		1.5 ± 0.5℃	3.0 ± 0.5℃
	5 ~ 6단		1.0 ± 0.5℃	2.5 ± 0.5℃
	7 ~ 8단		0.8 ± 0.5℃	2.3 ± 0.5℃

2 에어컨 장치 작업 시 주의사항

❶ R-134 냉매는 휘발성이 강하기 때문에 한 방울이라도 피부에 닿으면 동상에 걸릴 수 있다. 냉매를 다룰 때는 반드시 장갑을 착용해야 한다.

❷ 눈을 보호하기 위하여 보호안경을 꼭 착용해야 한다. 만일 냉매가 눈에 튀었을 때는 깨끗한 물로 즉시 닦아 낸다.

❸ R-134a 용기는 고압이므로 절대로 뜨거운 곳에 놓지 않아야 한다. 그리고 저장 장소는 52℃ 이하가 되는지 점검한다.

❹ 냉매의 누설 점검을 위해 가스 누설 점검기기를 준비한다. R-134a 냉매와 감지기에서 나오는 불꽃이 접하면 유독 가스가 발생되므로 주의해야 한다.

❺ 냉매는 반드시 R-134a를 사용해야 한다. 만일 다른 냉매를 사용하면 구성부품에 손상이 일어날 수 있다.

❻ 습기는 에어컨에 악영향을 미치므로 비 오는 날에는 작업을 삼가 해야 한다.

❼ 차량의 차체에 긁힘 등의 손상을 입지 않도록 꼭 보호 커버를 덮고 작업해야 한다.

❽ R-134a 냉매와 R-12 냉매는 서로 배합되지 않으므로, 극소의 양 일지라도 절대 혼합해서는 안 된다. 만일 이 냉매들이 혼합된 경우 압력 상실이 일어날 가능성이 있다.

❾ 냉매를 회수 및 충전할 때는 R-134a 회수·재생·충전기를 이용한다. 이 때 절대로 냉매를 대기로 방출하지 않는다.

- 반드시 전동식 컴프레서 전용의 냉매 회수·충전기를 이용하여 지정된 냉매(R-134a)와 냉동유(POE)를 주입한다. 일반 차량의 냉동유(PAG)가 혼입될 경우 컴프레서 손상 및 안전사고가 발생할 수 있다.

3 부품 교환 시 주의 사항

❶ 수분이 함유된 냉동유가 기어 등 시스템에 혼입되었을 때는 컴프레서의 수명 단축 및 에어컨 성능저하의 원인이 되므로 냉동유에 수분이 들어가지 않도록 주의한다.

❷ 연결부 O-링의 유무 및 파손여부를 확인한다. O-링 누락 및 파손 시 냉매가 유출된다.

❸ 작업 전 O-링 부위에 냉동유를 반드시 도포한다.

❹ 볼트나 너트는 규정된 토크로 체결해야 한다.

❺ 호스의 뒤틀림이 없도록 한다.

❻ 호스 및 부품의 보호 캡은 작업 직전에 분리한다.

- 미리 분리할 때에는 이물질 유입으로 인해 고장 또는 성능의 저하 요인이 된다.

❼ 파이프 한쪽을 밀면서 너트와 볼트를 꽉 조인다.

4 에어컨의 구성과 작동

에어컨의 구성은 기본적으로 아래 그림과 같이 되어 있으며, 냉매가 각 부품 사이를 순환하면서 기체 → 액체 → 기체 → 액체로 연속적으로 변하여 냉방효과를 발휘할 수 있도록 해준다.

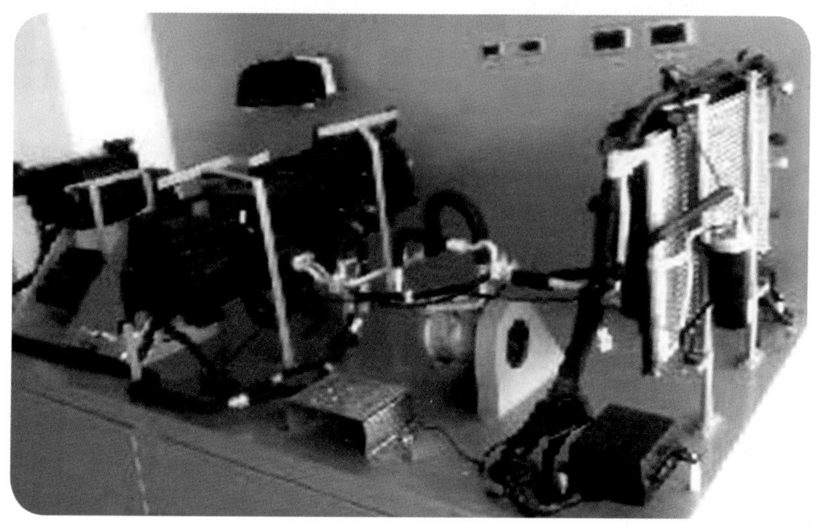

❖그림 10-33 에어컨의 구성

5 에어컨 부품위치

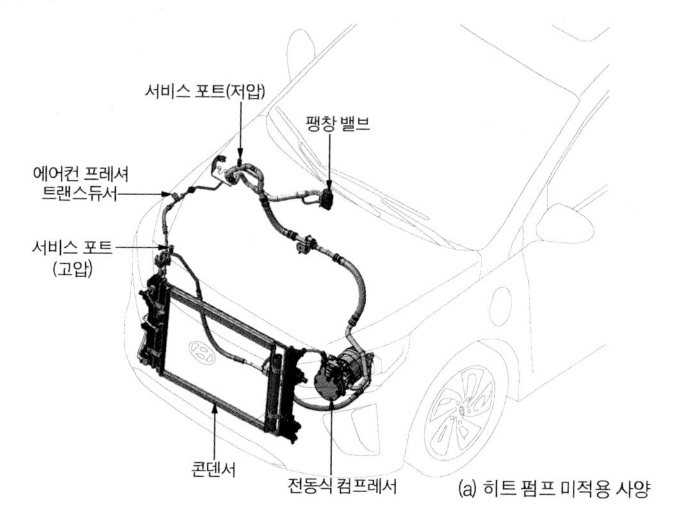

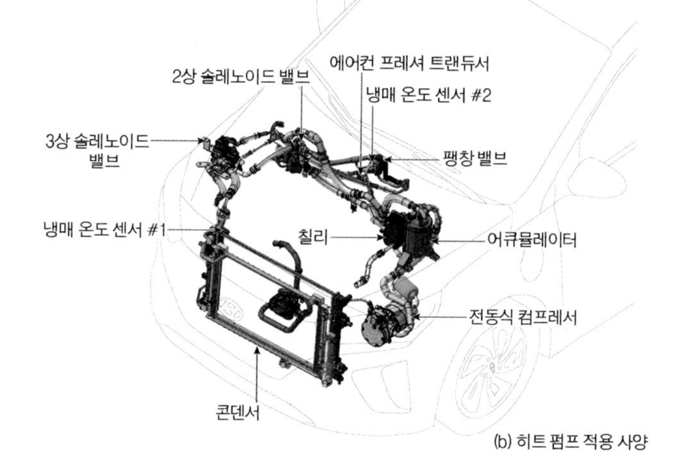

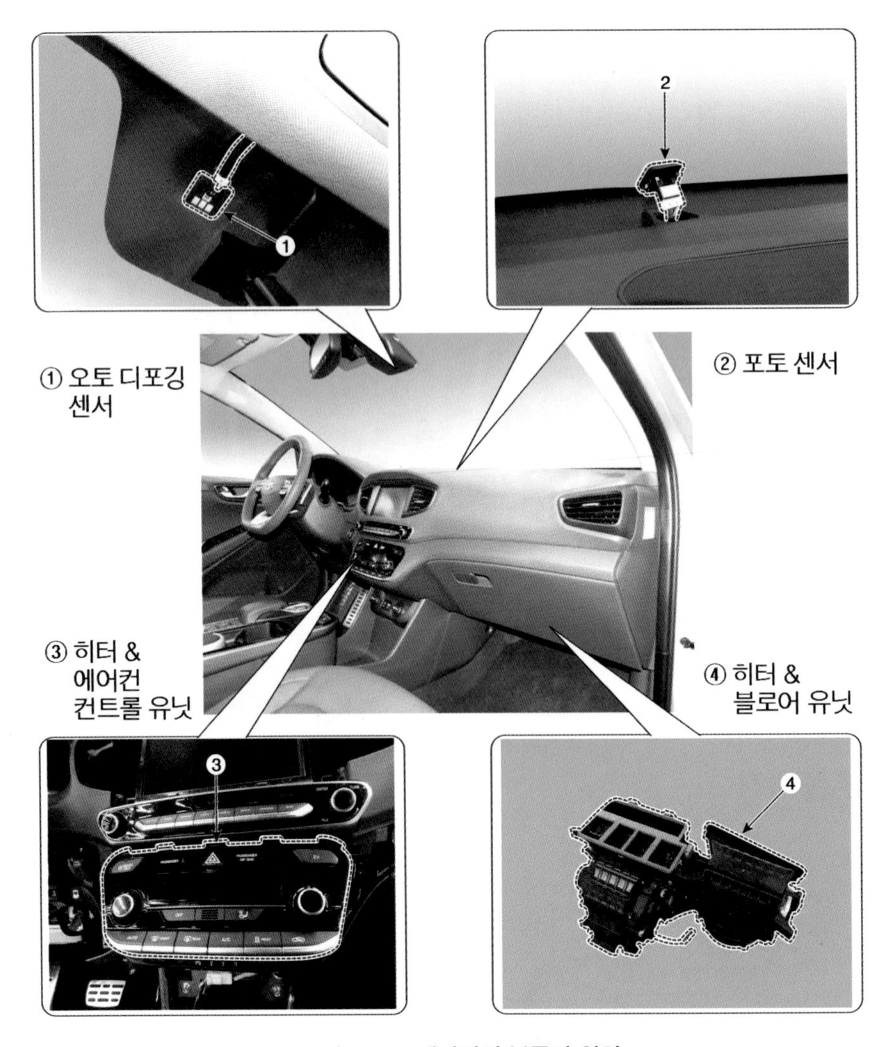

❖그림 10-34 에어컨의 부품의 위치

6 에어컨 고장 진단

에어컨 구성품의 교체 및 수리 이전에 우선 고장이 냉매의 충전이나 공기 흐름, 컴프레서 등의 작동 상태를 확인하며, 고장 수리 후에는 시스템의 구성 부품을 재확인한다. 다음의 표는 고장의 증상과 고장 예상의 우선순위이며, 증상 확인 후 정비를 진행한다.

증상	고장 예상 부위	증상	고장 예상 부위
블로어가 작동하지 않음	• 히터 퓨즈 • 블로어 릴레이 및 하이 블로어 릴레이 • 블로어 모터 • 블로어 레지스터 및 파워 모스펫 • 블로어 스피드 컨트롤 스위치 • 와이어링	컴프레서가 작동하지 않음	• 냉매량 • 에어컨 퓨즈 • 마그네틱 클러치 • 컴프레서 • 에어컨 프레셔 트랜스듀서 • 에어컨 스위치 • 이배퍼레이터 온도 센서 • 와이어링
온도 조절이 되지 않음	• 엔진 냉각수량 • 히터 컨트롤 어셈블리	에어컨 스위치 ON시 엔진 아이들이 높아지지 않음	• 엔진 ECU • 와이어링

증상	고장 예상 부위	증상	고장 예상 부위
시원한 바람이 나오지 않음	• 냉매량, 냉매 압력 • 드라이브 벨트 • 마그네틱 클러치 • 컴프레서 • 에어컨 프레셔 트랜스듀서 • 이배퍼레이터 온도 센서 • 에어컨 스위치 • 히터 컨트롤 어셈블리 • 와이어링	불충분한 냉각	• 냉매량 • 드라이브 벨트 • 마그네틱 클러치 • 컴프레서 • 콘덴서 • 팽창 밸브 • 이배퍼레이터 • 냉매라인 • 에어컨 프레셔 트랜스듀서 • 히터 컨트롤 어셈블리
공기 순환 조절 되지 않음	• 히터 컨트롤 어셈블리	모드 조절 되지 않음	• 히터 컨트롤 어셈블리
쿨링팬이 작동하지 않음	• 쿨링팬 퓨즈 • 팬 모터 • 엔진 ECU • 와이어링 및 커넥터 접촉		

(1) 컨트롤러 구성부품

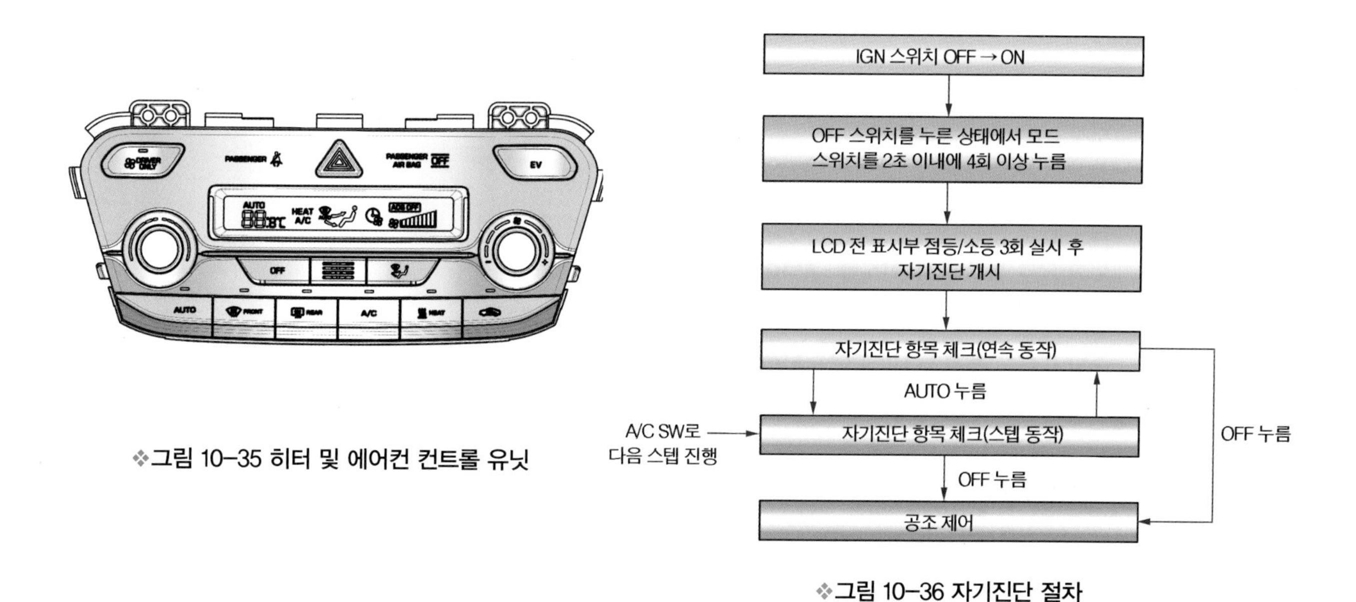

❖그림 10-35 히터 및 에어컨 컨트롤 유닛

❖그림 10-36 자기진단 절차

(2) 고장 코드 표시 방법

1) 연속 동작: 정상 또는 1개 고장 시

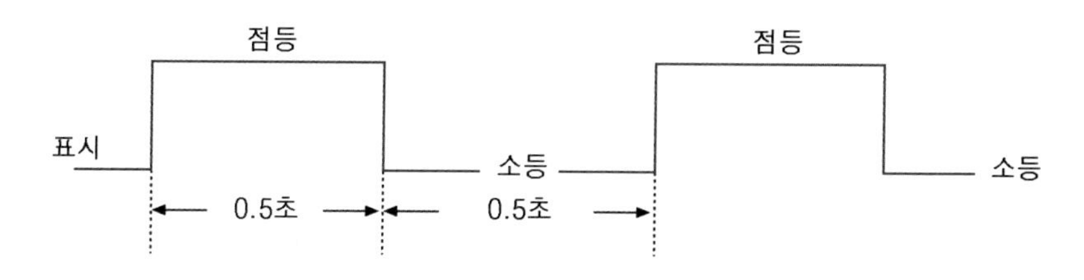

2) 연속 동작: 복수 고장 시

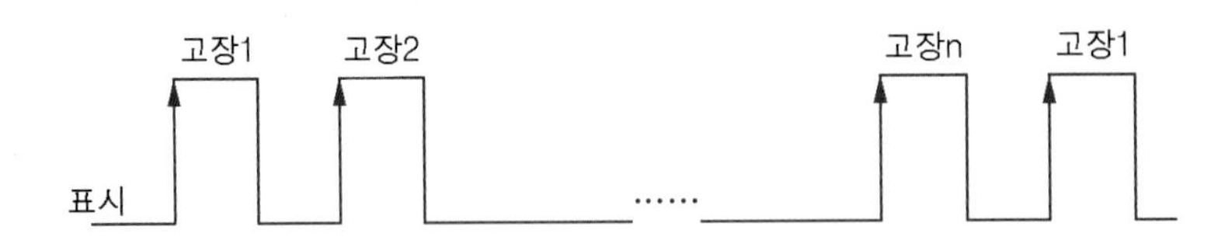

3) STEP 동작시

❶ 정상 또는 1개 고장 시는 연속 동작과 동일하다.

❷ 복수 고장 시 : 자기진단 실시 중 공조 제어는 OFF 상태를 유지한다.

(3) 고장 코드

고장진단 절차는 DTC 코드를 참고한다.

표 10-7 고장코드

표시부	고장내용	비고
00	정상	
11	실내 온도 센서 단선(OPEN, INCAR F/B 전압 ≥ 4.9V)	
12	실내 온도 센서 단락(SHORT, INCAR F/B 전압 ≤ 0.1V)	
13	외기 온도 센서 단선(OPEN , AMBIENT F/B 전압≥4.9V)	
14	외기 온도 센서 단락(SHORT, AMBIENT F/B 전압≤0.1V)	
17	증발기 온도 센서 단선(OPEN, EVAP F/B 전압 ≥ 4.9V)	
18	증발기 온도 센서 단락(SHORT, EVAP F/B 전압 ≤0.1V)	
19	온도 조절 액추에이터 피드백 단선/단락(OPEN/SHORT) SHORT 영역 [TEMP F/B 전압 ≤ 0.1V] OPEN 영역 [TEMP F/B 전압 ≥ 4.9V]	
20	온도 조절 액추에이터 모터 구속 (단, MAX WARM과 MAX COOL에서 ACTUATOR 오차와 FATC 오차에 인한 자가진단 20번 출력을 방지하기 위해 목표영역과 구속영역이 모두 MAX COOL 영역[0.1V 〈TEMP FB전압 ≤ 0.5V] MAX WARM 영역[4.5V≤ TEMP FB전압 〈 4.9V]에서는 구속의 의미가 없으므로 자가진단 20번 출력을 하지 않는다.)	ACTUATOR가 10sec 동안 원하는 제어 위치로 가지 못하는 경우 구속으로 판단한다.
21	운전석 모드 액추에이터 피드백 단선 · 단락 SHORT 영역 [DR MODE F/B 전압 ≤ 0.1V] OPEN 영역 [DR MODE F/B 전압 ≥ 4.9V]	

표시부	고장내용	비고
22	운전석 모드 액추에이터 모터 구속 (단, VENT와 DEF에서 ACTUATOR오차와 FATC 오차로 인한 자가진단 22번 출력을 방지하기 위해 목표영역과 구속영역이 모두 VENT 영역[0.1V 〈 DR MODE FB전압≤0.5V] DEF 영역[4.5V ≤ DR MODE FB전압〈4.9V]에서는 구속의 의미가 없으므로 자가진단 22번 출력을 하지 않는다.)	ACTUATOR가 10sec 동안 원하는 제어 위치로 가지 못하는 경우 구속으로 판단한다.
23	오토 디포그 센서 단선	
24	오토 디포그 센서 단락	
25	내외기 액추에이터 피드백 단선 · 단락 SHORT 영역 [INTAKE F/B 전압 ≤ 0.1V] OPEN 영역 [INTAKE F/B 전압 ≥ 4.9V]	
26	내외기 액추에이터 모터 구속 (단, FRE와 REC에서 ACTUATOR 오차와 FATC 오차로 인한 자가진단 26번 출력을 방지하기 위해 목표영역과 구속영역이 모두 FRE 영역[0.1V〈 INTAKE FB전압 ≤ 0.5V] REC 영역[4.5V ≤ INTAKE FB전압 〈 4.9V]에서는 구속의 의미가 없으므로 자가진단 26번 출력을 하지 않는다.)	ACTUATOR가 10sec 동안 원하는 제어 위치로 가지 못하는 경우 구속으로 판단한다.
27	동승석 모드 피드백 단선 · 단락 SHORT 영역 [PS MODE F/B 전압 ≤ 0.1V] OPEN 영역 [PS MODE F/B 전압 ≥ 4.9V]	
28	동승석 모드 액추에이터 모터 구속 (단, VENT와 DEF에서 ACTUATOR 오차와 FATC 오차로 인한 자가진단 22번 출력을 방지하기 위해 목표영역과 구속영역이 모두 VENT 영역[0.1V 〈 PS MODE FB전압≤0.5V] DEF 영역[4.5V ≤ PS MODE FB전압 〈 4.9V]에서는 구속의 의미가 없으므로 자가진단 28번 출력을 하지 않는다.)	ACTUATOR가 10sec 동안 원하는 제어 위치로 가지 못하는 경우 구속으로 판단한다.
33	디프로스트 피드백 단선 · 단락 SHORT 영역 [DEF F/B 전압 ≤ 0.1V] OPEN 영역 [DEF F/B 전압 ≥ 4.9V]	
34	디프로스트 액추에이터 모터 구속 (단, OPEN와 CLOSE에서 ACTUATOR 오차와 FATC 오차로 인한 자기진단 34번 출력을 방지하기 위해 목표영역과 구속영역이 모두 OPEN 영역[0.1V 〈 DEF FB전압 ≤ 1.9V] CLOSE 영역[2.8V ≤ DEF FB전압 〈 4.9V]에서는 구속의 의미가 없으므로 자가진단 34번 출력을 하지 않는다.)	ACTUATOR가 10sec 동안 원하는 제어 위치로 가지 못하는 경우 구속으로 판단한다.
48	차속 CAN 신호 오류	

표시부	고장내용	비고
51	토출 온도 센서 - 운전석 VENT 단선 (OPEN, DUCT SENSOR DR VENT F/B 전압 〉 4.9V)	
52	토출 온도 센서 - 운전석 VENT 단락 (SHORT, DUCT SENSOR DR VENT F/B 전압 〈 0.1V)	
53	토출 온도 센서 - 운전석 FLOOR 단선 (OPEN, DUCT SENSOR DR FLOOR F/B 전압 〉 4.9V)	
54	토출 온도 센서 - 운전석 FLOOR 단락 (SHORT, DUCT SENSOR DR FLOOR F/B 전압 〈 0.1V)	
61	전동 압축기 CAN 통신 불량(대기 모드)	
62	전동 압축기 전압 낮음(대기 모드)	
63	전동 압축기 전압 높음(대기 모드)	
64	전동 압축기 과열(대기 모드)	
65	전동 압축기 과전류(대기 모드)	
66	전동 압축기 온도 낮음(대기 모드)	
67	전동 압축기 CAN 통신 불량(FATC)	
68	전동 압축기 재기동 실패(슬립 모드)	
69	전동 압축기 전류센서 불량(슬립 모드)	
70	전동 압축기 단락(Fault 모드)	
71	고전압 PTC 저전압 낮음	
72	고전압 PTC 저전압 높음	
73	고전압 PTC 고전압 낮음	
74	고전압 PTC 고전압 높음	
75	고전압 PTC 과전류	
76	고전압 PTC 과열	
77	고전압 PTC PCB 과열	
78	고전압 PTC CAN 통신 불량	
79	고전압 PTC 고전압 센서 불량	
80	고전압 PTC 저전압 센서 불량	
81	고전압 PTC 전류 센서 불량	
82	고전압 PTC PCB 센서 단선·단락	
83	고전압 PTC 코어 온도 센서 단선·단락	
84	고전압 PTC CAN 통신 불량(FATC)	
85	전동 압축기 고전압 커넥터 미체결	
86	고전압 PTC 고전압 커넥터 미체결	
87	2 웨이 밸브 #2 단선	
88	2 웨이 밸브 #2 단락	
89	2 웨이 밸브 #1 단선	
90	2 웨이 밸브 #1 단락	
91	3 웨이 밸브 #1 단선	
92	3 웨이 밸브 #1 단락	

표시부	고장내용	비고
93	3 웨이 밸브 #2 단선	
94	3 웨이 밸브 #2 단락	
95	히터 컨트롤 C-CAN 버스 오프	
96	MCU 메시지 미수신	
97	VCU 메시지 미수신	
98	BMU 메시지 미수신	
99	VCU 메시지 미수신	
100	OBC 메시지 미수신	
101	냉매 온도 센서 #1 단선(OPEN, RTS #1 F/B 전압 〉4.9V)	
102	냉매 온도 센서 #1 단락(SHORT, RTS #1 F/B 전압 〈 0.1V)	
103	냉매 온도 센서 #2 단선(OPEN, RTS #2 F/B 전압 〉4.9V)	
104	냉매 온도 센서 #2 단락(SHORT, RTS #2 F/B 전압 〈 0.1V)	
105	APT 센서 단선(OPEN, APT SENSOR F/B 전압 〈 0.1V)	
106	APTC 센서 단락(SHORT, APT SENSOR F/B 전압 〉4.5V)	
107	블로어 모터 구속	
108	냉각수 밸브 단선	
109	냉각수 밸브 단락 또는 구속	
110	블로어 모터 신호 오류	

(4) 페일 세이프(FAIL SAFE)

표 10-8 FALE SAFE 기능

NO	SIGNAL	고장 판정 기준	FAIL 시 대체	비고
1	Incar 온도 센서 단락	In Car 센서 전압이 0.1V 이하로 0.3sec 이상 유지 시	25℃로 고정	신호선 점검
2	Incar 온도 센서 단선	In Car 센서 전압이 4.9V 이상으로 0.3sec 이상 유지 시		
3	Ambient 온도 센서 단락	Ambient 센서 전압이 0.1V 이하로 0.3sec 이상 유지 시	화면에'--' 표시, 20℃로 대체 제어	신호선 점검
4	Ambient 온도 센서 단선	Ambient 센서 전압이 4.9V 이상으로 0.3sec 이상 유지 시		
5	Evaporator 온도 센서 단락	Evaporator 센서 전압이 0.1V 이하로 0.3sec 이상 유지 시	-2℃로 고정	신호선 점검
6	Evaporator 온도 센서 단선	Evaporator 센서 전압이 4.9V 이상으로 0.3sec 이상 유지 시		

NO	SIGNAL	고장 판정 기준	FAIL 시 대체	비고
7	운전석 Temp Door 위치 Feed back 신호 낮음	Feed back이 단선 또는 0.1V 이하 상태로 0.3sec 이상 유지 시	운전석 설정 온도 24.5℃ 이하 이면 Cool 위치로 이동고정하고, 운전석 설정 온도 25℃ 이상 이면 Warm 위치로 이동 고정	신호선 점검
8	운전석 Temp Door 위치 Feed back 신호 높음	Feed back 전압이 4.9V 이상으로 0.3sec 유지 시		신호선 점검
9	운전석 Temp Door 모터 구속	10 sec 동안 원하는 제어 위치로 이동하지 못하는 경우	현 위치 고정	DC Motor 또는 Door 구속 점검
10	운전석 Mode Door 위치 Feed back 신호 낮음	Feed back이 단선 또는 0.1V 이하 상태로 0.3sec 이상 유지 시	VENT Mode 이면 VENT 위치로 이동 고정하고, VENT Mode 이외이면 DEF위치 이동 고정	신호선 점검
11	운전석 Mode Door 위치 Feed back 신호 높음	Feed back이 전압이 4.9V 이상으로 0.3sec 유지 시		
12	운전석 Mode Door 모터 구속	10 sec 동안 원하는 제어 위치로 이동하지 못하는 경우	현 위치 고정	DC Motor 또는 Door 구속 점검
13	내외기 Door 위치 Feed back 신호 낮음	Feed back이 단선 또는 0.1V 이하 상태로 0.3sec 이상 유지 시	FRE 선택이면 FRE 위치로 이동 고정하고, REC 이면 REC 위치로 이동 고정 한다.	신호선 점검
14	내외기 Door 위치 Feed back 신호 높음	Feed back 전압이 4.9V 이상으로 0.3sec 유지 시		신호선 점검

NO	SIGNAL	고장 판정 기준	FAIL 시 대체	비고
15	내외기 Door 모터 구속	10 sec 동안 원하는 제어 위치로 이동하지 못하는 경우	현 위치 고정	DC Motor 또는 Door 구속 점검
16	Auto Defog 센서 단락	Auto Defog 센서 전압이 0.1V 이하로 0.3sec 이상 유지 시	습도 0% 대체값 제어	신호선 점검
17	Auto Defog 센서 단선	Auto Defog 센서 전압이 4.9V 이상으로 0.3sec 이상 유지 시		
18	동승석 Mode Door 위치 Feed back 신호 낮음	Feed back이 단선 또는 0.1V 이하 상태로 0.3sec이상 유지 시	VENT Mode 이면 VENT 위치로 이동 고정하고, VENT Mode 이외이면 DEF위치로 이동 고정	신호선 점검
19	동승석 Mode Door 위치 Feed back 신호 높음	Feed back이 단선 또는 4.9V 이상으로 0.3sec 이상 유지 시		
20	동승석 Mode Door 모터 구속	10 sec 동안 원하는 제어 위치로 이동하지 못하는 경우	현 위치 고정	DC Motor 또는 Door 구속 점검
21	Defrost Door 위치 Feed back 신호 낮음	Feed back이 단선 또는 0.1V 이하 상태로 0.3sec 이상 유지 시	VENT Mode 이면 CLOSE 위치로 이동 고정하고, VENT Mode 이외이면 OPEN 위치 이동 고정	신호선 점검
22	Defrost Door 위치 Feedback 신호 높음	Feed back이 단선 또는 3.2V 이상으로 0.3sec 이상 유지 시		신호선 점검
23	Defrost Door 모터 구속	10 sec 동안 원하는 제어 위치로 이동하지 못하는 경우	현 위치 고정	DC Motor 또는 Door 구속 점검
24	차속 CAN 신호 오류	0.5sec 동안 CAN 신호 수신 안될 경우 또는 Error(0xFF)값 수신시	Vehicle speed '0'으로 대체	CAN 신호선 점검
26	Duct Vent 센서 단락	Duct Vent 센서 전압이 0.1V 이하로 0.3sec 이상 유지 시	Duct Fail에 따른 로직 수행	신호선 점검

NO	SIGNAL	고장 판정 기준	FAIL 시 대체	비고
27	Duct Vent 센서 단락	Duct Vent 센서 전압이 4.9V 이상으로 0.3sec 이상 유지 시	Duct Fail에 따른 로직 수행	신호선 점검
28	Duct Floor 센서 단락	Duct Floor 센서 전압이 0.1V 이하로 0.3sec 이상 유지 시	Duct Fail에 따른 로직 수행	신호선 점검
29	Duct Floor 센서 단선	Duct Floor 센서 전압이 4.9V 이상으로 0.3sec 이상 유지 시	Duct Fail에 따른 로직 수행	신호선 점검
30	전동 압축기 CAN 신호 Time out(E-COMP CAN TIMEOUT시 & CF_Bms_MainRlyOnStat=1H)	0.1sec 동안 CAN 신호 수신 안될 경우	전동 압축기 제어 정지	CAN 신호선 점검
31	고전압 PTC CAN 신호 Time out(고전압PTC CAN TIMEOUT 시 & CF_Bms_MainRlyOnStat=1H)	0.1sec 동안 CAN 신호 수신 안될 경우	고전압 PTC 제어 정지	CAN 신호선 점검
32	Blower Motor 구속	Blower 단수 별 IS 전압이 구속 판단 전압보다 높을 경우	Blower 제어 정지	Blower Motor 또는 신호선 점검
33	전동 압축기 Interlock 에러	Interlock 전압 이 12V일 경우	전동 압축기 OFF	고전압 연결선 점검
34	고전압 PTC Interlock 에러	Interlock 전압 이 12V일 경우	고전압 PTC OFF	고전압 연결선 점검
35	APT 센서 단선	냉매 압력 센서 전압이 0.1V 이하로 0.3sec 이상 유지 시	전동 압축기 OFF	신호선 점검
36	APT 센서 단락	냉매 압력 센서 전압이 4.5V 이상으로 0.3sec 이상 유지 시	전동 압축기 OFF	신호선 점검
37	전동 압축기 저전압에 의한 Wait Mode 진입	Ecomp_WaitCause_LV=1H &(CF_Bms_MainRlyOnStat=1H 5초 경과 후)	전동 압축기 OFF	전동 압축기 상태 점검
38	전동 압축기 고전압에 의한 Wait Mode 진입	Ecomp_WaitCause_HT=1H &(CF_Bms_MainRlyOnStat=1H 5초 경과 후)	전동 압축기 OFF	전동 압축기 상태 점검

NO	SIGNAL	고장 판정 기준	FAIL 시 대체	비고
39	전동 압축기 과열에 의한 Wait Mode 진입	Ecomp_WaitCause_CAN=1H &(CF_Bms_MainRlyOnStat=1H 5초 경과 후)	전동 압축기 OFF	전동 압축기 상태 점검
40	전동 압축기 과전류에 의한 Wait Mode 진입	Ecomp_WaitCause_OC=1H &(CF_Bms_MainRlyOnStat=1H 5초 경과 후)	전동 압축기 OFF	전동 압축기 상태 점검
41	전동 압축기 저온에 의한 Wait Mode 진입	Ecomp_WaitCause_LT=1H &(CF_Bms_MainRlyOnStat=1H 5초 경과 후)	전동 압축기 OFF	전동 압축기 상태 점검
42	전동 압축기 CAN 통신 에러에 의한 Wait Mode 진입	Ecomp_WaitCause_CAN=1H &(CF_Bms_MainRlyOnStat=1H 5초 경과 후)	전동 압축기 OFF	전동 압축기 상태 점검
43	전동 압축기 Reset 에러에 의한 Sleep Mode 진입	Ecomp_SleepCause_FS=1H &(CF_Bms_MainRlyOnStat=1H 5초 경과 후)	전동 압축기 OFF	전동 압축기 상태 점검
44	전동 압축기 전류 센서 에러에 따른 Sleep Mode 진입	Ecomp_SleepCause_CSE=1 H&(CF_Bms_MainRlyOnStat=1H 5초 경과 후)	전동 압축기 OFF	전동 압축기 상태 점검
45	전동 압축기 회로 단락에 의한 에러	Ecomp_FaultCause_SC=1H &(CF_Bms_MainRlyOnStat=1H 5초 경과 후)	전동 압축기 OFF	전동 압축기 상태 점검
46	고전압 PTC 저전압선 저전압 에러	PTC_FaultLVLow_Flag=1H & (CF_Bms_MainRlyOnStat=1H 5초 경과 후)	고전압 PTC OFF	고전압 PTC 상태
47	고전압 PTC 저전압선 과전압 에러	PTC_FaultLVHigh_Flag=1H & (CF_Bms_MainRly OnStat=1H 5초 경과 후)	고전압 PTC OFF	고전압 PTC 상태
48	고전압 PTC 고전압선 저전압 에러	PTC_FaultHVLow_Flag=1H & (CF_Bms_MainRly OnStat=1H 5초 경과 후)	고전압 PTC OFF	고전압 PTC 상태
49	고전압 PTC 고전압선 저전압 에러	PTC_FaultHVHigh_Flag=1H &(CF_Bms_MainRly OnStat=1H 5초 경과 후)	고전압 PTC OFF	고전압 PTC 상태

NO	SIGNAL	고장 판정 기준	FAIL 시 대체	비고
50	고전압 PTC 과전류 에러	(PTC_FaultPtc1OverCurrent_Flag=1H or PTC_FaultPtc2 OverCurrent_Flag=1H or PTC_Fault Ptc3Over Current_Flag=1H) & (CF_Bms_MainRly On Stat=1H 5초 경과 후)	고전압 PTC OFF	고전압 PTC 상태
51	고전압 PTC 온도 에러	PTC_FaultThermalShut_Flag=1H & (CF_Bms_MainRly On Stat=1H 5초 경과 후)	고전압 PTC OFF	고전압 PTC 상태
52	고전압 PTC PCB 온도 에러	PTC_FaultPCBThermalShut_Flag=1H & (CF_Bms_MainRly OnStat=1H 5초 경과 후)	고전압 PTC OFF	고전압 PTC 상태
53	고전압 PTC CAN 에러	PTC_FaultMsg111Timeout_Flag=1H & (CF_Bms_MainRly OnStat=1H 5초 경과 후)	고전압 PTC OFF	고전압 PTC 상태
54	고전압 PTC 고전압 센서 에러	PTC_FailureHighVoltageSensor_Flag=1H & (CF_Bms_MainRly OnStat=1H 5초 경과 후)	고전압 PTC OFF	고전압 PTC 상태
55	고전압 PTC 저전압 센서 에러	PTC_FailureLowVoltageSensor_Flag=1H & (CF_Bms_MainRly OnStat=1H 5초 경과 후)	고전압 PTC OFF	고전압 PTC 상태
56	고전압 PTC 전류 센서 에러	(PTC_Failure1stCurrentSensor_Flag=1H or PTC_Failure 2nd Current Sensor_Flag=1H or PTC_Failure 3rd Current Sensor_Flag=1H) & (CF_Bms_MainRly On Stat=1H 5초 경과 후)	고전압 PTC OFF	고전압 PTC 상태
57	고전압 PTC PCB 온도 센서 에러	(PTC_Failure1stPCB Temp Sensor_Flag=1H or PTC_Failure 2ndPCB Temp Sensor_Flag=1H) & (CF_Bms_MainRly On Stat=1H 5초 경과 후	고전압 PTC OFF	고전압 PTC 상태
58	고전압 PTC Core 온도 센서 에러	(PTC_FailureLeft Core Temp Sensor_Flag=1H or PTC_Failure RightCoreTempSensor_Flag=1H) & (CF_Bms_MainRly OnStat=1H 5초 경과 후)	고전압 PTC OFF	고전압 PTC 상태
59	RTS #1 센서 단선	RTS 센서 전압이 4.9V 이상으로 0.3sec 이상 유지 시	80℃ 로 고정	신호선 점검
60	RTS #1 센서 단락	RTS 센서 전압이 0.1V 이하로 0.3sec 이상 유지 시	80℃ 로 고정	신호선 점검
61	RTS #2 센서 단선	RTS 센서 전압이 4.9V 이상으로 0.3sec 이상 유지 시	10℃ 로 고정	신호선 점검
62	RTS #2 센서 단락	RTS 센서 전압이 0.1V 이하로 0.3sec 이상 유지 시	10℃ 로 고정	신호선 점검

NO	SIGNAL	고장 판정 기준	FAIL 시 대체	비고
63	2-Way 냉매 밸브 #1 단선	Valve 출력 OFF 후 2초 이후 : 출력 전압〉4V Valve 출력 ON 후 2초 이후 : 출력 전류가 0.3A(Typical) 이하	모든 냉매 & 냉각수 밸브 전원 OFF(히트 펌프 이외 모드로 동작)	냉매 밸브 점검
64	2-Way 냉매 밸브 #1 단락	Valve 출력 OFF시: Detection안됨 Valve 출력 ON 후 2초 이후 : 출력 전류가 2.14A(Typical) 이상	모든 냉매 & 냉각수 밸브 전원 OFF(히트 펌프 이외 모드로 동작)	냉매 밸브 점검
65	2-Way 냉매 밸브 #2 단선	Valve 출력 OFF후 2초 이후 : 출력 전압〉4V Valve 출력 On후 2초 이후 : 출력 전류가 0.3A(Typical) 이하	모든 냉매 & 냉각수 밸브 전원 OFF(히트 펌프 이외 모드로 동작)	냉매 밸브 점검
66	2-Way 냉매 밸브 #2 단락	Valve 출력 OFF시 : Detection 안됨 Valve 출력 ON 후 2초 이후 : 출력 전류가 2.14A(Typical) 이상	모든 냉매 & 냉각수 밸브 전원 OFF(히트 펌프 이외 모드로 동작)	냉매 밸브 점검
67	3-Way 냉매 밸브 #1 단선	Valve 출력 OFF 후 2초 이후 : 출력 전압〉4V Valve 출력 ON 후 2초 이후 : 출력 전류가 0.3A(Typical) 이하	모든 냉매 & 냉각수 밸브 전원 OFF(히트 펌프 이외 모드로 동작)	냉매 밸브 점검
68	3-Way 냉매 밸브 #1 단락	Valve 출력 OFF시 : Detection 안됨 Valve 출력 ON 후 2초 이후 : 출력 전류가 2.14A(Typical) 이상	모든 냉매 & 냉각수 밸브 전원 OFF(히트 펌프 이외 모드로 동작)	냉매 밸브 점검
69	3-Way 냉매 밸브 #2 단선	Valve 출력 OFF 후 2초 이후 : 출력 전압〉4V Valve 출력 ON 후 2초 이후 : 출력 전류가 0.3A(Typical) 이하	모든 냉매 & 냉각수 밸브 전원 OFF(히트 펌프 이외 모드로 동작)	냉매 밸브 점검
70	3-Way 냉매 밸브 #2 단락	Valve 출력 OFF시 : Detection 안됨 Valve 출력 ON 후 2초 이후 : 출력 전류가 2.14A (Typical) 이상	모든 냉매 & 냉각수 밸브 전원 OFF(히트 펌프 이외 모드로 동작)	냉매 밸브 점검

NO	SIGNAL	고장 판정 기준	FAIL 시 대체	비고
71	냉각수 밸브 단선	Valve 출력 OFF 후 2초 이후 : 출력 전압>4V Vlave 출력 후 2초 이후 : 출력 전류가 0.2A(Typical)이하	모든 냉매 & 냉각수 밸브 전원 OFF(히트 펌프 이외 모드로 동작)	냉매 밸브 점검
72	냉각수 밸브 단락 또는 구속	Valve 출력 OFF시 : Detection 안됨 Valve 출력 ON 후 2초 이후 : 출력 전류가 1.16A(Typical) 이상	모든 냉매 & 냉각수 밸브 전원 OFF(히트 펌프 이외 모드로 동작)	냉매 밸브 점검
74	VCU 신호 오류	2sec 동안 CAN 신호 수신 안 될 경우	신호 별 대체 값으로 제어	CAN 신호선
75	MCU 신호 오류	2sec 동안 CAN 신호 수신 안 될 경우	신호 별 대체 값으로 제어	CAN 신호선
76	BMU 신호 오류	2sec 동안 CAN 신호 수신 안 될 경우	신호 별 대체 값으로 제어	CAN 신호선

7 에어컨 검사 및 냉매 충전

(1) 주의 사항

❶ 고전압을 사용하는 전기 및 하이브리드 차량의 전동식 컴프레서는 절연 성능이 높은 POE 오일을 사용한다.

❷ 냉매 회수・충전 시 일반 차량의 PAG 오일이 혼입되지 않도록 전기 및 하이브리드 차량의 정비를 위한 별도의 전용 장비(냉매 회수・충전기)를 사용한다.

❸ 반드시 전동식 컴프레서 전용의 냉매 회수・충전기를 이용하여 지정된 냉매(R-134a)와 냉동유(POE)를 주입한다. 일반 차량의 냉동유(PAG)가 혼입될 경우 컴

❖그림 10-37 전동식 에어컨 컴프레서

(2) R-134a 회수I재생・충전기의 장착

❶ R-134a 회수・재생・충전기를 저압 서비스 포트 A와 고압 서비스 포트 B에 장비 제조업자의 지시를 따라 연결한다.

❷ 냉매 충전 장비는 평평한 곳에 설치되어야 냉매 회수가 용이하고 특히 냉매를 정확하게 주입할 수 있다.

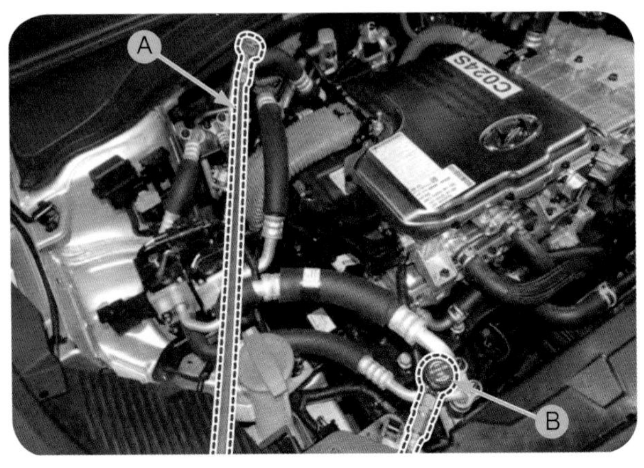

❖그림 10-38 냉매 회수 충전기 장착

(3) 냉매 회수 작업

❶ 고압 및 저압 밸브를 개방한 상태에서 R-134a 회수 · 재생 · 충전기를 이용하여 냉매를 회수한다.
- 냉매를 너무 빨리 회수하면 컴프레서 오일이 계통에서 빠져 나온다.
- 냉매를 완전히 회수하기 전에는 절대로 에어컨 시스템을 분리해서는 안 된다. 만약 냉매 회수 완료 전에 분리하게 되면 에어컨 시스템 내 압력에 의해 차량 내부로 냉매와 오일이 방출되어 오염시키므로 주의해야 한다.

❷ 냉매 회수 시 반드시 고압 및 저압 밸브를 개방한 상태에서 실시한다. 만약, 밸브를 하나만 개방할 경우에는 냉매 회수 시간이 길어진다.

❸ 회수 작업 완료 후 에어컨 개통에서 배출된 컴프레서 오일 량을 측정한다. 에어컨 냉매 충전 시 배출된 컴프레서 오일을 보충한다.

(4) 냉방 계통 진공 작업

냉매를 충전할 경우에는 필히 에어컨 계통을 진공시켜야 한다. 이 진공 작업은 유닛에 유입된 모든 공기와 습기를 제거하기 위해서 행하는 것이며, 각 부품을 장착한 후 계통은 10분 이상 진공 작업을 한다.

❶ 고압 및 저압 밸브를 개방한 상태에서 R-134a 회수 · 재생 · 충전기를 이용하여 진공을 실시한다.

❷ 10분 후에 고압 및 저압 밸브를 닫은 상태에서 게이지가 진공영역에서 변함없이 유지되면 진공이 정상적으로 실시된 것이다. 압력이 상승하면 계통에서 누설이 되는 것이므로 다음 순서에 의해 누설을 수리하여야 한다.

가) 냉매 용기로 계통을 충전시킨다.(냉매 충전 참조)

나) 누설 감지기로 냉매의 누설을 점검하여 누설되는 곳이 발견되면 수리한다.(냉매 누설 점검 편 참조)

다) 냉매를 다시 배출시키고 계통을 진공시킨다.

라) 10분 이상 진공 작업을 실시한 후 진공을 확인한 후 양쪽 고압 및 저압 밸브 닫는다. 이 상태가 충전을 위한 준비 상태이다.

- 에어컨 부품 조립 시 반드시 O-링에 컴프레서 오일을 도포하여야 하고, 특히 장갑 등에 있는 이물질이 묻지 않도록 청결을 유지해야 한다.

(5) 냉매의 충전

❶ 계통을 진공시킨 후에 고압 밸브를 개방한 상태에서 R-134a 회수 · 재생 · 충전기를 이용하여 배출된 컴프레서 오일량 만큼을 보충한다.
- 냉매 충전 시 오일을 추가로 주입하지 않을 경우에는 계통 내부의 오일 부족에 의한 윤활성 불량으로 컴프레서 고착 등의 문제를 일으킨다.

❷ 고압 밸브를 개방한 상태에서 R-134a 회수 · 재생 · 충전기를 이용하여 냉매를 규정량만큼 충전시킨 후 고압 밸브를 닫는다.

❸ 규정 충전량 :
- 550±25 g (히트 펌프 미적용 사양)
- 1000±25 g (히트 펌프 적용 사양)
- 컴프레서가 손상될 우려가 있으므로 냉매를 과충전하지 않는다.

❹ 누설 감지기로 계통에서 냉매가 누설되지 않는가를 점검한다.(냉매 누설 점검 참조)

(6) 냉매의 누설 검사

냉매의 누설이 의심스럽거나 연결부위를 분해 또는 푸는 작업을 했을 때에는 전자 누설 감지기로 누설시험을 행한다.

❶ 연결 부위의 토크를 점검하여 너무 느슨하면 체결 토크로 조인 후에 누설 감지기로 가스의 누설을 점검한다.
❷ 연결 부위를 다시 조인 후에도 누설이 계속되면 냉매를 배출시키고 연결 부위를 분리시켜 접촉면의 손상을 점검하여 조금이라도 손상이 되었으면 신품으로 교환한다.
❸ 컴프레서 오일을 점검하여 필요시에는 오일을 보충한다.
❹ 계통을 충전시키고 가스 누설을 점검하여 이상이 없으면 계통을 진공시킨 후 충전한다.

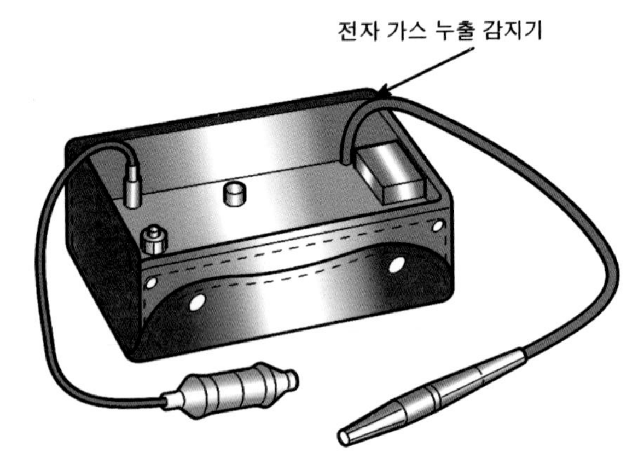

❖그림 10-39 전자 누출 가스 탐지기

(7) 컴프레서 오일 점검

오일은 컴프레서를 윤활하기 위해 사용된다. 오일은 컴프레서가 작동 중에 계통 내로 순환하기 때문에 계통 내의 부품을 교환하거나 많은 양의 가스가 누설되었을 때는 필히 오일을 보충해 주어 본래 오일의 총량을 유지해야 한다.(계통 내 오일의 총량 : POE Oil 180±10g)

- 고전압을 사용하는 전기 및 하이브리드 차량의 전동식 컴프레서는 절연 성능이 높은 POE 오일을 사용한다.
- 냉매 회수·충전 시 일반 차량의 PAG 오일이 혼입되지 않도록 전기 및 하이브리드 차량의 정비를 위한 별도 전용 장비(냉매 회수·충전기)를 사용한다.
- 반드시 전동식 컴프레서 전용의 냉매 회수·충전기를 이용하여 지정된 냉매(R-134a)와 냉동유(POE)를 주입한다. 일반 차량의 냉동유(PAG)가 혼입될 경우 컴프레서 손상 및 안전사고가 발생할 수 있다.
- 일반 차량의 냉동유(PAG)가 혼입된 경우에는 전동식 컴프레서를 신품으로 교환하고 에어컨 시스템(콘덴서, 배관, 이배퍼레이터 등)의 내부는 세척해야 한다.

1) 오일의 취급 요령

❶ 오일에 습기, 먼지, 금속편이 유입되지 않도록 한다.
❷ 오일을 혼합하지 않는다.
❸ 오일을 사용한 후에 대기에 장시간 방치해 두면 오일 내에 수분이 흡수되므로 사용 후에는 반드시 용기를 즉시 막아 놓는다.

2) 오일 복원 작동

오일 수준을 점검 및 조정 할 때는 컨트롤 세트를 최대 냉방, 최고 블로어 속도에 놓고 20 ~ 30분간 전동식 컴프레서를 회전시켜 오일을 컴프레서로 복원시킨다.

3) 컴프레서 오일 수준 점검 및 조정

사용 중인 컴프레서에 오일을 주입 할 경우에는 다음 순서에 따라 컴프레서 오일을 점검하여야 한다.

❶ 오일 복원 작동을 행한 후 컴프레서를 정지시키고 냉매를 배출한 다음 차량에서 컴프레서를 분리한다.

❷ 계통 라인의 연결구에서 오일을 배출시킨다.

- 컴프레서가 냉각되어 있을 때 종종 오일을 배출시키기 어려울 때가 있는데 이때는 컴프레서를 조금 가열한 후(약 40 ~ 50℃)에 오일을 배출시킨다.

❸ 배출된 오일량을 측정한다. 만일 오일량이 70cc 미만이면 오일이 약간 누설된 것이므로 각 계통의 연결부에서 누설 시험을 실시하여 필요시에는 결함 부위를 수리 혹은 교환한다.

❹ 오일의 오염 상태를 점검한 후 다음 순서대로 오일수준을 조정한다.

4) 오일이 깨끗할 때 오일 배출량 조정 방법

❶ 70 cc 이상: 오일 수준이 정상이므로 배출한 양만큼 오일을 주입한다.

❷ 70 cc 미만: 오일 수준이 낮으므로 70cc 정도 주입한다.

8 에어컨디셔너 부품 점검 교환

(1) 전동식 에어컨 컴프레서 점검 교환

1) 개요

전동식 에어컨 컴프레서는 연비를 향상시키고 차량 정지 시에도 에어컨을 작동시킬 수 있도록 한다.

2) 작동 원리

❶ 압축부

구동 샤프트가 편심된 드라이빙 부싱에 동력을 전달하고 선회 스크롤이 편심 선회운동을 하여 고정 스크롤과 순차적으로 냉매를 압축한 후 고정 스크롤 중앙부에 위치한 토출구로 고압의 냉매를 토출한다.

❷ 모터부

스테이터에 생성된 자기장과 로터의 영구자석 자기장 사이에 발생하는 토크를 이용하여 샤프트에 회전 동력을 전달한다.

❸ 제어부

차량에서 인가된 직류 전원을 요구되는 가변 전압 및 가변 주파수의 교류 전원으로 변환시켜 모터의 회전속도를 제어한다.

(a) 압축부

(b) 모터부

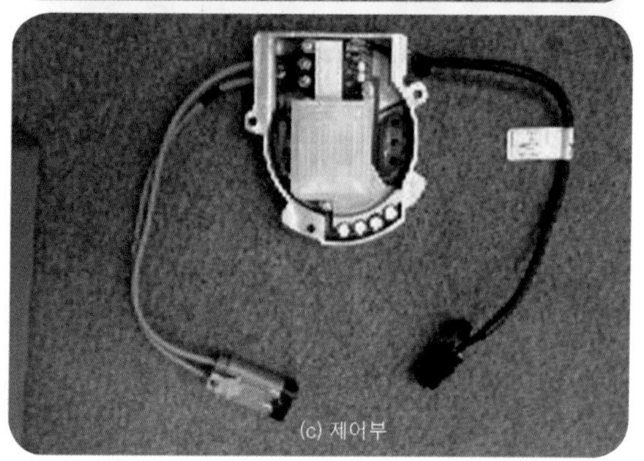
(c) 제어부

❖그림 10-39 에어컨 컴프레셔 구조

3) 에어컨 컴프레서 단자 기능

단자	핀 번호	기능
커넥터 A	1	12V 전원 접지
	2	Climate CAN 통신 Low
	3	외장형 인터록 (-)
	4	12V 전원
	5	Climate CAN 통신 High
	6	외장형 인터록 (+)
커넥터 A	1	HV 고전압 전원
	2	HV 고전압 접지
	3	외장형 인터록 (-)
	4	외장형 인터록 (+)

4) 전동식 에어컨 컴프레서 탈착

❶ 만약 컴프레서 사용이 가능하다면, 에어컨을 몇 분 동안 작동시킨 후 에어컨을 정지한다.

❷ 배터리 (–) 케이블을 분리한다.

❸ 회수 · 재생 · 충전기로 냉매를 회수한다.

- 반드시 전동식 컴프레서 전용의 냉매 회수 · 충전기를 이용하여 지정된 냉매(R–134a)와 냉동유(POE)를 주입한다. 일반 차량의 냉동유(PAG)가 혼입될 경우 컴프레서 손상 및 안전사고가 발생할 수 있다.

❹ 엔진 룸 언더 커버를 탈착한다.

❺ 잠금 핀을 눌러 전동식 컴프레서 커넥터 A를 분리한다.

❻ 장착 볼트를 풀어 브래킷 B을 탈착한다.

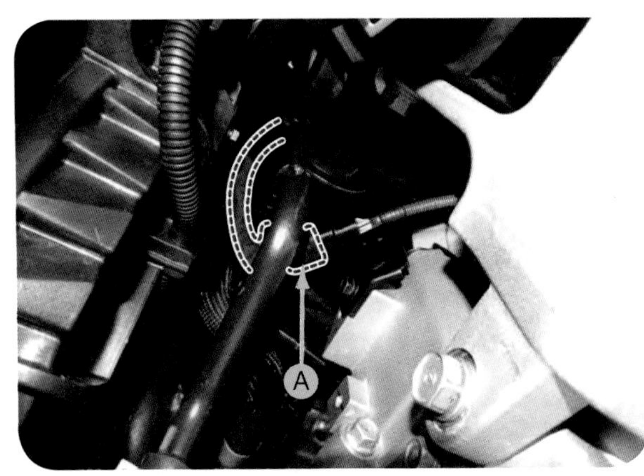

❖그림 10–41 전동식 에어컨 커넥터 분리

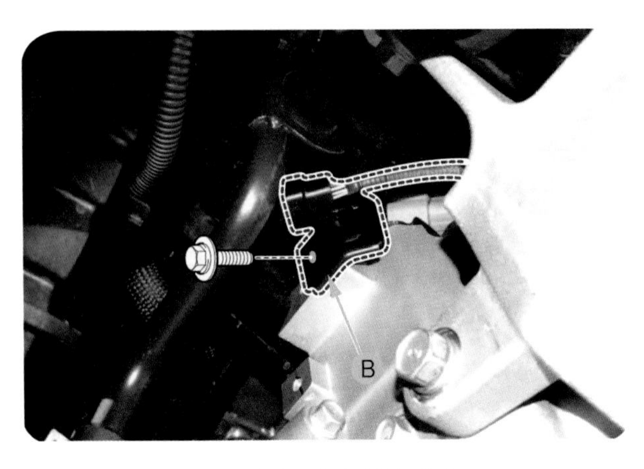

❖그림 10–42 브래킷 탈착

❼ 잠금 핀을 눌러 고전압 커넥터 C를 분리한다.

❽ 컴프레서의 석션 라인 D과 디스차지 라인 E 연결 볼트를 분리하고 라인을 분리하되 라인을 분리할 때는 즉시 플러그나 캡을 씌워 습기와 먼지로부터 시스템을 보호한다.

❾ 컴프레서 장착 볼트를 풀고 컴프레서 어셈블리를 탈착한다.

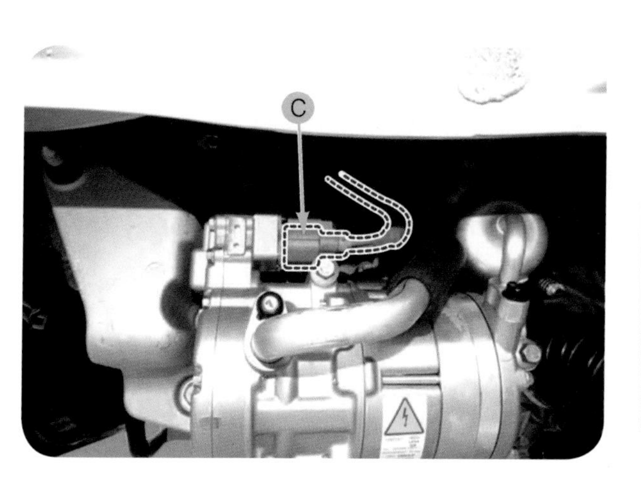

❖그림 10-43 고전압 커넥터 분리

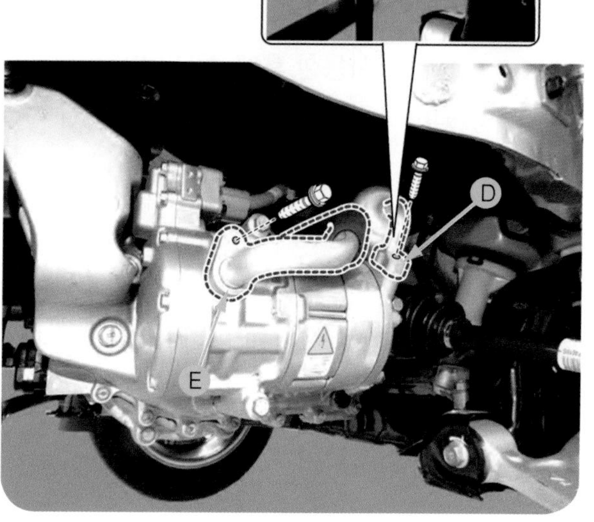

❖그림 10-44 컴프레서 라인 분리

❿ 전동식 에어컨 컴프레서 장착

가) 컴프레서 마운팅 볼트를 ⓐ, ⓑ, ⓒ순으로 체결한다.

나) 장착은 탈착의 역순이고, 아래를 참고한다.

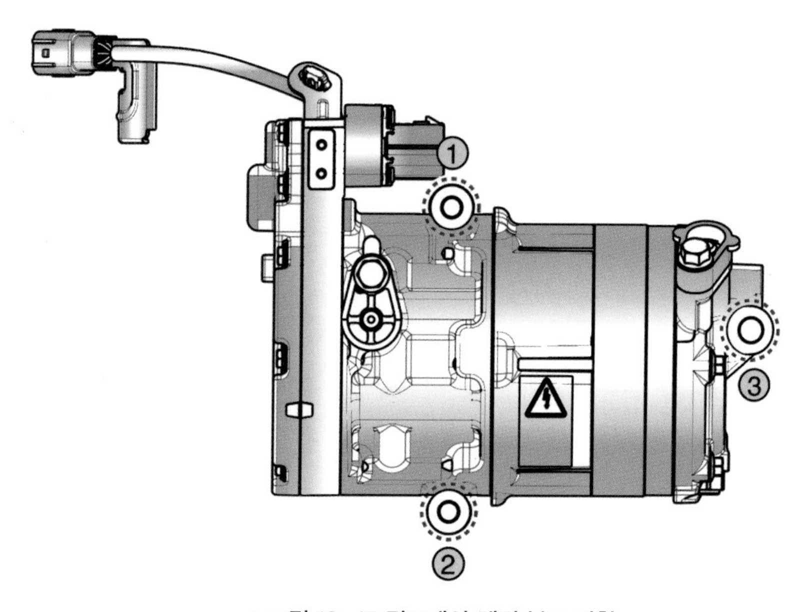

❖그림 10-45 컴프레서 체결 볼트 장착

- 만약 새 컴프레서를 장착한다면 제거된 컴프레서로부터 컴프레서 오일을 모두 빼낸다. 컴프레서 오일의 양을 측정하고 오일이 규정량 이상이 되는 것을 막기 위해 200ml에서 측정된 양만큼을 새 컴프레서로부터(석션 라인을 통해) 빼내야 한다.
- 호스나 라인을 연결하기 전 O–링에 몇 방울의 컴프레서 오일(냉동유)을 바른다.
- R–134a의 누출을 피하기 위해서는 적당한 O–링을 사용한다.
- 오염을 피하기 위해 한번 사용된 용기의 오일은 다시 사용하지 말아야 하고 다른 컴프레서 오일과 섞이지 않도록 주의해야 한다.
- 오일을 사용한 후에 즉시 용기의 캡을 교환하고 습기가 들어가지 않도록 용기를 봉한다.
- 차량 위에 컴프레서 오일을 흘리지 않도록 주의해야 한다. 컴프레서 오일은 페인트를 손상 시킬 수 있다. 만약 컴프레서 오일이 차량에 묻으면 즉시 닦아낸다.
- 시스템을 충전 하고 에어컨 성능을 테스트한다.
- 반드시 전동식 컴프레서 전용의 냉매 회수·충전기를 이용하여 지정된 냉매(R–134a)와 냉동유(POE)를 주입한다. 일반 차량의 냉동유(PAG)가 혼입될 경우 컴프레서 손상 및 안전사고가 발생할 수 있다.

(2) 콘덴서 점검 교환

1) 점검

❶ 콘덴서 핀이 막혔거나 손상이 있는가를 점검한다. 핀이 막혔다면 물로 청소하거나 압축공기로 청소 후 건조시키고 핀이 휘었으면 드라이버나 플라이어 등으로 곱게 펴준다.
❷ 콘덴서 연결 부에 누설이 있는지 점검하고 필요 시 수리 또는 교환한다.

2)교환

❶ 회수 · 재생 · 충전기로 냉매를 회수한다.
❷ 배터리 (–) 단자를 분리한 후 교환 작업을 진행한다.

(3) 에어컨 프레셔 트랜스듀서 점검 교환

1) 개요

엔진 ECU는 쿨링팬을 고속 및 저속으로 구동시켜 압력 상승을 방지하고 냉매의 압력이 너무 높거나 낮으면 컴프레서의 작동을 멈춰 에어컨 시스템을 최적화하며, 보호하는 장치이다.

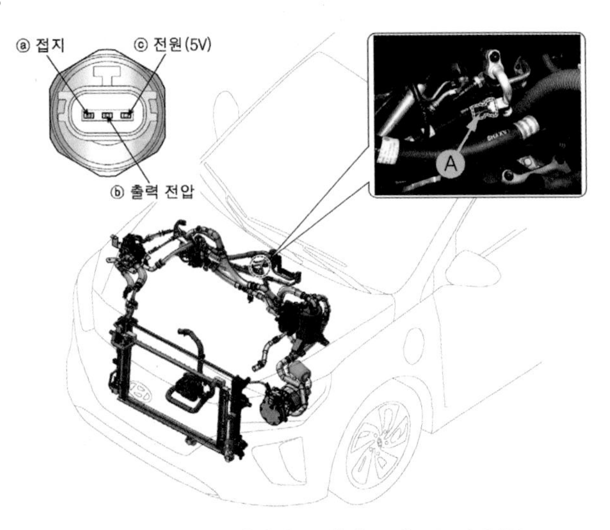

❖그림 10–46 에어컨 프레셔 트랜스듀서 위치

2) 점검

❶ ⓐ번과 ⓑ번 단자의 출력 전압을 측정하여 고압측의 압력을 측정한다.
❷ 아래 공식을 이용하여 출력 전압 값이 규정 값에 있는지 점검 한다.
※ 출력 전압 = 0.00878835 × 압력(psig) + 0.37081095
❸ 규정 값을 벗어나면 교환한다.

3) 교환

❶ 배터리 (–) 단자를 분리한다.
❷ 회수 · 재생 · 충전기로 냉매를 회수한다.
- 반드시 전동식 컴프레서 전용의 냉매 회수 · 충전기를 이용하여 지정된 냉매(R-134a)와 냉동유(POE)를 주입한다. 일반 차량의 냉동유(PAG)가 혼입될 경우 컴프레서의 손상 및 안전사고가 발생할 수 있다.

❸ 에어컨 프레셔 트랜스듀서 커넥터 B를 분리한다.
❹ 에어컨 프레셔 트랜스듀서 C를 탈착한다.
❺ 장착은 탈착의 역순이다.
- 장착할 때는 O-링을 신품으로 교환하여 장착한다.

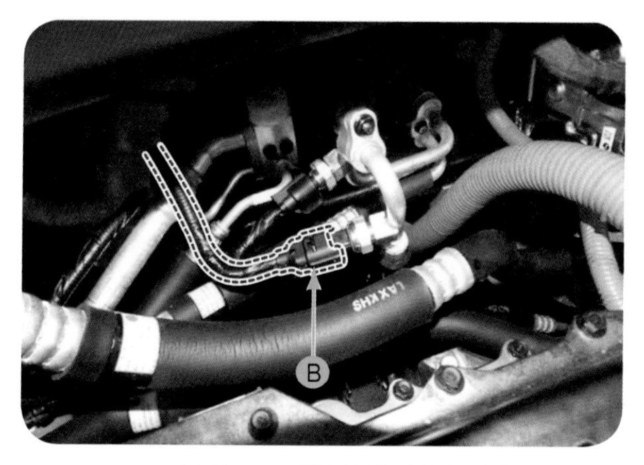

❖그림 10-47 트랜스듀서 커넥터 분리

❖그림 10-48 트랜스듀서 탈착

(4) 이배퍼레이터 온도 센서 점검 교환

1) 개요

이배퍼레이터 온도 센서는 이배퍼레이터 코어의 온도를 감지하여 이배퍼레이터의 결빙을 방지할 목적으로 이배퍼레이터에 장착된다. 센서 내부는 부특성 서미스터가 장착되어 있어 온도가 낮아지면 저항 값은 높아지고 온도가 높아지면 저항 값은 낮아진다.

2) 점검

❶ 전동식 컴프레서를 작동시킨다.

❷ 에어컨 스위치를 ON시킨다.

❸ 멀티테스터를 이배퍼레이터 온도 센서에 연결한 후 (+)와 (–) 단자의 저항을 측정한다.

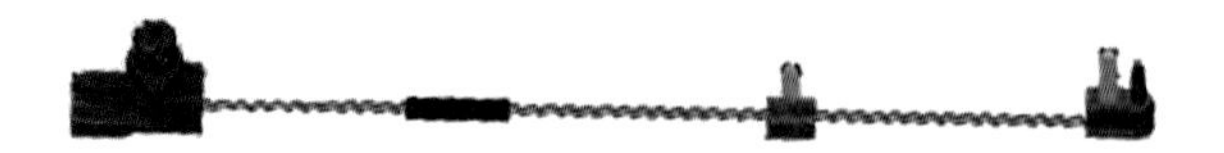

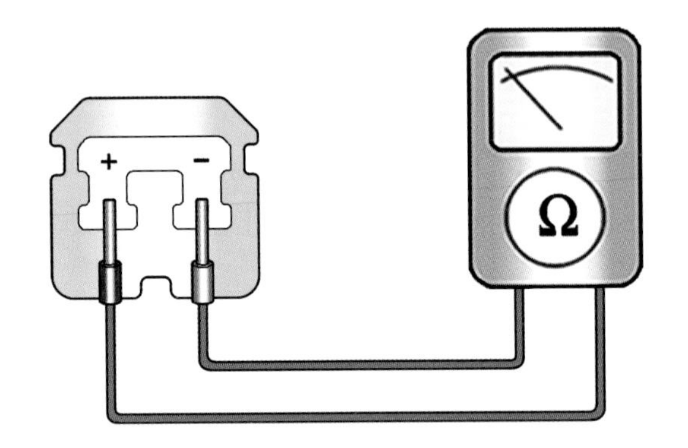

온도(℃)	저항(kΩ)	전압(V)
-10	43.35	2.93
0	27.62	2.40
10	18.07	1.88
20	12.11	1.44
30	8.30	1.08
40	5.81	0.81

❖그림 10–49 이배퍼레이터 온도 센서 점검

3) GDS를 이용한 고장 진단 방법

❶ 공조 장치 시스템은 차량용 진단기기(GDS)를 이용해서 입력 값에 대한 모니터링과 액추에이터 강제 구동 및 자기진단을 사용하여 고장부위를 좀 더 신속히 파악할 수 있다.

※ 진단기기(GDS)는 아래와 같은 정보를 제공한다.

㉮ 자기진단: 고장 코드(DTC) 점검 및 표출

㉯ 센서 데이터: 시스템 입출력 값 상태 확인

㉰ 강제 구동: 시스템의 작동 상태 확인

㉱ 부가 기능: 시스템 옵션, 영점 조절 등의 기타 기능 제어

❷ 진단기기를 통해 차량을 진단하려면 차종 및 점검을 원하는 시스템을 선택한다.

❸ 이배퍼레이터 온도 센서의 입출력 값에 대한 현재 상태를 보고자 한다면 "센서 데이터"를 선택한다. 각 모듈의 입출력 상태를 제공한다.

❹ 각 모듈의 자기진단에 의한 고장 원인을 알고자 한다면 "코드별 진단"을 선택한다.

❖그림 10–50 센서 데이터 화면

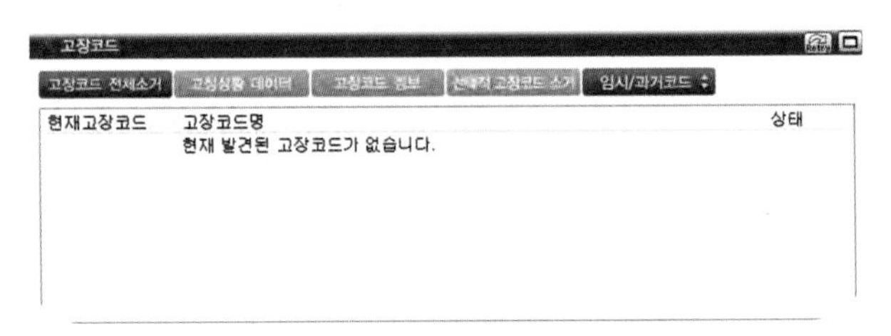

❖그림 10–51 코드별 진단 화면

(5) 실내 온도 센서 점검 교환

1) 개요

실내 온도 센서는 히터 & 에어컨 컨트롤 유닛 내에 장착되어 있으며, 차량 실내의 온도를 감지하여 토출 온도 제어, 센서 보정, 믹스 도어 제어, 블로어 모터 속도 제어, 에어컨 오토 제어, 난방 기동 제어 등에 이용된다. 실내의 공기를 흡입하여 온도를 감지하여 저항 값이 변화되면 그에 상응한 전압 값이 자동 온도 조절 모듈에 전달된다.

2) GDS를 이용한 고장 진단 방법

GDS를 이용한 실내 온도 센서 점검 방법은 이배퍼레이터 온도 센서 점검 방법과 동일하므로 이배퍼레이터 온도 센서 점검 항목을 참조한다.

(6) 포토 센서 점검 교환

1) 개요

❶ 포토 센서(일광 센서)는 디프로스트 노즐의 중앙에 배치되어 있다.

❷ 일광 센서는 포토 센서와 오토 라이트 센서의 기능을 합친 복합 센서이며, 광기전성 다이오드를 내장하여 일사량을 감지하는 역할을 한다. 발광은 빛이 받아들여지는 부분에 나타나며, 발광의 양에 비례하여 전기력이 발생되고 이 전기력이 자동온도 조절 모듈에 전달되어 풍량 및 토출 온도를 보상한다.

2) 점검

❶ 램프로 강한 빛을 비추어 포토 센서의 5번과 6번의 단자간 출력 전류 값이 변화되는지 점검한다.

❷ 조도가 올라가면 전류 값은 높아지고 조도가 내려가면 전류 값은 내려간다.

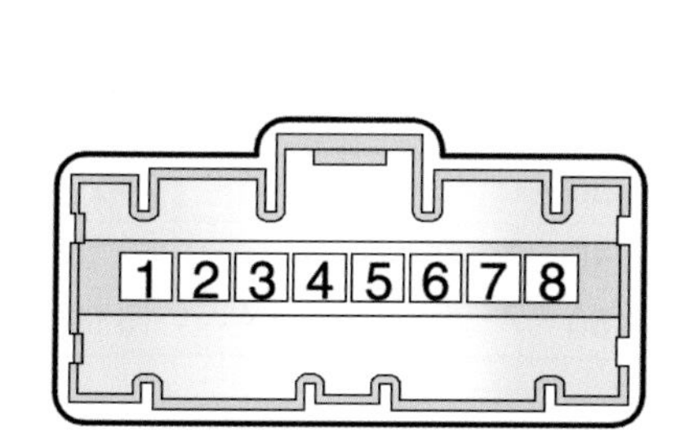

번호	단자명	번호	단자명
1	모토라이트 신호	5	LED 접지
2	모토라이트 접지	6	포토 센서 신호
3	-	7	포토 센서 전원
4	LED 전원	8	오토라이트 전원

❖그림 10-52 포토 센서 커넥터

❖그림 10-53 포토 센서 배치 위치

1) 포토 센서 교환

❶ 배터리 (–) 단자를 분리한다.
❷ 디프로스트 노즐 중앙에서 (–) 드라이버를 이용하여 포토 센서를 분리한다.
❸ 장착은 탈착의 역순이다.

(7) 외기 온도 센서 점검 및 교환

1) 개요

콘덴서 전방부(A)에 장착되어 있으며, 외기의 온도를 감지한다. 온도가 올라가면 저항 값이 내려가고 온도가 내려가면 저항 값이 올라가는 부특성 서미스터 타입이다. 토출 온도 제어, 센서 보정, 온도 조절 도어 제어, 블로어 모터 속도 제어, 믹스 모드 제어, 차내 습도 제어 등에 이용된다.

2) 부품 위치 및 점검

외기 온도 센서에 공기의 온도 변화를 주어 B번과 C번의 저항 값이 변하는지 점검한다.

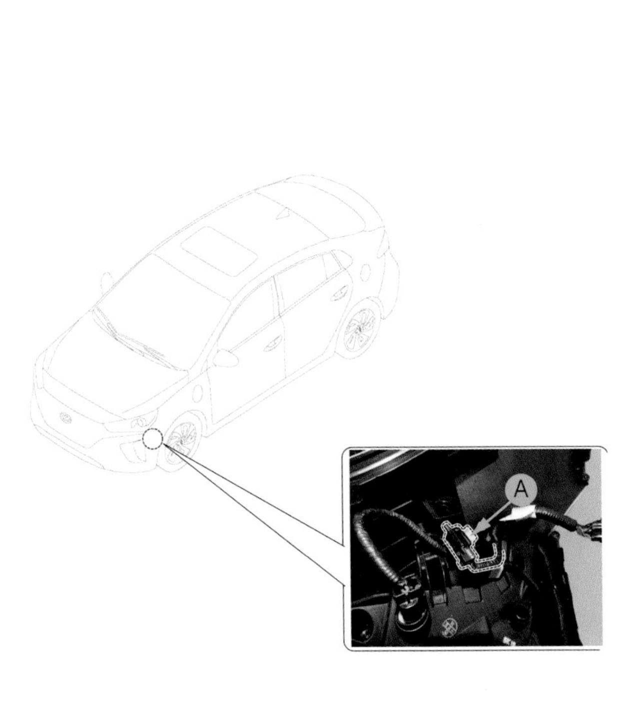

❖그림 10-54 외기 온도 센서 배치 위치

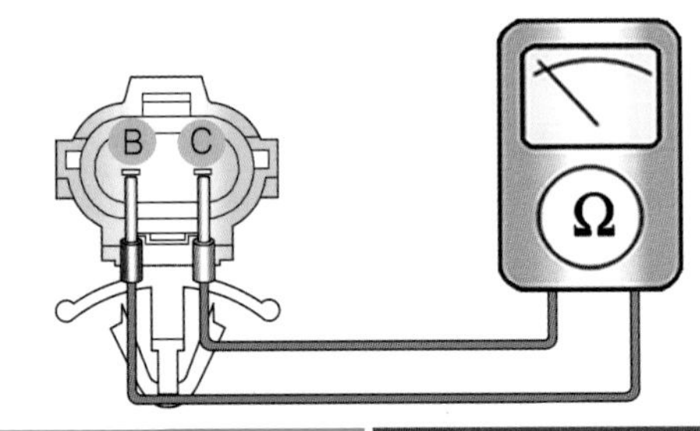

온도(℃)	B-C간 저항 (kΩ ±3%)
-10	480.41
120	271.21
-10	158.18
0	95.10
10	58.80
20	37.32
30	24.26
40	16.13
50	10.95

❖그림 10-55 센서 저항 규정 저항값

3) GDS를 이용한 고장 진단 방법

GDS를 이용한 외기 온도 센서의 점검 방법은 이배퍼레이터 온도 센서의 점검 방법과 동일하므로 이배퍼레이터 온도 센서의 점검 항목을 참조한다.

(8) 덕트 센서 점검 교환

1) 부품위치 및 점검

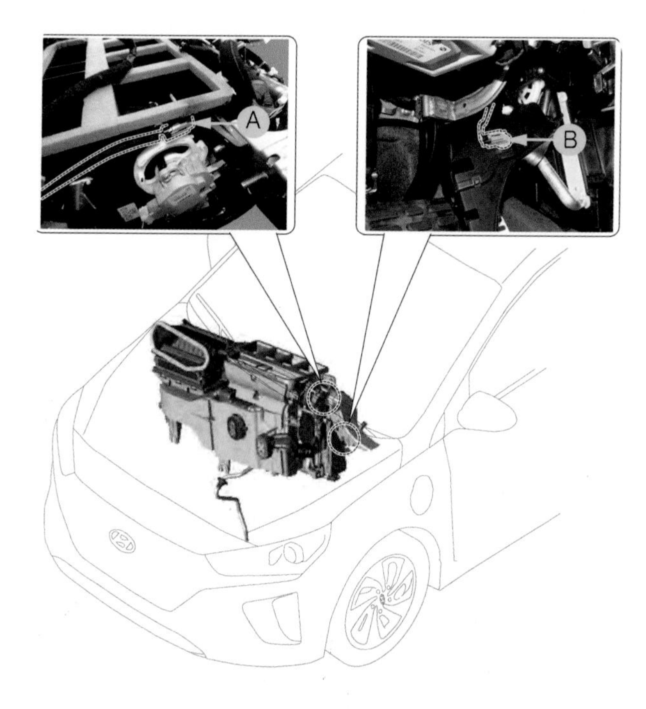

❖그림 10-56 덕트 센서 배치 위치

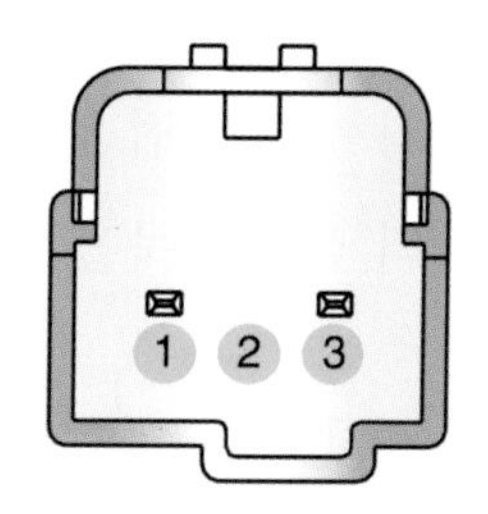

단자	기능
1	배터리 전원
2	-
3	접지

온도(℃)	저 항(Ω)	전 압(V)
50.0	1.08	0.87
30.0	2.42	1.61
10.0	5.96	2.69
0.0	9073	3.28
-20.0	28.01	4.23
-40.0	87.72	4.73

❖그림 10-57 덕트 센서 규정 저항값

2) 교환

❶ 배터리 (−) 단자를 분리한다.

❷ 크래시 패드 로어 패널을 탈착한다.

❸ 장착 스크루를 풀어 운전석 샤워 덕트 A 를 탈착한다.

❹ 커넥터 B 를 분리한 후 반시계 방향으로 90도를 돌린 후 덕트 센서 C 를 분리한다.

❺ 장착은 탈착의 역순이다.

❖그림 10-58 샤워 덕트 탈착

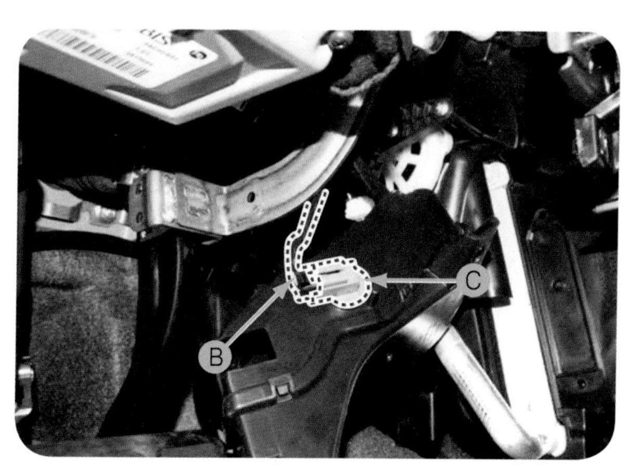

❖그림 10-59 덕트 센서 탈착

(9) 오토 디포깅 센서 점검 교환

1) 개요

오토 디포깅 센서는 차량의 앞 유리에 장착되어 습기를 감지하여 포깅 발생 전 조기에 제거 기능을 수행하며, 시계의 확보 및 쾌적성을 향상시킨다.

2) GDS를 이용한 고장 진단 방법

GDS를 이용한 오토 디포깅 센서의 점검 방법은 이배퍼레이터 온도 센서의 점검 방법과 동일하므로 이배퍼레이터 온도 센서의 점검 항목을 참조한다.

3) 교환

❶ 배터리 (-) 단자를 분리한다.
❷ 오토 디포깅 커버 A를 탈착한다.
❸ 잠금 핀을 눌러 커넥터 B를 분리한 후 오토 디포깅 센서 C를 탈착한다.
❹ 장착은 탈착의 역순이다.

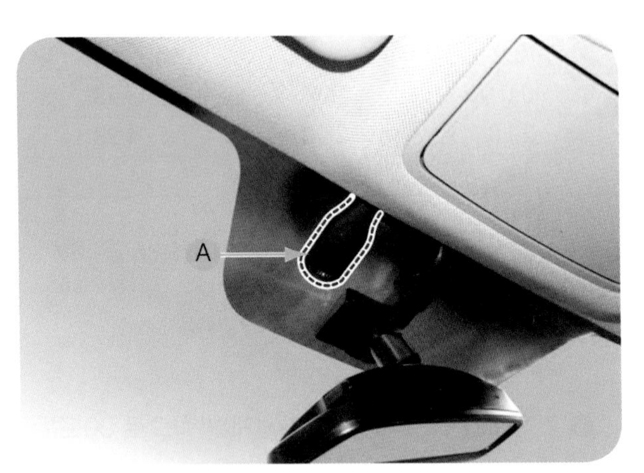

❖그림 10-60 오토 디포깅 커버 탈착

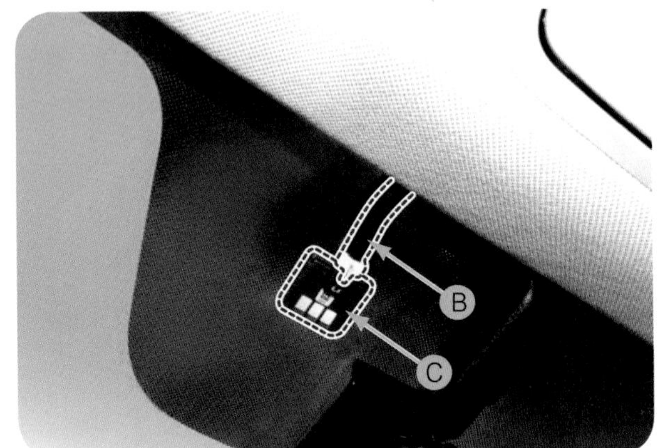

❖그림 10-61 오토 디포깅 센서 탈착

4 전기 자동차의 히터

1 온도 조절 액추에이터 점검 정비

(1) 개요

히터 유닛에는 모드 조절 액추에이터와 온도 조절 액추에이터가 장착되어 있으며, 컨트롤 스위치에 의해 작동된다. 온도 조절 도어의 위치를 제어하여 토출 공기의 온도를 조절한다.

(2) 온도 조절 액추에이터 부품의 위치

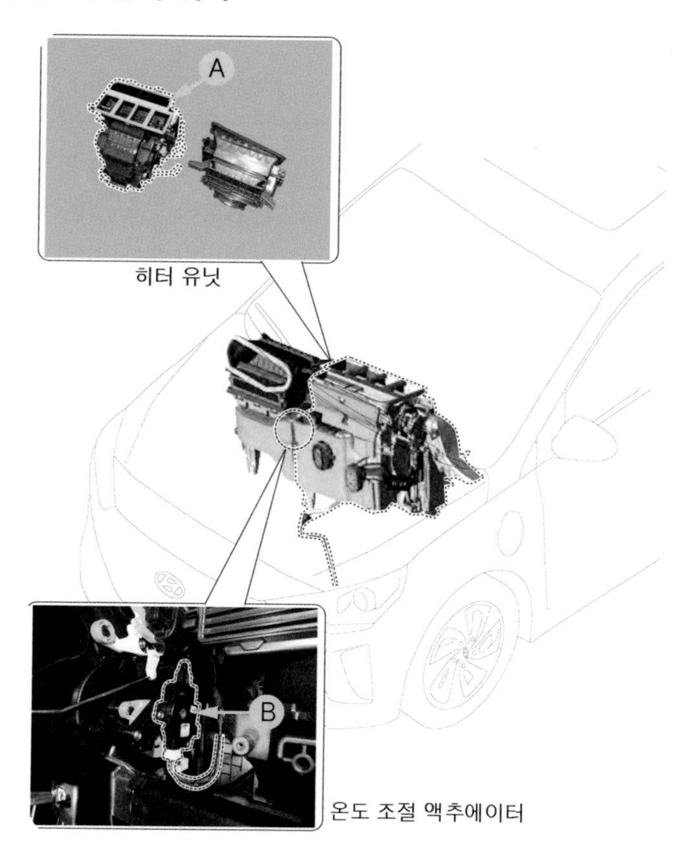

❖그림 10-62 부품의 위치

(3) 제원

※ 온도 조절 액추에이터 위치에 따른 전압 출력 값

도어 위치	전압(5-6)	에러 검출
최대 냉방	0.3 ± 0.15V	저전압 : 0.1V 미만 고전압 : 4.9V 초과
최대 난방	4.7 ± 0.15V	

(4) 점검

❶ 키 스위치를 OFF시킨다.

❷ 온도 조절 액추에이터 커넥터를 분리한다.

❸ 전원 (+) 단자를 온도 조절 액추에이터 커넥터 3번 단자에 (–) 단자를 7번 단자에 접속하여 액추에이터가 냉방 위치로 구동하는지 점검하고 반대로 접속하였을 때 역구동 하는지 점검한다.

회로도	단자	기능
M, 1, 2, 3, 4, 5, 6, 7, ④ ⑤ ⑥ ⑦ ③	1	–
	2	–
	3	냉방
	4	센서 전원(5V)
	5	피드백 신호
	6	센서 접지
	7	난방

❹ 온도 조절 액추에이터 커넥터를 연결한다.

❺ 키 스위치를 ON시킨다.

❻ 5번과 6번의 단자 전압을 측정 한다.

❼ 만약 측정 전압이 사양과 일치하지 않으면 정품의 온도 조절 액추에이터로 교체하여 작동을 확인한 후 교환한다.

(5) GDS를 이용한 고장 진단 방법

❶ 공조 장치 시스템은 차량용 진단기기(GDS)를 이용해서 입력 값에 대한 모니터링과 액추에이터 강제 구동 및 자기진단을 사용하여 고장 부위를 좀 더 신속히 파악할 수 있다.

※ 진단기기(GDS)는 아래와 같은 정보를 제공한다.

㉮ 자기진단: 고장 코드(DTC) 점검 및 표출

㉯ 센서 데이터: 시스템 입출력 값의 상태 확인

㉰ 강제 구동: 시스템 작동 상태 확인

㉱ 부가 기 : 시스템 옵션, 영점 조절 등의 기타 기능 제어

❷ 진단기기를 통해 차량을 진단하려면 차종 및 점검을 원하는 시스템을 선택한다.

❸ 온도 조절 액추에이터의 입・출력 값에 대한 현재 상태를 보고자 한다면 "센서 데이터"를 선택한다. 각 모듈의 입・출력 상태를 제공한다.

❹ 온도 조절 액추에이터의 입력 요소에 대한 강제 구동을 실시해 보고자 한다면 "강제 구동"을 선택한다.

❺ 각 모듈의 자기진단에 의한 고장 원인을 알고자 한다면 "코드별 진단"을 선택한다.

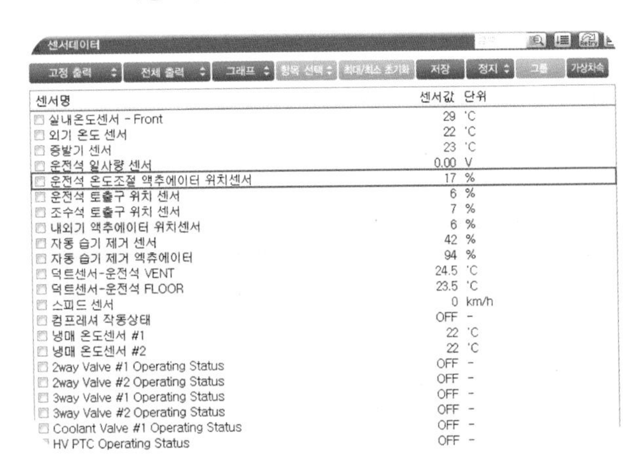

❖그림 10-63 센서 데이터

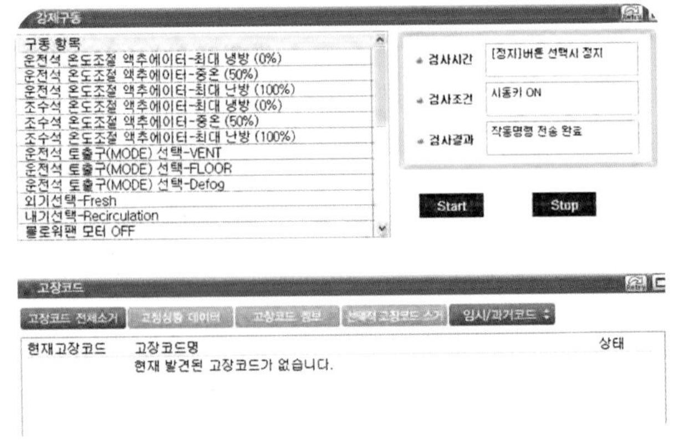

❖그림 10-64 강제 구동 및 코드별 진단

2 흡입 모드 조절 및 오토 디포깅 액추에이터 정비

흡입 모드 및 오토 디포깅 액추에이터 점검 정비 방법은 온도 조절 액추에이터의 점검 정비 방법과 유사하므로 정비지침서를 참조한다.

3 온도 조절 액추에이터 점검 정비

(1) 개요

히터 내부 다수의 PTC 서미스터에 고전압 배터리 전원을 인가하여 서미스터의 발열을 이용해 난방의 열원으로 사용한다. 난방을 필요로 하는 조건에서 고전압이 인가되고 블로어가 작동 시에 찬 공기를 따뜻한 공기로 변환한다.

(2) 작동 조건

❶ 고전압 DC 240~420V 이내의 전압이 인가되어야 한다.
❷ 저전압 9.0~16.0V 이내의 전압이 인가되어야 한다.
❸ 인터록 및 절연 저항에 이상이 없어야 한다.
❹ 전동 컴프레서: 시동 상태
❺ 공조 컨트롤에서 작동 Duty 출력에 따라서 PTC 히터는 작동한다.
❻ PTC 히터의 작동 불량 시 Fail safe를 확인한다.

(3) 점검

❶ 공조 컨트롤에서 출력 신호(작동 요청)가 있는지 확인한다.
❷ 인터록에 문제가 없는지 진단기기로 검사한다.
❸ 저전압(12.0V)이 인가되는지 확인한다.
❹ 점검은 자기진단과 Fail safe를 참조한다.

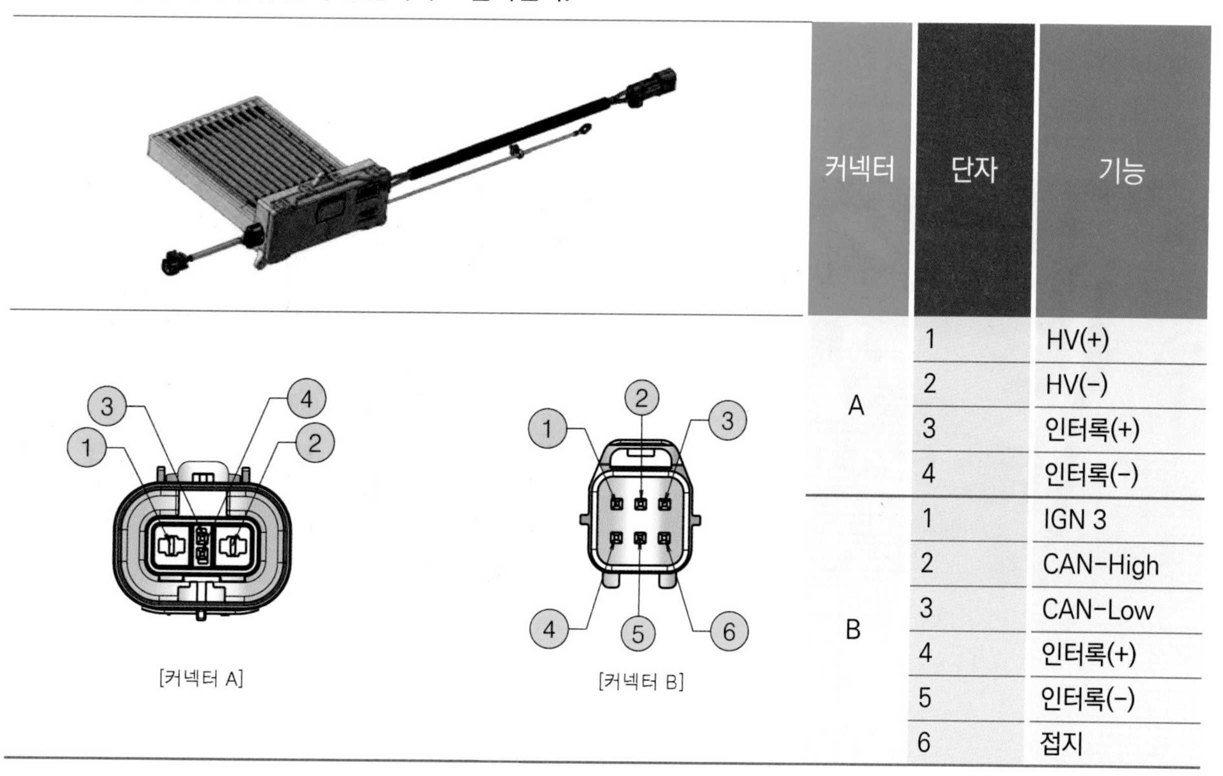

[커넥터 A] [커넥터 B]

커넥터	단자	기능
A	1	HV(+)
	2	HV(-)
	3	인터록(+)
	4	인터록(-)
B	1	IGN 3
	2	CAN-High
	3	CAN-Low
	4	인터록(+)
	5	인터록(-)
	6	접지

(4) 교환

❶ 다음 사항에 유의 하여 작업을 진행한다.

가) 고전압 시스템 관련 작업 시 반드시 "안전사항 및 주의, 경고" 내용을 숙지하고 준수해야 한다. 미준수 시 감전 또는 누전 등으로 인한 심각한 사고를 초래할 수 있다.

나) 고전압 시스템 관련 작업 시 "고전압 차단절차"에 따라 반드시 고전압을 먼저 차단해야 한다. 미준수 시 감전 또는 누전 등으로 인한 심각한 사고를 초래할 수 있다.

다) 스크루 드라이버 또는 리무버로 탈착할 때 부품이 손상되지 않도록 보호 테이프를 감아서 사용한다.

라) 손을 다치지 않도록 장갑을 착용한다.

마) 트림과 패널이 손상을 주지 않도록 주의한다.

❷ 배터리 (–) 단자를 분리한다.

❸ 고전압 회로를 차단한다.

❹ 장착 스크루를 풀고 고전압 PTC 커넥터 브래킷 A 을 탈착한다.

❺ 잠금 핀을 눌러 고전압 PTC 커넥터 B 를 분리한다.

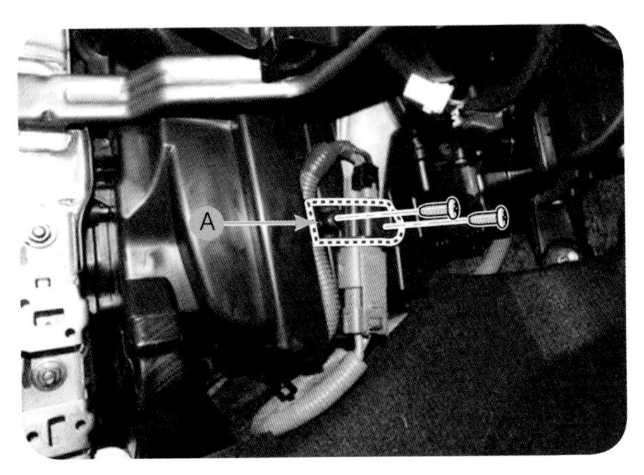

❖그림 10-65 PTC 커넥터 브래킷 탈착

❖그림 10-66 PTC 커넥터 분리

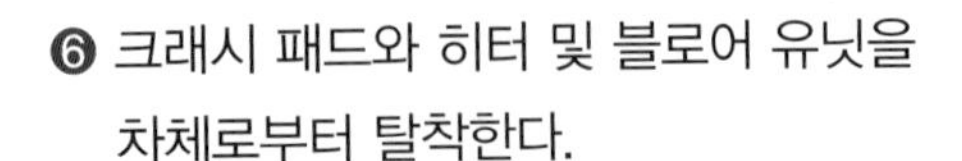

❻ 크래시 패드와 히터 및 블로어 유닛을 차체로부터 탈착한다.

❼ 고전압 PTC 접지 볼트 C 를 탈착한다.

❽ 너트를 풀고 센터 카울 크로스 바 D 를 탈착한다.

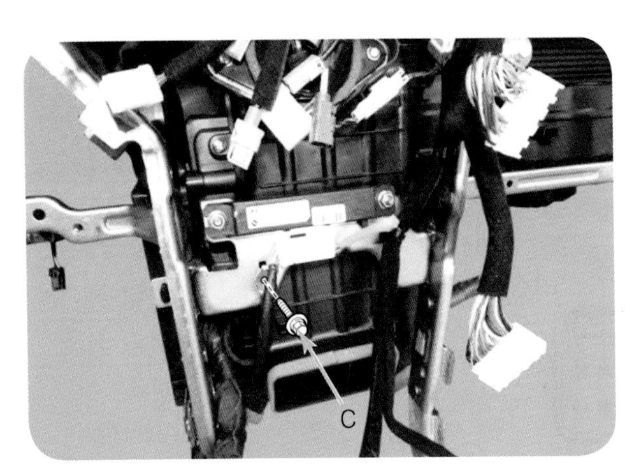

❖그림 10-67 PTC 접지 볼트 탈착

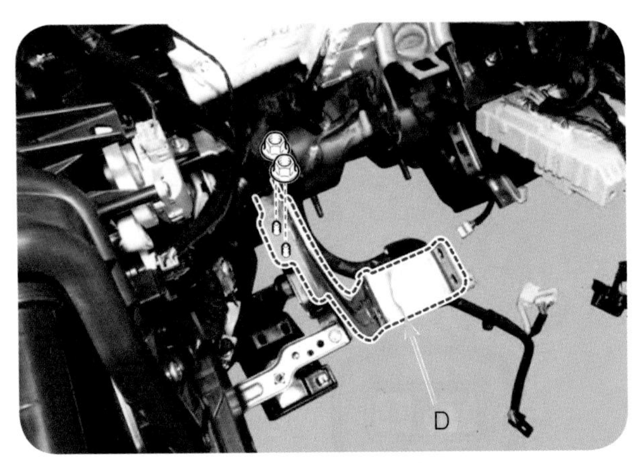

❖그림 10-68 센터 가울 크로스 바 탈착

⑨ 장착 스크루를 풀고 고전압 PTC 커버 E 를 탈착한다.

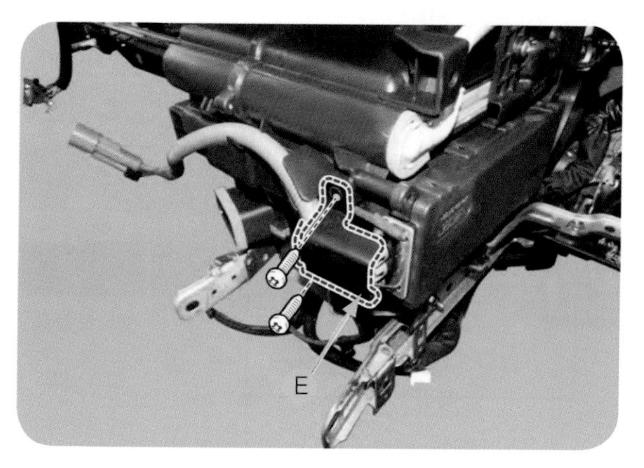

❖그림 10-69 고전압 PTC 커버 탈착

⑩ 잠금 핀을 눌러 시그널 커넥터 F 를 분리한다.

❖그림 10-70 시그널 커넥터 분리

⑪ 장착 스크루를 풀고 고전압 PTC 히터 G 를 탈착한다.

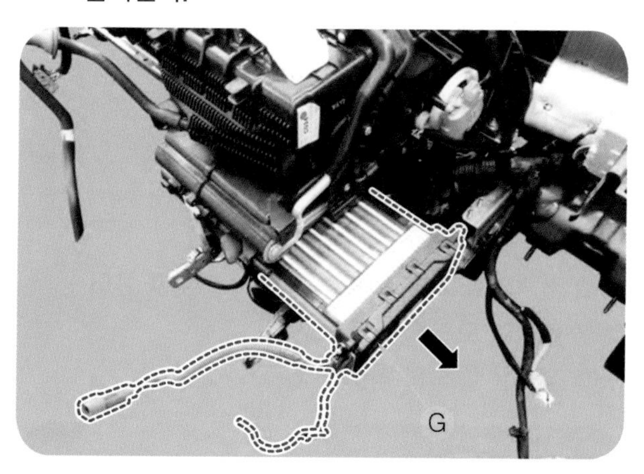

❖그림 10-71 고전압 PTC 히터 탈착

⑫ 장착은 탈착의 역순이다.

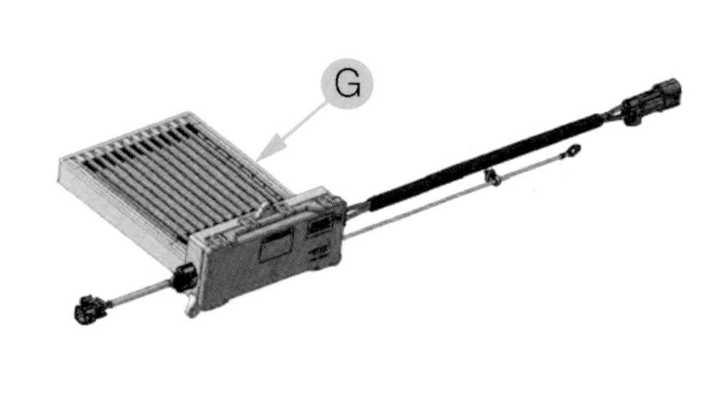

❖그림 10-72 고전압 PTC 히터

4 블로어 모터 정비

(1) 블로어 유닛 부품 위치

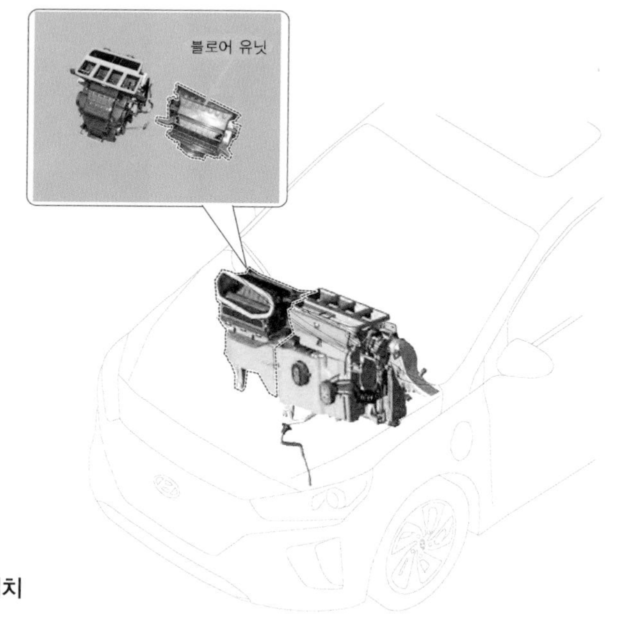

❖그림 10-73 블로어 유닛 배치 위치

(2) 블로어 모터 점검

1) IGN2에서 히터 컨트롤을 조작하여 모터가 구동하는지 확인한다.

❶ 1번 단자에 전압을 가하고 4번 및 신호 발생기 (-) 단자는 접지시킨다.

❷ 2번 단자에 신호 발생기 (+) 신호를 연결한 후 아래와 같이 신호 발생기 설정을 맞춘다.

〈신호 발생기 설정〉

㉮ 주파수 : 180 Hz

㉯ High/Low Voltage : 10V / 0V

㉰ Duty : 10~90%

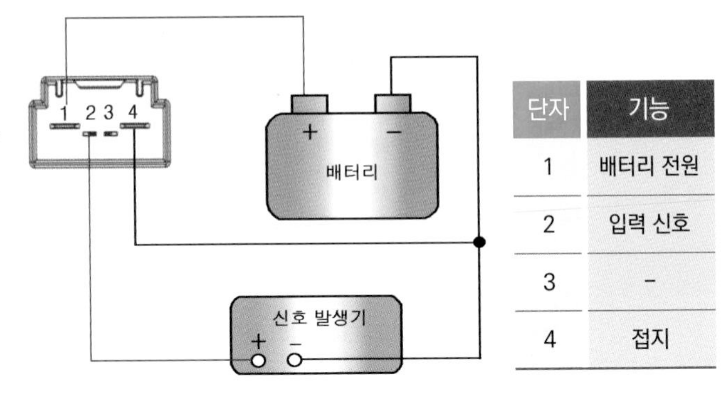

단자	기능
1	배터리 전원
2	입력 신호
3	-
4	접지

2) Duty를 10~90%로 작동시켜 모터가 구동하는지 점검한다.

3) 만약 블로어 모터가 작동하지 않으면 정품의 블로어 모터로 교체하여 작동을 확인한다.

4) 블로어 모터 작동이 정상이면 블로어 모터 컨트롤러를 교환한다.

(3) 블로어 모터 교환

❶ 배터리 (-) 단자를 분리한다.

❷ 크래시 패드 언더 커버[RH] A를 탈착한다.

❸ 커넥터 B를 분리한 후 고정 스크루를 풀어 블로어 모터 C를 탈착한다.

❹ 장착은 탈착의 역순이다

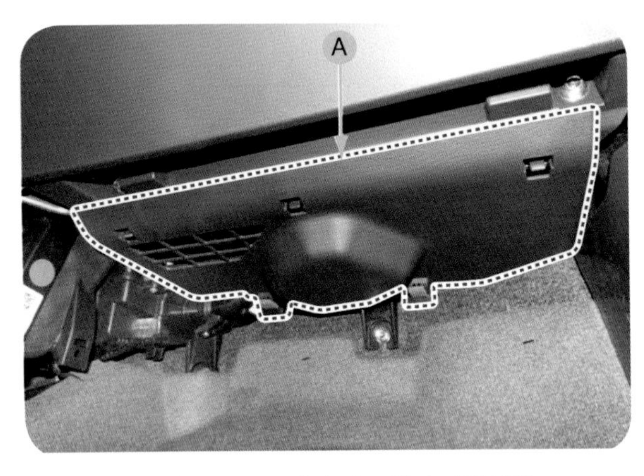

❖그림 10-74 크래시 패드 언더 커버 탈착

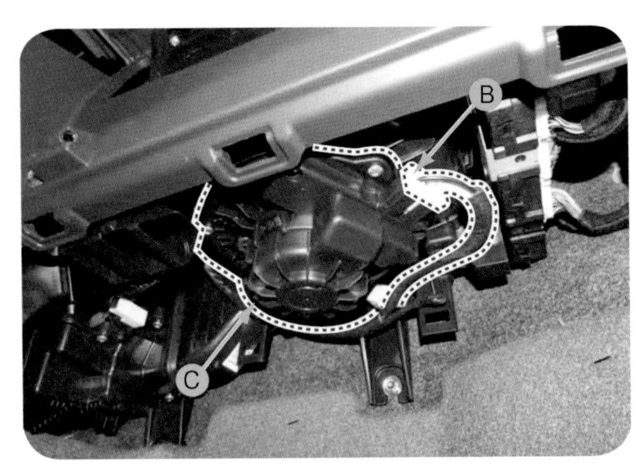

❖그림 10-75 블로어 모터 탈착

5 히트 펌프 시스템의 정비

(1) 개요

일반 에어컨 시스템에서 적용하는 냉매 순환 사이클의 경로를 변경하여 고온 고압의 냉매를 열원으로 이용하는 난방 시스템이며, 난방 시에 히트 펌프 가동을 위해 컴프레서를 구동한다.

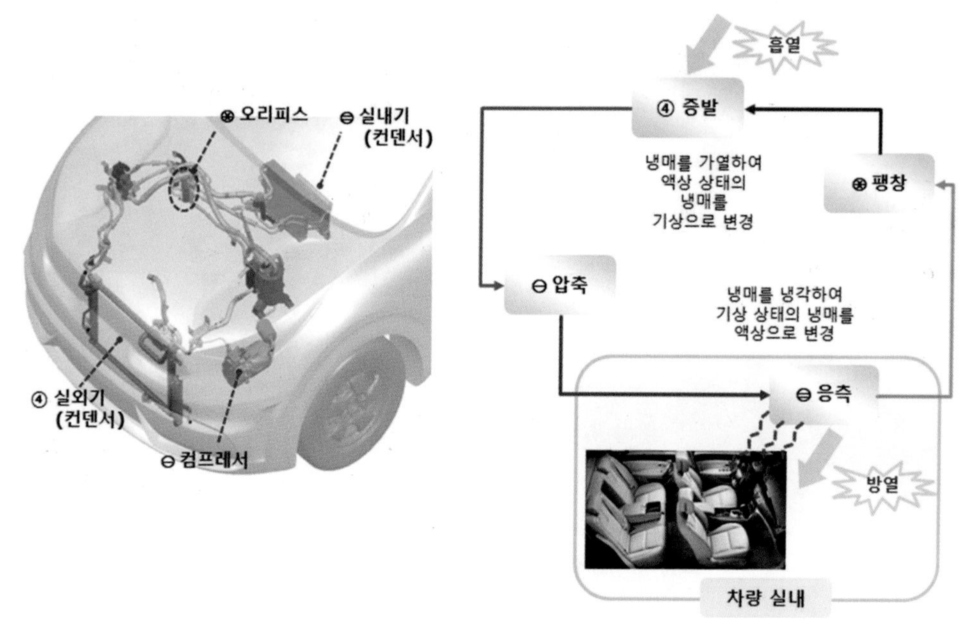

❖그림 10-76 히트 펌프 시스템

(2) 히트 펌프 시스템의 장점

난방 시 고전압 PTC 사용을 최소화하여 소비 전력의 저감으로 주행 거리가 증대함은 물론 전장품(EPCU, 모터 냉각수)의 폐열을 활용하여 극저온에서도 연속적인 사이클을 구현한다.

(3) 히트 펌프 시스템의 부품 위치

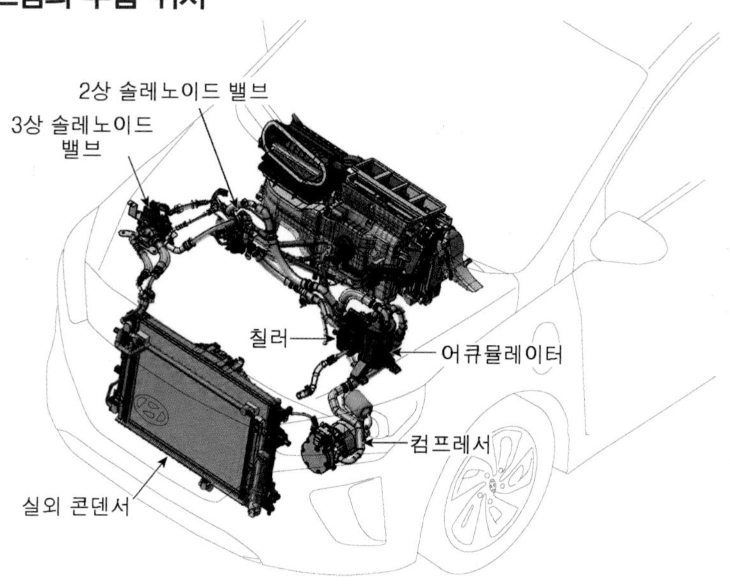

❖그림 10-77 히트 펌프 시스템 부품 위치

(4) 히트 펌프 작동 온도

히트 펌프 작동 영역은 -20℃에서 15℃이며, 작동 영역 이외는 고전압 PTC를 활용하여 난방을 한다.

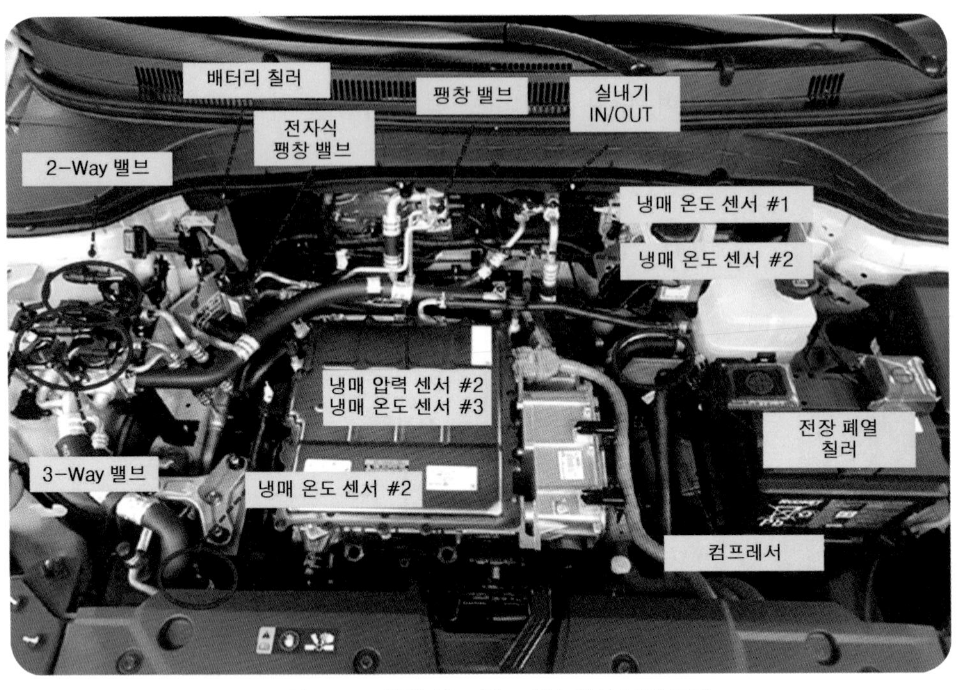

❖그림 10-78 실차 히트 펌프 시스템의 부품 위치

(5) 히트 펌프 구성과 작동

히트 펌프의 구성은 냉매의 흐름을 전환하여 냉방, 난방이 가능하게 하는 기능을 하여 난방 시 배터리 소모 최소화 및 주행거리를 향상시키는 역할을 한다.

1) 난방 시 냉매 흐름

냉매 순환 : 컴프레서 → 실내 콘덴서 → 오리피스 → 실외 콘덴서 순으로 진행한다.

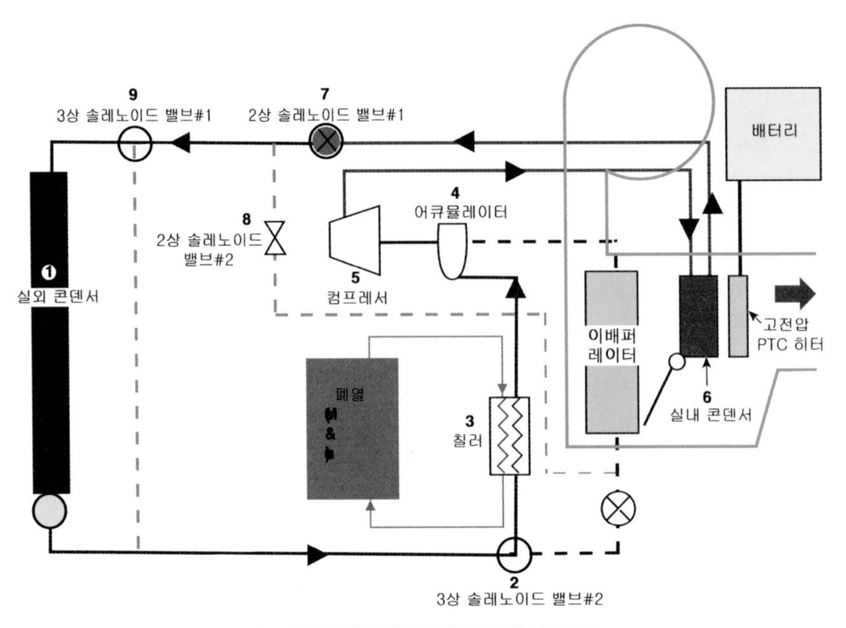

❖그림 10-79 히트 펌프 난방시 작동

❶ 실외 콘덴서: 히트 펌프 시스템은 실내 콘덴서가 추가 설치되며, 오리피스를 통해 공급된 저온의 냉매와 외부 공기와의 열 교환을 통해 액체 상태의 냉매를 열을 흡수시켜 증발하면서 저온 저압의 가스 냉매로 만든다.
❷ 3상 솔레노이드 밸브 #2: 히트 펌프 작동 시 냉매의 방향을 칠러쪽으로 바꿔준다.
❸ 칠러: 저온 저압 가스 냉매를 모터의 폐열을 이용하여 2차 열 교환을 한다.
❹ 어큐뮬레이터: 컴프레서로 기체 냉매만 유입될 수 있도록 냉매의 기체·액체를 분리한다.
❺ 전동 컴프레서: 전동 모터로 구동되며, 저온 저압 가스 냉매를 고온 고압 가스로 만들어 실내 콘덴서로 보낸다.
❻ 실내 콘덴서: 고온 고압 가스 냉매를 실내 공기와 열 교환을 통하여 응축 시켜 고온 고압의 액상 냉매로 만든다.
❼ 2상 솔레노이드 밸브 #1: 냉매를 급속 팽창시켜 저온 저압의 액상 냉매가 되도록 한다.
❽ 2상 솔레노이드 밸브 #2: 난방 시 제습 모드를 사용할 경우 냉매를 이배퍼레이터로 보낸다.
❾ 3상 솔레노이드 밸브 #1: 실외 콘덴서에 착상이 감지되면 냉매를 칠러로 바이패스시킨다.

2) 냉방시

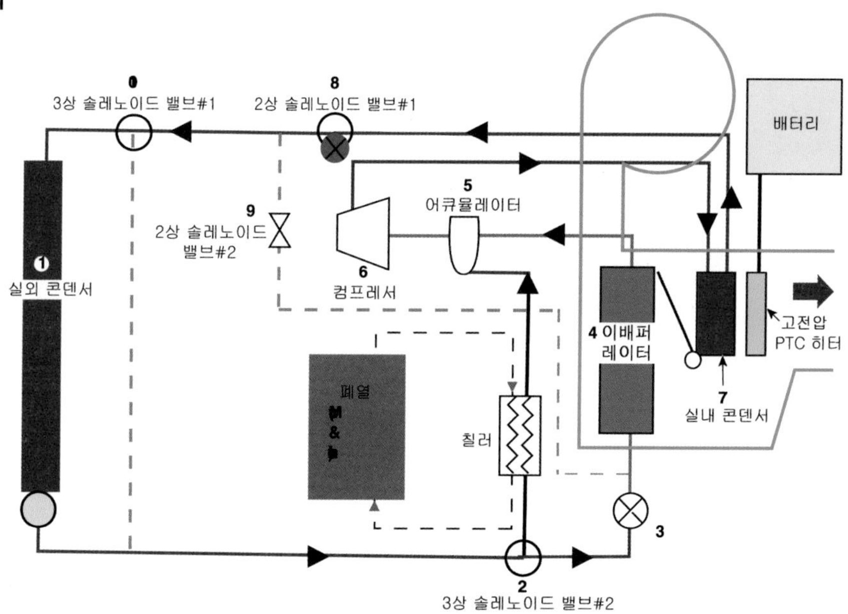

❖그림 10-80 히트 펌프 냉방시 작동

❶ 실외 콘덴서: 고온 고압 가스 냉매를 응축시켜 고온 고압의 액상 냉매로 만든다.
❷ 3상 솔레노이드 밸브 #2: 에어컨 작동 시 냉매의 방향을 팽창 밸브 쪽으로 흐르게 만든다.
❸ 팽창 밸브: 냉매를 급속 팽창시켜 저온 저압 기체가 되도록 한다.
❹ 이배퍼레이터: 안개 상태의 냉매가 기체로 변하는 동안 블로어 팬의 작동으로 이배퍼레이터 핀을 통과하는 공기 중의 열을 빼앗는다.(주위는 차가워진다.)
❺ 어큐뮬레이터: 컴프레서로 기체 냉매만 유입될 수 있게 냉매의 기체 · 액체를 분리한다.
❻ 전동 컴프레서: 전동 모터로 구동되며, 저온 저압 가스 냉매를 고온 고압 가스로 만들어 실내 콘덴서로 보낸다.
❼ 실내 콘덴서: 고온 고압 가스 냉매를 응축시켜 고온 고압의 액상 냉매로 만든다.
❽ 2상 솔레노이드 밸브 #1: 에어컨 작동 시 팽창시키지 않고 순환하게 만든다.
❾ 2상 솔레노이드 밸브 #2: 이배퍼레이터로 냉매 유입을 막는다.
❿ 3상 솔레노이드 밸브 #1: 실외 콘덴서로 냉매를 순환하게 만든다.

6 냉매 방향 전환 밸브 정비

(1) 개요

전기적 신호에 의하여 밸브 출구 방향을 변경하여 냉매의 흐름 방향을 전환한다. 냉매의 흐름 방향 전환으로 에어컨 모드 및 히트 펌프 모드를 구동할 수 있다.

명칭	Mode				
	A/con	최대 냉방	최대 난방 + 실내 제습	난방	난방+실내 제습
2상 솔레노이드 밸브#1	전원 OFF	전원 ON	전원 ON	전원 ON	전원 ON
2상 솔레노이드 밸브#2	전원 OFF	전원 OFF	전원 ON	전원 OFF	전원 ON
3상 솔레노이드 밸브#1	전원 OFF	전원 OFF	전원 OFF	전원 ON	전원 ON
3상 솔레노이드 밸브#2	전원 OFF	전원 ON	전원 OFF	전원 ON	전원 ON

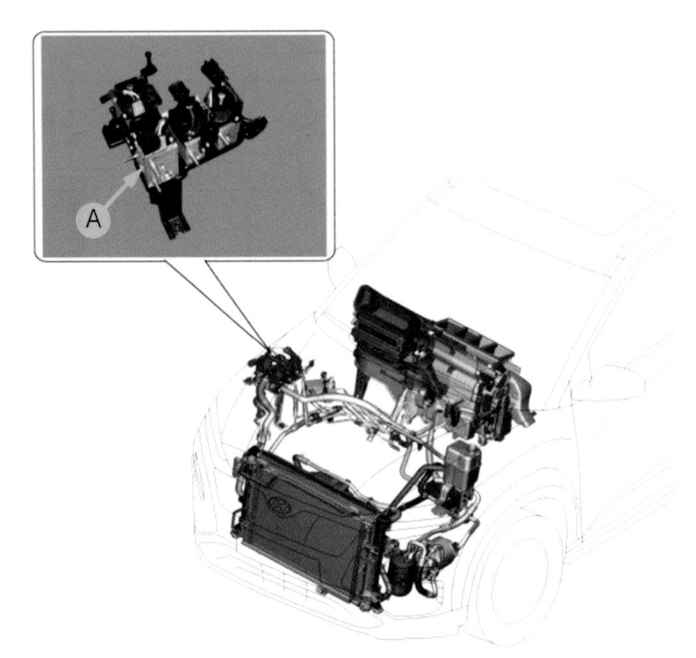

❖그림 10-81 냉매 방향 전환 밸브 교환

(2) 점검

멀티 테스터를 이용하여 1번과 2번 단자의 저항을 측정한다.

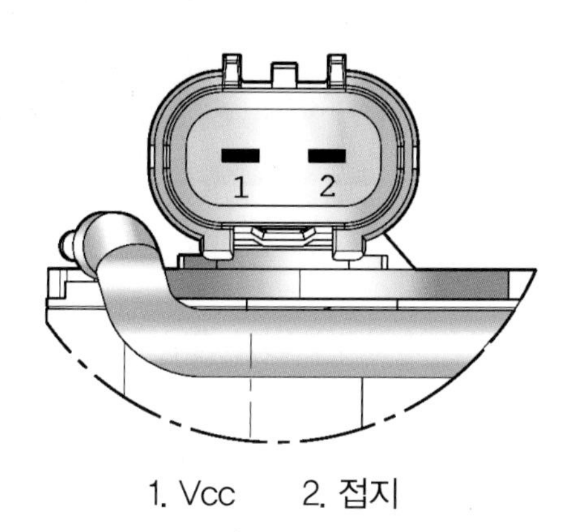

온도[℃]	저항 [kΩ]
-30	8.7 ~ 9.5
-25	8.92 ~ 9.74
-20	9.14 ~ 9.98
-15	9.37 ~ 10.23
-10	9.59 ~ 10.47
-5	9.81 ~ 10.71
0	10.03 ~ 10.95
5	10.25 ~ 11.19
10	10.47 ~ 11.43
15	10.69 ~ 11.67
20	10.90 ~ 11.90
25	11.12 ~ 12.14
30	11.34 ~ 12.38
35	11.55 ~ 12.61
40	11.77 ~ 12.85

(3) 교환

1) 3상 솔레노이드 밸브

❶ 배터리 (–) 단자를 분리한다.

❷ 회수・재생・충전기로 냉매를 회수한다.

- 반드시 전동식 컴프레서 전용의 냉매 회수・충전기를 이용하여 지정된 냉매(R-134a)와 냉동유(POE)를 주입한다. 일반 차량의 냉동유(PAG)가 혼입될 경우 컴프레서 손상 및 안전사고가 발생할 수 있다.

❸ 3상 솔레노이드 밸브 커넥터 A를 분리한다.

❹ 장착 너트를 풀고 냉매 라인 B을 탈착한다.

❖그림 10-82 3상 솔레노이드 밸브 커넥터 분리

❖그림 10-83 냉매 라인 탈착

❺ 장착 너트와 볼트를 풀고 3상 솔레노이드 밸브 어셈블리 C를 탈착한다.
❻ 장착은 탈착의 역순이다.

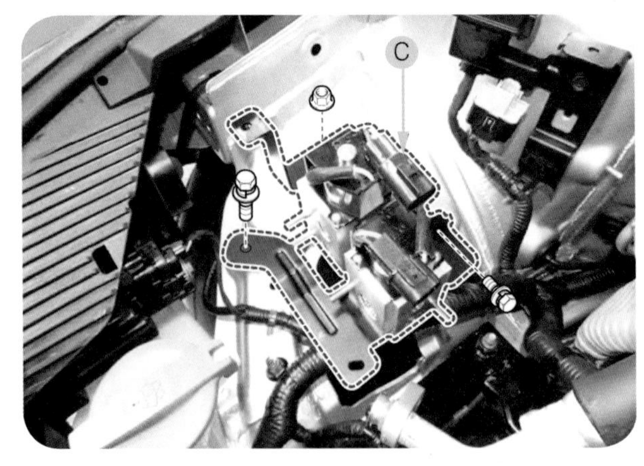

❖그림 10-84 3상 솔레노이드 밸브 탈착

2) 2상 솔레노이드 밸브

❶ 배터리 (–) 단자를 분리한다.
❷ 회수 · 재생 · 충전기로 냉매를 회수한다.
- 반드시 전동식 컴프레서 전용의 냉매 회수 · 충전기를 이용하여 지정된 냉매(R-134a)와 냉동유(POE)를 주입한다. 일반 차량의 냉동유(PAG)가 혼입될 경우 컴프레서 손상 및 안전사고가 발생할 수 있다.

❸ 2상 솔레노이드 밸브 커넥터 A를 분리한다.
❹ 장착 너트를 풀고 냉매 라인 B을 탈착한다.

❖그림 10-85 2상 솔레노이드 밸브 커넥터 분리

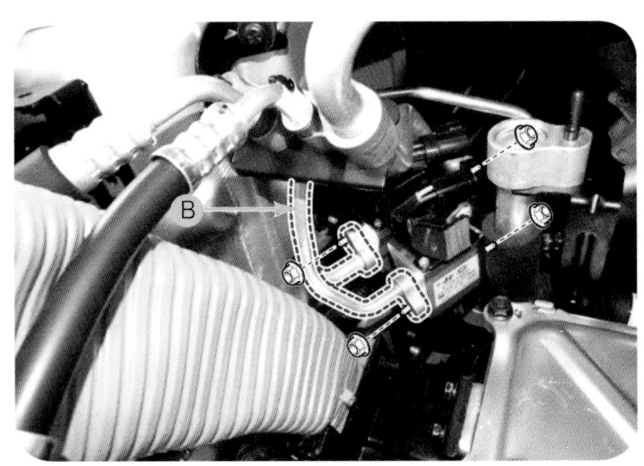

❖그림 10-86 냉매 라인 탈착

❺ 장착 너트와 볼트를 풀고 2상 솔레노이드 밸브 어셈블리 C를 탈착한다.
❻ 장착은 탈착의 역순이다.

❖그림 10-87 2상 솔레노이드 밸브 탈착

7 어큐뮬레이터 정비

(1) 개요

컴프레서 측으로 기체 냉매만 유입될 수 있도록 냉매의 기체/액체를 분리 한다.

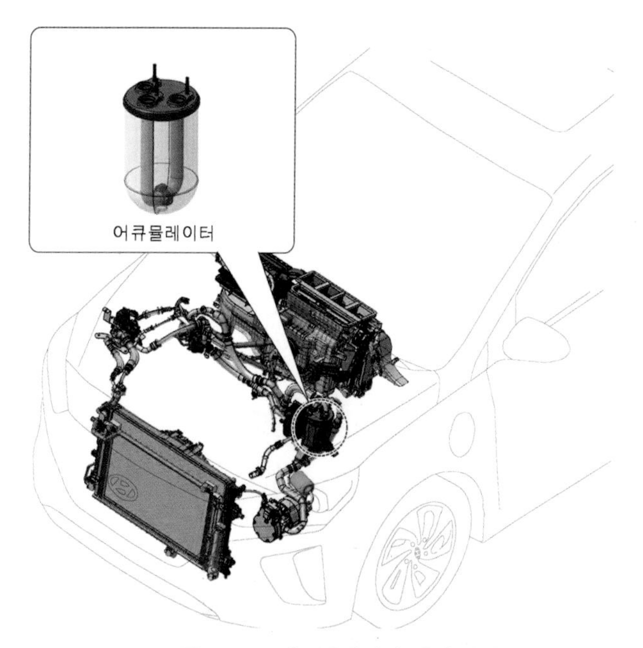

❖그림 10-88 어큐뮬레이터 배치 위치

❖그림 10-89 어큐뮬레이터

(2) 교환

❶ 회수 · 재생 · 충전기로 냉매를 회수한다.
- 반드시 전동식 컴프레서 전용의 냉매 회수 · 충전기를 이용하여 지정된 냉매(R-134a)와 냉동유(POE)를 주입한다. 일반 차량의 냉동유(PAG)가 혼입될 경우 컴프레서 손상 및 안전사고가 발생할 수 있다.

❷ 배터리 탈착한다.

❸ 배터리 트레이를 탈착한다.

❹ 장착 너트를 풀고 냉매 라인 A 을 탈착한다.

❺ 장착 볼트와 너트를 풀고 어큐뮬레이터 B 를 탈착한다.

❻ 장착은 탈착의 역순이다.

❖그림 10-90 냉매 라인 탈착

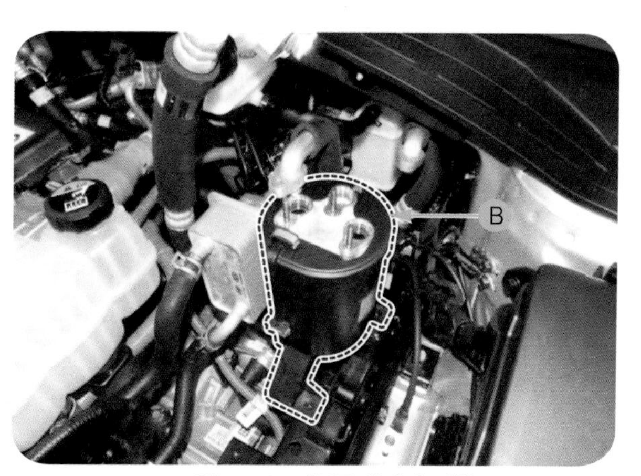

❖그림 10-91 어큐뮬레이터 탈착

8 칠러 정비

(1) 개요

모터 전장 폐열을 이용하여 저온의 냉매를 열 교환시키는 히트 펌프 시스템으로 전장의 폐열을 회수하는 역할을 한다.

(2) 부품 위치

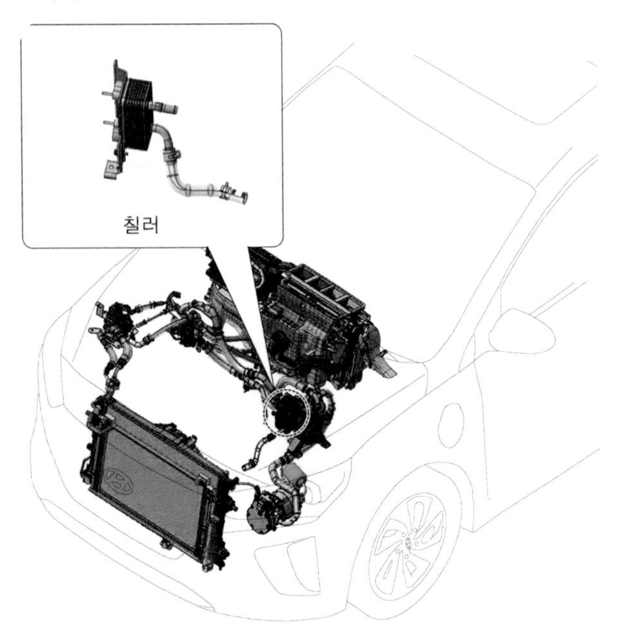

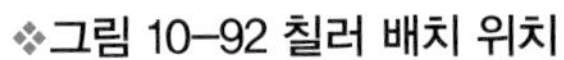

❖그림 10-92 칠러 배치 위치

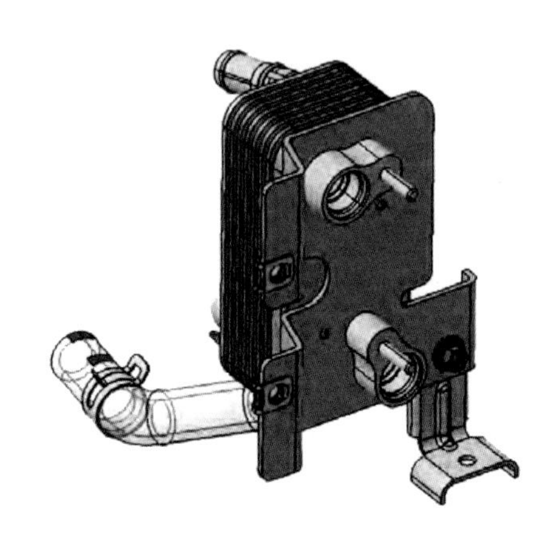

❖그림 10-93 칠러

(3) 교환

❶ 회수・재생・충전기로 냉매를 회수한다.

- 반드시 전동식 컴프레서 전용의 냉매 회수・충전기를 이용하여 지정된 냉매(R-134a)와 냉동유(POE)를 주입한다. 일반 차량의 냉동유(PAG)가 혼입될 경우 컴프레서 손상 및 안전사고가 발생할 수 있다.

❷ 배터리 탈착한다.

❸ 어큐뮬레이터를 탈착한다.

❹ 장착 너트를 풀고 냉매라인 A을 탈착한다.

- 라인을 분리한 후에는 즉시 플러그나 캡을 씌워 습기와 먼지로부터 시스템을 보호한다.

❺ 칠러 냉각수 호스 B를 분리한다.

❻ 장착 볼트를 풀고 칠러 C를 탈착한다.

가) 라인을 분리한 후에는 즉시 플러그나 캡을 씌워 습기와 먼지로부터 시스템을 보호한다.

나) 냉각수 호스가 장착되는 부분이 손상되지 않도록 유의한다.

❼ 장착은 탈착의 역순이다.

❖그림 10-94 냉매 라인 탈착

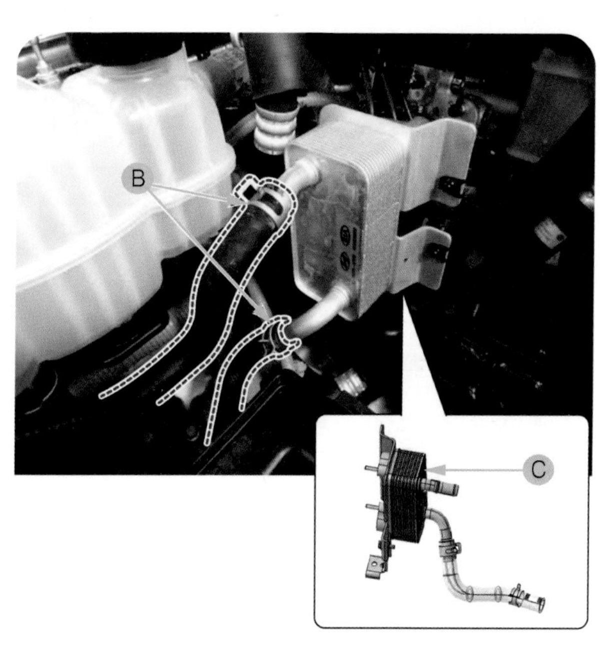

❖그림 10-95 칠러 탈착

9 냉매 온도 센서 정비

(1) 개요

공조 배관의 냉매 온도를 감지하여 공조 컨트롤에 저항 값을 제공한다.(서미스터와 동일) 온도와 저항은 반비례 관계이다.

(2) 부품 위치

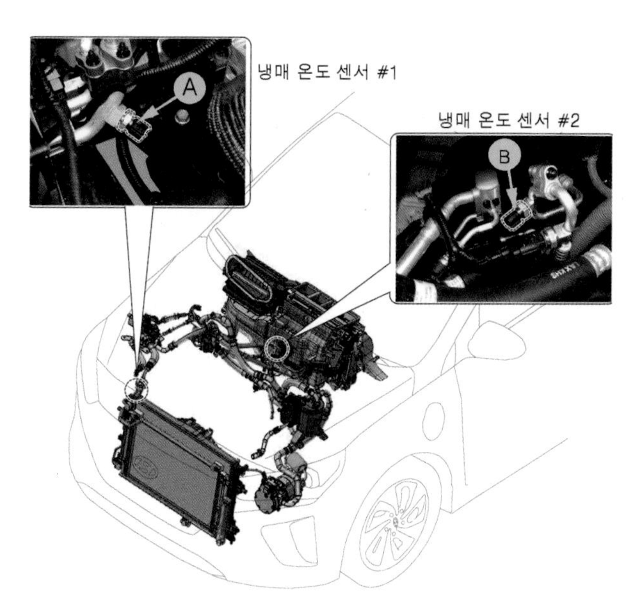

❖그림 10-96 냉매 온도 센서 배치 위치

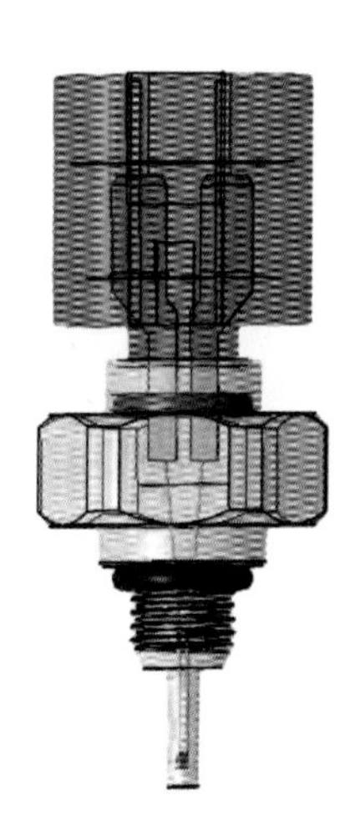

❖그림 10-97 냉매 온도 센서

(3) 냉매 온도 센서 점검

멀티 테스터를 이용하여 1번과 2번 단자의 저항을 측정한다.

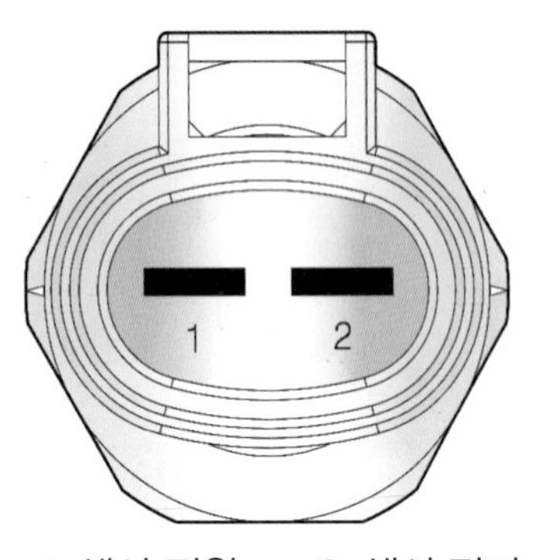

❖그림 10-98 온도 센서 커넥터

온도(℃)	저항(kΩ)	오차	온도(℃)	저항(kΩ)	오차
-40	225.1	3.06	50	4.496	2.86
-30	129.3	2.49	60	3.186	3.16
-20	76.96	1.95	70	2.843	3.44
-10	47.34	1.46	80	1.749	3.71
0	30	1	90	1.325	3.96
10	19.53	1.42	100	1.017	4.2
20	13.03	1.82	110	0.789	4.42
30	8.896	2.19	120	0.62	4.63
40	6.201	2.54	130	0.493	4.84

(4) 냉매 온도 센서 #1 교환

❶ 회수 · 재생 · 충전기로 냉매를 회수한다.
- 반드시 전동식 컴프레서 전용의 냉매 회수 · 충전기를 이용하여 지정된 냉매(R-134a)와 냉동유(POE)를 주입한다. 일반 차량의 냉동유(PAG)가 혼입될 경우 컴프레서 손상 및 안전사고가 발생할 수 있다.

❷ 잠금 핀을 눌러 냉매 온도 센서 #1 커넥터 A를 분리한다.

❸ 냉매 온도 센서 #1 B을 탈착한다.

❹ 장착은 탈착의 역순이다.

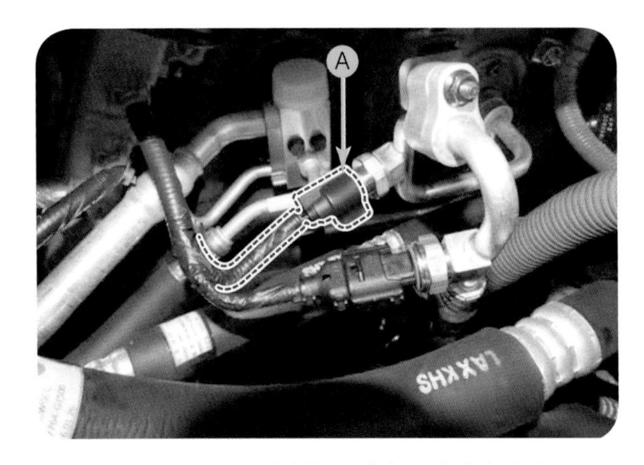

❖그림 10-99 냉매 온도 센서 #1 커넥터 분리

❖그림 10-100 냉매 온도 센서 #1 탈착

(5) 냉매 온도 센서 #2 교환

❶ 회수 · 재생 · 충전기로 냉매를 회수한다.
- 반드시 전동식 컴프레서 전용의 냉매 회수 · 충전기를 이용하여 지정된 냉매(R-134a)와 냉동유(POE)를 주입한다. 일반 차량의 냉동유(PAG)가 혼입될 경우 컴프레서 손상 및 안전사고가 발생할 수 있다.

❷ 잠금 핀을 눌러 냉매 온도 센서 #2 커넥터(A)를 분리한다.

❸ 냉매 온도 센서 #2(B)를 탈착한다.

❹ 장착은 탈착의 역순이다.

❖그림 10-101 냉매 온도 센서 #2 커넥터 분리

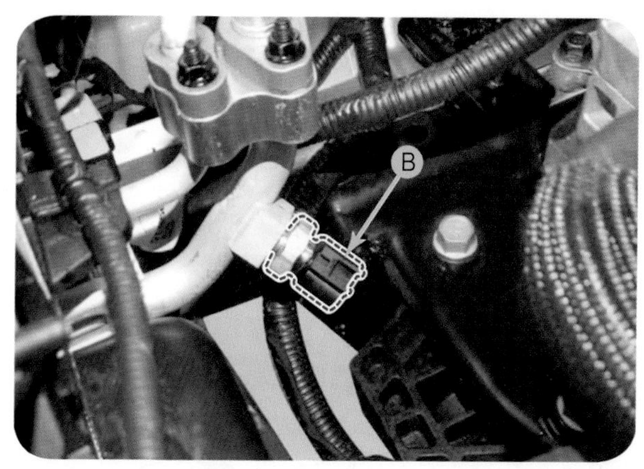

❖그림 10-102 냉매 온도 센서 #2 탈착

10 실내 콘덴서 교환

❶ 배터리 (−) 단자를 분리한다.

❷ 크래시 패드를 탈착한다.

❸ 장착 너트를 풀고 센터 카울 크로스 바 A 를 탈착한다.

❹ 장착 스크루를 풀고 실내 콘덴서 커버 B 를 탈착한다.

❺ 히터 유닛에서 실내 콘덴서 C 를 분리한다.

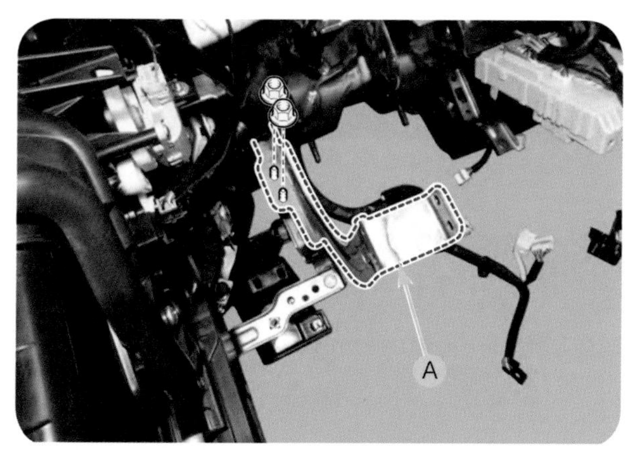

❖그림 10-103 센터 카울 크로스 바 탈착

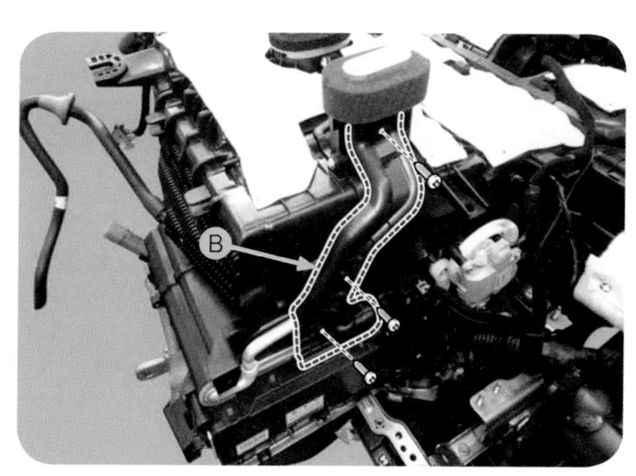

❖그림 10-104 실내 콘덴서 커버 탈착

❻ 장착은 탈착의 역순이다.

가) 만약 새 실내 콘덴서를 장착한다면 컴프레서 오일을 보충한다.

나) 각 연결부의 O-링을 새것으로 교환하고 연결하기 전 O-링에 몇 방울의 컴프레서 오일(냉동유)를 바른다.

다) R-134a의 누출을 피하기 위해서는 적당한 O-링을 사용한다.

라) 차량 위에 냉각수를 흘리지 말아야 한다. 컴프레서 오일은 페인트를 손상시킬 수 있다.

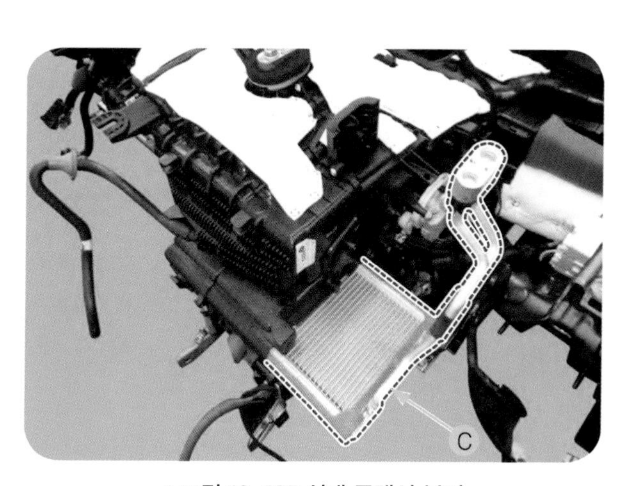

❖그림 10-105 실내 콘덴서 분리

11 컨트롤러(히터 및 에어컨 컨트롤 유닛(듀얼)) 교환

❶ 배터리 (–) 단자를 분리한다.
❷ 크래시 패드 사이드 가니쉬[RH]를 탈착한다.
❸ 장착 스크루를 풀고 히터 및 에어컨 컨트롤 유닛 A 을 탈착한다.
❹ 잠금 핀을 눌러 히터 및 에어컨 컨트롤 유닛 커넥터 B 를 분리한다.
❺ 장착은 탈착의 역순이다.

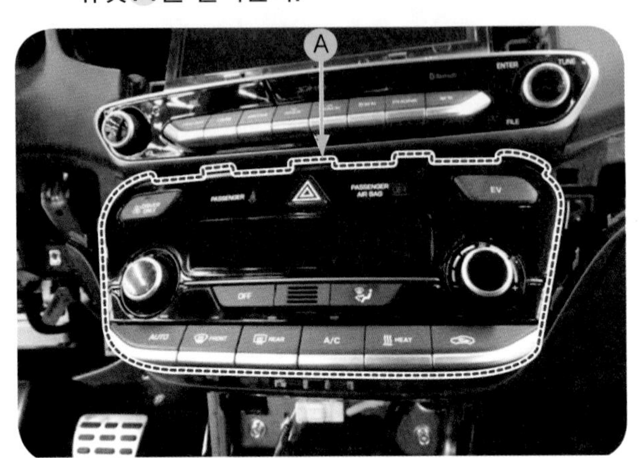

❖그림 10–106 에어컨 컨트롤 유닛 탈착

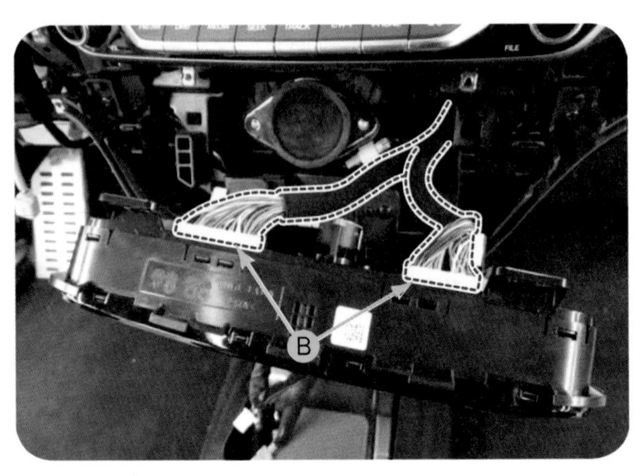

❖그림 10–107 컨트롤 유닛 커넥터 분리

5 에어백 시스템

1 에어백의 개요

에어백 시스템은 차량 충돌 시 운전석 및 동승석에 장착되어 있는 에어백을 작동시켜 운전자 및 동승석에 앉은 승객을 부상으로부터 보호하기 위한 보조 안전 장치(Supplemental Restraint System ; SRS)이다.

SRS 에어백은 운전석 에어백 모듈, 동승석 에어백 모듈, 운전석 및 동승석 안전 벨트 프리텐셔너, 운전석 및 동승석 좌우에 위치한 측면 에어백 및 커튼 에어백을 제어하는 플로어 콘솔 박스 하단에 위치한 에어백 시스템 컨트롤 모듈(SRSCM), 스티어링 칼럼에 위치한 클록 스프링, 정면 충돌을 감지하는 정면 충돌 감지 센서, 측면 충돌을 감지하는 측면 충돌 감지 센서, 계기판에 위치한 에어백 경고등 및 에어백 시스템 와이어링으로 구성되어 있다.

서비스 작업을 올바른 절차에 따라 행하지 않으면 에어백 시스템이 정비 중에 예상치 않게 팽창하여 심각한 부상을 입을 수 있다. 또한 에어백 시스템 정비 중 실수하면 필요한 경우에 에어백이 작동하지 않을 수 있다.(부품의 탈착, 장착, 검사, 교환을 포함하는) 정비 전에 다음의 항목을 주의 깊게 숙지한다.

(1) 에어백 정비 시 주의 사항

1) 키 스위치를 LOCK 위치로 돌리고 배터리 케이블의 (-) 단자를 분리하고 약 3분 이상(에어백 컨트롤 모듈의 백업 전원 소진 시간) 기다린 후 에어백 관련 작업을 수행한다.
2) 에어백 시스템의 기능 장애 증상은 확인하기 어려우므로 고장수리 시에는 진단 코드가 가장 중요한 정보를 제공한다.
3) 에어백 시스템의 고장을 수리할 때 배터리를 분리하기 전에 항상 진단 코드를 검사한다.
4) 다른 차량의 에어백 부품을 사용하지 않는다. 부품 교환 시에는 신품으로 교환한다.
5) 모든 에어백 모듈과 클록 스프링 및 와이어링을 재사용하기 위한 목적으로 분해 또는 수리하지 않는다.
6) 에어백 부품을 떨어뜨리거나 케이스, 브래킷, 커넥터의 균열, 흠 또는 기타 결함이 발생한 경우 신품으로 교환한다.
7) 에어백 시스템의 작업이 완료되면 경고등 점검을 수행한다. 일부의 경우 에어백 경고등의 작동이 기타 회로의 결함에 의해 차단될 수 있다. 따라서 에어백 경고등이 켜지면 퓨즈를 포함한 문제의 부품을 수리 또는 교환한 후 하이스캔을 사용하여 고장 진단 코드를 삭제한다.
8) 본체를 용접하는 경우 반드시 배터리 케이블의 (-) 단자를 분리한다.
9) 에어백 시스템의 정비 및 점검 작업을 진행한 후 반드시 시스템을 리셋 시킨다.(IGN. ON → OFF→ ON)

(2) 에어백 약어 종류

1) DAB: Driver Airbag(운전석 에어백)
2) PAB: Passenger Airbag(동승석 에어백)
3) SAB: Side Airbag(측면 에어백)
4) CAB: Curtain Airbag(커튼 에어백)
5) KAB: Knee Air Bag(무릎 에어백)
6) BPT: Seat Belt Pretensioner(안전 벨트 프리텐셔너)
7) EFD: Emergensy Fastening Devise(앵커 프리텐셔너)
8) SRSCM: Supplemental Restraint System Control Module(에어백 시스템 컨트롤 모듈)
9) FIS: Front Impact Sensor(정면 충돌 감지 센서)
10) P-SIS: Pressure Side Impact Sensor(측면 충돌 감지 센서 - 압력))
11) G-SIS: Gravity Side Impact Sensor(측면 충돌 감지 센서 - 가속도)
12) BS: Seat Belt Buckle Switch(안전 벨트 버클 스위치)

(3) 에어백 취급 및 보관

1) 에어백을 분해하지 않는다. 에어백은 한번만 전개를 함으로 수리 또는 재생하지 못한다.

2) 에어백 모듈을 일시적으로 보관할 경우에는 다음 주의 사항을 반드시 준수한다.

❶ 에어백 모듈 탈착 시 또는 신품 에어백 모듈은 커버 상부면이 위를 향하도록 보관한다. 이 경우 이중 잠금식 커넥터 잠금 레버는 잠금 상태이어야 하고 커넥터가 손상되지 않도록 위치하여야 한다.

❷ 에어백 모듈이 오일, 그리스, 세정제 및 물 등으로 인해 손상을 입지 않도록 주의한다.

❸ 에어백 모듈을 주위 온도가 60℃(140℉) 이하이고 습도가 높지 않으며, 전기적 잡음이 없는 곳에 보관한다.

❹ 에어백 스퀴브(SQUIB) 커넥터의 저항을 측정하지 않는다.(에어백이 작동할 수 있어 매우 위험하다.)

❺ 에어백 모듈 앞에서 모듈의 탈착, 검사, 교환 등을 하지 않는다.

❻ 손상된 에어백 모듈의 처분은 폐기 절차에 따른다.

❼ 키 스위치가 켜졌을 때 SRSCM 또는 충돌 감지 센서가 충돌하거나 부딪치지 않도록 주의한다. 키 스위치가 꺼진 후 작업을 시작하기 전에 적어도 3분 이상을 기다린다.

❽ 사이드·커튼 에어백이 장착된 차량의 SRSCM을 상하·좌우로 기울이면 롤 오버 센서가 작동하여 사이드·커튼 에어백이 전개되므로 SRSCM 관련 작업을 할 때는 키 스위치를 끄고 배터리 (-) 케이블을 분리한 상태에서 작업을 실시하며, 키 스위치가 켜졌을 때는 SRSCM은 지면과 항상 수평을 유지해야 한다.

❾ 장착 또는 교환 시 SRSCM 주위와 충돌 감지 센서가 충돌하지 않도록 주의한다. 에어백이 갑작스럽게 전개 될 수 있으며, 손상 및 부상을 초래할 수 있다.

❿ SRSCM 또는 충돌 감지 센서는 분해하지 않는다.

⓫ 키 스위치를 끄고 배터리의 (-) 케이블을 분리한다.

⓬ SRSCM의 교환 또는 장착 작업을 하기 전에 최소 3분 이상을 기다린다.

⓭ SRSCM과 충돌 감지 센서가 확실히 장착되었는지 확인한다.

⓮ SRSCM 또는 충돌 감지 센서가 물, 먼지 등에 의해 손상되지 않도록 주의한다.

⓯ SRSCM과 충돌 감지 센서는 시원하고(15℃ ~25℃) 건조한(습도 30% ~ 80%,수분 없는 곳) 곳에 보관한다.

(4) 에어백 와이어링 작업 시 주의 사항

❶ 절대 에어백 와이어링을 다시 연결하거나 수리하지 않는다. 에어백 와이어링이 손상되었다면 하니스를 교환한다.

❷ 하니스 와이어를 장착할 때 하니스 와이어가 물리거나 다른 부품들과 간섭되지 않도록 한다.

❸ 에어백 접지 부위를 깨끗하게 한다. 그리고 접지는 금속면과 금속면으로 알맞게 고정시킨다. 접지 불량은 진단하기 힘든 간헐적인 문제를 발생시킬 수 있다.

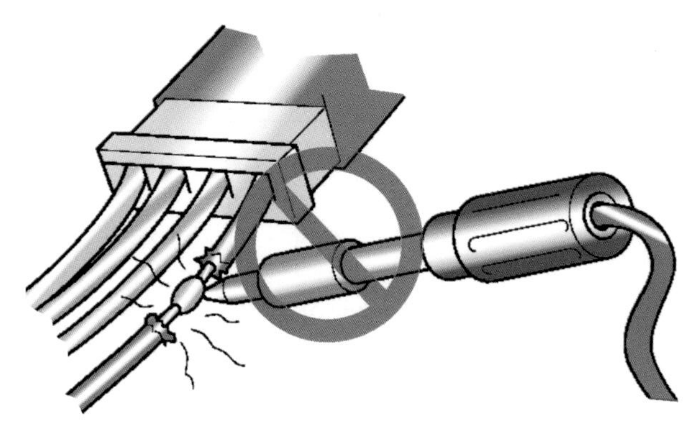

❖그림 10-108 와이어링 수리 금지

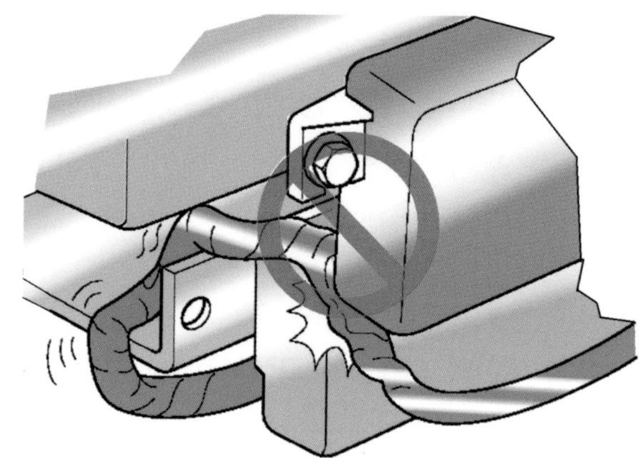

❖그림 10-109 와이어 물림 금지

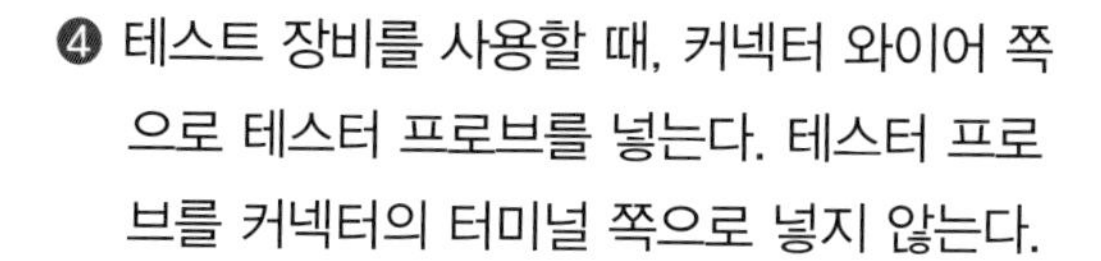

❹ 테스트 장비를 사용할 때, 커넥터 와이어 쪽으로 테스터 프로브를 넣는다. 테스터 프로브를 커넥터의 터미널 쪽으로 넣지 않는다.

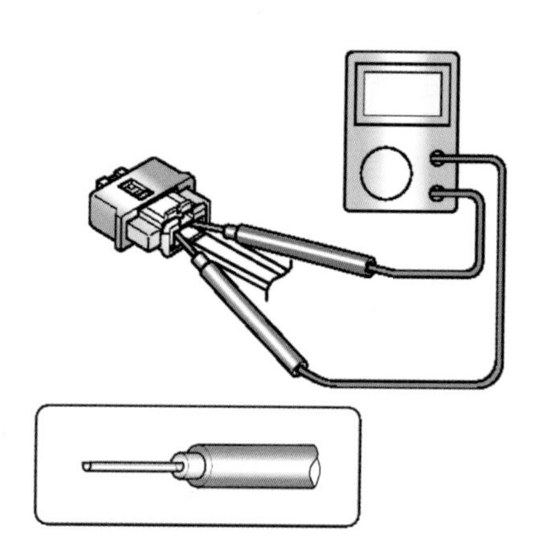

❖그림 10-110 와이어 쪽으로 프로브 삽입

(5) 에어백 커넥터 정비 시 주의사항

❶ 커넥터 분리: 커넥터를 분리하기 위해 커넥터를 잡고 반대쪽에서 스프링 장착 슬리브 A 와 슬라이더 B 를 당겨 커넥터를 분리한다. 커넥터를 잡아당기는 것이 아니라 슬리브를 당기는 것에 주의한다.

❷ 커넥터 연결: 슬리브 쪽 커넥터의 돌출부 C 가 딸깍 소리를 내며, 잠길 때까지 양쪽 커넥터를 잡고 단단히 민다.

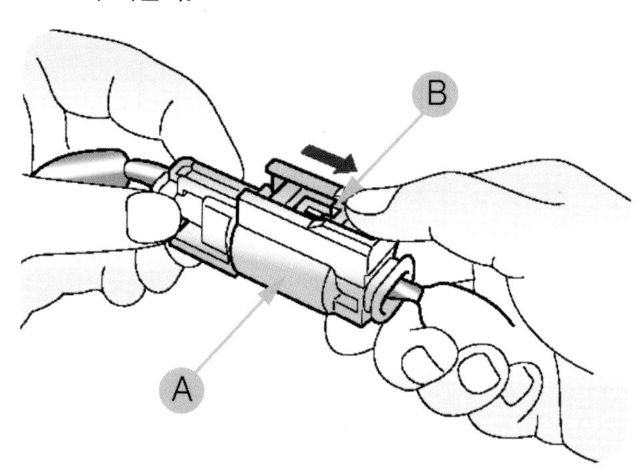

❖그림 10-111 커넥터 분리

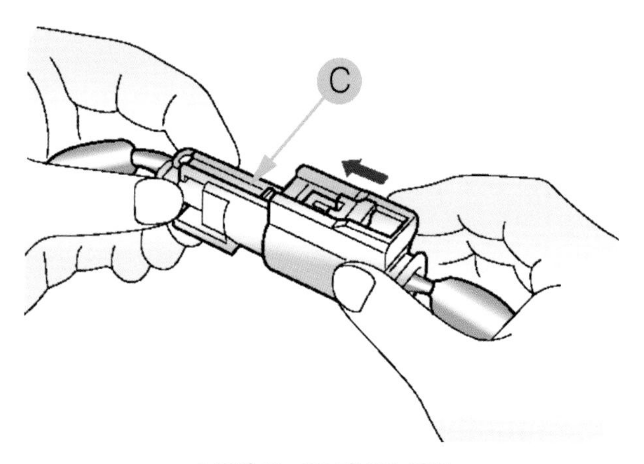

❖그림 10-112 커넥터 연결

(6) 에어백 경고등 작동 조건 및 작동 상태

에어백 시스템 컨트롤 모듈은 전원이 입력되면 에어백 시스템의 이상 유무를 감지하여 에어백 경고등을 점등시킨다.

1) 에어백 시스템이 정상인 경우: 에어백 시스템이 정상인 경우에는 에어백 경고등이 6초간 점등되었다가 소등된다.

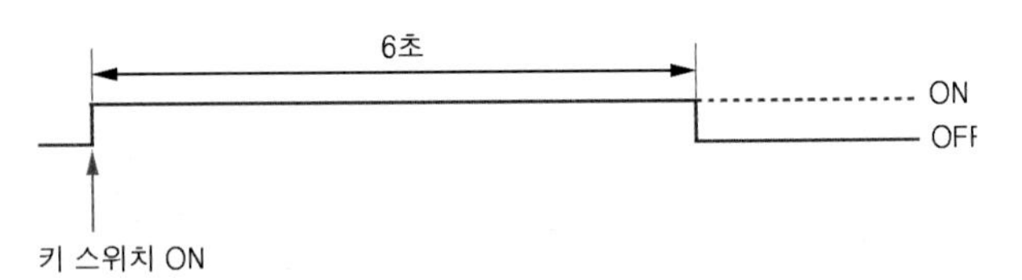

❖그림 10-113 에어백 시스템이 정상인 경우 점등

2) 에어백 시스템에 고장이 있는 경우: 에어백 시스템에 이상이 있을 경우에는 6초간 점등되었다가 1초간 소등된 후 계속 점등된다.

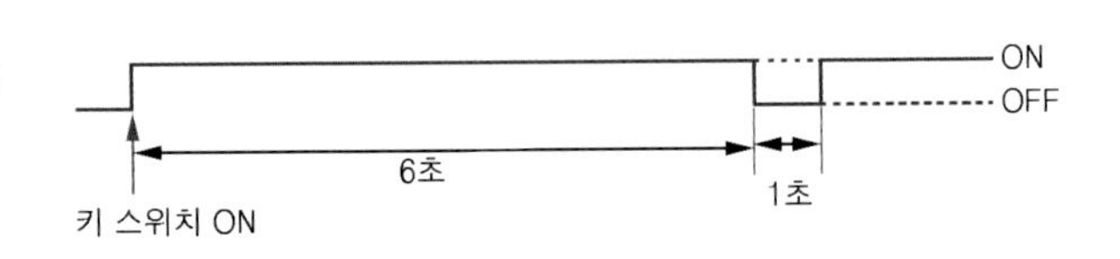

❖그림 10-114 에어백 시스템이 고장인 경우 점등

3) 베리언트 코딩(EOL) 모드 중인 경우: 키 스위치 ON시 에어백 경고등이 3초간

❶ 점등 되었다가 베리언트 코딩(EOL)이 정상 완료될 때까지 1초 간격으로 경고등이 깜박인다.

❷ 베리언트 코딩(EOL)이 정상적으로 완료했을 경우 에어백 경고등이 6초 점등되었다가 소등된다.

❸ 베리언트 코딩(EOL)이 완료되지 못했을 경우 에어백 경고등은 계속 1초 간격으로 깜박인다.

가) 베리언트 코딩(EOL)이 정상 완료했을 경우

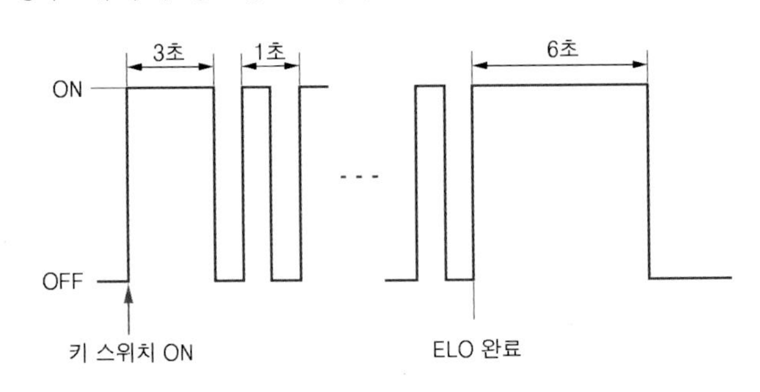

❖그림 10-115 베리언트 코딩 완료

나) 베리언트 코딩(EOL)이 완료되지 못했을 경우

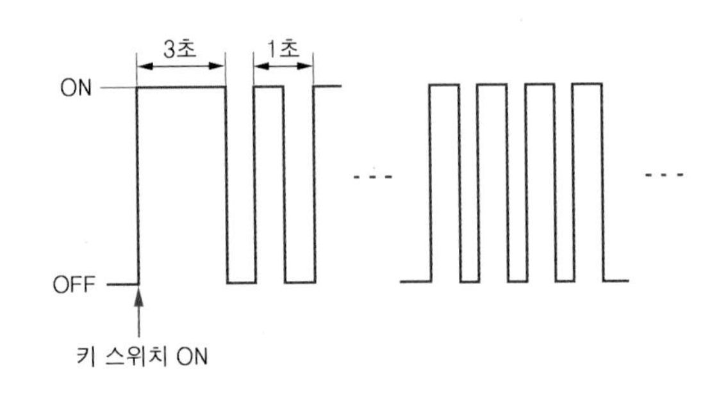

❖그림 10-116 베리언트 코딩 미완료

다) 에어백 시스템의 현재 고장 또는 에어백 시스템 컨트롤 모듈의 내부의 고장이 있는 경우는 베리언트 코딩(EOL)이 완료되지 못하므로 진단 장비를 이용해 고장 원인 확인 및 조치 완료 후 베리언트 코딩(EOL)을 재실시 해야 한다.

4) 아래와 같은 경우에는 에어백 경고등이 계속 점등하게 된다.

❶ 에어백 시스템의 현재 고장 또는 에어백 시스템 컨트롤 모듈의 내부 고장이 있는 경우

❷ 충돌 고장 코드가 있는 경우

❸ 진단기기를 사용하여 에어백 시스템 컨트롤 모듈과 통신 중일 때

5) 에어백 시스템 컨트롤 모듈이 작동하지 못하는 고장이 발생하였을 경우에는 에어백 경고등의 작동을 정상적으로 제어하지 못하게 된다. 이런 경우에 에어백 경고등은 에어백 시스템 컨트롤 모듈과 독립적으로 작동하는 회로를 통해서 정상적으로 동작하게 되는데 다음과 같은 경우가 된다.

❶ 에어백 시스템 컨트롤 모듈의 배터리 전원 손실: 에어백 경고등 계속 점등

❷ 내부 작동 전압의 손실: 에어백 경고등 계속 점등

❸ 에어백 시스템 컨트롤 모듈 작동 손실: 에어백 경고등 계속 점등

❹ 에어백 시스템 컨트롤 모듈 미연결 시

(7) 에어백 시스템 전개 후 부품 교환

1) 충돌 후 정면 에어백이 전개되었을 때는 아래 부품을 교환한다.

❶ 에어백 시스템 컨트롤 모듈(SRSCM)

❷ 전개된 에어백

❸ 점화된 안전 벨트 프리텐셔너

❹ 점화된 앵커 프리텐셔너

❺ 정면 충돌 감지 센서

❻ 에어백 와이어링 하니스

❼ 운전석 에어백 전개시 클록 스프링의 손상을 점검하고 이상이 있으면 교환한다.

2) 충돌 후 측면 에어백·커튼 에어백이 전개되었을 때는 아래 부품을 교환한다.

❶ 에어백 시스템 컨트롤 모듈(SRSCM)

❷ 전개된 에어백

❸ 전개된 쪽의 측면 충돌 감지 센서

❹ 에어백 와이어링 하니스

❺ 점화된 안전 벨트 프리텐셔너

❻ 점화된 앵커 프리텐셔너

3) 차량을 수리한 후에는 에어백 시스템이 정상적으로 작동하는지 확인한다.

❶ 키 스위치를 ON으로 한다.

❷ 에어백 경고등은 약 6초간 점등되었다가 소등되어야 한다.

2 에어백 시스템 제어 장치의 구성 부품

❖그림 10-117 에어백 구성 부품

3 회로도

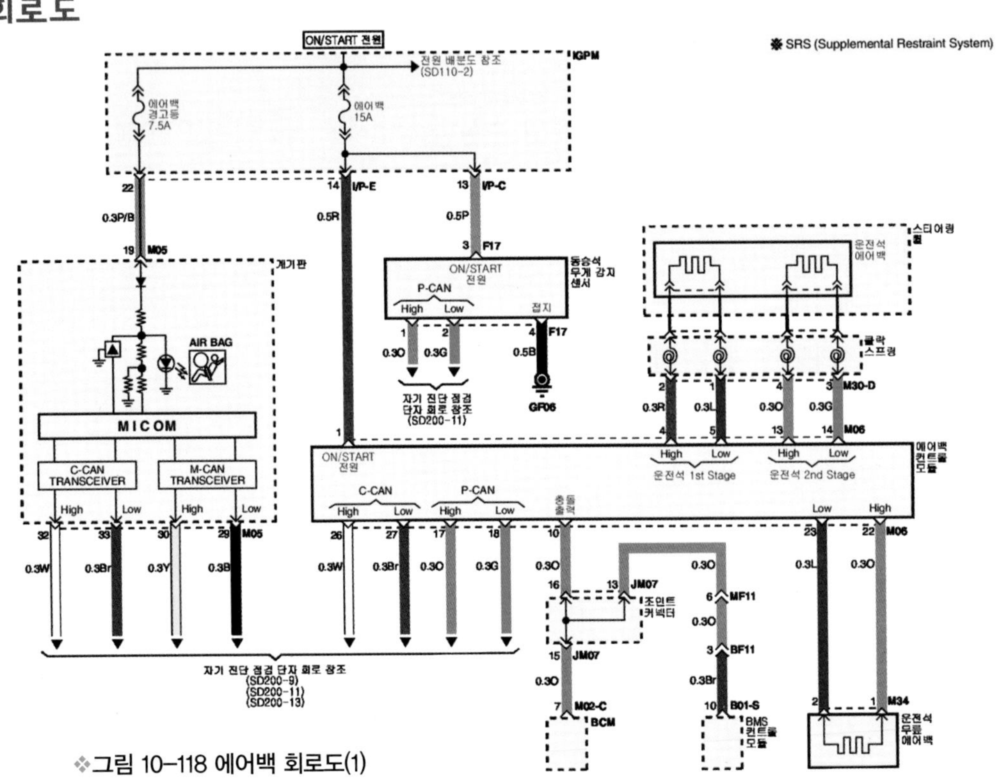

❖그림 10-118 에어백 회로도(1)

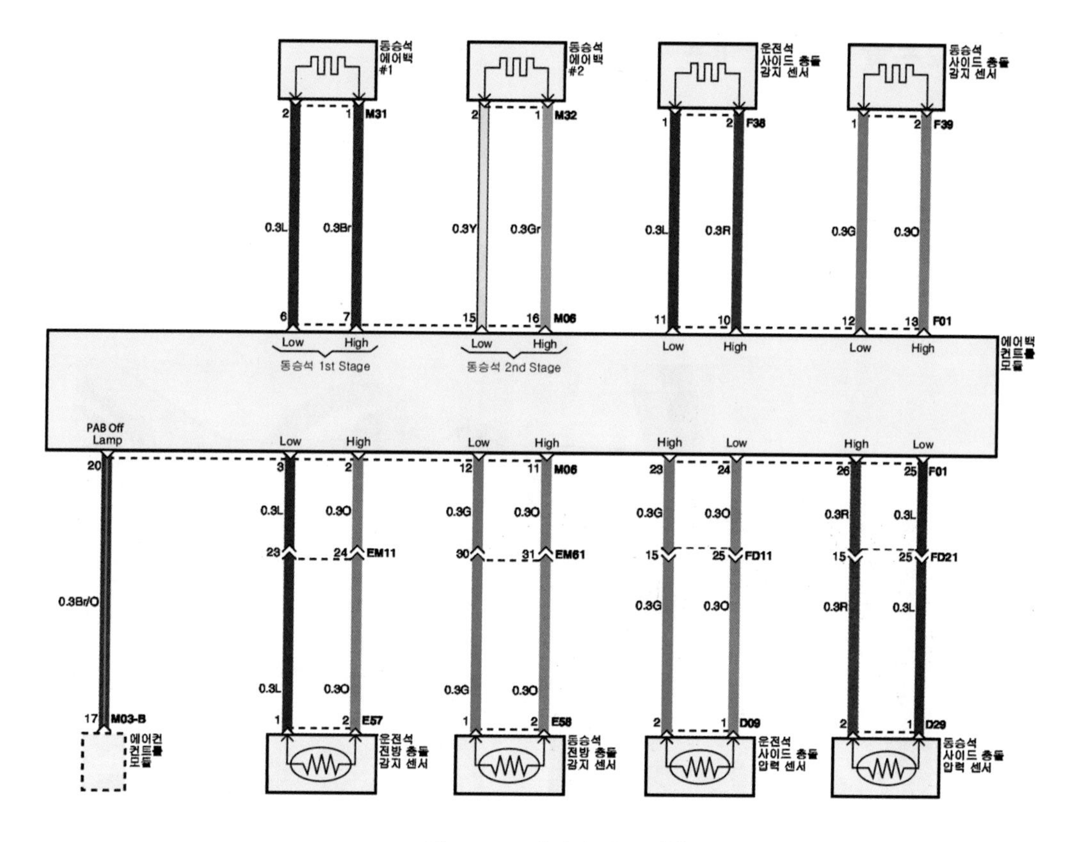

❖그림 10-119 에어백 회로도(2)

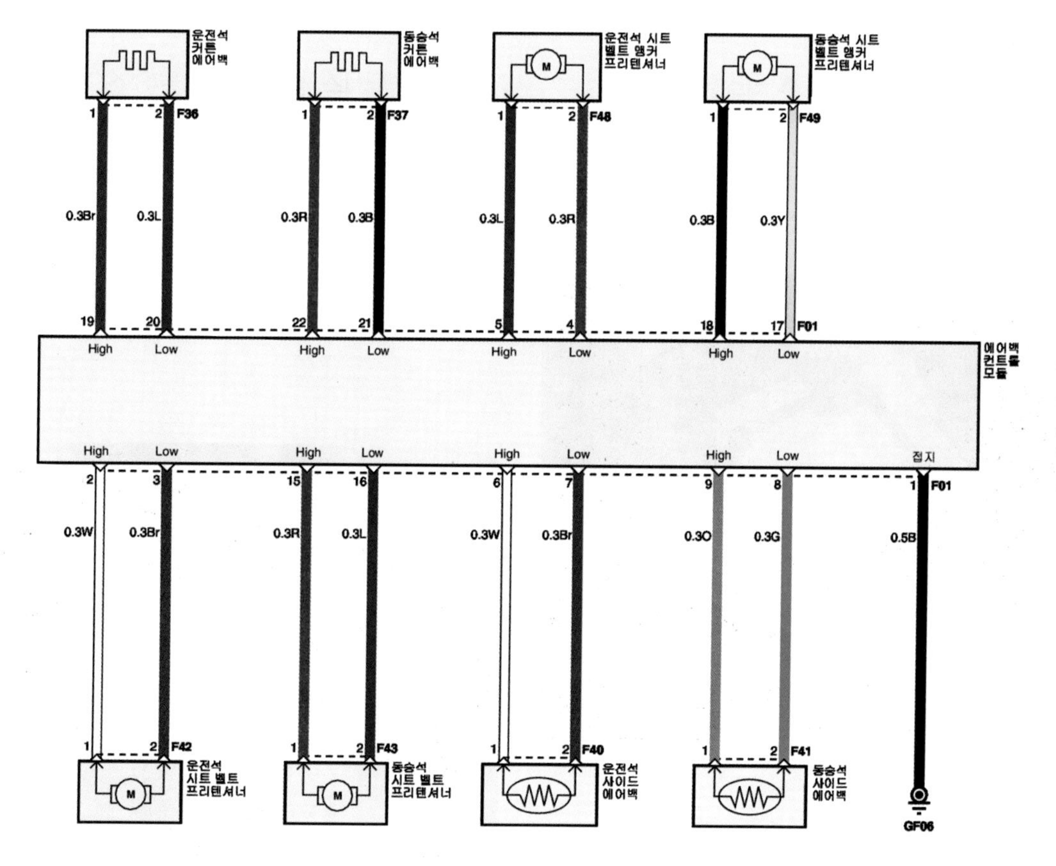

❖그림 10-120 에어백 회로도(3)

4 에어백 컨트롤 모듈의 개요

❶ 에어백 시스템 컨트롤 모듈(SRSCM: Supplemental Restraint System Control Module)은 에어백 모듈과 안전 벨트 프리텐셔너(BPT), 앵커 프리텐셔너(EFD)의 전개 여부와 전개시기를 결정하는 역할을 한다.

❷ 에어백 모듈이나 안전 벨트 프리텐셔너(BPT), 앵커 프리텐셔너(EFD)의 전개시점에 전개에 필요한 전원을 에어백 모듈에 공급한다.

❸ 에어백 시스템의 자기진단 기능도 수행한다.

❖그림 10-121 에어백 컨트롤 모듈

5 에어백의 컨트롤 모듈 탈착

❶ 배터리 케이블을 분리한 후 최소한 3분 이상 기다린다.

❷ 플로어 콘솔 어셈블리를 탈착한다.

❸ 플로어 에어 덕트를 탈착한다.

❹ 에어백 시스템 컨트롤 모듈(SRSCM) 커넥터의 잠금 레버를 당긴 후 커넥터 A를 분리한다.

❺ 너트를 풀고 에어백 시스템 컨트롤 모듈 B을 탈착한다.

❖그림 10-122 에어백 컨트롤 모듈 커넥터 분리

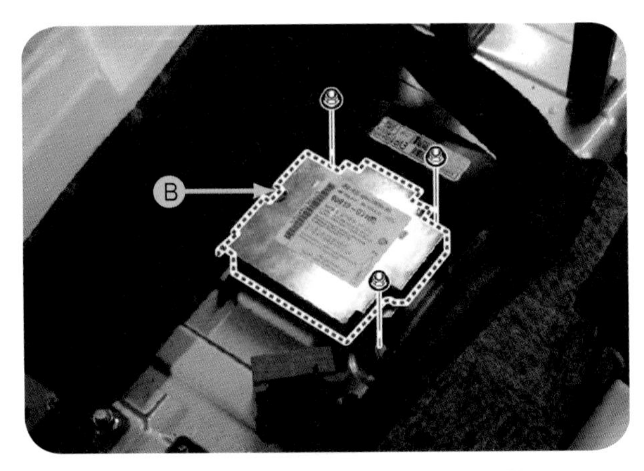

❖그림 10-123 에어백 컨트롤 모듈 탈착

6 에어백 컨트롤 모듈 장착

❶ 배터리 (−) 케이블이 최소한 3분 이상 분리되어 있었는지 확인한다.
❷ 전복 감지 기능이 추가된 SRSCM으로 키 ON 상태에서 SRSCM을 상하・좌우로 움직일 경우 측면 에어백, 커튼 에어백, 안전 벨트 프리텐셔너가 모두 전개될 수 있으므로 반드시 키 OFF 상태에서 SRSCM을 탈착 및 장착 한다.
❸ 에어백 시스템 컨트롤 모듈을 위치시키고 SRSCM 장착 너트를 체결한다.
❹ SRSCM 커넥터를 SRSCM에 끼우고 잠금 레버를 밀어서 커넥터 체결 시 잠금장치가 '탁'하는 소리가 들리도록 커넥터를 확실하게 연결시킨다.
❺ 플로어 콘솔 어셈블리를 장착한다.
❻ 배터리 (−) 케이블을 연결한다.
❼ 에어백 시스템 컨트롤 모듈(SRSCM)을 장착한 후 키 스위치를 ON으로 하면 에어백 경고등이 6초간 점등되었다가 소등하는 등의 에어백 시스템 정상적 여부를 확인한다.

7 에어백 시스템의 베리언트 코딩

베리언트 코딩이란 소수의 표준 모델로 다수의 사양에 대응하기 위한 방법으로 SRSCM에 입력된 코드 정보와 실제 차량에 적용된 사양을 일치시켜 SRSCM을 활성화시키는 과정이다. 만일 SRSCM을 교환한 후 베리언트 코딩을 실시하지 않으면 사고 시 에어백이 전개되지 않는다. SRSCM을 교환 하였을 때는 반드시 베리언트 코딩을 실시해야 하며, 또한 VDC 시스템에서 종방향 G센서 영점 설정도 실시해야 한다.

(1) 베리언트 코딩 방법(ON− Line 방식)

❶ 키 스위치를 OFF시키고 GDS를 연결한다.
❷ 키 스위치를 ON시키고 전동 컴프레서는 OFF시킨다. 에어백 시스템을 선택하고 "ACU Variant Coding"을 선택한다.
❸ GDS의 지시에 따라 "OK" 버튼을 누른다.
❹ 차량의 VIN 번호를 입력 후 "OK" 버튼을 누른다.

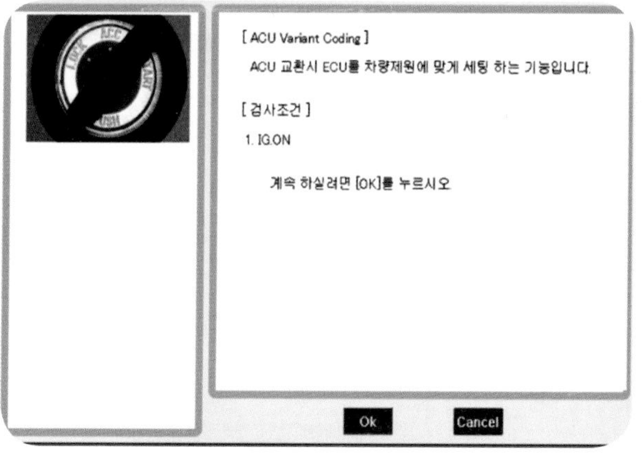

❖그림 10-124 베리언트 코딩

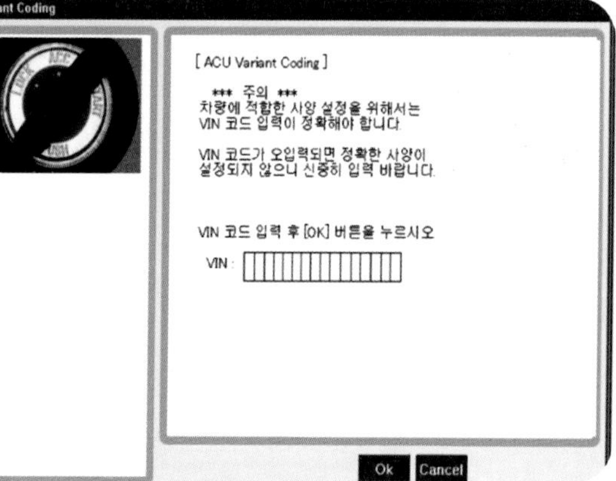

❖그림 10-125 VIN 코드 입력

❺ 베리언트 코딩 전용 코드를 불러오는 중이므로 완료 때까지 기다린다.

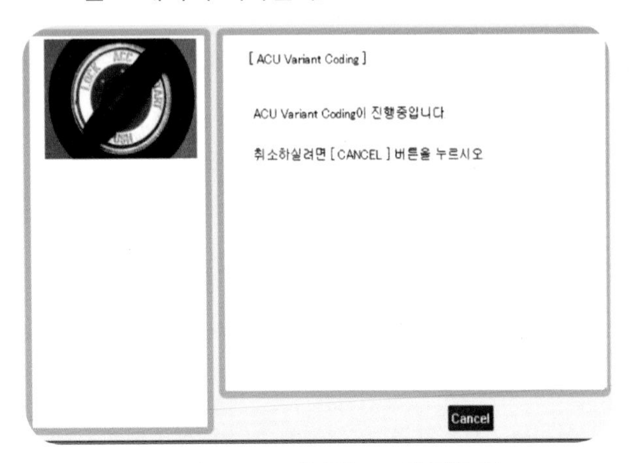

❖그림 10-126 베리언트 코딩 진행 중

❻ 베리언트 코딩 계속하려면 “OK” 버튼을 누른다.

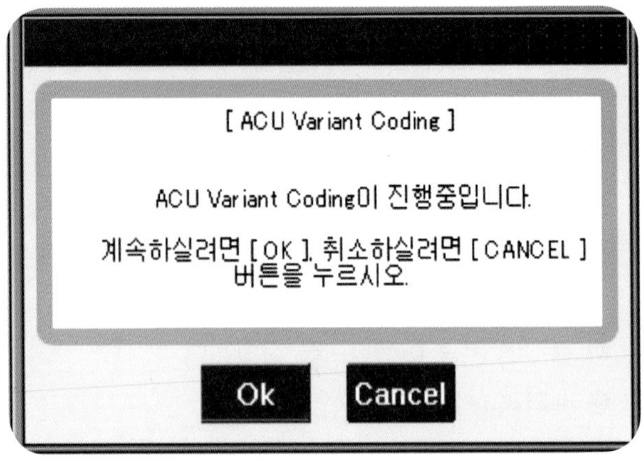

❖그림 10-127 베리언트 코딩 계속

❼ 베리언트 코딩이 완료되면 아래 메시지를 나타내며, “OK” 버튼을 눌러 코딩을 완료한다.

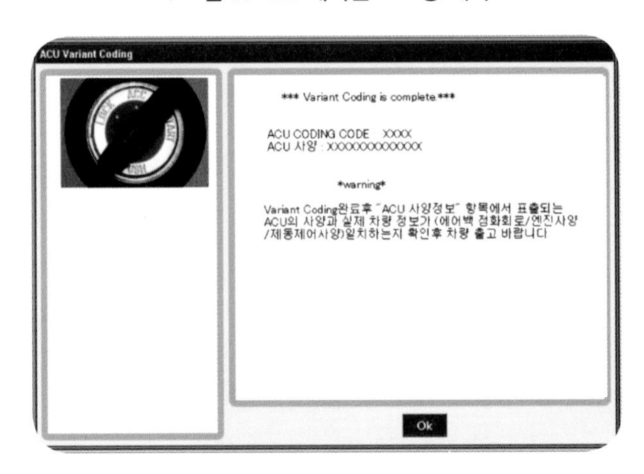

❖그림 10-128 베리언트 코딩 완료

(2) 베리언트 코딩 방법(OFF- Line 방식 : 인터넷 사용불가시에만)

❶ 키 스위치를 OFF시키고 GDS를 연결한다.

❷ 키 스위치를 ON시키고 전동 컴프레서는 “OFF”시킨다. 에어백 시스템을 선택하고, “ACU Variant Coding”을 선택한다.

❸ GDS의 지시에 따라 “OK” 버튼을 누른다.

❹ GSW 서버에서 베리언트 코딩 코드를 확인하여 화면에서 입력한 후 “OK” 버튼을 누르고 확인이 되면 다시 한 번 “OK” 버튼을 누른다.

[ACU Variant Coding]
****주의*****
상기 Coding code 오입력으로 차량의 사양이 오설정되어 출고되지 않도록 신중히 수행바랍니다
계속 하실려면 [OK], 취소하실려면 [CANCEL] 버튼을 누르시오
Ok Cancel

❖그림 10-129 베리언트 코딩

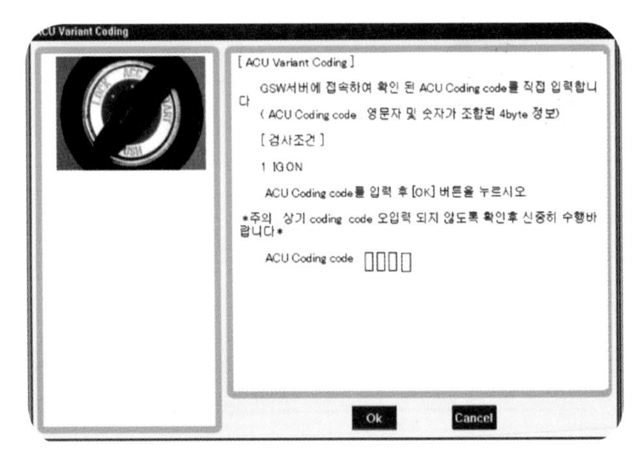

❖그림 10-130 VIN 코드 입력

❺ 베리언트 코딩 전용 코드를 불러오는 중이므로 완료 때까지 기다린다.

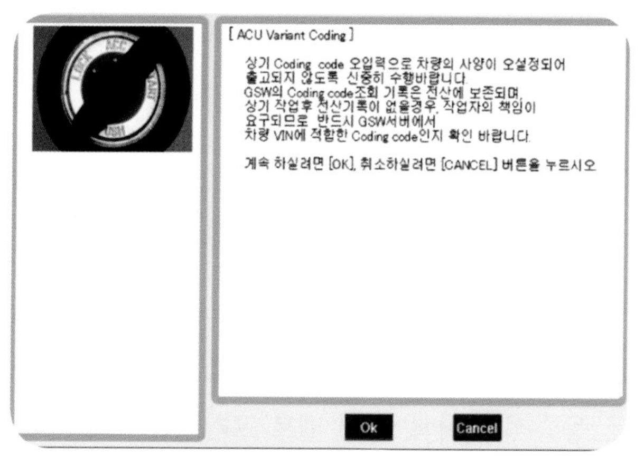

❖그림 10-131 베리언트 코딩 전용 코드 호출

❻ 베리언트 코딩 계속하려면 "OK" 버튼을 누른다.

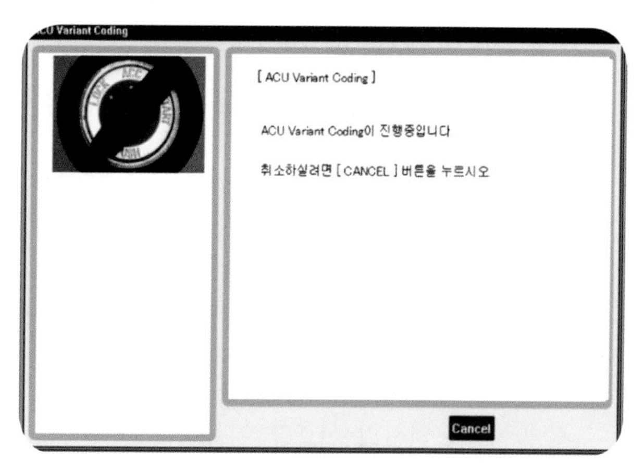

❖그림 10-132 베리언트 코딩 진핸 중

❼ 베리언트 코딩이 완료 후 "ACU Cording code"메시지를 나타나면 "OK" 버튼을 눌러 코딩을 완료한다.

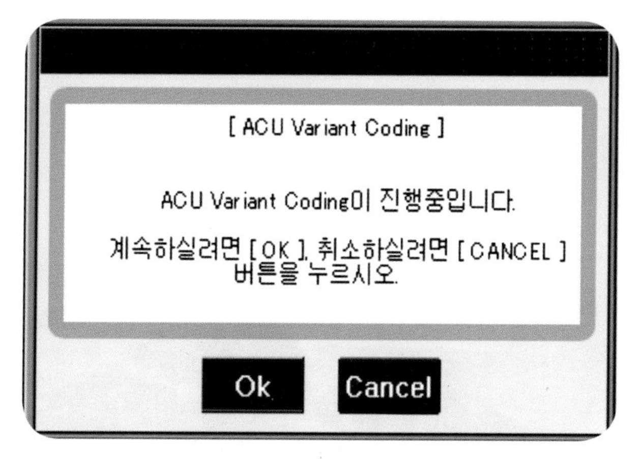

❖그림 10-133 베리언트 코딩 계속

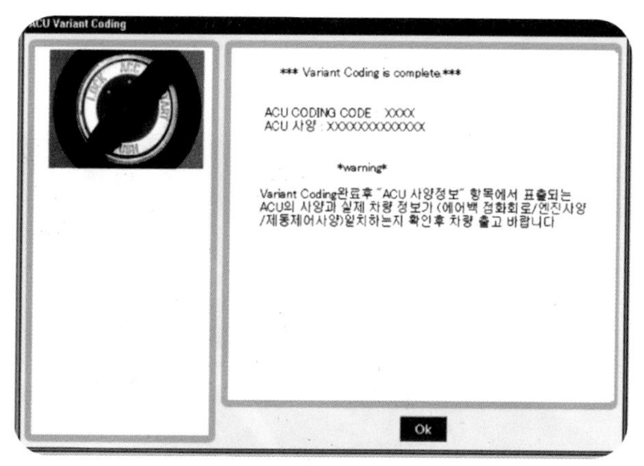

❖그림 10-134 베리언트 코딩 완료

(3) 베리언트 코딩 시 주의 사항

1) 베리언트 코딩이 실패 하였을 때 SRSCM에서는 B176200(ACU 베리언트 코딩 이상)이라는 DTC를 표출한다.(경고등 점등)

2) 베리언트 코딩 실패 시 "DTC Status"의 정보 코드에서 베리언트 코딩이 실패한 원인을 확인한 후 재 수행한다.(최대 255회 재시도 가능, 255회 초과 시 "B1683 ACU 베리언트 코딩 입력 횟수 초과 DTC가 표출" 되며, SRSCM 교체 필요 함)

3) 베리언트 코딩이 기 완료된 SRSCM에 SRSCM 베리언트 코딩을 수행하였을 경우에는 "Coding이 완료되어 있어 새로운 Coding 작업을 수행할 수 없습니다."라는 메시지가 표출되며, 재 수행을 할 수 없다.

4) 베리언트 코딩 관련 작업 진행 중 인터넷 연결이 불량하면 "통신 실패"라는 메시지가 나오며 재시행 한다.

5) SRSCM이 저전압(배터리의 전압이 9V이하) 상태일 때는 B110200 고장이 발생하고, 이때는 차량에 정상적인 SRSCM 코딩 코드를 입력하더라도 B1762(ACU 베리언트 코딩 이상)와 B110200(시스템 전원 낮음) 코드가 동시에 표출되므로 이 경우에는 먼저 배터리를 충전하고 SRSCM 베리언트 코딩을 실시하여야 한다.

8 정면 충돌 감지 센서(FIS : Front Impact Sensor) 정비

(1) 개요

정면 충돌 감지 센서(FIS : Front Impact Sensor)는 모터 룸 라디에이터 어퍼 프레임 안쪽 좌·우측에 각각 1개씩 장착되어 있다. 정면 충돌 발생 시 에어백 시스템 컨트롤 모듈(SRSCM)은 정면 충돌 감지 센서의 신호를 이용하여 운전석 에어백, 동승석 에어백, 안전 벨트 프리텐셔너, 앵커 프리텐셔너의 전개 여부와 전개시기를 결정한다.

(2) 정면 충돌 감지 센서 탈착

❶ 배터리 (–) 케이블을 분리한 후 최소한 3분 이상 기다린다.

❷ 정면 충돌 감지 센서 커넥터 A를 분리한다.

❸ 장착 볼트를 풀고 정면 충돌 감지 센서 B를 탈착한다.

❖그림 10–135 정면 충돌 감지 센서 커넥터 분리

❖그림 10–136 정면 충돌 감지 센서 탈착

(3) 정면 충돌 감지 센서 장착

1) 배터리 (–) 케이블을 분리한 후 최소한 3분 이상 경과 되었는지 확인한다.

2) 정면 충돌 감지 센서를 장착 위치에 고정시키고 커넥터 체결 시 잠금장치가 '탁'하는 소리가 들리도록 완전히 커넥터를 연결한다.

3) 정면 충돌 감지 센서 장착 볼트를 체결한다.

4) 배터리 (–) 케이블을 다시 연결한다.

5) 정면 충돌 감지 센서를 장착한 후에는 시스템이 정상적으로 작동하는지 확인한다.

6) 키 스위치를 ON시키면 에어백 경고등이 6초간 점등되었다가 소등하는지 확인한다.

9 측면 충돌 감지 센서(SIS : Side Impact Sensor)

(1) 개요

측면 충돌 감지 센서는 차량의 측면 충돌을 감지하기 위하여 좌우측 프런트 도어 모듈 중앙부와 좌우측 B 필러 부근에 각각 1개씩 장착되어 있다. 압력 감지식 측면 충돌 감지 센서(P- SIS)는 충돌 할 때의 압력을 감지하는 방식으로 P- SIS라고도 하며, 가속도 감지식 측면 충돌 감지 센서(G- SIS)는 충돌할 때의 가속도를 감지하는 방식으로 G- SIS라고도 한다. 측면 충돌 발생 시 에어백 시스템 컨트롤 모듈(SRSCM)은 측면 충돌 감지 센서의 신호를 이용하여 측면 에어백의 전개 여부와 전개시기를 결정한다.

(2) 압력식 측면 충돌 감지 센서(P-SIS)

1) 압력식 측면 충돌 감지 센서(P-SIS) 탈착

❶ 배터리 (-) 케이블을 분리한 후 최소한 3분 이상 기다린다.

❷ 프런트 도어 트림을 탈착한다.

❸ 측면 충돌 감지 센서 커넥터 A 를 분리한다.

❹ 장착 스크루를 풀고 측면 충돌 감지 센서 B 를 탈착한다.

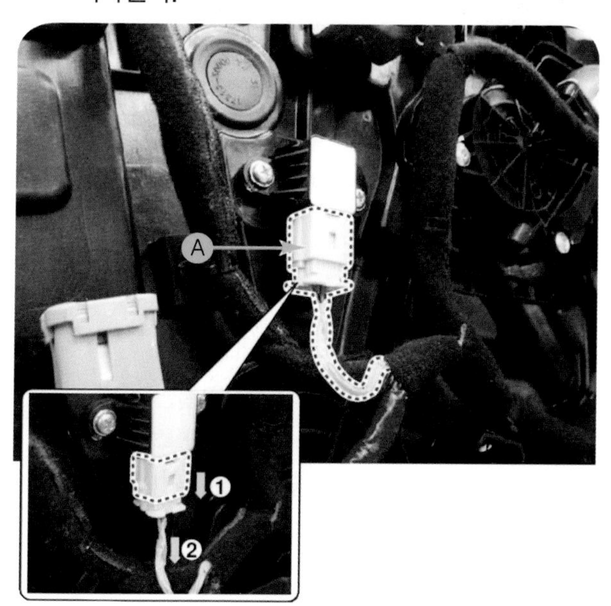

❖그림 10-137 측면 충돌 감지 센서 커넥터 분리

❖그림 10-138 측면 충돌 감지 센서 탈착

2) 압력식 측면 충돌 감지 센서(P-SIS) 장착

❶ 배터리 (-) 케이블이 최소한 3분 이상 분리되어 있었는지 확인한다.

❷ 측면 충돌 감지 센서를 장착 위치에 잘 끼운다.

❸ 측면 충돌 감지 센서 체결 스크루로 장착한다.

❹ 측면 충돌 감지 센서 커넥터 체결 시 잠금 장치가 '탁'하는 소리가 들리도록 완전히 커넥터를 연결한다.

❺ 프런트 도어 트림을 장착한다.

❻ 배터리 (-) 케이블을 다시 연결한다.

❼ 측면 충돌 감지 센서를 장착한 후에는 시스템이 정상적으로 작동하는지 확인한다.

❽ 키 스위치를 ON으로 하면 에어백 경고등이 6초간 점등되었다가 소등되어야 한다.

(3) 가속도식 측면 충돌 감지 센서(G-SIS)

1) 가속도식 측면 충돌 감지 센서(G-SIS) 탈착

❶ 배터리 (–) 케이블을 분리한 후 최소한 3분 이상 기다린다.

❷ 센터 필러 트림을 탈착한다.

❸ 측면 충돌 감지 센서 커넥터 A를 분리한다.

❹ 장착 스크루를 풀고 측면 충돌 감지 센서 B를 탈착한다.

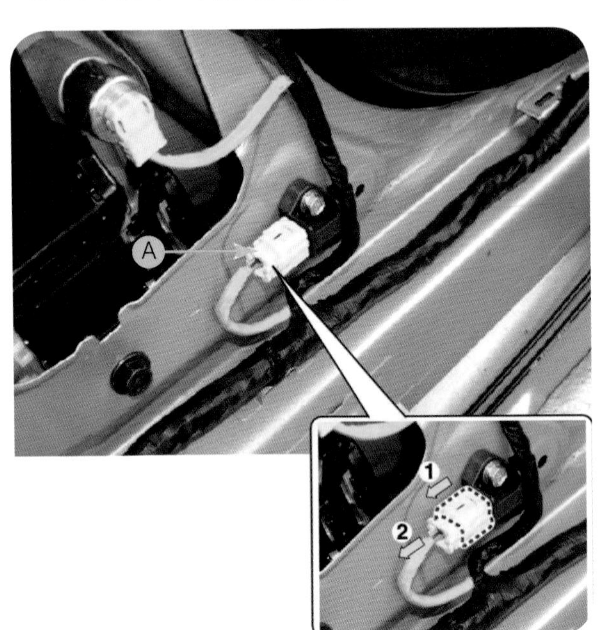

❖그림 10-139 측면 충돌 감지 센서 커넥터 분리

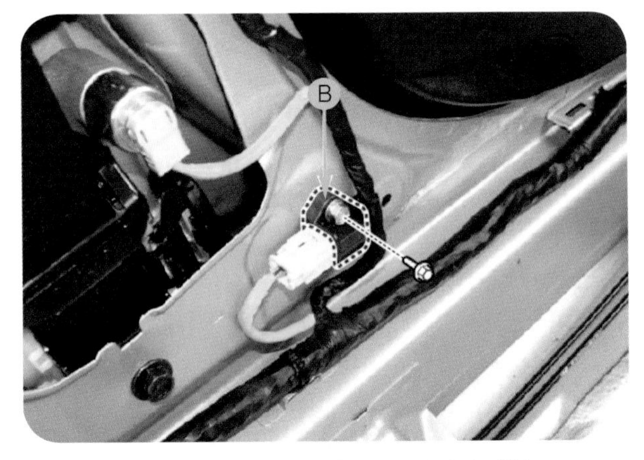

❖그림 10-140 측면 충돌 감지 센서 탈착

2) 가속도식 측면 충돌 감지 센서(G-SIS) 장착

❶ 배터리 (–) 케이블이 최소한 3분 이상 분리되어 있었는지 확인한다.

❷ 측면 충돌 감지 센서를 장착 위치에 잘 끼운다.

❸ 측면 충돌 감지 센서 체결 스크루로 장착한다.

❹ 측면 충돌 감지 센서 커넥터 체결 시 잠금 장치가 '탁'하는 소리가 들리도록 완전히 커넥터를 연결한다.

❺ 센터 필러 트림을 장착한다.

❻ 배터리 (–) 케이블을 다시 연결한다.

❼ 측면 충돌 감지 센서를 장착한 후에는 시스템이 정상적으로 작동하는지 확인한다.

❽ 키 스위치를 ON으로 하면 에어백 경고등이 6초간 점등되었다가 소등되어야 한다.

10 안전 벨트 버클 스위치(BS)

(1) 안전 벨트 버클 부품 위치

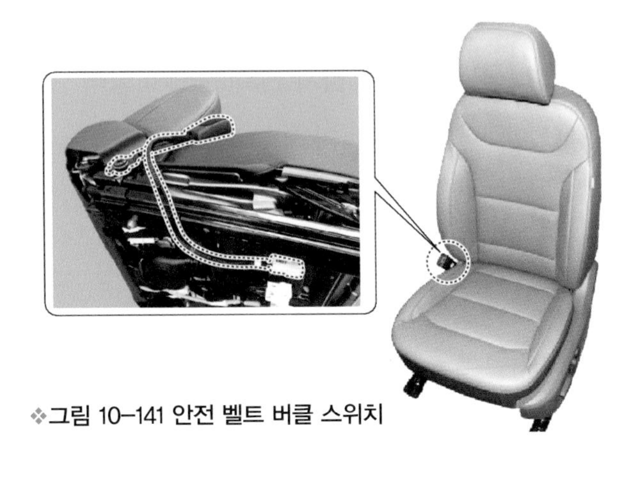

❖그림 10-141 안전 벨트 버클 스위치

(2) 안전 벨트 버클 스위치 탈착 및 장착

❶ 배터리 (–) 케이블을 분리한 후 최소한 3분 이상 기다린다.
❷ 프런트 시트 어셈블리를 탈착한다.
❸ 장착된 볼트를 풀고 안전 벨트 버클 스위치 A 를 탈착한다.
❹ 수리 완료 후 배터리 (–) 케이블이 최소한 3분 이상 분리되어 있었는지 확인한 후 장착은 탈착의 역순으로 진행한다.
❺ 안전 벨트 버클 스위치를 장착한 후에는 시스템이 정상적으로 작동하는지 확인한다.
❻ 시트 벨트를 장착하지 않은 경우에 키 스위치를 ON시키면 시트 벨트 경고등이 6초간 점등되었다가 계속 점등되어야 한다.
❼ 단, 동승석은 승차 후 점검한다.

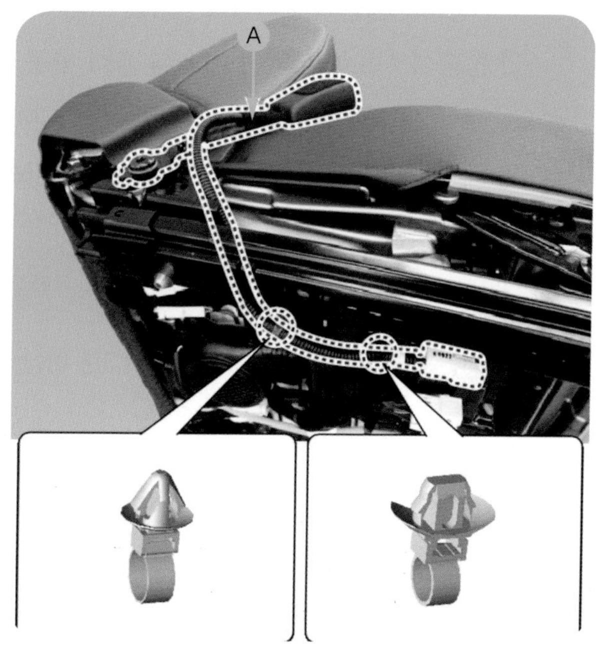

❖그림 10-142 안전 벨트 버클 스위치 탈착

11 승객 구분 시스템(OCS)

(1) 구성 부품

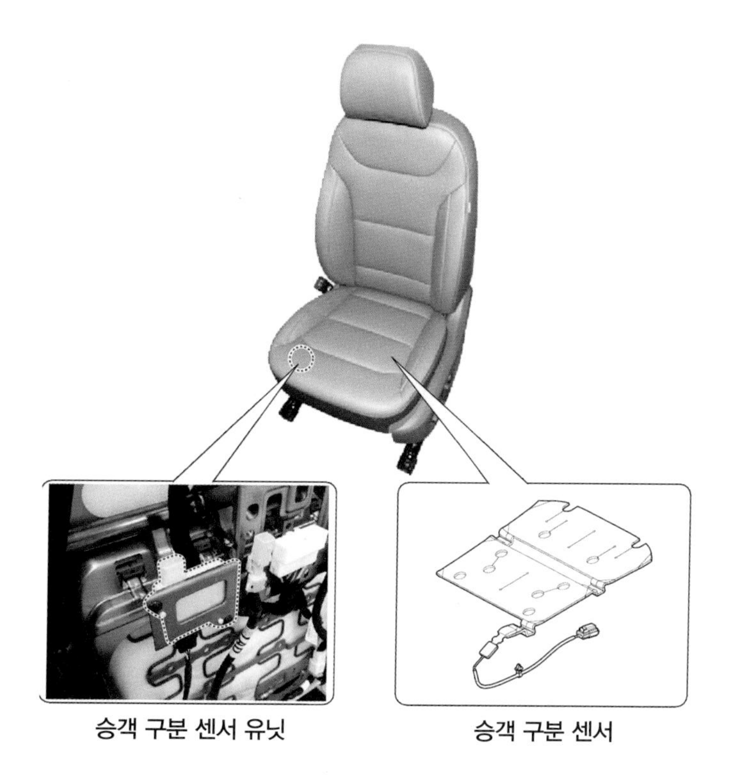

❖그림 10-143 승객 구분 시스템의 구성 부품

(2) 개요

1) 정상적인 동승석 에어백의 작동을 위해서 SRSCM은 승객 구분 센서 유닛의 DTC 코드를 검출한다.
2) 동승석 시트에 장착된 동승석 승객 구분 센서는 동승석 승객을 1세 어린이 보호 장치와 성인으로 구분하여 에어백 컨트롤 모듈(SRSCM)에 승객 정보를 CAN 통신라인을 이용하여 송신한다.
3) 에어백 컨트롤 모듈(SRSCM)은 승객 정보와 충돌 신호를 이용하여 동승석 에어백 전개 여부를 결정한다.

(3) 승객 구분 센서 유닛 탈착

❶ 배터리 (–) 케이블을 분리한 후 최소한 3분 이상 기다린다.
❷ 동승석 시트를 탈착한다.
❸ 승객 구분 센서 유닛 커넥터 A를 분리한다.
❹ 장착 스크루를 풀고 승객 구분 센서 유닛 B을 탈착한다.
❺ 승객 구분 센서의 교환이 필요할 경우에는 동승석 시트 쿠션을 탈착하여 센서를 교환한다.

❖그림 10-144 승객 구분 센서 유닛 커넥터 분리

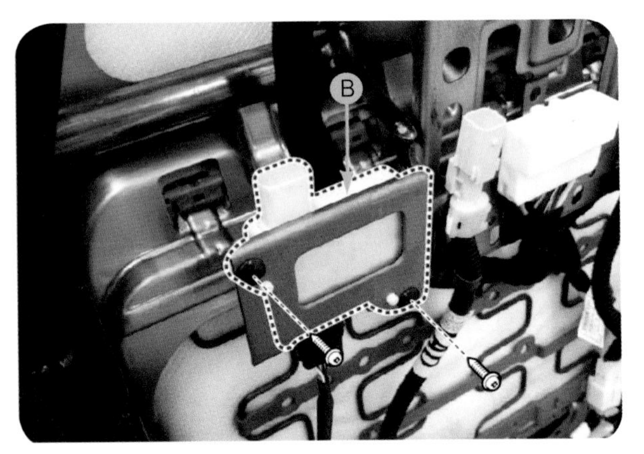

❖그림 10-145 승객 구분 센서 유닛 탈착

(4) 승객 구분 센서 유닛 장착

1) 승객 구분 센서를 장착한 후 동승석 시트 쿠션을 장착한다.
2) 승객 구분 센서 유닛 커넥터를 연결한다.
3) 동승석 시트 트랙 어셈블리에 승객 구분 센서 유닛을 장착한다.
4) 동승석 승객 구분 센서 유닛 커넥터를 연결한다.
5) 동승석 시트 어셈블리를 장착한다.
6) 배터리 (–) 케이블을 다시 연결한다.
7) 승객 구분 센서 유닛을 장착한 후 정상적으로 작동하는지 확인한다.
   ❶ 키 스위치를 ON시키면 에어백 경고등이 6초간 점등되었다가 소등되어야 한다.
   ❷ 승객 구분 센서 유닛 및 동승석 에어백이 정상적으로 작동 중일 때 동승석 에어백 OFF 표시등은 키 스위치 ON시 4초간 점등한 후 OFF시 3초간 소등 이후 정상 작동한다.
8) 승객 구분 센서 유닛 교환 시 GDS를 이용하여 초기화를 실시한다.

(5) 승객 구분 센서 유닛 초기화

승객 구분 센서 유닛 또는 유닛을 포함한 시트 프레임 어셈블리를 교환하였을 경우 반드시 동승석에 탑승하지 않은 상태에서 승객 구분 센서 초기화를 실시한다.

❶ 키 스위치를 OFF시키고 GDS를 연결한다.

❷ 키 스위치를 ON시키고 전동 컴프레서는 OFF시킨다. 에어백 시스템을 선택하고 "승객 구분 센서 초기화"를 선택한다.

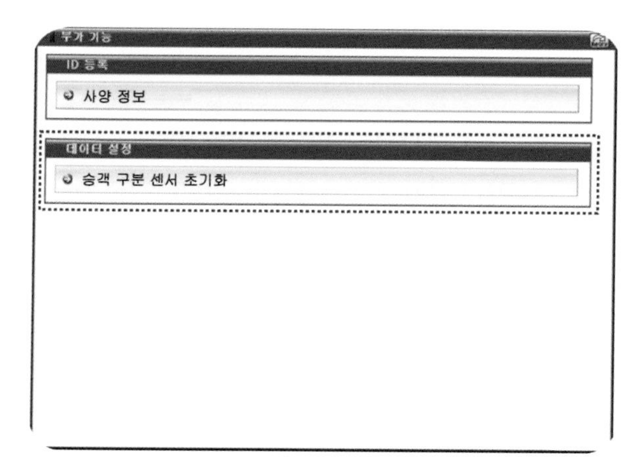

❖그림 10-146 승객 구분 센서 초기화(1)

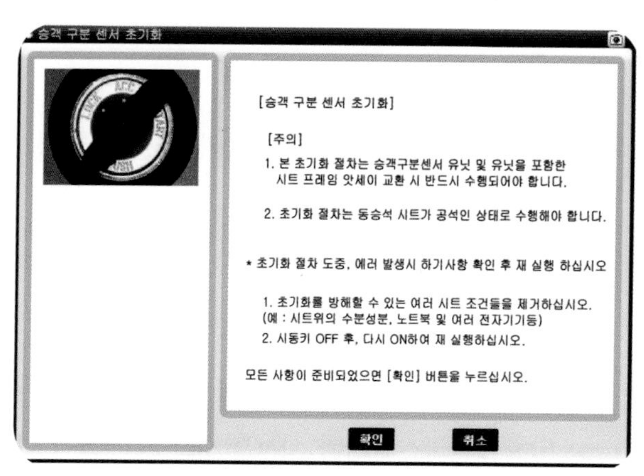

❖그림 10-147 승객 구분 센서 초기화(2)

❸ 열선 시트 없는 사양 유무를 선택한다.

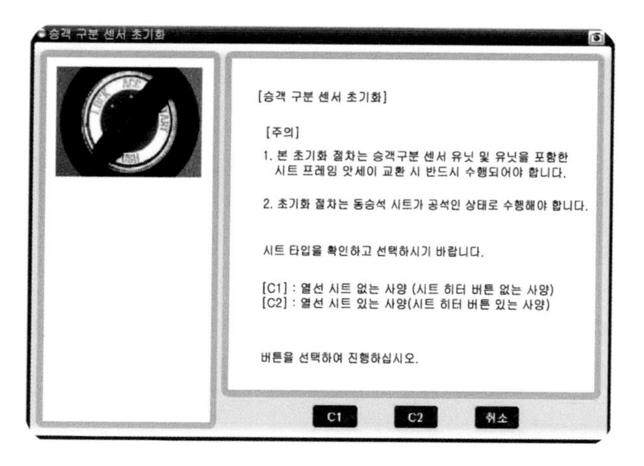

❖그림 10-148 승객 구분 센서 초기화(3)

❹ 확인을 누르면 다음 절차로 넘어간다.

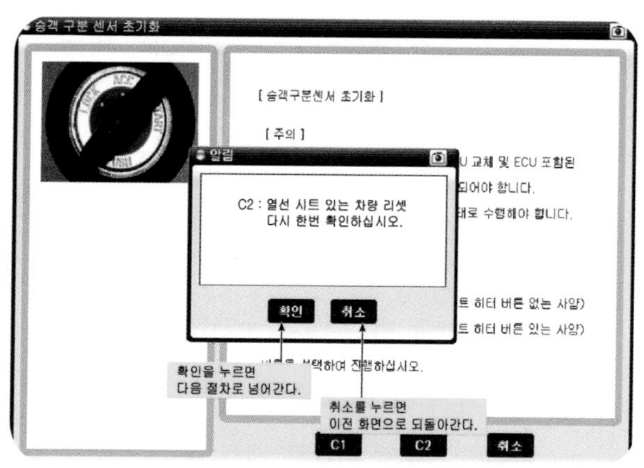

❖그림 10-149 승객 구분 센서 초기화(4)

12 운전석 에어백(DAB) 및 클록 스프링

(1) 구성 부품

❖그림 10-150 에어백 모듈 구성 부품

(2) 운전석 에어백(DAB : Driver Airbag)

스티어링 휠에 장착되어 있으며, 클록 스프링을 경유하여 에어백 시스템 컨트롤 모듈(SRSCM)에 전기적으로 연결되어 있다. 충돌 발생 시 운전석 에어백(DAB)을 전개하여 운전자를 보호하는 역할을 하며, 점검은 다음과 같이 수행한다.

1) 에어백 모듈의 저항을 직접 측정해서는 안된다. 이는 예기치 않은 에어백 전개를 야기할 수 있어서 매우 위험하다.
2) 사고로 인해 에어백이 전개될 경우 클록 스프링은 수리 및 재사용은 할 수 없다. 반드시 신품으로 교환한다.
3) 에어백 모듈 인플레이터(가스 발생장치)의 폭발에 의한 열과 충격으로 클록 스프링이 파손될 가능성이 있으므로 재사용이 불가능하다.
4) 에어백 모듈의 점검 중 문제가 생긴 부품이 발견 되었을 때는 에어백 모듈을 신품으로 교환한다.
5) 규정 테스터기를 사용할지라도 에어백 모듈(점화) 회로의 저항을 측정하지 말아야 한다. 테스터기로 회로의 저항을 측정하였을 때 에어백의 작동으로 심한 부상을 입을 수도 있다.
6) 에어백 모듈의 움푹 들어간 곳, 균열 또는 변형을 점검한다.
7) 후크 및 커넥터의 손상, 터미널의 손상 및 하니스의 묶음을 점검한다.
8) 에어백 인플레이터 케이스의 음푹 들어간곳. 균열 또는 변형을 점검한다.
9) 에어백 모듈을 스티어링 휠에 장착한 후 휠 얼라이먼트를 맞춘다.

(3) 클록 스프링(Clock Spring)

자동차 전면 및 측면에 설치되어 있는 센서로부터 발생된 작동 신호를 내부 케이블을 통해 에어백 모듈의 인플레이터(가스 발생장치)에 전달하는 장치이다. 또한 스티어링 휠 리모트 컨트롤 스위치 및 혼의 작동 신호를 내부 케이블을 통해 해당 시스템으로 전달한다.

1) 클록 스프링의 점검

❶ 비정상적인 곳이 발견되면 신품 클록 스프링으로 교환한다.
❷ 커넥터와 보호 튜브의 손상 및 터미널 변형을 점검한다.
❸ 클록 스프링 단품 상태에서 진단용 커넥터에 연결한 후 저항을 측정하여 정비지침서에 적합한 저항 여부를 점검한다.
❹ 클록 스프링을 좌우로 돌려가며 저항 값을 확인한다.
❺ 측정 저항 측정값이 1.1Ω이상이면 클록 스프링을 교한 한다.
❻ 실차 상태에서 측정 시 반드시 커넥터를 모두 분리한 후 측정한다.

❖그림 10-151 클록 스프링 배치 위치

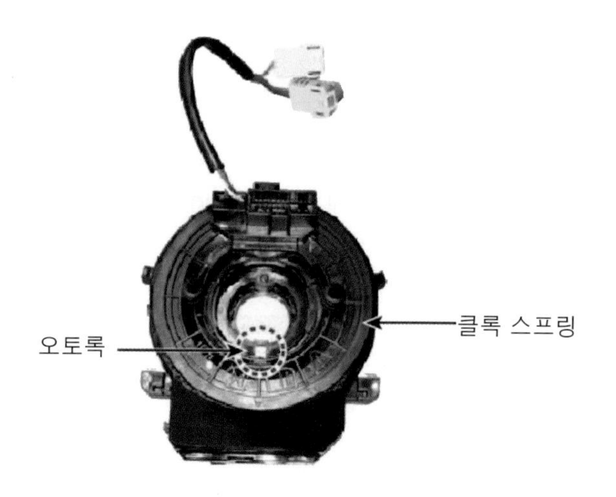

❖그림 10-152 클록 스프링

2) 클록 스프링 중립 세팅 방법

❶ 6시 방향에 있는 오토 록 A 을 누르고 시계방향으로 멈출 때까지 돌린다.

❷ 약한 힘으로 다시 시계 반대 방향으로 멈출 때까지 돌리면서 총 회전수를 헤아린다.

❸ 6시 방향에 있는 오토 록을 누르고 총 회전수의 절반 정도를 다시 시계 방향으로 회전시켜 중립 마크 B 를 일치시킨다.

❹ 클록 스프링의 중립 상태를 확인하고 스티어링 칼럼에 장착한다.

❺ 클록 스프링 와이어링 하니스 커넥터의 잠금 장치가 '탁'하는 소리가 들리도록 클록 스프링에 완전히 연결한다.

❻ 스티어링 칼럼 슈라우드 패널을 장착한다.

❼ 스티어링 휠을 장착한다.

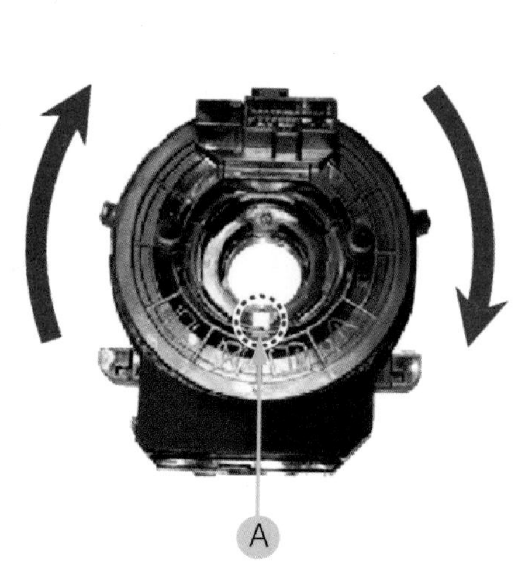

❖그림 10-153 오토 록 위치

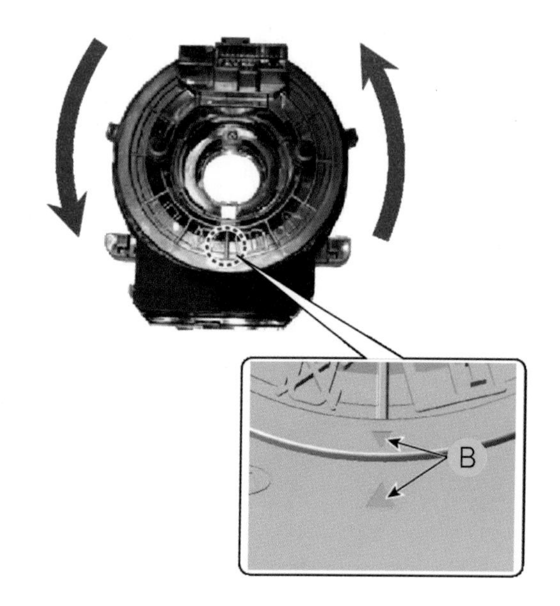

❖그림 10-154 중립 마크

❽ 운전석 에어백 커넥터를 연결하고 운전석 에어백 모듈을 장착한다.

가. 커넥터 체결 시 잠금 장치가 '탁'하는 소리가 들리도록 완전히 연결한다.

나. 스티어링 휠 내부의 밴드 클립 C을 이용하여 에어백 및 혼 배선을 고정한다.

다. DAB 모듈을 휠에 조립 시 에어백 와이어가 휠 내부의 구조물에 끼이지 않도록 유의한다.

라. 에어백 와이어를 모듈 중심 쪽으로 눌러 주면서 조립한다.

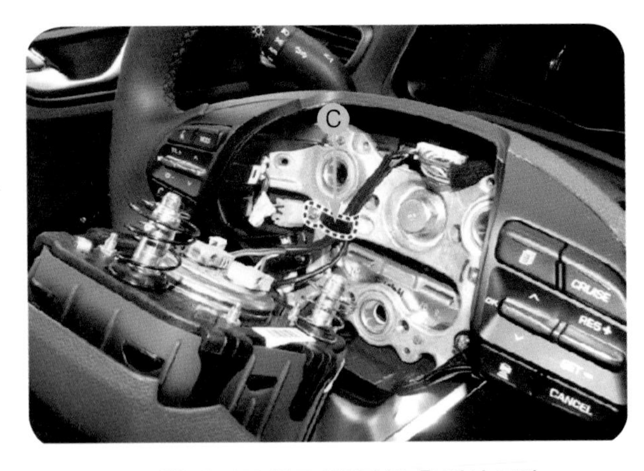

❖그림 10-155 밴드 클립으로 혼 배선 고정

❾ 배터리 (–) 케이블을 다시 연결한다.

❿ 에어백 모듈을 장착한 후에는 에어백 시스템과 혼이 정상적으로 작동하는지 확인한다.

⓫ 키 스위치를 ON시키면 에어백 경고등이 6초간 점등되었다가 소등되는지 확인한다.

(4) 운전석 에어백(DAB) 및 클록 스프링 탈부착

❶ 스티어링 휠과의 중립 미일치 시 회전수 변동으로 인한 내부 케이블 단선 및 접힘 불량이 발생할 수 있으므로 스티어링 휠을 탈착하기 전에 차량의 바퀴를 정렬한다.

❷ 배터리 (–) 케이블을 분리한 후 3분 이상 기다린다.

❸ 스티어링 휠 커버의 가이드 홀 A에 공구를 삽입해서 DAB 고정 핀 B을 해제한 후 운전석 에어백 모듈을 탈착한다.

❹ 에어백 모듈에서 모듈 커넥터 C의 ❶을 들어 올린 후 커넥터를 ❷방향으로 들어 올려 분해하고 혼 커넥터 D를 분리한다.

❺ 에어백 모듈을 스티어링 휠에서 탈착한 후 분리한 에어백 모듈은 커버측이 위를 향하도록 놓는다.

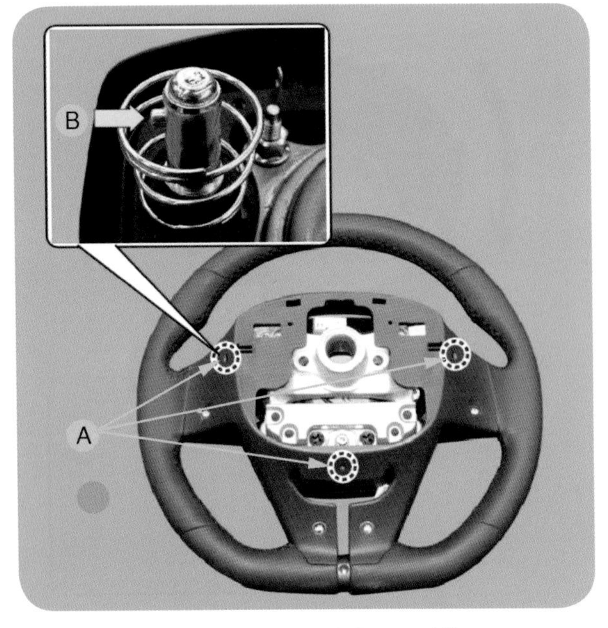

❖그림 10-156 에어백 모듈 탈착

❖그림 10-157 혼 커넥터 분리

❻ 스티어링 휠을 탈착한다.

❼ 스티어링 칼럼 슈라우드 패널을 탈착한다.

❽ 클록 스프링 와이어링 하니스 커넥터 E를 분리한다.

❖그림 10-158 와이어링 하니스 커넥터 분리

❾ 고정 후크(3곳)를 이격시킨 후 클록 스프링 F을 탈착한다.

❖그림 10-159 클록 스프링 탈착

❿ 점검 정비 후 장착 시 스티어링 휠을 조립하기 전에 차량의 바퀴가 정렬되어 있는지를 확인한다.

⓫ 배터리 (–) 케이블이 최소한 3분 이상 분리되어 있었는지 확인한다.

⓬ 클록 스프링 중립 미일치 시 클록 스프링이 손상될 수 있으므로 차량에 조립하기 전에 중립을 맞춘다.

- 클록 스프링 손상 시 에어백 경고등 점등, 혼, 오디오, 핸즈프리, 오토크루즈, 열선, 스티어링 열선 등 스티어링 휠의 전기적인 작동불량 및 핸들 회전 시 이음이 발생한다.

13 동승석 에어백 모듈(PAB)

(1) 개요

동승석 에어백(PAB : Passenger Airbag)은 크래시 패드 내에 내장되어 있으며, 앞 충돌 시 동승석 승객을 보호하는 역할을 한다.

(2) 부품 위치

❖그림 10-160 동승석 에어백 모듈 배치 위치

(3) 동승석 에어백 탈부착

❶ 배터리 (–) 케이블을 분리한 후 최소한 3분 이상 기다린 후 에어백 탈착 작업을 진행한다.
❷ 글러브 박스 하우징을 탈착한다.
❸ 동승석 에어백 모듈 장착 볼트 2개 A를 푼다.
❹ 동승석 에어백 모듈 커넥터 B를 분리한다.

❖그림 10–161 에어백 장착 볼트 탈착

❖그림 10–162 에어백 모듈 커넥터 분리

❺ 메인 크래시 패드를 탈착한다.
❻ 동승석 에어백 전개로 크래시 패드가 손상되었을 경우 크래시 패드도 동시에 교환한다.
❼ 동승석 에어백 모듈 장착 볼트 2개 C를 풀고 동승석 에어백 모듈 D을 탈착한다.
❽ 분리한 에어백 모듈은 에어백 커버측이 위를 향하도록 놓는다.
❾ 장착은 분해의 역순으로 한다.
❿ 배터리 (–) 케이블이 최소한 3분 이상 분리되어 있었는지 확인한다.
⓫ 동승석 에어백 모듈을 크래시 패드에 위치시키고 모듈 장착 볼트 2개 C를 체결한다.
⓬ 메인 크래시 패드를 장착한다.
⓭ 동승석 에어백 모듈 커넥터 B를 잠금 장치가 '탁'하는 소리가 들리도록 완전히 연결한다.
⓮ 동승석 에어백 모듈 장착 볼트 2개 A를 체결한다.
⓯ 글러브 박스 하우징을 장착한다.
⓰ 배터리 (–) 케이블을 다시 연결한다.
⓱ 에어백 모듈을 장착한 후에는 에어백 시스템이 정상적으로 작동하는지 키 스위치를 ON시키고 에어백 경고등이 6초간 점등 되었다가 소등하는지 확인한다.

❖그림 10–163 동승석 에어백 모듈 탈착

14 측면 에어백 모듈(SAB : Side Airbag)

(1) 개요

측면 에어백은 운전석 등받이 좌측과 동승석 등받이 우측에 각각 1개씩 내장되어 있으며, 측면 충돌 발생 시 탑승자를 보호하는 역할을 한다.

측면 충돌 발생 시 좌우측 센터 필러 및 프런트 도어 엔드 모듈 중앙부에 1개씩 장착되어 있는 측면 충돌 감지 센서(SIS)가 충돌을 감지하며, 이 센서의 신호를 이용하여 에어백 시스템 컨트롤 모듈(SRSCM)이 측면 에어백의 전개 여부를 결정한다.

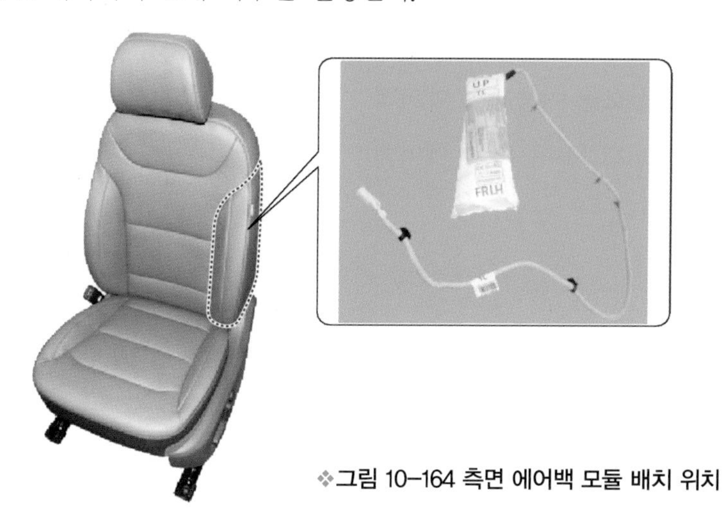

❖그림 10-164 측면 에어백 모듈 배치 위치

(2) 측면 에어백 탈부착

❶ 배터리 (–) 케이블을 분리한 후 최소한 3분 이상 기다린다.

❷ 프런트 시트 어셈블리를 탈착한다.

❸ 프런트 시트 백 커버를 탈착한다.

❹ 차량 충돌 후 에어백이 전개되어 에어백을 교체할 경우에는 좌석 등받이 일체로 교환한다.

❺ 측면 에어백 모듈 장착 너트를 풀고 에어백 모듈 A 을 분리한다.

❻ 측면 에어백을 교환한 후 프런트 시트 백 커버를 장착한다.

❼ 앞좌석 등받이 커버의 부적절한 장착은 측면 에어백의 정상적인 전개를 방해하므로 앞좌석 등받이 커버가 잘 장착되었는지 확인한다.

❽ 프런트 시트 어셈블리를 장착한다.

❾ 시트를 앞뒤로 끝까지 움직여 본 후 배선이 끼이거나 다른 부품과 간섭이 생기지 않는지 확인한다.

❽ 배터리 (–) 케이블을 다시 연결한다.

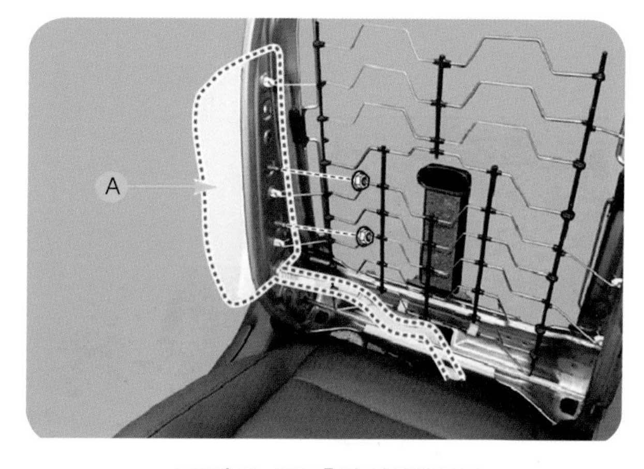

❖그림 10-165 측면 에어백 분리

❾ 에어백 모듈을 장착한 후에는 키 스위치를 ON시키고 에어백 경고등이 6초간 점등되었다가 소등되는지 점검한다.

❿ 배터리 (–) 케이블을 다시 연결한다.

⓫ 에어백 모듈을 장착한 후에는 키 스위치를 ON시키고 에어백 경고등이 6초간 점등되었다가 소등되는지 점검한다.

15 커튼 에어백 모듈(CAB : Curtain Airbag)

(1) 개요

커튼 에어백은 루프 트림 좌우측 부분에 1개씩 내장되어 있으며, 측면 충돌 및 전복사고 발생 시 탑승자를 보호하는 역할을 한다.

측면 충돌 발생 시 좌우측 센터 필러 및 프런트 도어 엔드 모듈 중앙부에 1개씩 장착되어 있는 측면 충돌 감지 센서(SIS)가 충돌을 감지하며, 이 센서의 신호를 이용하여 에어백 시스템 컨트롤 모듈(SRSCM)이 커튼 에어백의 전개 여부를 결정한다.

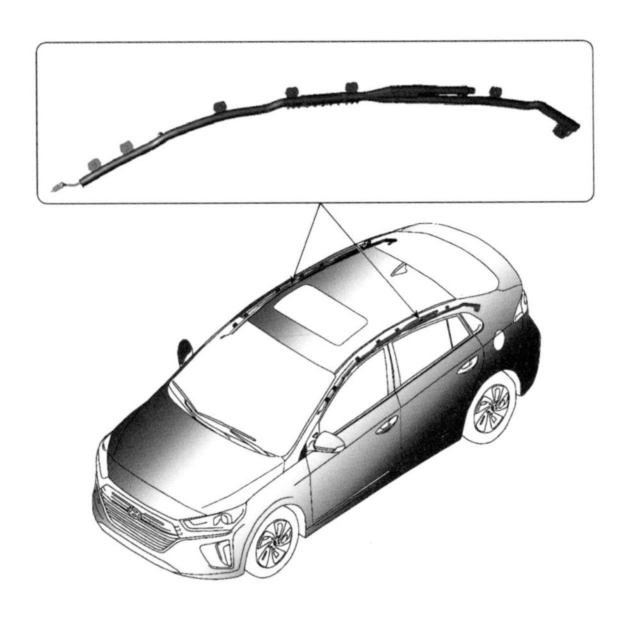

❖그림 10-166 커튼 에어백 모듈 배치 위치

(2) 커튼 에어백 탈부착

❶ 배터리 (–) 케이블을 분리한 후 최소한 3분 이상 기다린다.

❷ 루프 트림을 탈착한다.

❸ 커튼 에어백 모듈에서 커넥터 A를 분리한 후 장착 볼트(10개)를 풀고 커튼 에어백 모듈 B을 탈착한다.

❖그림 10-167 모듈 커넥터 분리

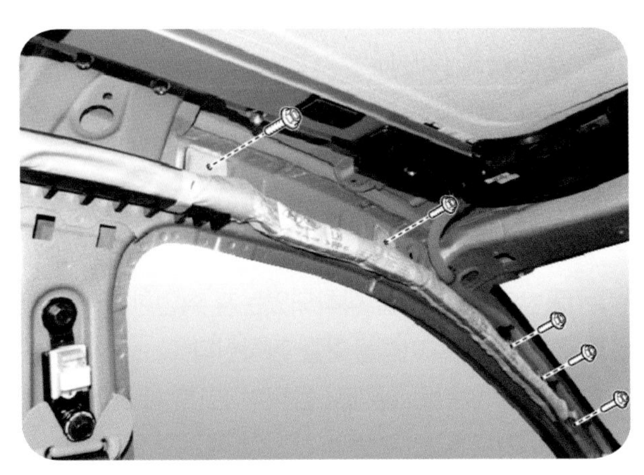

❖그림 10-168 커튼 에어백 모듈 탈착

❹ 커튼 에어백 모듈의 좌우를 구분한 후 정위치에 구부러짐 없이 위치시키고 모듈 장착 볼트와 너트를 체결한다.
❺ 커튼 에어백 모듈 커넥터 체결 시 잠금 장치가 '탁'하는 소리가 들리도록 완전히 연결한다.
❻ 루프 트림을 장착한다.
❼ 배터리 (–) 케이블을 다시 연결한다.
❽ 에어백 모듈을 장착한 후에는 에어백 시스템이 정상적으로 작동하는지 확인한다.
❾ 키 스위치를 ON시키고 에어백 경고등이 6초간 점등되었다가 소등되는지 점검한다.

16 무릎 에어백 모듈(KAB : Knee Airbag)

(1) 개요

무릎 에어백은 운전석쪽 크래시 패드 로어 패널 하단에 장착되어 있으며, 정면 충돌 시 운전자를 보호한다. SRSCM은 무릎 에어백을 언제 전개할지를 결정한다.

❖그림 10-169 커튼 에어백 모듈 탈착

(2) 무릎 에어백 탈부착

❶ 배터리 (–) 케이블을 분리한 후 최소한 3분 이상 기다린다.
❷ 크래시 패드 로어 패널을 탈착한다.
❸ 장착 너트를 풀고 무릎 에어백 A 을 탈착한다.
❹ 무릎 에어백 커넥터 B 를 분리한다.

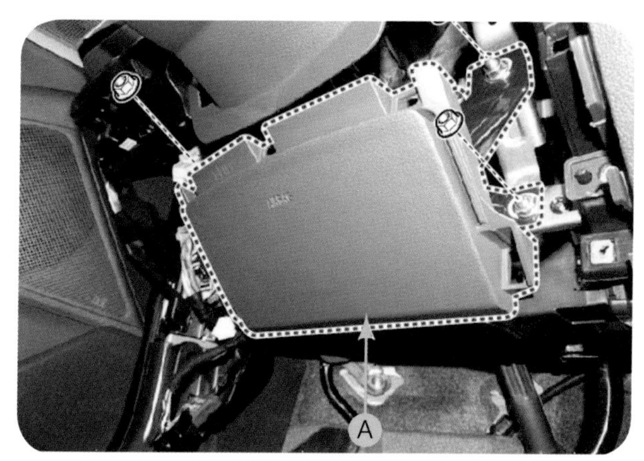

❖그림 10-170 무릎 에어백 모듈 탈착

❖그림 10-171 무릎 에어백 모듈 커넥터 분리

(2) 무릎 에어백 탈부착

❶ 배터리 (–) 케이블을 분리한 후 최소한 3분 이상 기다린다.
❷ 크래시 패드 로어 패널을 탈착한다.
❸ 장착 너트를 풀고 무릎 에어백 A 을 탈착한다.
❹ 무릎 에어백 커넥터 B 를 분리한다.

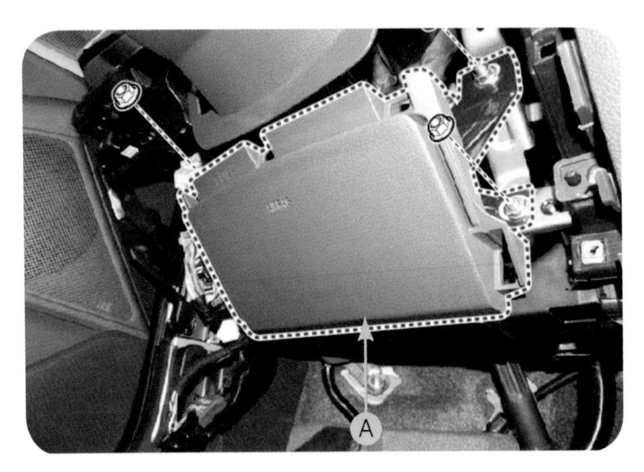

❖그림 10–170 무릎 에어백 모듈 탈착

❖그림 10–171 무릎 에어백 모듈 커넥터 분리

❺ 무릎 에어백을 교환한 후 무릎 에어백 커넥터 B 체결 시 잠금 장치가 '탁'하는 소리가 들리도록 완전히 연결한다.
❻ 무릎 에어백 A 을 장착한다.
❼ 크래시 패드 로어 패널을 장착한다.
❽ 배터리 (–) 케이블을 다시 연결한다.
❾ 무릎 에어백을 장착한 후에는 시스템이 정상적으로 작동하는지 확인한다.
❿ 키 스위치를 ON시키면 에어백 경고등이 6초간 점등되었다가 소등되는지 점검한다.

17 안전 벨트 프리텐셔너(BPT : Seat Belt Pretensioner)

(1) 개요

안전 벨트 프리텐셔너는 좌·우측 센터 필러 하단부에 장착되어 있다. 앞 및 측면 충돌 또는 전복 사고가 발생하였을 때 안전 벨트 프리텐셔너는 안전 벨트를 감아서 운전석, 동승석, 승객의 몸이 쏠려 차량의 실내 부품에 부딪치는 것을 방지하는 역할을 한다.

안전 벨트 프리텐셔너(BPT) 모듈의 저항을 직접 측정해서는 안된다. 이는 예기치 않은 안전 벨트 프리텐셔너의 작동을 야기할 수 있어 매우 위험하다.

(2) 부품 위치

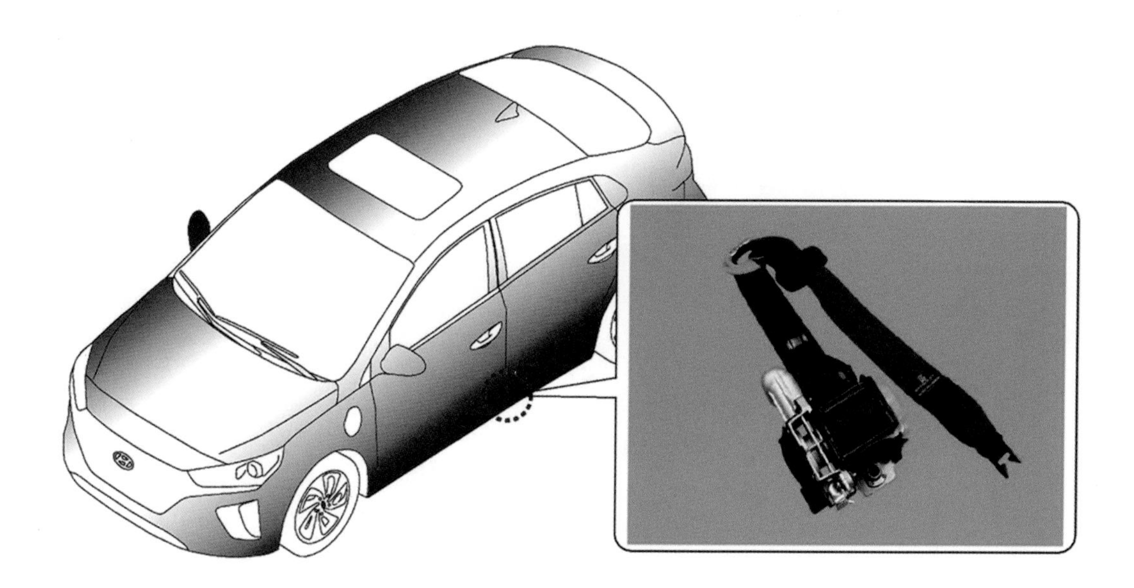

❖그림 10-172 안전 벨트 프리텐셔너 배치 위치

(3) 안전 벨트 프리텐셔너 탈부착

❶ 배터리 (-) 케이블을 분리한 후 최소한 3분 이상 기다린다.

❷ 프런트 앵커 안전 벨트 A 를 탈착한다.

❸ 도어 스커프 트림을 탈착한다.

❹ 센터 필러 트림을 탈착한다.

❺ 위쪽 안전 벨트 앵커 볼트 B 를 푼다.

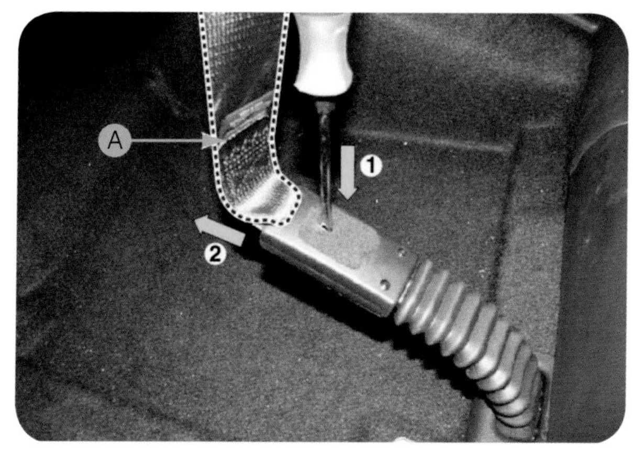

❖그림 10-173 앵커 안전 벨트 탈착

❖그림 10-174 안전 벨트 앵커 볼트 탈착

❻ 안전 벨트 프리텐셔너 커넥터 C를 분리한다.

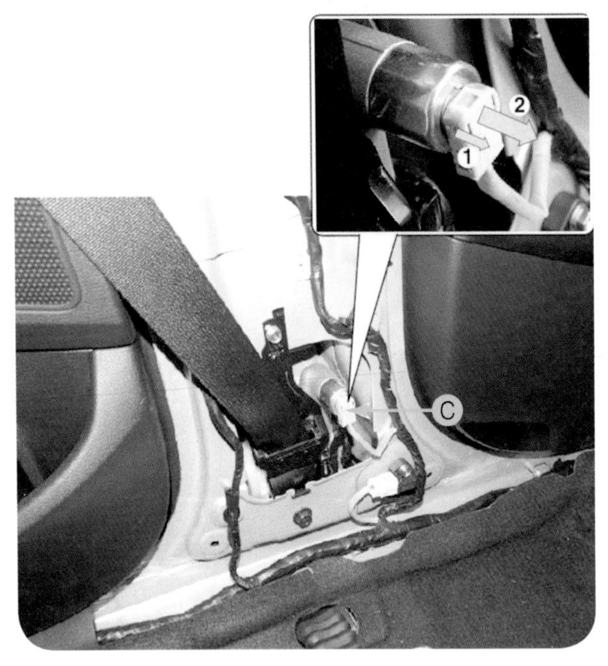

❖그림 10-175 프리텐셔너 커넥터 분리

❼ 안전 벨트 프리텐셔너 장착 볼트를 풀고 안전 벨트 프리텐셔너 D를 탈착한다.

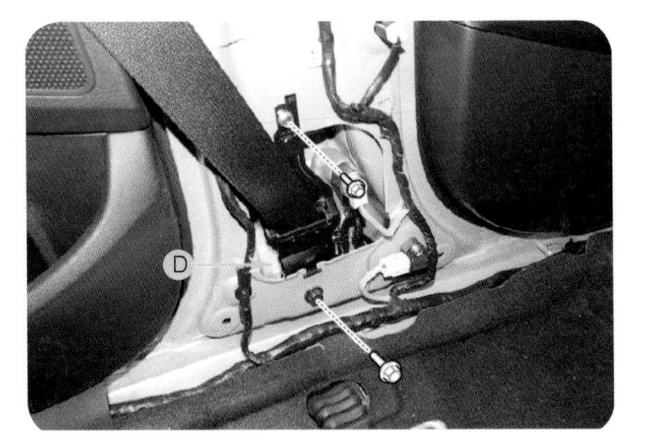

❖그림 10-176 안전 벨트 프리텐셔너 탈착

❽ 분해의 역순으로 조립한다.

❾ 배터리 (–) 케이블을 다시 연결한다.

❿ 안전 벨트 프리텐셔너를 장착한 후에는 시스템이 정상적으로 작동하는지 확인한다.

18 EFD(Emergency Fastening Device) 시스템

(1) 개요

EFD 시스템은 정면 충돌 시 운전석·동승석 승객의 골반 쪽 벨트를 순간적으로 잡아당겨 하체를 보호하며 안전 벨트의 효과를 한층 높여주는 장치이다.

(2) 부품 위치

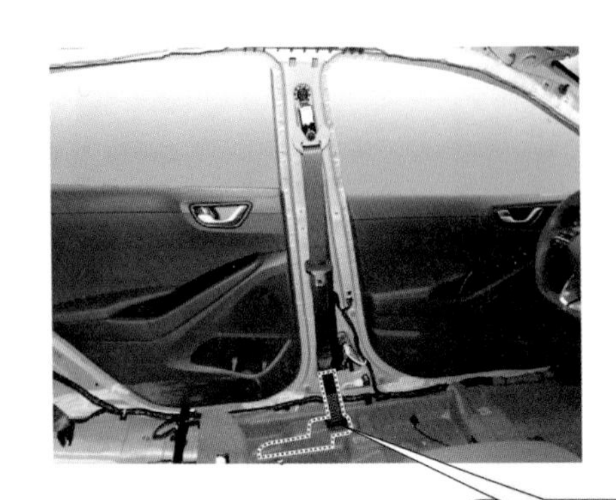

❖그림 10-177 EFD 시스템 배치 위치

(3) EFD(Emergency Fastening Device) 시스템의 탈부착

❶ 배터리 (–) 케이블을 분리한 후 최소한 3분 이상 기다린다.
❷ 프런트 시트를 탈착한다.
❸ 리어 시트 쿠션을 이격한다.
❹ 프런트 앵커 안전 벨트 A를 ⓐ방향으로 누른 후 ⓑ방향으로 당겨서 분리한다.
❺ 리어 도어 스커프 트림을 탈착한다.
❻ 센터 필러 트림을 탈착한다.
❼ 플로어 카펫을 이격시킨다.
❽ 앵커 프리텐셔너 커넥터 B의 ⓒ를 당긴 후 ⓓ방향으로 당겨서 분리한다.
❾ 앵커 프리텐셔너 장착 볼트를 풀고 앵커 프리텐셔너 C를 탈착한다.

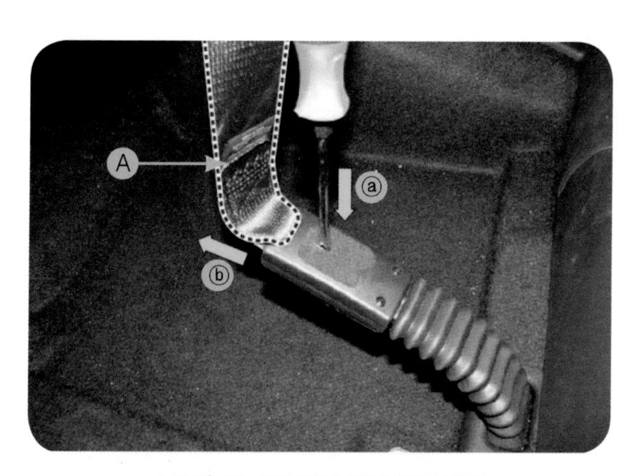

❖그림 10–173 앵커 안전 벨트 탈착

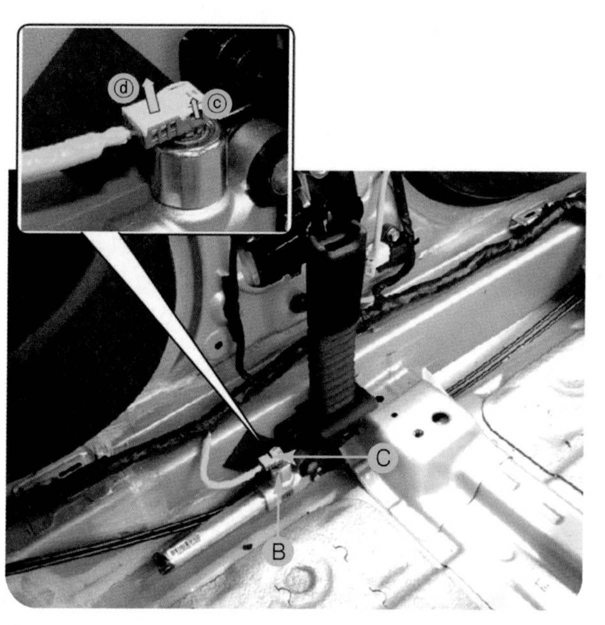

❖그림 10–174 안전 벨트 앵커 볼트 탈착

❿ 장착은 분해의 역순으로 진행한다.
⓫ 배터리 (–) 케이블을 연결한다.
⓬ 앵커 프리텐셔너를 장착한 후에는 시스템이 정상적으로 작동하는지 확인한다.

19 에어백 모듈 폐기

(1) 에어백 폐기 절차

에어백이나 안전 벨트 프리텐셔너 등의 에어백 장치가 장착된 차량을 폐차시킬 경우에는 에어백 장치를 반드시 먼저 전개시켜야 한다. 또한, 에어백 장치를 전개시킬 경우에는 반드시 숙련된 기술자에 의해 전개시키도록 하며, 사용된 에어백 장치는 재사용이 불가능하므로 다른 차량에 장착해서는 안 된다.

(2) 에어백 전개 시 주의 사항

1) 에어백 장치가 전개될 때는 폭발음이 발생하므로 실외의 주위에 피해가 가지 않는 곳에서 실시한다.

2) 에어백 장치를 전개시킬 때는 항상 지정된 특수 공구를 사용하고, 전기적 잡음이 없는 곳에서 실시한다.

3) 에어백 장치를 전개시킬 때는 에어백 장치에서 최소 7m 이상 떨어진 곳에서 조작을 한다.

4) 에어백 장치는 전개되면 매우 뜨거운 열이 발생하므로 최소 30분 정도 지나고 열이 식은 다음에 만지도록 한다.

5) 전개된 에어백 장치를 취급할 때는 장갑과 보호 안경을 반드시 착용한다.

6) 전개된 에어백 장치에 물 등을 뿌리지 않도록 한다.

7) 에어백 전개 작업이 끝난 후에는 항상 물로 손을 씻도록 한다.

(3) 차량 내부에서의 전개

❶ 키 스위치를 끄고 배터리 (–) 단자를 분리한 후 최소 3분 이상 기다린다.
❷ 각각의 에어백 장치가 안전하게 장착되어 있는지 확인한다.
❸ 다음과 같이 에어백 장치를 전개시킬 준비를 한다.
가) 차량 내부에서 전개시킬 에어백의 2핀 커넥터를 분리한다.
나) 에어백 전개용 어댑터를 연결한다.
• 운전석 에어백은 2핀 커넥터를 분리하고 전개용 어댑터를 연결한 후 스티어링 휠에 재장착 한다.
❹ 작업자는 차량에서 최소 7m 이상 떨어진 곳에 위치한다.
❺ 전개용 어댑터에 에어백 전개용 특수 공구를 연결한 후 전개용 외부 배터리에 연결한다.

❖그림 10–180 에어백 전개용 공구

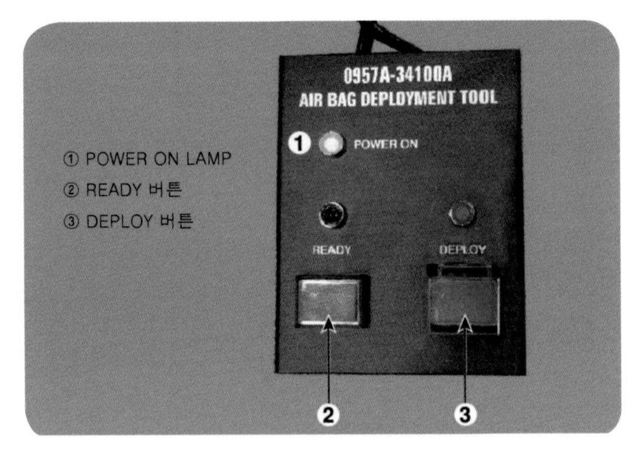

❖그림 10–181 에어백 전개 장비

❻ 에어백 전개용 공구의 스위치를 작동시켜 에어백 장치를 전개시킨다.
가) 배터리(12V)에 정상 연결되면 POWER ON(①)이 점등된다.
나) READY 버튼(②)을 누른 상태에서 READY 램프가 점등되면 DEPLOY 버튼(③)을 눌러 에어백을 전개시킨다.
다) 에어백이 전개될 때 큰 소음이 발생하고 시각적으로 확인이 되며, 급격히 팽창한 후 천천히 수축한다.
라) 전개된 에어백은 튼튼한 플라스틱 백에 넣어 안전하게 봉한 후 폐기시킨다.

(4) 차량 외부에서의 전개

폐기된 차량에서 분리되거나 운송 또는 보관 중에 결함 및 손상이 발견된 에어백 장치는 다음과 같이 전개시킨다.

1) 에어백 장치의 전개되는 면이 아래쪽을 향하게 되는 경우 에어백이 위로 튀어 올라 작업자에게 큰 상해를 입힐 수 있으므로 전개되는 쪽을 위로 향하게 하여 실외의 편평한 곳에 위치시킨다.
2) 다음과 같이 에어백 장치를 전개시킬 준비를 한다.
   ❶ 차량 내부에서 전개시킬 에어백의 2핀 커넥터를 분리한다.
   ❷ 에어백 전개용 어댑터를 연결한다.
   ❸ 단 운전석 에어백은 2핀 커넥터를 분리하고 전개용 어댑터를 연결한 후 스티어링 휠에 재장착 한다.
3) 에어백 전개용 특수 공구를 차량에서 최소 5m 이상 떨어진 곳에 위치시킨다.
4) 전개용 어댑터에 에어백 전개용 특수 공구를 연결한 후 전개용 외부 배터리(12V)에 연결한다.
5) EFD를 전개 할 때 파편이 튀어 오르고 날아가 정비사의 안전에 주의 한다.
6) EFD는 반드시 5개 이상의 타이어를 수직으로 쌓아 올린 후 그 속에 넣고 전개시켜 폭발 시 산개 되는 파편을 방지한다.
7) 정비사는 반드시 안면 보호구를 착용하여 폭발 시 산개 되는 파편의 상해를 방지한다.
8) 에어백 전개용 공구의 스위치를 작동시켜 에어백 장치를 전개시킨다.
9) 배터리에 정상 연결되면 POWER ON(①)이 점등된다.
10) READY 버튼(②)을 누른 후 READY 램프가 점등되면 DEPLOY 버튼(③)를 눌러서 에어백을 전개시킨다.
11) 전개된 에어백은 튼튼한 플라스틱 백에 넣어 안전하게 봉한 후 폐기시킨다.

(5) 손상된 에어백(미전개 에어백) 폐기 절차

1) 배터리 (-) 케이블을 분리하고 최소한 3분 이상 기다린다.
2) 손상된 에어백(미전개 에어백)을 필요시 차량에서 탈착한다.
3) 리드 와이어가 있는 에어백은 와이어를 꼬아서 단락을 만든다.
4) 탈착한 에어백을 튼튼한 비닐봉지, 박스 안에 넣어 단단히 봉한 뒤 폐기시킨다.
5) 손상된 에어백을 반납, 폐기하지 않고 개인 보관 시 비닐봉지, 박스에 경고 문구를 작성하여 개별 보관한다.

실습교육 그리고 기술인들의 지침서
EV
Electric Vehicle
Manual

약 어

- **ABS**(Anti-lock Braking System)
  브레이크 잠김 방지 장치
- **AEB**(Advanced Emergency Braking system)
  긴급제동 보조 시스템
- **AHB**(Active Hydraulic Booster)
  회생 제동용 액티브 유압 부스터 브레이크 시스템
- **APS**(Accelerator Position Sensor)
  액셀러레이터 페달 포지션 센서
- **ATS**(Ambient Temperature Sensor)
  외기 온도 센서
- **AVM**(Around View Monitoring system)
  차량 주변 영상 모니터링 시스템

- **BBW**(Brake By Wire)
  전기 배선으로 연결된 브레이크 형식
- **BCM**(Body Control Module)
  바디 컨트롤 모듈
- **BCS**(Battery Current Sensor)
  배터리 전류 센서
- **BCU**(Body Control Unit)
  바디 컨트롤 유닛
- **BES**(Button Engine Starting System)
  버튼 엔진 시동 시스템
- **BLAC**(Brush Less Alter Current)
  브러시가 없는 교류 모터
- **BLDC**(Brush Less Direct Current)
  브러시가 없는 직류 모터
- **Blue-On**
  친환경 브랜드 블루 + 시작의 의미 ON의 합성어
- **BMS**(Battery Management System)
  고전압 배터리 시스템
  (Battery Management System Electronic Control Unit)
- **BPT**(Seat Belt Pretensioner)
  안전 벨트 프리텐셔너
- **BS**(Seat Belt Buckle Switch)
  안전 벨트 버클 스위치
- **BSD**(Blind Spot Detection system)
  사각지대 감지 시스템
- **BTS**(Battery Temperature Sensor)
  배터리 온도 센서
- **BVM**(Blind-spot View Monitor)
  후 측방 모니터

- **CAB**(Curtain Air Bag)
  커튼 에어백
- **CAN**(Controller Area Network)
  캔 통신
- **Converter**
  교류를 직류로 변환하는 장치
- **CCM**(Charging Control Module)
  충전 컨트롤 모듈
- **CCS**(Cruise Control System)
  정속 주행 장치
- **CMU**(Cell Monitering Unit)
  셀 모니터링 유닛
- **CVT**(Continuously Variable Transmission)
  무단 변속기
- **CVVT**(Continuous Variable Valve Timing system)
  가변 밸브 타이밍 시스템

- **DAB**(Driver Air Bag)
  운전석 에어백
- **DAW**(Driver Attention Warning)
  운전자 주의 경고 장치
- **DCT**(Double Clutch Transmission)
  더블 클러치 트랜스미션
- **DTE**(Distance To Empty)
  주행 가능 거리

- **ECU**(Electronic Control Unit)
  전자 조정 기구
- **ECM**(Engine Control Module)
  엔진 조정 장치
- **EFD**(Emergensy Fastening Devise)
  앵커 프리텐션 기구
- **EHPS**(Electric Hydraulic Power Steering)
  유압 전동식 조향 기구
- **EMB**(Electric Motor Brake)
  전기 모터 브레이크
- **EMS**(Engine Management System)
  엔진 제어 장치
- **EOP**(Electric Oil Pump)
  전동식 오일 펌프
- **EPB**(Electric Parking Brake)
  전자 주차 브레이크
- **EPCU**(Electric Power Control Unit)
  전력 제어 장치
- **EPS**(Electric Power Steering)
  전자제어 조향 장치
- **ESC**(Electronic Stability Control system)
  차체 자세 제어장치
- **ESCL**(Electronic Steering Column Lock)
  스티어링 칼럼 잠금
- **ESP**(Electric Stability Program)
  전자제어 안정 프로그램
- **ESS**(Emergency Stop System)
  급제동 경보 시스템, 긴급 제동 자율 정차 기능
- **ETC**(Electronic Throttle Control system)
  전자제어 스로틀 시스템
- **ETCS**(Electronic Toll Collection System)
  자동 요금징수 시스템
- **EVSE**(Electric Vehicle Supply Equipment)
  전기자동차 충전장치
- **EWP**(Electric Water Pump)
  전자식 워터펌프

- **FATC**(Full Automatic Temperature Control)
  전자동 온도 조절장치
- **FBWS**(Front Back Warning System)
  전후방 경보 시스템
- **FCA**(Front Collision-Avoidance Assist system)
  전방충돌 방지 보조 시스템
- **FCWS**(Forward Collision Warning System)
  전방 충돌 경고 장치
- **FCEV**(Fuel Cell Electric Vehicle)
  수소 연료전지 자동차
- **FET**(Field Effective Transistor)
  전계 효과 트랜지스터
- **FIS**(Front Impact Sensor)
  전면 충돌 감지 센서
- **FSIS**(Front Side Impact Sensor)
  앞 측면 충돌 감지 센서

- **GCU**(Glow Control Unit)
  예열 조정 장치
- **G-SIS**(Gravity Side Impact Sensor)
  측면 충돌 감지 가속도 센서

- **HCU**(Hybrid Control Unit)
  하이브리드 제어 유닛
- **HDA**(Highway Driving Assist)
  고속도로 주행 보조 장치
- **Heat Pump**
  폐열을 회수하여 전기를 절약하는 장치
- **HEV**(Hybrid Electric Vehicle)
  하이브리드 전기 자동차

- **HPCU**(Hybrid Power Control Unit)
  하이브리드 전력 제어 장치
- **HSA**(Hill Start Assist system)
  경사로 밀림 방지 장치
- **HSG**(Hybrid Starter Generator)
  하이브리드 차량용 기동 발전기

- **ICCB**(In Cable, Control Box)
  휴대용 충전기
- **IBAU**(Integrated Brake Actuation Unit)
  통합 브레이크 액추에이션 유닛
- **IGBT**(Insulated Gate Bipolar Transistor)
  전력 변환 기구
- **IM**(Induction Motor)
  유도 모터
- **IMS**(Integrated Memory System)
  통합 메모리 시스템
- **Inverter**
  직류를 교류로 변환하는 장치
- **IPM**(Intelligent integrated Platform Module)
  인지 통합 능력 모듈
- **IPM**(Integrated Power Module)
  내부 전력 모듈
- **IPM motor**(Interior Permanent Magnet motor)
  매립 영구자석 모터
- **IPS**(Intelligent Parking System)
  주차장 관리 시스템
- **IVT**(Intelligent Variable Transmission)
  무단 변속기

- **KAB**(Knee Air Bag)
  무릎 에어백

- **LAN**(Local Area Network)
  랜 통신
- **LCA**(Lane Change Assist)
  차선 변경 보조 시스템
- **LDC**(Low Voltage DC-DC Converter)
  직류 변환장치
- **LDW**(Lane Departure Warning system)
  차로 이탈 경고 장치
- **LDWS**(Lane Departure Warning System)
  차선 이탈 경보 시스템
- **LFA**(Lane Following Assist)
  차선 유지 보조 시스템
- **LKA**(Line Keeping Assist system)
  차로 이탈 방지 보조 장치

- **MCU**(Motor Control Unit)
  모터 제어기
- **MDPS**(Motor Driven Power Steering)
  전동 파워 스티어링 시스템
- **MAPS**(Manifold Absolute Pressure Sensor)
  맵 센서
- **MOST**(Multimedia Oriented System Transport)
  모스트 통신
- **MTS(Motor Temperature Sensor)**
  모터 온도 센서

- **NSCC**(Navigation-based Smart Cruise Control)
  내비게이션 스마트 크루즈 컨트롤
- **NVH**(Noise, Vibration, Harshness)
  소음 진동 불쾌한 충격

- OBC(On-Borad battery Charger)
  차량 탑재형 배터리 완속 충전기
- OCV(Oil Control Valve)
  오일 컨트롤 밸브
- OPD(Overvoltage Protection Device)
  고전압 차단 릴레이

- **PAB**(Passenger Air Bag)
  동승석 에어백
- **PAS**(Parking Assist System)
  주차 보조 장치
- **PM**(Permanent Magnet)
  영구 자석
- **PMSM**(Permanent Magnet Synchronous Motor)
  영구자석 동기 모터
- **POF**(Plastic Optical Fiber)
  플라스틱 광 섬유
- **PRA**(Power Relay Assembly)
  파워 릴레이 어셈블리
- **PSCM**(Power Steering Control Module)
  파워 스티어링 컨트롤 모듈
- **P-SIS**(Pressure Side Impact Sensor)
  측면 충돌 감지 센서(압력)
- **PSU**(Pressure Source Unit)
  고압 소스 유닛, 하이드롤릭 유닛,
- **PTC**(Positive Temperature Coefficient heater)
  PTC 히터
- **PTS**(Pedal Trouble Sensor)
  페달 트러블 센서
- **PWM**(Pulse Width Modulation)
  듀티 폭 제어

- **QRA**(Quick charge Relay Assembly)
  급속 충전 릴레이 어셈블리

- **RBCS**(Regenerative Brake Cooperation System)
  회생 제동 협조 제어 시스템
- **RBS**(Regeneration Brake System)
  회생 브레이크 시스템
- **RBS**(Regeneration Brake System)
  회생 제동 브레이크 시스템
- **RCTA**(Rear Cross Traffic Alert)
  후측방 경보 시스템
- Resolver Sensor
  리졸버 센서, 모터의 회전자와 고정자의 절대 위치 검출 센서
- **RPAS**(Rear Parking Assist System)
  후방 주차 보조 시스템
- **RSIS**(Rear Side Impact Sensor)
  뒤 측면 충돌 감지 센서
- **RSPA**(Remote Smart Parking Assist)
  원격 스마트 주차 보조 시스템
- Run Flat Tire
  펑크가 발생하더라도 일정거리를 주행 할 수 있는 타이어

- **SAB**(Side Air Bag)
  측면 에어백
- **SAS**(Steering Angle Sensor)
  조향 각 센서
- **SBW**(Steering By Wire)
  와이어링 제어 조향기구

· SCC(Smart Cruise Control)
정속 주행 장치

· SIS(Side Impact Sensor)
측면 충돌 감지 센서

· SOC(State Of Charge)
배터리 충전율, 배터리의 사용 가능한 에너지

· SPM(Surface Permanent Magnet)
표면 자석형

· SRM(Switched Reluctance Motor)
릴럭턴스 모터

· SRSCM(Supplemental Restraint System Control Module)
에어백 컨트롤 모듈

· SSB(Start Stop Button)
시동 버튼

· Stack
수소와 산소의 화학반응을 이용하여 전기 에너지로 변환시키는 장치

· TMK(Tire Mobility Kit)
타이어 리페어 킷

· TPMS(Tire Pressure Monitoring System)
타이어 공기압 경보 장치

· TPS(Throttle Position Sensor)
스로틀 포지션 센서

· VCU(Vehicle Control Unit)
차량 제어 유닛

· VDC(Vehicle Dynamic Control)
차량 자세 제어장치

· VDP(Voronoi – Dirichlet partitioning)
화학적 상태

· VESS(Virtual Engine Sound System)
가상 엔진 사운드 장치

· VPD(Voltage Protection Device)
고전압 릴레이 차단 장치

· VVVF(Variable Voltage Variable Frequency)
가변 전압 가변 주파수

· ZEV(Zero Emission Vehicle)
배출가스가 전혀 없는 자동차

● 참고문헌

- 전기자동차. 강주원 이진구(2018) 골든벨.
- 서울특별시교육청. 친환경자동차 (2012) 이진구 외.
- 한국자동차공학회 자동차 기술 및 정책개발 로드맵 발표자료(2019.3.19.) 2030 자동차 동력의 가는 길(주요 기술의 전망과 과제)
- 모터팬 번역판(2011) 친환경 자동차. 골든벨
- 모터팬 번역판(2012) 하이브리드의 진화. 골든벨
- 모터팬 변역판(2013) EV 기초 & 하이브리드 재정의. 골든벨
- 자동차 해부 매뉴얼. Sige Kotaro, 문학훈 편역(2016). 골든벨
- 이과교육연구소(2017) 전기 · 전자 해부 매뉴얼. 골든벨
- 모터의 테크놀로지. 김웅채 외5(2015) 모터의 테크놀로지. 한진
- 교육부(2018). 전기자동차정비(LM15006030117). 세종: 한국직업능력개발원.
- 현대자동차(2016). 아이오닉. 현대자동차그룹 인재개발원
- 산자부 보도자료 2014 국가별 자동차 온실가스 배출량 및 차기기준
- 기아자동차 소울 전기자동차 정비교육교재.
- 현대자동차 아이오닉 전기 자동차 정비 지침서
- American Psychological Association. (2010). Publication manual of the American Psychological Association (6th ed.) . Washington, DC: Author.
- Haybron, D. M. (2008). Philosophy and the science of subjective well-being. In M. Eid & R. J. Larsen (Eds.), The science of subjective well-being (pp. 17-43). New York, NY: Guilford Press.
- Light, M. A., & Light, I. H. (2008). The geographic expansion of Mexican immigration in the United States and its implications for local law enforcement. Law Enforcement Executive Forum Journal, 8(1), 73-82.
- Reference. (n.d.). In Merriam-Webster's online dictionary (11th ed.). Retrieved from http://www.m-w.com/dictionary/reference
- Shotton, M. A. (1989). Computer addiction? A study of computer dependency. London, England: Taylor & Francis.
- http://www.hcmfa.com
- https://www.cnblogs.com/joyfulphysics/archive/2015/11.html
- http://www.helmut-fischer.com/zh/hong-kong/knowledge/methods
- https://www.google.co.kr/search
- https://electronics360.globalspec.com/article/11182/the-importance-of-electrical-contacts-and-contact-resistance
- http://www.media.subaru-global.com/
- http://www.media.mazda.com/
- https://www.toyota.co.jp/service/presssite/dc/welcome
- https://www.audi-mediaservices.com/publish/ms/content/
- http://www.press.bmwgroup.com
- http://media.gm.com/
- http://www.media.volvocars.com/global/
- http://www.peugeot-pressepro.com/
- http://media.seat.com
- http://www.audi.co.jp/audi/jp/jp2/
- http://www.nissan-newsroom.com/EN/
- http://www.honda.co.jp/
- http://www.mitsubishi-motors.com/en/
- https://www.hyundai.com/kr/ko
- http://www.kia-press.com/
- http://www.smotor.com/kr/index.html
- https://www.renaultsamsungm.com/2017/main/main.jsp
- http://www.gm-korea.co.kr/gmkorea/index.do
- https://www.mercedes-benz.com/
- http://www.renault.com
- http://www.ctnt.co.kr/default/
- https://www.rimac-automobili.com/en/hypercars/c_two#gallery-33
- www.eea.europa.eu/data

Electric Vehicle Manual

전기자동차 매뉴얼 이론&실무

2019년 9월 30일 초판 발행
2024년 1월 15일 개정 6쇄 발행

저　　자 : 이진구, 박경택
발 행 인 : 김 길 현
발 행 처 : (주) 골든벨
등　　록 : 제 1987-000018 호 © 2019 Golden Bell
ISBN : 979-11-5806-412-9

이 책을 만든 사람들

편집 : 이상호
제작진행 : 최병석
오프라인 마케팅 : 우병춘, 이대권, 이강연
회 계 관 리 : 김경아
편집 및 디자인 : 조경미, 박은경, 권정숙
웹매니지먼트 : 안재명, 서수진, 김경희
공급관리 : 오민석, 정복순, 김봉식

● 주소 : 서울특별시 용산구 원효로 245(원효로 1가 53-1)
● TEL : 도서 주문 및 발송 02-713-4135 / 회계 경리 02-713-4137
내용 관련 문의 02-713-7452 / 해외 오퍼 및 광고 02-713-7453
● FAX : (02)718-5510　● E-mail : 7134135@naver.com　● http://www.gbbook.co.kr

※ 파본은 구입하신 서점에서 교환해 드립니다.

정가 : 33,000원

실습교육 그리고 기술인들의 지침서
EV
Electric Vehicle
Manual

실습교육 그리고 기술인들의 지침서
EV
Electric Vehicle
Manual

실습교육 그리고 기술인들의 지침서
EV
Electric Vehicle
Manual